江苏高校优势学科建设工程资助项目
A Project Funded by the Priority Academic Program Development of Jiangsu Higher Education Institutions（简称 PAPD）

风电场微观尺度空气动力学
——基本理论与应用

许昌　韩星星　薛飞飞　刘德有　著

中国水利水电出版社
www.waterpub.com.cn
·北京·

内 容 提 要

本书系统介绍了风电场微观尺度空气动力学的基本原理及其风电工程上的应用，通过理论推导、数值模拟和实验测量等方法研究了在风电机组尾流、地形绕流、风剪切和热稳定等因素作用下的风电场微观尺度空气动力场演变规律，在此基础上开展了风电场微观尺度空气动力学在风电场风资源评估、微观选址、风功率预测、风电场功率控制与风电场后评估等方面的工程应用，以提高风电开发的可靠性和经济性。

本书适合作为高等院校相关专业的教学参考用书，也适合从事风电相关专业的工程技术人员阅读参考。

图书在版编目（CIP）数据

风电场微观尺度空气动力学 ：基本理论与应用 / 许昌等著. -- 北京 ：中国水利水电出版社，2018.10
ISBN 978-7-5170-7050-4

Ⅰ. ①风… Ⅱ. ①许… Ⅲ. ①风力发电－发电厂－空气动力学－研究 Ⅳ. ①TM614

中国版本图书馆CIP数据核字(2018)第241871号

书 名	**风电场微观尺度空气动力学——基本理论与应用** FENGDIANCHANG WEIGUAN CHIDU KONGQI DONGLIXUE ——JIBEN LILUN YU YINGYONG
作 者	许昌 韩星星 薛飞飞 刘德有 著
出版发行	中国水利水电出版社 （北京市海淀区玉渊潭南路1号D座 100038） 网址：www.waterpub.com.cn E-mail：sales@waterpub.com.cn 电话：(010) 68367658（营销中心）
经 售	北京科水图书销售中心（零售） 电话：(010) 88383994、63202643、68545874 全国各地新华书店和相关出版物销售网点
排 版	中国水利水电出版社微机排版中心
印 刷	天津嘉恒印务有限公司
规 格	184mm×260mm 16开本 21.5印张 510千字
版 次	2018年10月第1版 2018年10月第1次印刷
印 数	0001—3000册
定 价	**58.00**元

本书编撰人员名单

主要编撰人员： 许　昌　韩星星　薛飞飞　刘德有

其他编撰人员：（按姓氏拼音排序）

陈　飞　蔡彦枫　高　洁　韩晓亮

何永生　胡已坤　胡　义　胡　煜

李云涛　刘　玮　卢　强　彭秀芳

Shen Wenzhong　石　磊　王东甫

袁红亮　张明明　张云杰　周　川

前言

风能是一种可再生的清洁能源，主要通过风力机转换成电能的形式被开发利用。两台或者以上的风电机组可组成风电场，风电场微观尺度空气动力学研究的主要内容是通过理论推导、数值模拟和实验测量等方法研究风电场中空气在风电机组尾流、地形绕流、风剪切和热稳定等因素作用下的复杂流场分布。风电场微观尺度空气动力学研究可为风电场风能资源评估、微观选址、风功率预测、风电场功率控制以及风电场后评价等工程应用提供理论支持。

近年来，我国风电产业取得了举世瞩目的成就，而风电场相关的理论和技术，从早期的学习、引进与消化吸收到逐渐积累经验和创新，形成了一些相关的理论和技术，发展速度也较快。本文作者多年从事风电场微观尺度空气动力学的研究和研究生培养工作，较系统地研究了风电机组尾流、地形绕流、风剪切和热稳定的基本理论，并把基本理论应用到平坦地形、复杂地形、近海以及大规模风电基地的风电场微观尺度空气动力场的分析中来，取得了一定的理论和应用成果，本书就是研究和应用成果的总体体现。

本书有一定的系统性，共分为 9 章：第 1 章介绍风电场微观尺度空气动力学概论；第 2 章介绍风电场微观尺度空气动力场数学模型；第 3 章介绍风电机组尾流及其数值模拟；第 4 章介绍风电场空气动力场数值模拟；第 5 章介绍风电场微观尺度空气动力场测量；第 6 章介绍基于风电场微观尺度空气动力场计算的微观选址优化；第 7 章介绍基于风电场微观尺度空气动力学方法的风功率预测研究；第 8 章介绍基于风电场微观尺度空气动力学方法的风电场 AGC 技术；第 9 章介绍风电场微观尺度空气动力学研究与应用展望。全书由刘德有教授、丹麦科技大学 Shen Wenzhong 教授和中国科学院工程热物理研究所张明明研究员负责总体审阅与校核。

本书编写过程中，得到研究生严彦、田蔷蔷、王欣、李辰奇、杨建川、周洋、邓力、王吉东、魏媛、蒋泽阳、朱金华、胡义、杨杰、潘航平、许帅、丁佳煜、雷娇、郝辰妍、陈晨等的帮助，对他们的辛勤劳动表示感谢；编写过程得到中国电建集团西北勘测设计研究院有限公司、中国电建集团昆明勘测设计研究院有限公司、中国能源建设集团江苏省电力设计院有限公司、中国能源建设集团湖南省电力勘测设计院有限公司、中国能源建设集团广东省电力勘测设计研究院有限公司、国电南瑞集团等单位的帮助，对他们以及本书列举的和没有列举的文献作者们表示感谢。

由于编著者水平有限，书中定有不足之处，希望广大读者批评指正。

作者

2018年9月

目录

CONTENTS

第1章　风电场微观尺度空气动力学概论

1.1　风的形成动因

空气的流动现象称为风，一般指空气相对地面的水平运动。包围地球的空气称为大气，尽管大气运动很复杂，但大气运动始终遵循大气动力学和热力学变化的规律。在风能领域，主要关心的是在离地面约500～1000m范围以下的近地层大气的流动特点。事实上，湖泊、山丘、树木、城镇等，都会对平均风速和风电机组附近的湍流产生较大的影响，虽然这是大尺度的天气模式，但是最终会影响到风能质量。没有大尺度的压强差就没有风，尤其是在研究极限情况时，在不同的地理环境下会因为多种因素产生极端风况。下面从空间尺度和时间尺度两方面来分析不同种类的环流和影响风形成的各种因素。

1.1.1　大气环流

1.1.1.1　大气分层与大气边界层

根据大气在垂直方向上的热状况和运动状况，大气分为对流层、平流层、中间层、热层和散逸层，如图1-1所示。对流层是大气中最低的一层，底界为地面，厚度从赤道向两极逐渐减小：在低纬度地区平均厚度为17～18km，在中纬度地区平均厚度为10～12km，极地平均厚度为8～9km，并且夏季高于冬季。由于对流层和地面接触，从地面获得热量，使得大气温度随高度的增加而降低，通常每升高100m大气温度降低约0.65℃，而且大气现象大多出现在这一层。对流层下界，自地表向上延伸1～1.5km受地表影响最大，称为摩擦层或称为大气边界层。平流层在对流层的顶部，直到高于海平面17～55km的这一层，气流运动相当平衡，而且主要以水平运动为主，故称为平流层。中间层在平流层之上，到高于海平面55～85km高空的一层为中间层。这一层大气中，几乎没有臭氧，这就使来自太阳辐射的大量紫外线白白地穿过了这一层大气而未被吸收，所以，在这层大气里，气温随高度的增加而下降的很快，到顶部气温已下降到-83℃以下。由于下层气温比上层高，有利于空气的垂直对流运动，故又称为高空对流层或上对流层。中间层顶部尚

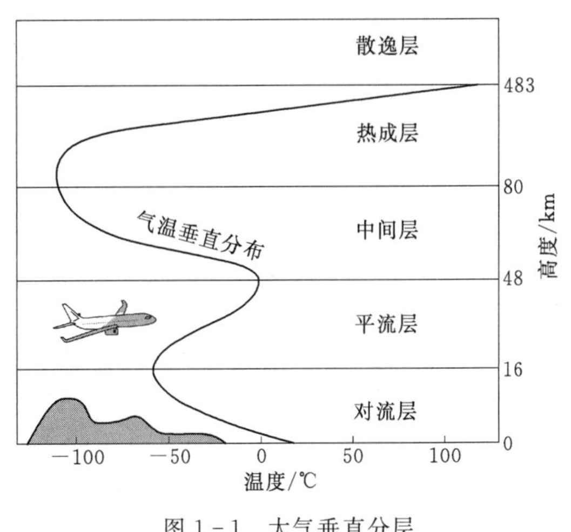

图1-1　大气垂直分层

有水汽存在，可出现很薄且发光的“夜光云”，在夏季的夜晚，高纬度地区偶尔能见到这种银白色的夜光云。热成层从80～500km的高空，又叫电离层。这一层空气密度很小，据探测，在120km高空，声波已难以传播；270km高空，大气密度只有地面的一百亿分之一，所以在这里即使在你耳边开大炮，也难听到什么声音。热成层里的气温很高，据人造卫星观测，在300km高度上，气温高达1000℃以上。散逸层是热成层以上的大气，又叫外层。它是大气的最高层，高度最高可达到3000km。这一层大气的温度也很高，空气十分稀薄，受地球引力场的约束很弱，一些高速运动着的空气分子可以挣脱地球的引力和其他分子的阻力散逸到宇宙空间中去。风电场与大气的相互作用发生在大气边界层内，而对流层上面的大气对风能没有显著影响，所以本书里我们主要讨论对流层特别是大气边界层的相关内容。

1.1.1.2 全球大气环流

太阳辐射的不均衡会造成大气和海洋的热量向两极输送。由于太阳辐射，热空气在赤道附近上升，在上空向两极运动，然后在亚热带下降，并且在极地较低的地方向赤道移动，这就是大气环流。一般大气环流指全球范围内，水平尺度横跨数千公里，垂直尺度达数十公里以上，时间尺度在1.5天以上的平均运动。大气环流主要成因包括太阳辐射、地球自转、海陆分布不均匀以及大气内部南北之间热量和动量的相互交换。太阳辐射和海陆分布不均匀会产生气压梯度力推动大气运动，而由于地球自转引起的自转偏向力（科里奥利力）会使大气运动发生偏转。

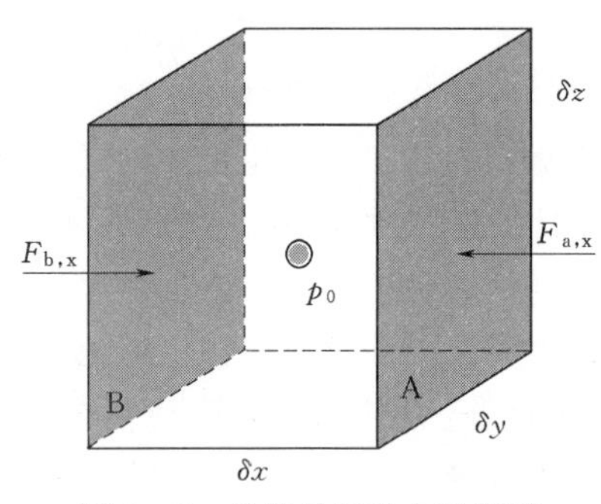

图1-2 单位气团受力示意图

1. 气压梯度力和科里奥利力

为了更深入地了解大气层，首先介绍两个很重要的力，分别是气压梯度力、科里奥利力（简称“科氏力”）。

(1) 气压梯度力，想象有一个气团，中心坐标为 (x_0, y_0, z_0)，边界长度为 δx、δy、δz，压力为 p_0，单位气团受力示意图如图1-2所示。定义A、B两面的压强分别为

$$p_A = p_0 + \frac{1}{2}\frac{\partial p}{\partial x}\delta x \tag{1-1}$$

$$p_B = p_0 - \frac{1}{2}\frac{\partial p}{\partial x}\delta x \tag{1-2}$$

由于

压力=压强×受力面积

所以可以得出A、B两面的压力 $F_{a,x}$、$F_{b,x}$ 为

$$F_{a,x} = -\left(p_0 + \frac{1}{2}\frac{\partial p}{\partial x}\delta x\right)\delta y\delta z \tag{1-3}$$

$$F_{b,x} = -\left(p_0 - \frac{1}{2}\frac{\partial p}{\partial x}\delta x\right)\delta y\delta z \tag{1-4}$$

负号“—”表示与中心的压力相反，而在 x 方向的总压力为

$$F_p = F_{a,x} - F_{b,x}$$

单位体积的质量为

$$m=\rho\delta x\delta y\delta z$$

因此式（1－4）可以写成

$$F=-\frac{1}{\rho}\frac{\partial p}{\partial x} \tag{1-5}$$

y、z 方向与 x 方向相似，最后气压梯度力 F_{p} 可以写成

$$F_{\mathrm{p}}=-\frac{1}{\rho}\nabla p \tag{1-6}$$

式中 ∇p——气压梯度矢量，$\nabla p=\left(\frac{\partial p}{\partial x},\frac{\partial p}{\partial y},\frac{\partial p}{\partial z}\right)$。

气压梯度力是一个矢量，因为风从高压吹向低压，所以气压梯度力的方向与气压梯度相反。$F_{\mathrm{a,x}}$、$F_{\mathrm{b,x}}$分别作用在A、B两面，其面积都为 $\delta y\delta z$，x 轴的正方向为从左指向右。

其他方向的气压梯度力与重力平衡，这是一个静平衡，通过重力加速度表达为

$$\frac{\mathrm{d}p}{\mathrm{d}z}=-\rho g \tag{1-7}$$

除了像龙卷风这样剧烈的天气现象之外，在大气的垂直结构上的静平衡非常稳定。

（2）科氏力是一个虚拟力，由地球的自转产生。在北半球的物体会由于科氏力的作用发生向右的偏移，而在南半球的物体则会发生向左的偏移，科氏力的图解如图1－3所示。箭头代表气团移动的轨迹。图1－3是北半球上空的地球俯视图，即圆的中心是北极，而以 $r=R$ 为半径的圆是赤道。地球的角速度为 $\omega=\frac{2\pi}{24}\mathrm{h}$，即 $7.3\times10^{-5}\mathrm{s}^{-1}$，逆时针方向。当气团静止时其角速度为 $U_{\mathrm{r}}(r)=\omega r$，随着半径的增大而增大，由图1－3可以看出，气团由静止开始向左转动，但是由于惯性的作用，真实情况下，气团是向右转动的。这由于相对于坐标系中，地球的自转是偏向右的。科氏力的数学表达式为（单位体积）

$$F_{\mathrm{co}}=-2\Omega U \tag{1-8}$$

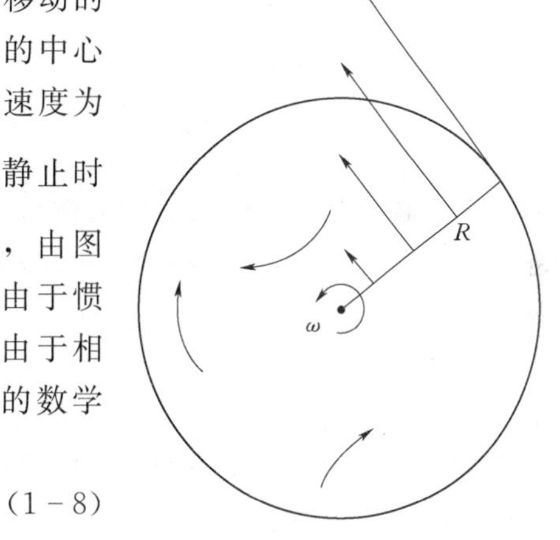

图1－3 科氏力的图解

其中

$$\Omega=\omega(0,\cos\phi,\sin\phi)$$

式中 ϕ——纬度。

如不考虑垂直运动（因为垂直运动比水平运动小很多，可以忽略不计），那么水平运动只与 $\sin(\phi)$ 有关，引入科里奥利参数，$f=2\omega\sin(\phi)$。在 $\phi=45°$时，可得 $f=10^{-4}\mathrm{s}^{-1}$。所以水平方向上的科氏力可以表示为

$$F_{\mathrm{co}}=-fkU \tag{1-9}$$

式中 k——z 方向上的单位向量。

在赤道 $\sin0°=0$ 和两极 $\sin90°=1$ 时，$F_{\mathrm{co}}=0$。而在南半球时 $f<0$。

在图1－3中，热空气在赤道上上升。根据质量守恒定律，冷空气补入热空气的空缺，

所以在赤道上的压强梯度力为低压。由于科氏力的存在，使得季风的方向发生一定偏移，产生东西向的移动动力，而历史上人类依靠风力航海，季风的存在为人类的航海创造了极大的便利，因而也被称为贸易风。空气向低气压区域移动的过程中，其温度逐渐下降。当空气温度达到露点温度时，空气中的水分开始凝结，这就是下雨之前气压低的原因。

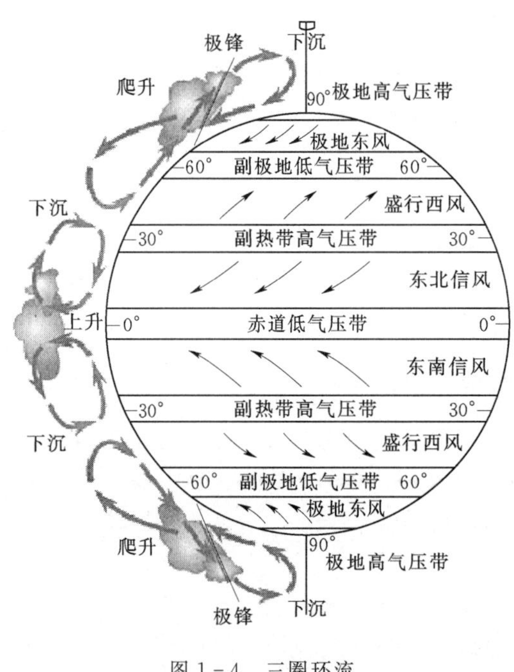

图 1-4　三圈环流

地球上，在两极的空气运动与赤道相反，半球的大气环流如图 1-4 所示，自极地高压辐散的空气在科氏力的作用下形成偏东风。北半球为东北风，南半球为东南风，所以叫做极地东风带。

当空气运行到南北纬 30°附近高空时，不能继续前进，产生下沉气流，致使近地面气压增高，形成副热带高气压带。由于没有水平方向运动的空气，形成了无风带，由于这里的空气十分干燥，所以这也是沙漠大多集中在这个地区的原因。这一纬度经常被称为马纬度：航海家们经过多次航行，发现 30°纬度附近总是无风，帆船进入该海区无法航行，海上贸易受到极大影响。那时的帆船除了装载货物外，还装运许多马匹到美洲大陆。对于一般货物，运到目的地的时间要求并不严格，可是对马匹来说，对抵达时间的要求相对严苛。由于草料和淡水不足，马匹相继死掉，马肉又吃不完，所以不得不把马肉投进大海里喂鱼。后来，人们就把这个无风的 30°纬度叫做“马纬度”。

哈德里环流圈是低纬度环流，是一个直接的热力环流，约占 30 个纬度。指赤道附近热带辐合带空气受热上升到对流层后，从高空向高纬度输送，受科氏力的作用，气流向东偏转出现高空西风，分别向两极方向移动，之后逐渐冷却，约在纬度 30°附近沉降。空气在副热带纬度下沉分为两支，其中一支由地表向赤道移动，在低纬地区形成闭合环流，即哈德里环流圈，空气运动大致如图 1-4 所示，箭头代表地表地面风。

2. 地转风和梯度风

如果气压梯度力 F_p 和科氏力 F_{co} 这两个最重要的力平衡则会形成著名的地转风 G，存在下列表达式

$$kG=-\frac{1}{\rho f}\nabla p \tag{1-10}$$

因此，此时地转风与等压线平行

$$\left.\begin{aligned} U_g&=-\frac{1}{f\rho}\frac{\mathrm{d}p}{\mathrm{d}y} \\ V_g&=-\frac{1}{f\rho}\frac{\mathrm{d}p}{\mathrm{d}x} \end{aligned}\right\} \tag{1-11}$$

把地转风分解到垂直坐标轴 x 和 y 上，即 $G=(U_g, V_g)$。当大气为正压时，地转风的大小不随高度变化。但是当大气为负压时，地转风随高度变化。地转风出现在等压线曲率半径很小的对流层，如果曲率很大，那么气团会受到离心力的影响。离心力是一个虚拟力，其方向与向心力相反，数学表达式为

$$F_{ce}=\frac{U^2}{R_c} \tag{1-12}$$

式中　R_c——曲率半径。

在乘坐旋转木马和以高速度转弯的车时，能明显感觉到离心力的存在。注意，R_c 可以是正值也可以是负值，当逆时针旋转时 $R_c>0$，当顺时针旋转时 $R_c<0$。为了简单起见，我们规定顺时针为正向，那么可以通过式（1-11）中的地转风 U_g 来表示气压梯度力，当三个力平衡时，有

$$\frac{U_g}{U}=1+\frac{U}{fR_c} \tag{1-13}$$

这是一个简单的二阶多项式，可以通过这个公式解出风速 U 为

$$U=-\frac{fR_c}{2}\pm\sqrt{\left(\frac{fR_c}{2}\right)^2+4U_g fR_c} \tag{1-14}$$

因为气旋和反气旋的作用，fR_c 可以是正数也可以是负数，存在四个解，我们只考虑其中两个最常见的，即常规低压的情况（根为负值，$fR_c>0$）和常规高压的情况（根为正值，$fR_c<0$）。在 F_p、F_{co}、F_{ce} 三个力作用下的北半球梯度风如图 1-5 所示，在北半球恢复在低压周围的顺时针气旋运动，在高压周围的顺时针反气旋运动。在南半球气旋运动和反气旋运动是相反的。

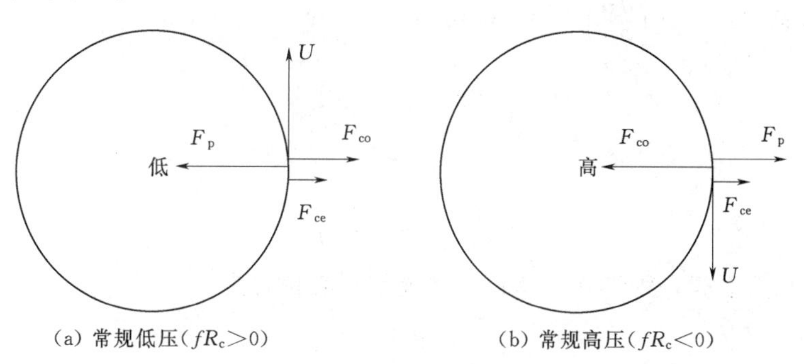

图 1-5　在 F_p、F_{co}、F_{ce} 三个力作用下的北半球梯度风

当常规高压且 $R_c<0$ 时，可以达到最大风速 $U=f_cR_c/2$。而常规低压没有最大值，因为数学表达式中根号里面一定为正数，这说明风速大小与低压紧密相关。

$|U/fR_c|$ 叫做罗士培数，定义为 R_o。在中纬度地区，$R_o=1$，此时很接近地转平衡。在亚热带地区，$R_o>1$，地转风很大，热带气旋就是很好的例子，它出现在夏末海水温度最高的时候，海洋温度升高增强了对流，使得压强大大下降，直到到达陆地才会停止增长，因为这是低压系统，所以它是气旋性涡旋。

当 R_o 很大时，科氏力就显得不重要了，空气可以是气旋型涡旋也可以是反气旋型涡旋，这种情况叫做旋衡流，龙卷风和水中的涡流就是旋衡流的例子。

由于地转风和地转风关系对风场建模有重要意义，对此做深入探讨。根据观测事实，基于简化程度的不同，空气的运动可以被区分为地转运动和非地转运动。

3. 空气的地转运动

在离地面 1km 以上的大气中，地球表面对大气运动的摩擦作用已经可以忽略不计。在自由大气中，大尺度运动基本是水平的。若运动大致是平直的，离心力也可以忽略。于是作用在运动大气上的主要力就只有气压梯度力和科氏力了，这两种力的平衡称为地转平衡，此情况下形成的水平匀速直线运动，称为地转风，从而得到了风场和气压场的关系。

一般来说，流体应沿着压力梯度的方向运动；而旋转地球上的大气由于受到科氏力的作用，在地转平衡条件下，将沿着与压力梯度垂直的方向运动。地转风与水平气压场的这种关系可归纳为有名的白贝罗（Buys－Ballot）风压定律，即在北半球背风而立，高压在右，低压在左；在南半球背风而立，高压在左，低压在右。在压力坐标下的地转风表达式将更加方便，气压 p 是高度 z 的单值函数

$$p=p(x,y,z,t)$$

因此，我们可以用 p 代替 z 作为垂直坐标，构成 (x,y,p,t) 坐标系。任意物理量 $F(x,y,z,t)$ 可以表示成为 (x,y,p,t) 坐标系内的函数形式 $F(x,y,p,t)$，且应相等，即

$$F(x,y,p,t)=F[x,y,z(x,y,p,t),t] \tag{1-15}$$

F 对 x、y、t 的导数可表示为

$$\left(\frac{\partial F}{\partial x}\right)_{p}=\left(\frac{\partial F}{\partial x}\right)_{z}+\frac{\partial F}{\partial z}\left(\frac{\partial z}{\partial x}\right)_{p} \tag{1-16}$$

其中，下标 p 表示沿等压面的导数。

如果 F 就是气压，且 $\left(\frac{\partial p}{\partial x}\right)_{p}=0$，可得到

$$\left(\frac{\partial p}{\partial x}\right)_{z}=\rho g\left(\frac{\partial z}{\partial x}\right)_{p} \tag{1-17}$$

同理可得

$$\left(\frac{\partial p}{\partial y}\right)_{z}=\rho g\left(\frac{\partial z}{\partial y}\right)_{p} \tag{1-18}$$

将其代入地转风关系式，得到在 p 坐标下的地转风表达式为

$$\left.\begin{aligned}u_{g}&=-\frac{g}{f}\left(\frac{\partial z}{\partial y}\right)_{p}\\v_{g}&=-\frac{g}{f}\left(\frac{\partial z}{\partial x}\right)_{p}\end{aligned}\right\} \tag{1-19}$$

在式（1－19）中，地转风只是等压面坡度的函数，而式（1－18）中，地转风是等高面上水平气压梯度和密度的函数，从而减少了自变量，且其对应关系不随高度变化。在 (x,y,p,t) 坐标系中，地转风还可以表示为

$$\left.\begin{aligned}u_{g}&=-\frac{1}{f}\left(\frac{\partial \phi_{z}}{\partial y}\right)_{p}\\v_{g}&=-\frac{1}{f}\left(\frac{\partial \phi_{z}}{\partial x}\right)_{p}\end{aligned}\right\} \tag{1-20}$$

实际验证表明，自由大气中的风十分接近于地转风。曾有人统计过，在1.5～9km高度间，实际风与地转风矢量的角度偏差为±(9～11)°，实际风速与地转风速间的相关系数为0.8～0.9。应明确此规律只适用于中、高纬度。科氏参数 f 随纬度的减小而减小，纬度足够低时，科氏力小的无法与气压梯度力相平衡。一般认为当纬度小于15°时，地转风概念便失去意义。

4. 空气的非地转运动

非地转运动就是所有不满足地转假定的空气水平运动的统称。其中主要包括梯度风、三力平衡风和空气做加速运动时的非地转风。

1.1.1.3　梯度风

梯度风是除等压线（或等位势线）具有曲率外，其他条件均满足地转假定的风。梯度风是空气沿弯曲等压线的一种无摩擦的水平匀速运动，是惯性离心力，气压梯度力和科氏力达到平衡时空气的匀速曲线运动。它有气旋和反气旋两种形式，气旋是一种被闭合的等压线（或等位势线）所包围的中心处气压（或位势高度）最低的系统；反之，为反气旋。约定曲率半径的方向由曲率中心指向外为正。对于气旋来说，$\partial p/\partial r>0$，而反气旋 $\partial p/\partial r<0$。惯性离心力、气压梯度力和科里奥利力的平衡方程为

$$\frac{1}{\rho}\frac{\partial p}{\partial r}=\frac{W_c^2}{r}+2\omega W_c\sin\phi \tag{1-21}$$

式中　$\frac{1}{\rho}\frac{\partial p}{\partial r}$——气压梯度力；

r——气团到气旋中心的距离；

$\frac{W_c^2}{r}$——惯性离心力；

$2\omega W_c\sin\phi$——科里奥利力；

W_c——梯度风；

ω——地转速度；

ϕ——当地纬度。

对式（1-21）求解，舍去不合理的解，便得到

$$W_c=-\frac{1}{2}+\sqrt{\frac{f^2r^2}{4}+\frac{r}{\rho}\frac{\partial p}{\partial r}} \tag{1-22}$$

将地转风的模代入梯度风公式中，略去高阶小量，可得

$$W_c=W_g-\frac{W_g}{fr} \tag{1-23}$$

对于反气旋可得

$$W_{ac}=W_g+\frac{W_g}{fr} \tag{1-24}$$

式中　W_c——气旋的梯度风风速；

W_{ac}——反气旋的梯度风风速；

W_g——地转风的模。

当 r 趋近于∞，梯度风即成为地转风。在小尺度系统中，如龙卷风等，科氏力很小，

空气的运动可视为水平气压梯度力、惯性力和离心力相平衡的结果：

$$\frac{1}{\rho}\frac{\partial p}{\partial r}-\frac{W_c^2}{r}=0 \tag{1-25}$$

1.1.1.4 三力平衡风

三力平衡风为在地转假设下，考虑摩擦力时得到的风，其一般位于大气边界层内。

1.1.1.5 空气做加速运动时的地转风

中尺度情况下，对大气水平运动方程进行简化，所得的就是空气做加速运动时的非地转运动方程。

$$\left.\begin{aligned}\frac{\mathrm{d}u}{\mathrm{d}t}&=-f(v-v_g)\\ \frac{\mathrm{d}v}{\mathrm{d}t}&=-f(u-u_g)\end{aligned}\right\} \tag{1-26}$$

气象学中，一般定义非地转风与地转风的矢量差为非地转偏差风，其分量形式为

$$\left.\begin{aligned}u'&=\frac{1}{f}\frac{\mathrm{d}u}{\mathrm{d}t}\\ v'&=\frac{\mathrm{d}v}{\mathrm{d}t}\end{aligned}\right\} \tag{1-27}$$

$$R_0=\frac{\frac{U^2}{L}}{fU}=\frac{U}{fL} \tag{1-28}$$

式中　f——科里奥利频率，$f=2\Omega\sin\phi$。

对于中尺度系统，$R_o\approx10^0$，惯性力项和科氏力项具有同样的数量级，可得到

$$\left.\begin{aligned}\frac{\mathrm{d}u}{\mathrm{d}t}&=-\frac{1}{\rho}\frac{\partial p}{\partial x}+2\Omega v\sin\phi\\ \frac{\mathrm{d}v}{\mathrm{d}t}&=-\frac{1}{\rho}\frac{\partial p}{\partial y}-2\Omega u\sin\phi\end{aligned}\right\} \tag{1-29}$$

对于小尺度系统，$R_o\approx10^1$，即惯性力项大于科氏力项，科氏力项可略去，得到

$$\left.\begin{aligned}\frac{\mathrm{d}u}{\mathrm{d}t}&=-\frac{1}{\rho}\frac{\partial p}{\partial x}\\ \frac{\mathrm{d}v}{\mathrm{d}t}&=-\frac{1}{\rho}\frac{\partial p}{\partial y}\end{aligned}\right\} \tag{1-30}$$

对于大尺度系统，$R_o\approx10^{-1}$，即惯性力项远小于科氏力项，由此略去方程中惯性力项，垂直速度项远小于水平速度项，也略去，即可得到

$$\left.\begin{aligned}-\frac{1}{\rho}\frac{\partial p}{\partial x}+2\Omega v\sin\phi=0\\ -\frac{1}{\rho}\frac{\partial p}{\partial y}-2\Omega u\sin\phi=0\end{aligned}\right\} \tag{1-31}$$

式（1-31）说明大尺度运动具有气压梯度力和科氏力相平衡的特点，称为地转平衡。利用这一诊断关系，可根据气压的分布直接求出地转平衡下的水平风

$$\left.\begin{aligned}u_g&=-\frac{1}{f\rho}\frac{\partial p}{\partial y}\\ v_g&=-\frac{1}{f\rho}\frac{\partial p}{\partial x}\end{aligned}\right\} \tag{1-32}$$

u_g、v_g 称为地转风，式（1-32）称为地转风关系式。地转风虽然是根据气压分布计算出的风，不是实际存在的风，但在中、高纬度自由大气中，地转风与实际风相当接近，可认为是实际风的一个良好近似。由于自由大气中的大尺度运动近似满足地转关系，因此也称为地转近似。对垂直运动方程简化，可得到准静力平衡近似关系式为

$$-\frac{1}{\rho}\frac{\partial p}{\partial z}-g=0 \tag{1-33}$$

其他方程均可依据尺度分析，在具体情况下进行简化。

1.1.2 季风环流

1. 季风定义

在一个大范围地区内，它的盛行风向或气压系统有明显的季节变化，这种在一年内随着季节不同，有规律转变风向的风，称为季风。季风盛行地区的气候又称季风气候。

季风明显的程度可用一个定量的参数来表示，称为季风指数，它用地面冬夏盛行风向之间的夹角来表示，当夹角在120°～180°时，认为是季风，然后用1月和7月盛行风向出现的频率相加除2作为季风指数，即

$$I=\frac{F_1+F_2}{2}$$

当 $I<40\%$ 为季风区（1区），$I=40\%\sim60\%$ 为较明显季风区（2区），$I>60\%$ 为明显季风区（3区），季风的地理分布如图1-6所示。由图1-6可知，全球明显季风区主要在亚洲的东部和南部，东非的索马里和西非的几内亚。季风区有澳大利亚的北部和东南部，北美的东南岸和南美的巴西东岸等地。

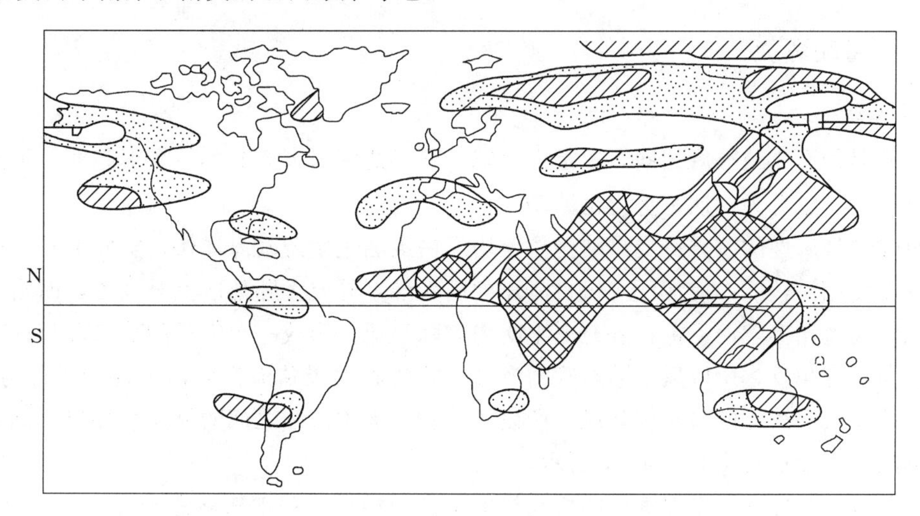

图1-6　季风的地理分布

亚洲东部的季风区主要包括我国的东部，朝鲜、日本等地区；亚洲南部的季风，以印度半岛最为显著，这是世界闻名的印度季风。

2. 我国季风环流的形成

我国位于亚洲的东南部，所以东亚季风和南亚季风对我国天气气候变化都有很大影响。形成我国季风环流的因素很多，主要是由海陆差异、行星风带的季节转换以及地形特征等综合形成的。

（1）海陆分布对我国季风的作用。海洋的热容量比陆地大得多，在冬季，陆地比海洋冷，大陆气压高于海洋，气压梯度力自大陆指向海洋，风从大陆吹向海洋；夏季则相反，陆地很快变暖，海洋相对较冷，陆地气压低于海洋，气压梯度力由海洋指向大陆，风从海洋吹向大陆。

（2）我国东临太平洋，南临印度洋，冬夏的海陆温差大，所以季风明显。

（3）行星风带位置季节转换对我国季风的作用。地球上存在着6个风带，名称分别为东北（南）信风带，盛行西风带，极地东风带，南半球和北半球是对称分布的。这6个风带，在北半球的夏季都向北移动，而冬季则向南移动。这样冬季时西风带的南缘地带，在夏季时可以变成东风带。因此，冬夏盛行风向会发生180°的变化。

（4）冬季我国主要在西风带影响下，强大的西伯利亚高压笼罩着全国，盛行偏北气流。在夏季，西风带北移，我国在大陆热带低压控制之下，副热带高压也北移，盛行偏南风。

（5）青藏高原对我国季风的作用。青藏高原占我国陆地的1/4，平均海拔4000m以上，对周围地区具有热力作用。在冬季，高原上温度较低，周围大气温度较高，这样形成下沉气流，从而加强了地面高压系统，使冬季风增强；在夏季，高原相对于周围自由大气是一个热源，加强了高原周围地区的低压系统，使夏季风得到加强。另外，在夏季，西南季风由孟加拉湾向北推进时，沿着青藏高原东部南北走向的横断山脉流向我国的西南地区。

1.1.3 局地环流

1. 海陆风

海陆风的形成与季风相同，也是由大陆与海洋之间温度差异的转变引起的。不过海陆风的范围小，以日为周期，势力也薄弱。

海陆物理属性的差异造成海陆受热不均，白天陆上增温较海洋快，空气上升，而海洋上空气温度相对较低，使地面有风自海洋吹向大陆，补充大陆地区上升气流，而陆上的上升气流流向海洋上空而下沉，补充海上吹向大陆气流，形成一个完整的热力环流；夜间环流的方向正好相反，所以风从陆地吹向海洋。将这种白天从海洋吹向大陆的风称为海风，夜间从陆地吹向海洋的风称为陆风，所以，将在一天中海陆之间的周期性环流总称为海陆风。海陆风形成示意图如图1-7所示。

海陆风的强度在海岸最大，随着离岸的距离而减弱，一般影响距离在20～50km。海风的风速比陆风大，在典型的情况下，风速可达4～7m/s。而陆风一般仅2m/s左右。海陆风最强烈的地区，发生在温度日变化最大及昼夜海陆温度最大的地区。低纬度日射强，所以海陆风较为明显，尤以夏季为甚。

此外，在大湖附近同样，日间自湖面吹向陆地的风称为湖风，夜间自陆地吹向湖面的风称为陆风，合称湖陆风。

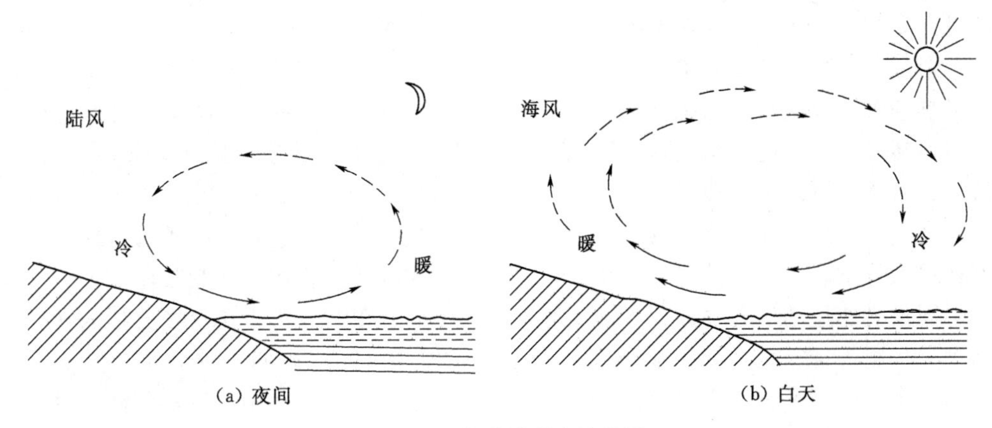

图 1-7　海陆风形成示意图

2. 山谷风

山谷风的形成原理跟海陆风类似。白天，山坡接受太阳光热较多，空气增温较多；而山谷同高度上的空气因离地较远，增温较少。于是山坡上的暖空气不断上升，并从山坡上空流向山谷上空，谷底的空气则沿山坡向山顶补充，这样便在山坡与山谷之间形成一个热力环流。下层风由谷底吹向山坡，称为谷风。到了夜间，山坡上的空气受山坡辐射冷却影响，空气降温较多；而山谷同高度的空气因离地面较远，降温较少。于是山坡上的冷空气因密度大，顺山坡流入谷地，谷底的空气因汇合而上升，并向山顶上空流去，形成与白天相反的热力环流。下层风由山坡吹向山谷，称为山风。故将白天从山谷吹向山坡的风叫谷风；夜间自山坡吹向山谷的风称为山风。山风和谷风又总称为山谷风，山谷风形成示意图如图 1-8 所示。山谷风风速一般较弱，谷风比山风大一些，谷风一般为 2～4m/s，有时可达 6～7m/s。谷风通过山隘时，风速加大。山风一般仅 1～2m/s。但在峡谷中，风力还能增大一些。

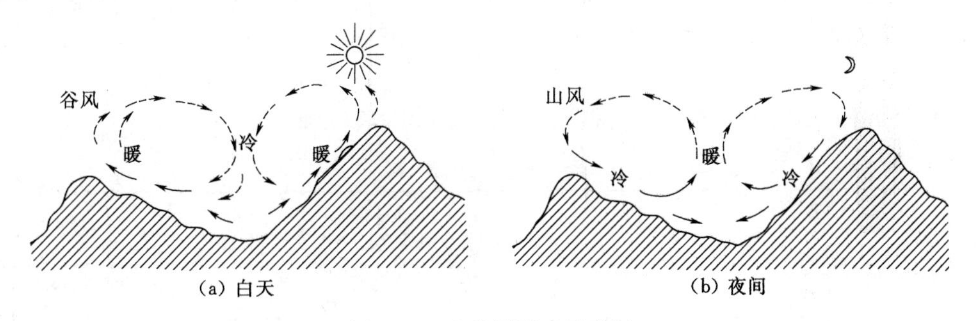

图 1-8　山谷风形成示意图

1.2　风电场微观尺度空气动力学的尺度概念

大气运动可以按尺度分级的，大气运动包含微小尺度和宏大尺度的运动。按大气运动尺度划分，大气边界层数值模拟计算方法可分为大尺度、中尺度、小尺度和微尺度模式。大尺度模式没有考虑热力作用的影响，主要是根据地面（高度 0m）的地转风进行分类，没有考虑太阳辐射等引起的热量收支变化的影响，只适用于地势平缓、海拔较低的地区。但在地形复杂、盆地高山交错、海拔较高的地区，高原地区的热力作用凸现，不考虑热力作用影响的气候背景场类型模拟可能产生较大误差。中尺度模式主要考虑的是近地层风场，与地转风、大气层结构和地表因素等的影响有关，能有效地模拟地形波、峡谷效应、对流风、海湖风以及下坡风等地形风场。小尺度和微尺度模式主要从天气（例如雨、雪等）角度进行模拟，即主要根据气象数据，对风场进行数值模拟，使得到的气候背景场能较好地代表复杂多变的气候特征，从而较好地得出风场风能资源分布趋势。

不同尺度的运动形态中方程各项所起的作用不同，由此就可以用尺度分析的观点对大气运动方程组进行简化。如果要研究一个国家或地区风能资源的宏观分布和风电发展规划，选用大、中尺度数值模式模拟可以满足要求。这是因为大、中尺度数值模式对大气边界层的湍流运动过程，采用参数化形式来简化处理，只能处理大气在水平方向的运动尺度远远大于垂直方向上运动尺度的情况。但当地形过于复杂时，大气在垂直方向上的运动尺度与水平方向的运动尺度相当，必须在基本运动方程中增加湍流交换项，即采用小尺度模式或者大气边界层模式。对于非常平坦而光滑的地表条件，可采用基于质量守恒原理的线性小尺度线性诊断模式。对于山区和粗糙的地表条件，需采用基于非线性湍流闭合方案求解大气边界层模式。如果为陡峭地形或需精确计算风电机组之间尾流影响的情况，则需要采用计算流体力学模式。

大气运动尺度可用水平范围 L、垂直尺度 D、水平速度 U、垂直速度 W 及平均时间尺度 τ 等参数划分。基本尺度参数见表 1-1。大气运动大尺度系统水平范围 L 的量级约为 10^3km，如大气长波、大型气旋和反气旋等；中尺度系统 L 的量级约为 10^2km，如台风温带气旋等；小尺度系统 L 的量级约为 10km，如山谷风等；微尺度系统 L 的量级为 10m 等级至几千米，如龙卷风等。垂直尺度可按其垂直伸展的绝对高度 D 来划分。对大多数大、中尺度系统，$D\approx10^4$m；小尺度系统中，$D\approx10^3$m；微尺度 D 约为 10m 等级。大气运动中水平速度尺度数量级为 $D\approx10$m/s，垂直速度尺度数量级满足 $W<UD/L$，由运动系统的水平和垂直尺度决定。对大尺度系统，$D\approx10^4$m，$L\approx10^6$m，因此 $W<10^{-1}$m/s。对于中尺度系统，$W<10^0$m/s；对于深厚的小尺度系统，$W\approx10$m/s，和水平速度尺度相同；对于浅薄的小尺度系统，如山谷风、海陆风，$W\approx10^{-1}$m/s。

表 1-1　　基本尺度参数

系统		L/m	D/m	U/(m·s^{-1})	W/(m·s^{-1})	τ/s
大尺度系统		10^6	10^4	10^1	$<10^{-1}$	10^6
中尺度系统		10^5	10^4	10^1	$<10^{-1}$	10^6
小尺度系统	深厚系统	10^4	10^4	10^1	$<10^{-1}$	10^5
	浅薄系统	10^4	10^3	10^1	$<10^{-1}$	10^5
微尺度系统		$10^1\sim10^3$	$10^1\sim10^3$	$10^0\sim10^1$	$10^{-1}\sim10^1$	$10^2\sim10^4$

1.3 风电场微观尺度空气动力学研究内容

一般来说，风电场微观尺度空气动力学研究风电机组、大气及下垫面之间的相互作用，具体涵盖风轮廓、山地绕流、风电机组尾流及大气边界层热稳定性等多方面内容。本书主要采用理论分析、试验测量和数值模拟等方法，对这些研究内容进行深入分析。

1.3.1 风轮廓

风电场流场数值模拟的前提条件是正确地模拟大气边界层，即以适当的边界条件和模型准确地表征地形变化、下垫面粗糙度以及光照等因素对流场分布的影响。由于在大气稳定、中性和不稳定三种状态下，风轮廓和湍流分布规律各不相同，因此需要针对不同的热稳定状态设置相应的边界条件。对于一般的风工程问题，通常将大气边界层视作中性层对待，此时流场的数值模拟应满足水平均匀性条件。为保持中性大气边界层中流动特性的水平均匀性，风电场流场的数值模拟应采用合适的湍流模型以及相应的边界条件。

Richards 和 Hoxey 基于边界层中压强定常的假设，认为驱动流体运动的切应力也为常数，且等于地面处切应力，推导出保持水平均匀性的入流条件（速度、湍流动能及其耗散率在高度上的分布方程）和施加定常切应力的顶面条件等边界条件。在实际的大气边界层中，切应力沿高度方向发生变化，因此入流条件要做适当修正。Yang 等人根据 TJ - 2 风洞实验数据，拟合出湍流动能沿高度的变化方程，用算例结果与实验对比，说明了方法的可行性和准确性。由于这种方法需要实测数据做支撑且只对风洞尺度大小的问题进行验证，在应用到完整尺度的大气边界层中存在一些问题，如缺少不同高度的湍流值。Xiao Dong Zhang 对摩擦速度进行线性修正，推导出湍流动能及其耗散率沿高度的耗散规律。A. Parent 基于 Brost 和 Wyngaard 的工作，根据速度脉动平方沿高度方向的变化情况，计算出湍流动能的分布规律。

如果大气边界层为逆温梯度，存在高度方向上的对流运动，此时速度将不再满足切变规律，需要应用相关的边界层计算模式予以分析。1954 年，Moni 和 Obukhov 提出了具有划时代意义的 Monin - Obukhov 相似性理论，建立了近地层湍流统计量和平均量之间的联系。Andrea Venora 将 Monin - Obukhov 相似性理论应用到近海风速数据分析上，考察了海水表面、气温、离岸距离、参考风速等因素对风轮廓线的影响。Blackadar 和 Lettau 分别提出了中性状态下可延伸至整个边界层高度的风速切变模型。在此基础上，Peña 等应用 Rossby 数相似理论，将模型拓展到所有热稳定状态下。Gryning 等人应用 Rossby 数相似理论，建立了考虑热稳定影响且适用于整个大气边界层高度的新型风轮廓模型。

1.3.2 山地绕流

在风电场流场数值模拟及其他风工程应用中，如何准确地模拟复杂地形对流场的影响作用，一直是研究的热点问题。针对该问题，展开了一系列实地测量、风洞实验及数值模拟模型改进等方面的工作。

比较著名的复杂地形风场测量实验有 Askervein 山地实验和 Bolund 小岛实验。Askervein 山地实验于 1982 年和 1983 年在英国境内靠近海岸的一座叫做 Askervein 的小山附近进行，主要研究山坡高度较小时其周围的边界层流动问题。Askervein 山坡度小于 20°且其周围地势比较平坦，风速稳定。Bolund 实验在 2007—2008 年完成，主要测量主风向下陡峭山体附近流场的变化。Bolund 山在丹麦境内，为孤立在水中的陡峭小岛。由于坡度变化大，Bolund 实验对复杂地形绕流的数值模拟方法提出了更高要求。

在风洞实验方面，Athanassiadou 等人对中性层条件下不同粗糙度的小山绕流进行了一系列实验，对比了坡度为10°和20°的两种小山绕流情况，且在后者的实验中观察到了流动分离现象。Ayotte 等人观测了各种坡度和粗糙度的孤立小山在风洞边界层的流动情况。测量结果显示，山顶处最大风加速因子明显低于线性模型的预测值，且当陡峭地形背风区发生强烈流动分离时，风速的恢复速度明显慢于线性模型。这说明使用线性模型预测复杂地形绕流存在很大的不确定性。因此，研究者提出了很多针对复杂地形流场的数值模拟方法，多数都侧重于计算流场中特定位置（如风电机组位置）的风加速因子。

在早期，Raithby 和 Walmsley 等人已经对 Askervein 山地绕流进行了多方面研究，并且比较了线性与非线性方法在模拟中的表现。Benjamin Martine 对 Askervein 山体绕流进行了模拟实验，发现使用标准 $k-\varepsilon$ 湍流模型时，预测值与测量值在由山脚到山顶的上坡阶段匹配良好，但是在背风区存在很大的偏差。考虑到 Askervein 山顶可能比上坡区更平滑，Undheim 等人通过在山顶处使用较小的粗糙度来提高山顶风加速因子轮廓与测量值的吻合程度。在某些工况下，山体绕流会出现流动分离现象，而这种分离流动预测难度大且通常为时变。Teunissen 和 Chow 分别从定常和时变两种情况对绕流中出现的流动分离现象进行了讨论和模拟。Gilberto 等人利用雷诺应力模型和壁面函数法对 Askervein 山进行数值模拟，并与实验测量对比，验证方法的可靠性。Balogh 等人分别使用 Fluent 和 OpenFOAM 软件利用改进 $k-\varepsilon$ 湍流模型和壁面函数法对复杂地形风电场进行数值模拟，并与测试数据进行比较。Bechmann 等人利用混合 LES/RANS 方法对复杂地形上的风电场进行了模拟；国内的华北电力大学康顺课题组采用 FINE/TURBO 的 CFD 软件平台，验证了采用 CFD 计算风电场微观尺度空气动力场的可能性，并对典型复杂地形的空气动力场特性进行模拟分析。

1.3.3 风电机组尾流

气流在穿过风电机组的风轮后，空气流速突然减小，湍流强度增大，风轮下游受风轮影响的整个空气动力场区域被称作风电机组尾流区。风电机组尾流区可按距离划分为近尾流区和远尾流区。近尾流区指的是在风轮后方大致一个风轮直径长的区域，对近尾流区的研究主要包括风电机组性能和能量转换的过程。风轮的气动性能在外观上可以由叶片的数量，叶片的翼型设计参数，不同工况下叶片的空气动力学特征如失速流动、三维效应和叶尖涡来体现；远尾流区是近尾流区以后的部分，远尾流区主要的研究内容是尾流效应对风电机组以及整个风电场的影响。风电机组之间的尾流影响主要表现为经过上游风电机组的气流会发生速度的衰减和方向的改变，并对尾流区域内的下游风电机组造成影响。通常情况下，一个风电场有多个风电机组，由风电机组产生的尾流效应会在不同程度上对整个风电场内的空气流场产生影响。

一般来讲，对风力机尾流的研究通常分为三大类，即实际情况下的实验研究、半经验尾流模型研究以及基于数值模拟方法的研究。实验研究早在20世纪中叶就已经在全世界范围内开展起来了，大型的实验平台有美国可再生能源局 NREL Phase Ⅳ风机实验、丹麦 Nibe 型风机实验和墨西哥风机实验等，实验过程中取得了大量有价值的实验参数。但是由于实验平台的搭建过程过于复杂以及高昂的实验成本，在很大程度上限制了风电机组的实验研究。

半经验模型是在物理实验的基础上，建立尾流流场的数学关系式，它们整体上来讲计算量小，所耗资源少。常见的两种半经验尾流模型有 Jensen 模型和 Larsen 模型，它们整体上来说计算量小、所耗资源少，而且基本上能够满足平坦地形下的精度要求，所以常用于实际工程中计算尾流分布情况。在风电场微观选址方面，许昌等人结合了 Jensen 以及 Lissaman 两种尾流模型，提出了一种能在复杂地形情况下对风电场微观选址优化的方法，这种方法能同时将不同高度下的风电机组之间的尾流和风的流动速度等因素一起考虑。在风电场风功率预测方面，李莉等人将不同风向下风电场流场的数值计算结果制成风电场特征数据库，结合 WRF 预测功能和 Larsen 尾流模型预测风电场功率。在模型改进方面，张镇结合近场的无黏尾流模型和适合于远场的改进 Jensen 模型提出了全场尾流模型，与风电机组尾流实验对比加以验证；曾利华等人将尾流的叠加作为研究重心，提出了风电机组尾流的一维线型模型，通过不断的尝试，在此基础上对模型进行改进完善，提出了非线性扩张尾流模型，阐述了在一维情况下尾流叠加模型的规律。

然而半经验尾流模型由于将风电机组入口的入流条件、风电机组的气动特性以及下垫面等因素都进行了不同程度的简化，虽然在平坦地形中进行尾流的计算基本满足工程需求，但是在复杂地形条件下半经验尾流模型计算精度明显不能满足实际需求。数值模拟方法与理论分析方法相辅相成，在分析流体运动问题方面有着广泛的应用。尾流的模拟也不例外，数值模拟方法可以很好地模拟各种因素对尾流场的影响，提高了计算精度，使得其成为尾流研究的热点。

单纯研究风电机组尾流的数值模拟方法，可以将其分为常规数值模拟和简化数值模拟。常规数值模拟与大多数数值模拟方法相同，先建立风电机组实体的三维模型，然后划分网格设置边界条件在 CFD 软件中进行计算。简化的数值模拟则考虑到主要研究对象是风电机组尾流，不必要对风电机组进行完全真实的三维模拟，可以通过加载动量源项和湍流源项来取代风轮的作用，从而到达简化模型的目的。

1.3.4 大气边界层热稳定性

大气稳定度是指受温度分布状况影响大气垂直方向运动受到抑制或加强的程度，一般分成稳定、不稳定和中性三种状态。常用的大气稳定度分类方法有帕斯奎尔（Pasquill）法和国标原子能机构 IAEA 推荐的方法。我国现有法规中推荐的修订帕斯奎尔分类法（简称 P · S)，分为强不稳定、不稳定、弱不稳定、中性、较稳定和稳定六级，它们分别表示为 A、B、C、D、E、F。大气热稳定度计算方法有采用 $P-T$ 方法、辐射法、风向标准差（σ_θ）法、ΔT 法以及 $\Delta T/U$ 法等。当考虑到大气湍流的动力及热力特征时，又有其他热稳定度计算方法，主要有莫宁-奥布霍夫长度 L 方法、Richardson Bulk 方法、Richardson Gradient 方法以及 Profile 方法，其中 Profile 方法又可以分为海洋温度剖面法、温差剖面法以及不同风速和温度剖面法三种。有不少国外学者对这些模型进行验证分析，在稳定状态和散射较大情况下模型难以预测风速剖面，每个模型都有不同的方法估算风轮廓，Richardson Bulk 方法相比其他方法而言，估算更为准确，是未来主要研究方向。

大气稳定度对处于其底层的风电场尾流有重要影响，表现在不同稳定度条件下尾流结构差异性分布。随着风电开发规模的不断扩大，风电开发已经向复杂地形环境和沿海区域延伸。在复杂地形环境中，由于大气稳定度、地形及尾流等因素的综合作用，流场演变规律复杂，风速波动大，风资源评估、风功率预测等工程应用对风电场流场数值计算的速度和精度提出了更高地要求。现有研究大部分基于中性大气条件，很少考虑其他稳定状态，严重影响了对尾流的预测精度。使用常规的数值方法模拟复杂地形风电场尾流场，难以得到满足工程精度的结果。此外，海上风电场风电机组布置不同于复杂地形风电场，风电机组布置比较规律，尾流效应造成的能量损失对风电场的经济性有重要影响，结合热稳定度对海上风电场尾流损失与机组输出功率相互影响进行的研究也很有必要。

传统风电场研究中，大气往往被假定为中性，因此没有考虑热稳定度的影响。对于平均风速较低（$<6\mathrm{m\cdot s^{-1}}$）的风电场，热效应对大气的影响开始变得非常显著；对于海上风电场，大气稳定度的影响超过地形和粗糙度的影响。

大气地面边界层厚度与热稳定度有关，不稳定状态为600～1000m，稳定状态为150～200m，当前风电机组工作最高可延伸至接近150m，风电机组工作在地面边界层以内，因此研究需采用整个边界层高度风轮廓模型。Alfredo Peña 和 Rogier Floors 等人从不同大气热稳定度条件分析 Horns Rev 一期项目中功率亏损的数据，描述该区域风轮廓。Alfredo Peña 利用 Horns Rev 海上风电场一排东西方向的风电机组输出功率数据与改进的 Park 尾流模型模拟结果对比，并在四种不同热稳定性下分析，两者吻合度较高，稳定情况下功率损失比不稳定情况下高。在湍流方面，Bowen 和 Fontini 应用 LES 方法研究了不同热稳定状态下大气层的湍流模型及其对风能的影响，研究表明，使用指数律和半经验的相似性公式预测风轮廓，其准确性依赖于热稳定强度，且模拟中出现了低空急流。急流以下的风速垂直切变将诱发间歇湍流，间歇湍流异常强烈，持续时间也大于最大尺度涡的时间尺度，会对风电机组寿命和运行造成不利影响。

Uchida 和 Yuji 等人利用 LES 方法对复杂地形上的风电场进行模拟，得到了较好的效果，并且分析了稳定的边界层中温度和流动分布的问题。Nikola 和 Zeljko 以运行数据为参照，研究热稳定度对风电场出力影响的分析，热稳定度对轮毂高度处的风速评估影响较大，不稳定情况下风切变指数比稳定情况下要小。

Olivier 和 Tristan 等人研究风电场 CFD 计算以及热稳定性对风能资源评估结果的真实影响，对于平均风速较低（<6m/s）的风电场，热效应对大气的影响变得非常显著，对于海上风电场，大气热稳定度的影响超过地形和粗糙度的影响，大气热稳定度取决于入射地面的净热通量，即射入辐射量、射出辐射量，以及大气和下垫面潜热、显热交换的总和。何仲阳等人基于 $k-\varepsilon$ 湍流模型，对不同地形、不同风速、不同温差下的流场进行了模拟，对不同情况下温差的影响进行了讨论，结果表明，在平坦地形、低风速情况下地表温度对流场影响较大，而在复杂地形、风速较高的情况下，地表温度影响较小甚至可忽略。热稳定度对风电场微观尺度空气动力场的影响通常通过运行参数得到验证，徐斌等人通过分析测风塔垂直方向温度变化对风电场功率预测系统预测精度的影响，提出采用温度校正提高风功率预测精度的方法。

Sonia 和 Julie 研究风电场运行数据发现：对于同种风速，大气稳定度呈现稳定状态时输出功率明显大于存在强对流的不稳定状态，其平均差别接近 15%。对于稳定的大气边界层，如在大气层比较稳定的夜间，风电机组功率输出相当于在轮毂风速的基础上增加 0.2m/s；对于不稳定大气边界层，风电机组功率输出相当于在轮毂风速上减去 0.5～1m/s，热稳定度、风切变、湍流等因素都会影响到风电机组实际输出功率，大气湍流和风切变存在内在联系，风能资源评估和短期（天）电力预测会受益于大气稳定性的准确测量；Rohatgi 等人也研究热稳定对输出功率的影响。

1.4 风电场微观尺度空气动力学的研究方法

与一般的空气动力学研究方法类似，对风电场空气动力场的研究通常结合现场测量、数值研究和运行数据分析等多种手段进行。解决风电场空气动力场问题时，现场观测、实验室测量、数值计算等几方面是相辅相成的。实验需要理论指导，才能从分散的、表面上无联系的现象和实验数据中得出规律性的结论。反之，理论分析和数值计算也要依靠现场观测和实验室模拟给出物理图案或数据，以建立流动的力学模型和数学模式。最后，还须依靠实验来检验这些模型和模式的完善程度。此外，实际流动往往异常复杂（例如湍流），理论分析和数值计算会遇到巨大的数学和计算方面的困难，得不到具体结果，只能通过现场观测和实验室模拟进行研究。

1.4.1 风电场空气动力场的测量

现场观测是对自然界固有的流动现象或已有工程的全尺寸流动现象，利用各种仪器进行系统观测，从而总结出流体运动的规律，并借以预测流动现象的演变。过去对天气的观测和预报，基本上就是这样进行的。不过现场流动现象的发生往往不能控制，发生条件几乎不可能完全重复出现，影响到对流动现象和规律的研究；现场观测还要花费大量物力、财力和人力。因此，实验室的建立，使这些现象能在可以控制的条件下出现，以便于观察和研究。同物理学、化学等学科一样，流体力学离不开实验，尤其是对新的流体运动现象的研究。实验能显示运动特点及其主要趋势，有助于形成概念，检验理论的正确性。

风电场选址时，当采用气象台、站所提供的统计数据时，往往只是提供较大区域内的风能资源情况，而且其采用的测量设备精度也不一定能满足风电场微观选址的需要，因此，一般要求对初选的风电场选址区用高精度的自动测风系统进行风的测量。

风能资源的开发和利用过程中，风能资源的测量与评估处于十分重要的位置，主要表现在风电场规划设计、风电场微观选址、风电场风况实时监测、超短期预测、数值预报模式、预报输出数据比对和数值模式参数校正等方面。风电场大都位置偏远，处于电网末端，电网接纳能力较弱，风电外送的能力受到制约。当风电满发时，电网调节能力有限，无法消纳大规模风电，为保障电网的安全稳定，特定时候需要适当弃风限电。因此，通过对风电场气象要素资料，尤其是风速进行测量和收集，能够对弃风限电的风电场发电损失进行有效评估，提高风电场的运营管理水平。

风电场测风方案是实施风电场测风的基础，风电场测风方案的好坏将直接影响测风的准确性和可靠性，其编制应符合国家和行业的有关技术标准和规定以及项目建设单位、当地政府的有关要求等。方案应能使风电场的测风达到《风电场工程风能资源测量与评估技术规范》（NB/T 31147—2018）中的有关要求，测风数据能满足风电场风能资源评估和工程设计要求。风电场测风方案一般应包括的内容有项目目的及任务由来、风电场项目简况、项目有关依据和开发原则、测风工作深度、测风范围的确定、测风塔及测风设备布置、技术要求、工作内容、工作进度计划等。

一个物理过程最可靠的数据资料往往由实验测试得到。测试是微观尺度空气动力场研究的基本方法，所有的空气动力场分布规律的揭示需要通过测试来确认和获得。采用全比例进行的实验研究，可以预测由它完全复制的同类过程在相同条件下将如何运行。在大多数情况下，这种全比例的实验是极其昂贵的，而且往往是不可能的。于是取代的方法是在缩小比例的模型上做实验。但是这些实验所得到的结果必须外推到全比例的设备上去，然而这种外推工作的一般规律往往是无法得到的。此外，这种缩小尺寸的模型并不总是能模拟全比例设备的各方面特征，这样就降低了模型试验结果的效能。

1.4.2 风电场空气动力场数值模拟

采用数值模式对区域风能资源状况进行模拟研究是一种比较先进的方法，将模拟结果作为风能资源普查的辅助资料和前期手段，可以弥补观测资料的不足，尤其对于复杂地形区域的数值模拟，可以在一定程度上减少风能资源评估的不确定性，对大范围区域风能资源的宏观评估、风电场宏观选址以及风电场微观选址等均具有很好的参考价值。然而，采用数值模拟还不能够认定选点以及确定风电场址位置，只能反映计算区域内风能资源的分布趋势，而在数值上会有系统性的偏差。此外，数值模拟不能准确反映特殊天气过程的演变规律，在其影响下的风电场模拟结果会比实况偏差较大。但是，数值模拟可以作为风能资源普查和风电场选址的一种新型辅助手段，具有重要的发展潜力和研究价值，是未来风能资源普查评价技术的重要发展方向。同时，对指导前期风电场选址及优化测风点具有较高的指导作用。

1. 数值模拟研究

目前国内外风能资源数值模拟的主要方法如下：

（1）统计长期数值模拟方法，例如加拿大的 WEST 数值模拟模式。此模式先对大尺度天气背景场进行分类，再按照类型进行数值模拟，从而得到长年的风能资源数值模拟结果。

（2）短期数值模拟方法，例如美国中尺度气象 MMS 数值模拟模式。此方法先选取一年的观测资料，计算出一年风能资源数值模拟结果，再以周围气象站长年测风资料为依据，由一年的模拟结果推算出长年的风能资源分布状况。

（3）微尺度的数值模拟方法，如计算流体力学（Computational Fluid Dynamics, CFD）技术。目前比较流行的基于 CFD 技术的风能资源分析软件有法国美迪公司的 WT 软件、挪威的 Windsim 等。CFD 技术广泛应用于计算风工程中，是一种重要的风能资源评估和风电场微观选址工具，他的设计思想为：通过设定合适的边界条件，运用 CFD 软件按一定的计算方法迭代求解，以获得边界层风的特性及整个风电场的风速和风能。

CFD常用的湍流数值模拟方法有直接模拟（Direct Numerical Simulation，DNS）、大涡模拟（Large Eddy Simulation，LES）、雷诺时均模拟（Reynolds Average Navier-Stokes，RANS）。

国外研究风电场数值模拟起步较早，AstrupPoul根据WAsP软件的线性模型对不同地面粗糙度下的复杂地形进行数值计算，对比实验结果提出了改进模型。A. Bechmann在比较大涡模拟和雷诺平均模拟后，认为双方程的雷诺平均法更加符合实验结果。J. M. Prospathopoulos等人也尝试采用CFD方法分别对平坦地形和复杂地形进行数值模拟，试图找到能够准确计算风电场风能的方法。M. X. Song等人在微观选址时提出了一种粒子尾流模型，分别在平坦地形和复杂地形上进行了验证。我国已有学者开展针对复杂地形风能资源预测的研究工作，但其研究水平相对国外有一定差距，主要体现在地形数据的处理、风电场空气动力场的数值计算方法和空气动力场数值计算结果的处理上。但都是对中尺度大气进行研究，对微尺度的研究较少。梁思超等人对Askervein山进行模拟并与实验测风数据比较，提出了复杂地形风电场绕流数值模拟的方法。刘洁等人通过CFD数值模拟研究了聚风型风电机组中聚风罩和推力系数对尾流的影响。

2. 风能资源评估软件

风能资源评估软件的作用就是对观测站的观测资料（风向、风速等）以及气象站的长期相关资料进行整理、分析，以此来评定某地能否建立风电场。风能资源评估是风电场建设的重要基础，它直接关系到项目立项、设备选型以及项目的经济性分析等。在风电场进行风能资源评估时，由于测风数据不完整，常常根据气象站与测风塔的相关性，将现场测风数据修订为一套反映风电场风速长期平均水平的代表性数据，以此进行风能资源分析。而代表年风速修订是否合理是影响风能资源评估准确性的重要因素。

目前用于风电场风能资源分布评估和发电量计算的商业软件主要有WAsP、WindFarmer、WT、Windsim等，WAsP软件是最早的常用于风电场风能计算和微观选址的软件之一。WAsP软件是由丹麦RISΦ实验室开发的一款风能资源评估软件。他的主要功能为对测风塔的测风数据进行分析，确定风电机组排布后，可以计算各台风电机组的年发电量及尾流损失以及对整个风电场地形进行风能资源大小的评估计算。他的主要输入量有3个部分，分别是：①测风数据，按每个小时测得的风速和风向数据；②地形图，由Map Editor转化而成的map文件；③由Turbine Editor生成的风电机组功率特性曲线和推力系数曲线。WT和Windsim软件的基本原理是通过定向计算，得到风电场的定向风能分布，通过相似计算和风速概率密度分布，得到风电场的风能分布，进而结合尾流模型计算风电场产量。

1.4.3 风电场运行数据分析与评估

处于运营阶段的风电场在后评估过程中会发现其在日常运行中存在一些问题，如发电量较风能资源评估报告中预估的偏小，风电机组故障率偏高，在某些工况下（如特定的风向）风电机组出力小等。通过对风电场空气动力场的数值计算可以找出造成这些问题的原因，提出切合实际的改造方案，并准确地预测出技术改造方案所能达到的改造效果。在风电开发过程中，风能资源评估和风功率预测都涉及风电场空气动力场的模拟计算。

对风电场实际运行数据进行统计分析，找出问题机组，选定进行CFD计算的问题机组所在区域。分析测风塔数据得到入流的风速、湍流度、风向信息，并且对入流的风轮廓线模型进行修正，同时提出针对问题可行的改造方法。

1. 风电工程项目所在地风况后评价

需要对可研报告中的风能资源及设计发电量进行后评估。需要评估设计风况的代表性和准确性。其评价指标包括平均风速、平均风功率密度、有效风功率密度及风能等，其中重点考察平均风速。

2. 风电工程项目主要设备运行及质量情况后评价

风电场主设备后评价主要是对风电项目主要设备的质量、引进情况及其运行情况进行分析和评价。对于风电机组来说其评价指标包括等效满发小时数、风电机组可利用率、故障损失电量统计、偏航时间等。可以了解风电机组的实际运行水平，如机组的可用率、实际发电量等。

1.5 风电场微观尺度空气动力学研究意义

随着风电开发规模的不断扩大，风电开发已经向复杂地形环境和沿海区域延伸。在复杂地形环境和沿海区域中，由于入口风轮廓、绕流及尾流等因素的综合影响，流场演变规律复杂，风速波动大，风能资源评估、风功率预测等工程应用对风电场空气动力场数值计算的速度和精度提出了更高要求。

一般情况下，风电机组进行功率控制的功率曲线是在中性边界层中测定的，实际上大气的热稳定状态除了中性状态还包括稳定和非稳定状态。在其他热稳定状态下，数值模拟的入口风轮廓与中性状态存在一定的差异，影响数值模拟的准确性。此外地形的起伏会使风速大小和湍流强度发生改变，影响风向；而尾流直接影响下游风电机组的入流风速，造成下游风电机组出力减小。大气热稳定、尾流及地形对流场的影响相互叠加、耦合，使风电场空气动力场演变规律复杂化。使用常规的数值方法模拟这种复杂的流场，得到的结果精度难以满足工程需求。

在风电开发过程中，风能资源评估的准确性直接关系到风电场微观选址的优劣，影响风电场的发电能力和盈利情况。由于风能资源评估不准确，风电场实际出力与风能资源评估结果差别较大以及部分风电机组运行状况差的情况时有发生。在风电场运行时，风电场微尺度空气动力学可以为风电机组状态监测和故障诊断提供可靠的外部流场信息，有利于计算机组疲劳载荷和极端载荷。准确的流场计算模型应用到功率预测上，可以为电网提供可靠的预测数据，方便电网下发合适的调度指令。在获得电网调度指令后，风电场可根据风功率预测结果进行自动发电控制，合理分配各台风电机组发电量，降低机组疲劳载荷，提高机组安全运行时间。综上所述，风电场微尺度空气动力学在整个风电场的开发和运行周期内都有重要的应用价值，是提高发电量和经济性的有力保障。

参 考 文 献

[1] Richards P J, Hoxey R P. Appropriate boundary conditions for computational wind engineering models using the $k-\varepsilon$ turbulence model [J]. Journal of wind engineering and industrial aerodynamics, 1993, 46: 145-153.

[2] Yang Y, Gu M, Chen S, et al. New inflow boundary conditions for modelling the neutral equilibrium atmospheric boundary layer in computational wind engineering [J]. Journal of Wind Engineering and Industrial Aerodynamics, 2009, 97 (2): 88-95.

[3] Parente A, Gorlé C, Van Beeck J, et al. Improved $k-\varepsilon$ model and wall function formulation for the RANS simulation of ABL flows [J]. Journal of wind engineering and industrial aerodynamics, 2011, 99 (4): 267-278.

[4] Monin A S, Obukhov A M F. Basic laws of turbulent mixing in the surface layer of the atmosphere [J]. Contrib. Geophys. Inst. Acad. Sci. USSR, 1954, 24 (151): 163-187.

[5] Venora A. Monin-Obukhov similarity theory applied to offshore wind data-validation of models to estimate the offshore wind speed profile in the north sea [D]. Delft University of Technology, 2009.

[6] Blackadar A K. The vertical distribution of wind and turbulent exchange in a neutral atmosphere [J]. Journal of Geophysical Research, 1962, 67 (8): 3095-3102.

[7] Lettau H H. Theoretical wind spirals in the boundary layer of a barotropicatmosphere [J]. Beitr. Phys. Atmos, 1962, 35: 195-212.

[8] Peña A, Gryning S, Hasager C B. Comparing mixing-length models of the diabatic wind profile over homogeneous terrain [J]. Theoretical and Applied Climatology, 2010, 100 (3-4): 325-335.

[9] Stull R B. An introduction to boundary layer meteorology [J]. Atmospheric Sciences Library, 1988, 8 (8): 89.

[10] Gryning S, Batchvarova E, Brümmer B, et al. On the extension of the wind profile over homogeneous terrain beyond the surface boundary layer [J]. Boundary-Layer Meteorology, 2007, 124 (2): 251-268.

[11] Taylor P A, Teunissen H W. The Askervein Hill project: overview and background data [J]. Boundary-Layer Meteorology, 1987, 39 (1): 15-39.

[12] Castro F A, Palma J, Lopes A S. Simulation of the Askervein Flow. Part 1: Reynolds Averaged Navier-Stokes Equations (k-Epsilo Turbulence Model) [J]. Boundary-Layer Meteorology, 2003, 107 (3): 501-530.

[13] Taylor P A, Teunissen H W. Askervein'82: Report on the September/October 1982 Experiment to Study Boundary-layer Flow over Askervein, South Uist [M]. Meteorological Services Research Branch, Atmospheric Environment Service, 1983.

[14] Taylor P A, Teunissen H W. The Askervein Hill project: Report on the sept. /oct. 1983, main field experiment [M]. Meteorological Services Research Branch, Atmospheric Environment Service, 1985.

[15] Berg J, Mann J, Bechmann A, et al. The Bolund Experiment, Part Ⅰ: Flow over a steep, three-dimensional hill [J]. Boundary-layer meteorology, 2011, 141 (2): 219-243.

[16] Bechmann A, Sørensen N N, Berg J, et al. The Bolund experiment, part Ⅱ: blind comparison of microscale flow models [J]. Boundary-Layer Meteorology, 2011, 141 (2): 245-271.

[17] Bechmann A, Berg J, Courtney M, et al. The Bolund experiment: overview and background [R]. Danmarks Tekniske Universitet, Risø National Laboratoriet for Bæredygtig Energi, 2009.

[18] Athanassiadou M, Castro I P. Neutral flow over a series of rough hills: a laboratory experiment [J]. Boundary - layer meteorology, 2001, 101 (1): 1 - 30.

[19] Ayotte K W, Hughes D E. Observations of boundary - layer wind - tunnel flow over isolated ridges of varying steepness and roughness [J]. Boundary - layer meteorology, 2004, 112 (3): 525 - 556.

[20] Undheim O, Andersson H I, Berge E. Non - linear, micro scale modelling of the flow over Askervein Hill [J]. Boundary - Layer Meteorology, 2006, 120 (3): 477 - 495.

[21] Kim H G, Lee C M, Kyong N H. Numerical study on the wind flow over hilly terrain [J]. J. Korea Air Pollution Research Association, 1997, 13 (1): 65 - 77.

[22] Lopes A S, Palma J, Castro F A. Simulation of the Askervein flow. Part 2: Large - eddy simulations [J]. Boundary - Layer Meteorology, 2007, 125 (1): 85 - 108.

[23] Kim H, Patel V C. Test of turbulence models for wind flow over terrain with separation and recirculation [J]. Boundary - Layer Meteorology, 2000, 94 (1): 5 - 21.

[24] Raithby G D, Stubley G D, Taylor P A. The Askervein Hill project: a finite control volume prediction of three - dimensional flows over the hill [J]. Boundary - Layer Meteorology, 1987, 39 (3): 247 - 267.

[25] Walmsley J L, Taylor P A. Boundary - layer flow over topography: impacts of the Askerveinstudy [J]. Boundary - Layer Meteorology, 1996, 78 (3): 291 - 320.

[26] Martinez B. Wind resource in complex terrain with OpenFOAM [R]. Risø DTU, National Laboratory for Sustainable Energy, 2011.

[27] Undheim O. 2D simulations of terrain effects on atmospheric flow [J]. Studi Storici, 1975 (1): 262 - 263.

[28] Teunissen H W, Shokr M E, Bowen A J, et al. The Askervein hill project: wind - tunnel simulations at three length scales [J]. Boundary - layer meteorology, 1987, 40 (1 - 2): 1 - 29.

[29] Chow F K, Street R L. Evaluation of Turbulence Models for Large - Eddy Simulations of Flow Over Askervein Hill [J]. Journal of Applied Meteorology and Climatology, 2009, 48 (5): 1050 - 1065.

[30] Moreira G A, Dos Santos A A, Do Nascimento C A, et al. Numerical study of the neutral atmospheric boundary layer over complex terrain [J]. Boundary - layer meteorology, 2012, 143 (2): 393 - 407.

[31] Balogh M, Parente A, Benocci C. RANS simulation of ABL flow over complex terrains applying an Enhanced $k-\varepsilon$ model and wall function formulation: Implementation and comparison for fluent and OpenFOAM [J]. Journal of wind engineering and industrial aerodynamics, 2012, 104: 360 - 368.

[32] Bechmann A, Sørensen N N. Hybrid RANS/LES method for wind flow over complex terrain [J]. Wind Energy, 2010, 13 (1): 36 - 50.

[33] 魏慧荣，康顺. 风电场地形绕流的 CFD 结果确认研究 [J]. 工程热物理学报，2007，28 (4)：577 - 579.

[34] 梁思超，张晓东，康顺，等. 基于数值模拟的复杂地形风场风资源评估方法 [J]. 空气动力学学报，2012 (3)：415 - 420.

[35] Simms D, Hand M, Jager D, et al. Wind tunnel testing of NREL's unsteady aerodynamics experiment[C]. 20th 2001 ASME Wind Energy Symposium, 2001.

[36] 杨校生. 丹麦大型风力发电机研制情况 [J]. 新能源，1993，15 (1)：16 - 19.

[37] Snel H, Schepers J G, Montgomerie B. The MEXICO project (Model Experiments in Controlled Conditions): The database and first results of data processing and interpretation [J]. Journal of Physics: Conference Series, 2007, 75 (1): 12014.

[38] Jensen N O. A note on wind generator interaction [R]. Roskilde, Denmark: Risø Nationl Laboratory, 1983.
[39] Larsen G C. A simple stationary semi - analytical wake model [R]. Risø National Laboratory for Sustainable Energy, Technical University of Denmark, 2009.
[40] Larsen G C, Madsen H A, Thomsen K, et al. Wake meandering: a pragmatic approach [J]. Wind energy, 2008, 11 (4): 377 - 395.
[41] 许昌，杨建川，李辰奇，等. 复杂地形风电场微观选址优化 [J]. 中国电机工程学报，2013，33 (31)：58 - 64.
[42] 李莉，刘永前，杨勇平，等. 基于 CFD 流场预计算的短期风速预测方法 [J]. 中国电机工程学报，2013，33 (7)：27 - 32.
[43] 张镇. 风电场中风力机尾流模型研究 [D]. 北京：华北电力大学，2012.
[44] 曾利华，王丰，刘德有. 风电场风力机尾流及其迭加模型的研究 [J]. 中国电机工程学报，2011，19 (31)：37 - 42.
[45] 毕雪岩，刘烽，吴兑. 几种大气稳定度分类标准计算方法的比较分析 [J]. 热带气象学报，2005，21 (4)：402 - 409.
[46] 曹文俊，朱汶. 大气稳定度参数的计算方法及几种稳定度分类方法的对比研究 [J]. 中国环境科学，1990，10 (2)：142 - 147.
[47] 范绍佳，林文实. 理查逊数 *Ri* 在沿海近地层大气稳定度分类中的应用 [J]. 热带气象学报，1999，15 (4)：370 - 375.
[48] 蒋维楣，曹文俊，蒋瑞宾. 空气污染气象学教程 [M]. 北京：气象出版社，1993.
[49] Peña A, Réthoré P, Rathmann O. Modeling large offshore wind farms under different atmospheric stability regimes with the Park wake model [J]. Renewable Energy, 2014, 70: 164 - 171.
[50] Blackadar A K. The vertical distribution of wind and turbulent exchange in a neutral atmosphere [J]. Journal of Geophysical Research, 1962, 67 (8): 3095 - 3102.
[51] Zhou B, Chow F K. Turbulence modeling for the stable atmospheric boundary layer and implications for wind energy [J]. Flow, turbulence and combustion, 2012, 88 (1 - 2): 255 - 277.
[52] Uchida T, Ohya Y. Large - eddy simulation of turbulent airflow over complex terrain [J]. Journal of Wind Engineering and Industrial Aerodynamics, 2003, 91 (1): 219 - 229.
[53] Ohya Y, Uchida T. Laboratory and numerical studies of the atmospheric stable boundary layers [J]. Journal of Wind Engineering and Industrial Aerodynamics, 2008, 96 (10): 2150 - 2160.
[54] Sucevic N, Djurisic Z. Influence of atmospheric stability variation on uncertainties of wind farm production estimation [J]. EWEA Presentation, 2012: 1 - 9.
[55] Texier O, Clarenc T, Bezault C, et al. Integration of atmospheric stability in wind power assessment through CFD modeling [J]. Proc. EWEC 2010 (Warsaw, Poland, 20 - 23 April 2010), 2010.
[56] 何仲阳，宋梦譞，张兴. 地表温度对风场模拟的影响 [J]. 化工学报，2012，63 (S1)：7 - 11.
[57] 徐斌. 消除小气候对风电场风电功率预测系统预测准确率的影响 [J]. 中国风电生产运营管理 (2013)，2013.
[58] Wharton S, Lundquist J K. Atmospheric stability affects wind turbine power collection [J]. Environmental Research Letters, 2012, 7 (1): 14005.
[59] Rohatgi J, Barbezier G I L. Wind turbulence and atmospheric stability—their effect on wind turbine output [J]. Renewable energy, 1999, 16 (1 - 4): 908 - 911.

第2章　风电场微观尺度空气动力场数学模型

2.1　大气分层和风轮廓模型

2.1.1　大气的分层和结构

由于地球自转以及不同高度大气对太阳辐射吸收程度的差异，使得大气在水平方向比较均匀，而在垂直方向呈明显的层状分布。可按大气不同的性质如热力性质、电离状况、大气组分等特征分成若干层次。一般按气温的垂直分布特征划分为五个层次：对流层、平流层、中间层、热成层和外逸层。也可以依据不同高度上大气运动受力的不同可将大气分为大气边界层和自由大气层。大气分层示意图如图2-1所示。

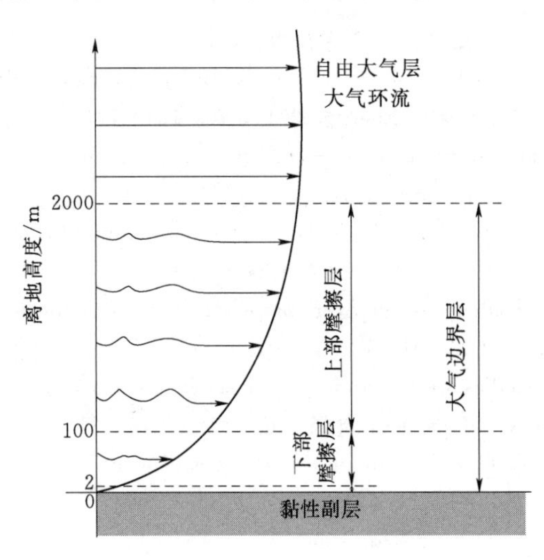

图2-1　大气分层示意图

风吹过地面时，由于地面上各种粗糙元（草地、庄稼、树林、建筑物等）的作用，会对风的运动产生摩擦阻力，使风的能量减少并导致风速减小，减小的程度随离地面的高速增加而降低，直至达到某一高度时，其影响就可以忽略。这一层受到地球表面摩擦阻力影响的大气层称为“大气边界层”。在大气边界层中，地球表面和大气之间发生较大的热量、质量和能量交换。

大气边界层可划分为三个区域：地面至离地面2m的区域底层称为黏性副层；2～100m的区域为下部摩擦层；100～2000m的区域为上部摩擦层，又称埃克曼（Ekman）层。底层和下部摩擦层总称为地表层或地面边界层，三个区域总称为摩擦层或大气边界层，再往上就进入了地面摩擦不起作用的“自由大气层”。

大气边界层的高度随气象条件、地形和地面粗糙度的不同而有差异，这一层是人类社会实践和生活的主要场所。地面上建筑物和构筑物的风载荷和结构响应等正是大气边界层内空气流动的直接结果。在大气边界层中，空气运动是一种随机的湍流运动。主要特征表现在以下方面：

（1）由于大气温度随高度变化所产生的温差引起的空气上、下对流运动。

（2）由于地球表面摩擦阻力的影响，风速随高度变化。

(3) 由于地球自转引起的科氏力作用，风向随高度的增加而变化。

(4) 由于湍流运动引起动量垂直变化，大气湍流特性随高度变化。

大气边界层内的风可看成是由平均风和脉动风两部分组成。地面边界层也称普朗特(Prandt) 边界层，其高度经常定义为大气边界层的固定百分比（约 10%）。但实际上，地面边界层随温度梯度的变化而变化。

风速随高度的变化规律称为风切变或风速廓线。要确定给定高度风电机组的发电量，必须知道风切变。风切变在风轮和整个结构上会产生附加载荷。风切变与地面粗糙度和地形地貌有关，还取决于温度切变。温度切变层分为三类，具体如下：

第一类为不稳定层。在不稳定层，地面空气温度高于上层空气温度。夏天的几个月，强日照使地面温度剧增，这种情况形成最典型的不稳定层。地面温度高，地表空气上升，密度降低，上层空气向下流，上、下层空气相互掺混，形成湍流。这种垂直方向的不稳定强掺混导致风速沿高度增长缓慢。

第二类为稳定层。在稳定层，地表空气温度比上层温度低。冬天会出现这种情况，地表空气密度高于上层空气密度，形成一个稳定的平衡状态，上、下层空气掺混减弱，湍流度相应减弱。垂直方向上风速梯度得不到平衡，即风速沿高度增长加剧。在稳定条件下，风向沿高度变化明显。

第三类为中性层。在中性层中，地表空气既未升温也未降温，温度切变为绝缘线。每增高 100m，空气温度降低约 1℃。这种情况经常出现在高风速条件下，风切变只取决于地面摩擦的影响，而与热力引起的掺混无关。

2.1.2 大气边界层方程

流体力学中流体与刚性界面之间会形成一个运动性质与流体内部不同的区域，即边界层。大气作为流体，其下垫面（陆地或海洋）之间也形成一个运动性质特殊的区域，即“大气边界层”或“行星边界层”。大气边界层最靠近下垫表面的对流层底层，受地面的直接影响。边界层中大气湍流是主要的运动形态。存在各种尺度的湍流，湍流输送起着重要作用并导致气象要素日变化显著。

大气边界层是一个多层结构，根据湍流摩擦力、气压梯度力和科氏力对不同层次空气运动作用的大小，可以将其分为黏性副层、下部摩擦层及上部摩擦层等。

1. 黏性副层

黏性副层是紧靠地面的一个薄层，该层内分子黏性力远大于湍流切应力，但其典型厚度小于 1cm，在实际中可忽略。

2. 下部摩擦层

从黏性副层到 50～100m，大气呈明显的湍流性质。湍流通量值随高度变化很小，可假设其近似不变，也称常通量层或常应力层。

下部摩擦层由于较薄，有一个主要特征：通量（如动量通量、热量通量、水汽通量等）在近地层中可取为对高度不变的常数。很多规律基本都建立在这个特性的基础上，利用近地面层中通量为常数的性质可求得风速 u 随高度的变化，沿平均风方向可得到

$$\frac{\tau}{\rho_0}=-\overline{u'v'}=u_*^2 \tag{2-1}$$

式中 τ——湍流切应力；

ρ_0——空气密度；

u'——水平风速波动量；

v'——垂直风速波动量；

u_*——摩擦速度，u_*具有湍流切应力的性质，一般随高度 z 而变化。

根据混合长度理论，有

$$u_*^2=K_m\frac{d\overline{u}}{dz} \tag{2-2}$$

式（2-2）中的 K_m 与湍流强弱以及不同尺度的湍流能量分配有关，可写为

$$K_m=\kappa u_* z \tag{2-3}$$

式中 κ——冯卡门常数，初步实验值在 0.30～0.42，一般取 0.4。

将 K_m 代入式（2-2）中，得

$$\frac{d\overline{u}}{dz}=\frac{u_*}{\kappa z} \tag{2-4}$$

假设下部摩擦层摩擦速度不随高度变化，对式（2-4）积分并设 $z=z_0$ 处，$u=0$，得到中性层界下风速廓线的典型形式—对数风速廓线为

$$\overline{u}=\frac{u_*}{\kappa}\ln\frac{z}{z_0} \tag{2-5}$$

式中 κ——冯卡门常数；

z_0——风速为零的高度，称为下垫面的粗糙度；

z——高度。

因 z_0 一般远小于 z，故有时将式（2-5）写为

$$u=\frac{u_*}{\kappa}\ln\frac{z+z_0}{z_0} \tag{2-6}$$

有时下垫面的覆盖物比较高，如为森林或城市建筑物，垂直坐标扣除某一高度后，仍服从对数律：

$$u=\frac{u_*}{\kappa}\ln\frac{z-d}{z_0} \tag{2-7}$$

式中 d——零平面位移。

不同层下，对数风速廓线有所区别，根据 Monin - Obukov 相似理论，平均风廓线可表示为对数—线性律：

$$u=\frac{u_*}{\kappa}\left[\ln\frac{z+z_0}{z_0}+\varphi\left(\frac{z}{L}\right)\right] \tag{2-8}$$

式中 L——综合尺度长度。

中性稳定状态下

$$\frac{z}{L}=0,\quad \varphi\left(\frac{z}{L}\right)=0$$

不稳定状态下

$$\varphi\left(\frac{z}{L}\right)=\int_{z_0/L}^{z/L}\frac{L}{z}\left[1-\left(1-a\frac{z}{L}\right)\right]^{-1/4}d\left(\frac{z}{L}\right)$$

稳定状态下

$$\varphi\left(\frac{z}{L}\right)=m\frac{z}{L}$$

其中 $m=5.2$。

除了对数形式，风速和离地高度的关系也可以表示为幂次律的形式

$$u_2=u_1\left(\frac{z_2}{z_1}\right)^{\alpha} \tag{2-9}$$

u_1 为 z_1 高度处的风速，知道 α 的值后，即可求出任意高处的风速。可用于中性，也可用于非中性，只是 z_1 值不同。实用中常对某地区用实测风先定出 z_1 再应用。

这样风切变指数与下叠面粗糙度有关。各下垫面的粗糙度依据地表状况取不同的 z_0 值。各种下垫表面的 z_0 值见表 2-1。

表 2-1　　各种下垫表面的 z_0 值

地表覆盖	z_0/m	地表覆盖	z_0/m
冰面	$10^{-5}\sim10^{-4}$	长草、农作物	0.05
平静的海面	10^{-4}	城镇郊区	0.4
雪地	10^{-3}	城市森林	1
短草	10^{-2}	大城市中心、丘陵区	1～3

3. 上部摩擦层

上部摩擦层也称为艾克曼层，这一层的范围是从近地面层到 1～1.5km，特点是湍流摩擦力、气压梯度力和科氏力的数量级相当，都不能忽略。依据不同的稳定度类型，又可称为稳定边界层、中性边界层和对流边界层。这里只讨论中性边界层。此时，湍流动力黏性系数 K_m 为常数，气压梯度力、科氏力和湍流摩擦力三力平衡。

$$-\frac{1}{\rho}\frac{\partial p}{\partial x}+2\Omega v\sin\varphi+F_x=0 \tag{2-10}$$

$$-\frac{1}{\rho}\frac{\partial p}{\partial y}-2\Omega v\sin\varphi+F_x=0 \tag{2-11}$$

在这一层中只考虑流动摩擦力，根据湍流摩擦力的表达式，并假设 K_m 为常数，有

$$\left.\begin{aligned}F_x=\frac{\partial}{\partial z}\left(K_m\frac{\partial u}{\partial z}\right)=K_m\frac{\partial^2 u}{\partial z^2}\\F_y=\frac{\partial}{\partial z}\left(K_m\frac{\partial v}{\partial z}\right)=K_m\frac{\partial^2 v}{\partial z^2}\end{aligned}\right\} \tag{2-12}$$

设水平气压场不随高度变化，将式（1-32）代入式（2-12），得

$$\left.\begin{aligned}K_m\frac{d^2\overline{u}}{dz^2}=-f\overline{v}\\K_m\frac{d^2\overline{v}}{dz^2}=f\overline{u}-fu_g\end{aligned}\right\} \tag{2-13}$$

边界条件为

$$\overline{u}=u_g，\ \overline{v}=0，\quad z\rightarrow\infty$$
$$\overline{u}=0，\quad z=0$$

求解式（2-13）得到

$$\left.\begin{aligned}\bar{u}&=u_g\left(1-e^{-z/\delta}\cos\frac{z}{\delta}\right)\\ \bar{v}&=u_g e^{-z/\delta}\sin\frac{z}{\delta}\end{aligned}\right\} \tag{2-14}$$

式中　u_g——地转风；

$\bar{u}$、$\bar{v}$——平均风分量；

δ——埃克曼标高，$\delta=\sqrt{2K_m/f}$是边界层高度的特征量；

K_m——湍流黏性系数或湍动量交换系数、涡扩散系数；

z——地面边界层的近似高度，$z_m=\pi\delta$。

φ为风向与地转风夹角，有

$$\varphi=\frac{z}{\delta}$$

平均风速随高度而增加，风矢量随高度顺时针旋转而成螺旋状，称为埃克曼螺线解。

4. 自由大气层

1500m以上可以看作自由大气，地球表面对大气运动的摩擦作用已可以忽略不计。在自由大气中，运动基本是水平的。除赤道附近，纬度小于±15°之间的地区外，自由大气的水平运动可看成是准地转的。因而，在自由大气层中，可由地转风公式近似求得风速随高度的分布。

地转风正比于等压面的坡度或重力位势梯度，而两等压面之间的厚度，可由静力平衡关系表示为

$$\delta_z=-\frac{\delta p}{\rho g}=-\frac{RT}{\rho g}\delta p \tag{2-15}$$

$$u_g=-\frac{g}{f}\left(\frac{\partial z}{\partial y}\right)_p \tag{2-16}$$

式（2-16）两边对p求导得

$$\left.\begin{aligned}\frac{\partial u_g}{\partial p}&=-\frac{g}{fT}\left(\frac{\partial T}{\partial y}\right)_p\\ \frac{\partial v_g}{\partial p}&=-\frac{g}{fT}\left(\frac{\partial T}{\partial x}\right)_p\end{aligned}\right\} \tag{2-17}$$

式（2-17）表明地转风与等压面上温度水平梯度成正比。两等压面之间的矢量差称为热成风，热成风并不是真正存在的风，只是为了讨论方便而引入的概念。热成风的分量形式为

$$\left.\begin{aligned}u_T&=-\frac{R}{f}\left(\frac{\partial\overline{T}}{\partial y}\right)_p\ln\frac{p_1}{p_2}\\ v_T&=-\frac{R}{f}\left(\frac{\partial\overline{T}}{\partial x}\right)_p\ln\frac{p_1}{p_2}\end{aligned}\right\} \tag{2-18}$$

式中　$\overline{T}$——等压面p_1和p_2之间气层的平均温度。

可得出，热成风的大小与水平温度梯度成正比，与科氏参数成反比。热成风与等温线平行，用两层之间的重力位势厚度梯度表示热成风分量为

$$
\left.\begin{aligned}
u_{\mathrm{T}} &= -\frac{1}{f}\frac{\partial \Delta\Phi}{\partial y} \\
v_{\mathrm{T}} &= -\frac{1}{f}\frac{\partial \Delta\Phi}{\partial x}
\end{aligned}\right\} \tag{2-19}
$$

$$
\Delta\Phi = R\,\overline{T}\ln\frac{p_1}{p_2} \tag{2-20}
$$

式中　$\Delta\Phi$——水平温度梯度，由两等压面间的水平温度梯度场同下层气压场的相互配置情况决定的。

随着高度的增加，风向最终总是趋向于热成风的方向，即趋向于同平均温度场的等温线平行。

2.2　风电场地形图处理与物理模型建立

2.2.1　地形数字化

目前风电场地形图多以等高线方法表示，而想要通过 CFD 技术计算风电场空气动力场，首先需要建立包括地形在内的物理模型，因此需要对地形图进行离散。Arcgis 是一款集地理信息系统开发、分析、地图数字化、地理信息的采集等功能于一体的软件，该软件在处理地形图上应用广泛。使用 Arcgis 对原始地形图进行离散，获得地形离散坐标。Autocad 地形二维图如图 2-2 所示，而在 Arcgis 离散处理后地形显示图如图 2-3 所示。通过对比分析，Arcgis 软件离散后的地形图在精度要求上能够取代原地形图。

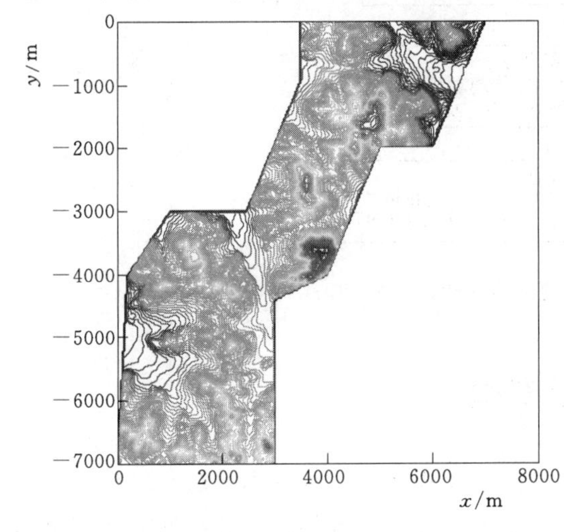

图 2-2　Autocad 地形二维图

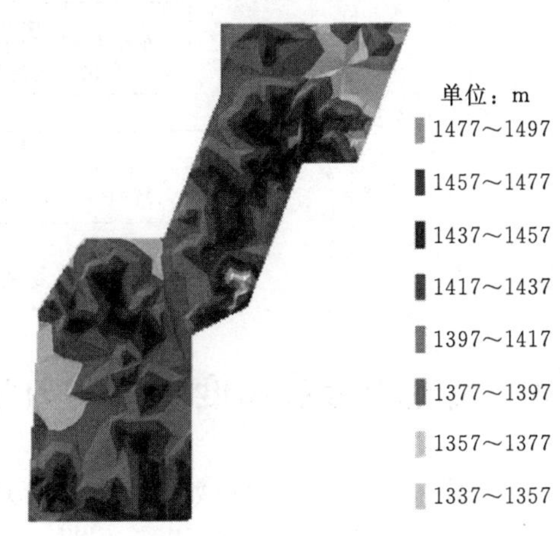

图 2-3　Arcgis 离散处理后地形显示图

2.2.2　复杂地形曲面建模

在复杂地形流场模拟的前期，需要建立以复杂地形为底面的计算区模型。工程实际中，复杂地形的数据主要来源于当地测绘部门和某些卫星地图数据库（如 SRTM）。两种数据源的数据存储格式、数据分辨率以及地图范围等方面存在很大差异。

从数据的存储形式上看，测绘部门提供的地形图，通常以等高线的形式表示地形的起伏变化，地图精度较高，但由于费用问题，地图的范围有限；卫星地图数据库可提供基于规则栅格的电子高程地图，由于数据来源于卫星监测，提供的地图精度较低（如 SRTM 提供的地图水平和垂直分辨率分别仅为 90m 和 30m），但范围很大。将测绘部门提供的等高线地图和卫星数据库相结合，用卫星数据库信息对等高线地图在研究区域进行补全，即保证了主要区域内地形的精度，又扩大了地图范围，提高了边界处的模拟精度。本章中的两个案例地形，都是由地形图和 SRTM 数据相结合生成的，复杂地形曲面建模过程如图 2-4 所示。

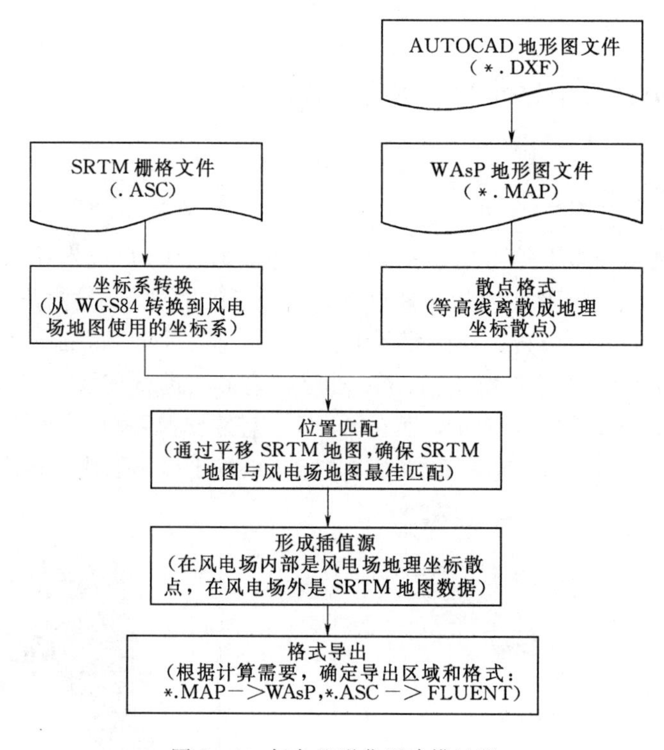

图 2-4　复杂地形曲面建模过程

2.3　风电场微观尺度空气动力学模型

实验研究、理论分析和数值计算是研究流体运动规律的三种基本方法，在现代的流体力学领域中，它们相互依赖、相互促进、共同发展。计算技术的提高和高性能计算机的出现，使得数值计算方法所研究的深度和广度不断发展，不仅用于研究已知的一些问题，而且还可以用于发现新的物理现象，它在流体力学领域中占有越来越重要的地位。由于资料分析法在资料的时空分辨率方面具有一定局限性，越来越多的高分辨率气象模式及流体力学计算软件被应用到风电场工程中。

本节将结合典型风电场选址软件，介绍与风电场设计相关的计算流体力学知识。

2.3.1 风电场 CFD 理论基础

流体流动受到物理守恒定律的约束，基本的守恒定律包括质量守恒定律、动量守恒定律和能量守恒定律。如果流动包含不同的组成成分或相互作用，系统还要遵守组分守恒定律。如果流动处于湍流状态，系统还要遵守附加的湍流输运方程。控制方程就是这些守恒定律的数学描述。本节介绍风电场空气动力场数值模拟中用到的相关控制方程组，在风电场 CFD 计算中，有时能量方程被忽略。

1. 质量守恒方程

质量守恒方程又称连续性方程，任何流动问题都必须满足质量守恒定律。该定律可以表述成：单位时间内流通微元体中的质量增量，等于同一时间间隔内流入该微元体的净质量。质量守恒方程写成微分形式为

$$\frac{\partial \rho}{\partial t}+\nabla(\rho \vec{v})=S_{\mathrm{m}} \tag{2-21}$$

式（2-21）为质量守恒方程的一般形式，同时适用于不可压缩及可压缩流动。方程中 S_{m} 为质量源项，表示从多相流中扩散副相到连续性主相提供的质量流动，或者由用户自定义。

2. 动量守恒方程

动量方程的本质是牛顿第二定律，可表述为微元体中流动的动量对时间的变化率等于外界作用在该微元体上的各种力之和。按照该定律得出在惯性坐标系中的动量守恒方程为

$$\frac{\partial}{\partial t}(\rho \vec{v})+\nabla(\rho \vec{v} \vec{v})=-\nabla p+\nabla(\overline{\overline{\tau}})+\rho \vec{g}+\vec{F} \tag{2-22}$$

式中 p——静压；

$\overline{\overline{\tau}}$——应力张量；

$\rho \vec{g}$——重力体积力；

$\vec{F}$——其他的附加体积力。

$\vec{F}$ 也可以包含其他与模型相关的源项，如渗透模型和用户自定义模型。在风电场尾流计算中，$\vec{F}$ 通常被设置成风轮和机舱的对流场阻力源项。

应力张量 $\overline{\overline{\tau}}$ 是因分子黏性作用而产生的作用在微元体表面上的黏性应力张量，对于牛顿流体，黏性应力与流体的变形率成正比，表达式为

$$\overline{\overline{\tau}}=\mu\left[(\nabla \vec{v}+\nabla \vec{v}^{\mathrm{T}})-\frac{2}{3} \nabla \vec{v} I\right] \tag{2-23}$$

式中 μ——分子黏性系数；

I——单位张量；

$\nabla \vec{v} I$——体积膨胀作用。

3. 湍流控制方程

湍流是自然界和工程装置中非常普遍的流动类型，湍流运动的特征是在运动过程中流体质点具有不断且随机的相互掺混现象，速度和压力等物理量在空间上和时间上都具有随机性质的脉动。质量守恒方程式（2-21）和动量方程式（2-22）对于层流和湍流都是适用的。

(1) RANS。在传统工程设计中只需要知道平均作用力和平均速度等参数，即只需要了解湍流所引起的平均流场的变化，因此研究者经常采用求解时间平均的控制方程组，而将瞬态的脉动量通过模型在时均方程中体现出来，即 RANS 模拟方法。在雷诺平均过程中，瞬态雷诺方程中的求解变量被分解成时均量和波动量，速度分量可为

$$u_i=\overline{u}_i+u_i' \tag{2-24}$$

式中 $\overline{u}_i$——速度分量的平均值（$i=1$、2、3）；

u_i'——速度分量的波动值（$i=1$、2、3）。

将质量守恒方程和动量守恒方程改写成雷诺时均形式为

$$\frac{\partial\rho}{\partial t}+\frac{\partial}{\partial x_i}(\rho u_i)=0 \tag{2-25}$$

$$\frac{\partial}{\partial t}(\rho u_i)+\frac{\partial}{\partial x_j}(\rho u_i u_j)=-\frac{\partial p}{\partial x_i}+\frac{\partial}{\partial x_j}\left[\mu\left(\frac{\partial u_i}{\partial x_j}+\frac{\partial u_j}{\partial u_i}-\frac{2}{3}\delta_{ij}\frac{\partial u_\mathrm{k}}{\partial x_\mathrm{k}}\right)\right]+\frac{\partial}{\partial x_j}(-\rho\overline{u_i'u_j'}) \tag{2-26}$$

式（2-25）和式（2-26）称为 RNS 方程。相对于瞬态 NS 方程，方程中多出的相表示湍流效应。为使湍流封闭需要对雷诺应力 $-\rho\overline{u_i'u_j'}$ 进行模拟。对于雷诺应力有两种处理方式：①使用 Boussinesq 假设将雷诺应力与平均速度梯度联系起来；②推导出雷诺应力等关联项的输运方程，即雷诺应力模型（Reynolds Stress Model，RSM）。

Boussinesq 假设可写成为

$$-\rho\overline{u_i'u_j'}=\mu_\mathrm{t}\left(\frac{\partial u_i}{\partial x_j}+\frac{\partial u_j}{\partial x_i}\right)-\frac{2}{3}\left(\rho k+\mu_\mathrm{t}\frac{\partial u_\mathrm{k}}{\partial x_\mathrm{k}}\right)\delta_{ij} \tag{2-27}$$

S-A 湍流模型、$k-\varepsilon$ 和 $k-\omega$ 湍流模型都使用了这一假设。使用该假设模拟雷诺应力由于只需要计算湍流黏性，因而具有相对低的计算成本。S-A 湍流模型只需要额外求解一个湍流黏性 μ_t 的输运方程；而 $k-\varepsilon$ 和 $k-\omega$ 湍流模型，将湍流黏性 μ_t 表示成 k、ε 或 k、ω 的函数，需要求两个额外的输运方程。Boussinesq 假设的缺点是将湍流黏性 μ_t 当成各向同性的标量，而实际上流场中湍流可能具有较强的各向异性。然而对于湍流切应力占优的切变流动，例如壁面边界流动、混合边界层和射流等大多数工程流动，该假设非常适用。RSM 模型需要求解各向雷诺应力的输运方程以及额外决定尺度的方程（通常是 ε 或 ω）。在多数情况下，基于 Boussinesq 假设的模型都是合适的，能够较好地模拟流场特性，而计算量大的雷诺应力模型不适用。一般而言，雷诺应力模型适用于各向异性湍流对时均流动作用占优的情况，包括高速旋转的流动和压力驱动的二次流。

1）$k-\varepsilon$ 湍流模型。$k-\varepsilon$ 湍流模型包括标准 $k-\varepsilon$ 湍流模型、RNG $k-\varepsilon$ 湍流模型以及 Realizable $k-\varepsilon$ 湍流模型。三种模型基本形式相似，都是关于 k 和 ε 的输运方程，主要区别在于：①湍流黏度的计算方法；②控制 k 和 ε 湍流扩散的湍流 Prantl 常数；③ε 方程中的生成和耗散项。本书只介绍标准 $k-\varepsilon$ 湍流模型。标准 $k-\varepsilon$ 湍流模型是一种基于湍流动能 k 及其耗散率 ε 的输运方程模型，其中 k 的输运方程由准确方程得到，而 ε 的输运方程通过适当物理简化假设得到。由于模型建立在湍流完全发展的假设，且分子黏性作用可以忽略的基础上，标准 $k-\varepsilon$ 湍流模型只适用于湍流完全发展的流动。

湍流动能 k 及其耗散率 ε 的输运方程为

$$\frac{\partial}{\partial t}(\rho k)+\frac{\partial}{\partial x_i}(\rho k u_i)=\frac{\partial}{\partial x_j}\left[\left(\mu+\frac{\mu_t}{\sigma_k}\right)\frac{\partial k}{\partial x_j}\right]+P_k+G_b-\rho\varepsilon-Y_M+S_k \tag{2-28}$$

$$\frac{\partial}{\partial t}(\rho\varepsilon)+\frac{\partial}{\partial x_i}(\rho\varepsilon u_i)=\frac{\partial}{\partial x_j}\left[\left(\mu+\frac{\mu_t}{\sigma_\varepsilon}\right)\frac{\partial\varepsilon}{\partial x_j}\right]+C_{1\varepsilon}\frac{\varepsilon}{k}(P_k+C_{3\varepsilon}G_b)-C_{2\varepsilon}\rho\frac{\varepsilon^2}{k}+S_\varepsilon \tag{2-29}$$

式中 P_k——由于时均速度梯度造成的湍流动能生成率；

G_b——由于浮生力作用造成的湍流动能生成率；

Y_M——可压缩湍流中体积变化对整体湍流动能的耗散作用；

$C_{1\varepsilon}$、$C_{2\varepsilon}$、$C_{3\varepsilon}$——常数；

σ_k、σ_ε——k 和 ε 的 Prantl 数；

S_k、S_ε——用户自定义的源项。

湍流动能生成率 P_k 为

$$P_k=-\rho\overline{u_i'u_j'}\frac{\partial u_j}{\partial x_i} \tag{2-30}$$

在 Boussinesq 假设下，有

$$P_k=\mu_t S^2 \tag{2-31}$$

式中 S——平均应变率张量 S_{ij} 的模量。

S 的两种定义分别为

$$S=\sqrt{2S_{ij}S_{ij}} \tag{2-32}$$

$$S_{ij}=\frac{1}{2}\left(\frac{\partial u_i}{\partial x_j}+\frac{\partial u_j}{\partial x_i}\right) \tag{2-33}$$

湍流黏度可表示为

$$\mu_t=\rho C_\mu\frac{k^2}{\varepsilon} \tag{2-34}$$

模型参数为：$C_{1\varepsilon}=1.44$，$C_{2\varepsilon}=1.92$，$C_\mu=0.09$，$\sigma_k=1.0$，$\sigma_\varepsilon=1.3$。

2）RSM 湍流模型。RSM 湍流模型的控制方程见式（2-35），其中 C_{ij}、$D_{L,ij}$、P_{ij} 和 F_{ij} 直接求解，$D_{T,ij}$、G_{ij}、ϕ_{ij} 和 ε_{ij} 需要额外方程模拟，使得 RSM 控制方程封闭。RSM 模型对在方程中 ϕ_{ij} 和 ε_{ij} 的模拟存在一定问题，一般被认为是降低 RSM 预测精度的主要因素。同时由于 RSM 依赖 ε一 和 ω一 的标量方程，RSM 还继承了两者模拟方法的缺点。

$$\begin{aligned}
&\underbrace{\frac{\partial}{\partial t}(\rho\overline{u_i'u_j'})}_{\text{非稳态项}}+\underbrace{\frac{\partial}{\partial x_k}(\rho u_k\overline{u_i'u_j'})}_{C_{ij}\equiv\text{对流项}}=\underbrace{-\frac{\partial}{\partial x_k}[\rho\overline{u_i'u_j'u_k'}+\overline{p'(\delta_{kj}u_i'+\delta_{ik}u_j')}]}_{D_{T,ij}\equiv\text{湍流扩散项}}\\
&\quad+\underbrace{\frac{\partial}{\partial x_k}\left[\mu\frac{\partial}{\partial x_k}(\overline{u_i'u_j'})\right]}_{D_{L,ij}\equiv\text{分子黏性扩散项}}\underbrace{-\rho\left(\overline{u_i'u_k'}\frac{\partial u_j}{\partial x_k}+\overline{u_j'u_k'}\frac{\partial u_i}{\partial x_k}\right)}_{P_{ij}\equiv\text{剪切力产生项}}\\
&\quad\underbrace{-\rho\beta(g_i\overline{u_j'\theta}+g_j\overline{u_i'\theta})}_{G_{ij}\equiv\text{浮升力产生项}}+\underbrace{\overline{p'\left(\frac{\partial u_i'}{\partial x_j}+\frac{\partial u_j'}{\partial x_i}\right)}}_{\phi_{ij}\equiv\text{压力应变项}}\underbrace{-2\mu\overline{\frac{\partial u_i'}{\partial x_k}\frac{\partial u_j'}{\partial x_k}}}_{\varepsilon_{ij}\equiv\text{黏性耗散项}}\\
&\quad\underbrace{-2\rho\Omega_k(\overline{u_j'u_m'}\varepsilon_{ikm}+\overline{u_i'u_m'}\varepsilon_{jkm})}_{F_{ij}\equiv\text{系统旋转产生项}}+\underbrace{S_{user}}_{\text{自定义源项}}
\end{aligned} \tag{2-35}$$

(2) LES。复杂地形风电场中多存在陡坡地形，空气流过陡坡会产生复杂的流体分离和交汇，难以准确计算，目前对于陡坡地形的研究大多基于 RANS 方法进行模拟，但 RANS 方法无法给出足够详细准确的模拟结果。LES 方法是一种可以保留大尺度涡运动湍流瞬态信息，并可以捕捉到 RANS 方法无法得到的流场中小尺度细节流动特征的数值模拟方法，其计算量介于 RANS 和 DNS 之间，是复杂地形空气动力场研究中兼顾精度与效率的主要选择方案。

LES 方法是对 N－S 方程进行滤波处理，过滤小于滤波尺度的亚格子涡，分解出描述大涡运动的控制方程，并在方程中引入亚格子应力项以考虑亚格子涡的动量和能量输运对大涡的影响。对于不可压缩流动，滤波后 N－S 方程为

$$\rho\frac{\partial\overline{u}_i}{\partial x_i}=0 \tag{2-36}$$

$$\rho\frac{\partial\overline{u}_i}{\partial t}+\rho\overline{u}_j\frac{\partial\overline{u}_i}{\partial x_j}=-\frac{\partial\overline{p}}{\partial x_i}+\mu\frac{\partial}{\partial x_j}\left(\frac{\partial\overline{u}_i}{\partial x_j}+\frac{\partial\overline{u}_j}{\partial x_i}\right)-\frac{\partial\tau_{ij}}{\partial x_j} \tag{2-37}$$

式中　“¯”符号标记变量——滤波后的场变量；

ρ——空气密度；

μ——动力黏度；

τ_{ij}——亚格子应力张量，是可解尺度脉动和小尺度脉动之间的动量输运，需建立模型予以封闭，$\tau_{ij}=\rho(\overline{u_iu_j}-\overline{u}_i\overline{u}_j)$。

1）亚格子模型。亚格子模型可视为对大涡流动的黏性修正，体现了亚格子涡和大涡之间的影响作用，是 LES 研究的核心内容。大涡不断从主流中获得能量，将能量通过惯性作用逐渐向小涡传递，其中亚格子模型的任务在于确保大涡向小涡传递能量的过程可以充分求解。亚格子模型采用 Boussinesq 假设，将亚格子应力张量与可解尺度的应变率张量关联

$$\tau_{ij}=-2\mu_t\overline{S}_{ij}+\frac{1}{3}\tau_{kk}\delta_{ij} \tag{2-38}$$

式中　μ_t——亚格子涡粘系数，代表亚格子模型的耗散特性；

τ_{kk}——SGS 各向同性部分；

$\overline{S}_{ij}$——可解尺度应变率张量。

$\overline{S}_{ij}$定义为

$$\overline{S}_{ij}=\frac{1}{2}\left(\frac{\partial\overline{u}_i}{\partial x_j}+\frac{\partial\overline{u}_j}{\partial x_i}\right) \tag{2-39}$$

2）SM 模型。SM 模型是由 Smagorinsky 最先提出的 SGS 涡黏模型，以各向同性湍流为基础，将涡粘系数 μ_t 设为

$$\mu_t=\rho L_s^2|\overline{S}| \tag{2-40}$$

$$L_s=\min(\kappa d, C_S V^{1/3}) \tag{2-41}$$

其中
$$|\overline{S}|=\sqrt{2\overline{S}_{ij}\overline{S}_{ij}}$$

式中　L_s——SGS 的混合长度；

κ——von Kármán 常数，取 0.42；

d——计算单元到壁面的最近距离；

V——计算单元的体积；

C_S——Smagorinsky 常数，取为 0.1。

在实际应用中发现 SM 模型耗散过大，尤其是在转捩阶段和近壁区湍流的模拟中难以获得良好的预测结果。

3）DSM 模型。Germano 等人和 Lilly 提出了 DSM 模型以弥补 SM 模型存在的缺陷。对 N－S 方程进行两次过滤尺度不同的滤波运算，经测试滤波器（第二滤波器）过滤后的亚格子应力张量为

$$T_{ij}=\widehat{\rho u_i u_j}-\frac{1}{\hat{\bar{\rho}}}\widehat{\rho u}_i\,\widehat{\rho u}_j \tag{2-42}$$

式中　“ˆ”符号标记变量——测试滤波器过滤后的变量。

将两种不同滤波下的亚格子应力通过 Germano 等式关联，从而得到可用于动态计算出模型系数的湍流局部可解流动信息为

$$L_{ij}=T_{ij}-\hat{\tau}_{ij}=\bar{\rho}\,\widehat{\bar{u}_i\bar{u}_j}-\frac{1}{\hat{\bar{\rho}}}(\widehat{\rho u}_i\widehat{\rho u}_j) \tag{2-43}$$

并由 Lilly 提出的最小二乘法来解出误差最小的系数 C，即

$$C=\frac{L_{ij}-\dfrac{L_{\mathrm{kk}}\delta_{ij}}{3}}{M_{ij}M_{ij}} \tag{2-44}$$

$$M_{ij}=-2(\hat{\Delta}^2\,\hat{\bar{\rho}}|\hat{\bar{S}}|\hat{\bar{S}}_{ij}-\Delta^2\bar{\rho}|\hat{\bar{S}}|\hat{\bar{S}}_{ij}) \tag{2-45}$$

因此，通过建立在相当宽的时空范围变化的 DSM 模型系数 $C_S=\sqrt{C}$，可以得到近壁面上正确的渐进关系，并能模拟能量的逆向输运。

4）WALE 模型。Nicoud 等基于速度梯度张量的平方提出了 WALE 模型，该模型考虑湍流壁面效应及动量传递作用等效应，保证了对近壁面流域模拟的准确性。在 WALE 模型中，亚格子涡黏系数为

$$\mu_t=\rho L_s^2\frac{(S_{ij}^{d}S_{ij}^{d})^{3/2}}{(\tilde{S}_{ij}\tilde{S}_{ij})^{5/2}+(S_{ij}^{d}S_{ij}^{d})^{5/4}} \tag{2-46}$$

$$L_s=\min(\kappa d,C_w V^{1/3}) \tag{2-47}$$

式中　C_w——模型参数，一般 $C_w=0.325$；

S_{ij}^{d}——应变率张量。

为使 S_{ij}^{d} 既体现速度梯度张量对称部分的作用，又体现反对称部分的影响，则其为

$$S_{ij}^{d}=\frac{1}{2}(\bar{g}_{ij}^2+\bar{g}_{ji}^2)-\frac{1}{3}\delta_{ij}\bar{g}_{\mathrm{kk}}^2 \tag{2-48}$$

式中　$\bar{g}_{ij}$——浮力产生项，$\bar{g}_{ij}=\dfrac{\partial\bar{u}_i}{\partial x_j}$。

2.3.2 风电场 CFD 的边界条件

在进行风电场流场数值计算时，应首先保证入口处的风速、湍流动能及其耗散率能够在到达研究区之前保持水平均匀性。在水平均匀性条件中，速度、湍流动能及其耗散率在流动方向上保持不变，其他方向上梯度为0。为保持水平均匀性，边界条件、湍流模型及相关参数之间应相互协调。考虑二维定常平衡大气层的 $k-\varepsilon$ 方程为

$$\frac{\partial}{\partial z}\left[\left(\mu+\frac{\mu_t}{\sigma_k}\right)\frac{\partial k}{\partial z}\right]+P_k-\rho\varepsilon+S_k=0 \tag{2-49}$$

$$\frac{\partial}{\partial z}\left[\left(\mu+\frac{\mu_t}{\sigma_\varepsilon}\right)\frac{\partial \varepsilon}{\partial z}\right]+C_{1\varepsilon}\frac{\varepsilon}{k}P_k-C_{2\varepsilon}\rho\frac{\varepsilon^2}{k}+S_\varepsilon=0 \tag{2-50}$$

湍流动能生成率 P_k 为

$$P_k=-\rho\overline{u'w'}\frac{\partial u}{\partial z}=\tau\frac{\partial u}{\partial z}=\mu_t\left(\frac{\partial u}{\partial z}\right)^2 \tag{2-51}$$

式中　τ——湍流切应力，$\tau=-\rho\overline{u'w'}$。

对于湍流流动，流体分子黏度 $\mu=\mu_t$，在式（2-49）和式（2-50）中忽略的，结合式（2-34）、式（2-51）有

$$\frac{C_\mu}{\sigma_k}\frac{\partial}{\partial z}\left(\frac{k^2}{\varepsilon}\frac{\partial k}{\partial z}\right)+C_\mu\frac{k^2}{\varepsilon}\left(\frac{\partial u}{\partial z}\right)^2-\varepsilon+\frac{S_k}{\rho}=0 \tag{2-52}$$

$$\frac{C_\mu}{\sigma_\varepsilon}\frac{\partial}{\partial z}\left(\frac{k^2}{\varepsilon}\frac{\partial \varepsilon}{\partial z}\right)+C_{1\varepsilon}C_\mu k\left(\frac{\partial u}{\partial z}\right)^2-C_{2\varepsilon}\frac{\varepsilon^2}{k}+\frac{S_\varepsilon}{\rho}=0 \tag{2-53}$$

在湍流动能 k 的输运方程中，为保持 k 的局部平衡，假设 k 的生成率与耗散率量值相当，则有

$$P_k=\rho\varepsilon \tag{2-54}$$

由此可导出

$$\varepsilon=\sqrt{C_\mu}k\frac{\partial u}{\partial z} \tag{2-55}$$

速度分布为

$$u=\frac{u_*}{\kappa}\ln\frac{z+z_0}{z_0} \tag{2-56}$$

式中　u_*——摩擦速度；

z_0——大气粗糙长度；

κ——冯卡门常数，取0.4187。

进而得

$$S_k=-\frac{\kappa\sqrt{C_\mu}\rho}{\sigma_k u_*}\frac{\partial}{\partial z}\left[k(z+z_0)\frac{\partial k}{\partial z}\right] \tag{2-57}$$

$$S_\varepsilon=\rho C_\mu\left\{\frac{C_{2\varepsilon}-C_{1\varepsilon}}{\kappa^2}\frac{u_*^2 k}{(z+z_0)^2}-\frac{1}{\sigma_\varepsilon}\frac{\partial}{\partial z}\left[k(z+z_0)\frac{\partial\frac{k}{z+z_0}}{\partial z}\right]\right\} \tag{2-58}$$

1. 水平均匀性入流边界

（1）恒定切应力下的入流边界。假定边界层中切应力恒定，且与壁面处相等，则有

$$\tau=\rho u_*^2=\mu_t\frac{\partial u}{\partial z}=C_\mu\rho\frac{k^2}{\varepsilon}\frac{\partial u}{\partial z} \tag{2-59}$$

结合式（2-55）、式（2-56），得

$$k=\frac{u_*^2}{\sqrt{C_\mu}} \tag{2-60}$$

从而有

$$\varepsilon=\frac{u_*^3}{\kappa(z+z_0)} \tag{2-61}$$

$k-\varepsilon$ 方程的源项为

$$S_k=0 \tag{2-62}$$

$$S_\varepsilon=\frac{\rho u_*^4}{(z+z_0)^2}\left[\frac{(C_{2\varepsilon}-C_{1\varepsilon})\sqrt{C_\mu}}{\kappa^2}-\frac{1}{\sigma_\varepsilon}\right] \tag{2-63}$$

如果 $k-\varepsilon$ 方程的参数满足

$$\sigma_\varepsilon=\frac{\kappa^2}{(C_{2\varepsilon}-C_{1\varepsilon})\sqrt{C_\mu}} \tag{2-64}$$

此时源项 S_k、S_ε 均为 0，即不需要设置源项。

（2）切应力渐变的入流边界。对湍流动能沿高度修正有

$$k=\frac{u_*^2}{\sqrt{C_\mu}}\left(1-\frac{z}{h_g}\right)^2 \tag{2-65}$$

式中　h_g——当地大气边界层厚度。

h_g 计算为

$$h_g=\frac{u_*}{6f_c} \tag{2-66}$$

式中　f_c——中纬度 Coriolis 参数。

f_c 的计算公式为

$$f_c=2\Omega\sin|\theta_N| \tag{2-67}$$

式中　Ω——地球自转角速度，取值 7.27×10^{-5} rad/s；

θ_N——当地纬度。

根据式（2-59）有

$$\varepsilon=\frac{u_*^3}{\kappa(z+z_0)}\left(1-\frac{z}{h_g}\right)^2 \tag{2-68}$$

进而得出切应力沿高度的分布关系

$$\tau(z)=\mu_t\frac{\partial u}{\partial z}=\rho u_*^2\left(1-\frac{z}{h_g}\right)^4 \tag{2-69}$$

设 $\lambda(z)$ 为湍流动能沿高度的衰减函数，定义为

$$\lambda(z)=k\bigg/\frac{u_*^2}{\sqrt{C_\mu}} \tag{2-70}$$

将式（2－65)、式（2－68）及式（2－70）代入式（2－57）和式（2－58)，忽略 z_0/h_g，得

$$S_k=\frac{2\kappa\rho u_*^3}{\sigma_k h_g\sqrt{C_\mu}}\lambda(4\sqrt{\lambda}-3) \tag{2-71}$$

$$S_\varepsilon=\frac{\rho u_*^4}{(z+z_0)^2}\lambda\left[\frac{(C_{2\varepsilon}-C_{1\varepsilon})\sqrt{C_\mu}}{\kappa^2}-\frac{1}{\sigma_\varepsilon}(3\lambda-8\sqrt{\lambda}+6)\right] \tag{2-72}$$

如果湍流参数满足式（2－64)，则有

$$S_\varepsilon=\frac{\rho u_*^4}{\sigma_\varepsilon(z+z_0)^2}\lambda(-3\lambda+8\sqrt{\lambda}-5) \tag{2-73}$$

2. 其他边界条件

为满足水平均匀性条件，除入口条件外，壁面、上顶面、左右侧面及出口都需要按照特定方式设置：左右侧面设置为对称面，出口设置为压力出口，上顶面除设置为对称面外，还需要进行特殊处理。

（1）壁面条件。

在标准 $k-\varepsilon$ 湍流模型中，对壁面的模拟是通过壁面函数完成的。标准壁面函数可表示为

$$\frac{u_P u_*}{\frac{\tau_w}{\rho}}=\frac{1}{\kappa}\ln\left(\frac{Ez_P^*}{1+C_S K_S^*}\right) \tag{2-74}$$

式中　P——下标，紧邻壁面单元格中心位置物理量；

E——常数，取值 9.793；

C_S——粗糙度常数，取值在 0.5～0.1；

K_S——粗糙长度；

τ_w——壁面处切应力。

另外有

$$z_P^*=\frac{\rho u_* z_P}{\mu}$$

$$K_S^*=\frac{\rho u_* K_S}{\mu}$$

壁面毗邻单元格如图 2－5 所示。

为防止近壁面速度 u_P 趋近零时，出现奇异解，τ_w 计算为

$$\tau_w=\rho u_* u_\tau \tag{2-75}$$

其中摩擦速度 u_* 为

$$u_*=C_\mu^{1/4}k^{1/2} \tag{2-76}$$

摩擦速度 u_τ 为

$$u_\tau=\frac{\kappa u_P}{\ln\frac{Ez_P^*}{1+C_S K_S^*}} \tag{2-77}$$

根据大气边界层速度入流条件，有

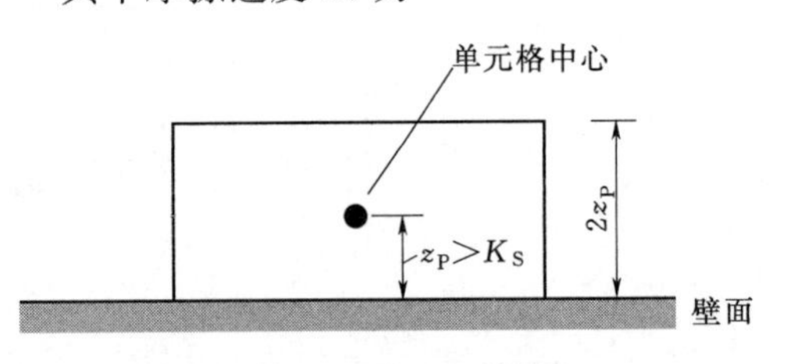

图 2－5　壁面毗邻单元格

$$\frac{u_P}{u_*}=\frac{1}{\kappa}\ln\left(\frac{z_P+z_0}{z_0}\right) \tag{2-78}$$

对于平衡边界层，有 $u_*=u_\tau$，且当 $C_S K_S^* \ll 1$ 时（完全粗糙模式），比较式（2-74）和式（2-78），得

$$K_S=\frac{Ez_0}{C_S}\frac{z_P}{z_P+z_0} \tag{2-79}$$

当 Fluent 限制 $K_S \leqslant z_P$，则

$$\frac{z_P}{z_0} \geqslant \frac{E}{C_S}-1 \tag{2-80}$$

（2）上顶面条件。

上文介绍的两种入口边界，都不能保证上顶面切应力消失，因此为保持水平均匀性，应在上顶面处附加切应力 τ_{top} 维持平衡。由于将上顶面设置成对称边界，直接在对称边界上设置切应力 τ_c 实现困难，可考虑在贴近上顶面的一层单元格内施加等效体积力 f 为

$$f_\tau=\frac{\tau_{top}}{\Delta z_1} \tag{2-81}$$

式中　Δz_1——毗邻上底面的单元格高度。

顶层单元格高度的确定如图 2-6 所示。

为了辨识出贴近上顶面的单元格，在 UDF 中首先根据上顶面的区域编号（zone id）通过宏 Lookup _ Thread 获得上顶面的线程（face thread），进而使用 begin _ f _ loop 遍历上顶面区域的各个面。对于图 2-6 中所示的某个上顶面，面积为 A_{face}，该面所属单元格编号及其线程可通过宏 F _ C0 和 THREAD _ T0 分别获得，进而得到单元格体积 V_{cell}，于是有

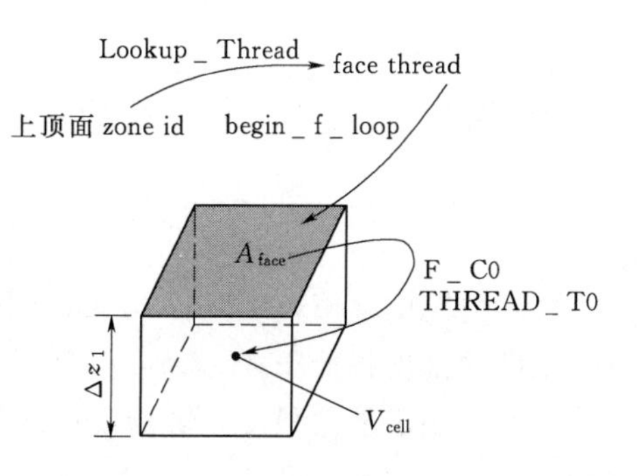

图 2-6　顶层单元格高度的确定

$$\Delta z_1=\frac{V_{cell}}{A_{face}} \tag{2-82}$$

由式（2-69）和式（2-81）可得

$$f_\tau=\begin{cases}\dfrac{A_{face}}{V_{cell}}\rho u_*^2, & \text{切应力恒定}\\[2ex] \dfrac{A_{face}}{V_{cell}}\rho u_*^2\left(1-\dfrac{z_{top}}{h_g}\right)^4, & \text{切应力沿高度渐变}\end{cases} \tag{2-83}$$

式中　z_{top}——顶层单元中心 z 坐标。

3. 参数设置

（1）湍流模型参数。湍流模型参数 $C_{1\varepsilon}$、$C_{2\varepsilon}$、C_μ、σ_k、σ_ε 的标准值和修正值见表 2-2。标准值适用于一般的工业流动；对于大气边界层，常采用 ABL 修正，C_μ 取 0.033，$C_{1\varepsilon}$按式（2-64）修正。

表 2-2 湍流模型参数标准值和修正值

参数	C_μ	σ_k	σ_ε	$C_{1\varepsilon}$	$C_{2\varepsilon}$	是否满足式（2-64）
标准	0.09	1.0	1.3	1.44	1.92	否
ABL 修正	0.033	1.0	1.3	1.176	1.92	是

（2）湍流黏度比极限值。考虑湍流黏性比有

$$\begin{aligned}\gamma &= \frac{\mu_t}{\mu} \\ &= \frac{C_\mu \rho k^2/\varepsilon}{\mu} = \frac{C_\mu k^2/(\sqrt{C_\mu}k\partial u/\partial z)}{\mu/\rho} \\ &= \frac{\kappa u_*(z+z_0)}{\nu}\end{aligned} \tag{2-84}$$

式中 ν——运动黏度，常温下空气取值 1.46×10^{-5}。

在 Fluent 求解器中，湍流黏性比的默认上限 γ_{max} 为 1×10^5。为使湍流黏性比在此限度内，应满足

$$z+z_0<\frac{\gamma_{max}\nu}{\kappa u_*} \tag{2-85}$$

在大气边界层高处，$z_0=z$。取常温空气，摩擦速度设为 0.1m/s，则有

$$z<\frac{10^5\times1.46\times10^{-5}}{0.42\times0.1}\text{m}\approx34.8\text{m} \tag{2-86}$$

实际情况中摩擦速度要比 0.1m/s 稍大，在 0.6m/s 左右，此时能保持湍流黏性比在默认限度的高度将低于 34.8m，占总计算高度的比例不到 10%，会导致绝大部分计算区湍流黏性比超出最大限度，影响模拟结果。考虑极限情况，认为湍流黏度比在整个大气边界层中都没有超出限度。取 $u_*=6$m/s，对于中纬度地区，如 $\theta_N=\pi/4$，$f_c=2\Omega\sin|\theta_N|\approx1.0\times10^{-4}$，有

$$\gamma_{max}>\frac{\kappa u_*^2}{6f_c\nu}\approx1.72\times10^7 \tag{2-87}$$

即需要将最大湍流黏性比设置在 1.72×10^7 以上，才能排除对计算的影响。

4. CFD 模拟测试

水平均匀性测试的计算区域及网格划分如图 2-7 所示。计算区域使用了速度进口（Velocity Inlet）和压力出口（Pressure Outlet）作为边界条件，并设置上顶面为对称面（Symmetry），地面为壁面条件（Wall）。计算区域设置为长 5000m，高 500m 的二维矩形。网格水平方向均匀分布，水平尺寸长 10m，沿高度方向布置 100 个单元格，单元格从地面向上等比例

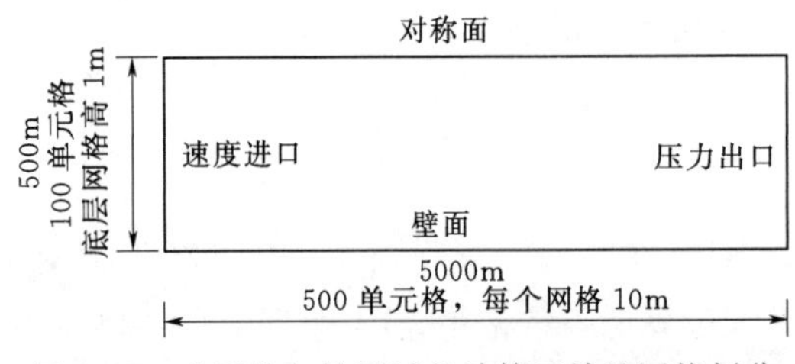

图 2-7 水平均匀性测试的计算区域及网格划分

增加，最底层网格高 1m。

按照是否附加顶面切应力，是否添加湍流源项、湍流参数及切应力是否恒定等情况，对大气边界层水平均匀性的保持条件进行模拟仿真，设置水平均匀性实验测试方案见表 2-3。入口、出口轮廓对比如图 2-8 所示。图 2-8（a）显示无切应力时，湍流动能 k 在入口、出口处轮廓差异明显，水平均匀性没有得以维持，而在上顶面附加切应力时，速度 u、湍流动能 k 及其耗散率 ε 在入口、出口处的轮廓都非常吻合。这说明附加切应力有利于保持流动特性的水平均匀性。在添加湍流源项后，湍流动能 k 在底部水平均匀性较差。导致这种现象的原因可能对近壁面的处理与 k、ε 输运方程，即式（2-16）和式（2-17）不协调，造成误差加大。

使用修正后的湍流参数，并设置了顶面切应力的水平均匀性模拟结果如图 2-8（b）所示。模拟结果与使用标准参数的情况相似，说明通过合理设置边界条件，使用 ABL 修正的湍流参数，依然可以保持流动特性的水平均匀性。据此下文中的模拟，在默认情况下均使用 ABL 湍流参数。当切应力沿高度方向渐变时，设置上顶面切应力，比较添加与不添加湍流源项时流动特性水平均匀性的保持情况，如图 2-8（c）所示，发现附加湍流源项使湍流动能 k 在入口、出口处的轮廓更为接近，相对于无湍流源项时，流动的水平均匀性得到了很好改善。

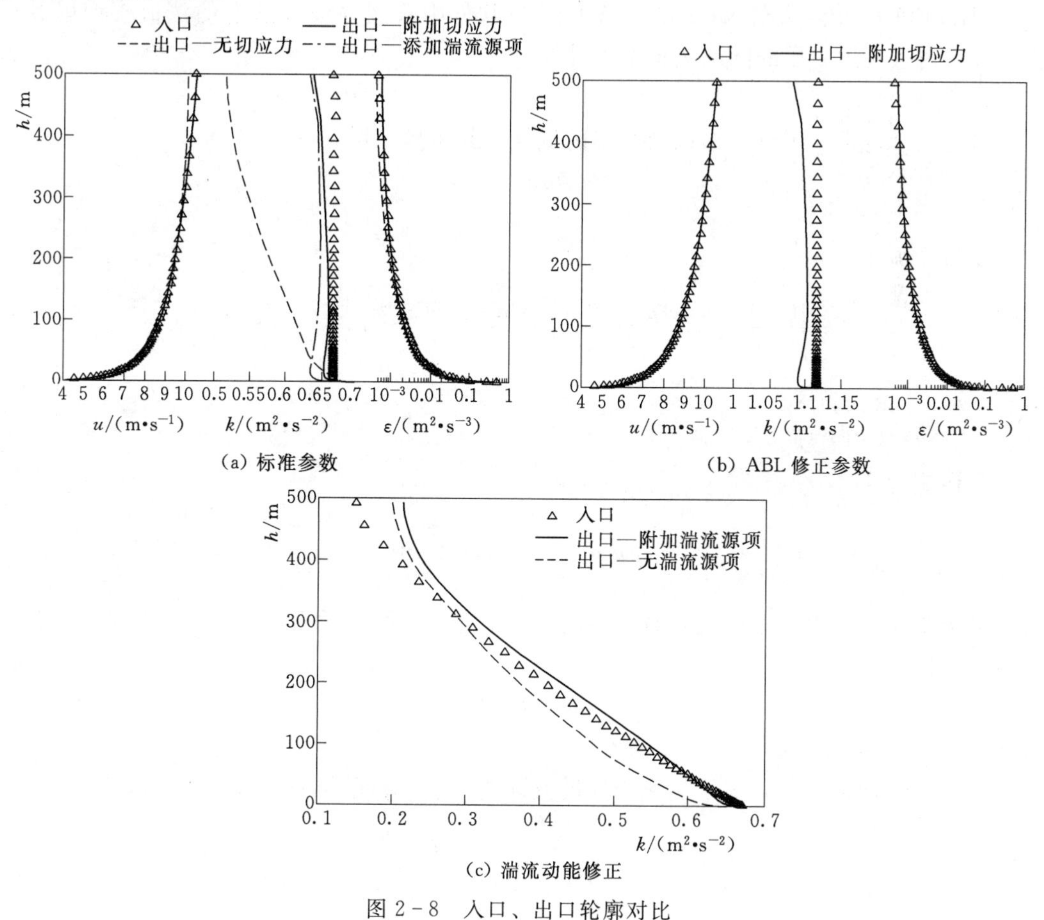

图 2-8　入口、出口轮廓对比

表 2-3　　水平均匀性实验测试方案

<table>
<tr><th>实验编号—说明</th><th>切应力分布</th><th>顶面切应力</th><th>湍流参数 C_μ</th><th>湍流源项</th></tr>
<tr><td>A—无切应力</td><td rowspan="4">$\tau=\rho u_*^2$</td><td>无</td><td rowspan="3">0.09</td><td rowspan="2">无</td></tr>
<tr><td>B—附加切应力</td><td rowspan="5">有</td></tr>
<tr><td>C—添加湍流源项</td><td>$S_\varepsilon=\frac{\rho u_*^4}{(z+z_0)^2}\left[\frac{(C_{2\varepsilon}-C_{1\varepsilon})\sqrt{C_\mu}}{\kappa^2}-\frac{1}{\sigma_\varepsilon}\right]$</td></tr>
<tr><td>D—ABL 参数修正</td><td rowspan="3">0.033</td><td rowspan="2">无</td></tr>
<tr><td>E—湍流动能修正，无湍流源项</td><td rowspan="2">$\tau(z)=\rho u_*^2\left(1-\frac{z}{h_g}\right)^4$</td></tr>
<tr><td>F—湍流动能修正，有湍流源项</td><td>$S_k=\frac{2\kappa\rho u_*^3}{\sigma_k h_g\sqrt{C_\mu}}\lambda(4\sqrt{\lambda}-3)$
$S_\varepsilon=\frac{\rho u_*^4}{\sigma_\varepsilon(z+z_0)^2}\lambda(-3\lambda+8\sqrt{\lambda}-5)$</td></tr>
</table>

2.3.3 METEODYN 风电场流场模型

METEODYN 公司在 Meteodyn WT CFD 软件中采用并设计适合的湍流模型以及边界条件来对大气边界层的问题进行求解计算。

1. 控制方程

考虑一个定常、不可压缩以及恒温的流体，其质量守恒方程为

$$\frac{\partial\rho\overline{u}_i}{\partial x_i}=0 \tag{2-88}$$

动量守恒方程为

$$-\frac{\partial(\rho\overline{u_j}\overline{u_i})}{\partial x_j}-\frac{\partial\overline{p}}{\partial x_i}+\frac{\partial}{\partial x_j}\left[\mu\left(\frac{\partial\overline{u_i}}{\partial x_j}+\frac{\partial\overline{u_j}}{\partial x_i}\right)-\rho\overline{u_i'u_j'}\right]+F_i=0 \tag{2-89}$$

式中　μ——空气黏度；

F_i——体积力项。

雷诺应力为

$$\rho\overline{u_i'u_j'}=\mu\left(\frac{\partial\overline{u_i}}{\partial x_j}+\frac{\partial\overline{u_j}}{\partial x_i}\right) \tag{2-90}$$

湍流黏性定义为湍流动能（通过传输方程来进行求解）的平方根与湍流长度尺度的乘积湍流，即

$$\nu_T=k^{1/2}L_T \tag{2-91}$$

式中　L_T——湍流长度；

k——湍流动能，表示湍流中速度波动的动能（每单位质量）。

k 可表示为

$$k=\frac{1}{2}\overline{u_i'u_i'} \tag{2-92}$$

$$
\left.\begin{aligned}
&U_j \frac{\partial k}{\partial x_j}=P_K-\varepsilon+\frac{\partial}{\partial x_j}\left(\frac{\nu_T}{\sigma_K}\frac{\partial k}{\partial x_j}\right)\\
&\varepsilon=C_\mu \frac{\nu_T}{L_T^2}k\\
&P_K=\nu_T\left(\frac{\partial \overline{u_i}}{\partial x_j}+\frac{\partial \overline{u_j}}{\partial x_i}\right)\frac{\partial \overline{u_j}}{\partial x_j}\\
&\nu_T=k^{1/2}L_T
\end{aligned}\right\} \tag{2-93}
$$

根据 Yamada 与 Arritt 的模型方法，湍流长度在求解开始时即被算出。该模型考虑了稳定或者不稳定的大气热流定度。

湍流长度尺度为

$$
L_T=\sqrt{2}S_m^{2/3}l\begin{cases}
\dfrac{1}{l}=\left(\dfrac{1}{l_0}+\dfrac{1}{\kappa z}\right), \quad z=h\\
C_\mu=\dfrac{4S_m}{B_1}\\
S_m=\begin{cases}1.96\times\dfrac{(0.1912-R_{if})(0.2341-R_{if})}{(1-R_{if})(0.2231-R_{if})}, & R_{if}<0.16\\ 0.085, & R_{if}\geqslant 0.16\end{cases}\\
B_1=16.6\\
l_0=100m\\
\kappa=0.41
\end{cases} \tag{2-94}
$$

式中　z——高度。

流体的瑞查森数根据 Monin - Obukhov 长度计算得到，软件中每一热稳定度等级都是根据不同的 Monin - Obukhov 长度来定义的。

2. 边界条件

（1）入口边界条件。一个入口边界条件的速度矢量被应用于计算区域中的入口边界。对于一个给定的位置（x，y），入口边界条件在垂直方向上被划分为三个不同的区域以充分考虑显示中大气边界层的结构。

表面层：$0<z<h_s$。

Echman 层：$h_s<z<h_{bl}$。

自由层：$h_{bl}<z<h_{sky}$。

对于第一层即“表面层”，从地面高度至 h_s，在这个区域内，风廓线特征遵循对数法则。

对于第二层即“Echman 层”，从高度 h_s 至 h_{bl}，作为地理风层与表面层中上边界之间的过渡带。

在更高的区域中，地理风应用顶面边界条件。参考风速 u_{ref} 为 10.0m/s；参考高度 H_{ref} 为 10.0m；参考粗糙度长度 z_{0ref} 为 0.05。

在表面层中，湍流动能保持恒定，其值根据入口风附近的粗糙度以及确定的大气热稳定度进行计算，Eckman 层中其值将呈线性递减。

（2）底面边界条件。壁面边界条件被应用于计算区域中的底面边界。在所有紧贴地表的网格单元，表面吸收项 F_s 被引入动能方程，表示为

$$
F_s=-\rho C_S u_t|u| \tag{2-95}
$$

式中　u_t——底表面的切速度矢量；

C_s——根据大气热稳定度和风格单元内表面粗糙长度计算得到的值。

（3）两平行侧面的边界条件。对称的边界条件在计算区域内被应用于两平行侧面的情况。

（4）顶面边界条件。对于计算区域内的顶面边界条件应使速度梯度为 0。顶面边界条件的海拔为

$$z_{top}=\max[2800,5(z_{max}-z_{min})] \tag{2-96}$$

式中　z_{top}——顶面边界条件的海拔；

z_{max}——计算区域内的地形最高海拔；

z_{min}——计算区域内的地形最低海拔。

（5）出口边界条件。对于计算区域内的出口边界条件，压力出流边界条件被应用。

3. 计算结果示例

某风电场 10m 和 55m 高度的风能云图如图 2-9 所示；而某风电场 65m 高度某主风向的风速云图如图 2-10 所示。

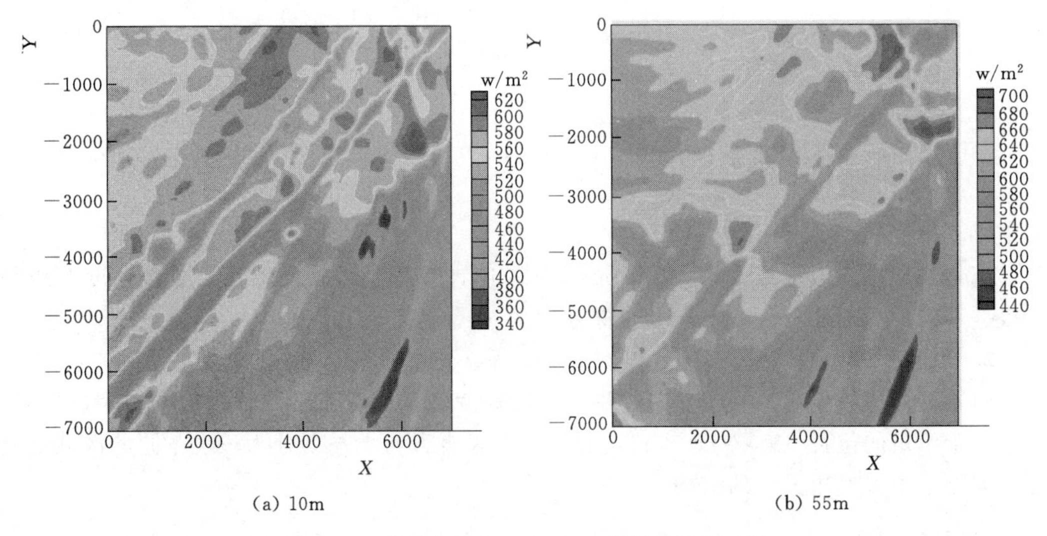

(a) 10m　　(b) 55m

图 2-9　某风电场 10m 和 55m 高度的风能云图

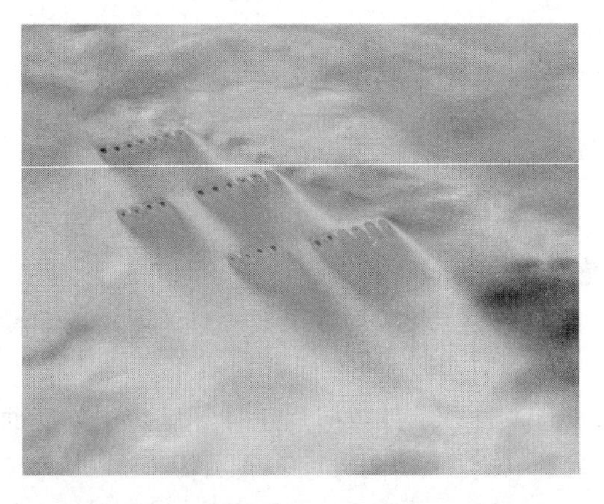

图 2-10　某风电场 65m 高度某主风向的风速云图
（包括风力机尾流）

2.4 中尺度大气动力学模型

数值天气预报是以经过分析和初值化的某时刻气象观测资料为初值，在一定的边值条件下，用数值方法求解描述天气演变过程的大气动力学和热力学方程组而做出的天气预报。本书基于常用的中尺度天气预报（Weather Research and Forecasting，WRF）模式，研究适用于风电场风能资源评估和风功率预测的中尺度计算方法及其在风电场工程中的应用。

2.4.1 WRF 模式介绍和运行步骤

2.4.1.1 WRF 模式介绍

WRF 是由美国大气研究中心，美国国家海洋和大气管理局的环境预报中心以及地球系统实验室、美国空军气象局、美国海军研究实验室和 Oklahoma 大学风暴分析预报中心、美国联邦航空局等共同开发的新一代中尺度大气模式，WRF 模式提高了我们对中尺度天气系统的认识和评估水平，促进了研究成果向业务应用的转化。WRF 采用完全可压的非静力模式，为开源软件，可进行二次开发，允许并行计算。WRF 模式可用于区域和全球范围的气候模拟、空气质量模拟、飓风研究及大气——海洋模式的耦合模拟等。目前 WRF 模式包括动力求解方法（the Advanced Research WRF - ARW）和非静力中尺度模式（the Nonhydrostatic Mesoscale Model，NMM）两个动力框架，分别由 NCAR 和 NCEP 主要开发并维护更新。

MM5 是 WRF 的前身，WRF 模式系统是新一代的中尺度预报模式和同化系统。该模式是一个完全可压的非静力模式，控制方程都写为通量形式，采用 Fortran 90、Fortran 77 及 C++编译语言进行编译与测试，水平方向采用 Araka C 网格点（重点考虑 1～10km），垂直方向则采用三阶或者四阶的 Runge - Kutta 算法。WRF 模式可以多重嵌套，可以很方便地定位不同地理位置。WRF 模式系统需要在 Linux 或者 UNIX 系统下运行。WRF 模式系统流程图如图 2 - 11 所示。

2.4.1.2 WRF 模式运行步骤

WRF 模式分为数据预处理、模式系统主体部分和模式后处理及可视化四个步骤。本章使用的是 WRF - ARW 动力框架，因此主要介绍 WRF - ARW 模式的相关内容。WRF 模式共有两个大的程序模块，即预处理模块（WRF Preprocessing System，WPS）和模式运行核心模块 WRF ARW，其中 WPS 模块分为 geogrid. exe、ungrib. exe、metgrid. exe 3 个子模块；geogrid. exe 建立静态的地面数据，ungrib. exe 解压 GIRB 气象数据，并归纳成为一个 intermediate 文件格式，metgrid. exe 把气象数据水平插入模式领域内，输出文件将被用作 WRF 核心模块的输入文件；WRF 模式运行核心模块通过 real. exe 过程把 metgrid 生成的数据垂直插值到模式 sigma 坐标中，输出结果作为 WRF 主程序 wrf. exe 的初值条件和边值条件，通过 wrf. exe 对区域进行核心模拟计算，最后使用后处理软件对模拟结果进行分析和可视化处理。

1. 数据的预处理部分

数据的预处理部分主要是指准备模式运行所必需的数据，包括模拟区域内的地形、植

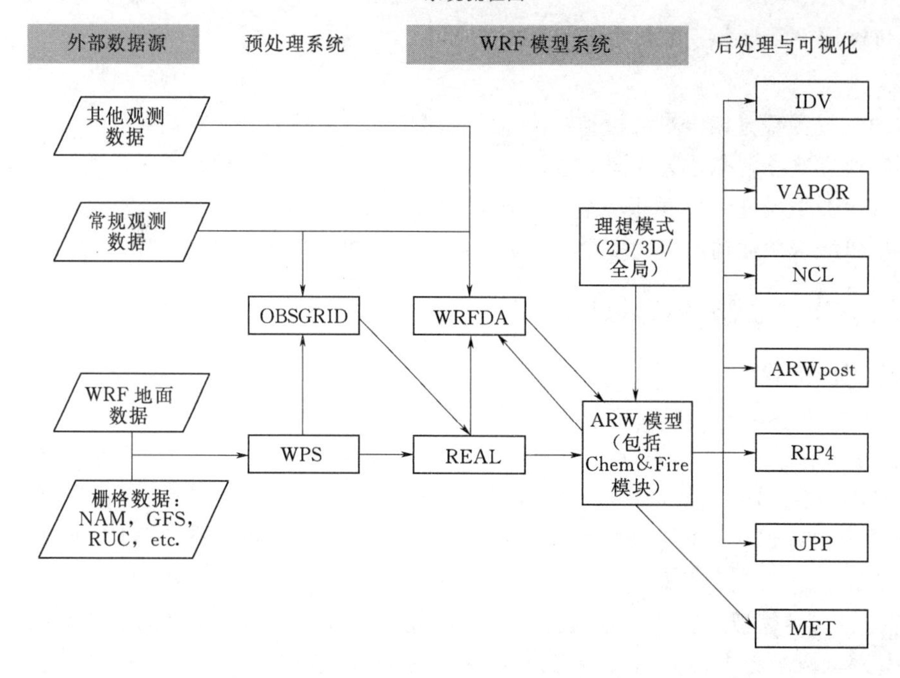

图 2-11　WRF 模式系统流程图

被等静态数据以及背景场数据等，例如 GFS、GEM 等格点数据，而且还包括常规及非常规观测资料的处理过程。预处理系统即 WRF 中的 WPS 部分，主要用于实时数值模拟。包括：①定义模拟区域；②插值地形数据（如地势、土地类型以及土壤类型）到模拟区域；③从其他模式结果中细致网格以及插值气象数据到该模拟区域。WPS 流程图如图 2-12所示。

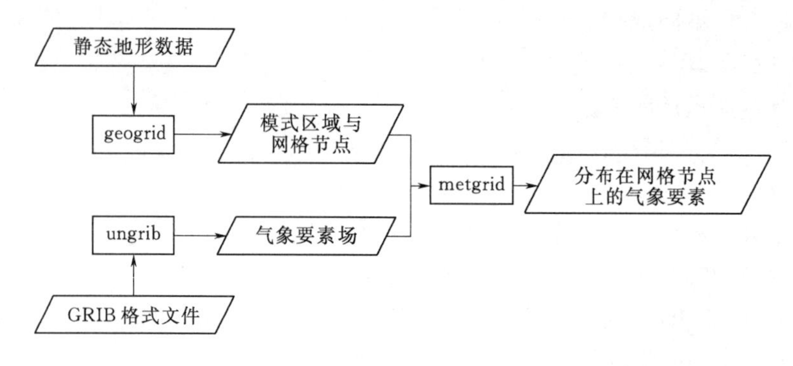

图 2-12　WPS 流程图

这三个程序的作用是为真实数据模拟准备输入场。三个程序的各自用途为：geogrid 确定模式区域并把静态地形数据插值到格点；ungrib 从 GRIB 格式的数据中提取气象要素场；metgrid 则是把提取出的气象要素场水平插值到由 geogrid 确定的网格点上。把气象要素场垂直方向插值到 WRF eta 层则是 WRF 模块中 real 程序的工作。geogrid 和 ungrib 属并列关系，运行不分先后。geogrid 建立“静态的”地面数据。ungrib 解压 GRIB 气象数据，并归纳成一个 intermediate 格式文件。metgrid 把气象数据水平插入模式领域内。metgrid 的输出文件将被用作 WRF 的输入文件。

2. 模式的主体部分

模式的主体部分是模式系统的关键，它由初始化程序 real. exe 和主程序 wrf. exe 组成。主要完成根据不同的物理过程选择适当方案进行预报或者模拟的工作。步骤为：

(1) 设置参数配置文件 namelist. input；通过编辑 namelist. input 文件，可以修改积分的长度、输出的频次、计算范围的大小、时间步长、物理参数以及其他的一些参数。一些参数（例如时间步长、积分时间和输出时间及一些变化参数等）的改变，可以不需要重新执行“ideal. exe”程序。然而，当改变计算范围、边界条件以及物理参数时，则必须重新执行“ideal. exe”程序。

(2) 运行 WRF 模式的数据初始化程序 real. exe。real. exe 是串行运行的。如果要并行运行，则必须将并行节点和每个节点上的 CPU 数目都设置成 1。运行正确后，可产生以下两个文件：

wrfbdy _ d01：WRF 的边界条件

wrfinput _ d01：WRF 的输入场

(3) 运行 WRF 模式的主程序 wrf. exe。wrf. exe 可串行运行，也可并行运行。运行正确后，能产生以下形式的结果文件：wrfout _ d01 _ 000000。

另外，还有一些程序能够在运行时记录运行状态的中间记录文件。

3. 后处理部分

后处理部分主要是 RIP4、NCL、GrADS 等程序将模拟系统结果进行处理、诊断并显示出来。

2.4.2 WRF 模式控制方程组

WRF - ARW 控制方程为完全可压非静力通量形式的欧拉方程。非静力通量形式的欧拉方程组为

$$\partial_t U + \nabla g V u - \partial_x (p\phi_n) + \partial_x (p\phi_x) = F_U \tag{2-97}$$

$$\partial_t V + \nabla g V v - \partial_y (p\phi_n) + \partial_y (p\phi_y) = F_V \tag{2-98}$$

$$\partial_t W + \nabla V w - g(\partial_w p - \mu) = F_W \tag{2-99}$$

$$\partial_t \Theta + \nabla g V \theta = F_\Theta \tag{2-100}$$

$$\partial_t \mu + \nabla g V = 0 \tag{2-101}$$

$$\partial_t \varphi + \mu^{-1} (V g \nabla \varphi - g W) = 0 \tag{2-102}$$

方程组需满足：

$$\partial_\eta \varphi = -\alpha\mu \tag{2-103}$$

$$p = p_0 \left(\frac{R_d \theta}{p_0 \alpha} \right)^\gamma \tag{2-104}$$

微分算子为

$$\nabla V a = \partial_x (U a) + \partial_y (V a) + \partial_\eta (\Omega a) \tag{2-105}$$

$$V\ \nabla a = U \partial_x a + V \partial_y a + \Omega \partial_\eta a \tag{2-106}$$

式中　U、V、W——三维速度场的动量；

μ——模型格点（x，y）处单位面积空气柱的质量；

Ω——垂直速度场的动量；

Θ——位温场的动量，$\Theta=\mu\theta$；

θ——位温；

γ——干空气的定压比/热和定容比热之比，$\gamma=c_p/c_v$ 为1.4；

φ——位势，$\varphi=gz$；

α——空气比容，$\alpha=1/\rho$；

R_d——干空气气体常数；

p_0——参考气压，通常取为 10^5Pa；

F_U——由物理过程引起的强迫项；

F_V——由扰动混合引起的强迫项；

F_W——由球面投影引起的强迫项；

F_Θ——由地球旋转引起的强迫项。

若在控制方程中加入水汽的影响，并考虑干空气的质量，则 η 可写为

$$\left.\begin{aligned}\eta&=\frac{p_{dh}-p_{dht}}{\mu_d}\\ \mu_d&=p_{dhs}-p_{dht}\end{aligned}\right\} \tag{2-107}$$

式中　p_{dh}——干大气气压；

p_{dht}——干大气顶层气压；

p_{dhs}——干大气地面气压。

包含水汽的通量形式欧拉方程组可写为

$$\partial_t U+(\nabla g V u)_\eta+\mu_d\alpha\partial_x p+\frac{\alpha}{\alpha_d}\partial_\eta p\partial_x\phi=F_U \tag{2-108}$$

$$\partial_t V+(\nabla g V v)_\eta+\mu_d\alpha\partial_y p+\frac{\alpha}{\alpha_d}\partial_\eta p\partial_y\phi=F_V \tag{2-109}$$

$$\partial_t W+(\nabla g V w)_\eta+g\left(\frac{\alpha}{\alpha_d}\partial_\eta p-\mu_d\right)=F_W \tag{2-110}$$

$$\partial_t\Theta+\nabla g V\theta=F_\Theta \tag{2-111}$$

$$\partial_t\mu_d+\nabla g V=0 \tag{2-112}$$

$$\partial_t\phi+\mu_d^{-1}(V g\nabla\phi-gW)=0 \tag{2-113}$$

$$\partial_t Q_m+(\nabla g V_{qm})_\eta=F_{Qm} \tag{2-114}$$

欧拉方程组也需满足：

$$\partial_\eta\phi=-\alpha_d\mu_d \tag{2-115}$$

$$\left.\begin{aligned}P&=P_0\left(\frac{R_d\theta_m}{p_0\alpha_d}\right)^\gamma\\ \theta_m&=\theta\left(1+\frac{R_v}{R_d}\right)q_v\approx\theta(1+1.61q_v)\end{aligned}\right\} \tag{2-116}$$

$$\alpha=\alpha_d(1+q_v+q_c+q_r+q_{i+K})^{-1} \tag{2-117}$$

式中　　α——湿空气比容；

α_d——干空气比容；

q_v、q_c、q_r、q_i——分别对应水汽、云、雨、冰等同空气的混合比。

如果把模拟区域地图投影、科氏力以及地球曲率的影响都考虑进去，那么控制方程组可以改写为

$$\partial_t U + m_x[\partial_x(Uu) + \partial_y(Vu)] + \partial_\eta(\Omega u) + \frac{m_x}{m_y}\left(\mu_d \alpha \partial_x p + \frac{\alpha}{\alpha_d}\partial_\eta p \partial_x \phi\right) = F_U \tag{2-118}$$

$$\partial_t V + m_y[\partial_x(Uv) + \partial_y(Vv)] + \frac{m_x}{m_y}\left(\partial_\eta(\Omega v) + \mu_d \alpha \partial_y p + \frac{\alpha}{\alpha_d}\partial_\eta p \partial_y \phi\right) = F_V \tag{2-119}$$

$$\partial_t W + m_x[\partial_x(Uw) + \partial_y(Vw)] + \partial_\eta(\Omega w) - \frac{1}{m_y} g\left(\frac{\alpha}{\alpha_d}\partial_\eta p - \mu_d\right) = F_W \tag{2-120}$$

$$\partial_t \Theta + m_x m_y[\partial_x(U\theta) + \partial_y(V\theta)] + m_y \partial_\eta(\Omega\theta) = F_\Theta \tag{2-121}$$

$$\partial_t \mu_d + m_x m_y(U_x + V_y) + m_y \partial_\eta(\Omega) = 0 \tag{2-122}$$

$$\partial_t \phi + \frac{1}{\mu_d}[m_x m_y(U\partial_x \phi + V\partial_y \phi) + m_y \Omega \partial_\eta \phi - m_y g W] = 0 \tag{2-123}$$

$$\partial_t Q_m + m_x m_y[\partial_x(Uq_m) + \partial_y(Vq_m)] + m_y \partial_\eta(\Omega q_m) = F_{Qm} \tag{2-124}$$

$$(m_x, m_y) = \frac{(\Delta x, \Delta y)}{d_e} \tag{2-125}$$

式中　m_x、m_y——模式投影网格距（$\Delta x,\Delta y$）与地球实际距离 d_e 的比值。

U、V、W、Ω 的通量形式为

$$\left.\begin{aligned} U &= \frac{\mu_d u}{m_y} \\ V &= \frac{\mu_d v}{m_x} \\ W &= \frac{\mu_d w}{m_y} \\ \Omega &= \frac{\mu_d \eta}{m_y} \end{aligned}\right\} \tag{2-126}$$

干比容诊断关系为

$$\partial_\eta \phi = -\alpha_d \mu_d \tag{2-127}$$

气体状态方程为

$$p = p_0\left(\frac{R_d \theta_m}{p_0 \alpha_d}\right)^\gamma \tag{2-128}$$

式（2-115）～式（2-125）的右端项 F_U、F_V、F_W 中包含了科氏力和曲率项。对于地图投影为各向同性的方案，如 Lambert 投影方案、Polar 投影方案与 Mercator 投影方案，当 $m_x = m_y = m$ 时，科氏力和曲率项的方程为

$$F_U = \left(f + u\frac{\partial m}{\partial y} - v\frac{\partial m}{\partial x}\right)V - eW\cos\alpha_r - \frac{uW}{r_e} \tag{2-129}$$

$$F_V = \left(f + u\frac{\partial m}{\partial y} - v\frac{\partial m}{\partial x}\right)U - eW\cos\alpha_r - \frac{vW}{r_e} \tag{2-130}$$

$$F_W = e(U\cos\alpha_r - V\sin\alpha_r) + \frac{uU + vV}{r_e} \tag{2-131}$$

当地图投影方案为各向异性时，如 Lat - Lon 方案，科氏力和曲率项方程为

$$F_U = \frac{m_x}{m_y}\left(fV + \frac{uV}{r_e}\tan\psi\right) - \frac{uW}{r_e} - eW\cos\alpha_r \tag{2-132}$$

$$F_V = \frac{m_x}{m_y}\left(-fU + \frac{uU}{r_e}\tan\psi\right) - \frac{vW}{r_e} - eW\sin\alpha_r \tag{2-133}$$

$$F_W = e\left(U\cos\alpha_r - \frac{m_x}{m_y}V\sin\alpha_r\right) + \left[\frac{uU + \frac{m_x}{m_y}vV}{r_e}\right] \tag{2-134}$$

$$\left.\begin{aligned} f &= 2\Omega\sin\psi \\ e &= 2\Omega_e\cos\Psi \end{aligned}\right\} \tag{2-135}$$

式中　α_r、ψ——经度、纬度；

Ω_e——地球旋转角速度；

r_e——地球半径。

在式（2-132）～式（2-134）进行数值离散时，水平方向采用 Arakawa C 网格，垂直方向采用地形跟随质量坐标，时间积分可采用 3 阶或 4 阶的 Runge - Kutta 算法，空间离散可采用 2 阶～6 阶的水平及垂向对流项。

2.4.3 WRF 模式边界层方案与计算设置

1. *WRF 模式边界层方案介绍*

边界层是大气流动和其下垫面相互作用的结果，湍流垂直交换显著，而在风电场的功率预测过程中，对边界层过程进行参数化处理以描述下垫面的影响是十分必要的。WRF 模式确定了（风电场模拟能用到的）6 个边界层方案，在实际操作中，我们要根据特定风电场的具体地形和风速情况来选择适合的边界层方案，下面对几个边界层方案进行介绍：

（1）简单近地面层方案。该方案又称简单近地层方案，主要利用稳定方程计算热量、湿度和动力的地面层变化系数。

（2）MM5 相似理论近地面层方案。该方案采用了 Paulson、Dyer 和 Webb 稳定性函数来计算地面热量、湿度、动力的交换系数，用 Beljaars 提出的对流速度来计算地面热量和湿度通量。在数值模式设计中，一般常与 MRF 或 YSU 边界层方案联合使用。

（3）ETA 相似理论近地面层方案。该方案主要基于 Monin - Obukhov 理论，在水面上，黏性下层显式参数化，在陆地近地面层上，黏性下层则考虑了变化的地势高度对温度和湿度的作用，近地面通量通过迭代进行计算，并用 Beljaars 修正法来避免在不稳定表面层和无风时出现的奇异性。常与 MYJ 边界层方案联合使用。

（4）MRF 边界层方案。此方案利用不稳定状态下热量和水汽所谓的反梯度通量理论，运用了加大的边界层垂直通量系数，且边界层高度中考虑了临界里查逊数。此方案比较高效，NCEP MRF 模式中已经使用该方案，该方案调用 SLAB 在隐式方案中用于计算垂直扩散以允许更长的时间步长。

（5）YSU 边界层方案。YSU 是 MRF 边界层方案的第二代，对于 MRF 增加了处理边界层顶部夹卷层的方法，边界层高度由临界理查森数决定，因此，边界层高度仅取决于

浮力廓线。相比于 MRF 方案，YSU 方案中热对流产生的混合层高度升高，风剪切产生的混合层高度降低。逆梯度项值的减小，使边界层结构更接近于中性，解决了 MRF 方案中由于逆梯度项过大导致层结过于稳定的问题。

（6）MYJ 边界层方案。此方案用于边界层和自由大气中的湍流参数化过程，预报湍流动能，并考虑了局部湍流垂直混合过程。该方案调用 SLAB（薄层）模式用来计算地面的温度：在 SLAB 之前，用相似理论计算交换系数，在 SLAB 之后，它用隐式扩散方案计算垂直通量。该方案仅适用于所有稳定条件和弱不稳定条件的边界层，但在对流边界层中误差较大。

边界层方案可以分为局地和非局地方案。前者假设每个格点上脉动通量完全由该格点上物理量的平均量决定，后者综合考虑该格点及周边格点对脉动通量的影响。在湍涡尺度相对于平均运动尺度非常小时，局地一阶闭合方案可以合理应用。在不稳定层结条件下，涡旋尺度极大且对流边界层存在逆梯度输送现象时，高分辨率数值模式中经常采用二阶或三阶闭合方案。这些高阶闭合方案能较真实地反映边界层中的物理过程，但是计算太复杂。而非局地湍流闭合方案是将湍流通量定义为大尺度梯度的函数，而非 K 理论那样是局地梯度的函数，能更好地反映对流大气层边界层中的物理过程，适用于强对流天气过程的数值模拟。目前在边界层方案中，常用的局地方案一般以 MYJ 方案为代表，非局地方案一般有 MRF、YSU 等。

2. WRF 模式网格划分

WRF 模式采用 Arakawa－C 型网格划分水平方向的计算域，Arakawa－C 型网格点能同时表示标量与矢量，但是它们在 C 型网格上的位置不相同，水平风速的 u、v 分量分别定义在四边形单元格点区域的正交边界上，并各自垂直于竖向与纵向单元边界，而温度、湿度、气压等标量则定义在四边形单元格点区域中央。Arakaw a－C 型网格的速度与其他变量均在一倍网格距上计算，具有较好的频散性质和守恒性。WRF 模式水平网格划分如图 2－13 所示。

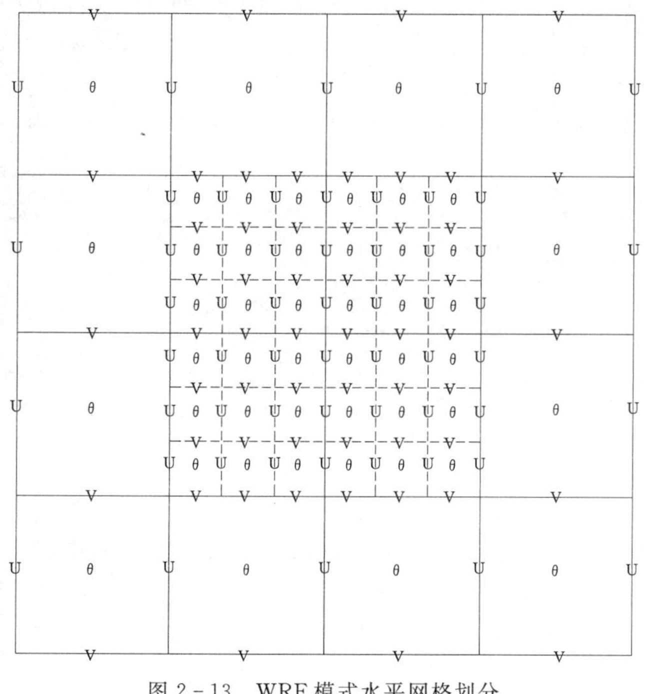

图 2－13　WRF 模式水平网格划分

水平方向上，使用了三重、双向嵌套计算，最小网格精度为3000m，模拟区域的中心点为（121.167E，32.325N），如图2-13所示，第一重网格的格距为27000m，网格数为100×100；第二重网格的格距为9000m，网格数为88×88；第三重网格的格距为3000m，网格数为76×76。地图投影方案为lambert。模式积分步长为30s。

在常规应用中，垂直方向一般以海拔或离地高度作为分层标准。但是由于在气象模拟中，有些区域的下垫面比较复杂，有平原、高原、盆地、大山等，按照海拔或是位势高度分层的话，就有可能使低的层面与下垫面（高原、大山）相交，给计算带来不便。所以WRF模式方程采用沿地形欧拉质量坐标（Laprise，1992），沿地形欧拉质量坐标 *eta* 定义为

$$eta=\frac{P-P_{ht}}{P_{hs}-P_{ht}} \tag{2-136}$$

式中 P——模式需要确定的层气压；

P_{ht}——模式顶层气压，$P_{ht}=50\text{hPa}$；

P_{hs}——地面气压。

当在 P_{hs} 采用地面气压的情况下，$eta=1$ 代表地面，$eta=0$ 代表模式顶层。这种 σ 坐标形式被广泛应用于大多数静力气象模式中。垂直方向分层示意图如图2-14所示。

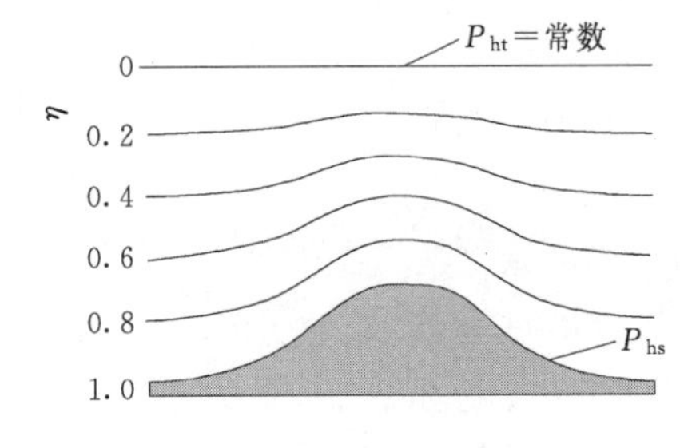

图2-14　垂直方向分层示意图

沿地形欧拉质量坐标系以地面作为基准面，随地形的起伏而变化。由于该坐标系是基于气压建立的，它能使气象控制方程趋于简单化。沿地形欧拉质量坐标系的特点有：

（1）随地形变化，能描述气温、风等随地形的水平运动。

（2）越靠近地面，垂直分辨率越高。

（3）避免了在垂直分层方面与地形的交叉。但采用这一坐标系在计算气压梯度力时，存在较大误差。

风力发电所利用的风能资源主要在离地面0～200m的高度范围内，基于风电场的风能资源评估主要关心大气边界层200m以内的各项参数，所以模拟计算在垂直坐标分层中需要调整分层，在近地层的垂直方向加密，经过多次实验计算，确定总层数为37层，200m以下为24层，每一层对应位势高度见表2-4。

表2-4　　*eta* 分层位势高度表（200m以下）

eta 值	1	0.9998	0.998	0.997	0.995	0.9946
位势高度/m	4.819	12.686	23.703	35.522	44.981	47.346
eta 值	0.9944	0.9942	0.994	0.993	0.9925	0.9923
位势高度/m	48.924	50.502	55.237	61.157	63.921	65.896
eta 值	0.992	0.9918	0.9916	0.9914	0.9912	0.99
位势高度/m	67.872	69.452	71.032	72.612	78.146	90.804
eta 值	0.988	0.986	0.984	0.982	0.98	0.978
位势高度/m	106.642	122.498	138.373	154.269	170.184	186.121

3. WRF 模式参数设置

WRF 模式有很多参数化过程方案可供选择：边界层参数化方案、微物理过程参数化方案、积云对流参数化方案、大气辐射参数化方案、行星边界层参数化方案、陆面过程参数化方案、近地层参数化方案等。每一种方案都包含多种选择，需要用户根据模拟区域地形气候等实际情况选择恰当的参数化方案组合，才能得到比较理想的模拟结果数据。

WRF 模式对近地面风电场的模拟结果受地形及地表粗糙度的影响较大，特殊地形分布导致的下垫面热力不连续特征，对模拟精度有影响，并且针对已经建有风电场的模拟区域来说，风电机组运行产生的尾流也会影响模式的模拟精度。运用中尺度气象模式 WRF，选择最贴近实测情况的模拟方案，并在模式中加入风电机组影响因素，并且可以考虑风电机组尾流对模拟结果精度的影响。

WRF 模式参数化过程每一种方案都包含多种选择，需要用户根据模拟区域地形气候等实际情况选择恰当的参数化方案组合，才能得到比较理想的模拟结果数据。

2.5 风电场微观尺度与中尺度大气动力场耦合模型

底层风电场具有随机变化的特征，导致风电场输出功率具有波动性、间歇性、随机性的特点，所以对风电场输出功率进行预测是增加电网调峰容量、提高电网接纳风电能力、改善电力系统运行安全性与经济性最有效、最经济的手段之一。风功率预测中，气象资料的准确性决定了功率预测的正确与否，气象资料的获得一般有两种途径：①设立地面站和探空站进行现场观测；②采用天气预报系统进行数值模拟。现实中因为受到研究时间和人力物力条件的限制，现场观测不可能持续很长时间，因此，通过数值模拟来获得较完整的气象资料是很有必要的。

近年来，以 MM5/CALMET、WRF/CALMET 耦合模式即中尺度和微尺度的耦合计算来进行区域流场模拟的方式得到了应用，并且取得了比较准确的模拟结果。本节以 WRF/CALMET 为例从 WRF 网格嵌套方式、CALMET 中尺度结果处理以及常用风能资源评估软件具体耦合方式等方面，说明风电场中尺度-微尺度大气动力场耦合计算方法。

2.5.1 WRF 模式网格嵌套方式

WRF 模式中有单向嵌套（1 - way）和双向嵌套（2 - way）两种选择。单向嵌套方案中，大尺度和小尺度的大气运动被分开计算，两者之间没有沟通；双向嵌套方案考虑了小尺度大气运动对大尺度运动的反馈，并且同时考虑了不同波形在粗细边界中的数值震荡和反射带来的影响，粗网格（Coarse Grid）和细网格（Fine Grid）同时运算。根据风电场功率预测实际需要，在实时预报模式中采用的是双向嵌套方式：在每个时间步长，粗网格从模式外部得到边界条件，进行积分计算，然后把计算结果传递给细网格作为边界条件，细网格在同一个时间步长里进行积分计算，并且将计算结果反馈给粗网格。

WRF 模式对时间积分采用三阶或者四阶的 Runge－Kutta 差分方案。对于不同频率的天气现象采用不同时间步长进行积分，一般来说高频的波采用较短的时间步长，而低频的波采用较长的时间步长。

2.5.2 CALMET 介绍

WRF 模式虽然对中尺度背景流场有较好的模拟能力，但是不能准确模拟这种小尺度地形对流场产生的影响，所以，必须引入微气象学的相应理论模拟局地流场，采用 CALPUFF 中的 CALMET 模块式气象预处理模型对 WRF 的结果进行修正是十分必要的。

CALPUFF 中的 CALMET 模块式气象预处理模型，用于在三维网格模型区域上生成小时风场、温度场，CALMET 包括诊断风场模块和微气象模块，诊断风场模块对初始猜测风场进行地形动力学、坡面流、地形阻塞效应调整，产生第一步风场，导入观测数据后，通过差值、平滑处理、垂直速度计算、辐散最小化等产生最终风场。微气象模块根据参数化方法，利用地表热通量、边界层高度、摩擦速度、对流速度、莫宁-奥布霍夫长度等参数描述边界层结构。即在输入 WRF 的计算结果之后，CALMET 模式将自动计算并生成包括逐时的风场、混合层高度、大气稳定度和微气象参数等三维风场和微气象场资料。

在 CALMET 模块中，诊断风场模式经过两步模拟，最后形成完整的诊断风场，CELMET 流程图如图 2－15 所示。

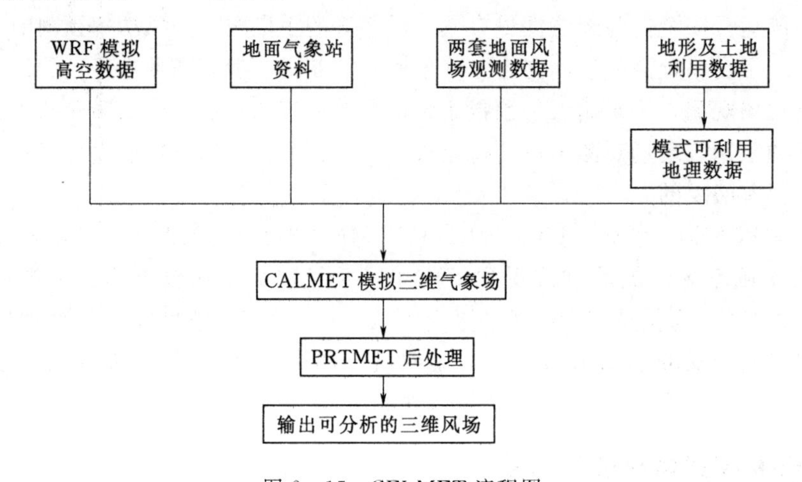

图 2－15　CELMET 流程图

1. 第一步风场的形成

用诊断模型模拟第一步风场时，需要调整地形、坡风、闭合效应的影响，还需要进行三维散度最小化。

（1）动力学地形影响（Kinematic Effects of Terrain）。CALMET 采用 Liu 和 Yocke 的方法对地形的动力影响进行参数化。

笛卡儿坐标系的风速垂直分量 w 可计算为

$$w=V\ \nabla h_t \exp(-kz) \tag{2-137}$$

$$k=\frac{N}{|N|} \tag{2-138}$$

$$N=\left(\frac{g}{\theta}\frac{\mathrm{d}\theta}{\mathrm{d}z}\right)^{\frac{1}{2}} \tag{2-139}$$

式中　V——区域平均风速，m/s；

h_t——地形高度，m；

k——大气稳定度幂指数；

z——垂直坐标；

N——地面到用户输入的高度“ZUPT”的 Brunt Vaisala 频数；

θ——位温，K；

g——重力加速度，m/s^2。

(2) 坡风（Slope Flows）。CALMET 使用经验方法考虑了复杂地形的坡风尺度。把坡风模拟到第一步网格风场后，形成了调整后第一步的风场风矢量，可表示为

$$u_1'=u_1+u_s \tag{2-140}$$

$$v_1'=v_1+v_s \tag{2-141}$$

式中　u_1、v_1——考虑坡风前，第一步风场的风速，m/s；

u_s、v_s——坡风风速，m/s；

u_1'、v_1'——考虑坡风后，第一步风场的风速，m/s。

(3) 闭合效应（Blocking Effect）。地形对风场的热动力闭合效应用局地 Froude 数进行参数化，可以表示为

$$F_r=\frac{v}{N\Delta h_t} \tag{2-142}$$

$$\Delta h_t=(h_{\max})_{ij}-z_{ij\mathrm{k}} \tag{2-143}$$

式中　F_r——局地佛罗德数（Froude 数）；

v——网格点的风速，m/s；

N——Brunt Vaisala 频数；

Δh_t——障碍物的有效高度，m；

$(h_{\max})_{ij}$——网格点（i,j）影响半径内的最大地形高度，m；

$z_{ij\mathrm{k}}$——网格点（i,j）的最大高度，m。

对每个网格点计算 Froude 数。如果 F_r 小于临界 Froude 数，且网格点的风有向上的分量，风向被调整为与地形相切；如果 F_r 大于 Froude 数，不对风场进行调整。

2. 第二步风场的形成

诊断模型的第二步风场由内插和外推、平滑处理、垂直风速的 O'Brien 调整、散度最小化几部分组成。

(1) 内插和外推。一般在所给气象资料中只有几个地面站的观测风速。因此，如果要在每个网格点都产生风速，必须根据已知的观测资料进行内插和外推。第一步风场内插可表示为

$$(u,v)_2'=\frac{\dfrac{(u,v)_1'}{R^2}+\sum_k\dfrac{(u_{obs},v_{obs})_k}{R_k^2}}{\dfrac{1}{R^2}+\sum_k\dfrac{1}{R_k^2}} \tag{2-144}$$

式中　$(u_{obs},v_{obs})_k$——编号为 k 的地面站的观测风速，m/s；

$(u,v)_1'$——网格点第一步风速，m/s；

$(u,v)_2'$——网格点第二步风速，m/s；

R_k——观测站 k 到网格点的距离，m；

R——用户指定的第一步风场加权参数。

风速垂直外推可表示为

$$u_z=u_m\left(\frac{z}{z_m}\right)^\alpha \tag{2-145}$$

式中　z——网格中点高度，m；

z_m——地面观测点的观测高度，m；

u_z——在高度 z 处的风速 u 分量，m/s；

u_m——观测的风速 u 分量，m/s；

α——风速廓线幂指数。

（2）平滑处理。为了避免风场的不连续性，第一步风场需经过平滑处理。CALMET的平滑处理公式为

$$(u,v)_2''=0.5u_{i,j}+0.125(u_{i-1,j}+u_{i+1,j}+u_{i,j-1}+u_{i,j+1}) \tag{2-146}$$

式中　$(u,v)''$——在网格点（i,j）经平滑处理后的风速，m/s；

$u_{i,j}$——平滑处理前风速，m/s。

（3）垂直风速的 O'Brien 调整。CALMET 有两种方法计算垂直风速：①利用平滑处理后的风场，直接从质量守恒方程求得垂直分量；②对垂直风速廓线进行调整，使模拟区域顶层的值为零。

不可压缩流体的质量守恒方程为

$$\frac{du''}{dx}+\frac{dv''}{dx}+\frac{dw_1}{dz}=0 \tag{2-147}$$

式中　w_1——地形追踪坐标系下，风速垂直分量，m/s；

u''、v''——平滑处理后的风速，m/s。

（4）散度最小化。在CALMET，三维风场的散度必须小于用户定的最大允许散度 ε，即

$$\frac{du''}{dx}+\frac{dv''}{dx}+\frac{dw_1}{dz}<\varepsilon \tag{2-148}$$

CALMET 有较强的空气动力学理论基础，利用气象站和实测的地面气象资料并结合 WRF 模拟的区域高空资料，通过 CALMET 可对复杂地形及下垫面的复杂风场进行较好的模拟，模拟结果可对区域风场特点进行精确的分析，很多模拟实验表明，中尺度和微尺度耦合得出的风场预测结果更接近于实测结果，采用 WRF/CALMET 耦合模式模拟风场是可行的。也有很多模拟在中尺度预测后用其他方法修正，例如卡尔曼滤波法、小波包分析算法和 BP 神经网络等方法。

2.5.3 其他风电场中尺度-微尺度耦合计算模型

1. FLUENT 与 WRF 耦合计算原理

利用 WRF 模拟获得的数据为 CFD 模型提供初始条件，以实现两个不同尺度模式之间的嵌套运算，可以完成风场精细化降尺度模拟。WRF 与 FLUENT 耦合计算流程图如图 2-16 所示。

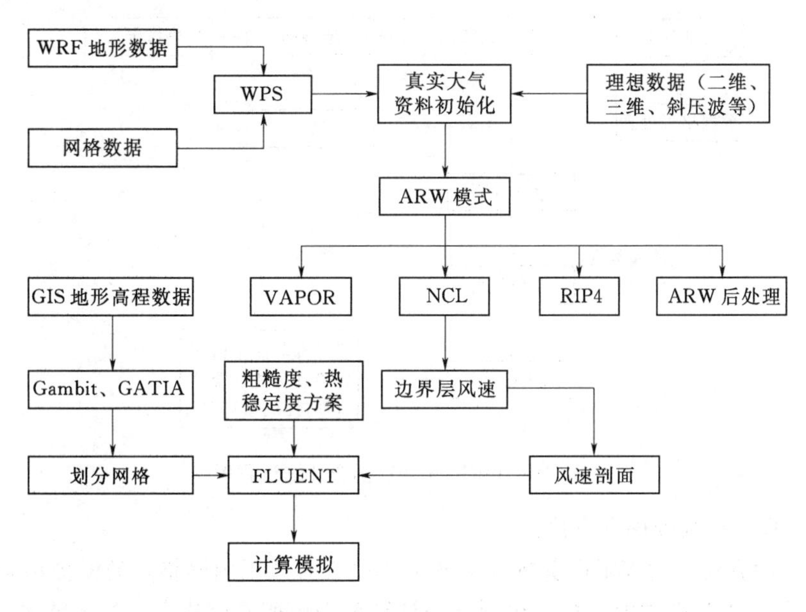

图 2-16 WRF 与 FLUENT 耦合计算流程图

由于 WRF 模式的最小网格间距为 1.5km，并在 1km 高度内垂直分层为 17 层；网格节点比 FLUENT 大的多，FLUENT 计算模型边界可能只有几个 WRF 模型节点。CFD 计算域如图 2-17 所示。WRF 模式-CFD 模型风场入口对应如图 2-18 所示。

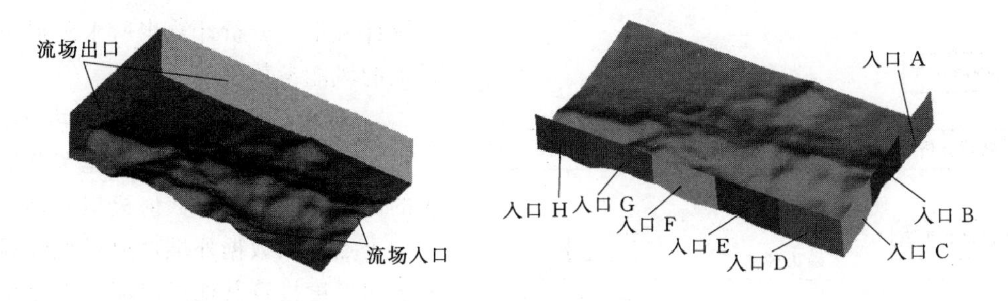

图 2-17 CFD 计算域　　图 2-18 WRF 模式-CFD 模型风场入口对应

降尺度嵌套方案需要综合考虑 WRF 最小水平网格尺寸与 CFD 模型局部地形大小，通过设置较小尺寸的水平网格，获取更多的 WRF 模拟数据，使不同模式之间的嵌套更加牢固。

采用多少高度的中尺度模拟结果合适，或者这种中尺度模式与 CFD 软件结合方式是否合适，也是需要进一步研究的问题。

2. WT 与 WRF 耦合计算

在采用 WT 模式模拟时，首先输入地形数据和粗糙度数据，进行不同扇区的风速分别为初始风场的定向计算，然后将已经转成风向频率分布和风速频率分布的各个测风塔风场数据输入 WT 模式。WRF 与 WT 耦合计算流程图如图 2-19 所示。

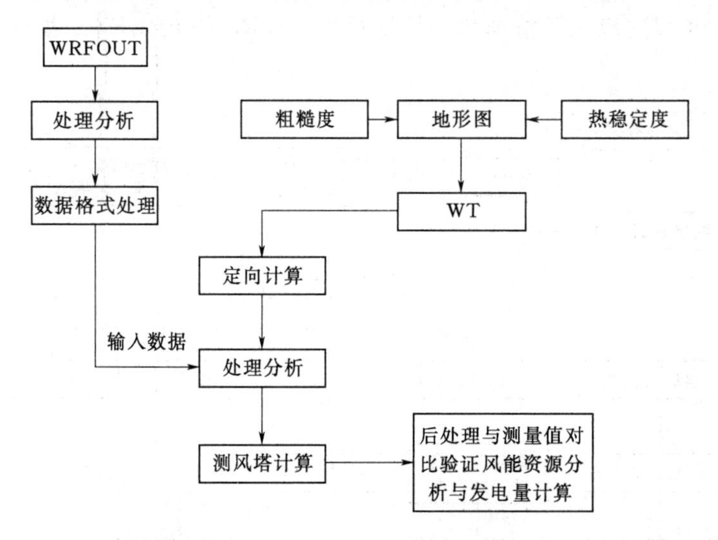

图 2-19　WRF 与 WT 耦合计算流程图

WRF 与 WT 有两种耦合方法。

(1) 第一种方法。把 WRF 模型与在 WT 模型重合范围内网格点的模拟结果当作测风塔观测值，输入 WT 模式中计算，得到整个计算范围内所有网格点上的风能参数。

(2) 第二种方法。选用离测风塔点最近的 WRF 网格点输入 WT 模式。WT 模式设计了以中尺度模式网格点模拟值作为输入的模拟计算方法，考虑网格点模拟值是代表周围 $9km^2$ 范围内的平均值，WT 模式首先统计 $9km^2$ 范围内所有 WT 模式网格点上的平均定向结果，然后用 WRF 模拟结果对其调整修正，之后再根据 WT 模式网格点之间定向结果的统计关系，分析计算出所求测风塔位置上的风能参数。

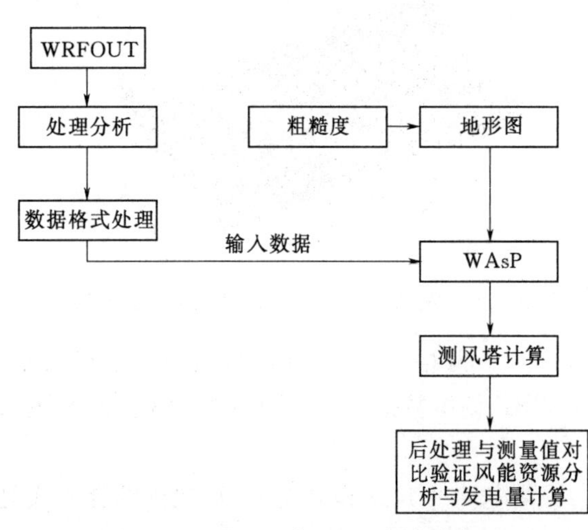

图 2-20　WAsP 与 WRF 耦合流程图

3. WAsP 与 WRF 耦合计算

WAsP 是由丹麦国家实验室开发出来的微尺度风能资源数值模拟软件。采用一个点测风数据外推，通过地转风和地表粗糙度推算其他点风能，误差会随着距离增加而增大。WAsP 采用的是线性模型，适用于平坦地形。WAsP 与 WRF 耦合流程图如图 2-20 所示。

放入 WAsP 模式中的 WRF 模拟风场数据处理方法和放入 WT 模式的一致，将地形数据、粗糙度数据和处理过的模拟风场数据一起放入 WAsP 中，输入测风塔点的经纬度和模拟点的经纬度并进行计算，最终得到所需模拟点的风能参数。

中尺度 WRF 模式在风功率预测应用研究中常采用 15min 时间间隔，与电网要求同步，预测时间间隔可以设置的更短，但是这对计算机要求更高，同时对计算模型要求较高，否则很难满足计算精度要求。

参 考 文 献

［1］ 李辰奇，许昌，杨建川，等．基于 CFD 的复杂地形风能分布研究［J］．上海理工大学学报，2013（3）：270－274.

［2］ 韩星星．基于致动盘理论的风电场空气动力场数值研究［D］．南京：河海大学，2015.

［3］ Ferziger J H. Large eddy simulation：its role in turbulence research［M］. Theoretical approaches to turbulence，Springer，1985.

［4］ Bardina J，Ferziger J H，Reynolds W C. Improved subgrid－scale models for large－eddy simulation［C］// 13th Fluid and Plasma Dynamics Conference，1980.

［5］ Sagaut P. Large eddy simulation for incompressible flows：an introduction［M］. Springer Science \& Business Media，2006.

［6］ Moeng C，Sullivan P P. Large－eddy simulation［J］. Encyclopedia of Atmospheric Sciences，2002，1140－1150.

［7］ Moeng C. A large－eddy－simulation model for the study of planetary boundary－layer turbulence［J］. Journal of the Atmospheric Sciences，1984，41（13）：2052－2062.

［8］ Galperin B，Orszag S A. Large eddy simulation of complex engineering and geophysical flows［M］. Cambridge University Press，1993.

［9］ 彭涛，钱若军．大涡模拟（LES）理论研究述评［C］．庆祝刘锡良教授八十华诞暨第八届全国现代结构工程学术研讨会论文集，2008.

［10］ 崔桂香，许春晓，张兆顺．湍流大涡数值模拟进展［J］．空气动力学学报，2004，22（2）：121－129.

［11］ Germano M，Piomelli U，Moin P，et al. A dynamic subgrid－scale eddy viscosity model［J］. Physics of Fluids A：Fluid Dynamics，1991，3（7）：1760－1765.

［12］ Lilly D K. A proposed modification of the Germano subgrid－scale closure method［J］. Physics of Fluids A：Fluid Dynamics，1992，4（3）：633－635.

［13］ Nicoud F，Ducros F. Subgrid－scale stress modelling based on the square of the velocity gradient tensor［J］. Flow，turbulence and Combustion，1999，62（3）：183－200.

［14］ Smagorinsky J. General circulation experiments with the primitive equations：I. The basic experiment［J］. Monthly weather review，1963，91（3）：99－164.

［15］ Blocken B，Carmeliet J，Stathopoulos T. CFD evaluation of wind speed conditions in passages between parallel buildings—effect of wall－function roughness modifications for the atmospheric boundary layer flow［J］. Journal of Wind Engineering and Industrial Aerodynamics，2007，95（9）：941－962.

［16］ Hargreaves D M，Wright N G. On the use of the $k-\varepsilon$ model in commercial CFD software to model the neutral atmospheric boundary layer［J］. Journal of Wind Engineering and Industrial Aerodynamics，2007，95（5）：355－369.

［17］ Parente A，Gorlé C，van Beeck J，et al. A comprehensive modelling approach for the neutral atmos-

pheric boundary layer: consistent inflow conditions, wall function and turbulence model [J]. Boundary-layer meteorology, 2011, 140 (3): 411-428.
[18] Burton T, Jenkins N, Sharpe D, et al. Wind energy handbook [M]. John Wiley\& Sons, 2011.
[19] Fluent I N C. FLUENT 6.3 user's guide[M/OL]. Fluent Inc, 2006.
[20] 李辰奇. 复杂地形风电场风能资源分析和微观选址研究 [D]. 南京：河海大学，2014.
[21] 朱金华. 基于 WRF 模式的江苏沿海地区风资源评估与分析研究 [D]. 南京：河海大学，2016.
[22] 丁慧. 基于 WRF 模式的洪泽湖风能资源数值模拟研究 [D]. 南京：南京信息工程大学，2011.
[23] 陈玲，赖旭，刘霄，等. WRF 模式在风电场风速预测中的应用 [J]. 武汉大学学报：工学版，2012，45 (1)：103-106.
[24] 杨光焰，吴息，周海. WRF 模式对福建沿海风电场风速预测的效果分析 [J]. 气象科学，2014，34 (5)：530-535.
[25] 孙逸涵，程兴宏，柳艳香，等. 不同参数化方案对风预报效果影响个例研究 [J]. 气象科技，2013，41 (5)：870-877.
[26] 庄智福，丁慧，袁志勇，等. 洪泽湖区风能资源的数值模拟与应用 [J]. 气象科学，2012，32 (B12)：40-45.
[27] 李慧敏，郑有飞，徐静馨. 江苏沿海地区的风能资源模拟的时空分布 [J]. 科技和产业，2014，14 (4)：156-162.
[28] 张华，孙科，田玲，等. 应用 WRF 模型模拟分析风力发电场风速 [J]. 天津大学学报，2013，45 (12)：1116-1120.
[29] 薛飞飞. 海上风电场风资源与空气动力场研究 [D]. 南京：河海大学，2017.

第3章　风电机组尾流及其数值模拟

3.1　风电机组尾流及其研究方法

3.1.1　风电机组尾流对风电场的影响

经过风轮的气流相对于风轮前的气流来说，速度减小，湍流度增强，该部分气体所在区域即称为风电机组尾流区。风电机组尾流区可以划分为近尾流区和远尾流区两个截然不同的区域，近尾流区指的是靠近风轮在风轮后方大致一个风轮直径长以内的区域，近尾流区的研究着眼于功率提取的物理过程和风电机组性能。风轮的作用可以由叶片的数量、叶片空气动力学特征如失速流动、三维效应和叶尖涡来体现；远尾流区是近尾流区以后的部分，着重研究风电场中风电机组群的作用。有时在近尾流区和远尾流区之间定义一个过渡区。对于风电场研究实际空气与风轮作用并不是很重要，它的关注焦点是尾流模型、尾流干涉、湍流模型和地形影响。

风电机组之间的影响主要表现为上游风电机组的尾流效应对位于其下游的风电机组的影响。风电机组在风电场中运行，空气来流经过旋转的风轮后会发生方向与速度的变化，这种对初始空气来流的影响就称为风电机组的尾流效应。风电场中包含的风电机组不止一台，一个大型风电场中风电机组的数量可达上百台，风电机组产生的尾流效应对风电场内的空气流场产生一定程度的影响，进而影响到位于其后的风电机组。对于大型风电场，由尾流造成的损失最高可能达到总出力的10%～20%。因此在计算风电场出力时，必须考虑尾流效应。

风电机组功率与风速的三次方成正比，当风速有一个微小变化时，功率就有一个很大的影响，由于风电机组尾流效应的发展是在整个风电场范围内的，风电场中相邻两台风电机组的尾流相遇时会产生效果的叠加，风电机组尾流效应的存在将减少下游风电机组的出力，所以风电场布置时要尽量减少风电机组尾流效应对其下游风电机组的影响。

另外，尾流效应对下游风电机组使用寿命也有一定影响，由于风电机组尾流效应增加空气的湍流程度，处于风电机组尾流区域中的风电机组风轮在尾流涡流中运行，空气来流除自身的切变外又加上湍流的影响使风电机组叶片受到的升力、阻力的不均匀性在叶片长度上增大，增大风轮叶片的内应力，影响叶轮的使用寿命。

在风电机组后面的尾流被考虑为一个比风电机组直径大的风速减小区域。风速的减小直接与风电机组的升力相关，因而决定了从气流中吸收的能量。由于在尾流和自由气流之间风速梯度和对流会引起附加的切变湍流，这样会有助于周边的气流和尾流之间的动量转换。因此，尾流和尾流周围的气流开始混合，并且混合区域向尾流的中心扩散。同时，向外扩散使尾流的宽度增大。通过这种方式，逐渐消除了尾流中速度的差异，并且使尾流变得更宽，直到这个气流在下游远处完全恢复为止，这种现象发生的程度也取决于大气湍流的等级。

3.1.2 风电机组尾流研究现状

一般来讲，对风电机组尾流的研究通常分为三大类，即实际情况下的实验研究、半经验尾流模型研究以及基于数值模拟方法的研究。这部分内容在第1章中已经有所介绍，在此不做赘述。下面对目前风电场尾流CFD模型常用的制动方法做展开说明。

为了降低实体模型的计算成本，研究者通常采用数值模拟的方法，将风轮等效成致动盘、致动线或致动面，结合一定的湍流模型，求解尾流场。简化后的模型，在计算精度和计算时间上能够基本满足工程需要。将风轮作为致动盘，施加一定的动量源项，模拟风轮对风电场的阻碍作用，是当前比较常用的一种形式。由于该模型计入湍流影响，致动盘尾流模型的研究一般包括动量源项的计算方法和湍流模型修正两个方面。风电机组致动盘模型计算域如图3-1所示。

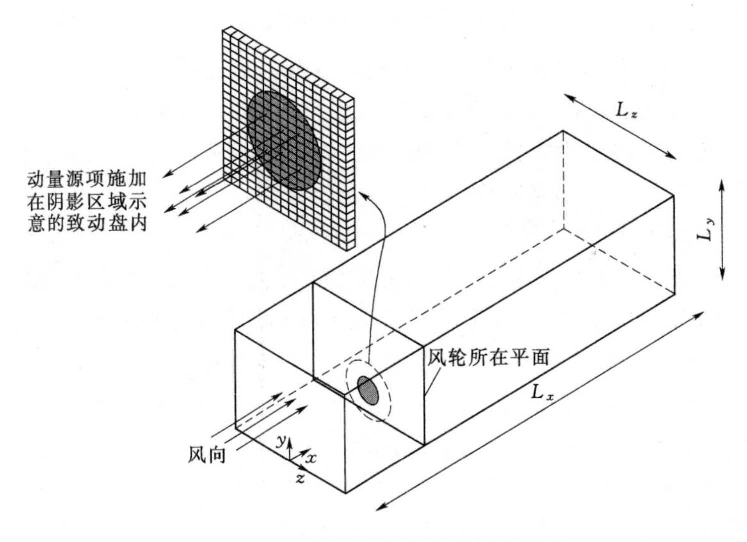

图3-1 风电机组致动盘模型计算域

致动盘尾流模型最开始是针对单台风电机组的，因此致动盘动量源项一般是关于入流风速的函数。在风电场中，由于尾流和地形作用，到达风电机组前端的参考风速相对入流风速已经发生改变。为解决此问题，Prospathopoulos等人提出了迭代计算下游风电机组参考风速和推力系数的方法：以某个参考风速为初始值，计算出此时的推力系数和诱导因子；再根据当地风速和诱导因子计算出新的参考风速；然后重复此过程至结果收敛。Meyers和Calaf等人使用相似的方法，以局部风速和诱导因子计算参考风速，但没有迭代过程，且获得的局部风速为致动盘平均的和时间滤波的。此外，还有研究者对致动盘荷载非均匀分布做了一些研究，如Masson等人使用动态失速模型计算叶片的升力和阻力系数，将塔架和风轮作为渗透面，在渗透面上施加压降而不是常见的表面力形式。

在湍流模型改进方面，El Kasmi和Christian Masson等人基于拓展$k-\varepsilon$模型，通过添加湍流耗散率源项，使湍流产生率与耗散率协调。Pierre-Elouan Réthoré将森林树冠模型引入尾流计算，并讨论模型参数取值对结果的影响。Shih 等人引入 Realizable $k-\varepsilon$ 湍流模型，对模型参数 C_μ 和 $C_{1\varepsilon}$按照平均应变张量、湍流动能及其耗散率进行修正，使结果与实际尽量相符。D. Cabezon 等人还考虑了大气边界层中雷诺应力的各向异性，使用雷诺应力模型求解风电机组尾流场。需要指出，当前将 LES 方法应用到尾流场的计算上也是一项研究热点。A. Jimenez 和 Fernando Porte' 等人分别就单机和全场尾流做了这方面的尝试。尽管大涡模拟网格量巨大，计算耗时长，但是它能够给出风电场比较精确地流动特征细节，有利于指导改进尾流模型和其他相关研究。

近年来开展了很多关于 RANS 和 LES 模型结合致动盘或制动线模型模拟风电机组在大气层中湍流流动的研究，其中有旋转效应或无旋转效应致动盘模型还被用于模拟风电场流场。最近的研究表明：LES 方法结合有旋转效应或无旋转效应的致动盘模型，可以模拟出风电机组尾流中大多数与湍流统计相关量（如风速、湍流动能和湍流应力）的值和空间分布。Yu－Ting 等人使用 LES 和 ADM－R 方法模拟了 Horns Rev Ⅰ近海风电场风电机组尾流和功率损失，模拟结果与实测数据吻合。Francesco Castellani 等人使用致动盘理论对 Sexbierum 近海风电场进行了 CFD 模拟，并与实验测试数据比较，得到的结果趋势相同，但仍不能令人满意。D. Cabezon 和 K. S. Hansen 将地形和风电机组对尾流的影响分开考虑，发现两种线性叠加的效果偏离实际值很大，即在模拟时两种必须同时考虑，缺一不可。Barthelmie 等人分别使用解析和 CFD 模拟的方法预测 Horns Rev Ⅰ风电机组在不同风向和扇区下的出力损失，但预测精度较差。使用 LES 方法计算的风电场时均速度分布如图 3－2 所示。

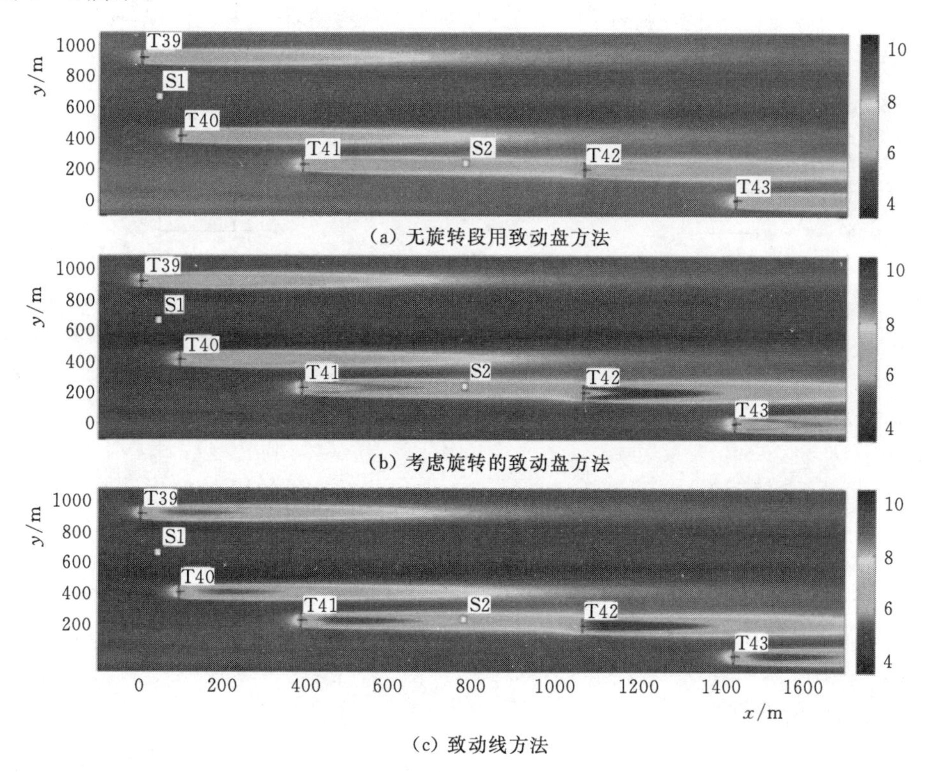

图 3－2　使用 LES 和致动盘、致动线方法计算的风电场时均速度分布

3.2 半经验尾流模型

3.2.1 理想风电机组后的尾流模型

1. 尾流模型

根据赫姆霍兹理论，把风轮叶片沿展向分成许多展向宽度很小的微段，假设每个微段上的环量沿展向是个常量，则可用在每个微段上布置的马蹄涡系来代替风轮叶片。从风轮叶片后缘拖出的尾涡强度是相邻两微段叶片环量之差。当风轮运行时，每个叶片尖部后缘以叶尖处来流的速度向下游拖出尾涡，形成一个螺旋形涡线。根据动量理论，由于背景湍流的影响和自身尾流扩散的原因，涡流直径不断增大，所以在风轮叶片下游处轴向速度不断减小。建立单一尾流模型，两风电机组之间的流场如图 3-3 所示。假设：①大气湍流度不变；②尾流区轮廓线为线性；③空气不可压；④在整个空气流场中无风切变；⑤尾流区域内横向剖面速度均匀。

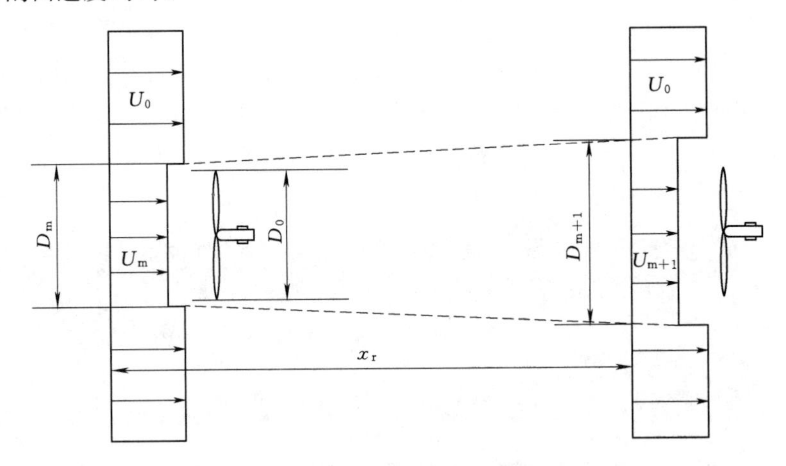

图 3-3 两风电机组之间的流场

由动量定理得尾流区内任意截面在流场中所受的推力 T 为

$$T=\rho AU(U_0-U) \tag{3-1}$$

$$A=\frac{\pi}{4}D^2 \tag{3-2}$$

式中 U——叶轮截面处风速；

U_0——尾流区外空气速度；

ρ——空气密度；

A——尾流截面面积；

D——尾流截面直径，为 x 的函数。

风电机组所受的推力为

$$T=\frac{1}{2}\rho A_0U_0^2C_T \tag{3-3}$$

$$A_0=\frac{\pi}{4}D_0^2 \tag{3-4}$$

式中 A_0——风轮扫掠面积；

D_0——风轮直径；

C_T——推力系数。

$$C_T=4a(1-a) \tag{3-5}$$

$$U=(1-a)U_0 \tag{3-6}$$

$$U_1=(1-2a)U_0 \tag{3-7}$$

$$\frac{U_1}{U_0}=1-2a=\sqrt{1-C_T} \tag{3-8}$$

式中 a——轴向速度衰减因子；

U_1——风穿过风轮后的风速。

尾流区开始时的面积与风轮扫掠面积之比为

$$\frac{A_a}{A_0}=\frac{1-a}{1-2a} \tag{3-9}$$

式中 A_a——尾流区开始时的面积。

综合上述方程得

$$A_a=\beta A_0 \tag{3-10}$$

$$D_a=\sqrt{\beta}D_0 \tag{3-11}$$

$$\beta=\frac{1}{2}\frac{1+\sqrt{1-C_T}}{\sqrt{1-C_T}} \tag{3-12}$$

式中 D_a——尾流区开始时的直径。

由于在实际风电场中，无法确定尾流开始扩散的初始位置，所以这里将尾流初始扩散位置设为风电机组位置，可推导得

$$\frac{U}{U_0}=\frac{1}{2}+\frac{1}{2}\sqrt{1-2\frac{A_0}{A}C_T} \quad (a<0.5) \tag{3-13}$$

化简为

$$\frac{U}{U_0}\approx1-\frac{1}{2}C_T\frac{A_0}{A}\approx1-a\frac{A_0}{A} \tag{3-14}$$

根据质量守恒方程，尾流直径 D 为

$$\left.\begin{aligned}D(x)&=(\beta^{k/2}+as)^{1/k}D_0\\ s&=\frac{x}{D_0}\end{aligned}\right\} \tag{3-15}$$

式中 k——经验参数，一般取 3。

(1) 对初始尾流直径的修正。计算风电机组尾流时尾流区的初始直径设为风轮直径，在实际情况下，由于风轮的旋转会带动风轮边缘的空气，所以尾流初始半径会增大。

设经过风轮的空气速度比为

$$m=\frac{U_0}{U_1} \tag{3-16}$$

式中　U_0——来流风速；

U_1——风轮后的风速。

由贝努利方程和式（3-1）得

$$T=\frac{1}{2}\rho A(U_0^2-U_1^2) \tag{3-17}$$

进而得

$$U=\frac{1}{2}(U_0+U_1) \tag{3-18}$$

流过风轮的空气流量为

$$M=\rho\pi R_d^2 U=\rho\pi R_1^2 U_1 \tag{3-19}$$

式中　R_d——风轮半径；

R_1——初始尾流半径。

于是

$$\frac{R_1^2}{R_d^2}=\frac{U}{U_1}=\frac{U_0+U_1}{2U_1}=\frac{m+1}{2} \tag{3-20}$$

最后得出无量纲尾流直径为

$$d_1=\frac{D_1}{D_d}=\frac{R_1}{R_d}=\sqrt{\frac{m+1}{2}} \tag{3-21}$$

$$D(x)=(\beta^{k/2}+as)^{1/k}D_0 d_1 \tag{3-22}$$

（2）重要的尾流模型参数。尾流模型描述中需要输入许多参数，如地形参数、风能资源参数等。输入的参数可能是湍流强度或者粗糙度等级（或粗糙度长度），在缺少现场测试参数的情况下，尾流参数选择表见表3-1。

（3）特定位置处的湍流强度。特定位置处的湍流强度可以通过粗糙度玫瑰图或者直接通过特定点的粗糙度来计算，湍流强度和地面的粗糙度关系可以通过边界层理论来得到

$$E[\sigma_u]=U_{10}A_x\kappa\frac{1}{\ln\frac{z}{z_0}} \tag{3-23}$$

从而

$$I_t=\frac{E[\sigma_u]}{U_{10}}=A_x\kappa\frac{1}{\ln\frac{z}{z_0}} \tag{3-24}$$

式中　U_{10}——10min风速的平均值；

A_x——校正系数，其值在1.8～2.5变化；

κ——冯卡门常数，为0.4，A_x和k的乘积大约为1。

在式（3-24）中，湍流度的计算是给出湍流的平均值，在IEC中，这个值通常要求用一个平均值加上一个标准差来表示。

表 3-1　**尾流参数选择表**

地形分类	粗糙度级别	粗糙度/m	尾流耗散常数	周围大气湍流度(50m) $A_x=1.8$	周围大气湍流度(50m) $A_x=2.5$	细节描述
近海水域	0	0.0002	0.040	0.06	0.08	大的水域、海洋和大的湖泊，常规的水域体
水域陆地混合区	0.5	0.0024	0.052	0.07	0.10	水域和陆地的混合地带、非常平坦的地形
非常大范围的草原	1.0	0.0300	0.063	0.10	0.13	分散的建筑、平坦的小山
大范围的草原	1.5	0.0550	0.075	0.11	0.15	8m 高度以内的树篱，但之间距离小于 1250m
草原混合地带	2.0	0.1000	0.083	0.12	0.16	8m 高度以内的树篱，但之间距离小于 800m
树木和草原地带	2.5	0.2000	0.092	0.13	0.18	8m 高度以内的树篱，但之间距离小于 1250m
森林和村庄	3.0	0.4000	0.100	0.15	0.21	村庄、小镇或拥有较多的森林
大的乡镇和城市	3.5	0.8000	0.108	0.17	0.24	大的乡镇和小城市
高大建筑的城市	4.0	1.600	0.117	0.21	0.29	高楼林立的城市

尾流模型的限制：尾流模型通常是从中小型风电场的标定和测试中得到的，风电场中风电机组的台数最多到 50～75 台。对于多于 75 台风电机组的情况，由于风电机组可能会影响周围的上层空气和天气，这种情况下，需要使用特殊的模型，如人为地增加风电场的粗糙度。

2. Jensen 模型

在风电场中，由于尾流的影响，坐落在下风向的风电机组的风速将低于坐落在上风向的风电机组的风速。确定尾流效应的物理因素主要有机组间的距离、风电机组的功率特性和推力特性以及风的湍流强度。受尾流影响的风的湍流强度为

$$\frac{\sigma}{v}=\frac{\sigma_G+\sigma_0}{v_0} \tag{3-25}$$

式中　σ_G、σ_0——风电机组产生的湍流和自然湍流的均方差；

v_0——大气风速。

通常情况下有

$$\sigma_G=0.08v_0 \tag{3-26}$$

$$\sigma_0=0.12v_0 \tag{3-27}$$

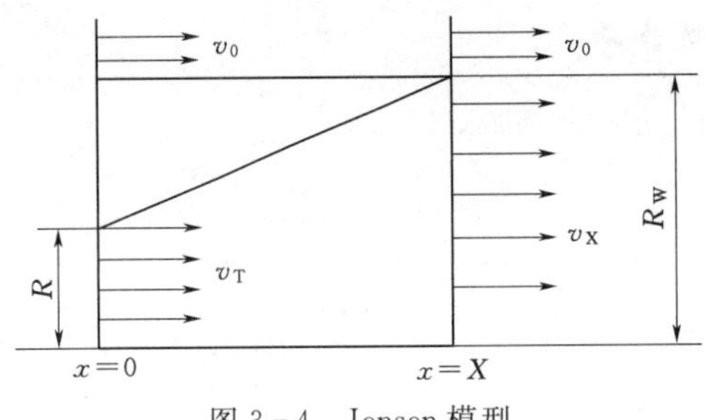

图 3-4　Jensen 模型

Jensen 模型较好地模拟了平坦地形的尾流情况，Jensen 模型如图 3-4 所示。设 x 是两个风电机组的距离，叶轮半径和尾流半径分别是 R 和 R_w，自然风速、通过叶片的风速和受尾流影响的风速分别是 v_0、v_T、v_X。

根据动量理论有

$$\rho\pi R_w^2 v_X=\rho\pi R^2 v_T+\rho\pi(R_w^2-R^2)v_0 \quad (3-28)$$

$$\frac{dR_w}{dt}=k_w(\sigma_G+\sigma_0) \quad (3-29)$$

$$\frac{dR_w}{dx}=\frac{dR_w}{dt}\frac{dt}{dx}=k_w\frac{\sigma_G+\sigma_0}{v_0} \quad (3-30)$$

式中　ρ——空气密度；

k_w——常数。

令尾流耗散系数 $k=k_w(\sigma_G+\sigma_0)/v_0$，根据推力系数公式可以求解得到 v_0、v_T 和风电机组的推力系数 C_T 具有如下关系

$$v_T=v_0(1-C_T)^{1/2} \quad (3-31)$$

于是有

$$v_X=v_0\left\{1-[1-(1-C_T)^{1/2}]\left(\frac{R}{R+kX}\right)^2\right\} \quad (3-32)$$

设 $m=X/R$，代入式（3-32）可得

$$v_X=v_0\left\{1-[1-(1-C_T)^{1/2}]\left(\frac{1}{1+km}\right)^2\right\} \quad (3-33)$$

其中耗散系数 k 在陆上风电场一般设置为 0.075，在近海风电场一般设置为 0.050。

3. 涡黏性尾流模型（Ainslie 模型）

涡黏性尾流模型采用轴对称坐标下 Navier - Stokes 方程的薄剪切层方程进行有限差分求解计算尾流速度亏损场。在尾流中，涡黏性模型自动满足质量和动量的守恒。在模型中，用每个下游尾流横截面内平均的涡黏性将切应力与速度亏损梯度联系起来，然后通过尾流亏损场与来流风速的线性叠加得到平均速度场。模型中所用的尾流分布如图 3-5所示。

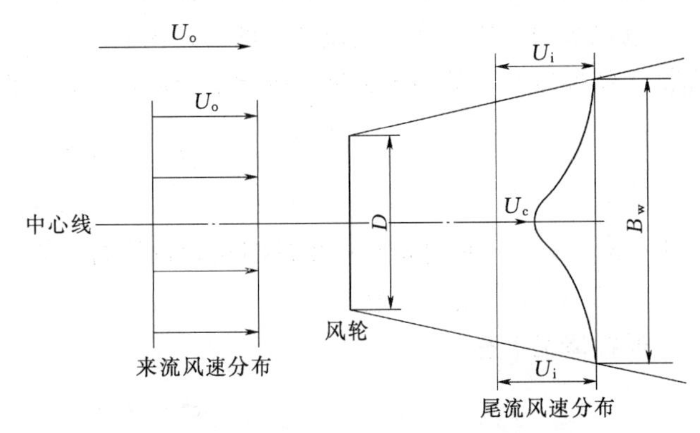

图 3-5　涡黏性模型中所用的尾流分布

模型中风电机组尾流区速度分布为

$$U\frac{\partial U}{\partial x}+V\frac{\partial U}{\partial r}=\frac{\varepsilon}{r}\frac{\partial\left(\frac{r\partial U}{\partial r}\right)}{\partial r} \quad (3-34)$$

$$\varepsilon = FK_1 B_W (U_i - U_c) + \varepsilon_{amb} \tag{3-35}$$

$$\varepsilon_{amb} = \frac{F\kappa^2 I_{amb}}{100} \tag{3-36}$$

式中 ε——涡黏性系数；

F——过滤函数，F 取固定值 1；

K_1——无量纲常数，缺省值为 0.015；

B_W——尾流宽度；

ε_{amb}——环境湍流涡黏性系数；

κ——冯卡门常数，值为 0.4；

I_{amb}——背景湍流度，以分数表示。

在尾流区中心线上初始速度（下游 $2D$ 处）亏损 D_{mi} 和尾流的宽度 B_W 可计算为

$$D_{mi} = 1 - \frac{U_c}{U_i} = C_T - 0.05 - \frac{(16C_T - 0.5) I_{amb}}{1000} \tag{3-37}$$

$$D_m = 1 - \frac{U_r}{U_i} = \left[C_T - 0.05 - \frac{(16C_T - 0.5) I_{amb}}{1000} \right] \exp\left[-3.56 \times \left(\frac{r}{B_W} \right)^2 \right] \tag{3-38}$$

$$\frac{B_W}{D} = \left[\frac{3.56 C_T}{8 D_{mi} (1 - 0.5 D_{mi})} \right]^{\frac{1}{2}} \tag{3-39}$$

式中 I_{amb}——百分数表示的湍流度（如湍流度为 10%，则 I_{amb} 即为 10）；

B_W——尾流的宽度。

有研究者提出了近尾流的概念，用以模拟自由流湍流、转轮产生的湍流和剪切力产生的湍流对尾流影响的结果，近尾流又可以分为两个区域，其中第一部分 x_h 可以描述为

$$x_h = r_0 \left[\left(\frac{dr}{dx} \right)_a^2 + \left(\frac{dr}{dx} \right)_\lambda^2 + \left(\frac{dr}{dx} \right)_m^2 \right]^{-0.5} \tag{3-40}$$

式中 r_0——转轮的有效扩展半径。

r_0 可以表示为

$$r_0 = \frac{D}{2} \sqrt{\frac{m+1}{2}} \tag{3-41}$$

$$m = \frac{1}{\sqrt{1 - C_T}} \tag{3-42}$$

式（3-40）中各项的贡献量为

自由流的湍流为

$$\left(\frac{dr}{dx} \right)_a^2 = \begin{cases} 2.5I + 0.05, & I \geqslant 0.02 \\ 5I, & I < 0.02 \end{cases} \tag{3-43}$$

转轮产生的湍流为

$$\left(\frac{dr}{dx} \right)_\lambda^2 = 0.012 B\lambda \tag{3-44}$$

剪切力产生的湍流为

$$\left(\frac{dr}{dx} \right)_m^2 = \frac{(1-m)\sqrt{1.49+m}}{9.76(1+m)} \tag{3-45}$$

以上式中　I——自由流的湍流度；

B——叶片数量；

λ——尖速比。

第一近尾流区计算以后，整个近尾流区 x_n 可以表示为

$$x_n=\frac{\sqrt{0.212+0.145m}}{1-\sqrt{0.212+0.145m}}\frac{1-\sqrt{0.134+0.124m}}{\sqrt{0.134+0.124m}}x_h \tag{3-46}$$

根据式（3-37）给出的中心线处初始速度，使用 Crank Nichoson 法，可以在尾流的第一个网格节点上生成一个三对角矩阵并进行求解。这样对每个网格节点依次求解，即可得到整个尾流区的速度分布。整个求解过程需要迭代求解，直至收敛。

4. Larsen 模型

Larsen 尾流模型是一种半分析解模型，该模型由 Prandtl 旋转对称湍流边界层方程推导得到，假设尾流区不同截面上的风速耗散与只有中等速度下的风速耗散具有相似性，那么尾流半径可写为

$$R_w=\left(\frac{35}{2\pi}\right)^{\frac{1}{5}}(3c_1^2)^{\frac{1}{5}}(C_TAx)^{\frac{1}{3}} \tag{3-47}$$

其中

$$c_1=l(C_TAx)^{-\frac{1}{3}} \tag{3-48}$$

式中　c_1——0 维混合长度。

l——Prandtl 混合长度。混合长度的物理意义是脉动微团在这段经历距离内保持不变的脉动速度，也就是说，混合长度是湍流微团大小的尺度。

$$c_1=\left(\frac{D}{2}\right)^{-\frac{1}{2}}(C_TAx_0)^{-\frac{5}{6}} \tag{3-49}$$

式中　C_T——推力系数；

A——转轮面积；

D——上游转轮直径；

x_0——一个近似数。

$$x_0=\frac{9.5D}{\left(\frac{2R_{9.5}}{D}\right)^3}-1 \tag{3-50}$$

$$R_{9.5}=0.5[R_{nb}+\min(h,R_{nb})] \tag{3-51}$$

$$R_{nb}=\max[1.08D,1.08D+21.7D(I_a-0.05)] \tag{3-52}$$

式中　I_a——轮毂高度大气的湍流强度。

尾流平均风速耗散为

$$\Delta V=-\frac{V_0}{9}(C_TAx^{-2})^{\frac{1}{3}}\left[r^{\frac{3}{2}}(3c_1^2C_TAx)^{-\frac{1}{2}}-\left(\frac{35}{2\pi}\right)^{\frac{3}{10}}(3c_1^2)^{-\frac{1}{5}}\right]^2 \tag{3-53}$$

式中　V_0——轮毂高度周围大气的平均风速。

5. Frandsen 模型

当风电场中的来风遇到风电机组时，就会在风电机组后产生一个呈圆锥状不断扩大的

尾流，在其后的一段距离 x 内形成一定的速度损失，部分风的速度会由初始风速 U_0 降低为 $U(x)$，当风流出尾迹影响区后，风速又会回升到初始速度 U_0。

在风电机组下游 x 处的尾流区风速为 $U(x)$，可表达为

$$\frac{U(x)}{U_0}=\frac{1}{2}+\frac{1}{2}\left\{1-2C_T\left[\frac{D_0}{D(x)}\right]^2\right\}^{\frac{1}{2}} \tag{3-54}$$

式中 U_0——来流风速；

D_0——风轮直径；

$D(x)$——尾流直径；

C_T——风电机组的推力系数。

一般风电机组制造商会提供在各种风速下的推力系数，也可以计算得到

$$T=\frac{1}{8}\pi\rho D_0^2U_0^2C_T \tag{3-55}$$

式中 ρ——空气的密度。

$D(x)$ 可通过线性处理为

$$D(x)=\left(1+2\alpha_{noj}\frac{x}{D_0}\right)\sqrt{\beta}D_0 \tag{3-56}$$

$$\beta=\frac{1}{2}\frac{1+\sqrt{1+C_T}}{\sqrt{1-C_T}} \tag{3-57}$$

式中 α_{noj}——0.05。

6. Lissaman 模型

风电场所处地形较复杂，部分风电机组安装在山上，由于风速会随高度变化，导致风电场的风速分布不均。由 Lissaman 提出的针对各台风电机组位置高低不同建立的 Lissaman 模型，较好地近似模拟有损耗的非均匀风速场，Lissaman 模型如图 3-6 所示。

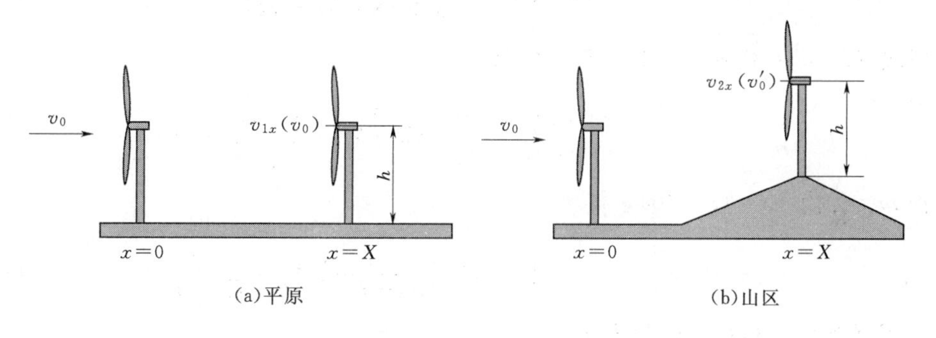

图 3-6 Lissaman 模型

假设有两个相邻的场地，一个地形平坦（风电机组安装的海拔相同），另一个地形复杂（风电机组安装的海拔不同）。两台相同型号的风电机组分别坐落在这两个场地的边缘，它们的风速相同 v_0，沿着风速方向的坐标位置都是 $x=0$。当在 $x=0$ 位置处没有风电机组时，平坦地形 X 处风速仍为 v_0，而位于海拔 H 处风电机组的风速为

$$v_0'=v_0\left(\frac{H+h}{h}\right)^{\alpha_1} \tag{3-58}$$

式中　h——风电机组的塔筒高度；

　　α_1——风速随高度变化系数，没有特别指定的一般取 1/7。

当在 $x=0$ 位置处安装风电机组后，受尾流影响，$x=X$ 位置处风速分别为

$$v_{1x}=v_0(1-d_1) \tag{3-59}$$

$$v_{2x}=v_0(1-d_2) \tag{3-60}$$

式中　d_1、d_2——对应的风速下降系数。

如采用 Jensen 模型，则有

$$d_1=1-[1-(1-C_T)^{\frac{1}{2}}]\left(\frac{R}{R+kX}\right)^2 \tag{3-61}$$

令 $m=\dfrac{X}{R}$，并代入式（3-61）得

$$d_1=1-[1-(1-C_T)^{\frac{1}{2}}]\left(\frac{1}{1+km}\right)^2 \tag{3-62}$$

假设两种地形风电机组产生的损耗相同，则尾流中的压力相同，根据 Lissaman 模型推倒得到

$$d_2=d_1\left(\frac{v_0}{v_0'}\right)^2 \tag{3-63}$$

$$d_2=[1-(1-C_T)^{\frac{1}{2}}]\left(\frac{R}{R+kX}\right)^2\left(\frac{h}{h+H}\right)^{2\alpha} \tag{3-64}$$

把 $m=\dfrac{X}{R}$代入上式，得

$$d_2=[1-(1-C_T)^{\frac{1}{2}}]\left(\frac{R}{R+kX}\right)^2\left(\frac{h}{h+H}\right)^{2\alpha} \tag{3-65}$$

把式（3-65）代入式（3-66），可求出

$$v_{2x}=v_0\left\{1-[1-(1-C_T)^{\frac{1}{2}}]\left(\frac{R}{R+kX}\right)^2\left(\frac{h}{h+H}\right)^{2\alpha}\right\} \tag{3-66}$$

把 $m=\dfrac{X}{R}$代入式（3-66），得

$$v_{2x}=v_0\left\{1-[1-(1-C_T)^{\frac{1}{2}}]\left(\frac{1}{1+km}\right)^2\left(\frac{h}{h+H}\right)^{2\alpha}\right\} \tag{3-67}$$

7. 尾流交汇区内风速的简化计算

风电场中风电机组数量不止一台，各风电机组尾流由于在纵向上和横向上的发展，在风电场的某一位置风电机组尾流会发生汇合。汇合后的尾流会发生速度与湍流度的变化，为简化计算，仍假设尾流的增长率为线性，空气为不可压缩流体。

根据某处风电机组（如位于 x 处扫风面积为 A_{rot}的风电机组）与其上游风力（如 0 处扫风面积也为 A_{rot}的风电机组）在 x 处投影面的重叠程度，可以把不同风电机组之间的相互影响分为 4 种情况，即完全遮挡、准完全遮挡、部分遮挡和没有遮挡。如果风电机组完全位于 $A(x)$ 内就称为完全遮挡，否则就是部分遮挡或不遮挡。准完全遮挡是完全遮挡

的特例，指上游风轮面积在 x 处的投影小于 x 处风电机组的风轮面积，所以完全遮挡和准完全遮挡时，风轮的重叠面积分别等于下游风电机组和上游风电机组叶轮的面积。对于部分遮挡，根据重叠面积的不同可以分为两种情况，如图 3-7 所示。

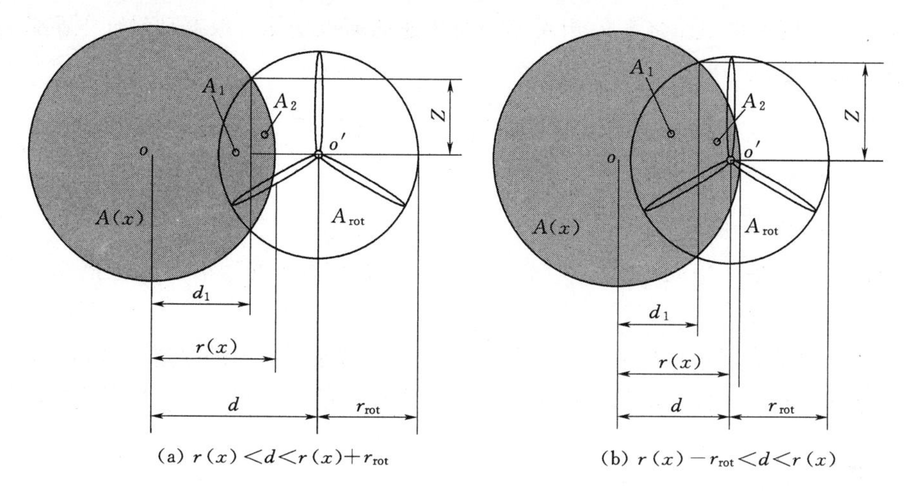

图 3-7　风轮部分遮挡示意图

图 3-7（a）中风轮的重叠面积 A_{shad} 为

$$A_{shad}=A_1+A_2=r(x)^2\arccos\frac{d_1}{r(x)}+r_{rot}^2\arccos\frac{d-d_1}{r_{rot}}-dZ \tag{3-68}$$

图 3-7（b）中风轮的重叠面积 A_{shad} 为

$$A_{shad}=A_1+A_2=r(x)^2\arccos\frac{d^2+r(x)^2-r_{rot}^2}{2dr(x)}+r_{rot}^2\arccos\frac{d^2+r_{rot}^2-r(x)^2}{2dr_{rot}}-dZ \tag{3-69}$$

当下游的风电机组没有完全处于上游风电机组的尾流中时，下游风电机组的平均风速 $U_{partial}$ 为

$$(U_{partial}-U_0)^2=\frac{4A_{shad}}{\pi D_0^2}(U-U_0)^2 \tag{3-70}$$

式中　U——上游风电机组 i 时在下游风电机组处产生的尾流风速。

当风电机组处于上游多个风电机组的尾流中，风电机组的平均速度为

$$(U-U_0)^2=\sum_{i=0}^{N_{upstream}}(U_i-U_0)^2 \tag{3-71}$$

式中　U_i——上游只有风电机组 i 时产生的尾流风速；

$N_{upstream}$——上游风电机组的数量。

当下游风电机组有部分处于上游风电机组的尾流中时，需要在式（3-71）中增添权重系数，即为

$$(U-U_0)^2=\sum_{i=0}^{N_{upstream}}\frac{4A_{shad}}{\pi D_0^2}(U_i-U_0)^2 \tag{3-72}$$

式中　A_{shad}——上游风电机组尾流与下游风电机组公共部分的面积。

还有一种尾流混合公式认为，风电场内任意一台风电机组的风轮都有可能在不同程度上被其上游风电机组遮挡，因此在计算风电场内任意一台风电机组的输入风速时，必须要考虑风电场内不同风电机组之间的相互影响及风速的随机变化。根据动量守恒定律得出作用在任意一台风电机组上的风速为

$$v_j(t)=\sqrt{v_{j0}^2(t)+\sum_{\substack{k=1\\k\neq j}}^{n}\beta_k\left[v_{kj}^2(t)-v_{j0}^2(t)\right]} \tag{3-73}$$

式中　$v_j(t)$——作用在任意一台机组上的风速；

$v_{kj}(t)$——考虑机组间尾流效应时第 k 台风电机组作用在第 j 台风电机组上的尾流风速；

v_{j0}——没有经过任何塔影影响作用的第 j 台风电机组上的风速，即自由流风速；

β_k——在第 j 台风电机组处第 k 台风电机组的投影面积与第 j 台风电机组面积的比，$\beta_k=(A_{shad-jk})/(A_{rot-j})$；

n——风电机组总台数；

t——时刻。

3.2.2　各模型比较

1. 尾流一维模型轴向速度

根据一维模型计算尾流速度轴向分布（轮毂高度处）计算结果，比较理想尾流模型（修正后）、Frandsen 模型和 Jensen 模型，并与 Nibe 风电机组实验测量结果进行比较。

（1）风电机组下游尾流区轮毂高度处风速与距离的关系如图 3-8 所示。根据尾流一维模型轴向速度分布来看，Frandsen 模型和 Jensen 模型均保持相同的趋势，而修正后的理想尾流模型在较近的尾流区域（$<5D$）得到的轴向速度略大于 Frandsen 模型以及 Jensen 模型（即速度亏损略小），而在稍下游远的地方，理想尾流模型的计算值略小于其他模型。

（2）结合 Nibe 风电机组实验测量结果比较可知，Jensen 模型最接近实验测量值。

（3）在风电机组下游 $6D$ 处以后，尾流区风速逐渐接近来流风速，即尾流影响逐渐消除。

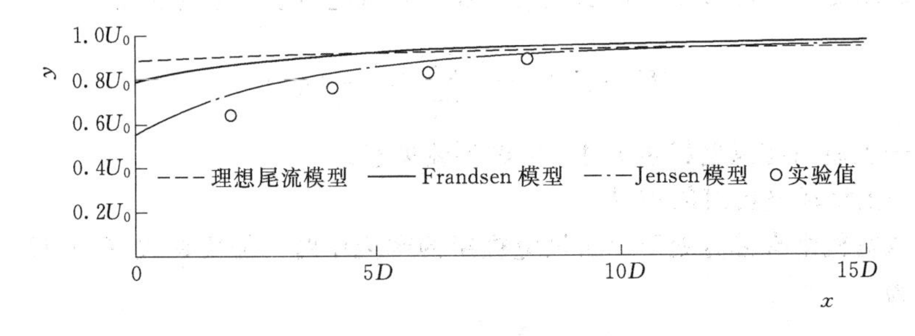

图 3-8　风电机组下游尾流区轮毂高度处风速与距离的关系

2. 尾流二维模型径向速度分布

根据二维模型计算尾流速度径向分布，分别选取下游 2.5D、6D、7.5D 三个典型的位置，并结合 Nibe 风电机组实验测量值，可得出以下规律：

(1) 在尾流下游 2.5D 处 Larsen 模型与实验值的比较如图 3-9 所示。从图 3-9 中可以看出，在下游 2.5D 处，Ainslie 模型的计算结果更加接近 Nibe 风电机组实验值，而 Larsen 模型的误差较大。分析原因，可能是因为 Larsen 模型计算结果受湍流度影响较大。

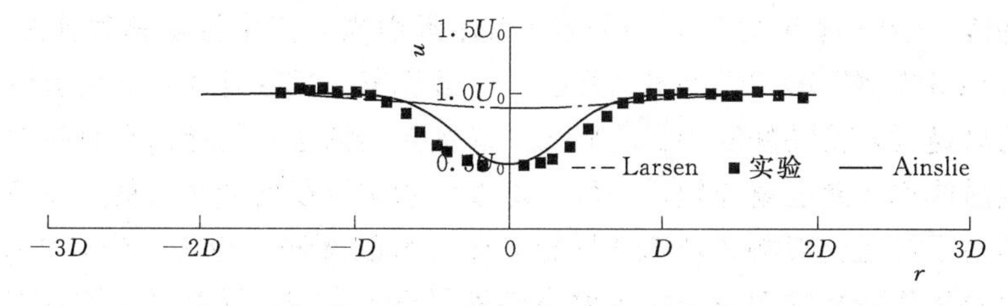

图 3-9 在尾流下游 2.5D 处 Larsen 模型与实验值的比较

(2) 在尾流下游 6D 和 7.5D 处 Larsen 模型与实验值的比较如图 3-10 和图 3-11 所示。从图 3-10 和图 3-11 中可以看出，尾流下游从 6D 处开始，尾流区速度逐渐恢复。这与图 3-7 显示的结果相符。

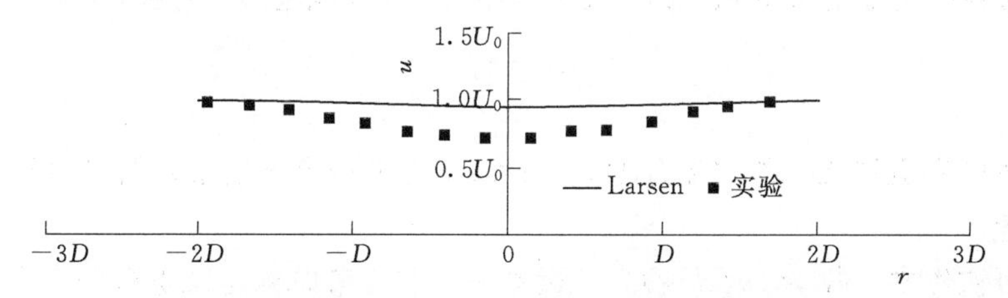

图 3-10 在尾流下游 6D 处 Larsen 模型与实验值的比较

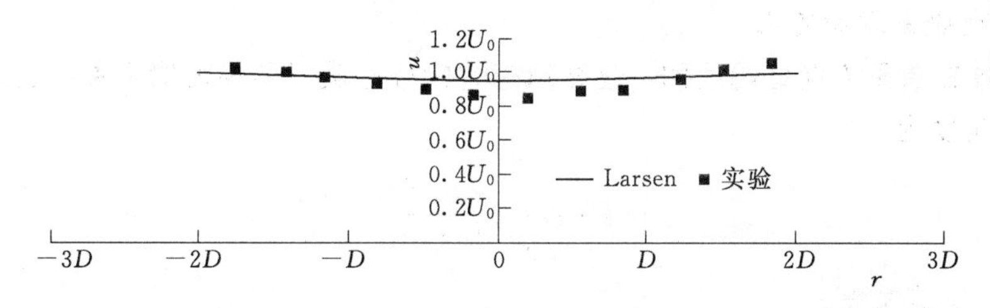

图 3-11 在尾流下游 7.5D 处 Larsen 模型与实验值的比较

3. 结论

(1) 通过对尾流区轴向速度分布的计算可知，各尾流半经验公式均可描述出尾流区的速度分布趋势，但是，对风速衰减值均有所低估；其中，Jensen 模型的结果更接近实验值。

(2) 风电机组下游 6D～8D 以后，风速受尾流的影响逐渐消失。

(3) 对尾流区径向速度分布的计算，可将下游 2.5D 处作为典型位置进行分析。由分析结果可知，径向分布近似成指数分布，与 Ainslie 模型计算结果极为接近。

(4) Larsen 模型由于受湍流强度影响较大，故计算较为复杂且误差较大。

3.3 风电机组诱导湍流的经验模型

3.3.1 风电场湍流的基本概念

风电机组尾流所引起的风速在空间分布上对平均流动的偏离会在空气黏性（包括分子黏性和湍流黏性）的影响下随着向下游运行而逐渐消失，其中湍流黏性比分子黏性大得多，因而其对尾流作用距离的影响要大得多。一般说来，黏性越大，不同流体分层之间动量交换的能力就越强，流动恢复到稳定状态（未受扰动状态）的能力也就越大，尾流恢复也越快，尾流的作用距离也就越短。一般，随着背景湍流度的增加，尾流效率和发电量呈上升趋势，这主要与尾流影响区域随背景湍流度的增加而缩小有关。但是需要指出的是，这里没有考虑湍流度的增加对机组发电效率和利用率的影响，因此真正的发电量还需要综合考虑多种因素的影响。

湍流主要由三方面原因产生：①山脉引导湍流，如大气流过小山或山脉；②粗糙地面引导湍流，如各种地形中的障碍物；③风电机组产生的湍流，如风电机组尾流中的湍流。

风电场湍流强度被定义为风速的标准差 σ_u 和 10min 风速的平均值 U_{10} 的比值，即

$$I_t = \frac{\sigma_u}{U_{10}} \tag{3-74}$$

当计算风电机组尾流中的湍流强度时，10min 的平均风速通常是指自由流风速，即尾流外围的风速。

有些商用软件中，如 windpro 的 2.5 版本中，主要考虑的是风电机组产生的湍流，而山脉和地形产生的湍流通过就地的风速测量或者用户自身定义得到。

1. 湍流的垂直方向变化

假设风流在水平方向是同性的，这样风速的标准差就只是高度的函数，这样在任意高度 x 的湍流强度为

$$I_t(x) = \frac{\sigma_u(x)}{U_{10}(x)} \tag{3-75}$$

式中 I_t——湍流强度；

σ_u——风速的标准差；

U_{10}——10min 的平均风速。

有关实验表明，风速标准差降低的非常少，在下边界层一半以下，可以认为标准差是恒定的，这一假设在 WAsP 软件和大部分的结构计算软件中被应用。不同高度上的湍流强度为

$$\sigma_u(x) = \sigma_u(y) \tag{3-76}$$

$$I_t(x)U_{10}(x) = I_t(y)U_{10}(y) \tag{3-77}$$

$$I_t(y) = \frac{U_{10}(x)}{U_{10}(y)} I_t(x) \tag{3-78}$$

湍流计算转变为不同高度风速计算，在各向同性条件下，不同高度的风速为

$$U_{10}(y)=U_{10}(x)\left(\frac{y}{x}\right)^{\alpha} \tag{3-79}$$

式中　α——风切变指数。

风切变指数通常通过地面粗糙度或粗糙度等级来计算，在没有测量数据的情况下，风切变指数见表 3-2。

表 3-2　　风切变指数

粗糙度等级	粗糙度	风切变指数
0	0.0002	0.10
1	0.0300	0.15
2	0.1000	0.20
3	0.4000	0.30

计算各向同性地形时，任一高度的湍流强度为

$$I_{t}(y)=\frac{U_{10}(x)}{U_{10}(y)}I_{t}(x)=I_{t}(x)\left(\frac{y}{x}\right)^{-\alpha} \tag{3-80}$$

湍流强度可以通过粗糙度玫瑰图或直接通过考虑各点的粗糙度估计出，在各向同性条件下，湍流强度和表面粗糙度之间的关系可以通过边界层理论得到，有

$$E[\sigma_{u}]=U_{10}A_{x}\kappa\left[\frac{1}{\ln\frac{z}{z_{0}}}\right] \tag{3-81}$$

从而有

$$I_{t}=\frac{E[\sigma_{u}]}{U_{10}}=A_{x}\kappa\left[\frac{1}{\ln\frac{z}{z_{0}}}\right] \tag{3-82}$$

式中　A_x——取值为 1.8～2.5；

κ——冯卡门常数，为 0.4。

有文献认为，A_x 和 κ 的乘积为常数 1。式（3-82）估计出的湍流水平是湍流的平均水平，有的规范要求湍流为平均水平加上一个标准差。

2. 风电机组尾流对湍流影响

尾流中增加的湍流一般由尾流模型自带的湍流模型或者经验的湍流模型得到。至今已有了各种各样的尾流模型，除涡黏度模型外，其他的尾流模型均为经验模型。尾流模型必须和湍流模型耦合，这样可以计算尾流风速的耗散程度。

湍流模型包括以下计算方式：

（1）增加的湍流量通过单个风电机组尾流湍流模型计算。

（2）增加的湍流量通过多个风电机组尾流模型复合计算。

（3）总的湍流通过单个风电机组尾流湍流模型计算。

（4）总的湍流通过多个风电机组尾流模型的复合计算。

3. 增加的湍流强度

湍流强度定义为风速的标准差与平均风速的比值，实践中通常是尾流中的标准差与自

由流的比值，总的湍流强度可表示为

$$I_{\text{total}}=\sqrt{I_{\text{ambient}}^2+I_{\text{park}}^2} \tag{3-83}$$

当风电机组处于部分尾流中，用式（3-83）计算增加的湍流水平，而尾流中的湍流采用面积比的线性差分方法求解。

3.3.2 尾流湍流的经验模型

1. 丹麦推荐的湍流模型

丹麦风能实验室从1992年开始，推荐了一种简单的湍流增加量模型，如果两风电机组之间的最小距离为5倍的风轮直径或者单排风电机组中的最小距离为3倍的风轮直径，增加的湍流强度为 $I_{\text{park}}=0.15$，上面的湍流强度增加量通常需要被平均风速或者风电机组之间的距离修正

$$I_{\text{park}}=0.15\beta_{\text{v}}\beta_{\text{l}} \tag{3-84}$$

式中 β_{v}——平均风速的修正系数；

β_{l}——风电机组中距离的修正系数。

平均风速的修正系数如图3-12所示。单排风电机组的修正系数如图3-13所示。β_{v} 由图3-12得到，β_{l} 由图3-13得到。v 为平均风速，R 为风电机组间距。

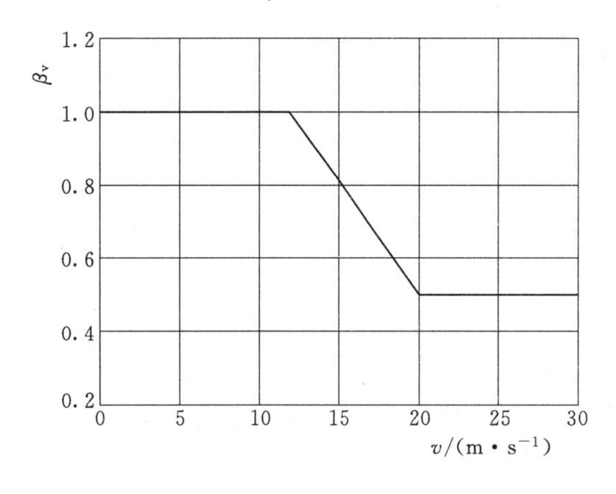

图3-12 平均风速的修正系数

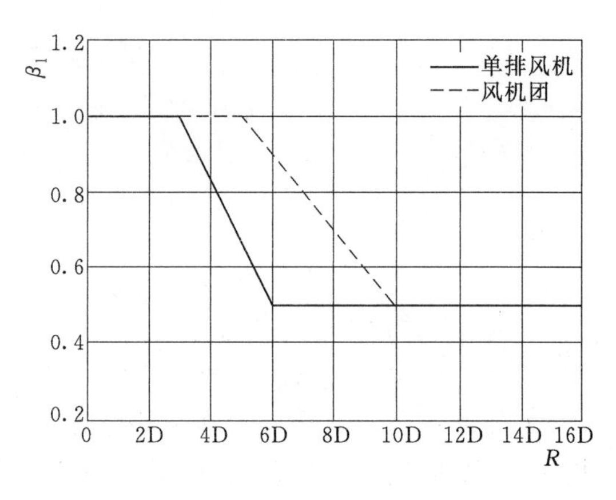

图3-13 单排风电机组的修正系数

2. Frandsen 湍流模型

S. Frandsen 和 M. L. Thogersen 提出了一种用于计算风电机组综合尾流作用的经验模型，模型考虑了不同结构和材料的疲劳响应。总的湍流强度为

$$I_{\text{T,total}}=\left[(1-Np_{\text{w}})I_{\text{T}}^m+p_{\text{w}}\sum_{i=1}^{N}I_{\text{T,w}}^mS_i\right]^{1/m} \tag{3-85}$$

$$I_{\text{T,w}}=\sqrt{\frac{1}{(1.5+0.3S_i\sqrt{v})^2}+I_{\text{T}}^2} \tag{3-86}$$

$$S_i=\frac{x_i}{R_{\text{D}}}$$

式中　p_w——尾流条件概率，$p_w=0.06$；

m——所有考虑材料的 wohler 曲线指数；

v——轮毂高度处自由气流的平均风速；

x_i——第 i 台风电机组的距离；

R_D——风轮直径；

I_T——背景湍流强度；

$I_{T,w}$——尾流中心轮毂高度处的最大湍流强度；

N——相邻最近风电机组数。

N 由以下准则得到：

$N=1$，两台风电机组组成的风场；

$N=2$，一排风电机组组成的风场；

$N=5$，两排风电机组组成的风场；

$N=8$，多于两排风电机组组成的风场。

相邻最近风电机组数计算如图 3-14 所示。

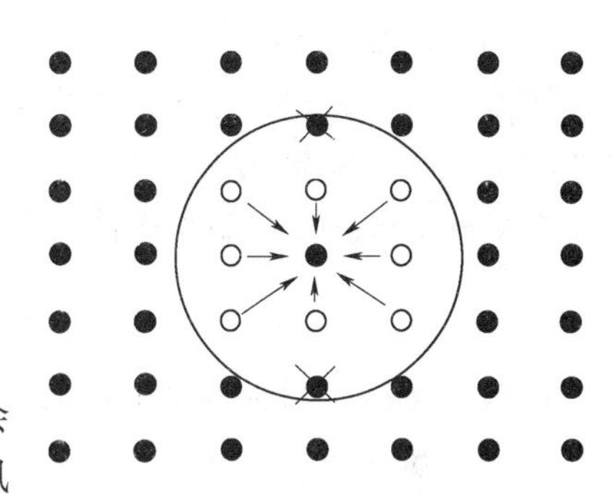

图 3-14　相邻最近风电机组数计算

如果风电场风电机组本身多于 5 排，风电场本身会影响风电场周围的大气环境，如果垂直与主流风向的风电机组间的距离小于 3 倍风轮直径，必须考虑增加的湍流强度，这时风电场的湍流强度可计算为

$$I_T^*=0.5\sqrt{I_w^2+I_T^2}+I_T \tag{3-87}$$

$$I_w=\frac{0.36}{1+0.08\sqrt{s_r s_f v}} \tag{3-88}$$

$$s_r=\frac{x_r}{D}$$

$$s_f=\frac{x_f}{D}$$

式中　s_r——同行风电机组的间距；

s_f——不同行风电机组的间距。

3. D. C Quarton 和 TNO laboratory 湍流模型

这种简单的湍流模型由 D. C Quarton 和 J. F. Ainslie 提出，后经 D. C Quarton 和 J. F. Ainslie 以及丹麦 TNO 实验室标定后得到，具体为

$$I_{add}=K_1 C_T^{\alpha_1} I_{amb}^{\alpha_2}\left(\frac{X}{X_n}\right)^{\alpha_3} \tag{3-89}$$

式中　K_1——比例系数；

α_1、α_2、α_3——指数系数；

X——下游区的距离，m；

X_n——近尾流区的长度，是由涡黏度尾流模型得到的；

I_{amb}——自由流湍流强度。

比例系数和指数的选择见表 3-3。

表 3-3　　比例系数和指数的选择

参　考	k_1 常数	α_1 指数	α_2 指数	α_3 指数
Quarton & Ainslie	4.800	0.700	0.680	−0.570
Quarton & Ainslie（修改后）	5.700	0.700	0.680	−0.960
丹麦 TNO 实验室	1.310	0.700	0.680	−0.960

要注意的是在 Quarton - Ainslie 模型中，周边气流湍流用百分数（如 10%）表示，而 TNO 模型中，周边气流湍流用小数（如 0.1）表示。

4. Lange 湍流模型

因为 B. Lange 湍流模型的参数从涡黏度湍流模型中来，所以 B. Lange 湍流模型只是用在涡黏度湍流模型中。

在尾流的湍流中，湍流度被定义为风速的标准差与平均风速的比值

$$I_t=\frac{\sigma}{U_0} \tag{3-90}$$

根据 B. Lange 湍流模型的定义，湍流模型可定义为

$$I_t=\varepsilon\frac{2.4}{kU_0z_h} \tag{3-91}$$

其参数也如涡黏性参数模型。

5. Larsen 湍流模型

G. C. Larsen 湍流模型是确定尾流内湍流水平的简单经验公式。在风电场下风向位置可表示为

$$I=0.29S^{-1/3}\sqrt{1-\sqrt{1-C_T}} \tag{3-92}$$

式中　S——用风轮直径表示的间隔；

C_T——推力系数。

6. Jensen 湍流模型

该模型如式（3-84）所述。

3.4　风电机组尾流的滑动网格数值模拟

近年来，CFD 被广泛地应用到风电机组尾流计算上来，它能够真实而准确的描述出风电机组周围的复杂流场。在风电机组流场数值模拟领域中，根据湍流模型的尺度，CFD 方法基本上被分为三类，即 RANS、LES 和 DNS。使用半经验湍流模型的 RANS 方法几乎已经在风电机组所有的流动问题上得到广泛应用。由 Menter 发展的两方程 SST $k-\omega$ 湍流模型被认为是现有湍流模型中在风电机组应用领域最具代表性的，本节使用此湍流模型对 NREL 风电机组尾流场进行非定常的数值模拟。但是现有研究表明，湍流模型中的经验参数对计算结果有非常明显的影响。LES 方法则能提供一个更精确的流场模拟结果，在风电机组数值模拟方面引起了研究者的关注。LES 方法最主要的思想是直接求解流场中的大涡，而使用亚格子尺度模型来体现小涡的作用。LES 方法目前主要用于风电机组

尾流的分析，由于计算量的问题还未被应用到近壁面区域。因此，一个混合方法，脱体涡模拟（Detached Eddy Simulation，DES）方法被证明是一个相当好的办法。也就是说在近壁面区域使用 RANS 方法，在远壁面区域使用 LES 方法，在精确度和计算量之间取得一个平衡。直接求解 Navier - Stokes 方程的 DNS 方法需要非常精细的计算网格去捕捉所有尺寸的湍流，由于计算资源的原因目前尚未用于风电机组的数值模拟。

采用滑动网格法研究单台风电机组尾流或者几台相邻风电机组尾流之间的相互作用，首先需要选定风电机组叶片翼型，建立风轮三维模型，单机组模型图如图 3 - 15 所示。在流场中，由于风轮附近流场复杂，为了更加准确地反应流场的变化，需要对风轮旋转域进行网格加密。当需要研究风电场的尾流场，或者是风电场与风电场之间的尾流场时，建立多个风轮模型会使网格数量庞大，难于计算，可以采用致动盘模型，就是将风电机组简化为产生压力降的致动盘，来计算研究尾流场。

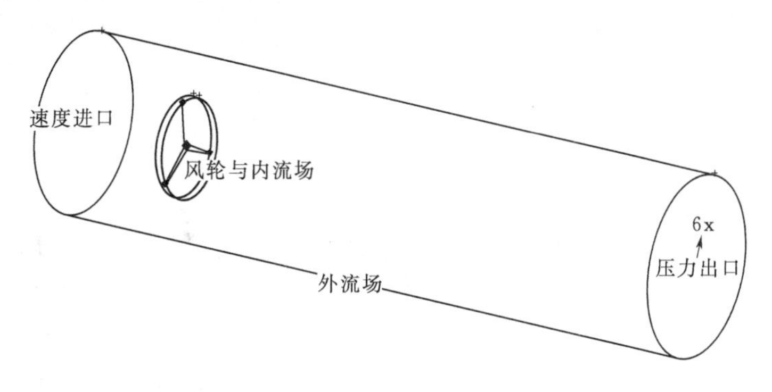

图 3 - 15　单机组模型图

对于旋转的风轮，CFD 有多参考系法（Multiple Reference Frame，MRF）和滑移网格法两种处理方式。MRF 是一种定常计算模型，模型中假定网格单元做匀速运动，这种方法适用于网格区域边界上各点相对运动基本相同的问题，由于其简便适用的特点，在工程中被广泛应用。相比较而言，滑移网格法是一种非定常方法，根据旋转区域与静止区域之间的相对滑动，在每个时间步内不断产生新的网格，从而给出随时间变化的数值解。由于定常和非定常计算方法的差别，非定常方法在每个时步内收敛的速度要比定常方法更快。在计算设备相同的情况下，滑移网格法所耗用的时间约为 MRF 法的 7～8 倍。

建模方法：特定的运动区域用网格运动算法来计算，流动可变量通过滑移表面来插值。滑移分界面必须遵循 MRF 问题的规则且必须定义为非等角。如区域细划分为静止和旋转的流动区域，允许多于一个的旋转区域，区域可以以不同速度来旋转，在每个流动区域内解决控制方程、SRF 方程运用在旋转区域，在旋转和静止区域的分界面上，适当的速度方向和速度梯度的变化用于计算质量、动量、能量和其他连续不断变化的量。在每个区域中都假设流动为定常。且旋转子域间或旋转子域和静止子域间的分界面必须是以旋转子域的旋转轴旋转的表面。几何分界面不是旋转面会导致滑移网格模型计算失败，任何分界面不能正常的移动，由于滑移网格区域可以是暴露的，也可以是周期的，或者是壁面的，如果是周期的，边界地区也应该是周期的。

边界条件有速度入口、压力出口、固壁。对于不可压流体，在已知来流速度时，将进口边界定义为速度入口条件，并给定湍流强度；叶片表面定义为无滑移绝热固壁边界条件，即 $u=v=0$。下游出口边界，假设压强已经恢复到来流静压，即 $P=0$，定义为压力出口。初始条件为非启动状态下的主叶片位于 $x=0$ 位置时刻的来流条件和转速状态，同时兼顾周期性条件。

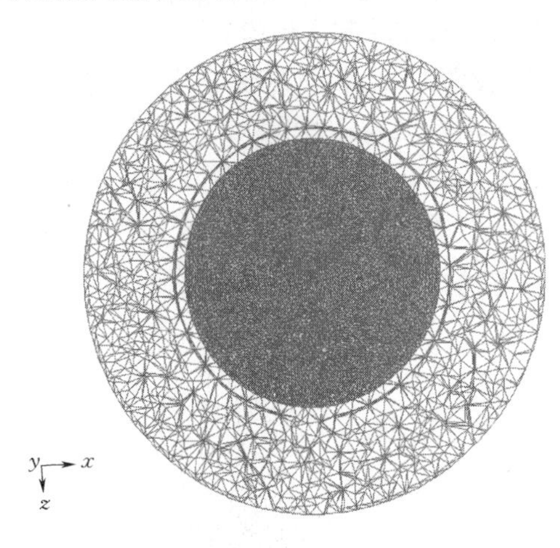

图 3-16　风轮旋转区域网格图

湍流模型采用 $k-\varepsilon$ 模型，速度和压力耦合采用 SIMPLE 算法，对流项采用 QUICK 格式，扩散项采用二阶精度的中心差分格式。为使计算过程降低对内存的需求和具有较好的网格质量，流场采用分块耦合求解方法，对风电机组叶片附近网格加密处理，并设置边界层，风轮附近区域网格加密划分，风轮旋转区域网格图如图 3-16 所示。对整个流场区域采用非结构网格划分，各固体壁面无滑移、无渗透。

滑动网格模型假定流动是非定常的，因此可以真实地模拟转子与定子间的相互影响。为此，在两者相互影响不可忽略而需要掌握转子与定子间相互作用随时间变化的细节时采用滑动网格模型。风电机组在旋转过程中，风轮每转动一个角度，叶片所在位置都随之发生变化，其相对速度和攻角也都发生变化，流场随之不同。基于此，本节对二维流场进行非定常流动计算，同时采用滑移网格模型来模拟风轮转动过程流场随时间变化的规律。

非定常计算采用的时间步长主要依据是保证步长时间内叶尖旋转的长度比叶片平均弦长短，这样才能较为准确地计算出叶片附近流场变化趋势。根据转速可计算出旋转一个周期所需的时间步数。对计算研究结果与网格数量关系的研究表明，在较少的网格数量进行计算，流动特征基本没有太大的变化，但是在增加网格数量后，特别是接近叶片壁面处的流态更为清晰，这也表明在流场复杂的叶片周围区域，加密网格十分重要。

本章选用了美国可再生能源实验室 NREL Phase Ⅵ风电机组作为建模对象，进行非定常尾流场数值模拟，并将模拟结果与 LES 大涡模拟结果进行比较分析，验证了计算的准确性，为后面改进致动盘方法的验证提供了数据支持。NREL Phase Ⅵ风电机组是一种小型的水平轴两叶片风电机组，风轮半径为 5.029m，采用变截面叶片，失速控制方式，额定功率为 19.8kW，额定转速为 72r/min。整个 NREL Phase Ⅵ风电机组实验都是在 NASA Ames 研究中心长、宽分别为 36.6m 和 24.4m 的风洞中进行，本节针对其 13m/s 的均匀流风速入口工况进行 CFD 建模数模计算。

3.4.1　建模与网格划分

首先，根据 NREL Phase Ⅵ风电机组叶片翼型参数在 Pro E 中绘制出每个截面的翼型线。利用 Pro E 曲线功能中的“自文件”选项，打开特定的坐标点文件（*.ibl），可以直接生成翼型曲线。创建各截面的坐标点 IBL 文件时，最好分别创建每个截面上半部分和下半部分的坐标点文件，每个点的 x、y、z 坐标按次序排列，注意上、下两部分都应该包含两个连接点的坐标，这样可以保证创建出的翼型曲线闭合。

然后，通过曲线创建曲面，按顺序选取每个翼型线的上半部分创建叶片的整个上半部分，同理，创建出叶片的下半部分，并将叶片的头尾封闭，最后实体化。通过阵列命令创建出另外一个叶片，风轮实体模型如图 3-17 所示。将模型保存成 sat 文件，以便将模型导入 Gambit 中进行网格划分。

图 3-17　风轮实体模型

将 sat 文件导入 Gambit 中，确保模型成为一个完整的实体，删除多余的面和体，以免在绘制计算域和划分网格过程中出现错误。整个流场区域完全按照实验风洞的大小设定，风轮上游设置 3 倍风轮直径的区域，下游设置成 8 倍直径。使用滑移网格技术进行计算，在略大于风轮的圆柱体内对叶轮进行切割，CFD-Post 软件中风电机组模型位置示意图如图 3-18 所示。将这块区域作为旋转区域，为了能让网格辨识出叶轮复杂的非规则外形，风轮附近网格应该适当加密，将切割后的圆柱体采用正四面体非结构化网格进行网格划分，此区域内网格 size 参数选取为 0.05。流场其他地方越远离风轮网格越稀疏，总计约 600 万网格（经网格无关性验证后的最佳网格数目）。入口选用速度入口，出口选择自由流出口，网格交界面采用 interface 边界条件，壁面采用 Wall 函数。

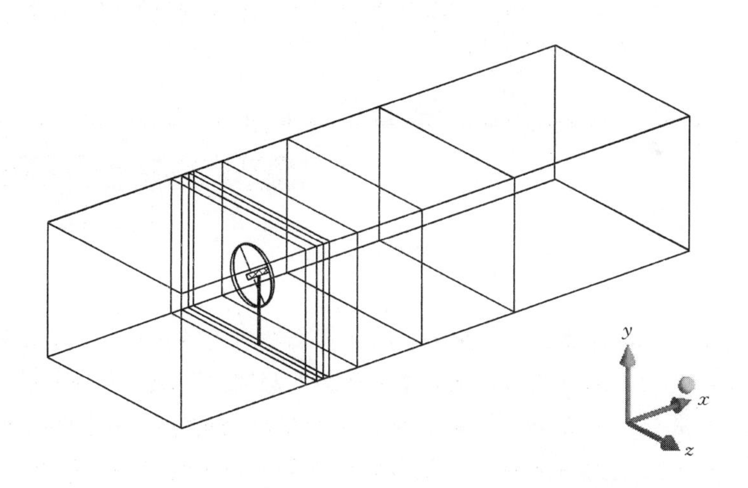

图 3-18　CFD-Post 软件中风电机组模型位置示意图

网格设置完成后，进行非定常计算，选取 SST $k-\omega$ 湍流模型进行计算，使用滑移网格技术，旋转轴方向设置 x 轴正方向，y 轴为高度轴，z 轴为水平轴。转速为 72r/min，采用 PISO 算法实现压力与速度的耦合。时间步长设置为 0.02s，残差值低于 0.0001，认为结果收敛，为了保证空气流能够完全通过流场，将计算总时间设置成 8.5s。

3.4.2　结果分析与验证

某一时刻风轮平面的切向风速和轴向风速分布如图 3-19 所示。由于叶片的旋转作用，风速在风轮前后急剧变化，同时在叶片周围形成较大的风速梯度区域，导致该区域内湍流强度增加。随着该区域的空气向下游流动，将在下游区形成尾流区域，尾流区风速分布如图3-20所示。相对于入流，风速在尾流区内有所降低，风速梯度增大，且因为与周围空气的能量交换作用，随着与风轮距离的增大，尾流区风速又在逐步恢复。

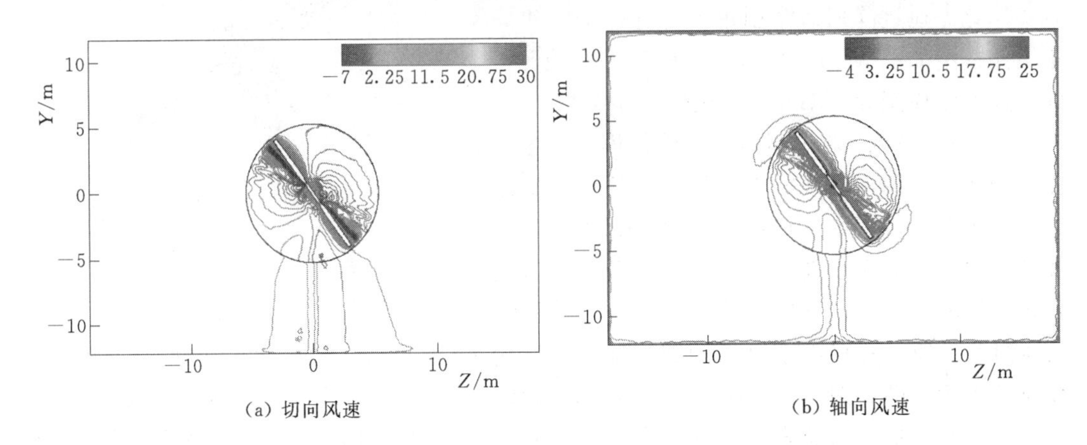

(a) 切向风速　　(b) 轴向风速

图3-19　风轮平面风速分布

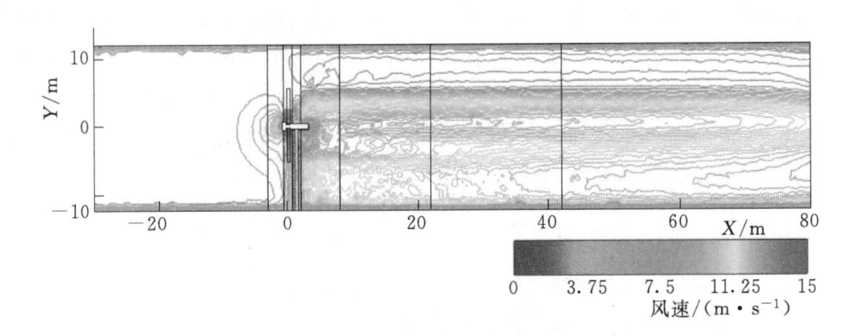

图3-20　尾流区风速分布

风电机组对下游速度流场的影响跟风电机组本身的外观特征有关，主要影响区域由两个部分组成：上部是一个圆盘状的区域，下部类似于塔架的区域，不同截面处速度分布如图3-21所示。在距离风电机组20m的区域，圆盘状区域的中心风速降低到9m/s以下；距离风电机组40m时，速度有所恢复，最低风速的范围在逐渐减小，对周围的影响减弱；距离60m时，风电机组对下游速度的主要影响区域整体在逐渐变小。总体而言，离风电机组越远，风电机组对下游尾流场的速度影响就越小。这一情况与实际情况完全一致，说明常规的风电机组尾流非定常计算能得到比较真实的结果。

为了获得对NREL Phase Ⅵ风电机组尾流特征更好的理解，澳大利亚Adelaide大学用Fluent软件对该风电机组尾流场进行了大涡模拟LES数值计算，并将模拟结果与WAsP软件计算结果进行对比，得到业界一致认可。本节将NREL Phase Ⅵ风电机组尾流场RANS计算得到的风速分布轮廓线与此大涡模拟的结果进行对比分析。

风速分布轮廓线是指在与风轮平行的不同轴向位置的速度分布情况，一般都使用这个

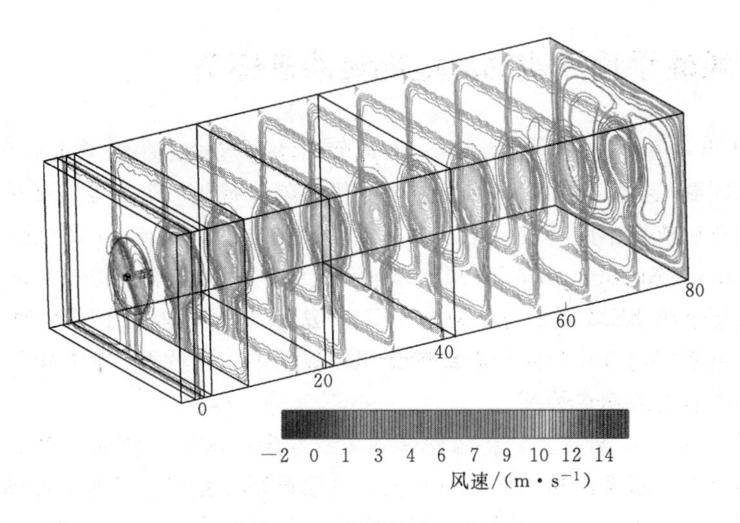

图 3-21　不同截面处速度分布

量对尾流场的发展过程进行研究。风速轮廓图如图 3-22 所示。从图 3-22 不同位置速度分布的轮廓可以看出，RANS 平均雷诺模拟方法的模拟结果和大涡模拟结果基本一致。在风电机组下游 $2D$ 处大涡模拟的速度轮廓图中心存在一个速度峰值，经过分析这是由于机舱的存在造成的，与实际情况相同。随着尾流的继续传送，风电机组下游 $4D$ 处速度峰值已经不明显，到达 $6D$ 处中心峰值已基本不存在。这是由于尾流的扩散效应，离机舱的距离到达一定值后，机舱的作用被尾流的扩散弱化，不再明显并可以忽略。在近尾流区域，RANS 方法没有准确地模拟出风速轮廓线中心速度的分布情况，大涡模拟能更加真实地反映实际情况。但是对于风电机组尾流场的研究，RANS 方法基本能满足要求。

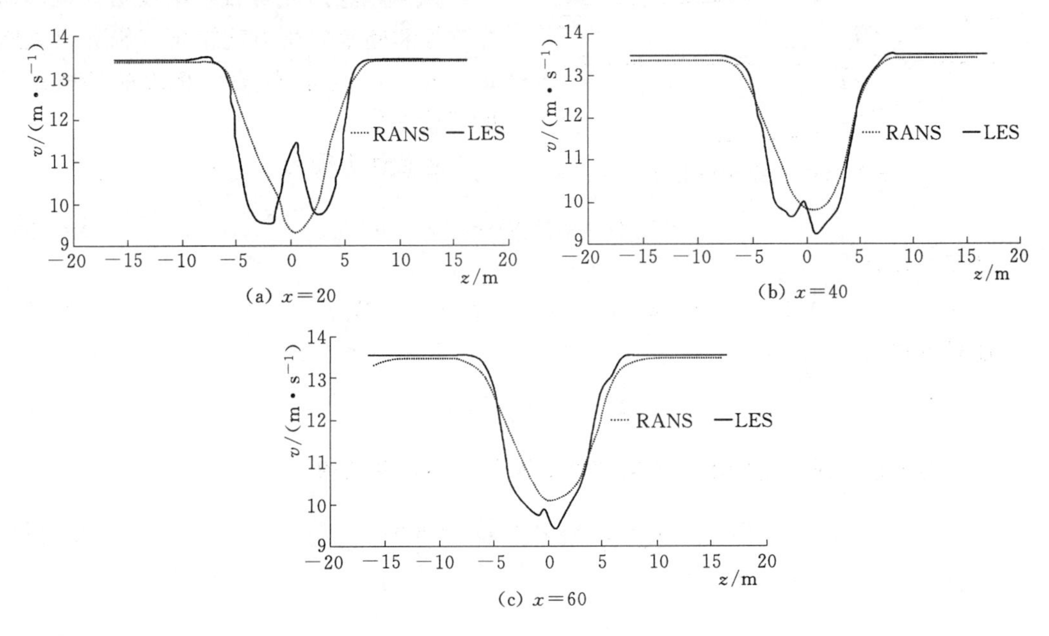

图 3-22　风速轮廓图

3.5 基于风轮平均风速的风电场致动盘模型

早在1889年，由Froude从Rankine的螺旋桨动量理论中将致动盘（Actuator Disk）概念继承、引用到风电机组中来，从而想出了用均匀分布在一个零厚度可穿透圆盘上的等效力来替代风轮在流场中的办法。正是基于致动盘的概念，Glauert系统地提出了叶素动量（Blade Element Momentum，BEM）理论，成为空气动力学上的一个重大突破。近年来，研究人员通过将BEM理论与常规的CFD方法相结合，即先用BEM理论求解风轮叶片的气动力，再将气动力作为体积力源项作用到流场中，通过N-S方程求解流场，产生了各种各样改进后的致动盘模型。

为简化CFD计算，研究者常将风轮等效成致动盘，求解尾流场。由于风轮的工作环境在大气边界层中，制动盘模型需要与大气边界层模型相互结合求解尾流场；同时致动盘模型只考虑了风轮对流场的动量影响，而实际中风轮处的湍流也发生改变，因此致动盘模型也需要与湍流模型改进结合。

3.5.1 理想风轮的一维动量理论

理想风轮模型把风轮看成具有渗透性的圆盘区域，忽略其摩擦和尾流中的风速旋转分量。圆盘区域阻碍空气流动，使得风速发生一系列变化，风速值由上游的 u_∞ 降至风轮处的 u_d 和风轮后的 u_w；压强在风轮前相对环境值 p_∞ 有所升高增至 p_d^+，在风轮后降至 p_d^-。一维动量模型如图3-23所示。

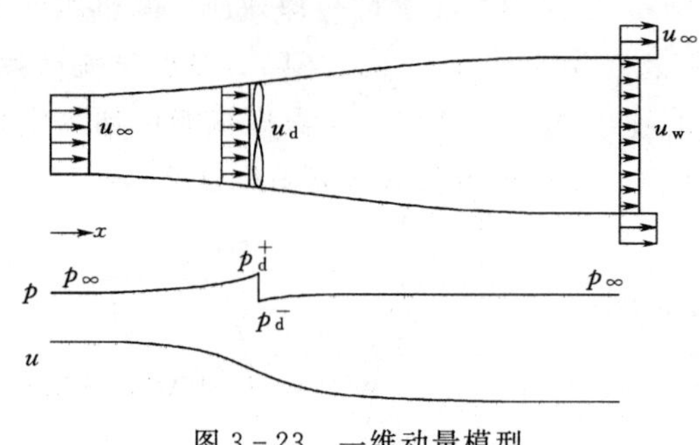

图3-23 一维动量模型

根据理想风轮假设，由质量守恒、动量守恒和能量守恒方程组可以推导出风速 u_∞、u_d、u_w 与推力 T 和析出的机械能 P 的直接关系。

连续性方程为

$$\dot{m}=\rho A_\infty u_\infty=\rho A_d u_d=\rho A_w u_w \tag{3-93}$$

动量方程为

$$T=\dot{m}(u_\infty-u_w)=(p_d^+-p_d^-)A_d \tag{3-94}$$

能量方程为

$$E=\frac{1}{2}m(u_\infty^2-u_w^2) \tag{3-95}$$

致动盘上单位时间内析出的机械能等于推力 T 输出的功率

$$P=\frac{1}{2}\dot{m}(u_\infty^2-u_w^2)=Tu_d \tag{3-96}$$

于是

$$u_d=\frac{1}{2}(u_\infty+u_w) \tag{3-97}$$

引入功率系数 C_P 和推力系数 C_T

$$C_P=\frac{P}{P_0}=\frac{P}{\frac{1}{2}\rho u_\infty^3 A_d} \tag{3-98}$$

$$C_T=\frac{T}{\frac{1}{2}\rho A u_\infty^2} \tag{3-99}$$

定义轴向诱导因子

$$a=1-\frac{u_d}{u_\infty} \tag{3-100}$$

则

$$C_P=4a(1-a)^2 \tag{3-101}$$

$$C_T=4a(1-a) \tag{3-102}$$

C_P 和 C_T 一般根据风电机组的功率特性曲线和推力特性曲线获得，风电机组特性系数曲线如图 3-24 所示。

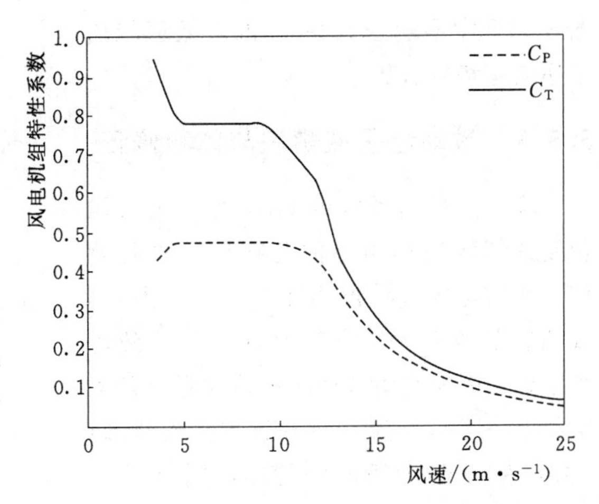

图 3-24 风电机组特性系数曲线

3.5.2 致动盘与 RANS 方程

推力 T 以体积力的形式（即动量源项）加入 $RANS$ 方程组中，模拟风轮对空气的阻流作用。加入推力源项的 $RANS$ 方程组为

$$\frac{\partial u_j}{\partial x_j}=0 \tag{3-103}$$

$$\frac{\partial}{\partial x_j}(\rho u_i u_j)=-\frac{\partial p}{\partial x_i}+\frac{\partial}{\partial x_j}(2\mu S_{ij}-\rho\overline{u_i'u_j'})+S_u \tag{3-104}$$

其中

$$S_u=\frac{T}{V}=\frac{\rho C_T u_\infty^2}{2\Delta l} \tag{3-105}$$

式中 V——致动盘体积；

Δl——致动盘厚度。

对动量源项的求解，依赖于上游风速 u_∞，而此值在风电场整场尾流计算中难以估测。为了摆脱对参考风速的依赖性，下面给出只依赖于局部风速 u_d 和风电机组特性的动量源项形式。由诱导因子定义式得

$$S_u=\frac{\rho}{2\Delta l}\frac{C_T}{(1-a)^2}u_d^2 \tag{3-106}$$

令

$$f(u_d)=\frac{C_T}{(1-a)^2}$$

则

$$S_u=\frac{\rho}{2\Delta l}f(u_d)u_d^2 \tag{3-107}$$

其中

$$f(u_d)=\frac{4a}{1-a}=4\left(\frac{u_\infty}{u_d}-1\right) \tag{3-108}$$

函数 $f(u_d)$ 趋势图如图 3-25 所示，图 3-25 中显示函数在 u_d 的有效区间内呈递减趋势且有界。

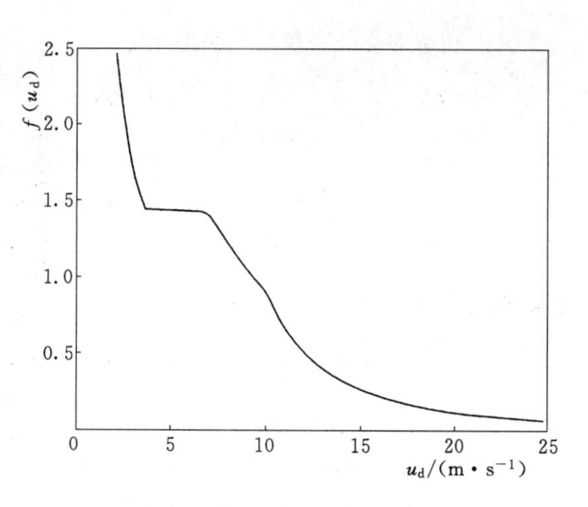

图 3-25　函数 $f(u_d)$ 趋势图

3.5.3　致动盘区域辨识与体积修正

输运方程的源项由 UDF 中定义，风轮及其邻域通过网格的几何位置进行辨识。致动盘区域辨识图如图 3-26 所示，致动盘直径为 D，厚度为 Δl，O 为致动盘中心，$\vec{n}$ 为致动盘轴向单位向量，P 为空间上一点，P'为 P 点在轴向上的投影，r 和 l 为向量$\overrightarrow{PP'}$和$\overrightarrow{OP'}$的模，判断 P 点是否在致动盘内的方法为

$$\left.\begin{aligned} l=|\overrightarrow{OP}\cdot\vec{n}|<\frac{\Delta l}{2} \\ r=\sqrt{\overrightarrow{OP}\cdot\overrightarrow{OP}-l^2}<\frac{D}{2} \end{aligned}\right\} \tag{3-109}$$

由于网格划分精度问题，实际辨识的区域与预期辨识的区域存在一定差异，网格辨识如图 3-27 所示，表现在体积上为相对体积分数，即

$$V_F=\frac{V_{Actual}}{V_{Expected}} \tag{3-110}$$

式中　V_{Actual}——实际辨识的网格区域体积；

$V_{Expected}$——使用式（3-109）预期辨识的网格区域体积。

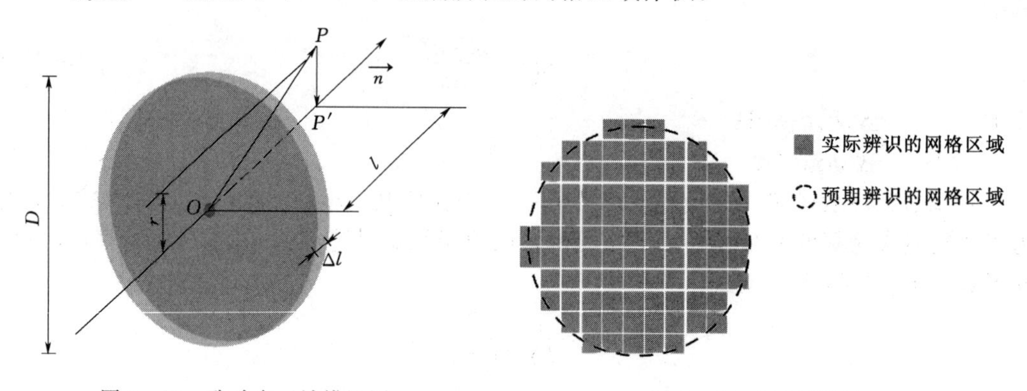

图 3-26　致动盘区域辨识图　　　　图 3-27　网格辨识图

为使实际加载的动量源项总效果与预期相同，加载在风轮区的动量源项应根据体积相对分数修正为

$$S_u'=\frac{S_u}{V_F} \tag{3-111}$$

式中　S_u'——S_u 的体积修正值；

V_F——体积修正因子，在图 3-27 所示的网格划分水平下，V_F 为 0.755。

3.5.4 致动盘湍流模型修正

标准的 $k-\varepsilon$ 湍流模型适合大部分的工业计算，但在计算风电机组尾流时，会导致尾流风速明显高于实验值，造成尾流恢复过快。El Kasmi 等人基于拓展 $k-\varepsilon$ 模型，通过添加湍流耗散源项，使湍流生成率与其耗散率相互协调。丹麦 Risø 实验室的 Pierre-Elouan Réthoré 将森林冠层模型用于尾流模拟。与 El Kasmi 模型不同，冠层模型还增加了湍流动能源项。D. Cabezón 等人研究了湍流的各向异性对计算的影响，应用雷诺应力模型求解风电机组尾流，得到了较高的预测精度。

1. 拓展湍流模型

风轮的扰动作用使其临近区域的流场复杂化，造成湍流动能的产生与耗散过程加快，降低湍流尺度。El Kasmi 等人使用拓展 $k-\varepsilon$ 湍流模型，添加湍流耗散率源项 S_ε^{ext}，维持湍流产生率与耗散率的协调关系。S_ε^{ext} 表示湍流从大尺度向小尺度过渡时的能量传递速率

$$S_\varepsilon^{ext}=C_{4\varepsilon}\frac{P_k^2}{\rho k} \tag{3-112}$$

S_ε^{ext} 施加在风轮邻域和致动盘内。该邻域对称分布在风轮上、下游的圆柱区域，直径与致动盘相同，共轴，厚度 $L=0.5D$。

2. 森林冠层模型

森林冠层模型最开始用于模拟森林地区树木冠层对流动的影响作用。该模型使用动量源项 S_u 表示冠层对流动的阻碍作用，并引入湍流源项以修正湍流分布为

$$S_u=-\frac{C_x}{2}u^2 \tag{3-113}$$

$$S_k=\frac{C_x}{2}(\beta_p u^3-\beta_d uk) \tag{3-114}$$

$$S_\varepsilon=\frac{C_x}{2}\left(C_{\varepsilon p}\beta_p\ \frac{\varepsilon}{k}U^3-C_{\varepsilon d}\beta_d U\varepsilon\right) \tag{3-115}$$

式中 C_x——拖拽系数，m^{-1}；

β_p——由时均动能向湍流动能 k 的传递速率；

β_d——无明确的物理含义，取 8/9；

$C_{\varepsilon p}$——参数 $C_{\varepsilon p}=0.25$；

$C_{\varepsilon d}$——参数 $C_{\varepsilon d}=1$。

拖拽系数 C_x 由动量源项公式得到

$$C_x=\frac{4a}{(1-a)\Delta l} \tag{3-116}$$

根据推力曲线和功率曲线，可计算出由时均动能向湍流动能 k 传递的能量

风电机组前后的总能量损失 P_{lost} 为

$$P_{lost}=\frac{1}{2}\frac{4a}{1-a}\rho A u_d^3 \tag{3-117}$$

风电机组出力 $P_{extracted}$ 为

$$P_{extracted}=\frac{1}{2(1-a)^3}\rho A C_p u_d^3 \tag{3-118}$$

向湍流转化的能量部分 P_{turb} 为

$$P_{turb}=P_{lost}-P_{extracted}\approx\frac{C_x}{2}\beta_p u_d^3 \tag{3-119}$$

于是有

$$\beta_p=1-\frac{C_p}{4a(1-a)^2} \tag{3-120}$$

3. RSM 湍流模型

$k-\varepsilon$ 湍流模型认为流场的湍流具有各向同性，实际的流场却是各向异性的。RSM 模型引入 7 个附加方程求解雷诺应力，计算湍流各向异性的影响。RSM 模型边界条件可设置为

$$\frac{\sigma_x}{u_*}=2.39,\quad \frac{\sigma_y}{u_*}=1.92,\quad \frac{\sigma_z}{u_*}=1.25 \tag{3-121}$$

3.5.5 数值模拟

1. 实验风电机组介绍

单机尾流模拟使用 Nibe－B 风电机组，Nibe－B 风电机组参数见表 3－4，其特性曲线与推力系数修正如图 3－28 所示。推力系数的数据有两种来源：Taylor 1985 和 Taylor 1990，其中 EI Kasmi 使用 Taylor 1985 数据和致动盘模型对尾流模拟取得良好效果，但该数据缺少这三点之外的推力系数数据；Taylor 1990 提供的推力系数比较完整。本节采取两种数据来源整合的方式形成如图 3－28 中的 C_T 整合曲线。

表 3－4　　Nibe－B 风电机组参数

额定功率/kW	风轮直径/m	轮毂高度/m	叶片数	功率控制方式	额定转速/(r・m^{-1})
630	40	45	3	变桨	34

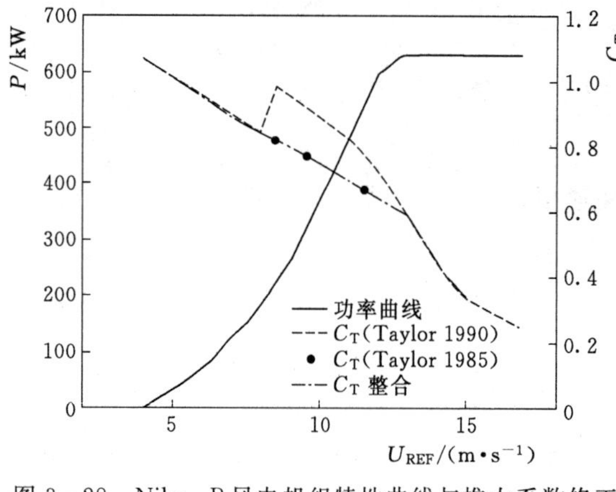

图 3－28　Nibe－B 风电机组特性曲线与推力系数修正

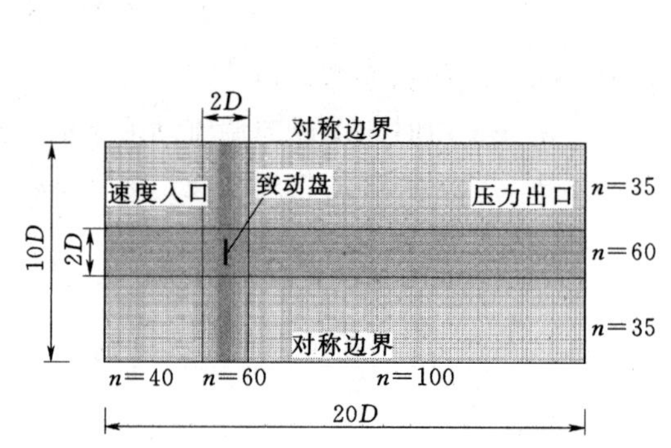

图 3－29　单机尾流计算域设置与网格划分

2. 计算域与网格设置

Nibe－B 单机尾流计算域设置与网格划分如图 3－29 所示。计算区域水平尺寸为 $20D\times10D$，风轮中心距离左右边界及入流面的距离都为 $5D$，竖直高度为 $10D$。在竖直方向布置 100 个节点，底层网格 2m，总网格数约 260 万。dx_{min} 表示最小网格尺寸，取 0.552m。

3. 模拟方案与结果分析

(1) 模拟方案。对 Nibe－B 尾流模拟，设置了多组对照实验，包括湍流源项、机舱

阻力及体积修正对结果影响的实验，湍流模型对比以及不同致动盘源项计算方法的比较，模拟方案分组见表 3-5。在本章单机尾流模拟中，入流风速 U_0 等于风电机组的参考风速 U_{REF}。

表 3-5　模 拟 方 案 分 组

<table>
<tr><th>实验分组</th><th>致动盘动量源项使用风速</th><th>湍流模型</th><th>机舱动量源项</th><th>体积修正</th><th>入流风速 /(m·s⁻¹)</th></tr>
<tr><td>A</td><td rowspan="6">U_0</td><td>标准 $k-\varepsilon$</td><td rowspan="2">有</td><td rowspan="3">有</td><td rowspan="7">8.5</td></tr>
<tr><td>B</td><td rowspan="3">拓展 $k-\varepsilon$</td></tr>
<tr><td>C</td><td>无</td></tr>
<tr><td>D</td><td rowspan="5">有</td><td>无</td></tr>
<tr><td>E</td><td>Canopy</td><td rowspan="4">有</td></tr>
<tr><td>F</td><td>RSM</td></tr>
<tr><td>G</td><td>u_d</td><td rowspan="2">拓展 $k-\varepsilon$</td></tr>
<tr><td>H，I，J，K，L</td><td>$\overline{u_d}$</td><td>4.5，6.5
8.5，9.56
11.52</td></tr>
</table>

(2) 拓展湍流 $k-\varepsilon$ 模型。实验方案 B 的模拟流场结果如图 3-30～图 3-32 所示：图 3-30 为风轮后不同位置竖直方向的风速分布；图 3-31 为竖直方向相对风速对比，该相对风速的基准为同一高度的入流风速；图 3-32 为水平方向上不同位置相对风速的分布。图中 u 表示尾流区风速，U 表示入流风速，h 表示高度，H 表示轮毂高度，r 表示到风轮旋转轴线的距离，D 表示风轮直径。观察图 3-30 发现，竖直方向风速分布相对入流处风速分布的偏离程度与到风轮平面的水平距离有关，表现为距离越远，风轮廓越接近入口，其中 7.5D 偏离情况最小，而轮毂处偏离最大。由此可知，风速流经致动盘时降低，随着远离致动盘区域，风速得到恢复。图 3-30 将结果按照同高度风速进行归一化，排除风速沿高度切变对流场的影响，显示出风速分布沿致动盘轴线基本呈对称形式。

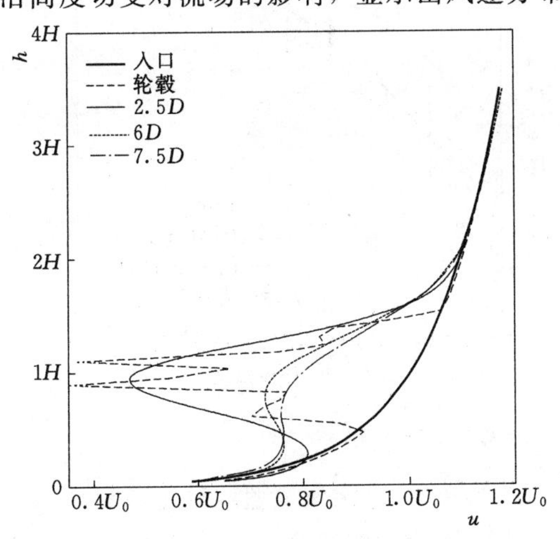

图 3-30　竖直方向风速分布

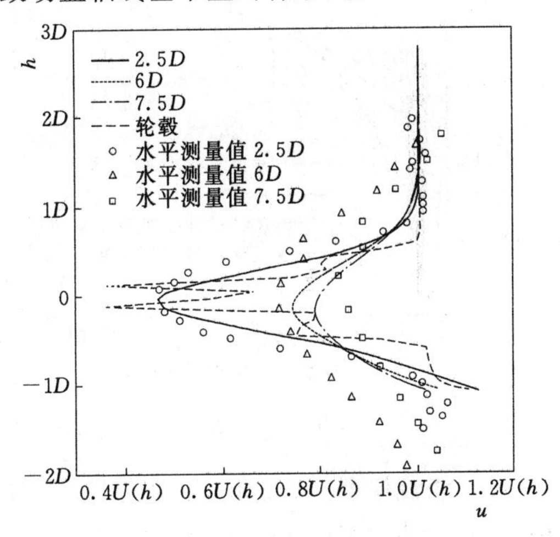

图 3-31　竖直方向相对风速对比

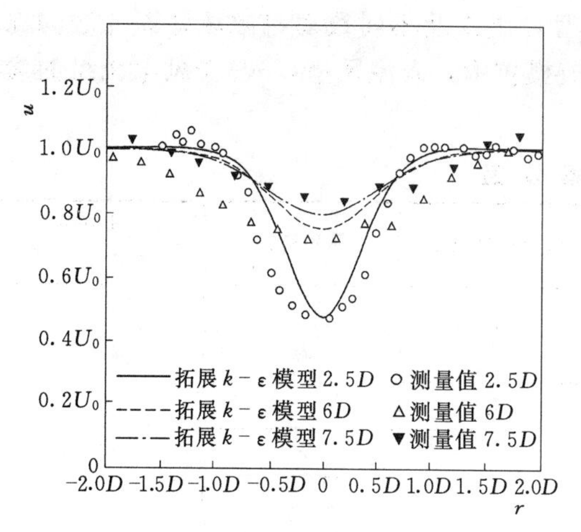

图 3-32　水平方向上不同位置相对风速的分布

在图 3-32 中，使用方案 B 的模拟结果与测量值的吻合度较高，特别是在致动盘轴线附近及 2.5D 和 7.5D 位置处，但在 6D 处存在较大偏差。这说明从近尾流区（2.5D）向远尾流区（7.5D）流场的过渡过程中，使用致动盘方法和拓展 $k-\varepsilon$ 湍流模型不能准确模拟出尾流场与周围大气动量和能量交换的复杂过程。从整体上看，方案 B 较好地模拟了尾流分布情况，验证了结合致动盘和拓展 $k-\varepsilon$ 湍流模型模拟风电机组尾流的相关研究。

设置方案 A、C、D 是为了研究在标准 $k-\varepsilon$ 湍流模型下湍流动能耗散率源项 S_ε、机舱动量源项及体积修正因子对尾流模拟结果的影响。$k-\varepsilon$ 模型下多因素对尾流恢复速度的影响如图3-33（a）所示。方案 A 使用标准 $k-\varepsilon$ 湍流模型，不添加湍流动能耗散率 ε 输运方程的源项，此时致动盘轴线上风速降低的最小风速远大于方案 B，且在尾流区内，风速也远大于测量值，恢复过快。如果在方案 B 中不添加机舱动量源项，则形成方案 C。两种方案计算结果在从风轮到 5D 位置处差异明显，而在 5D 位置之后相互接近。这说明机舱阻力源项的影响范围要比致动盘小，加入机舱动量源项可使模拟更符合实际，提高结果的准确性。D 方案在方案 B 的基础上去除体积修正。由于模拟中体积修正因子 $V_F=0.755<1$，D 方案实际添加在致动盘区域的总阻力比预期值偏小，造成尾流风速下降程度小、恢复速度快。

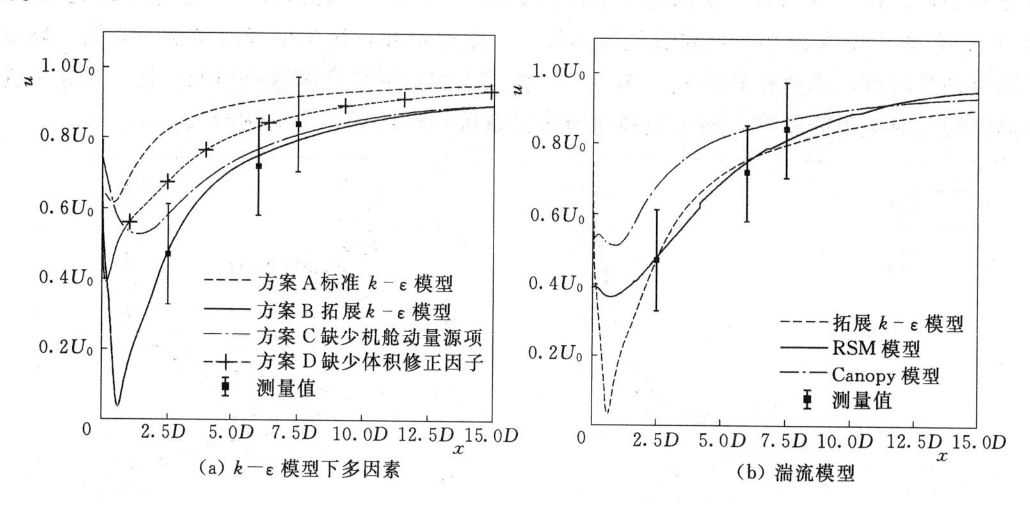

图 3-33　不同因素对尾流恢复速度的影响

（3）湍流模型。Canopy 湍流模型、RSM 模型与拓展 $k-\varepsilon$ 湍流模型的对比如图 3-33（b）所示：使用 Canopy 湍流模型的计算结果，尾流恢复速度明显高于其他两种湍流模型以及测量值；RSM 模型的计算结果与测量值的吻合度在三种模型中最高，且其风速降低的最小值比较适中，没有出现拓展 $k-\varepsilon$ 湍流模型中速度在致动盘后的骤降现象。RSM 模型计算出的水平方向相对风速如图 3-34（a）所示，在 $2.5D$、$7.5D$ 处显示了比使用拓展 $k-\varepsilon$ 湍流模型时与测量值更好的吻合度。结合图 3-33（b），三种湍流模型对单机尾流场的模拟精准程度程度从高到低为 RSM 模型、拓展 $k-\varepsilon$ 湍流模型和 Canopy 湍流模型。图 3-34（b）显示出不同位置各方向雷诺应力的分布状况：从量值大小看，主流方向的雷诺应力 $\overline{u'u'}$ 最大，主流与竖直方向结合的雷诺应力 $\overline{u'w'}$ 最小且为负值，这与风速沿高度切变有关；从分布的形状看，雷诺应力在距离致动盘轴线 $0.5D$ 距离即水平对应致动盘边沿处出现极值点，说明致动盘边沿位置处切变大的体积力是雷诺应力的主要产生源。

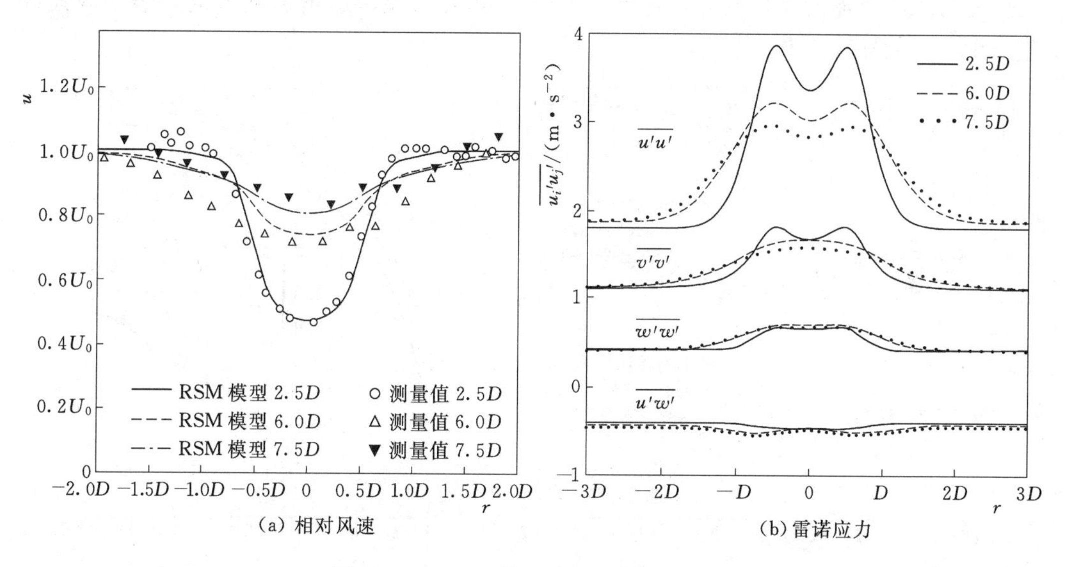

图 3-34　RSM 模型计算出的流场分布

（4）动量源项改进。改变 B 方案中的动量源项计算方式，由入流风速 U_0 计算动量源项的方法替换为由风轮局部风速或其平均风速计算，计算不同入流风速的流场情况，形成 G-L 等多组实验方案。三种源项计算方法对尾流恢复的影响如图 3-35 所示。图 3-35 中以致动盘平均风速和以入流风速计算动量源项的模拟结果非常接近，且同测量值相吻合，而使用致动盘局部风速计算动量源项的模拟结果在 $4D$ 距离之前与其他两种模型存在较大差异，和测量值（$2.5D$ 处）存在一定偏差情况，但其在 $4D$ 位置后的表现与其他两种模型基本相同。结合方案 C 的分析，可以发现改变致动盘区域的源项大小和计算方式，对近尾流区的影响很大；随着距离增加，影响程度降低。为进一步验证致动盘平均风速模型的准确性，对其他参考风速下的尾流依次进行模型，通过与相关测量

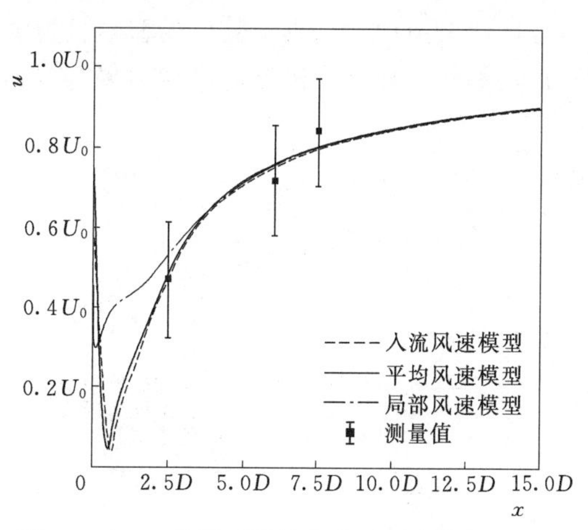

图 3-35　三种源项计算方法对尾流恢复的影响

值对比进行验证。

图 3-36（a）为使用平均风速模型在入流风速为 8.5m/s、9.56m/s 和 11.52m/s 时得到的 Nibe-B 风电机组尾流场水平方向相对风速分布情况。图 3-36（a）显示在不同风速条件下，计算结果和测量值都保持了较高的吻合度，说明平均风速模型计算单机尾流模型的准确性。图 3-36（b）显示了不同入流风速条件下，致动盘中心轴线相对风速的演变情况：从演变过程上看，各曲线的风速都经历了在致动盘后临近区域减速，然后与周围大气相互作用逐渐恢复的过程；从速度降低的程度和恢复速度看，入流风速低时风速降低量值大，恢复速度慢，而入流风速高的情况正好相反，这与根据致动盘理论推导的风轮平均风速与入流风速的关系相符，系数（$1-a$）随着入流风速增加而升高，表明风速降低量减少，恢复速度上升。

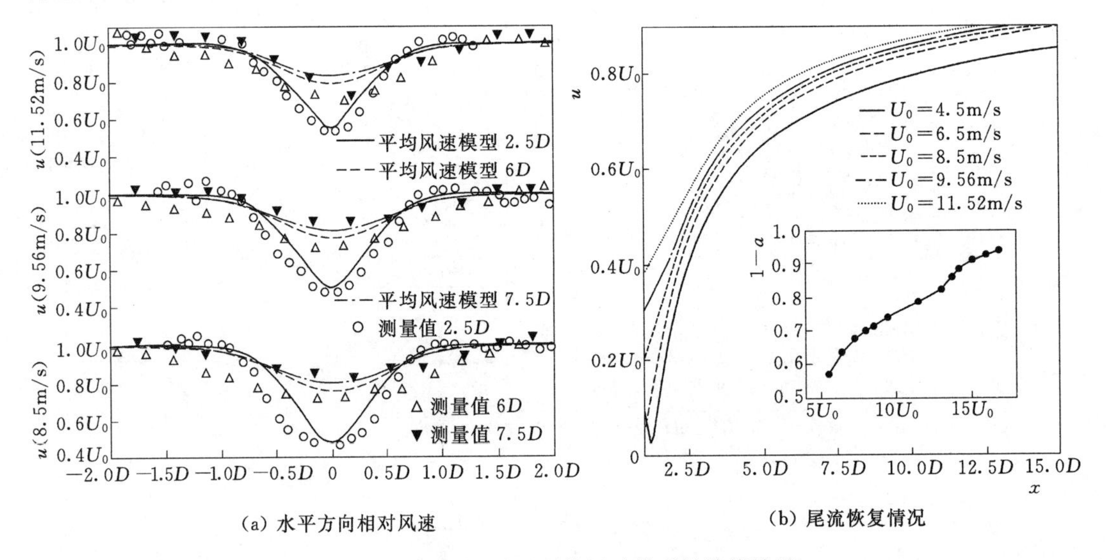

(a) 水平方向相对风速

(b) 尾流恢复情况

图 3-36　不同风速下平均风速模型的计算结果

（5）湍流强度与尾流形状。致动盘中心轴线湍流强度分布如图 3-37 所示。TI 为湍流强度。在湍流强度分布方面，RSM 模型得到的流场中致动盘中轴线上湍流强度的变化剧烈程度比较适中，远小于其他模型，且与测量值的吻合度最高。这说明考虑了尾流场中雷诺应力的各向异性，模型的模拟结果与实际更加接近。标准 $k-\varepsilon$ 湍流模型得到的湍流强度变化趋势与 RSM 有一定的相似，都在风轮后有一段增加而后逐步下降，但其湍流强度上升的终点位置和下降速度与 RSM 不同：终点位置相对 RSM 向尾流后方偏移，而其下降速度更快、更剧烈。这种湍流强度先升后降的变化，是由于风轮处施加的动量源项导致应力切变增强，使湍流强度增加，高于大气水平，而随着与致动盘距离的增加，周围大气对尾流的作用趋于显著，导致湍流强度在升至最大后不断

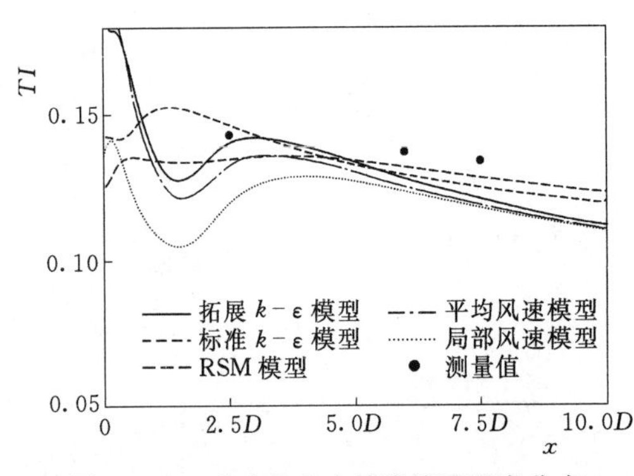

图 3-37　致动盘中心轴线湍流强度分布

下降，最终恢复到周围大气的湍流强度水平。使用拓展 $k-\varepsilon$ 湍流模型的计算结果与使用RSM模型和标准 $k-\varepsilon$ 湍流模型得到的湍流强度变化趋势约在 $1.5D$ 距离之前存在很大的差异，其湍流强度从风轮处到 $1.5D$ 位置一直不断降低，在 $1.5D$ 之后才出现先升后降低的变化。这可能与附加的湍流源项有关：湍流源项中包含湍流动能生成率，该生成率与风速切变成正比，会使湍流源项集中在风轮中心及其边沿区域。

综合上述模拟结果，绘制出各模型的尾流分布情况。不同模型下的Nibe-B风电机组尾流场如图3-38所示。标准 $k-\varepsilon$ 湍流模型尾流区在径向上开度最大，轴向影响范围小，尾流区风速恢复速度过快；拓展 $k-\varepsilon$ 湍流模型和平均风速模型、尾流区分布基本相同，两者使用相同的湍流改进方法，差别在于动量源项的实现方法不同；RSM模型尾流区中速度变化较平稳，在 $7.5D$ 距离之前与拓展 $k-\varepsilon$ 湍流模型相似，之后尾流恢复速度明显加快。

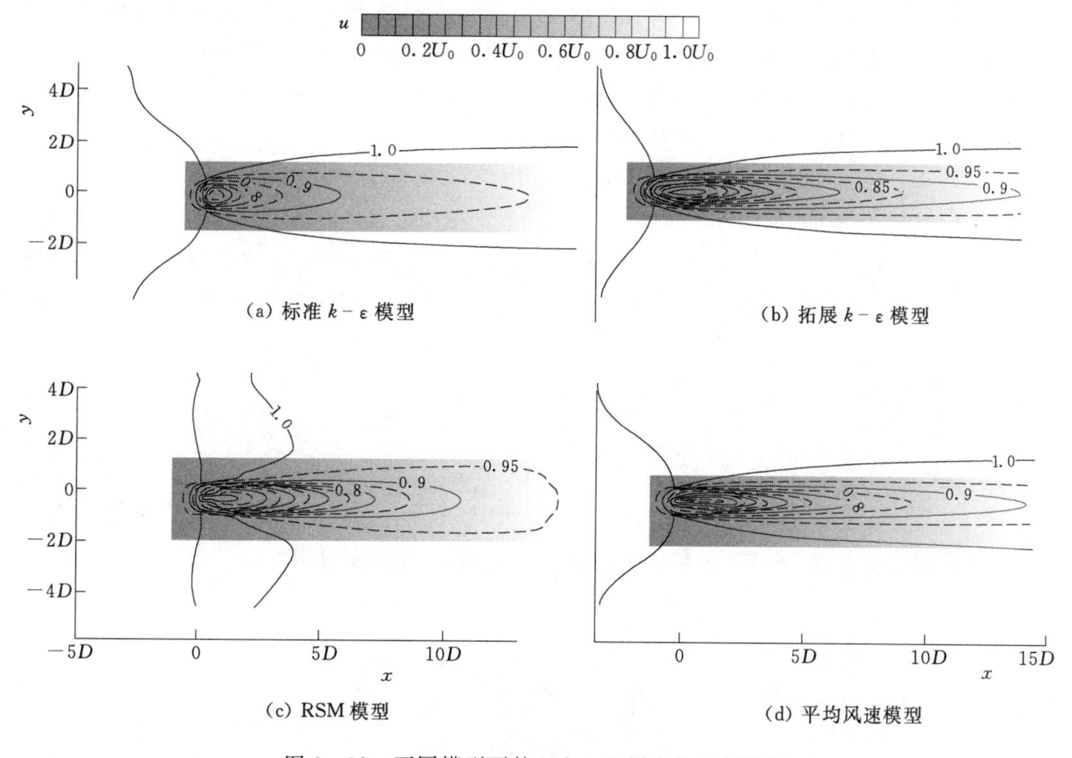

图3-38 不同模型下的Nibe-B风电机组尾流场

3.6 基于致动线方法的尾流数值模拟

传统的CFD流场计算，需要先将实体模型用专业的三维建模软件建模，建模完成后再在整个流场区域进行网格划分。而三维模型的复杂性却使得网格的划分成为了一个难点。完成网格划分需要耗费不少时间和精力。而且网格的复杂程度增加必然会导致计算量的增加。

由Sørensen JN和Shen WZ提出来的致动线方法很大程度上简化了原有的计算量。他们用相应的力替代了计算流场区域中转轮叶片的实体模型，然后运用Navier-Stokers

方程对流场区域进行求解。随后，他们用该致动线方法对一种三叶片 500kW 的 Nordtank 风电机组进行了功率曲线的数值模拟，计算结果与测试结果基本一致。

致动线模型最主要的优势在于可以用二维翼型数据来代替实际的叶片，这样一来就不需要对叶片的几何形状进行处理，并且可以省去大量的网格来提高运算速度。因此致动线模型可以应用于不同尾流结构的动力学研究，例如叶尖或者叶根部分的涡流研究。此外，由于结构简单，网格的生成变得十分容易。

3.6.1 致动线模型

致动线模型将叶片简化成一条线段，通过在线段周围布置体积力的方式模拟叶片对流场的作用。沿叶展方向，将叶片分为若干段，每段叶片上面分布的体积力用二维翼型数据求得。这样求得的体积力不能直接加载到模型的某一个网格点中，需要将这个力按照一定的分布方式表达在添加的源项当中。体积力在叶片有两种分布方式：①平均分布，即在以线段为轴心的圆柱上平均分布；②高斯分布，即将叶片分成若干段，根据网格中心到各段叶片中心的距离按照三维高斯方程分布。

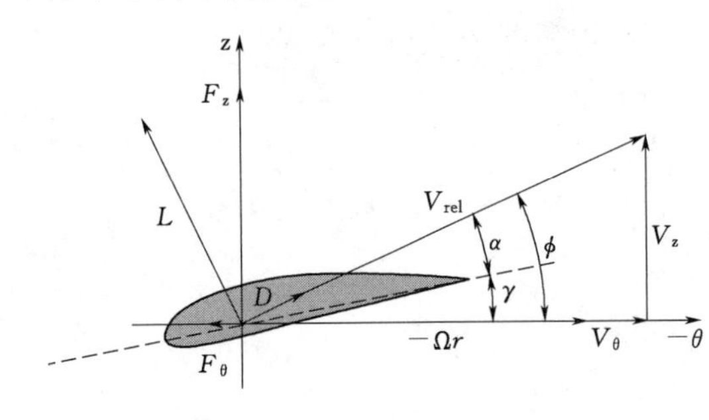

图 3-39　叶素受力分析

1. 体积力的求解

叶片上各点压力用二维翼型气动数据，根据 BEM 理论计算确定。继而将分布的体积力在流场区域内用三维 N-S 方程求解，不可压缩 N-S 方程为

$$\frac{\partial \vec{V}}{\partial t}+V\ \nabla\vec{V}=-\frac{1}{\rho}\nabla p+\nu\ \nabla^2\vec{V}+\vec{f} \tag{3-122}$$

式中　f——作用在旋转叶片上的体积力。

叶素受力分析如图 3-39 所示，可以从上述速度三角形中得出

$$V_{rel}=\sqrt{V_z^2+(\Omega r-V_\theta)^2} \tag{3-123}$$

式中　Ω——风轮转速；

V_z——相对径向速度；

V_θ——切向速度；

V_{rel}——合速度。

V_{rel}和旋转平面的夹角（入流角）可表示为

$$\phi=\tan^{-1}\left(\frac{V_z}{\Omega r-V_\theta}\right) \tag{3-124}$$

当地攻角 $\alpha=\phi-\gamma$，其中 γ 为安装角。

叶片叶展方向单位长度上的体积力为

$$f_{2D}=(L,D)=\frac{1}{2}\rho V_{rel}^2 c(C_L e_L, C_D e_D) \tag{3-125}$$

式中　C_L——升力系数，$C_L=C_L(\alpha, Re)$；

C_D——阻力系数，是以攻角和雷诺数为变量的函数，$C_D = C_D(\alpha, Re)$；

e_L——升力方向向量；

e_D——阻力方向向量；

Re——雷诺数由弦长 c 和来流速度确定。

2. 体积力的分布

（1）平均分布。使用均匀分布的方法将体积力平均分布在以对应点弦长为直径的圆柱体内，均匀分布使计算得出的体积力光滑分布在模拟叶片四周，而且表面受力情况与实际风轮转动过程中基本一致，具有可信性和可模拟性。

（2）高斯分布。为了避免叶片上所受到的力引发突变情况，需要将体积力均匀光滑地分布在附近网格点中。经过多次试验，将致动线方向每个微元叶片上的力进行三维高斯分布能够得到比较理想的效果。

$$\left.\begin{aligned} f_\varepsilon &= f \otimes \eta_\varepsilon \\ \eta_\varepsilon &= \frac{1}{\varepsilon^2 \pi^{3/2}} \exp\left[-\left(\frac{d}{\varepsilon}\right)^2\right] \end{aligned}\right\} \tag{3-126}$$

式中 d——在致动线模型中，中心网格点到其他网格之间的距离；

ε——适应系数，表示力从中心向四周分布的程度。

高斯分布就是把一个集中力光顺地分布在不同体积里的一种分布方式。其中分布因子 ε 是基于高斯分布致动线方法中一个非常重要的参数，它关系着体积力的分布范围，是能否合理表现出叶片在流场中作用的关键。

3.6.2 数值模拟与模型验证

1. Nibe A 风电机组介绍

丹麦在 1978—1979 年建造了两台水平轴中型风电机组，分别命名为 Nibe A 和 Nibe B。两台风电机组的轮毂高度均为 45m，风轮直径均为 40m，叶片设计均采用气动翼型 NACA 44 系列，转速为 34r/min，切入风速约为 6m/s，切出风速约为 25m/s，额定风速为 13m/s。根据 G. J. Taylor 等人在该风电机组流场内做的实验数据采集工作，以 Nibe A 型风电机组为模型在入流风速为 8.5m/s、转速为 3.5rad/s 的工况下，分别用两种不同力分布方式的致动线方法对风电机组尾流场进行数值模拟，并将结果与实验测量值进行比较。

2. 流场区域与网格划分

由于尾流影响的存在，在实际运行的风电场当中，风电机组之间的距离都有一定的要求。沿着风速来流的方向，一般是取 5～9 倍风轮直径距离布置下一台风电机组；而在垂直于风速来流方向，风电机组之间的布置间距一般为 3～5 倍风轮直径。

在使用 CFD 软件模拟风电机组尾流时，必须使风电机组尾流充分扩散开来才能得到比较真实和准确的数值模拟结果，因此将整个流场区域划分。三维流场示意图如图 3-40 所示。左侧为风速入口，右侧为自由流出口。整个流道长度和高度分别为 280m、200m。流场中不同位置对网格精度的要求是不一样的，将流场主要分为 6 块区域，空气流向 Gz

轴负方向。从入口到出口不同区域流场的长度分别为120m、80m、3m（添加风电机组源项部分）、200m、200m、600m。由于中心区域需要添加风电机组源项，所以这一部分的网格需要适当加密，将其垂直于来流方向又分为5个区域，源项截面框架图如图3-41所示，而两边的网格则随离中心区域距离的增大适当稀疏一些。流场区域尺寸和网格参数见表3-6。

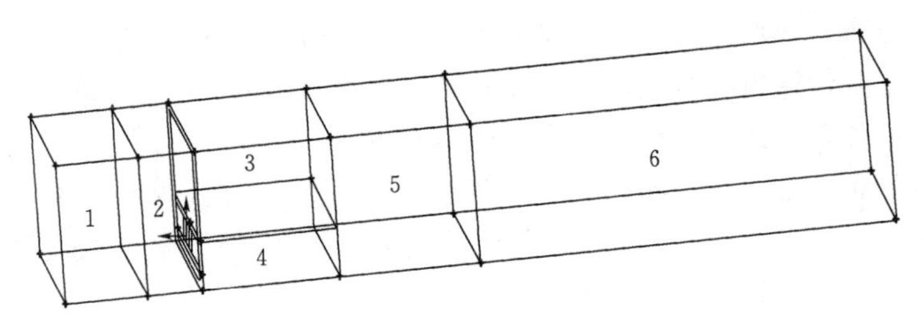

图3-40　三维流场示意图

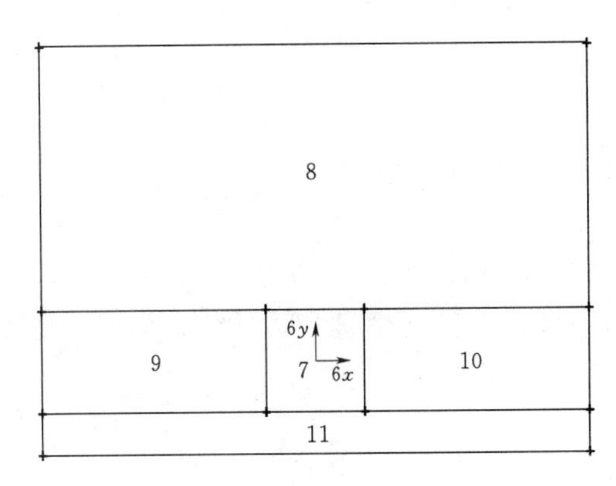

图3-41　源项截面框架图

3. 基于均匀分布的致动线模型

将编译好的基于均匀分布的致动线模型进行UDF加载后进行非定常计算。数值模拟采用求解器的默认设置，选用标准的$k-\varepsilon$湍流模型，压力-耦合采用SIMPLEC算法，控制方程的离散选用Standard方式，动量、湍动能和耗散率均采用二阶迎风格式，各松弛因子均采用默认值。边界条件的设置采用自定义函数速度入口和自由流出口；湍动能k和耗散率ε的收敛标准均设为0.0001。Define-Models-Solver中的Time选择Unsteady，时间步长设置为0.01s，残差余项均小于0.0001时认为结果收敛，计算总时间的长度应该大于使空气流完全流过流场区域的时间，即需要计算到140s以上，计算总时长为169.3s。不同时刻轴向截面速度云图如图3-42所示，从上到下依次分别是计算到43.50s、74.80s、111.20s和169.30s时刻的轴向速度云图。由于致动线模型采用的是非定常计算，所以致动线模拟的尾流空气动力场有一个明显的传送过程，计算结果更加接近实际情况。

表3-6　流场区域尺寸和网格参数

区域编号	尺寸（长×宽×高）/(m×m×m)	网格数量	区域编号	尺寸（长×宽×高）/(m×m×m)	网格数量
1	280×200×120	53760	7	50×50×3	125000
2	280×200×80	420000	8	280×130×3	109200
3	280×130×200	465920	9	115×50×3	17250
4	280×70×200	1168937	10	115×50×3	17250
5	280×200×200	51183	11	280×20×3	16800
6	280×200×600	99760	总计	280×200×1203	2545060

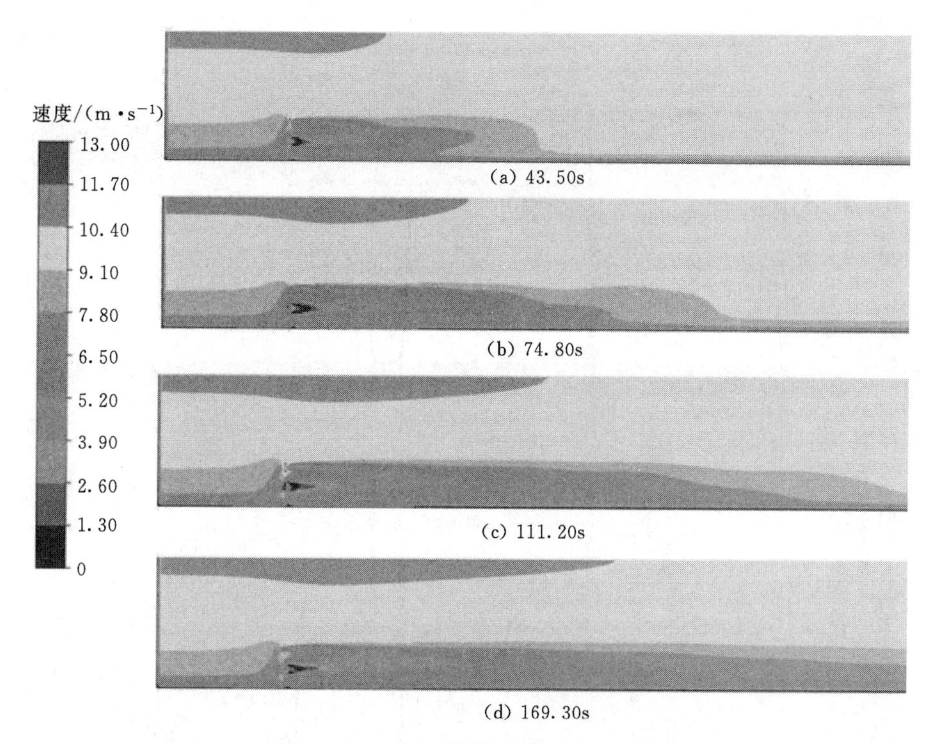

图 3-42　不同时刻轴向截面速度云图

风电机组轴向竖直切面的压力、速度及湍流强度分布图如图 3-43 所示。从图 3-43（a）中可以看出，致动线模型对空气尾流场的影响与实际风轮对空气尾流场的影响类似，整个流场压力值大小的变化集中于致动线前后。在来流空气靠近致动线附加源项之前，风速按照原先设定好的剪切风分布情况垂直分布；当空气流穿越致动线附加源项之后，由于受到了致动线源项各方向力的作用，使得致动线下游方向的空气压力分布产生了剧烈变化。流经致动线之后的空气流，压强先是突然降低，随后又逐渐恢复到周围正常水平。从致动盘上下延伸方向压力降低的程度上来看，致动线附加源项附近的压力场降低程度最大，远离致动线源项后压强的变化逐渐减弱，一定距离后不受影响。

同样的，从图 3-43（b）中可以看出，速度场与压力场有着相似的变化规律。在致动线附加源项上游的方向，速度先是缓慢的下降，随着距离的靠近，速度下降变快；经历过致动线附加源项之后，速度仍然呈现下降的趋势，直到距离达到一定程度以后，速度下降的趋势才缓慢停止，随后速度开始逐渐恢复，空气流经很远的距离后速度才能恢复到入口水平。当然从整体上来看，致动线模型对速度影响的程度要大于其对压强影响的程度。

从图 3-43（c）中可以看出，致动盘模型置放在大空间平坦地形中，整体湍流强度比较低。在致动线源项附近及塔架源项底端湍流强度较大，向下游方向湍流强度逐渐变小，直至恢复正常水平。经过分析，其可能产生的原因为致动线模型区域类似于旋转的叶轮，在紧贴着致动线的区域由于源项力的旋转效应，风轮湍流强度较大，与实际情况相吻合。

实验测量值与 CFD 模拟值比较如图 3-44 所示。由基于均匀分布的致动线计算区域下游速度轮廓线可知：

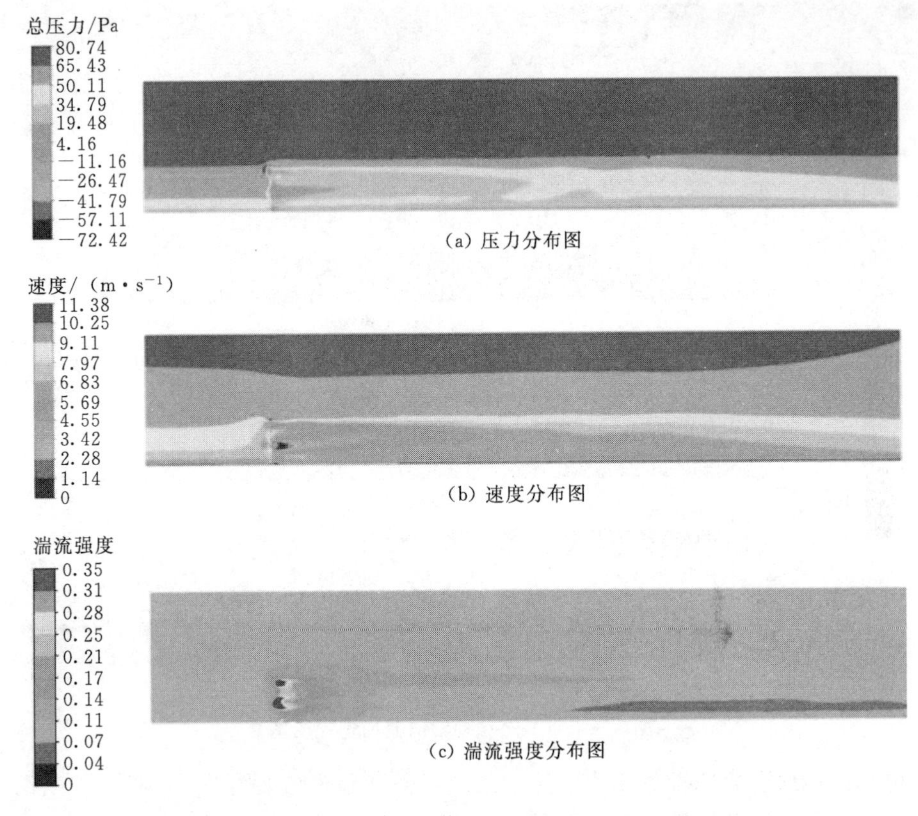

图 3-43　风电机组轴向竖直切面的压力、速度及湍流强度分布图

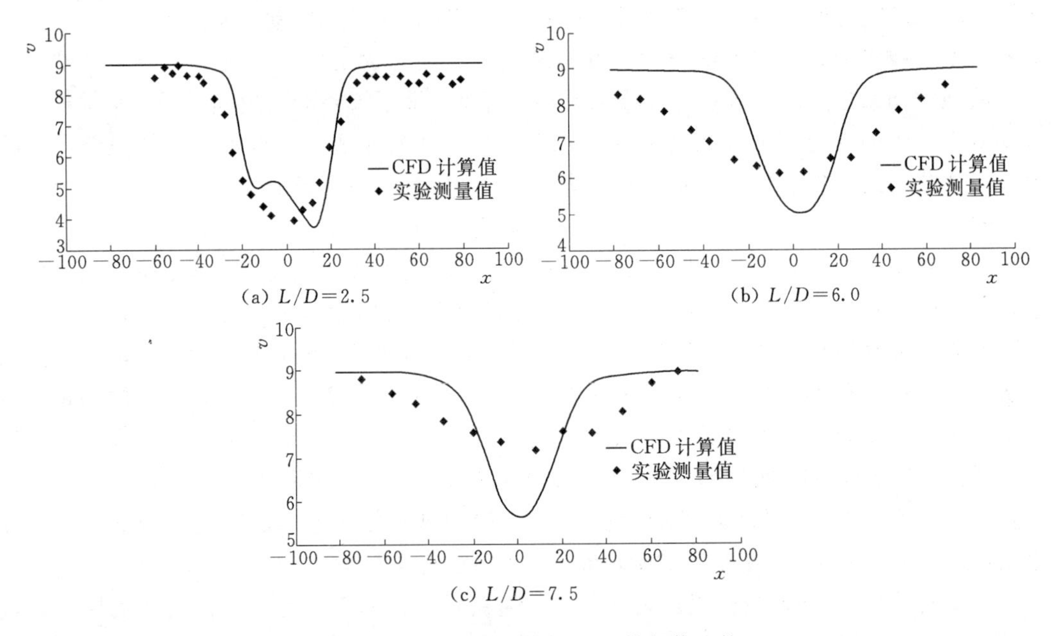

图 3-44　实验测量值与 CFD 模拟值比较

(1) $L/D=2.5$ 处基于均匀分布的致动线模型计算结果与实验测得结果基本一致。说明在近尾流区域附近致动线模型能取得比较准确真实的结果。

(2) $L/D=6.0$ 处结果与实验测得结果差异较大。致动线下游 $6.0D$ 处的速度最小值低于实验测量值，沿径向速度恢复速率高于实验测量值。经过分析，出现这种情况可能的原因是，基于均匀分布的致动线模型对空气流速度的衰减作用过大，使中心速度过低，导致速度恢复到周围环境速度所需要的时间过长。此处离致动线模型较远，受到致动线的影响较小，在尾流模型中计算得出的径向湍流强度略高于观测值，从而导致了能量交换比实际情况偏高，加快了速度在径向上的恢复作用。

(3) $L/D=7.5$ 处尾流的影响随着离致动线距离的增加进一步减小，基于均匀分布的致动线模型速度大小的计算值分布情况整体低于实验测得值。这三张速度分布图共同说明了基于均匀分布的致动线模型在模拟尾流方面有一定的参考性，但是致动线整体作用对空气流的影响过于强烈，导致下游速度恢复较慢，需要得到进一步的改进。

致动线模型下游空气动力场不同高度轴向位置的速度分量如图 3-45 所示（y 表示距离模型中心处不同高度位置，分别取 $y=0.3R$，$y=0.7R$，$y=R$），由图3-46可知，切向速度和径向速度都是以一种波动的状态向下游传播，两种速度分量在源项加载区域发生突

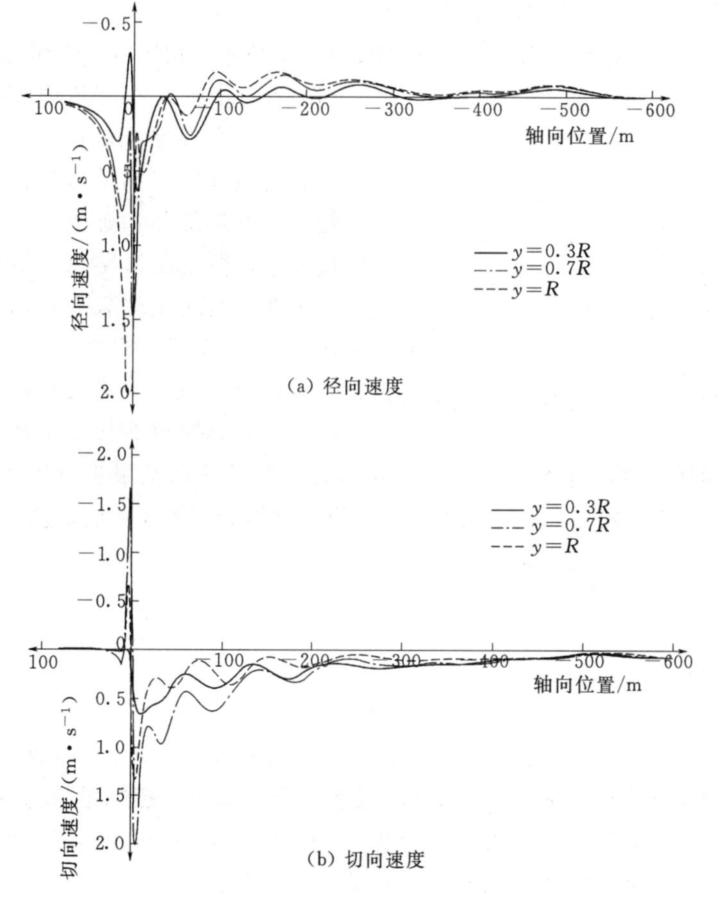

图 3-45（一） 不同高度切向位置的速度分量

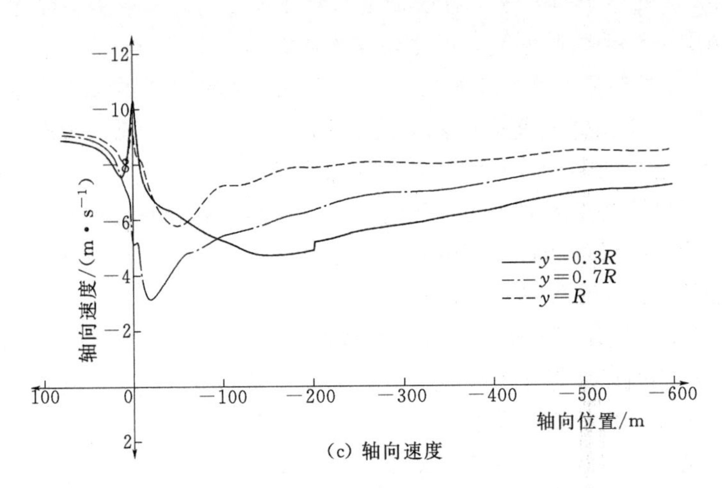

(c) 轴向速度

图 3-45（二） 不同高度轴向位置的速度分量

变，在致动线下游 2.5D 之前两个速度分量的值由于致动线的旋转效应在风速变化幅度上体现得比较明显，在致动线下游 2.5D 之后，两个速度分量的代数值都比较小可以忽略，而轴向速度分布基本与总速度分布情况一致。

采用均匀分布的中轴线湍流强度分布如图 3-46 所示，由图 3-46 可知，基于均匀分布的致动线模型在湍流强度模拟方面还不够准确。在近尾流区域，该方法计算得到的湍流强度值与实验测量值有相同的变化趋势，先是陡然增加到一个峰值，然后缓慢减小，但是在远尾流区域内整体上与实验值的偏差还是比较大，需要得到进一步改进。

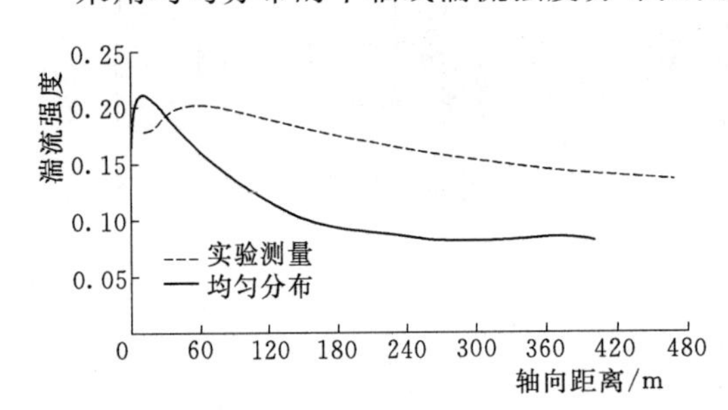

图 3-46 采用均匀分布的中轴线湍流强度分布

4. 基于高斯分布的致动线模型

针对高斯分布因子 ε 的不同取值，根据模拟得到 C_t 的值，然后将结果与通过二维气动参数计算的结果进行比较，选取最适合的高斯分布因子 ε 进行模型计算。从经验上来讲，高斯分布因子 ε 的取值一般选取为分布范围内单元网格尺寸的整数倍值，即

$$\varepsilon = ns$$

式中 n——正整数；

s——加载力附近的网格单元尺寸，此处取 0.4。

当 n 的值小于实际时，表现为高斯分布下作用力分布过于集中，这种情况显然是与实际转动风电机组对流场的影响是有区别的，必然会导致致动线模拟结果与真实风电机组旋转情况相差较大。当选取的 n 值大于实际值时，由于力的分布过于疏散，致动线附加力源项的效果会过小，导致风电机组尾流场效果弱于真实情况，而且在一定程度上会改变叶尖区域的速度分布，这种情况是要避免发生的。

将高斯分布因子作为变量，n 作为自变量，在 n 分别取 1、2、3、4 时进行 CFD 数值模拟计算。不同分布因子 C_t 值之间的比较如图 3－47 所示，r 为风轮半径，并将这些用 Fluent 软件计算的值与通过二维翼型气动数据计算出来的 C_t 值进行对比。分析比较后可知，当 $n=1$ 时，CFD 模拟计算所得的切向力因子 C_t 与二维计算结果相比明显过小。这充分说明当 $n=1$ 时，分布因子的取值较小，直接导致体积力的分布范围过于集中，从而不能真实合理地反映叶片在流场中的作用，最终导致计算结果与真实情况出现较大差异。而当 n 取其他 3 个不同的值时，模拟计算所得出的切向因子 C_t 在叶片大部分区域中的分布情况都是一致的，只在叶尖处有所区别；而当 n 取 4 时，过大的分布因子导致叶片叶尖处的切向因子 C_t 发生了比较大的突变。这说明 n 取 4 时，体积力的分布范围过大，会对叶尖附近的流场分布造成影响。综合比较得出当 n 取 2 时，体积力的分布较为合理，能够真实反应叶片对周围流场区域的影响。

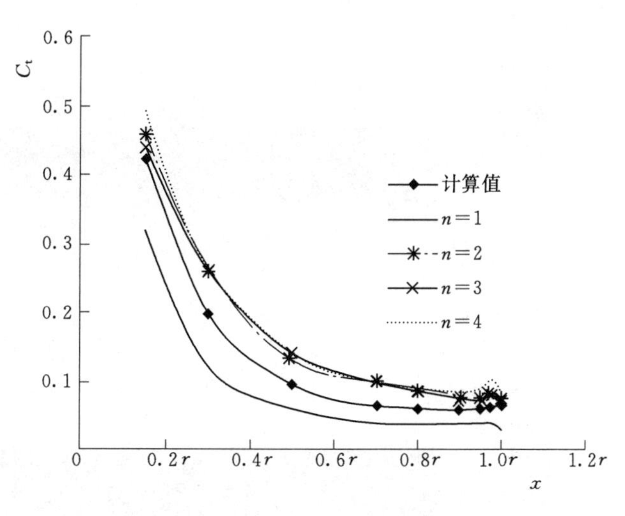

图 3－47 不同分布因子 C_t 值之间的比较

因此分布因子的选择会影响叶片气动力的计算以及代表叶片作用的体积力在流场中的作用范围，选择合适的分布因子才能够获得较准确的尾流空气动力场。

n 取 2 时，风电机组轴向竖直切面的压力、速度和湍流强度分布图如图 3－48 所示。

整体上来看，基于高斯分布的致动线模型计算得到的压力、速度以及湍流强度云图整体趋势和基于均匀分布的致动线模型基本一致，主要区别体现在致动线下游不同位置处具体的速度值。这是因为两种分布方式只是改变了附加力源项的分布方式，只影响对空气流作用的集中分散程度，基于高斯分布的致动线模型使模拟的体积力更合理地分布在致动线区域。Z 轴方向不同截面处速度分布云图如图 3－49 所示。

实验测量值与 CFD 模拟值比较如图 3－50 所示。由基于高斯分布的致动线数值模拟计算下游 2.5D、6.0D、7.5D 处速度分布情况可知：

（1）2.5D 处基于高斯分布的致动线模型计算结果与实验测得结果基本一致，说明在近尾流区域附近致动线模型能取得比较准确真实的结果。

（2）6.0D 处结果与实验测量值存在差异，但是差异不大，可以满足工程需求。基于高斯分布的致动线模型在致动线下游 6.0D 处的速度值沿着径向方向较实验测得值更快地恢复到了周围环境的速度水平，但是速度最小值基本一致。经过分析，出现这种情况可能的原因是，此处离致动线模型较远，受致动线的影响较小，在尾流模型中计算得出的径向湍流强度略高于观测值，从而导致能量交换比实际情况偏高，加快了速度在径向上的恢复

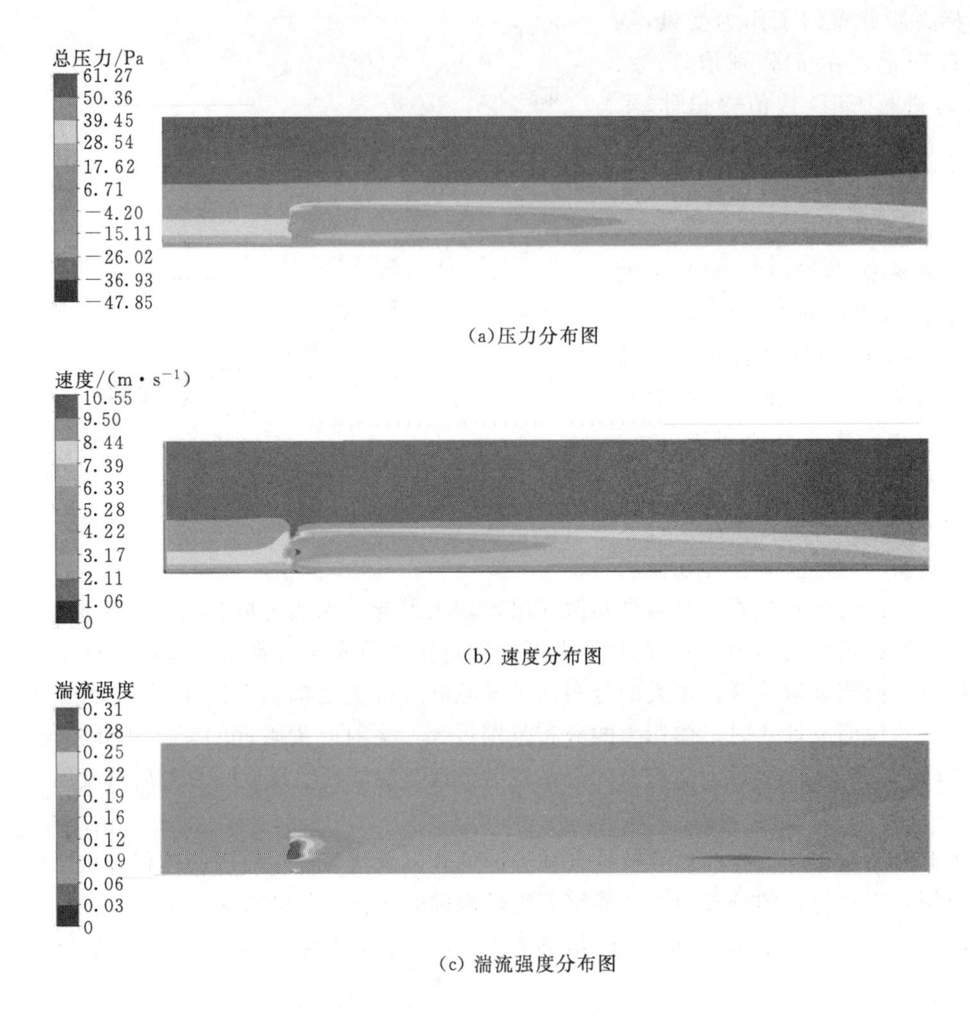

(a)压力分布图

(b) 速度分布图

(c) 湍流强度分布图

图 3-48　风电机组轴向竖直切面的压力、速度和湍流强度分布图（采用高斯致动线）

作用。

(3) 7.5D 处尾流的影响随着离致动线源项距离的增加进一步减小，致动线模型的计算值与实验测得值基本一致。

基于高斯分布的致动线模型源项添加处附近不同高度轴向位置速度分量如图 3-51 所示。风速切向分量和径向分量的大小略高于基于均匀分布的值，而在轴向速度分布上正好相反，轴向的速度分布与实验测量值结果比较接近，充分说明了力的高斯分布方式在模拟风轮对空气流的作用力方面更有优势，模拟效果更好。

此外，中轴线湍流强度分布如图 3-52 所示，基于高斯分布的致动线模型计算结果要明显优于基于均匀分布的致动线模型，虽然在风电机组下游 3D 距离后总体上湍流强度仍然要低于实验值，但是相比于前一种方法而言，基于高斯分布的致动盘模型已经在结果上得到了不小的改进。总之，基于高斯分布的致动线模型在模拟远尾流方面能获得比基于均匀分布的致动线模型更好的数值模拟结果。

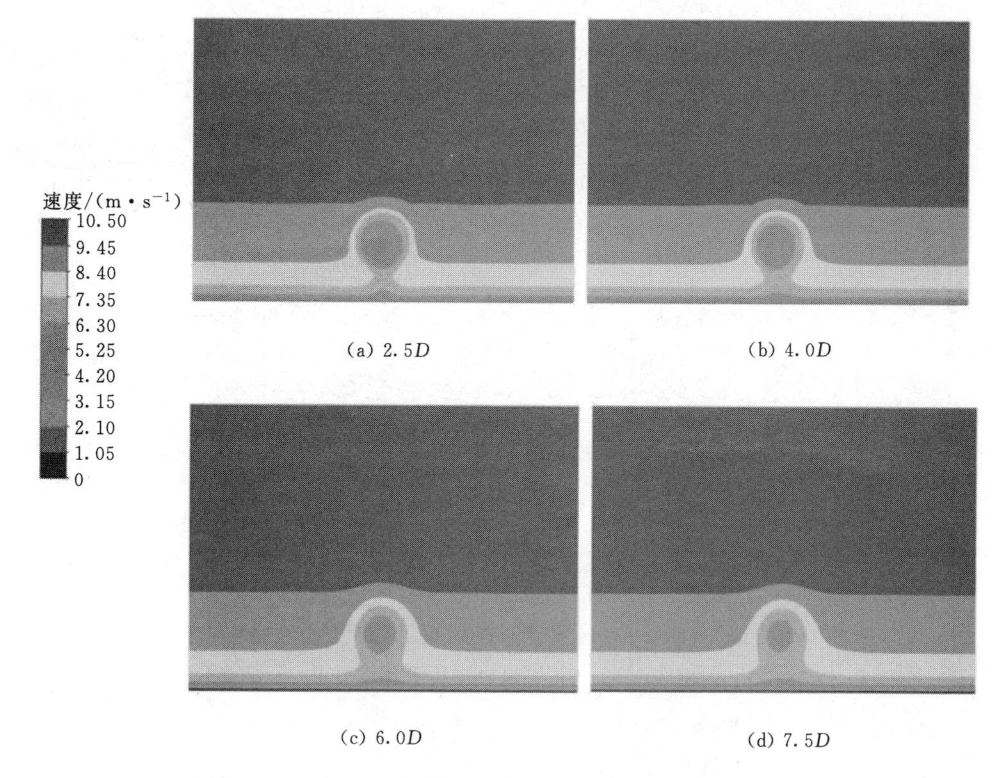

图 3-49　Z 轴方向不同截面处速度分布云图（采用高斯分布）

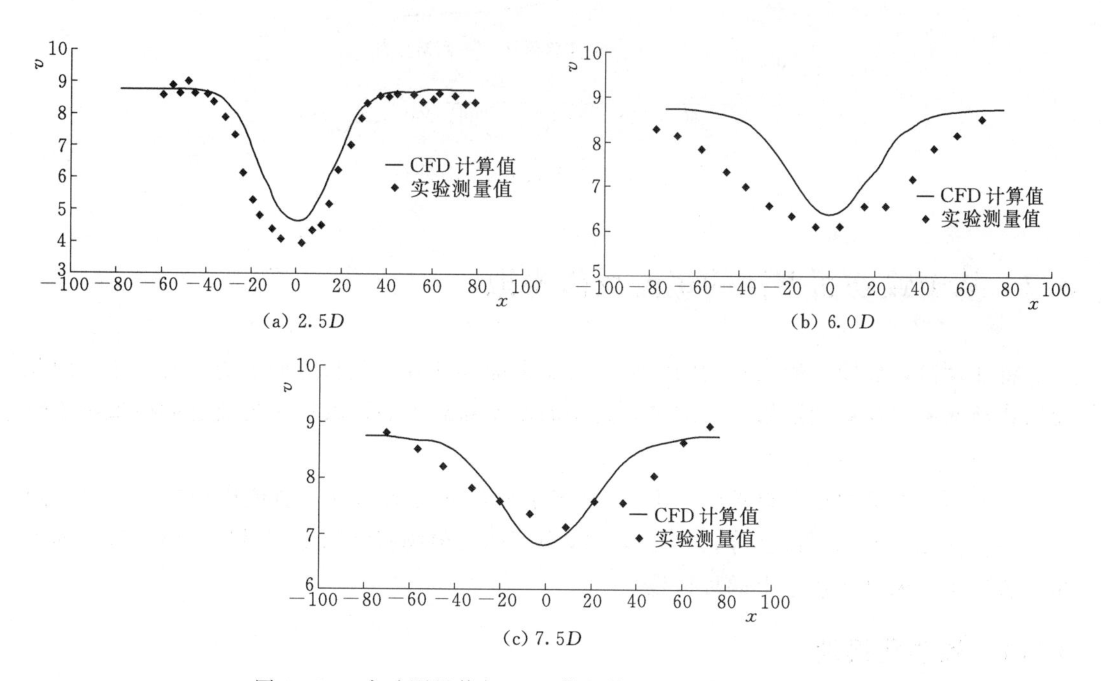

图 3-50　实验测量值与 CFD 模拟值比较（采用高斯分布）

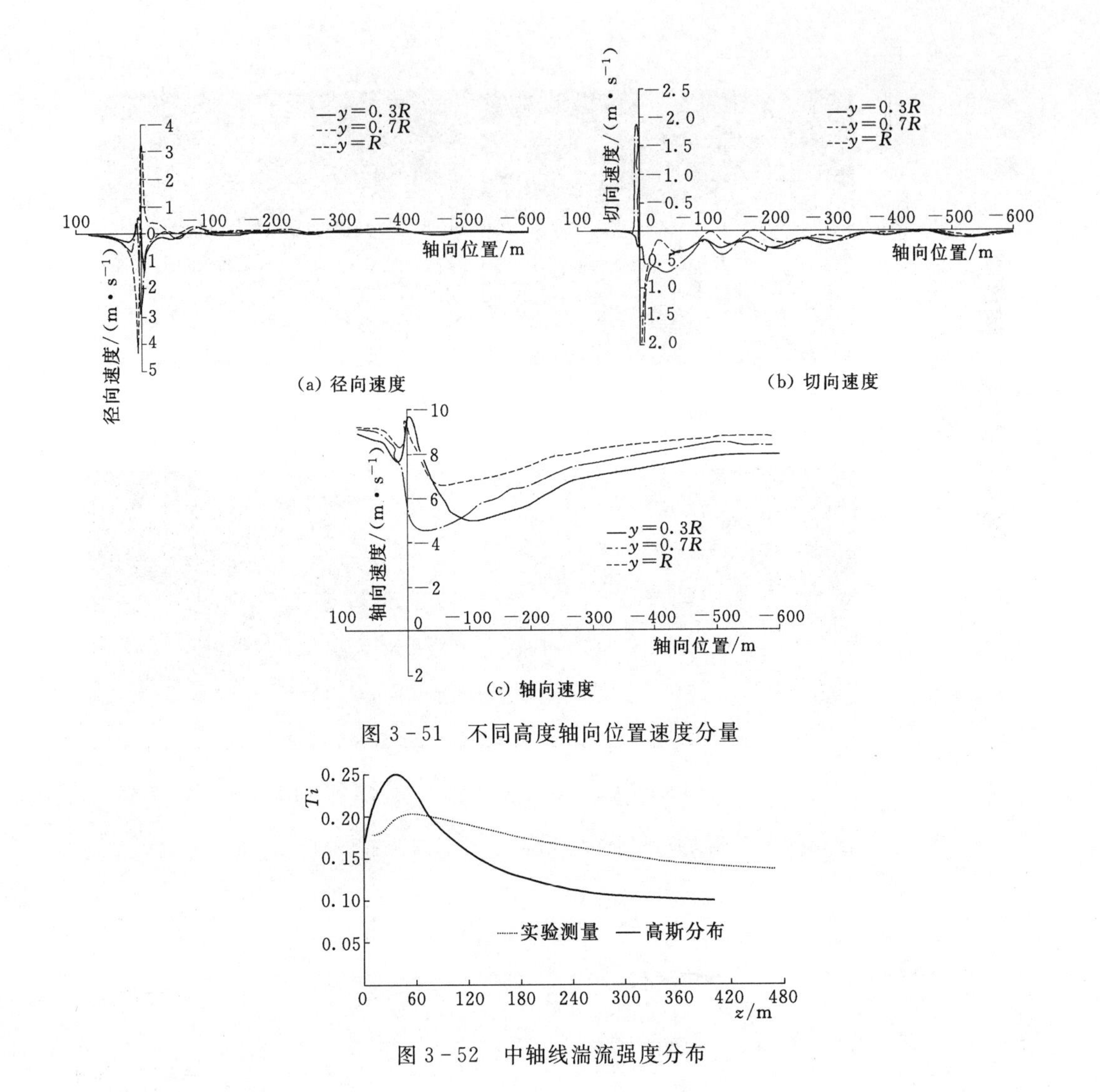

图 3-51 不同高度轴向位置速度分量

图 3-52 中轴线湍流强度分布

3.7 基于致动面方法的尾流数值模拟

将叶片简化成面，形成致动面模型。由于考虑了叶片在弦长方向上受力的变化，因此使用致动面模型计算的结果更加准确，致动面模型对翼尖涡以及近尾流流场的模拟精度得到了提高。

本节运用致动面模型对单台 Nibe A 型风电机组的尾流场进行数值模拟计算，包括速度、湍流变化以及涡量特性等，并与致动线模型的数值模拟结果进行对比，验证致动面模型方法运用在风电场选址上的可行性。

3.7.1 致动面模型

致动面模型与致动线模型在求解各叶片段受力的方法上是一致的，其不同主要表现在致动面模型将体积力分布在叶片所在的面上，体积力分布如图 3-53 所示。

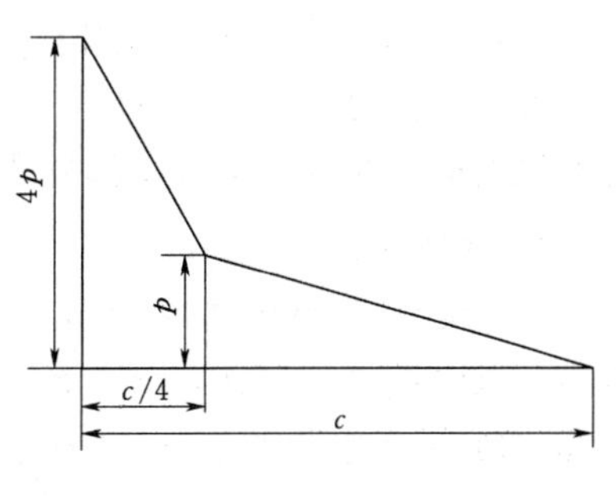

图 3-53 体积力分布

1. 体积力的分布

因为致动面模型中不存在真实的叶片固壁边界，所以风电机组叶片和流场之间的相互作用完全通过体积力源项的分布来表征。通过体积力的计算，得到沿叶片展向单位长度的体积力源项，未考虑到真实情况下风轮旋转时弦长方向上力的分布特征。致动面模型相比较于致动线模型，最明显的改进与优化就是在体积力的分布方式上考虑了叶片弦长上的变化。

考虑到叶片弦长对叶片体积力分布的影响，本节模型中体积力分布采取分段线性分布方式，如图 3-53 所示，以翼型的 1/4 弦长位置为分界点，且保持 1/4 弦长位置处翼型的俯仰力矩为零。这样的分布方式更符合真实情况下叶片的固壁边界效应，能有效地改进近尾流区域的计算准确度。

2. 致动面的辨识

将体积力源项准确地添加到致动面模型所定义的无厚度平面上是计算中的重要环节。

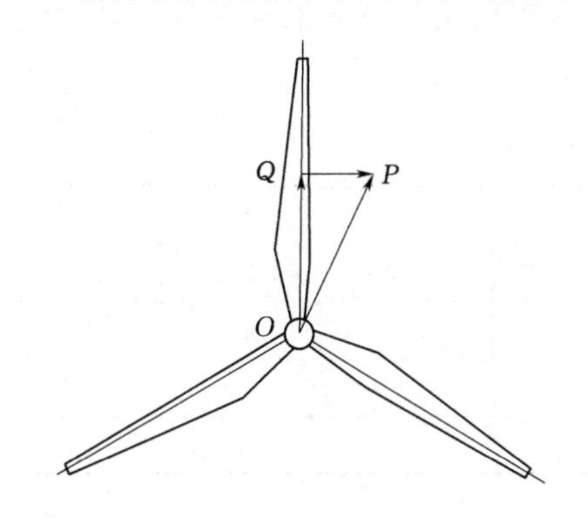

图 3-54 致动面识别示意图

致动面识别示意图如图 3-54 所示，叶片所在平面即为致动面所在平面，O 点为叶片旋转中心，P 点是风轮旋转平面内任意一点，任意选择一个叶片，Q 为该叶片弦线上一点。

若 $(\overrightarrow{OP}\times\overrightarrow{OQ})\cdot\vec{k}>0$，则 P 点在叶片弦线右边；反之则 P 点在叶片弦线左边。其中，$\vec{k}$ 为 Z 轴正方向单位向量（与来流风速方向相反）。

若 P 点在弦线右边，且 $|\overrightarrow{OP}|<c/4$（$c$ 为叶片弦长），则 P 点在该叶片上；若 P 点不在该叶片上，则再依次与另外两个叶片进行匹配，最终可确定点 P 在平面上的位置。

叶片旋转后，$\overrightarrow{OQ}$ 随时间 t 和角速度 ω 变化，在每个时间步长上对致动面网格重复以上步骤进行识别。

通过上述致动面辨识技术，用户可以自定义函数 UDF 准确定位旋转中的致动面位置，这种方法很大程度上减少了模拟实际风电场建立致动面模型的工作量，对实际工程有很大的实用价值。

3.7.2 数值模拟

1. 风电机组参数

本节采用丹麦 Nibe A 型水平轴风电机组进行模拟计算。风电机组的轮毂高度为 45m，风轮直径为 40m，叶片设计采用气动翼型 NACA 44 系列，额定风速为 13m/s。根据

G. J. Taylor 等人在该风电机组流场内做的实验数据采集工作，以 Nibe A 型风电机组为模型在来流风速为 8.5m/s，转速为 3.5rad/s 的工况下，用致动面方法对风电机组尾流场进行数值模拟，并将结果与实验测量值进行比较。

2. 计算域

首先运用 Gambit 构建计算域并按照不同区域添加相应大小的非结构性网格。为了结合实际风电场中的条件，整个计算域设计为一个规则圆柱体，半径 140m，总长 1203m，计算域划分示意图如图 3-55 所示。

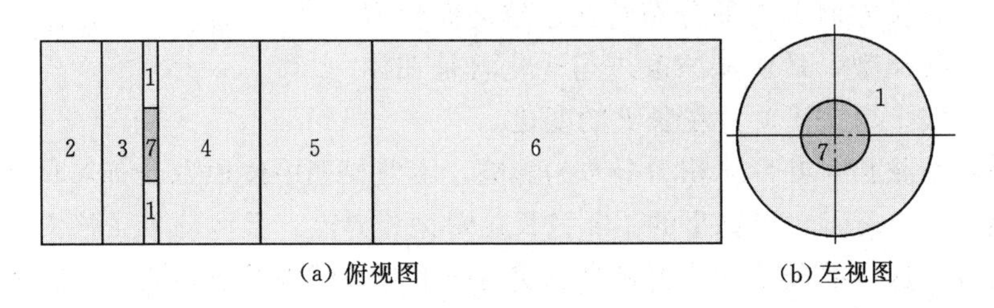

图 3-55　计算域划分示意图

本节采用的非结构性网格，在各区域单独加密，同时考虑到网格无关性，具体的网格大小和数量见表 3-7 计算域尺寸及网格参数，单个致动面弦长方向上网格数为 10 个左右，经验证得到模拟结果的准确性和网格划分数量无关。

表 3-7　　计算域尺寸及网格参数

编号	1	2	3	4	5	6	7
(长、半径)/m	3、140	80、140	3、140	200、140	200、140	600、140	3、140
网格数/万	38	10	53	133	17	26	2.5
尺寸/m	0.4	0.8	0.6	0.4	0.8	1.2	0.2
总计	281						

3. 边界与求解

边界条件方面，计算域入口边界采用 Inlet 固定速度入口条件，出口边界采用 Outlet 零压力梯度出口条件，圆柱壁面采用 Wall 壁面边界条件。数值模拟采用求解器的默认设置，压力-耦合采用 SIMPLEC 算法，控制方程的离散选用 Standard 方式，动量、湍动能和耗散率均采用二阶迎风格式，各松弛因子均采用默认值。

3.7.3　计算结果分析

1. 体积力的修正

致动模型计算叶片体积力通过 BEM 理论，计算各截面位置的入流角和攻角大小，然后利用迭代法计算诱导因子，再根据二维翼型气动数据查表获得每个翼型升力系数和阻力系数。因此在数值模拟过程中，叶片的三维特性不能够得到充分表现，且迭代后拟合过程也存在一定误差，从而影响计算结果准确度。综上考虑，添加一个体积力修正系数 C_f，那么体积力可表示为

$$f'_{2D}=C_f f_{2D} \tag{3-127}$$

针对单台 Nibe A 型风电机组在 8m/s 工况下计算，当不对体积力作修正（即 $C_f=1$）时，模拟结果的尾流速度比实验数据偏大，选取 1.0、1.1、1.2、1.3 四个系数分别作计算与对比，以期选取一个最合适的修正系数，选取风轮后 2.5D 及 6.0D 处截面的计算风速进行对比，两种体积力修正系数对比如图 3-56 所示。

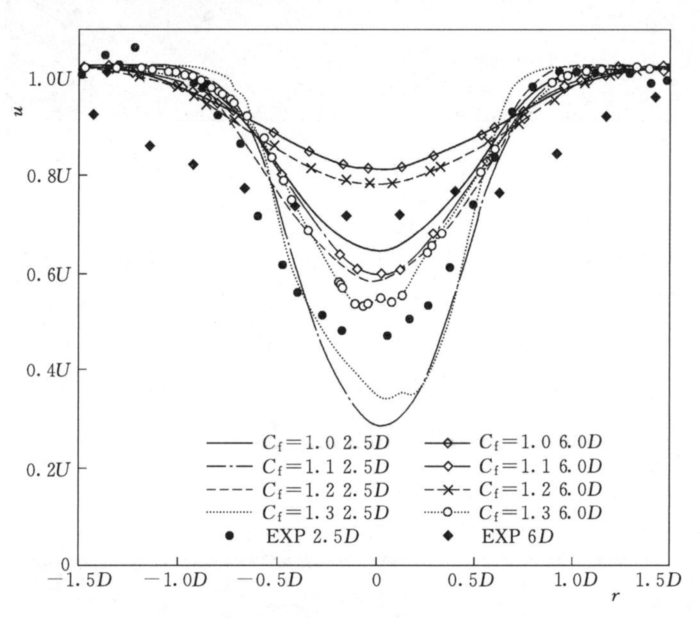

图 3-56　两种体积力修正系数对比

综合比较后可见 $C_f=1.2$ 时风速曲线与实验数据更吻合，因此选定体积力修正系数大小为 1.2。

2. 计算结果分析

按照上面所述条件及设定，在 FLUENT 中耦合相关模型对 Nibe A 型风电机组的流场进行数值模拟计算，风电机组运转 142s 后完成计算。转轮平面速度云图和涡量图如图 3-57 所示。

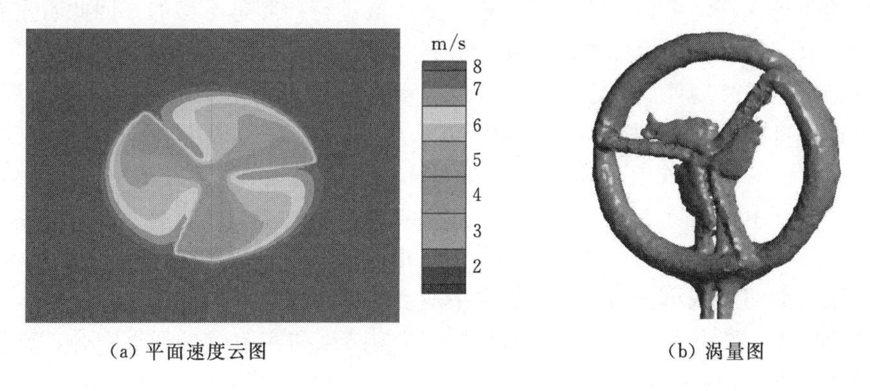

(a) 平面速度云图　　(b) 涡量图

图 3-57　转轮平面速度云图和涡量图

从图 3-58 中可以看出，风轮平面速度分为 3 个扇形，不同位置处速度大小分布清晰，叶片外缘位置速度较大，而叶尖处速度最大。从涡量图可看到叶尖涡迅速发展成涡面，且可见到明显的弦向脱落涡结构。

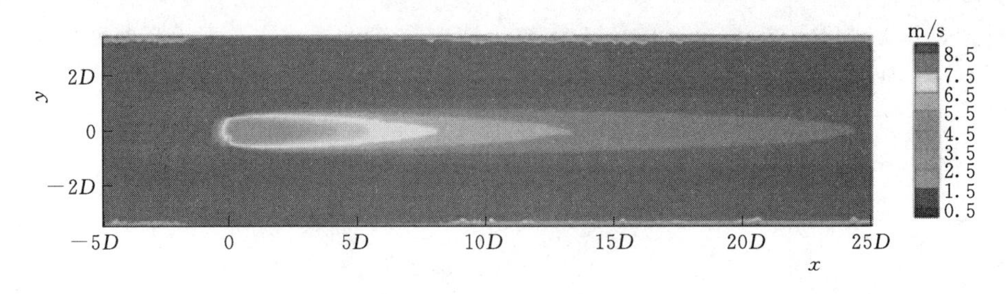

图 3-58　水平面速度云图

在轮毂高度取水平截面分析风电机组尾流场，主要分析速度与湍流的变化，水平面速度云图、湍流云图如图 3-58、图 3-59 所示。从图 3-58 中可以看出，风电机组尾流扩张角明显，速度变化规律明显，风电机组 $3D$ 距离后趋于稳定，$16D$～$17D$ 后风速基本恢复至来流风速。由图 3-59 可知，湍流在风轮前 $1D$ 到风轮后 $3D$ 范围内变化较为强烈，风轮后方 $5D$ 距离后趋于稳定，在 $16D$～$17D$ 后基本可以忽略不计，这与速度云图趋势基本一致。

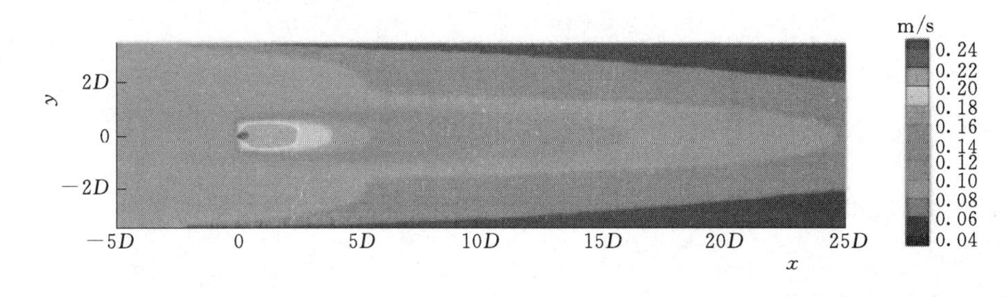

图 3-59　水平面湍流云图

3. 致动面模型与致动线模型的对比分析

考虑到实际风电场中风电机组间距一般在 $5D$ 以上，如果想要将致动面模型运用于实际风电场的流场计算之中去，那么只对近尾流区域进行计算是不够的。因此着重对风电机组后 $2.5D$～$7.5D$ 距离的风速情况作研究分析。

在流场中轮毂高度处截取水平面，分别导出在转轮后侧 $2.5D$、$6.0D$ 和 $7.5D$ 三处水平线上的速度进行分析，同时将用致动线方法模拟的结果一并列出，与实验数据进行比较，得到图 3-60。ASM 表示致动面模型，ALM 表示致动线模型，EXP 表示测量值。

从图 3-60 中可以看出，三个位置处致动线方法和致动面方法数值模拟的结果整体接近，与实验数据相比，两侧风速基本一致，最小风速都出现在中心位置。$\pm 1D$ 范围内尾流速度曲线坡度明显减小，与图 3-58 水平速度云图相互验证。

在 $2.5D$ 处，致动面方法与致动线方法的模拟结果和实验数据都很吻合，整体上都呈 V 型，致动线方法中心位置速度略有波动；在 $6.0D$ 和 $7.5D$ 处，致动线方法计算结果和实验数据偏差较大，轴线位置的实验最小风速为 $0.7U$ 左右，而致动线模型最小风速只有

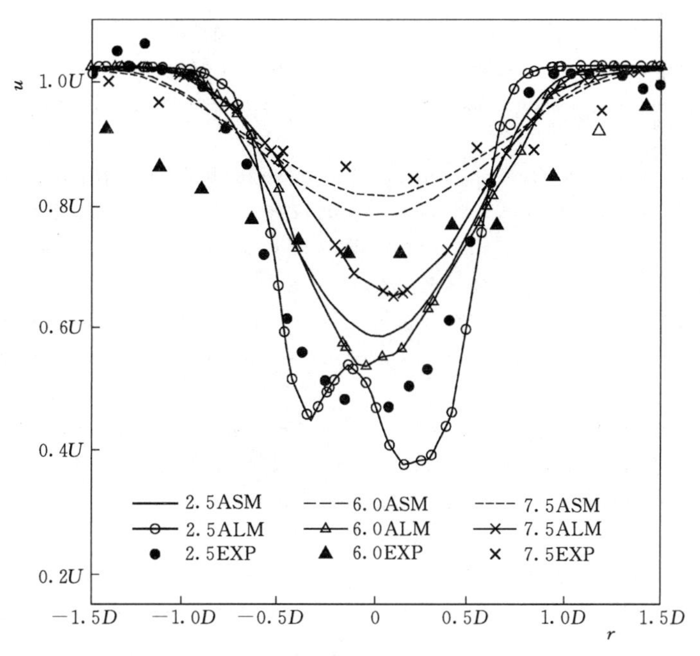

图 3-60 风电机组后 2.5D、6.0D 和 7.5D 处水平线上致动模型计算风速与实验数据对比

0.5U。致动线模型截面上风速曲线的趋势和实验数据有较大出入，依然保持 V 型速度曲线，尤其风轮位置（$r/D=\pm 0.5D$）风速明显偏小，误差超过 20%，而实验数据中速度变化曲线呈浅 U 型。这说明在致动线模型的数值模拟中，远尾流区域动能耗散与恢复和真实情况误差较大，而致动面方法的模拟结果就相对准确很多，曲线走势基本一致，尤其是在远尾流区域依然保持了较高的吻合度。

3.7.4 结论

本节通过使用致动面模型对 Nibe A 型风电机组尾流场进行计算和分析，并与致动线模型以及实验数据进行对比，得到以下结论：

（1）使用致动面模型结合 CFD 软件对风电机组尾流场进行计算，简便易行，计算量小，模型通用性较强。

（2）与致动线模型数值模拟结果对比，可看出致动面模型在数值模拟的精度上有一定优势，尤其是对远尾流区域的计算精度有很大的提升。

（3）致动面模型计算风电机组流场所需计算资源不多，且对远近尾流区域的模拟有较高精确度，因此可以考虑变工况下风电机组的流场数值模拟或者多台风电机组的计算。

参 考 文 献

[1] Prospathopoulos J M, Politis E S, Rados K G, et al. Enhanced CFD modelling of wind turbine wakes [J]. Wind Turbine Wakes, 2009, 3: 3-5.

[2] Calaf M, Meneveau C, Meyers J. Large eddy simulation study of fully developed wind-turbine ar-

ray boundary layers [J]. Physics of fluids, 2010, 22 (1): 15110.

[3] Shen W Z, Sørensen J N T A, Mikkelsen R. Tip loss correction for actuator/Navier - Stokes computations [J]. Transactions of the ASME - N - Journal of Solar Energy Engineering, 2005, 127 (2): 209 - 213.

[4] Sørensen J N, Myken A. Unsteady actuator disc model for horizontal axis wind turbines [J]. Journal of Wind Engineering and Industrial Aerodynamics, 1992, 39 (1 - 3): 139 - 149.

[5] Sørensen J N, Shen W Z, Munduate X. Analysis of wake states by a full - field actuator disc model [J]. Wind Energy, 1998, 1 (2): 73 - 88.

[6] Madsen H A, Bak C, Døssing M, et al. Validation and modification of the blade element momentum theory based on comparisons with actuator disc simulations [J]. Wind Energy, 2010, 13 (4): 373 - 389.

[7] Jimenez A, Crespo A, Migoya E, et al. Advances in large - eddy simulation of a wind turbine wake [J]. Journal of Physics: Conforence Series, 2007, 75: 012041.

[8] Troldborg N. Actuator line modeling of wind turbine wakes [D]. Denmark: Technical University of Denmark, 2009.

[9] Troldborg N, Sørensen J N, Mikkelsen R. Actuator line simulation of wake of wind turbine operating in turbulent inflow [J]//Journal of physics: Conference Series. IOP Publishing, 2007, 75 (1): 012063.

[10] Mikkelsen R, Sørensen J N, øye S, et al. Analysis of power enhancement for a row of wind turbines using the actuator line technique [J]. Journal of Physics: Conference Series, 2007, 75 (1): 012044.

[11] Shen W Z, Zhu W J, Sørensen J N T A. Actuator line/Navier - Stokes computations for the MEXICO rotor: comparison with detailed measurements [J]. Wind Energy, 2012, 15 (5): 811 - 825.

[12] Martinez L A, Leonardi S, Churchfield M J, et al. A comparison of actuator disk and actuator line wind turbine models and best practices for their use [J]. AIAA Paper, 2012, 900.

[13] Shen W Z, Sørensen J N T A, Zhang J. Actuator surface model for wind turbine flow computations [C]. Proceedings of EWEC, 2007.

[14] Shen W Z, Zhang J H, Sørensen J N T A. The actuator surface model: a new Navier - Stokes based model for rotor computations [J]. Journal of Solar Energy Engineering, 2009, 131 (1): 11002.

[15] Dobrev I, Massouh F, Rapin M. Actuator surface hybrid model [J]. Journal of Physics: Conference Series. IOP Publishing, 2007, 75 (1): 012019.

[16] Sanderse B, Pijl S P, Koren B. Review of computational fluid dynamics for wind turbine wake aerodynamics [J]. Wind energy, 2011, 14 (7): 799 - 819.

[17] Ohya Y, Uchida T. Laboratory and numerical studies of the atmospheric stable boundary layers [J]. Journal of Wind Engineering and Industrial Aerodynamics, 2008, 96 (10): 2150 - 2160.

[18] Meyers J, Meneveau C. Large eddy simulations of large wind - turbine arrays in the atmospheric boundary layer [C]. 48th AIAA aerospace sciences meeting including the new horizons forum and aerospace exposition, 2010.

[19] Masson C, Smaïli A, Leclerc C. Aerodynamic analysis of HAWTs operating in unsteady conditions [J]. Wind Energy, 2001, 4 (1): 1 - 22.

[20] Shen W Z, Hansen M O, Sørensen J N T A. Determination of the angle of attack on rotor blades [J]. Wind Energy, 2009, 12 (1): 91 - 98.

[21] Rajagopalan R, Klimas P, Rickerl T. Aerodynamic interference of vertical axis wind turbines [J]. Journal of Propulsion and Power, 1990, 6 (5): 645 - 653.
[22] Ammara I, Leclerc C, Masson C. A viscous three - dimensional differential/actuator - disk method for the aerodynamic analysis of wind farms [J]. Transactions - American Society of Mechanical Engineers Journal of Solar Energy Engineering, 2002, 124 (4): 345 - 356.
[23] El Kasmi A, Masson C. An extended $k - \varepsilon$ model for turbulent flow through horizontal - axis wind turbines [J]. Journal of Wind Engineering and Industrial Aerodynamics, 2008, 96 (1): 103 - 122.
[24] Chen Y S, Kim S W. Computation of turbulent flows using an extended k - epsilon turbulence closure model [R]. NASA, 1987.
[25] Rethore P M, Sørensen N N, Bechmann A, et al. Study of the atmospheric wake turbulence of a CFD actuator disc model [C]. European Wind Energy Convention, 2009.
[26] Sanz C. A note on $k - \varepsilon$ modelling of vegetation canopy air - flows [J]. Boundary - Layer Meteorology, 2003, 108 (1): 191 - 197.
[27] Shih T, Liou W W, Shabbir A, et al. A new $k - \varepsilon$ eddy viscosity model for high reynolds number turbulent flows [J]. Computers & Fluids, 1995, 24 (3): 227 - 238.
[28] Cabezón Martínez D, Sanz Rodrigo J, Martí Pérez I, et al. CFD modelling of the interaction between the Surface Boundary Layer and rotor wake. Comparison of results obtained with different turbulence models and mesh strategies [C]//European wind energy conference & exhibition proceedings. Parc Chanot, Marseille, France, 2009.
[29] Porté - Agel F, Wu Y, Lu H, et al. Large - eddy simulation of atmospheric boundary layer flow through wind turbines and wind farms [J]. Journal of Wind Engineering and Industrial Aerodynamics, 2011, 99 (4): 154 - 168.
[30] Wu Y, Porté - Agel F. Large - eddy simulation of wind - turbine wakes: evaluation of turbine parametrisations [J]. Boundary - layer meteorology, 2011, 138 (3): 345 - 366.
[31] Wu Y, Porté - Agel F. Simulation of turbulent flow inside and above wind farms: model validation and layout effects [J]. Boundary - Layer Meteorology, 2013: 1 - 25.
[32] Castellani F, Gravdahl A, Crasto G, et al. A practical approach in the CFD simulation of off - shore wind farms through the actuator disc technique [J]. Energy Procedia, 2013, 35: 274 - 284.
[33] Cabezón Martínez D, Hansen K S, Barthelmie R J. Analysis and validation of CFD wind farm models in complex terrain. Effects induced by topography and wind turbines [J]. 2010.
[34] Barthelmie R J, Hansen K, Frandsen S T T A, et al. Modelling and measuring flow and wind turbine wakes in large wind farms offshore [J]. Wind Energy, 2009, 12 (5): 431 - 444.
[35] 邓力. 风力机组尾流数值计算方法研究 [D]. 南京：河海大学，2015.
[36] Sanderse B. Aerodynamics of wind turbine wakes [R]. The Nether lands: Energy Research Center of the Netherlands (ECN), 2009.
[37] Gómez - Elvira R, Crespo A, Migoya E, et al. Anisotropy of turbulence in wind turbine wakes [J]. Journal of wind engineering and industrial aerodynamics, 2005, 93 (10): 797 - 814.
[38] Taylor G J, Milborrow D J, Mcintosh D N, et al. Wake measurements on the Nibe windmills [C]//Proceedings of the 7th British Wind Energy Association Conference March (Orford), 1985.
[39] Taylor G J. Wake Measurements on the Nibe Wind - turbines in Denmark: Data Collection and Analysis [M]. National Power, Technology and Environment Centre, 1990.
[40] 周洋，许昌，韩星星，等. 基于致动线模型的风力机尾流场数值研究 [J]. 水电能源科学，2017 (3): 177 - 181.
[41] 周洋. 基于致动面模型的风力机尾流数值研究 [D]. 南京：河海大学，2017.

第4章　风电场空气动力场数值模拟

4.1　复杂地形对空气动力场的影响

复杂地形是指平坦地形以外的各种地形，大致可以分为隆升地形和低凹地形两类。局部地形对风场有很大的影响，这种影响在总的风能资源分区图上无法表示出来，需要在大的背景上作进一步的定向计算分析和补充测量。复杂地形下的风力特性分析是相当困难的，但如果了解了典型地形下的风场分布规律就有可能进一步提高对复杂地形风电场的分析。

4.1.1　山区风的水平分布和特点

一个地区自然地形的抬高可能导致风加速，但这不能简单理解成是由于高度的变化，也可能是由于受某种程度的挤压（如峡谷效应）而产生的加速作用。在河谷内，当风向与河谷走向一致时，风速将比平地大；当风向与河谷走向相垂直时，气流受到地形的阻碍，河谷内的风速大大减弱。新疆阿拉山口风区，属于我国有名的大风区，因其地形的峡谷效应，使风速得到很大的增强。

由于山谷风的影响，山谷地形风将会出现较明显的日或季节变化。因此选址时需考虑到具体的情况，一般来说，在谷地选址时，首先要考虑山谷风走向是否与当地盛行风向一致。这种盛行风向是指大地形下的盛行风向，而不能按山谷本身局部地形的风向确定。因为山地气流的运动，在受山脉阻挡情况下，会就近改变流向和流速，在山谷内风多数是沿着山谷方向。选址优先考虑选择山谷中的收缩部分，这里容易产生狭管效应。而且两侧的山越高，风也越强。同时，由于地形变化剧烈，所以会产生强的风切变和湍流。

4.1.2　山丘、山脊地形对风电场的影响

对山丘、山脊等隆起地形，主要利用它的高度抬升和它对气流的压缩作用来选择风电机组安装的有利地形。相对于来风，展宽很长的山脊，风速的理论提高量是山前风速的2倍以上，而圆形山包为1.5倍以上，这一点可利用风图谱中流体力学和散射试验中所适用的数学模型得以认证。孤立的山丘或山峰由于山体较小，气流流过山丘时主要形式是绕流运动，同时山丘本身又相当于一个巨大的塔架，是理想的风电机组安装场址。国内外研究和观测结果表明，在山丘与盛行风向相切的两侧上半部是最佳场址位置，在这里气流得到最大的加速，其次是山丘的顶部。应避免在整个背风面及山麓选定场址，因为这些区域不但风速明显降低，而且有强的湍流。典型山丘通过风速矢量图如图4-1所示。

当风越过山丘之后，速度明显增大；气流越过山丘之后，压力减小，风向发生变化，在山顶之后形成负压区，从而形成回流区。

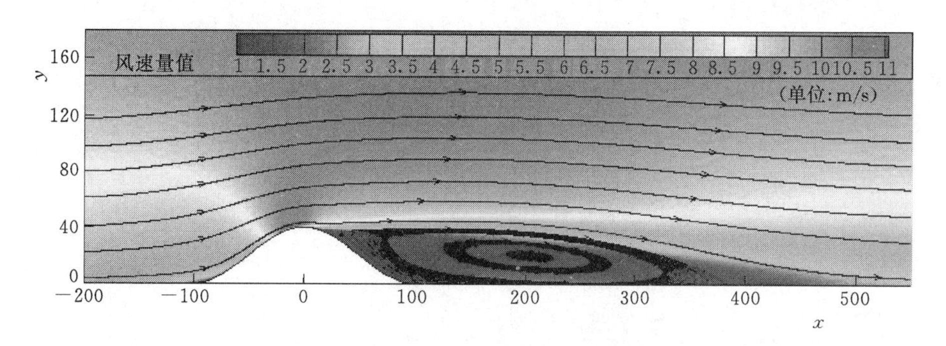

图 4-1　典型山丘通过风速矢量图

所以，当气流通过丘陵或山地时，由于受到地形阻碍，在山的迎风面下部，风速减弱，且有气流上升；在山的顶部和两侧，因为流线加密，风速加强；在山的背风面，因流线辐散，风速急剧减弱，且有下沉气流，由于重力和惯性力将使山脊的背风面气流往往成波状流动。山地对风速影响的水平距离，一般在迎风面约为山高的5～10倍，背风面为15倍。且山脊越高，坡度越缓，在背风面影响的距离越远。根据一部分的经验，在背风面地形对风速影响的水平距离 L 大致与山高 h 和山的平均坡度 α 半角的余切乘积成比例，即

$$L \propto h\cot\frac{\alpha}{2} \tag{4-1}$$

4.1.3　海拔对风速的影响

风速随着高度升高而增大。山顶风速随海拔的变化，可计算为

$$\frac{V}{V_0}=3.6-2.2\mathrm{e}^{-0.00113H} \tag{4-2}$$

式中　$\frac{V}{V_0}$——山顶与山麓风速比值；

H——相对海拔差。

4.1.4　谷地风速的变化

封闭的谷地风速比平地小。长而平直的谷地，当风沿谷地吹时，其风速比平地加强，即产生狭管效应，风速增大；但当风垂直谷地吹时，风速较平地小，类似封闭山谷。根据实际观测，给出封闭谷地风速 v_1、峡谷山口 v_2 与平地风速 v 的关系为

$$v_1=0.712v+1.1 \tag{4-3}$$

$$v_2=1.16v+0.42 \tag{4-4}$$

后台阶速度矢量图如图4-2所示。从图4-2中可以清晰地看到：气流从台阶的后边缘处分离，在台阶下游不远处再附于地面，产生大尺度的漩涡，并形成一个回流区。

前台阶速度矢量图如图4-3所示。当风越过前台阶之后，速度有明显的增大，在台阶的前半部分形成一个逆时针的“涡流”，这也是由于台阶的几何模型造成的。气流越过台阶之后，在转角处压力减小，形成涡流区。风向发生变化，切向方向的风速被加强，使

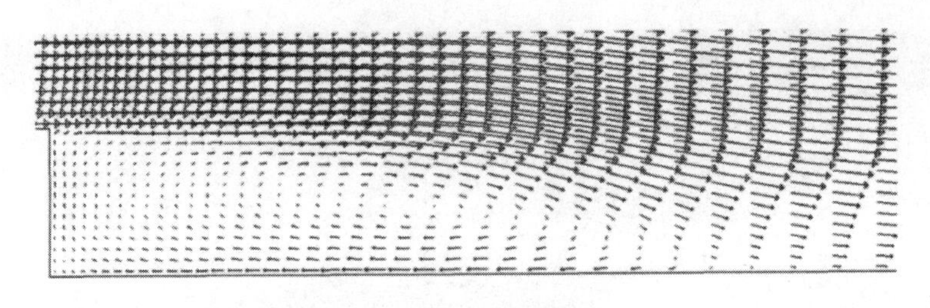

图 4-2　后台阶速度矢量图

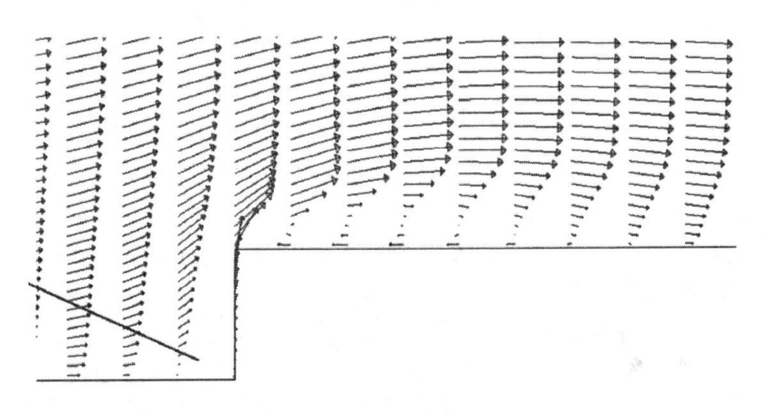

图 4-3　前台阶速度矢量图

得越过转折点之后的气体形成负压区，压差的存在使得远离台阶转折点的气流向上游流，形成回流区。

4.2　山地绕流的数值模拟与模型验证

4.2.1　陡坡风场空气动力场的 LES 研究

1. 物理模型

对最大坡度约 32°的三维正弦山坡进行研究，比例尺为 1∶1000，山体轮廓的表达式为

$$y=H\cos^2\left(\frac{\pi x}{2L}\right) \tag{4-5}$$

式中　H——山体高度，取 40mm；

　　L——山体半坡长度，取 100mm。

计算域大小为 $50H\times10H$，采用四边形网格划分计算域，山体表面网格划分较密，垂直方向第一层网格的高度为 0.001mm，满足 $y^+<1$。

2. 边界条件与求解

风廓线采用中性大气来流模型，为使模拟采用的来流条件与参考风洞实验相一致，入口风速采用对数分布为

$$u(y)=\frac{u_*}{\kappa}\ln\left(\frac{y}{z_0}\right) \tag{4-6}$$

$$k=\frac{u_*^2}{\sqrt{C_\mu}} \tag{4-7}$$

$$\varepsilon=\frac{u_*^3}{\kappa z} \tag{4-8}$$

式中　u_*——地面摩擦速度，取为 0.2085；

z_0——地面粗糙度长度，取为 0.004mm。

流动出口边界选用压力出口边界条件，风电场顶部采用对称边界条件，山体表面和地面采用无滑移壁面条件。在数值模拟中采用 SIMPLE 算法求解压力速度耦合，压力方程采用二阶精度离散，动量采用中心差分格式离散。时间步长为 0.0001s，在流动达到稳定阶段后，对第 2×10^4 个瞬时样本作流场的时间平均，收集 2s 时间段内的平均速度和湍流统计。

3. 计算结果分析

(1) 流场平均特性。分离区参数见表 4-1，给出了实验和不同模型下已由山高 H 标准化的分离点和再附点参数，附有流线的时均速度云图如图 4-4 所示。结合分析表 4-1 和图 4-4 可知，LES 的亚格子模型均在山顶附近发生流动分离，而 RANS 模型预测的分离点较实验值滞后了 $0.46H$。不同模型在陡坡后的再循环区大小存在明显差别。RANS 模型获得的再循环区比实验值小 $1.2H$，而三种亚格子模型得到的再循环区长度与实验值大体一致，其中 SM 模型预测的再附点位置较实验值提前了 $0.2H$，WALE 模型与实验值相比向下游稍有偏移，DSM 模型能准确对应于实验值。

表 4-1　　分离区参数

点	EXP	RANS	SM	DSM	WALE
分离点	0.03	0.49	0.05	0.04	0.05
再附点	5.4	4.2	5.2	5.4	5.5

不同模型下陡坡的平均速度和湍流强度的垂向分布情况如图 4-5 所示，将 Cao S 和 Tamura T 的实验结果一并示出方便比较。坐标和数据分别由 H 和 U_{REF} 进行标准化，U_{REF} 是在地形平坦 $4H$ 高度处的平均速度 5.5m/s。从图 4-5 (a) 可以看出，在山坡迎风面和山顶上，各模型的风轮廓与实验基本吻合，且在山顶处均能显示出明显的风加速。其中，RANS 结果略大于实验，LES 结果除了在迎风山脚处出现一个使风速偏小的小漩涡外，与实验相对接近，这是由于 LES 高估了山脚近地面处负的风加速因子。在山坡背风面和下游处，可以观察到 RANS 结果在分离区中明显大于实验，这是因为 RANS 模型高估了湍流动能 k。而三种亚格子模型的模拟结果相当一致且与实验的吻合度很高，在 $x=5.00H$ 近地面处，SM 模型速度恢复略快于 DSM 模型和 WALE 模型，使得 SM 模型预测的分离区较小，表明该模型在湍流流动模拟过程中耗散偏大。

从图 4-5 (b) 中可以看出，在山坡迎风面和山顶上，RANS 模型的湍流强度与实验非常一致，而三种亚格子模型的模拟结果均偏小。由于背风面存在分离剪切层，因此观察到湍流强度轮廓发生显著变化，轮廓中的峰值大约出现在山高附近，峰值连线所处位置可指示出分离剪切层的中心（图中仅示出实验的峰值连线）。由于 RANS 模型预测的分离区

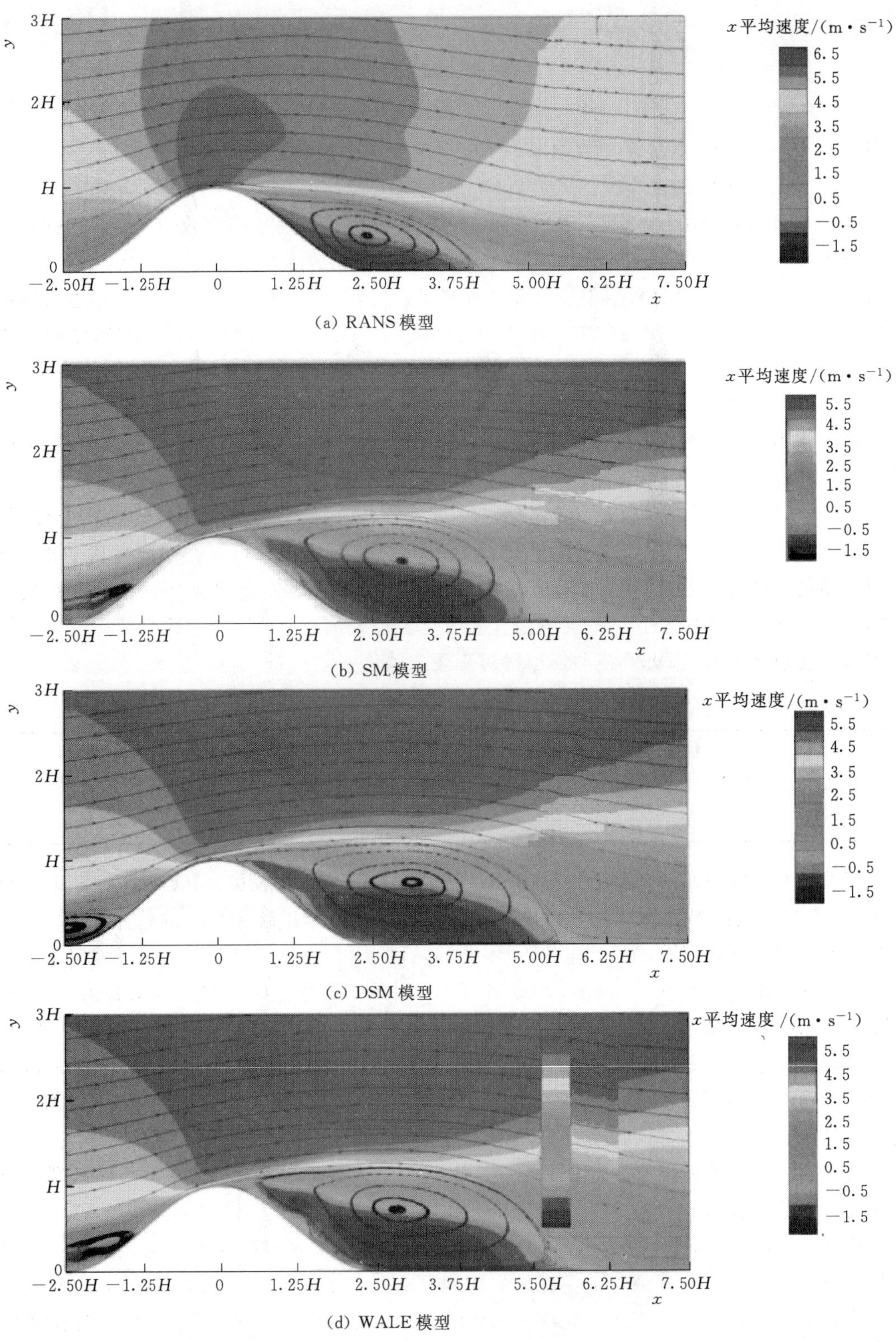

(a) RANS模型

(b) SM模型

(c) DSM模型

(d) WALE模型

图4-4 附有流线的时均速度云图

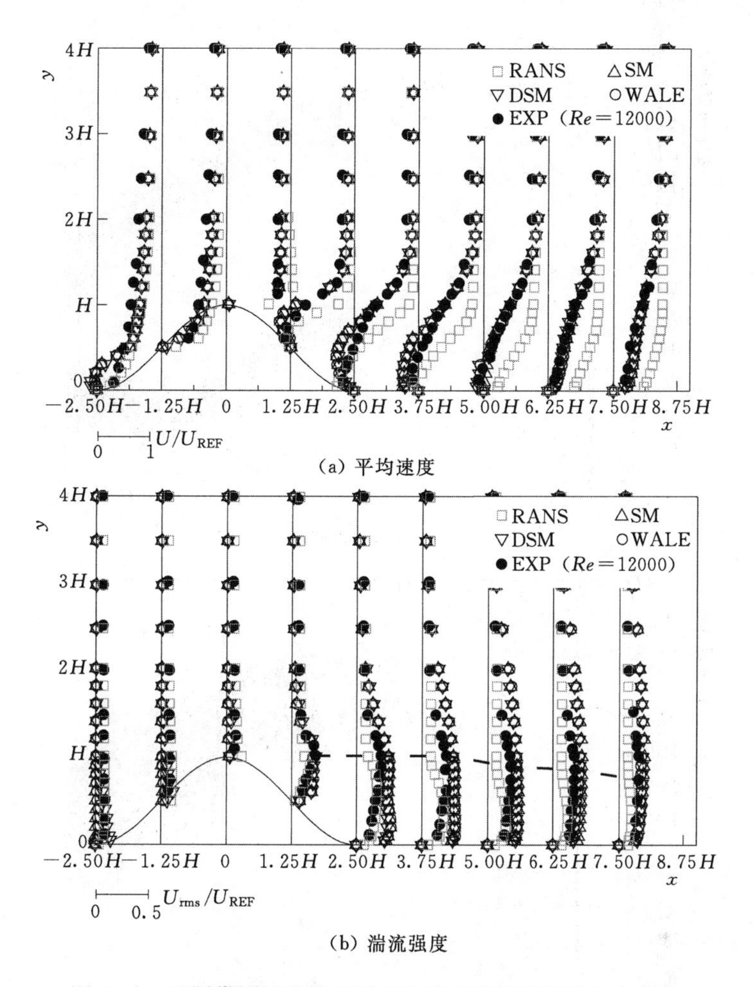

图 4-5　不同模型下陡坡的平均速度和湍流强度的垂向分布

小，使其湍流强度轮廓中的峰值位置较实验明显偏低，即 RANS 模型与实验在山高附近存在显著差异。而此时，三个亚格子模型对湍流强度的模拟情况非常一致且与实验吻合度较高。从整体上看，WALE 模型与实验最为接近。

（2）速度功率谱。

为了分析近尾流区域中涡流运动的动力学，并进一步阐明 SM、DSM 和 WALE 三种亚格子模型的预测精度，记录了在地面上方具有相同高度（$y'/H=1.0$）的山顶和下游位置（$x/H=0.0$、2.5、3.75、5.0、5.5 和 6.0）的速度时程并且进行频谱分析，速度功率谱如图 4-6 所示。三个亚格子模型的速度功率谱在惯性子区中均显示出如 Kolmogorov 假设所预测的−2/3 斜率，且四个下游位置处的功率谱均比山顶处的高，但在这些功率谱中没有发现在钝体涡脱落频率处通常出现的主要谱峰。可以观察到，SM 模型中 $x=0.0$ 位置的功率谱比 DSM 模型和 WALE 模型中的整体低约 4 个数量级，且随着观测位置向下游发展，WALE 模型的功率谱逐渐向山顶处的功率谱恢复，说明 WALE 模型可以很好地描绘出陡坡地形尾流中速度恢复的情况，但在 SM 模型和 DSM 模型中没有发现这种规律，而只是相互重叠。

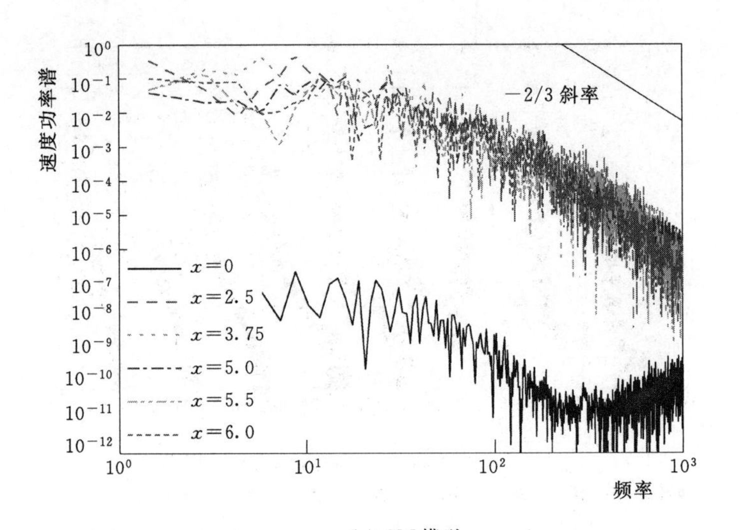

(a) SM 模型

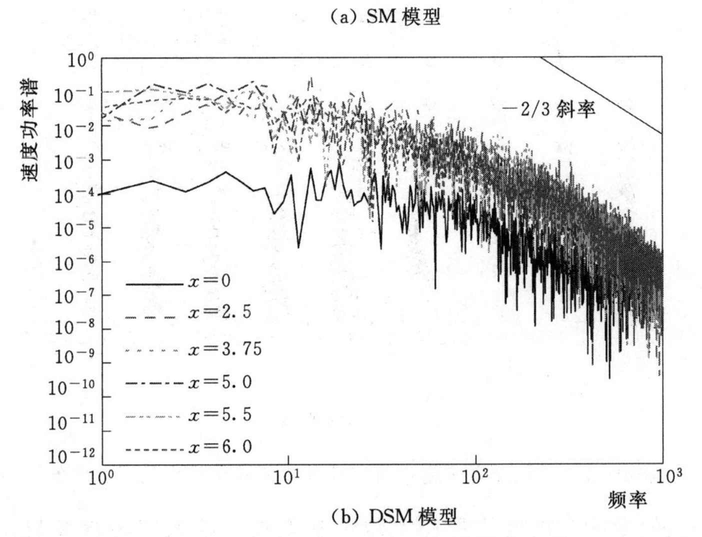

(b) DSM 模型

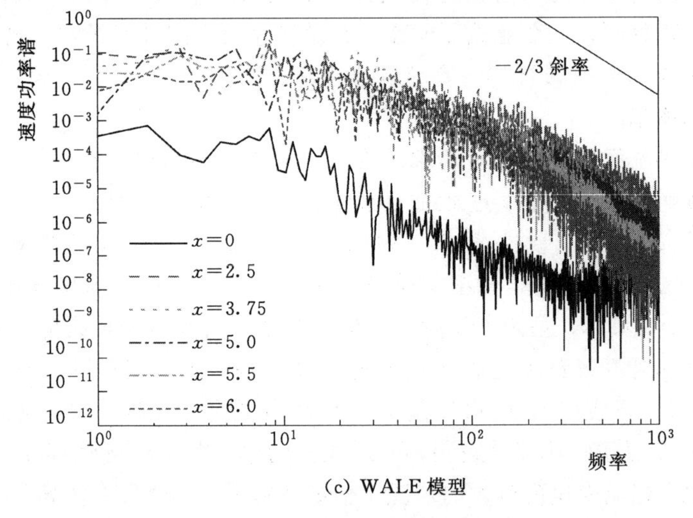

(c) WALE 模型

图 4-6　速度功率谱

4. 结论

本节通过 LES 的亚格子模型模拟了三维陡坡地形的空气动力场，并与实验和 RANS 结果对比分析，得到的结论有：

(1) 在预测分离区大小及再附点位置方面，LES 的亚格子模型预测精度明显高于 RANS 模型，其中 DSM 模型的预测结果最为贴近。

(2) 在模拟风轮廓方面，各模型在山坡迎风面和山顶上均与实验良好一致，在下游分离区中，三种亚格子模型的模拟结果与实验的吻合度很高，而 RANS 结果在分离区中明显偏大。

(3) 在模拟湍流强度方面，三个亚格子模型在下游分离区中与实验吻合度较高，而 RANS 模型湍流强度轮廓中的峰值位置明显偏低，其中 WALE 模型最为贴近。

(4) 在速度功率谱方面，三个亚格子模型在惯性子区中均显示出如 Kolmogorov 假设所预测的−2/3 斜率，但仅有 WALE 模型能描绘出陡坡地形尾流中速度恢复的情况。

综上所述，在复杂地形空气动力场模拟研究中，LES 的亚格子模型具有 RANS 模型无法比拟的优势。考虑到模拟效率与精度，WALE 模型是计算时间较短且结果合理的亚格子模型。

4.2.2 Askervein 山地绕流计算

1. 山地绕流的基本问题

(1) 风向与计算区域选取。由于下垫面条件分布的差异，不同风向的复杂地形流场呈现多样化分布。在风能资源微观评估中，要求模拟每个扇区的流场分布，通过整合各扇区的数值计算结果，计算出平均的风能资源分布。模拟各扇区流场时，风速的入流方向不同，有两种处理计算区域和网格随风向变化的方式：①调整计算区域对准风向，始终保持入流边与风向垂直；②整体计算区域不变，速度入口设置在两个边界面上。前一种方式需要在每个扇区模拟时重新设置计算区域和划分网格，耗时量大。因此，本节通过 Askervein 山顶绕流计算，验证后一种方式取代前者的可行性，并说明复杂地形流场 CFD 模拟的一般方法。两种边界方式如图 4-7 所示。

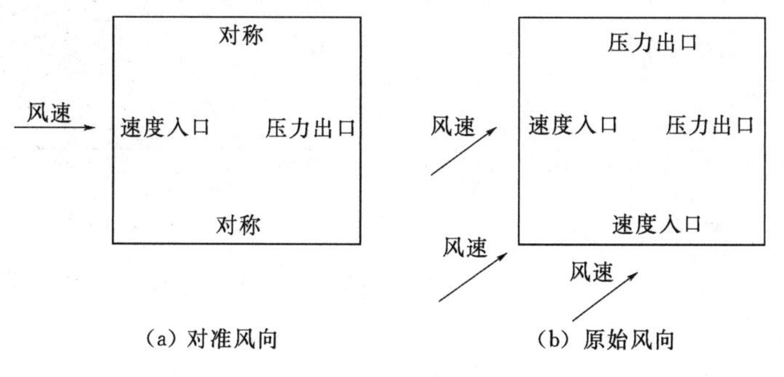

图 4-7 两种边界方式

(2) 风加速因子。地形对流场中的流体有加速或减速效应，如流经小山时，空气在迎风面上升并加速；在背风面空气下沉，速度降低，甚至产生漩涡。这种地形对速度的影响，可表达成关于某一位置风速与其上游入口同一离地高度风速的相对增加量，定义成关

系式为

$$\Delta S=\frac{U(x,\Delta z)-U_0(\Delta z)}{U_0(\Delta z)} \tag{4-9}$$

式中 ΔS——风加速因子；

$U(x,\Delta z)$——水平坐标为 x 距离地面 Δz 处的风速；

$U_0(\Delta z)$——$U(x,\Delta z)$ 同一离地高度对应的入口风速。

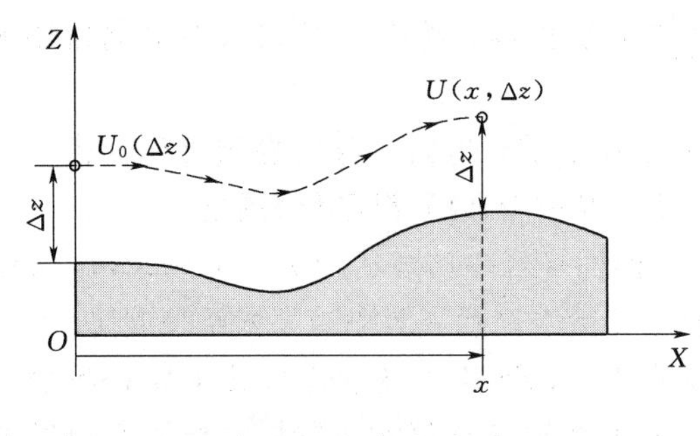

图 4-8 风加速因子示意图

风加速因子示意图如图 4-8 所示。

2. Askervein 山地介绍

Askervein 山处于英国 South Uist 岛西海岸，整体呈椭圆形，椭圆长轴约 2km，短轴约 1km，相对周边高 116m。Askervein 地形与入流方向如图 4-9 所示。其中 RS 为测风站，HT 为山顶，CP 为旋转中心。研究者在 1982 年和 1983 年两年中对该山中的流动情况进行了观测，将观测点布置在图中 A-A、AA-AA 及 B-B 等三条线上，获得了大量风速和湍流的实测数据。图 4-9 中设置了两种计算区域，其中左侧为原始风向地图，右侧是以 CP 为中心将原始地图旋转形成的，旋转后的地图左侧边界成为入流面并与风向垂直。数值模拟选用的计算区域水平尺寸为 6km×6km，垂直方向为 1km。

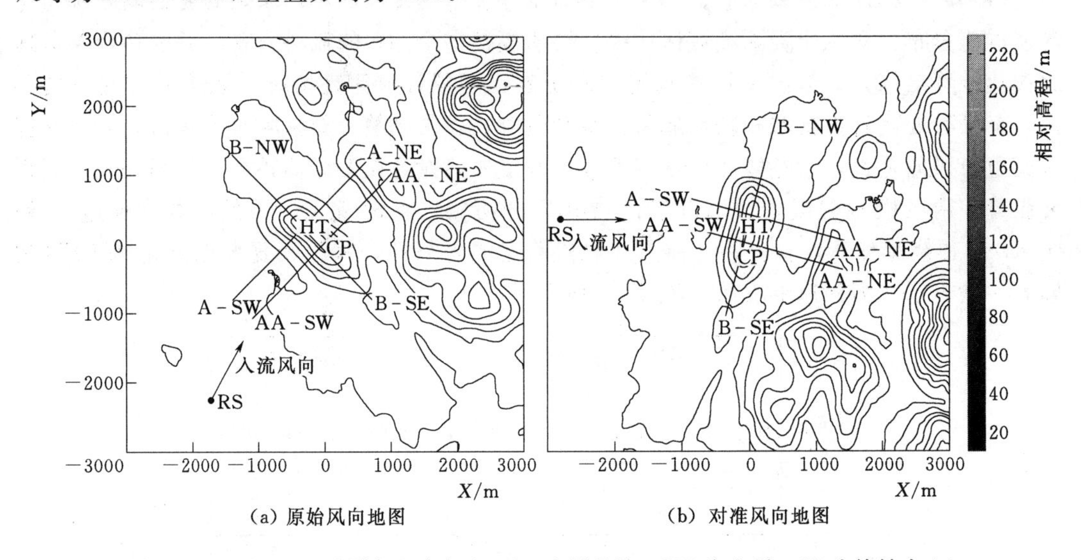

图 4-9 Askervein 地形与入流方向（RS 为测风站，HT 为山顶，CP 为旋转中心）

3. 数值计算

(1) 入口条件与湍流参数。

模拟采用的实验数据来源于 TU-03B 号测量。该测量的时间为 1983 年 10 月 3 日，测量时长约 3h，期间风速较强且处于中性大气边界层条件下，测风站 RS 处的平均风速为 8.9m/s，平均风向角为 210°。Benjamin Martinez 结合多种风速数据来源，拟合出摩擦风速和大气边界层粗糙度为：$u_{*RS}=0.611\text{m/s}$，$z_0=0.03\text{m}$。RS 处各方向的速度波动量测量值分别是：$\sigma_u=1.233\text{m/s}$，$\sigma_v=0.704\text{m/s}$，$\sigma_w=0.413\text{m/s}$。参数 C_μ 为

$$C_\mu=\left[\frac{u_*^2}{(\sigma_u^2+\sigma_v^2+\sigma_w^2)/2}\right]^2=\left(\frac{u_*^2}{k}\right)^2=0.119 \tag{4-10}$$

修正参数 $C_{\varepsilon1}$ 为

$$C_{\varepsilon1}=C_{\varepsilon2}-\frac{\kappa^2}{\sqrt{C_\mu}\sigma_\varepsilon}=1.564 \tag{4-11}$$

通过拟合方法，最终得到 $k-\varepsilon$ 湍流模型参数：$\kappa=0.4$，$C_\mu=0.119$，$\sigma_k=1.000$，$\sigma_\varepsilon=1.301$，$C_{\varepsilon1}=1.564$，$C_{\varepsilon2}=1.920$。

该组参数将与表 2-1 中的两组参数做对比，研究湍流参数对山地绕流计算结果的影响。

(2) 网格无关性分析。网格设置与水平均匀性模拟类似，水平方向均匀分布，竖直方向划分为 100 个单元，网格尺寸由底层向上等比例增加。网格无关系的测试（A-A 线）结果如图 4-10 所示，其中图 4-10（a）为水平网格尺寸无关系验证，共模拟了单元格长度为 10m、20m、30m、40m、50m、100m 时的情况，结果显示：水平网格长度在 30m 时已经能满足模拟要求，大于此值时模拟结果与测量值偏差较大；图 4-10（b）为竖直方向网格无关系验证，底层单元格高度分别为 0.25m、0.5、1.5m、2.5m，结果显示底层单元格的合适高度为 1.5m 左右，超出或低于该值一定范围都会对模拟结果造成不利影响。由此分析，对于 Askervein 山地 TU-03B 号测量的流动工况，网格划分方案为：水平尺度选用 30m，底层网格高度选用 1.5m。

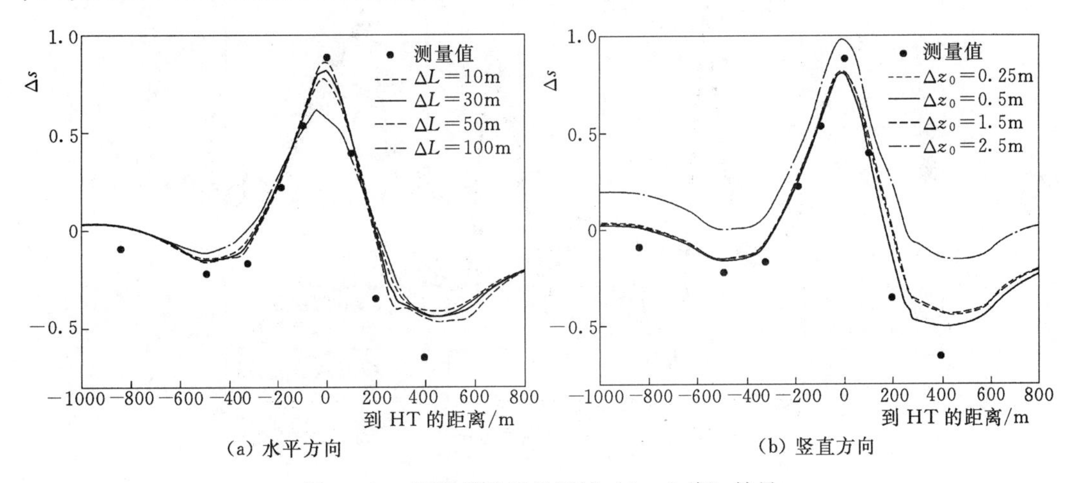

图 4-10　网格无关系的测试（A-A 线）结果

(3) 计算域变换测试。按照图 4-9 所示的两种计算区域设置方式，分别模拟 Askervein 山地绕流，计算域变换测试结果如图 4-11 所示。图 4-11 中显示两种计算区域计算的结果在不同测量方向上都比较接近，且与测量值吻合度高，这表明：当风向改变时，计算域某一边界对准风向与不对准风向对流场的数值模拟影响不大。在风能资源评估过程中，利用这一结论，对不同扇区（风向）使用相同的计算域和网格设置，可以大大降低任务量和评估时间。

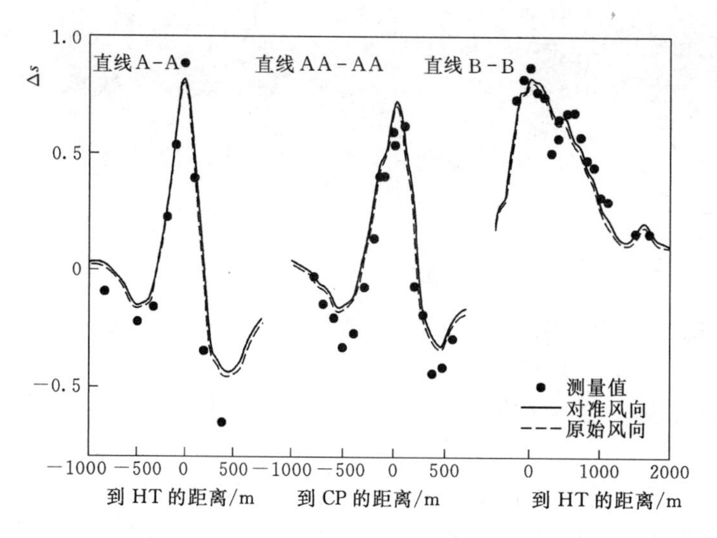

图4-11　计算域变换测试结果

(4) 湍流模型参数对比。

C_μ 对计算的影响如图4-12所示，显示出三种湍流参数下的计算结果相似，且与测量值吻合。$C_\mu=0.09$ 和 $C_\mu=0.033$ 时，计算结果在A-A线的背风面与测量值偏差较大，而使用实测数据拟合的参数 $C_\mu=0.119$ 在此处仍与测量值高度吻合。由此可见，在山地绕流模拟中，使用测量数据对湍流模型参数进行修正，有利于提高模拟结果的准确性。

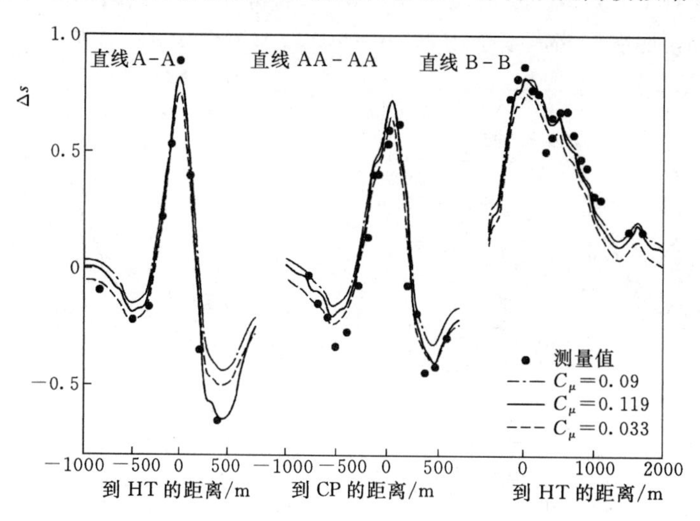

图4-12　C_μ 对计算的影响

4.2.3　西北山地风电场绕流计算

1. 风电场介绍

本节数值模拟使用的风电场在我国西北境内，风能资源丰富，盛行风向稳定，以西风和东南风为主。风电场地形及风电机组布置如图4-13所示，风电场范围约为6km×5km，南端为谷地，风电机组主要分布在靠近山崖的平坦区。

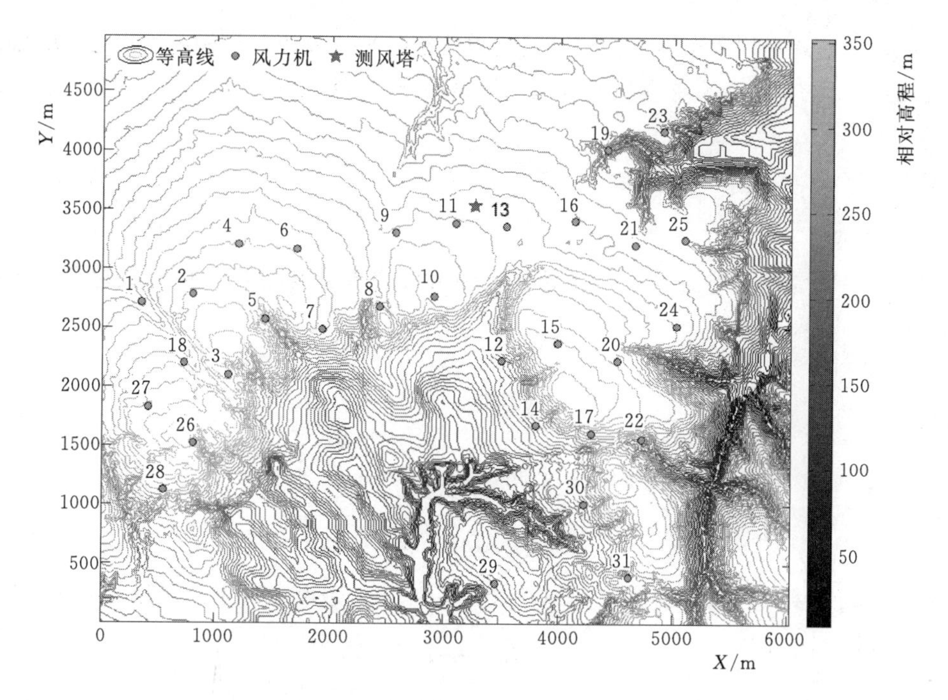

图 4-13 风电场地形及风电机组布置

有采集数据的风电机组为 1-25 号，功率为 2MW，风电机组参数见表 4-2，风电机组功率曲线和推力系数曲线如图 4-14 所示。观测数据的可用周期为 2 天，风向多为南风。由于本章只讨论山地绕流，不考虑风电机组尾流影响，选取风速小于启动风速、风轮停转时的风电机组测量风速作为数值模拟分析的对比值。选取准则为各台风电机组风向的标准方差小于 10°，平均值在 180°±2°范围内，功率小于 100kW。

表 4-2　　风电机组参数

额定功率 /kW	切入风速 /(m·s^{-1})	额定风速 /(m·s^{-1})	切出风速 /(m·s^{-1})	风轮直径 /m	塔架高度 /m
2000	3.0	10.6	25	93	67

2. 风轮平均风速与风电机组风加速因子

在风速较低时，风电机组停转，此时风电机组上的测量风速大体上等于流场在风轮附近的风速。将风轮附近区域的风速取平均即为风轮平均风速。为了使用风电机组的测量数据，在模拟风电场绕流时，需明确风轮区域的平均风速。在致动盘模型中，风轮被简化成一个厚度较薄的圆柱形区域，圆柱中心线与风向对齐，直径与风轮相当，厚度为

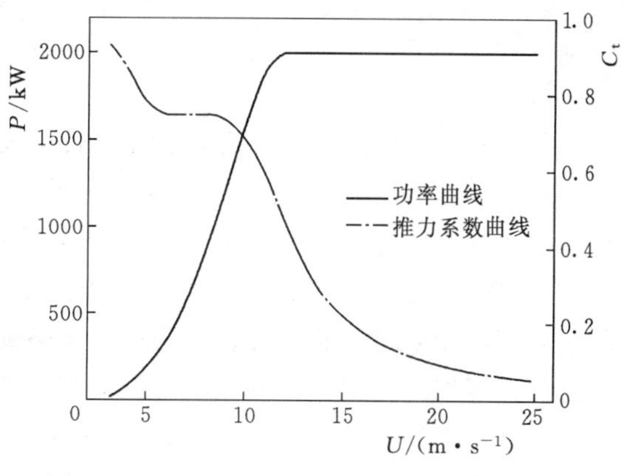

图 4-14 风电机组功率曲线和推力系数曲线

一合适值。风轮的平均风速定义为致动盘内单元格的平均风速，记做$\overline{u_{\mathrm{d}}}$，相对于塔架高度处入流风速 U_0 的增量 $\Delta S_{\overline{\mathrm{d}}}$称为风电机组风加速因子，可以表示为

$$\Delta S_{\overline{\mathrm{d}}}=\frac{\overline{u_{\mathrm{d}}}-U_0}{U_0} \tag{4-12}$$

3. 数值模拟

（1）入口轮廓拟合。假设风电场处于中性大气边界层环境，采用对数速度轮廓，当 $z \gg z_0$ 时，忽略 z_0，则有

$$u=\frac{u_*}{\kappa}\ln z-\frac{u_*}{\kappa}\ln z_0 \tag{4-13}$$

记 $A=\frac{u_*}{\kappa}$，$B=-\frac{u_*}{\kappa}\ln z_0$，式（4-13）可改写为

$$u=A\ln z+B \tag{4-14}$$

通过不同高度的风速拟合式（4-14）得到 A、B，进而由以下公式计算出 u_* 和 z_0 为

$$u_*=\kappa A \tag{4-15}$$

$$z_0=\mathrm{e}^{-B/A} \tag{4-16}$$

如果只给定了参考高度（塔架高度）H 处的入流风速 U_0 和湍流强度 I_0，入口参数估算为

$$k=\lambda_{\mathrm{k}}[U_0(H)I_0(H)]^2 \tag{4-17}$$

$$u_*=\lambda_{\mathrm{k}}^{0.5}C_{\mu}^{0.25}U_0(H)I_0(H) \tag{4-18}$$

$$z_0=H\mathrm{e}^{\frac{-\kappa}{u_*}U_0(H)} \tag{4-19}$$

式中　λ_{k}——湍流各向异性的参数，对于各向同性湍流取 1.5；

　　　e——自然对数的底数。

由式（4-14）和式（4-15）联合可从 z_0 推出 I_0 为

$$I_0=\frac{-\kappa}{\lambda_{\mathrm{k}}^{0.5}C_{\mu}^{0.25}\ln\frac{z_0}{H}} \tag{4-20}$$

测风塔实测不同高度月平均风速统计表见表 4-3。由表 4-3 中的数据按照上述拟合方法计算出各月平均的摩擦速度 u_* 和大气粗糙度 z_0。测风塔实测摩擦风速与大气粗糙度月平均值统计表见表 4-4。本节使用的数据测量时间在 5 月初，由 4 月、5 月的平均大气粗糙度 z_0 数值可推测出轮毂高度处的湍流强度为 11.42%。

（2）网格划分与求解器设置。为减少网格数，同时保持一定的计算精度，对风电机组所在附加的区域进行加密，网格加密区布置图如图 4-15 所示。网格划分如图 4-16 所示。计算区水平尺度为 6km×5km。网格划分：在风轮区为 20m，非风轮区 30m；垂向 1km，网格 80 个，底层 2m；共计 400 万网格。

表 4-3　　测风塔实测不同高度月平均风速统计表　　单位：m/s

高度/m	月份												平均
	1	2	3	4	5	6	7	8	9	10	11	12	
10	5.0	4.7	5.2	5.3	4.5	4.5	4.0	3.7	4.2	4.4	4.4	5.0	4.57
30	6.0	5.5	6.2	6.5	5.7	5.5	5.2	4.7	5.3	5.4	5.4	6.1	5.63
50	6.5	5.9	6.6	6.9	6.1	5.8	5.6	5.1	5.8	5.8	5.8	6.6	6.04
60	6.4	5.8	6.7	7.1	6.2	5.9	5.6	5.2	5.9	5.9	6.0	6.8	6.12
70	6.8	6.1	6.9	7.2	6.3	6.0	5.7	5.2	5.9	5.9	6.1	6.9	6.27

表 4-4　　测风塔实测摩擦风速与大气粗糙度月平均值统计表　　单位：m/s

月份	1	2	3	4	5	6	7	8	9	10	11	12
u_*	0.367	0.287	0.359	0.411	0.391	0.323	0.371	0.337	0.383	0.337	0.367	0.414
z_0	0.033	0.010	0.023	0.043	0.076	0.027	0.101	0.095	0.097	0.040	0.065	0.063

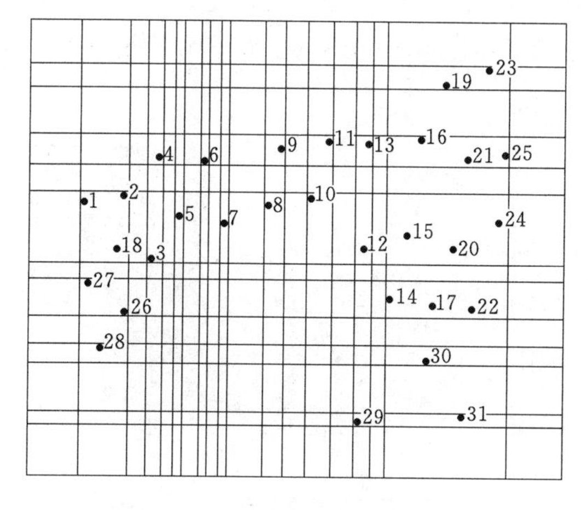

图 4-15　网格加密区布置图

图 4-16　网格划分

边界条件通过 UDF 函数生成库文件（*.dll）加载到求解器中，边界上某处单元面的离地高度由边界底边的几何信息通过线性插值得到。数值计算采用 SIMPLE 算法，差分格式为二阶迎风格式。

（3）均匀入流模拟。均匀入流是指入口面相同离地高度具有同一风速的入流情况。本节模拟了均匀入流条件下轮毂参考风速为 4m/s、8m/s 和 12m/s 时流场速度的分布。不考虑风电机组尾流时，不同风速下风轮平均风速及风加速因子模拟结果如图 4-17 所示。图4-17中显示，不同入流风速下风轮平均风速是不同的，但风加速因子保持不变。这种规律可用于风能资源评估，即对每个扇区计算时，只需要模拟一个典型的风速，不必对风电机组工作区内的风速分段模拟。

根据此规律，只讨论 8m/s 入流时的流场分布情况，均匀入流下轮毂高度流场分布情况如图 4-18 所示。在均匀入流条件下，风速在高程较高的区域得到了增加，而在高

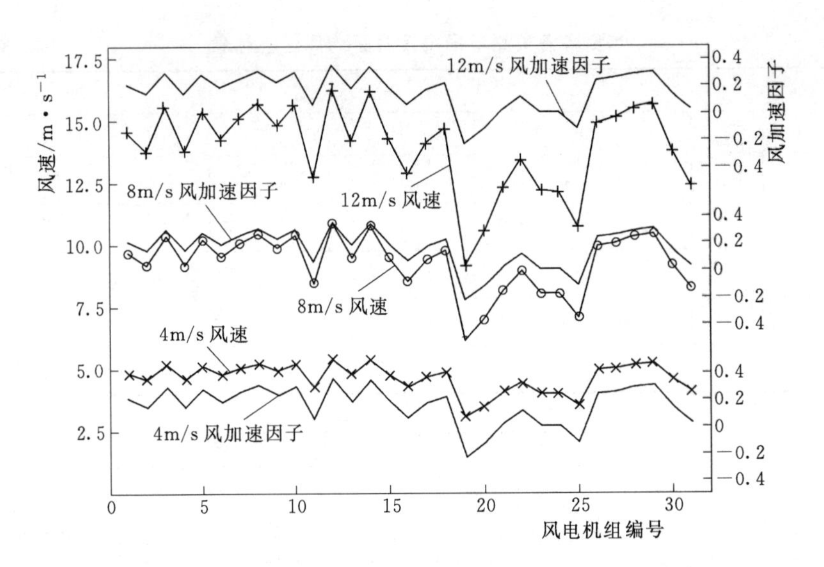

图 4-17　不同风速下风轮平均风速与风加速因子模拟结果

程低的谷底区域发生了减少；湍流强度的分布与地形的复杂程度有关，比较图 4-18 的两个分图可以发现，湍流在谷底及山坡背风区得到加强，此处的地形相比其他区域更加复杂。

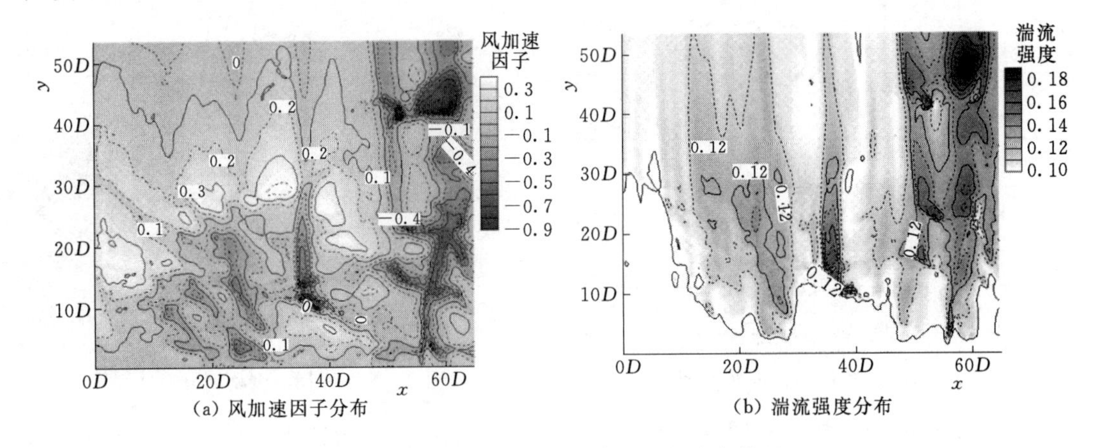

(a) 风加速因子分布　　(b) 湍流强度分布

图 4-18　均匀入流下轮毂高度流场分布情况

(4) 非均匀入流模拟。在复杂地形区域，地形对流场具有很强的重塑性，入口处的风速和湍流强度等流动特征的量值在流场传递过程中难以维持。复杂地形绕流数值模拟的入口面风速，受到上游地形影响，存在非均匀性，即相同参考高度的入流风速不同。由各台风电机组的实测风速结合风电机组风加速因子，计算出每台风电机组对应的实际入流风速为

$$U_0(i,j)=\frac{\overline{u_{\mathrm{d}}}(i,j)}{\Delta S_{\overline{\mathrm{d}}}(i)+1}\quad(i=1,2,\cdots,n;j=1,2,\cdots,m)\tag{4-21}$$

式中　i——风电机组编号，共 n 台风电机组；

j——选取的测量数据编号，共 m 组记录。

为表示非均匀性的相对变化，以同一时刻平均入流风速为基准，定义相对入流风速为

$$U_0^*(i,j)=\frac{U_0(i,j)}{\frac{1}{n}\sum_{k=1}^{n}U_0(k,j)}\quad(i=1,2,\cdots,n;j=1,2,\cdots,m)\tag{4-22}$$

对各组记录的相对入流风速取平均值和均方差，得到各台风电机组的平均相对入流风速及波动情况。入口风速与地形如图 4－19 所示。从速度分析看，x 轴坐标相邻的风电机组对应的平均相对入流风速可能存在很大差异，但速度分布的整体轮廓与入口处的高程分布有一定相似性；从速度波动看，x 轴相邻入口风速变化小的位置，速度波动一般比较小，速度变化大的位置，速度波动都很大。

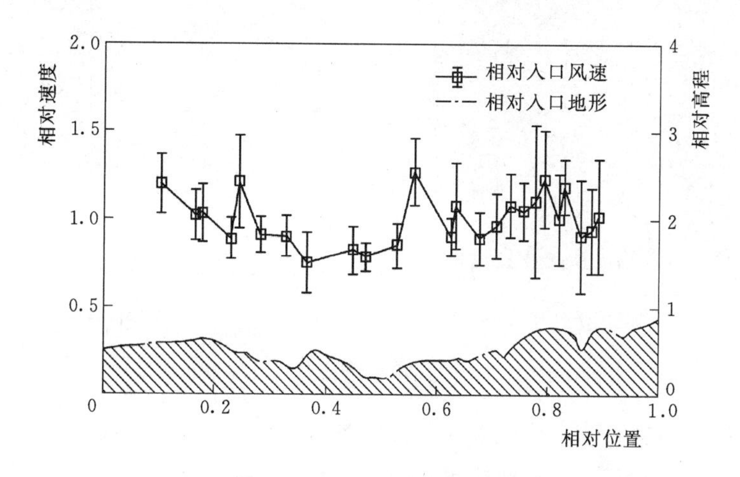

图 4－19 入口风速与地形

模拟非均匀入流，根据图 4－19 所示的速度轮廓，定义速度入口，风速插值示意图如图 4－20（a）所示。z 轴为高度方向，x 轴平行于水平面且垂直于入流方向，Q_i 和 Q_{i+1} 为风电机组轮毂对应的两个相邻入流点，入口上的一点 $Q(x_\alpha,\ z_\alpha)$ 位于两入流点区间内，Q 为入口上与 Q 点 x 坐标相同的轮毂高度点。Q 点的入流风速，由 Q_i 和 Q_{i+1} 处风速线性插值得到

$$U_0(x_\alpha,H)=U_0(x_i,H)+\frac{x_{i+1}-x_\alpha}{x_{i+1}-x_i}[U_0(x_{i+1},H)-U_0(x_i,H)]\tag{4-23}$$

Q 点处的入流条件由 Q_α 点处的轮毂入流风速按照式（2－23）计算。数值模拟中选用的入口平均风速为 3m/s，设置的入口风速分布如图 4－20（b）所示。

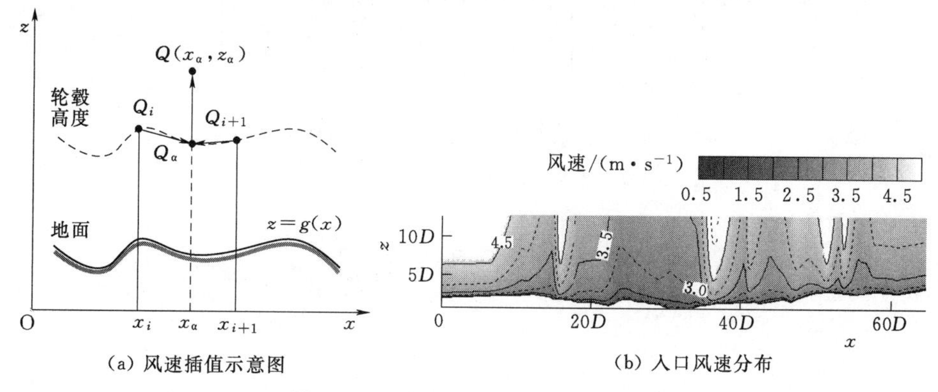

(a) 风速插值示意图　　(b) 入口风速分布

图 4－20 非均匀入流入口风速设置

在非均匀入流条件下，流场中速度和湍流分布与均匀入流时发生了很大改变。非均匀入流下轮毂高度流场分布情况如图 4-21 所示。平均风速较大值出现在 $x=20D$ 左侧和 $x=40D$ 右侧附近，在区段 $x\in(20D, 40D)$ 风速较低，且 $x=50D$，$y=25D$ 处的风速较高区有所减弱。湍流强度也产生了偏移，由于入流风速的非均匀，流场整体的湍流作用有所加强。

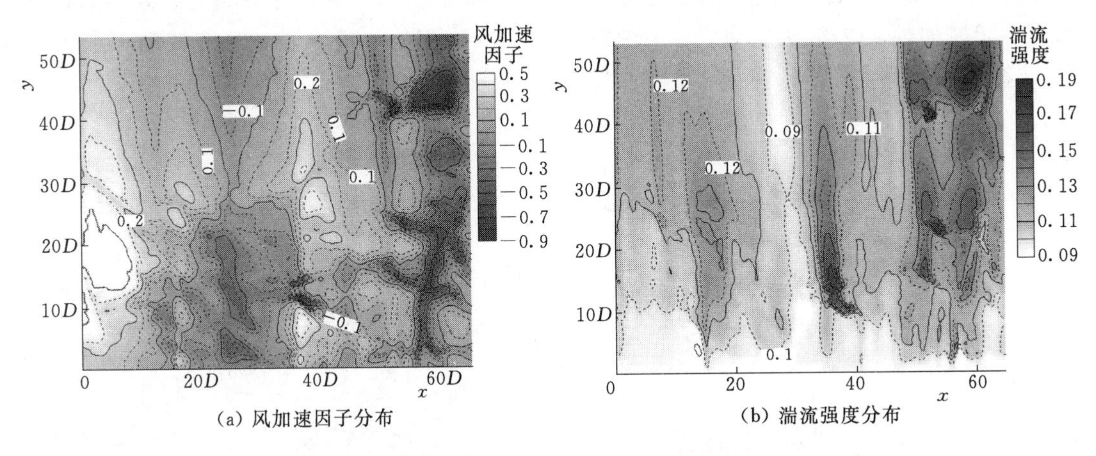

(a) 风加速因子分布　　(b) 湍流强度分布

图 4-21　非均匀入流下轮毂高度流场分布情况

在相同平均入流风速下，使用非均匀入流条件和均匀入流条件时，各台风电机组风轮平均风速如图 4-22 所示。在风轮停转的时间内，由检测值计算的平均入流风速为 2.71m/s，CFD 模拟设置为 3m/s，因此需将实测值的平均风速乘以系数 $k_m=3/2.71$。整体上非均匀入流的相对误差比均匀入流低，最大值仅为 14%，而均匀入流的相对误差最大为 32%，由此可见，使用非均匀入流条件模拟复杂地形绕流问题可以降低结果误差，提高模拟的准确性。

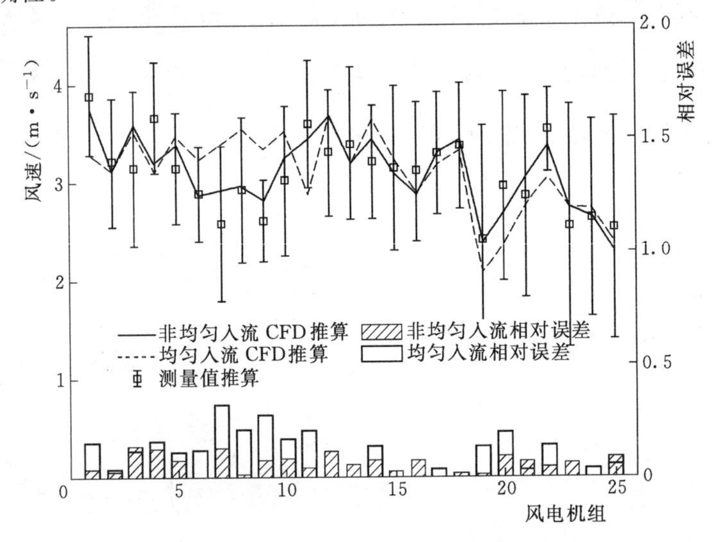

图 4-22　不同入流条件下风轮平均风速对比

4.3 山地绕流模型在风电场工程中的应用

4.3.1 风能资源评估

近年来，风电能源成为发展速度最快的可再生能源，风能资源评估是建设风电场的基础性工作，发电量计算结果直接关系到风电场的经济指标和整体效益。随着风能资源开发的不断深入，风电场规划选址开始从风能稳定、施工条件好的平坦地形向高湍流、施工难度大的复杂地形发展，复杂地形地区风电工程由于绕流现象的存在而非常复杂。目前我国已有学者开展针对复杂地形的风能资源预测的研究工作，但其研究水平相对国外有一定差距，主要体现在地形数据的处理、风电场空气动力场的数值计算方法和空气动力场数值计算结果的处理上。本节尝试开展适用于复杂地形风能资源评估的微尺度非线性数值模式研究，用近年快速发展的 CFD 技术，计算分析风电场风速和风能分布。

1. 求解器设置

本节选用稳态、常物性 N－S 控制方程。选用标准 $k-\varepsilon$ 湍流模型。

方程求解采用：二阶上风方法离散；底边界条件：壁面函数法；入口：速度入口；出口：出流；其他面：对称条件；方程求解：Simplic 算法。风速按照 12 分度的风向玫瑰图，计算出每个分区的平均风速，在垂直地面方向采用如下模型

$$u(z)=\frac{u_*}{\kappa}\ln\frac{z}{z_0} \tag{4-24}$$

式中 u_*——表面摩擦速度系数；

κ——von Karman 常数（一般取 0.4）；

z_0——地表面粗糙度长度。

该模型通过 Fluent 的 UDF 编辑实现。其中 0～30°风向的入口速度输入如图 4－23 所示，可以看出速度进口沿着高度方向的变化趋势，地面风速接近为零，随着高度的增加，根据网格划分的情况，出现层状的颜色分布。

2. 计算结果分析

(1) 风能计算结果。风能密度是气流在单位时间内垂直通过单位截面积的风能。从而风功率密度公式，也称风能密度公式为

$$w=\frac{1}{2}\rho v^3 \tag{4-25}$$

在 Tecplot 中各个方向上的风速分布按照风向频率加权，计算风电场中的风能分布。

$z=1600$m 的风能分布如图 4－24 所示，风能随着离地高度的增加也逐渐增

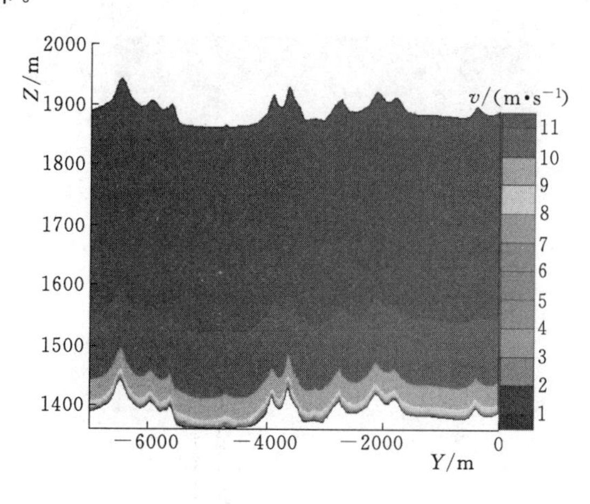

图 4－23　0～30°风向的入口速度输入

加，风能已经在300～600W/m^{2}之间，也可以看出风速主风向的趋势，大概是在45°左右。z=1700m和z=1800m的风能分布如图4-25和图4-26所示。从图4-25和图4-26中看出，风能分布趋势已大致稳定，海拔变化平缓的区域风速梯度变化小，海拔变化差异大的区域风速梯度变化大。图4-27和图4-28是在地形图y=-3000m，x=2500～5000m范围内的某一山坡下的风能分布和风速分布，其中图4-27是将12个风向上的风速综合而成，图4-28是0～30°风向从右往左吹过山坡，从图4-28中可以看出，迎风坡的风速比背风坡的风速大，这是因为受到山坡的阻碍，风受到削减，能量损失，造成风速减小。

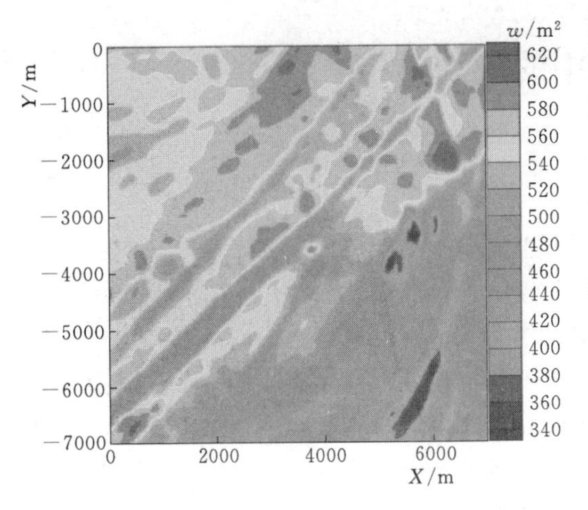

图4-24　z=1600m的风能分布

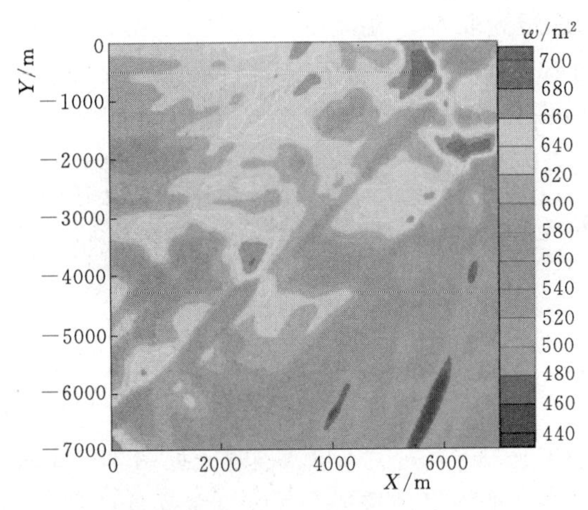

图4-25　z=1700m的风能分布

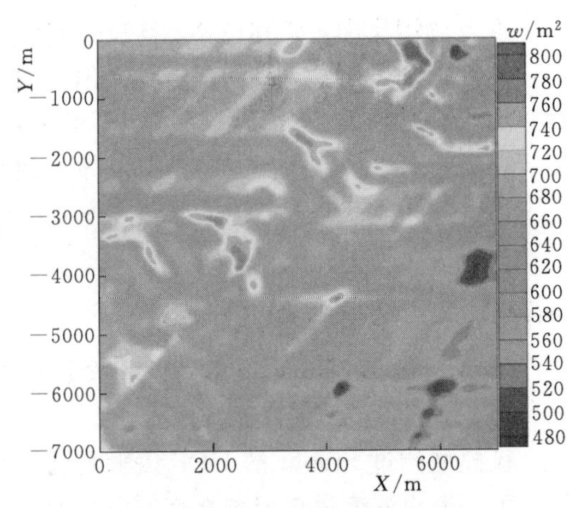

图4-26　z=1800m的风能分布

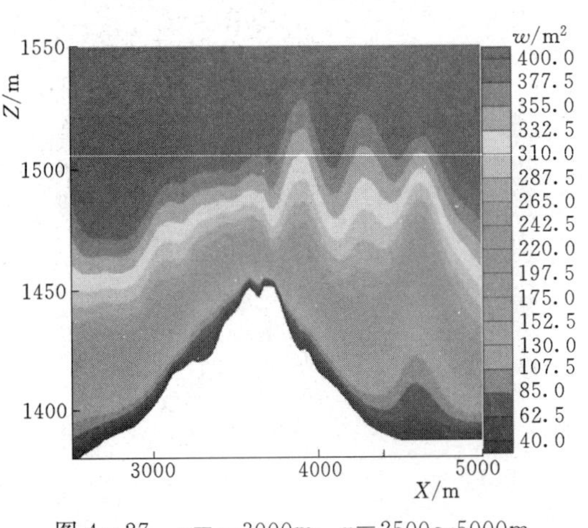

图4-27　y=-3000m，x=2500～5000m范围内的风能分布

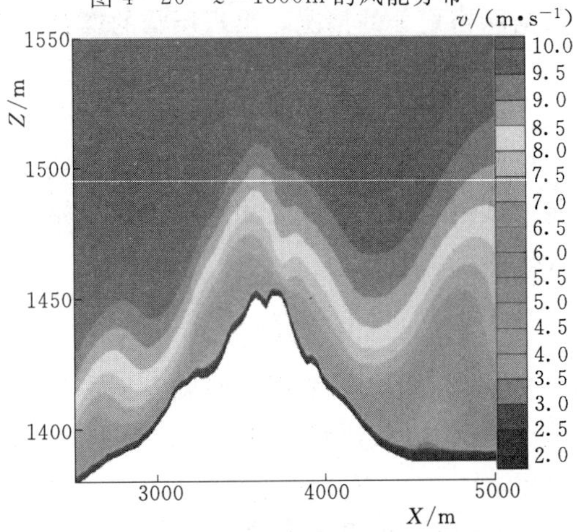

图4-28　y=-3000m，x=2500～5000m范围内的风速分布

（2）数值模拟与 WAsP 软件进行比较。在地图上，沿着主风向取地图对角线上均匀分布的 20 个点为参考点，分别通过 CFD 数值模拟计算和 WAsP 软件计算进行比较。可以看到，CFD 计算得到的点风能大小变化很大，而 WAsP 得到的风能大小变化范围较小，这主要是因为 WAsP 只考虑到高度对风速的影响，而忽略了复杂地形下地形对风的削减改变也有很强的作用，而 CFD 数值模拟方法将地形对风速风能的影响也考虑在内，从而得到了更符合实际的风能分布结果。CFD 与 WAsP 在 20 个计算点的风能分布见表 4－5。从表 4－5 中可以看出，第 6 个点开始到第 20 个点，CFD 要比 WAsP 的结果小 100～200W/m^2，而前面 5 个点结果差的变化范围较大，可能是因为靠近地形的边缘。WAsP 与 CFD 计算 20 个点的风能图如图 4－29 所示。从图 4－29 可以直观地看到，只有第 2 个计算点的 CFD 计算风能分布大于 WAsP 的计算结果，其他计算点都是 WAsP 计算结果比 CFD 结果大，这也与目前复杂地形利用 WAsP 计算结果偏大的结果吻合。

表 4－5　　CFD 与 WAsP 在 20 个计算点的风能分布

计算点	X/m	Y/m	Z/m	CFD/(W·m^{-2})	WAsP/(W·m^{-2})	结果差/(W·m^{-2})
1	150.8621	−6849.14	1428.775	352.0798	378.3076	26.2278
2	452.5862	−6547.41	1487.500	568.9310	432.9725	−135.9585
3	754.3103	−6245.69	1459.047	394.0908	412.5912	18.5004
4	1056.034	−5943.97	1415.502	214.5136	354.0609	139.5473
5	1357.759	−5642.24	1428.367	319.9514	377.6848	57.7334
6	1659.483	−5340.52	1419.449	215.2356	362.2720	147.0364
7	1961.207	−5038.79	1447.859	270.9516	402.0661	131.1145
8	2262.931	−4737.07	1434.054	195.2646	385.8512	190.5866
9	2564.655	−4435.34	1438.466	246.8089	391.5182	144.7093
10	2866.379	−4133.62	1419.913	149.0633	363.1724	214.1091
11	3168.103	−3831.90	1435.779	163.1859	388.1296	224.9437
12	3469.828	−3530.17	1480.485	271.2416	428.5910	157.3494
13	3771.552	−3228.45	1455.358	220.3219	409.3249	189.0030
14	4073.276	−2926.72	1452.328	235.1058	406.4986	171.3928
15	4375.000	−2625.00	1441.018	205.4146	394.5711	189.1565
16	4676.724	−2323.28	1459.547	265.2732	413.0201	147.7469
17	4978.448	−2021.55	1482.582	293.8114	429.9375	136.1261
18	5280.172	−1719.83	1477.500	316.9961	426.6165	109.6204
19	5581.897	−1418.10	1433.579	194.8793	385.2088	190.3295
20	5883.621	−1116.38	1415.281	254.5544	353.5692	99.0148

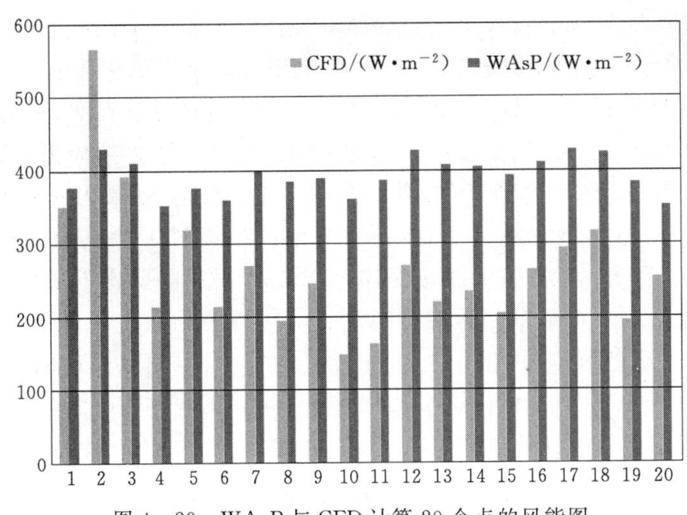

图 4-29 WAsP 与 CFD 计算 20 个点的风能图

3. 结论

(1) 在复杂地形下，由 CFD 计算方法与 WAsP 软件计算得到的风能分布相比较，CFD 计算方法更能准确地反映出风经过复杂地形时的风能分布，同时考虑到了山坡等障碍物对风的削弱，而不仅仅局限在高度要素的影响。

(2) 由于传统风能资源评估软件 WAsP 对复杂地形计算误差较大，通常数值偏大，本文采用 CFD 数值模拟计算方法，考虑到复杂地形和高度对风速变化的影响，计算结果比 WAsP 结果小，这与目前复杂地形利用 WAsP 计算结果偏大的结果吻合。

4.3.2 山地风电场地形改造

1. 简介

改造山体位于一号机组东北方向，海拔 771.60m，1 号机组基础海拔为 744m，地形图如图 4-30 所示。1 号机组机型为 EN-110/2.2，抗湍流强度属于 B 类机型，轮毂高度为 80m，叶轮直径为 110m，额定功率为 2.2MW，额定风速为 10.5m/s。

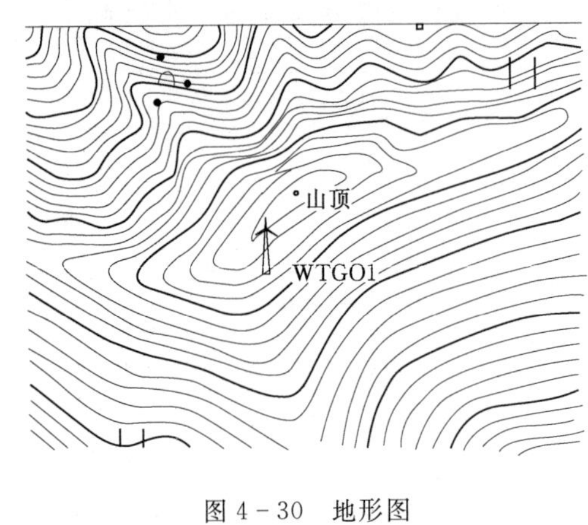

图 4-30 地形图

2. 计算边界条件设置

风电场有两台测风塔，年平均风速约 6m/s，年风频、风能玫瑰图如图 4-31 所示，从图 4-31 可知本风电场主要风向为 0°、22.5°、202.5°、225°，后面将以这四个风向为主进行 CFD 计算。

测风塔湍流强度如图 4-32 所示。由图 4-32 可知，在来流风向为 0°、22.5°、202.5°、225°四个风向上，该风电场的平均湍流强度比较接近，为了便于计算比较，计算值设定风速初始入流边界条件的湍流强度值为 0.12。

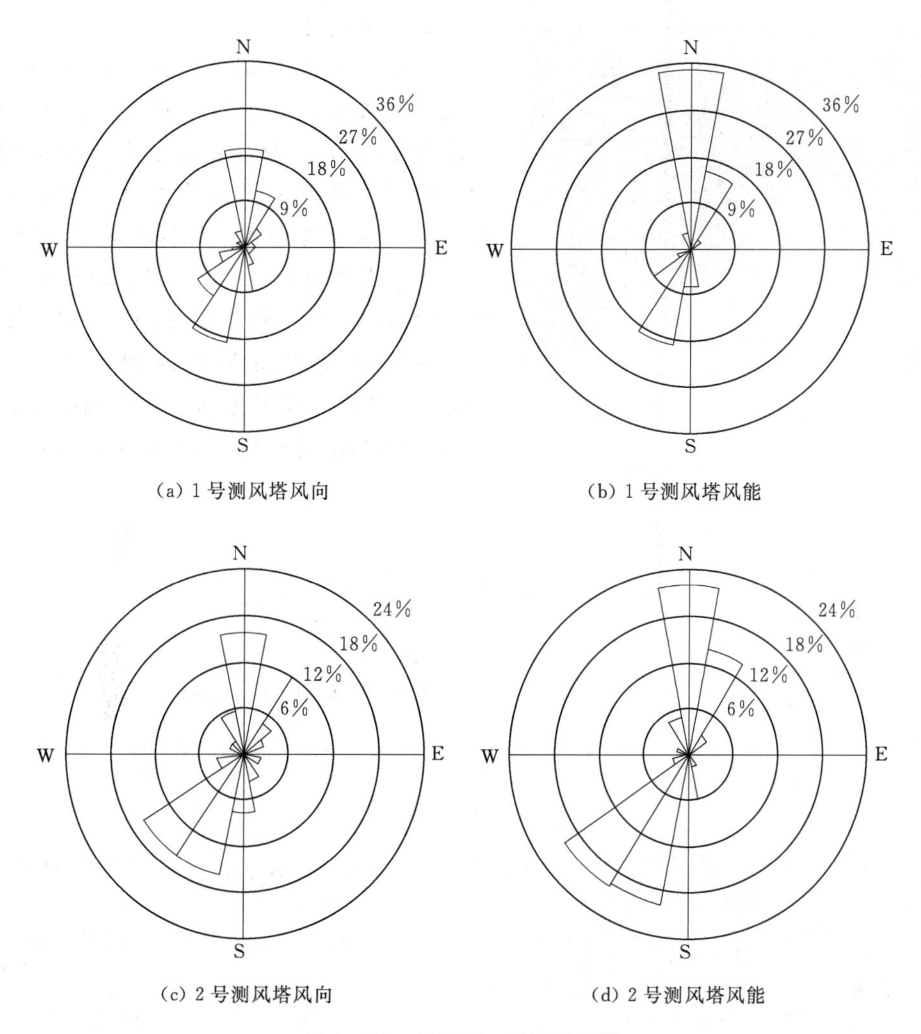

图 4-31 年风频、风能玫瑰图

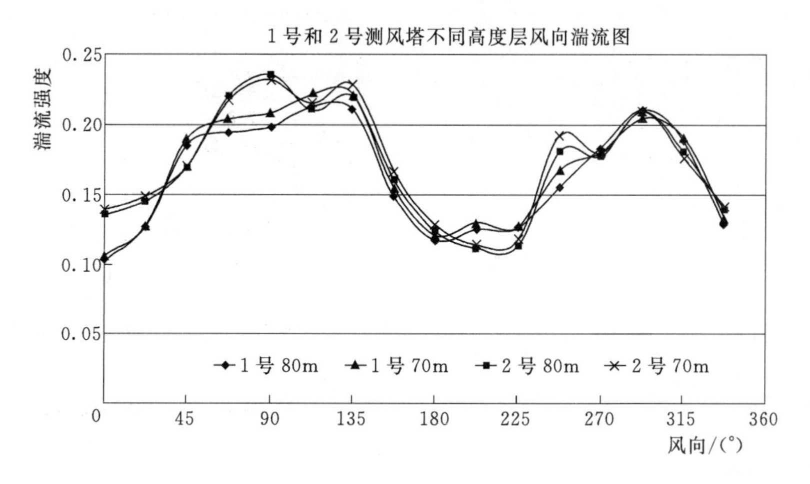

图 4-32 测风塔湍流强度

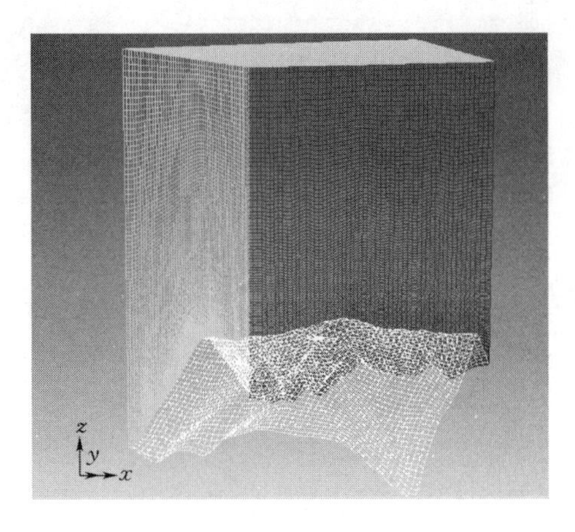

图 4-33　计算区域模型

3. 计算模型

选取CAD地形区域为490m×450m，计算区域模型如图4-33所示。图4-33中x轴边界长度为490m，y轴边界长度为450m，通过处理将地形三维数字信息转化为三维地形曲面，在gambit软件中建模，计算区域高度为800m，网格水平步长为8m，垂直高度采用梯度分布网格，地表第一层网格高度为1m，网格总数为40万。初始设定方案为削减地形10m、20m、30m，后期研究发现地形合理削减高度为10～20m，所以增加一组15m方案，来流风速为6m/s。

4. 6m/s风速下湍流分布

0°、22°、202°、225°方向湍流分布如图4-34～图4-37所示。

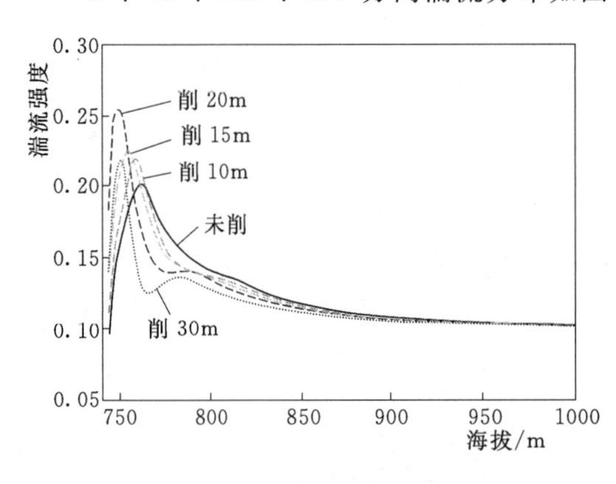

图 4-34　0°方向湍流分布

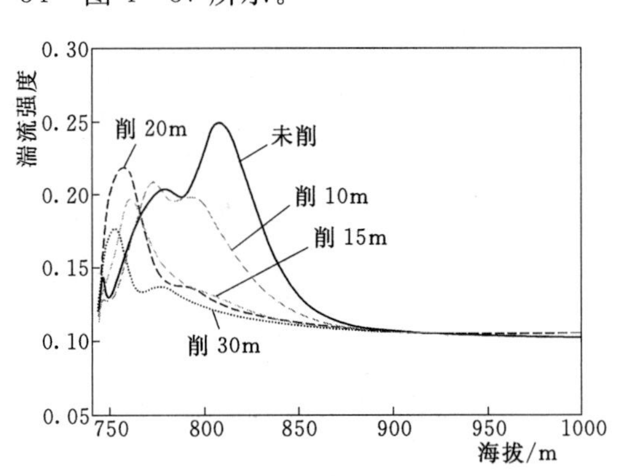

图 4-35　22°方向湍流分布

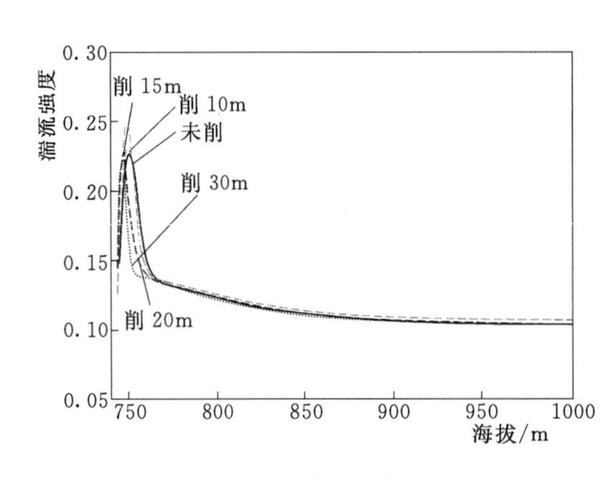

图 4-36　202°方向湍流分布

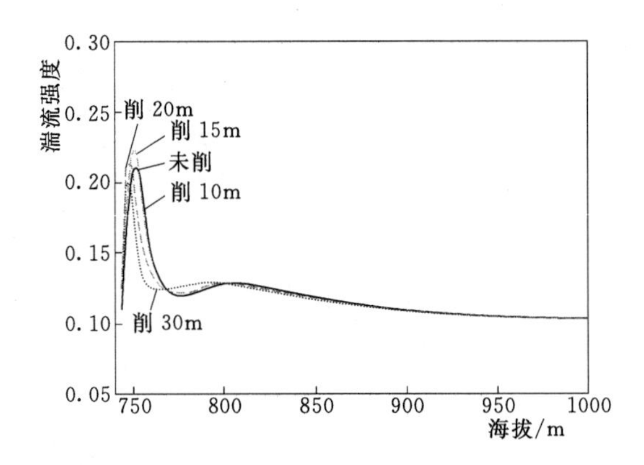

图 4-37　225°方向湍流分布

5. 10m/s风速下湍流分布

0°、22°方向湍流分布如图4-38、图4-39所示。

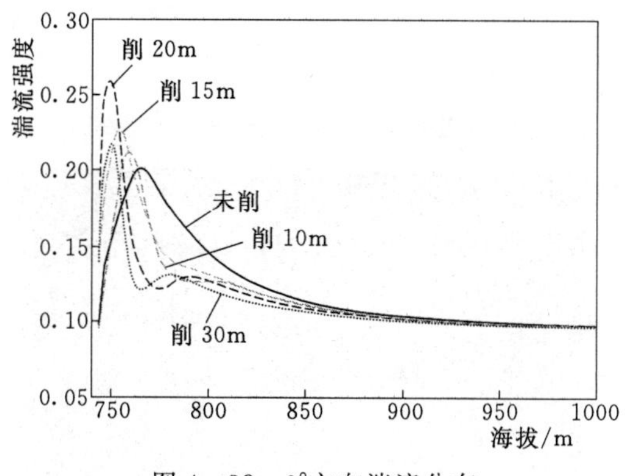

图 4-38　0°方向湍流分布

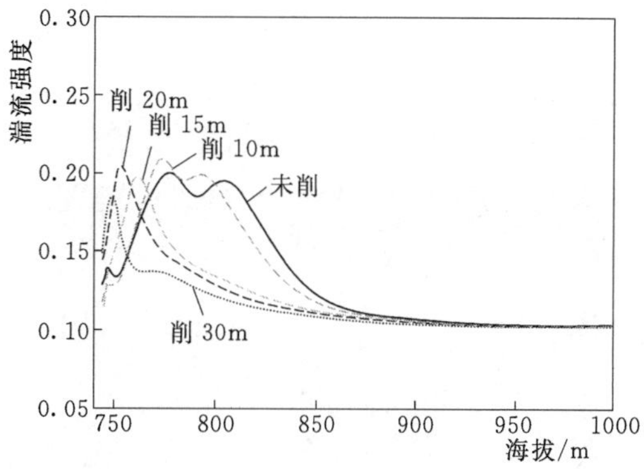

图 4-39　22°方向湍流分布

6. 15m/s 风速下湍流分布

0°、22°、202°方向湍流分布如图 4-40～图 4-42 所示。

7. 15m/s 风速下分布云图

0°方向 80m、30m 高度湍流分布如图 4-43、图 4-44 所示。图中圆圈为风轮旋转所能接触到的最大范围。

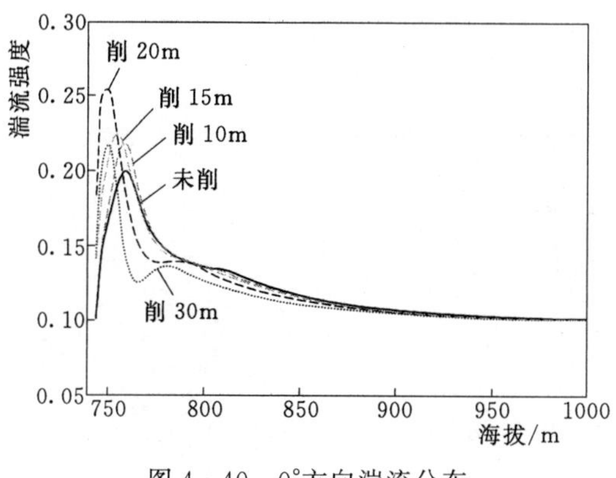

图 4-40　0°方向湍流分布

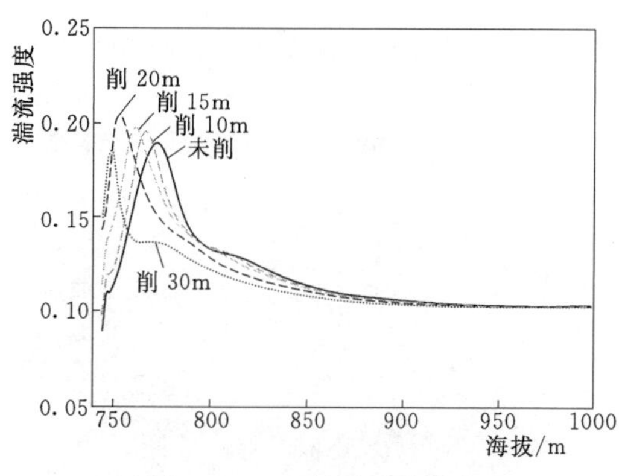

图 4-41　22°方向湍流分布

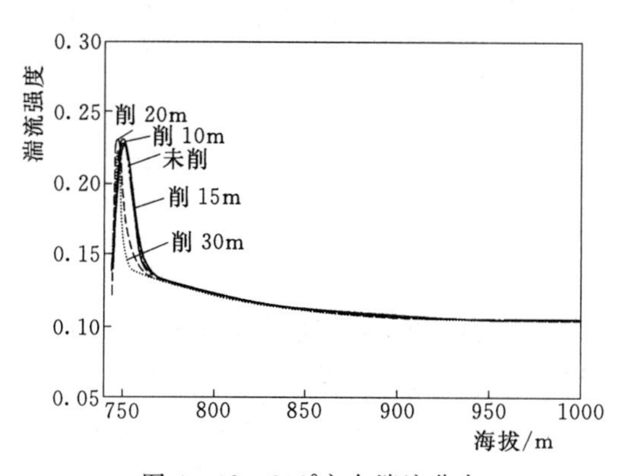

图 4-42　202°方向湍流分布

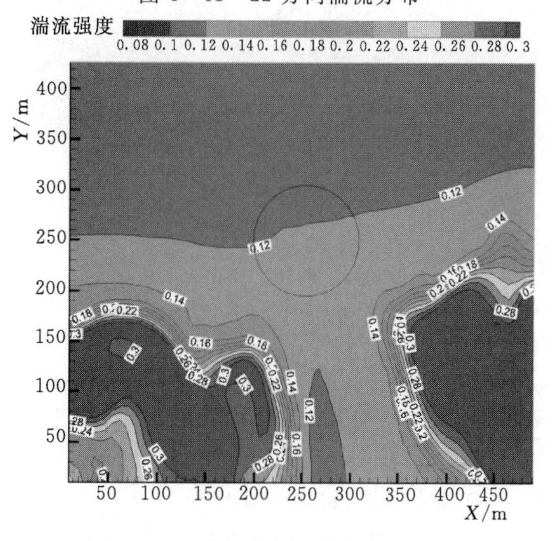

图 4-43　0°方向 80m 高度湍流分布

0°方向南北湍流分布如图 4－45 所示。

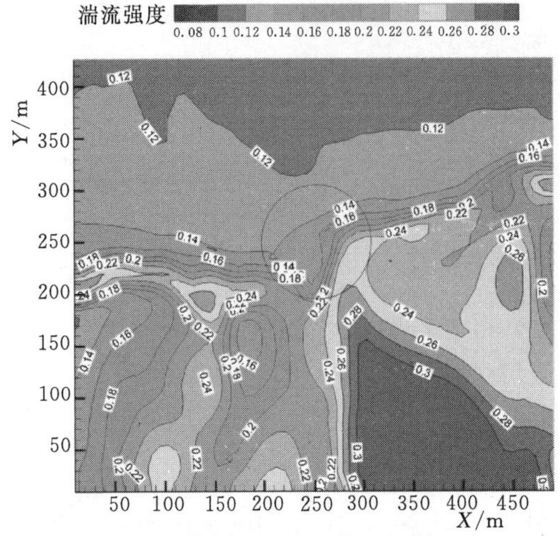

图 4－44　0°方向 30m 高度湍流分布

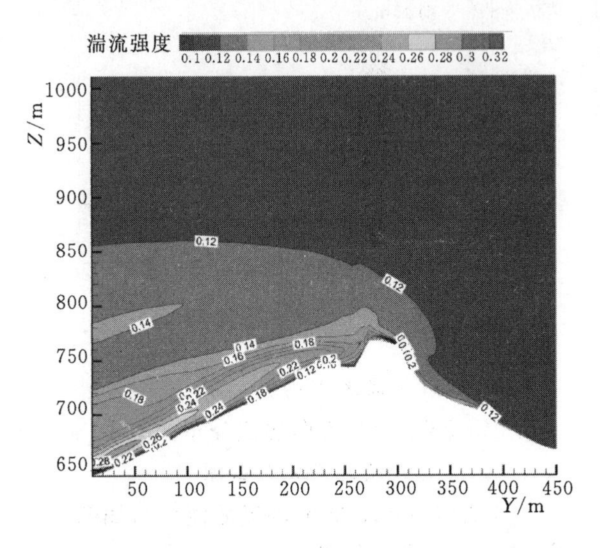

图 4－45　0°方向南北湍流分布

80m、30m 高度速度分布云图和速度矢量图如图 4－46、图 4－47 所示。

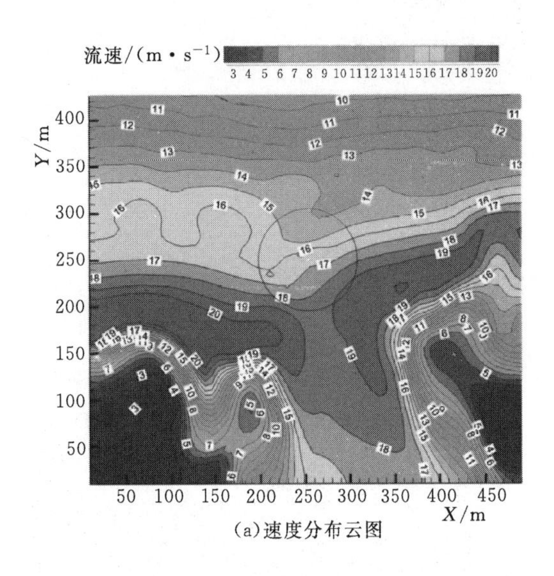

(a)速度分布云图

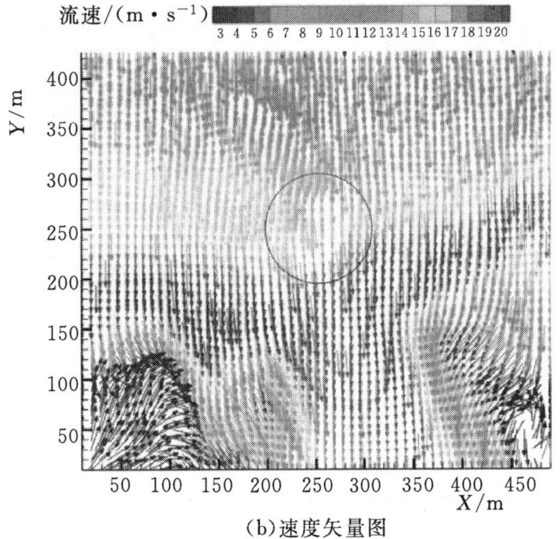

(b)速度矢量图

图 4－46　80m 高度速度分布云图和速度矢量图

南北方向速度和速度矢量分布图如图 4－48 所示。

8. 结论

地形削减高度在 20m 以上，海拔 769m 以上四个主要风向的湍流强度都低于 0.16，能够满足本机型的使用要求。当削减高度为 15m 时，风向的湍流略大于 0.16，按照轮毂所在海拔推算，如果能够将机位所在基础垫高 5m，海拔 774m 各个风向的湍流强度都低于 0.16，就能够符合机型的要求。

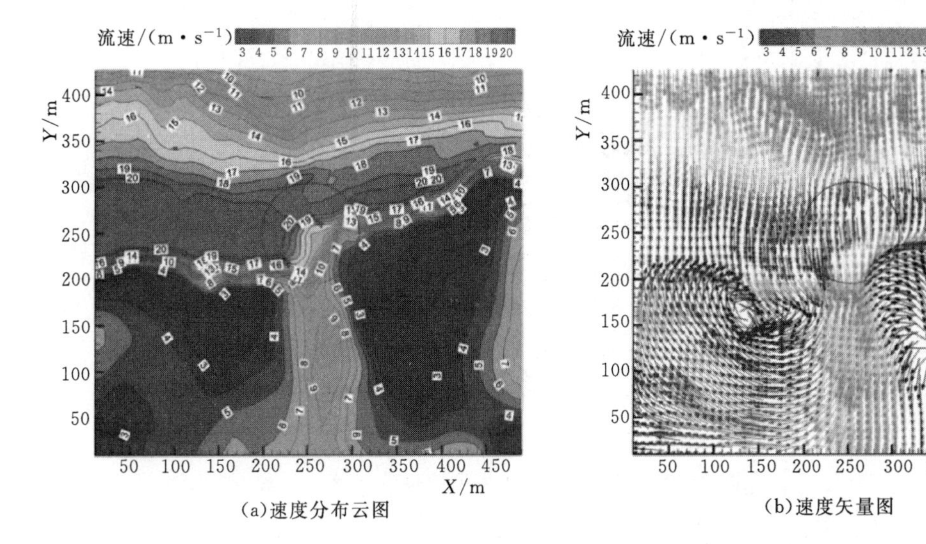

(a)速度分布云图　　(b)速度矢量图

图 4-47　30m 高度速度分布云图和速度矢量图

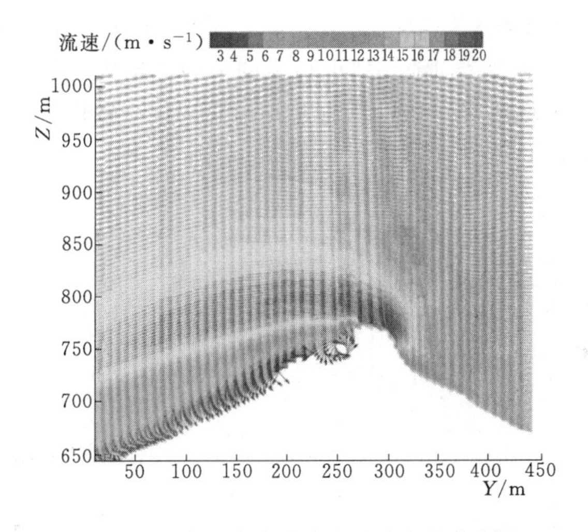

图 4-48　南北方向速度和速度矢量分布图

4.4　风电场微尺度空气动力场数值模拟

4.4.1　近海风电场模拟

1. 实验风电场介绍

Horns Rev Ⅰ风电场位于北海东部，距离丹麦最西侧海岸 15km。Horns Rev Ⅰ风电场布局如图 4-49 所示。风电场内平行布置了 8 行 10 列共 80 台 Vestas V-80 2MW 风电机组，占地约 20km²。每行风电机组与东西向平行，每列风电机组与南北向的夹角为 6°。当入流风向为 270°、222°和 312°时，相邻风电机组在流向上的间距分别为 7D，9.4D 和 10.5D。Vestas V-80 2MW 风电机组轮毂离海面高度 70m，风轮直径为 80m，风电机组

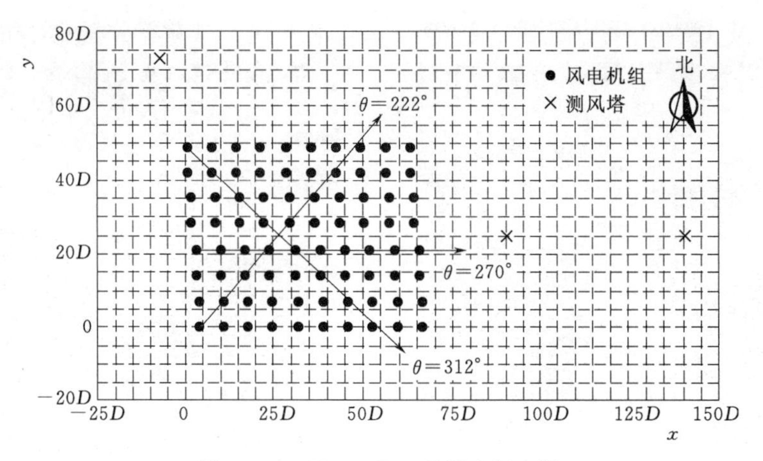

图 4-49　Horns Rev Ⅰ风电场布局

特性曲线如图 4-50 所示。

根据 Horns RevⅠ风电场机组的实际运行数据，平均风速为 8m/s 时风向在 270°、222°和 312°时（即主流方向机组距离为 7.0D、9.4D 和 10.5D 时）的功率损失情况如图 4-51 所示。图 4-51 中的相对功率表示当前排风电机组的平均功率比与第一排风电机组平均功率的相对值。Horns Rev Ⅰ近海风电场内湍流度一般处于 8%水平以下，大气稳定性以中性状态为主，模拟中将入口湍流强度设为 7.7%。

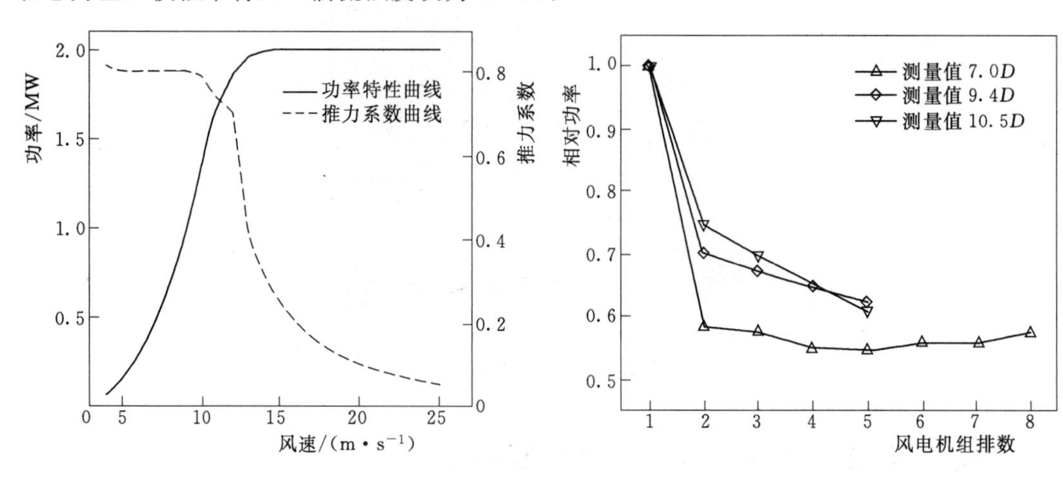

图 4-50　Vestas V-80 2MW 风电机组特性曲线　　图 4-51　不同间距下风电机组功率损失情况

2. 模拟方案设置

采用以致动盘平均风速计算动量源项，并结合拓展 $k-\varepsilon$ 湍流模型的方法可对风电场尾流进行数值模拟，但是按照默认值 $C_{4\varepsilon}=0.37$ 设置湍流动能耗散率源项 S_ε 时，计算结果与测量值偏差较大，因此需要对参数 $C_{4\varepsilon}$进行调整。Horns Rev Ⅰ风电场尾流数值模拟方案见表 4-6。

为节省计算周期，便于调试参数 $C_{4\varepsilon}$，模拟首先从单行排布的风电机组尾流开始，研究不同 $C_{4\varepsilon}$取值对结果的影响，从中选择合适的值，使计算结果与测量值吻合；由于单行排布的风电机组只受到上、下游风电机组尾流的影响，而没有考虑其他相邻行尾流的影响，与全场计算的情形不符，因此在单行风电机组尾流模拟的基础上，对三行排布的风电机组尾流开展进一步的模拟，从而改进 $C_{4\varepsilon}$，使其更适合全场尾流模拟；最后将由三排排布得到的 $C_{4\varepsilon}$ 设置方法应用于全场尾流模拟，结合测量数据，验证方法的可行性。

表 4-6　Horns Rev I 风电场尾流数值模拟方案

模拟方案	风电机组排布形式	风电机组间距（主流方向）	$C_{4\varepsilon}$
A，B，C，D	单行	7.0D	0，0.02，0.05，0.37
E，F		9.4D	0.02，0.05
G，H		10.5D	
I	三行	7.0D	0.02
J			线性变化
K	全场		
L		9.4D	
M		10.5D	

3. 网格划分

针对表 4-6 所示的模拟方案，结合风电机组的排布规律，按照减少网格数、加密风轮临近区域的原则对各方案进行计算域设置和网格加密，网格区域设置如图 4-52 所示。

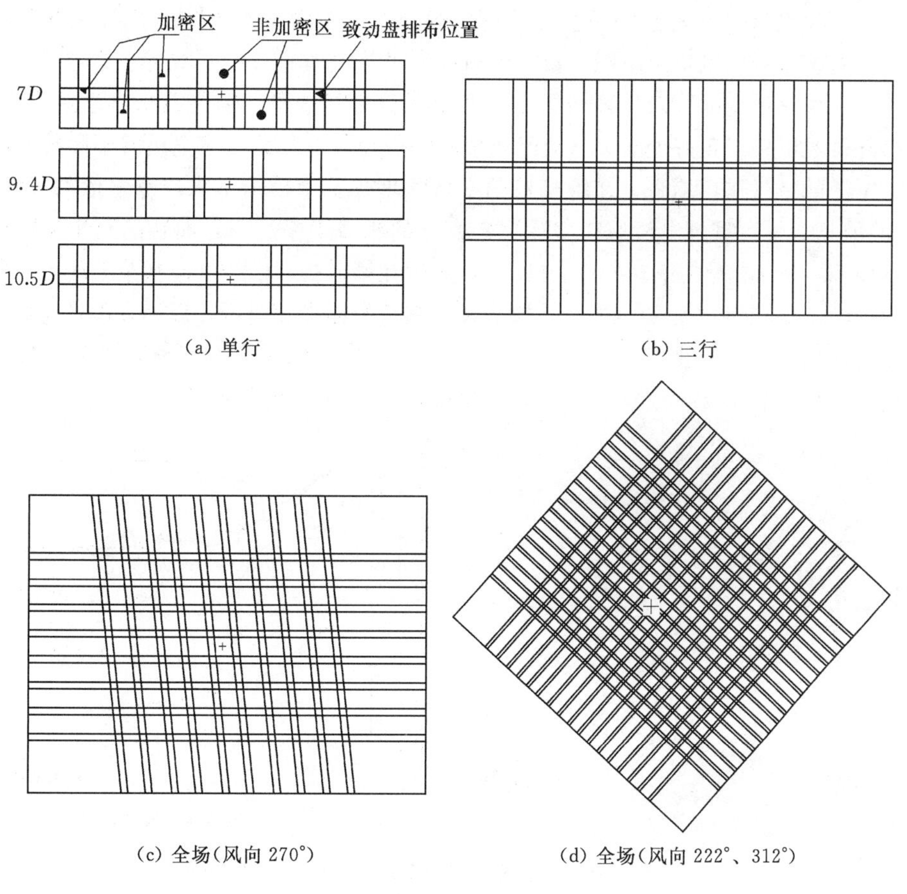

(a) 单行　(b) 三行

(c) 全场(风向 270°)　(d) 全场(风向 222°、312°)

图 4-52　网格区域设置

网格划分参数设置见表 4-7。表 4-7 中风轮直径节点数为在风轮周围单位直径上布置的节点数，相邻节点数是指两个风轮加密区之间区域设置的节点数。设置竖直方向计算域高度为 $10D$，节点 80 个，贴地层网格高度为 1m。

表 4-7　　　　网格划分参数设置

网格方案	风电机组排布形式	风电机组间距（主流方向）	风轮直径节点数	相邻节点数	网格数/万
A	单行	$7.0D$	15	15	86
B		$9.4D$		25	74
C		$10.5D$		30	81
D	三行	$7.0D$	7	15	353
E	全场		7.5		735
F		$9.4D$	6	10	607
G		$10.5D$			

4. 计算结果分析

（1）单行排布风电机组的尾流模拟。受尾流的影响，各排风电机组相对第一排风电机组的平均功率都有不同程度的减小，且由于风电机组均匀间隔布置，尾流在后排风电机组中达到某种平衡状态，风电机组风速比临近前排风电机组降低量有限，此时风电机组平均功率几乎不变。单行风电机组不同参数对相对功率的影响如图 4-53 所示。如图 4-53（a）所示，相对功率测量值从第四排开始保持一个比较稳定的水平，但在第五排之后有所上扬。注意到第五排风电机组正好处于风电机组布置的中间位置，其后排风电机组不断接近尾流流动出口，尾流的恢复作用增强，使得相对功率有所增加。由模拟结果与测量值的对比发现：参数 $C_{4\varepsilon}$ 的值越大，后排风电机组功率达到平衡时的相对功率越小，而且达到平衡的速度反而越快，如 $C_{4\varepsilon}=0.37$ 时在第四排后、$C_{4\varepsilon}=0.05$ 时在第五排、$C_{4\varepsilon}=0$ 时在第七排后相对功率达到平衡；$C_{4\varepsilon}=0.05$ 和 $C_{4\varepsilon}=0.02$ 时模拟结果与测量值都比较吻合，以第五排风电机组为分割点，在其之前和之后各排 $C_{4\varepsilon}=0.05$ 和 $C_{4\varepsilon}=0.02$ 的模拟效果各自占优，即为使模拟结果和测量值吻合性达到最优，应在前排安排较大的 $C_{4\varepsilon}$，后排安排较小的 $C_{4\varepsilon}$。

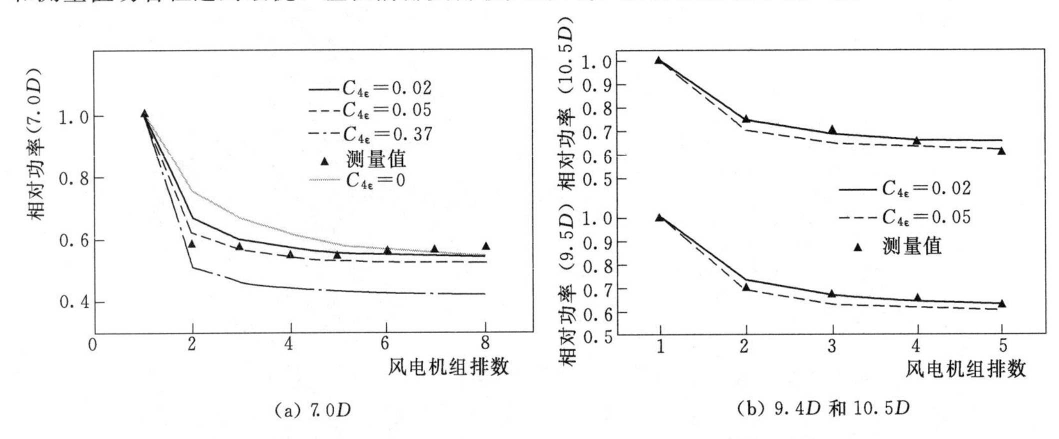

(a) $7.0D$　　　　(b) $9.4D$ 和 $10.5D$

图 4-53　单行风电机组不同参数对相对功率的影响

进一步考虑当风电机组间距由 7.0D 增加到 9.4D 和 10.5D 的情况（图 4-53b），发现随着间距的增加，尾流对后排风电机组的影响减弱，后排风电机组的相对功率降低量减少；同时由于间距增大，后排风电机组尾流达到平衡的速度放缓，第五排风电机组相对功率的测量值仍比第四排有所下降。综合考虑三种风电机组间隔情况中 $C_{4\varepsilon}$ 选值对结果的影响，认为当 $C_{4\varepsilon}=0.02$ 时，单行风电机组的尾流模拟结果最接近测量值，选用此值对三行排布的风电机组尾流做进一步模拟研究。

单行风电机组风加速因子分布如图 4-54 所示。由图 4-54（a）可以明显发现：随着 $C_{4\varepsilon}$ 的增大，致动盘附近最大风速降落不断增加，尾流恢复速度越发缓慢。此外由于前后两排风电机组尾流场的叠加，尾流在径向位置的扩散不断加强，随着排数增加，叠加作用达到饱和，尾流径向扩散趋于平衡。图 4-54（b）为间距增加后的尾流变化状况：对于相同的 $C_{4\varepsilon}$ 取值，随着间距从 7.0D 到 10.5D 的变化过程中，风电机组间距越大，尾流平衡的速度越缓慢。综合上述分析，得到结论如下：$C_{4\varepsilon}$ 对尾流分布有很大影响，通过调节，可使模拟结果与测量值尽量吻合；对于单行风电机组，尾流随着叠加作用在前几排不断增强，然后达到平衡，最终随着接近出口，恢复作用加强，大于其叠加作用，使风电机组相对功率有所上升；增大 $C_{4\varepsilon}$ 或减小风电机组间距都会加快尾流达到平衡的速度，而减小 $C_{4\varepsilon}$ 或增大风电机组间距会使尾流很难达到平衡，但由其导致的功率降低也比较小。

（2）三行排布风电机组的尾流模拟。根据单行风电机组尾流模拟测试的结果，将 $C_{4\varepsilon}$ 取 0.02 的设置用于三行风电机组尾流场计算，研究在各行风电机组尾流场可能存在相互作用时，后排风电机组相对功率分布的变化情况（图 4-54）。当 $C_{4\varepsilon}=0.02$ 时，以第四、五排风电机组为界限，在其之前尤其是第二排位置，计算值大于测量值，而在之后的各排风电机组，计算得到的相对功率却小于测量值。这说明 $C_{4\varepsilon}$ 的取值在前排风电机组处偏小，而在后排风电机组处偏大，应对 $C_{4\varepsilon}$ 进行关于排数的修正：取 $C_{4\varepsilon}$ 在前排为大值后排为小值的情况。由于尾流的叠加作用，处于后排的风电机组平均风速小于前排，因此可将 $C_{4\varepsilon}$ 与排数的关系关联成 $C_{4\varepsilon}$ 与风轮平均风速的关系。结合 $C_{4\varepsilon}=0.02$ 时各排风电机组的平均风速和不同修正方式的模拟计算结果，最终提出修正公式为

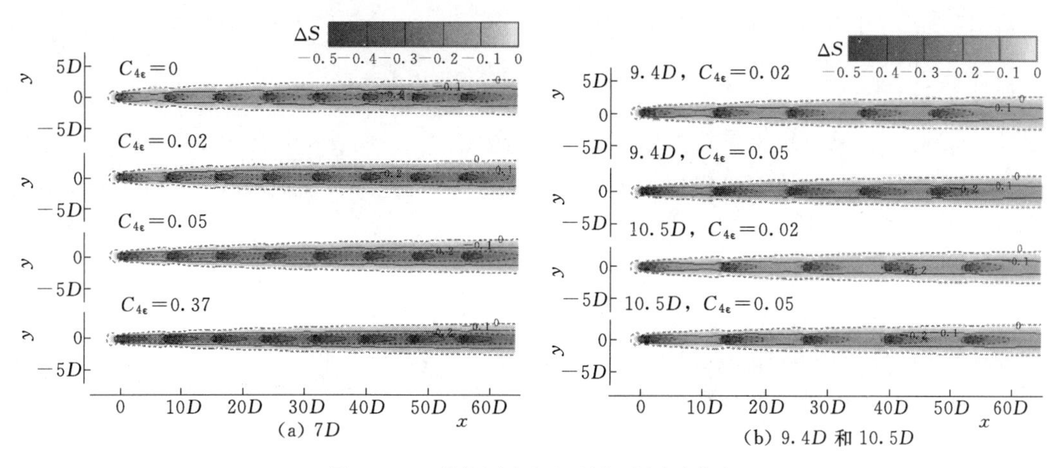

图 4-54　单行风电机组风加速因子分布

$$C_{4\varepsilon}=C_{4\varepsilon0}+\frac{u-u_0}{u_1-u_0}(C_{4\varepsilon1}-C_{4\varepsilon1}) \tag{4-26}$$

其中，$C_{4\varepsilon0}=0.0$，$C_{4\varepsilon1}=0.37$，$u_0=4.8\text{m/s}$，$u_1=5.0\text{m/s}$。使用该修正公式模拟尾流得到的结果如图 4-55 所示。图 4-55 中显示修正后的结果较修正前（$C_{4\varepsilon}=0.02$）得到了明显改善，说明在当前的尾流计算中对 $C_{4\varepsilon}$ 做线性修正是可行的。

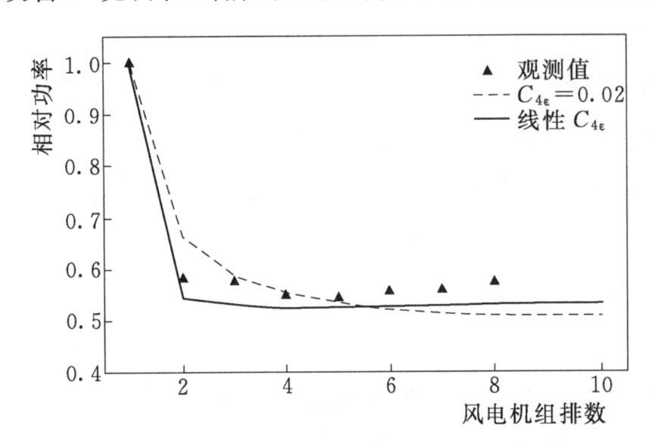

图 4-55　三行风电机组不同参数对相对功率的影响

三行风电机组风加速因子分布如图4-56 所示。由于前排风电机组平均风速高，$C_{4\varepsilon}$取值大，因此修正后的尾流效应相对修正前在前排风电机组中得到了明显加强，而后排风电机组由于其平均风速低，$C_{4\varepsilon}$取值小，使得其尾流相应相对于修正前有所减弱。$C_{4\varepsilon}$线性修正的整体效果就是在前排使尾流加强，而在后排处使之减弱，从而使得模拟出的流场与实际情况更加接近。

（3）全场风电机组的尾流模拟。将式（4-26）的 $C_{4\varepsilon}$修正方式用于整场风电机组尾流模拟，计算得到的后排风电机组相对功率如图 4-57 所示。图 4-57 中所示使用修正的 $C_{4\varepsilon}$，对于主流风向间距为 7.0D 的排布方式，全场与三行风电机组尾流的模拟结果基本相同，说明三行风电机组尾流能够很好地模拟全场的尾流情况，两者具有很强的相似性。进一步研究发现：$C_{4\varepsilon}$修正方式对风电机组间距增加后尾流模拟的改进效果降低，特别是间距为 10.5D 时，在第二、第三排风电机组处计算值与测量值偏差较大。为使间距增大时，模拟效果仍然较优，还需要对 $C_{4\varepsilon}$进一步改进，使

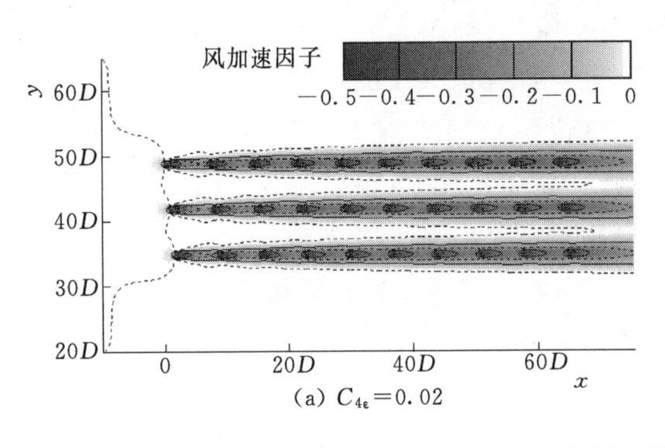

(a) $C_{4\varepsilon}=0.02$

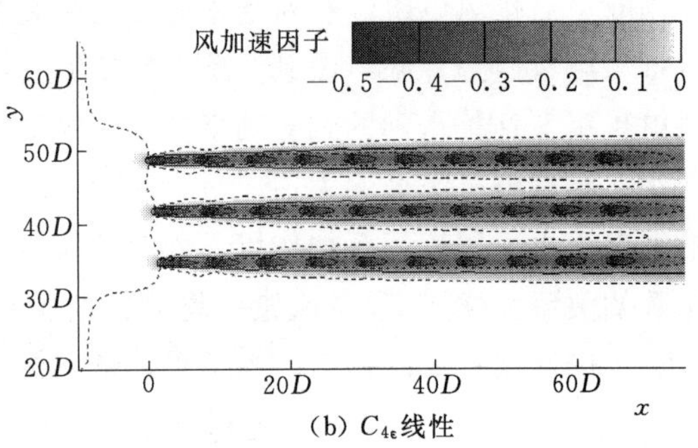

(b) $C_{4\varepsilon}$线性

图 4-56　三行风电机组风加速因子分布

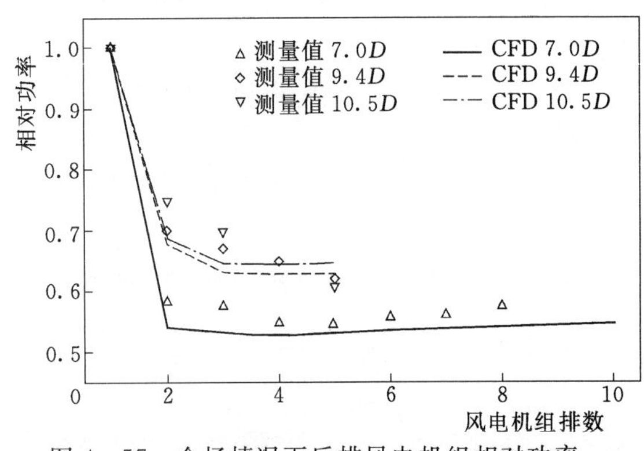

图 4-57　全场情况下后排风电机组相对功率

其值在前排风电机组处适当减小。此外 9.4D 和 10.5D 的测量值在第二排处差异较大，这说明实际尾流的恢复速度在 9.4D 位置处有一个加速过程，使其到 10.5D 位置的风速已经恢复到适当高的水平，造成两种间距条件下第二排风电机组相对功率偏差增大。图 4-57 中两种间距下的 CFD 计算结果比较接近，说明使用现有的拓展 $k-\varepsilon$ 湍流模型不能很好模拟远尾流区尾流加速恢复的情况。

Horns Rev Ⅰ风电场在三种风向条件下的尾流分布如图 4-58 所示。图 4-58 中显示了在不同风电机组间距下风电机组尾流的扩散、叠加与恢复过程。其中图 4-58（a）为风向为 270°时的情况，显示出尾流恢复速度从前排到后排不断加快的过程，而在其他两个风向，即图 4-58（b）中由于风速间距增加，第二排风电机组处的入流风速增加，设置的 $C_{4\varepsilon}$ 变大，使得尾流作用加强，造成该处的相对功率比测量值偏小，其他后排的模拟结果与其相似。由此可见，按照式（4-26）修正的 $C_{4\varepsilon}$ 对于间距为 10.5D 时还存在一定的不适应，有待深入改进。

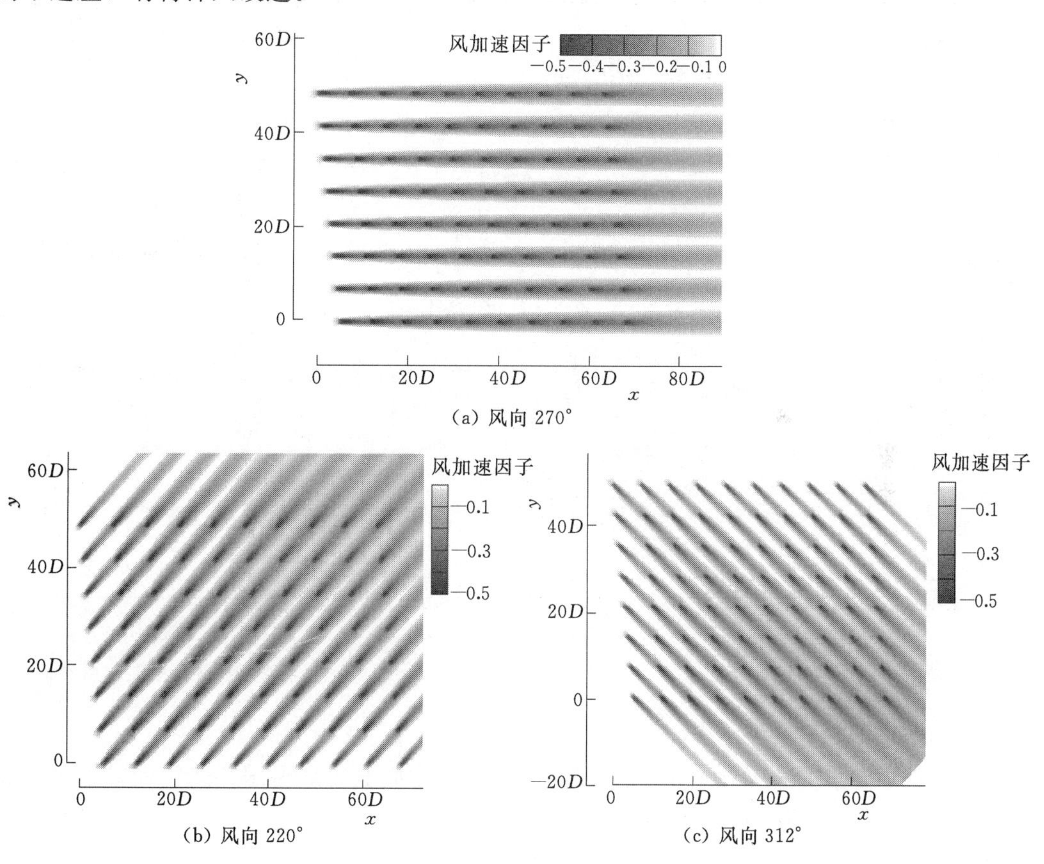

图 4-58　全场风加速因子分布

4.4.2　陆上风电场流场模拟方法比较

1. 风电场地形

本节计算的是我国西北某风电场，其风能资源丰富，以西风和东南风的风能频率最高，盛行风向稳定；该风电场属于北山山系山前冲洪积倾斜平原的戈壁滩地貌。为验证计算方法的可靠性，选取的计算域地形及风电机组位置如图 4-59 所示，大小为 1.5km×2.1km，高度方向上高度差最大为 1km。

2. 风电机组介绍

风电场风电机组额定功率为 1500kW，直径为 82m，塔架高度为 70m。风电机组参数表见表 4-8，功率曲线和推力系数曲线如图 4-60 所示。

表 4-8　风电机组参数表

项　目	数值	项　目	数值
额定功率/kW	1500	切出风速/(m·s^{-1})	22
直径/m	82	叶片数	3
切入风速/(m·s^{-1})	3	塔架高度/m	70
额定风速/(m·s^{-1})	10.3		

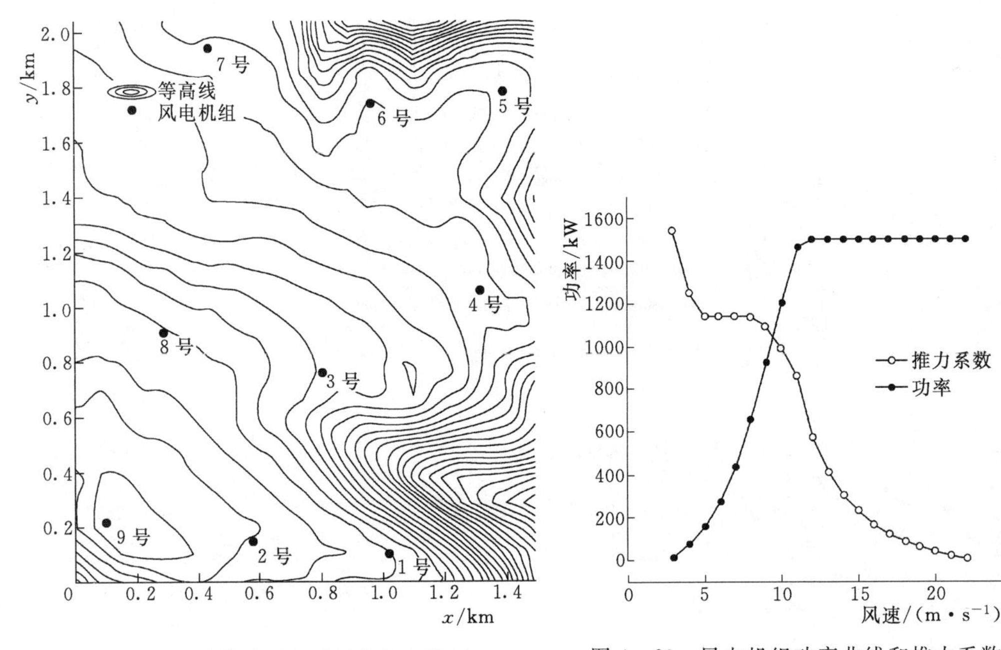

图 4-59　计算域地形及风电机组位置

图 4-60　风电机组功率曲线和推力系数曲线

3. 边界条件与求解

求解器采用了 Fluent 软件，依据图 4-61 所示的风电场地形图，速度入口通过 UDF 编程输入。出口按照压力出口设置，即

$$p=p_0 \tag{4-27}$$

式中　p——进口压力；

p_0——给定值。

左右两侧及上表面均采用对称边界，有

$$u_i=0,\quad \frac{\partial}{\partial i}(u_x,u_y,u_z,k,\varepsilon)=0\quad i=x,y,z \tag{4-28}$$

地表利用标准壁面函数模拟，粗糙长度为

$$K_S=\frac{Ez_0}{C_S} \tag{4-29}$$

其中 $E=9.793$，$C_S=1.0$。

数值模拟中压强与速度场的耦合采用SIMPLEC算法求解，微分方程的离散化均采用二阶上风差分格式。

4. 计算结果分析

（1）风电机组的入流速度。计算区域入口的风速为南风，而每台风电机组的入流风速按照功率曲线的反函数 f，得到风速在切入风速和额定风速区间与功率的关系为

$$P=f(V_0) \tag{4-30}$$

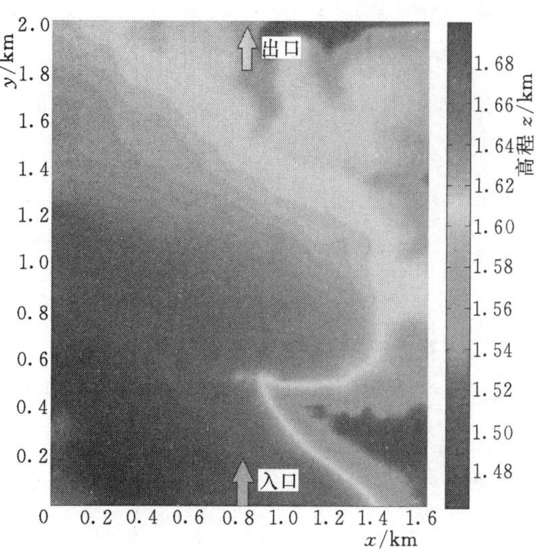

图 4-61　风电场地形图

式中　V_0——风电机组入口速度；

P——与图 4-60 风电机组功率曲线和推力系数曲线对应的风电机组功率。

风电机组入口转化速度为

$$V_z=4.92\times10^{-9}P^3-1.31\times10^{-5}P^2+0.0145P+2.89 \tag{4-31}$$

式中　V_z——通过功率反算的风电机组入口转化速度。

本节通过UDF编程辨识致动盘区域，添加源项后模拟出直径为82m的风轮区域进行计算。单台风电机组致动盘区域的网格图如图 4-62 所示。

（2）网格测试。在计算域上进行网格划分，在底面上采用10m的网格间隔，在高度方向上采用网格长度递增方式划分网格，递增比例为1.04，总高度为1000m，高度方向上网格的划分如图 4-63 所示，分别计算不同比例，高度方向上的网格分别为 $n=15$、

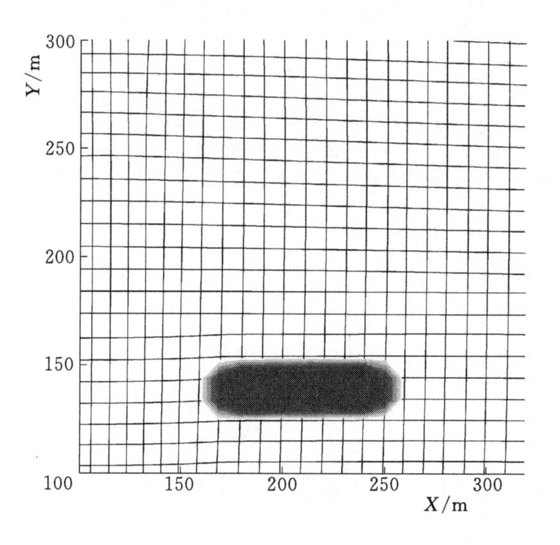

图 4-62　单台风电机组制动盘区域的网格图

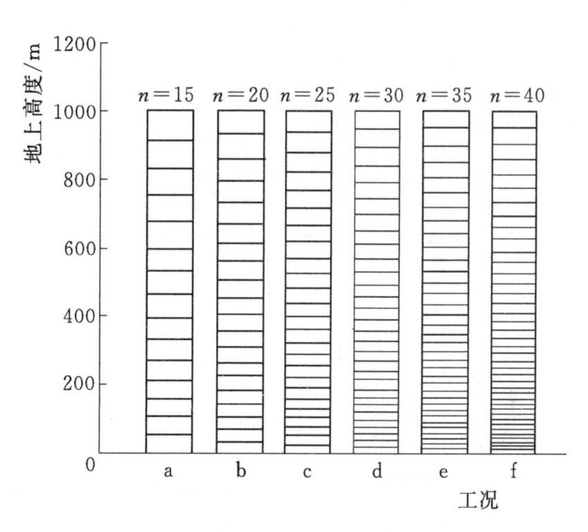

图 4-63　高度方向上网格的划分

20、25、30、35、40 这 6 种工况，总的计算区域网格分别为 54 万、72 万、90.5 万、108 万、126 万、144.8 万，计算工况分别记为 a、b、c、d、e、f。不同计算数目 *n* 时各风电机组计算风速和转化风速的对比见表 4-9。

不同计算数目 *n* 时风速误差的大小见表 4-10，表 4-10 是 6 种工况由 CFD 计算的误差。不同网格之间的风速比较如图 4-64 所示。在风电机组 5 号、6 号处各工况的计算风速与测量风速误差较大，其余各处工况计算值与测量值比较接近，误差均在 20%以内。究其原因，5 号和 6 号风电机组靠近出口处，受出口条件的影响，另外这两台风电机组所处位置地形变化较大。

表 4-9　不同计算数目 *n* 时各风电机组计算风速和转化风速的对比

风电机组编号	1号	2号	3号	4号	5号	6号	7号	8号	9号
转化速度/($m\cdot s^{-1}$)	7.20	7.89	6.68	7.23	4.96	5.51	6.48	8.00	7.74
工况 a/($m\cdot s^{-1}$)	8.49	7.97	8.80	6.78	7.62	8.16	6.72	8.46	8.35
工况 b/($m\cdot s^{-1}$)	7.99	7.23	6.57	6.26	7.07	8.21	5.63	8.47	7.24
工况 c/($m\cdot s^{-1}$)	7.99	7.14	6.39	6.15	7.21	8.62	5.56	8.44	7.16
工况 d/($m\cdot s^{-1}$)	7.97	7.15	6.05	6.08	7.16	8.83	5.30	8.44	7.08
工况 e/($m\cdot s^{-1}$)	7.99	7.15	6.75	6.49	7.09	8.90	5.49	8.43	7.08
工况 f/($m\cdot s^{-1}$)	8.01	7.13	6.29	6.21	7.03	9.25	5.26	8.43	7.08

表 4-10　不同计算数目 *n* 时风速误差的大小

风电机组编号	1号	2号	3号	4号	5号	6号	7号	8号	9号
工况 a/($m\cdot s^{-1}$)	17.92%	1.01%	31.74%	−6.22%	53.63%	48.09%	3.70%	5.75%	7.88%
工况 b/($m\cdot s^{-1}$)	10.97%	−8.37%	−1.65%	−13.42%	42.54%	49.00%	−13.12%	5.88%	−6.46%
工况 c/($m\cdot s^{-1}$)	10.97%	−9.51%	−4.34%	−14.94%	45.36%	56.44%	−14.20%	5.50%	−7.49%
工况 d/($m\cdot s^{-1}$)	10.69%	−9.38%	−9.43%	−15.91%	44.35%	60.25%	−18.21%	5.50%	−8.53%
工况 e/($m\cdot s^{-1}$)	10.97%	−9.38%	1.05%	−10.24%	42.94%	61.52%	−15.28%	5.38%	−8.53%
工况 f/($m\cdot s^{-1}$)	11.25%	−9.63%	−5.84%	−14.11%	41.73%	67.88%	−18.83%	5.38%	−8.53%

从均方差数值来看，b 工况均方差最小为 0.22，计算结果与测量结果的曲线形状基本一致，计算值最接近于测量值，因此选择 b 工况的计算网格进行后续的边界条件测试和模型测试。

（3）边界测试。本节测试使用三种边界条件对计算精度的影响，三种出口边界分别为压力出口（Pressure-outlet）、自由出流（Outflow）、出口通风（Outlet-vent）。
其中，自由出流为

$$\frac{\partial}{\partial i}(u_x, u_y, u_z, k, \varepsilon)=0 \quad (i=x, y, z) \tag{4-32}$$

出口通风为

$$p_{out}=p_0, \quad T_{out}=T_0 \tag{4-33}$$

式中 p_{out}——出口静压；

T_{out}——出口静温度；

T_0——给定值。

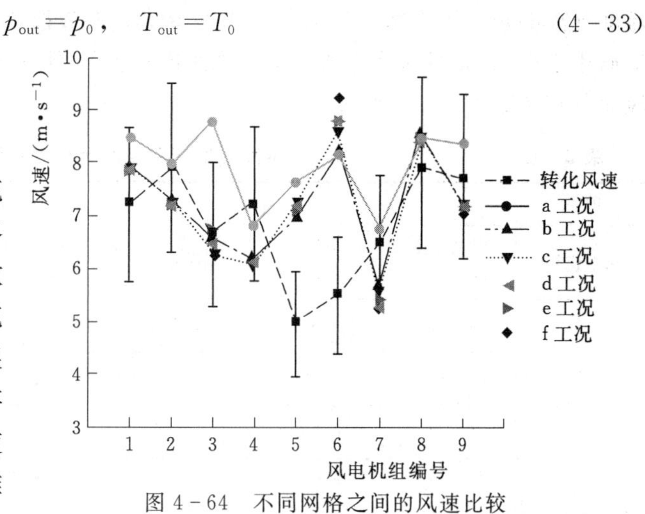

图 4-64 不同网格之间的风速比较

自由出流适合于在出口上的流动全面发展的情况，因为这种边界条件假设除压力外的所有流动参数法向梯度为0，不适用于压缩性流动计算，当流场中存在回流时，很难收敛。由于有模拟风电机组的存在，回流问题很难避免，因而在使用Outflow作为出口边界时计算难以收敛，所以并无计算结果。其余两种计算结果见表4-11不同出口边界条件下风速的大小以及误差。Pressure-outlet和Outlet-vent这两种出口边界条件的计算结果和误差的均方差都很接近，而压力出口用于定义流动出口的静压，在回流问题上比较符合实际的值，收敛性困难就会被减到最小，故而选择压力出口计算较为理想。

表 4-11　　不同出口边界条件下风速的大小以及误差

项目	压力出口			出口通风	
风电机组	转化速度/(m·s⁻¹)	风速/(m·s⁻¹)	误差	风速/(m·s⁻¹)	误差
1号	7.200	7.987	10.93%	7.985	10.90%
2号	7.893	7.230	−8.41%	7.230	−8.41%
3号	6.676	6.565	−1.66%	6.565	−1.66%
4号	7.225	6.264	−13.30%	6.265	−13.29%
5号	4.957	7.068	42.57%	7.069	42.58%
6号	5.511	8.208	48.93%	8.211	48.98%
7号	6.479	5.631	−13.08%	5.632	−13.07%
8号	7.999	8.473	5.92%	8.473	5.93%
9号	7.742	7.235	−6.55%	7.235	−6.55%
均方差			0.219883		0.21998

(4) 湍流模型测试。

风电场工程计算的湍流模型常用的有 $k-\varepsilon$，$k-\omega$（SST）和 $S-A$ 三种，不同模型下风速的大小以及误差见表4-12，不同模型之间风速比较图如图4-65所示。可以看出 $k-\varepsilon$ 和 $k-\omega$（SST）模型计算结果比较接近，并与测试结果接近，这是因为 $k-\omega$（SST）模

型虽然是在 $k-\varepsilon$ 模型的基础上发展起来的，但在近壁自由流中却有更广泛的应用性和精确度，在本次计算结果中也很好地证明了 $k-\omega$（SST）这一点。而 $S-A$ 模型误差较大，是因为 $S-A$ 模型是相对简单的方程，考虑到了湍动的对流输运和扩散输运，但对一些回流和分离的运动不宜适应。另外，由两者均方差数值比较得到：$k-\omega$（SST）模型的计算值略小于 $k-\varepsilon$ 模型的计算值，所以采用的计算模型为 $k-\omega$（SST）模型，高度为 70m 处风速分布图如图 4-66 所示。

表 4-12　　不同模型下风速的大小以及误差

项目		$k-\varepsilon$		$k-\omega$（SST）		$S-A$	
风电机组	转化速度 /(m·s^{-1})	风速 /(m·s^{-1})	误差	风速 /(m·s^{-1})	误差	风速 /(m·s^{-1})	误差
1 号	7.201	7.988	10.93%	7.983	10.87%	7.987	10.91%
2 号	7.894	7.230	−8.41%	7.224	−8.47%	7.229	−8.42%
3 号	6.676	6.565	−1.66%	8.135	21.86%	6.516	−2.40%
4 号	7.226	6.264	−13.30%	6.275	−13.15%	6.359	−11.99%
5 号	4.958	7.069	42.57%	7.058	42.38%	7.132	43.85%
6 号	5.512	8.209	48.93%	8.071	46.44%	8.625	56.48%
7 号	6.479	5.632	−13.08%	5.693	−12.12%	5.926	−8.54%
8 号	8.000	8.474	5.92%	8.475	5.95%	8.481	6.01%
9 号	7.743	7.236	−6.55%	7.240	−6.48%	7.231	−6.61%
均方差			0.220		0.215		0.233

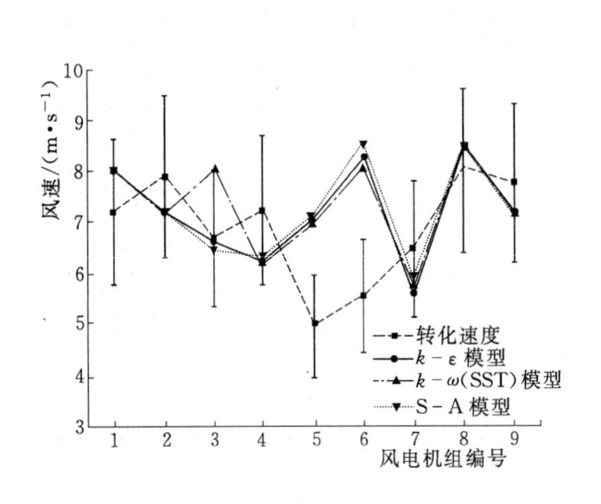

图 4-65　不同模型之间风速比较图

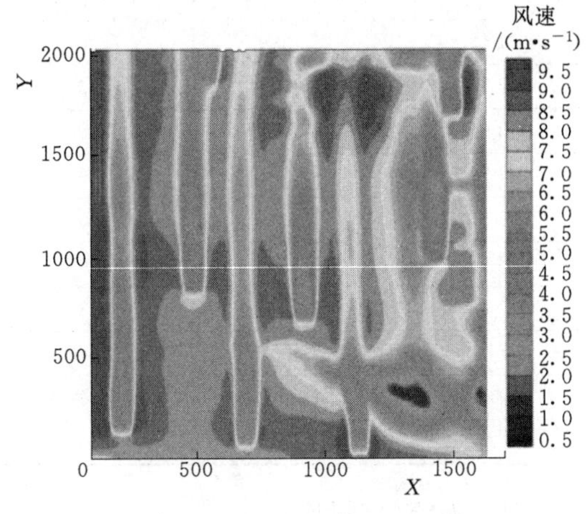

图 4-66　高度为 70m 处风速分布图

5. 结论

通过本节的风电场空气动力场测试计算与分析，得到的结论有：

（1）耦合已有的致动盘理论来模拟包含风电机组的风电场空气动力场，可以得到包括风电机组尾流影响的空气动力场，比以往只计算不包括风电机组的空气动力场，然后耦合经验尾流模型，得到完整的空气动力场，在计算方法上有一定的提高。

（2）计算网格并不是越多越好，本节得到的计算网格约72万比较适宜。

（3）压力出口的边界条件和 $k-\omega$（SST）湍流模型对风电场空气动力学计算可以得到较好的计算精度。

（4）通过CFD数值模拟结果与实测风速比较，所得的误差除风电机组个别位置误差较大外，其他误差均在20%以内，可以认为CFD计算方法对风能计算或者风功率预测有效。

4.4.3 陆上风场尾流模拟

由于近海区域地势平坦，地形对流场的影响程度小，模拟近海风电场的主要目的是为了验证基于风轮平均风速的致动盘尾流模型可行性。本节针对陆上复杂地形风电场的情况开展尾流模拟方法的研究，侧重于地形及尾流对流场的综合影响以及由地形造成的入口风速分布不均匀的现象。模拟测试的风电场与4.2.3节中介绍的相同，但由于增加了风电机组尾流模拟环节，结果对比使用的数据取自风电机组正常工作时段，此时入流风速平均值约为6.783m/s。此外由于4.4.1节对 $C_{4\varepsilon}$ 的修正只适用于个别情况，因此本节对陆上风电场的尾流模拟仍将 $C_{4\varepsilon}$ 设为0.37。

1. 均匀入流复杂地形风电场模拟

（1）网格划分方案比较。网格划分方案对照表见表4-13。使用了表4-13所示的两种网格划分方案，分别模拟入流风速为8m/s时的流场分布，不同网格尺度下风轮平均风速对比如图4-67所示。两种网格所得结果比较接近，但仍存在差异，按网格就密原则，选择方案B。

表4-13　　网格划分方案对照表

方案	风轮区尺度/m	非风轮区/m	网格数
A	20	30	400万
B	15	30	560万

（2）不同入流条件下风电机组加速因子对比。分别对入流风速为4m/s、5m/s、8m/s、9m/s、10m/s和12m/s的情况进行模拟，得到风电机组加速因子对比如图4-68所示（未标明5m/s）。随着入流风速的增加，同一台风电机组处的风加速因子有所增加，其上限为不考虑风电机组时该处的风加速因子；而对于同一入流条件，不同风电机组风加速因子分布曲线与不考虑风电机组时的风加速因子分布曲线大致变化趋势相似。

不同入流风速时风加速因子分布如图4-69所示。根据是否在风电机组尾流区内，图4-69中区域可划分成风电机组尾流区和非尾流区。尾流区内的流动受到地形和风电机组尾流场的共同影响，且两种影响因素的对流场的影响程度与入流风速相关：入流风速低时尾流影响占优，入流风速高时地形影响占据主导地位。

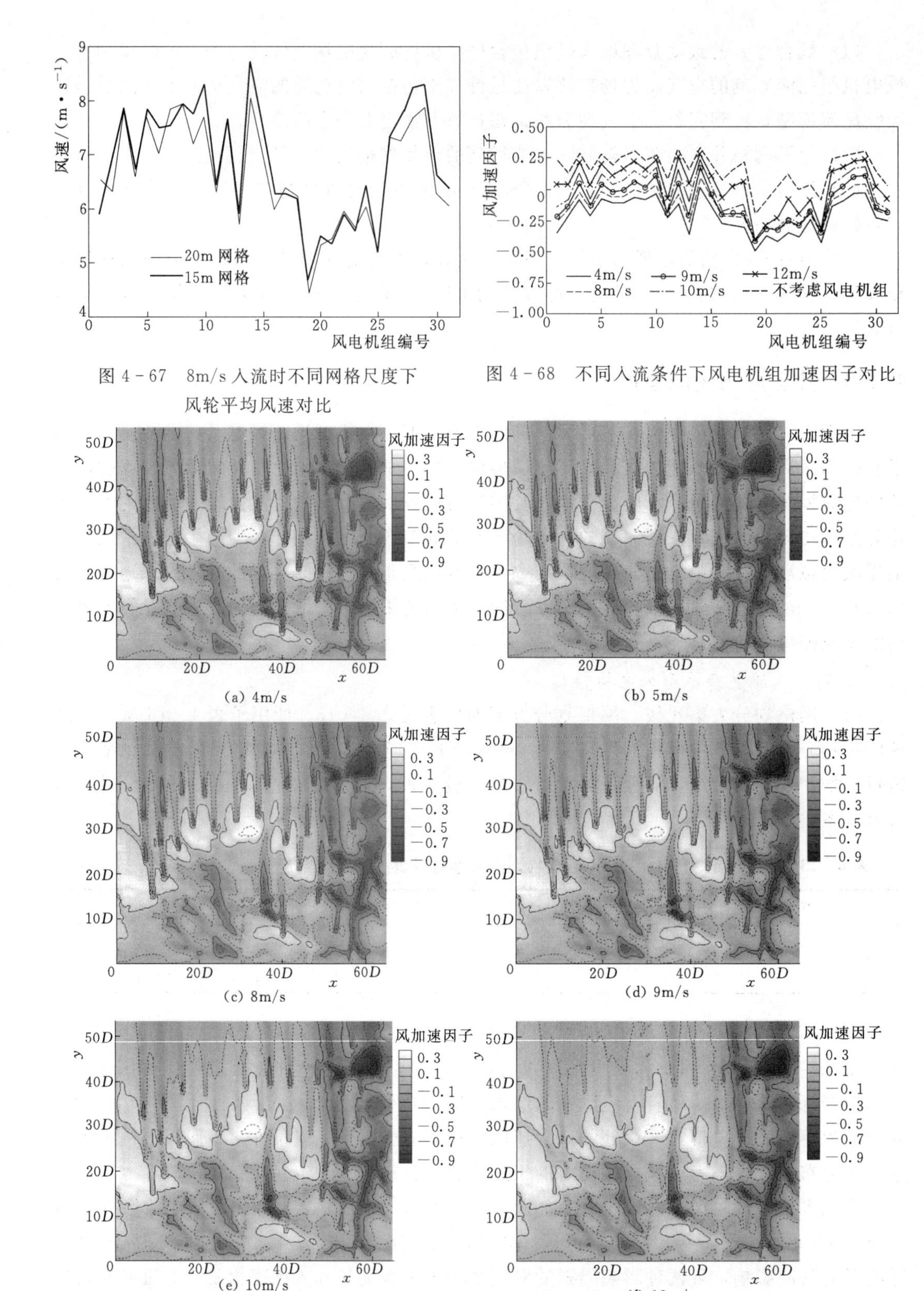

图 4-67　8m/s 入流时不同网格尺度下风轮平均风速对比

图 4-68　不同入流条件下风电机组加速因子对比

图 4-69　不同入流风速时风加速因子分布

地形对风加速因子的影响随入流风速的增加基本不发生变化，因此尾流区内风加速因子的改变主要取决于风电机组尾流与入流风速之间关系。随着入流风速的增加，致动盘处的推力系数不断减小，风轮区平均风速相对降低量减少，尾流恢复速度增快，会导致风电机组尾流对风加速因子的影响减弱，使流场表现出低风速尾流影响占优、高风速地形影响占优的情况。在非尾流区，流场主要由地形条件影响，地形对风向大小的增加及风向的改变作用，会直接影响下游风电机组的尾流区流场。

入流风速为 8m/s 时流场内的湍流强度和压强分布情况如图 4－70 所示。由于添加了致动盘模型，流场内湍流强度和压强发生改变：在致动盘附加及其尾流区内湍流强度明显增大，且受尾流叠加的影响，湍流强度增加的区域产生了重合，范围扩大；致动盘模型对风轮区域施加了动量源项，会导致风在流经致动盘时出现明显的压降变化，但这种变化又在周围流场的影响下迅速消失。

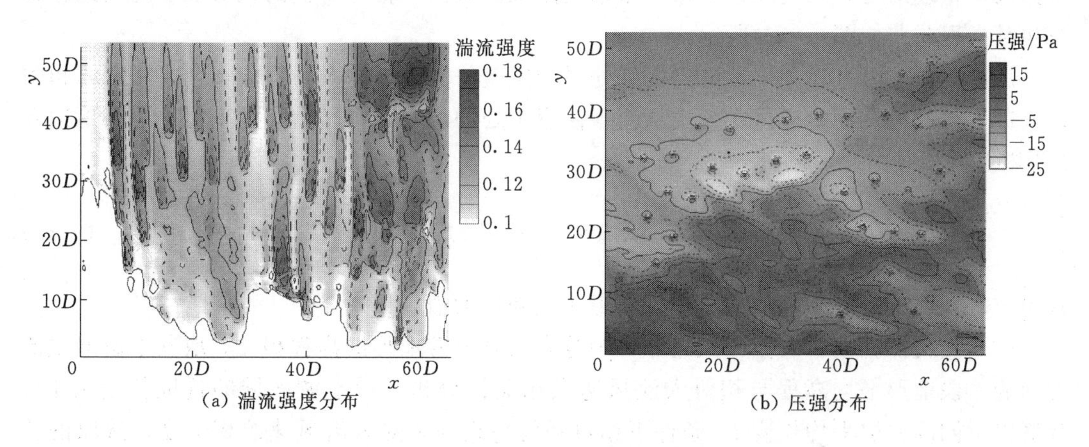

(a) 湍流强度分布　　(b) 压强分布

图 4－70　8m/s 时流场内的湍流强度和压强分布情况

2. 复杂地形非均匀入流条件

入流边界风速由于受到上游地形的影响，分布不均匀的情况已经在 4.2.3 节中做过初步讨论。当时讨论的是风电场内各台风电机组停转、入流平均风速较低的情形，其数据量为 58 条记录，仅占入口为南风记录条数的 18.6%，其余为风电机组正常工作的情况。本节将利用风电机组正常工作的测量数据，使用致动盘尾流模型，通过数值模拟和一定的转换方法，推算出较为全面的风电场非均匀入流条件。

(1) 推算方法。为方便叙述，将功率曲线对应的轮毂入流风速称为参考风速，记做 U_{REF}，而将复杂地形轮毂高度处的风速称为入流风速，记做 U_0。以风轮平均风速 $\overline{u_{\mathrm{d}}}$ 为中间量，借助输出功率 P 与参考风速 U_{REF} 的关系、风轮平均风速 $\overline{u_{\mathrm{d}}}$ 与参考风速 U_{REF} 及轮毂高度入流风速 U_0 的关系，可以建立输出功率 P 与轮毂高度入流风速 U_0 的关系，即 $P \rightarrow U_{\mathrm{REF}} \rightarrow \overline{u_{\mathrm{d}}} \rightarrow U_0$。根据功率特性曲线，有

$$P = f_{\mathrm{P}}(U_{\mathrm{REF}}) \tag{4-34}$$

当入流风速小于额定风速时，函数 $P = f_{\mathrm{P}}(U_{\mathrm{REF}})$ 存在反函数，即

$$U_{\mathrm{REF}} = f_{\mathrm{P}}^{-1}(P) \tag{4-35}$$

且由动量理论知

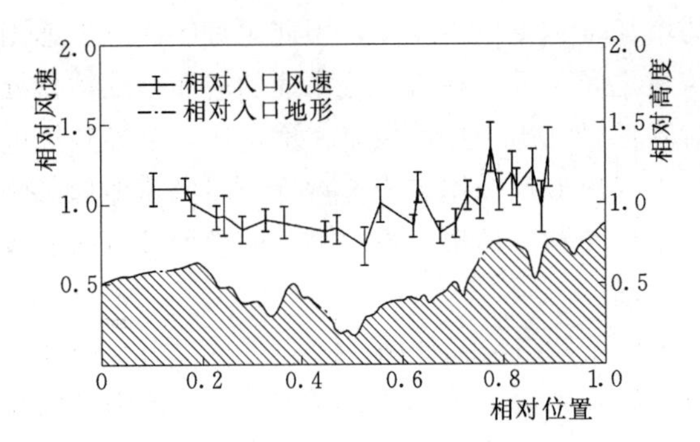

图 4-71　入口处平均风速分布与相对高程分布

$$\overline{u_d}=\frac{1}{2}(1+C_T)U_{REF} \tag{4-36}$$

设置多组 U_0 不同的均匀入流条件，通过模拟复杂风场流场，可以直接得到$\overline{u_d}$和 U_0 的一一对应关系为

$$U_0=f_{\Delta S}(\overline{u_d}) \tag{4-37}$$

令$\overline{u_d}=f_{C_T}(U_{REF})$，则

$$U_0=f_{\Delta S}\{f_{C_T}[f_P^{-1}(P)]\} \tag{4-38}$$

由功率 P 根据式（4-38）反向推出各台风电机组对应的轮毂高度入流风速，得到入口轮毂高度处入流风速分布。根据实际观测数据，推算得到的入口处平均风速分布及相对高程分布如图 4-71 所示。

从图 4-71 中直观上可看出，入口处平均风速的分布与相对高程分布存在一定的相关性，进一步的相关性验证将在后文给出。注意本处的相对高程是指高度坐标 z 与当地边界 z 界限差的相对比值，记做 z^* 为

$$z^*=\frac{z-z_{min}}{z_{max}-z_{min}} \tag{4-39}$$

式中　z_{min}、z_{max}——当地边界 z 坐标的最小值和最大值。

（2）相关性验证。入流面风速非均匀分布与其上游地形的高程相关。取其上游沿主流方向的一段地形平均高程与相对入流风速做相关性分析。设上游区域的选取长度为 L_y，计算出不同高程取平均长度 L_y 条件下相对平均高程与相对入流风速的相关度，选取的长度与相关性如图 4-72 所示。从图 4-72 中发现，当 $L_y=150$m 时，两种参数的相关度最高，为 0.793。此时对两者的关系进行线性拟合，得到如图 4-73 所示高程与风速比值相关性的拟合结果。图 4-73 表明两者之间存在很强的线性相关性。入口风速与地形如图 4-74所示。图 4-74 显示出 $L_y=150$m 时两者的分布情况，更加说明了入流面上游一定范围的地形分布状况与入流风速非均匀性之间存在的相关性。

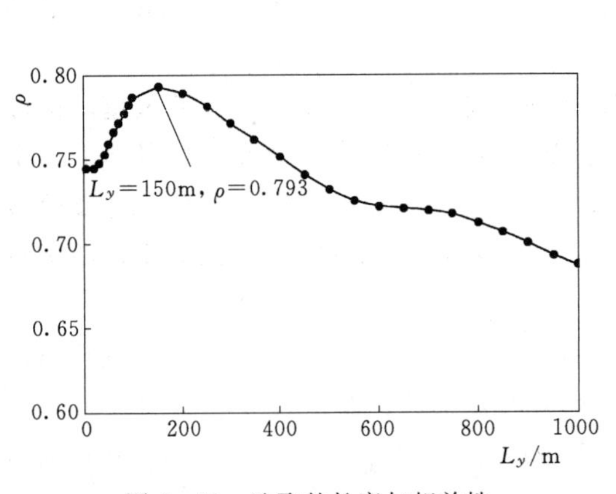

图 4-72　选取的长度与相关性

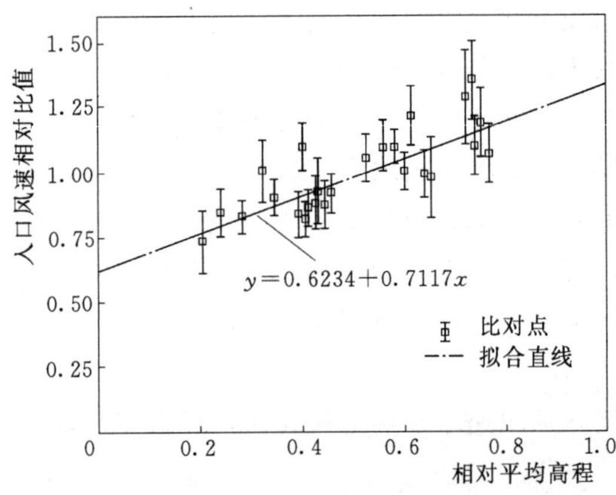

图 4-73　高程与风速比值相关性的拟合结果

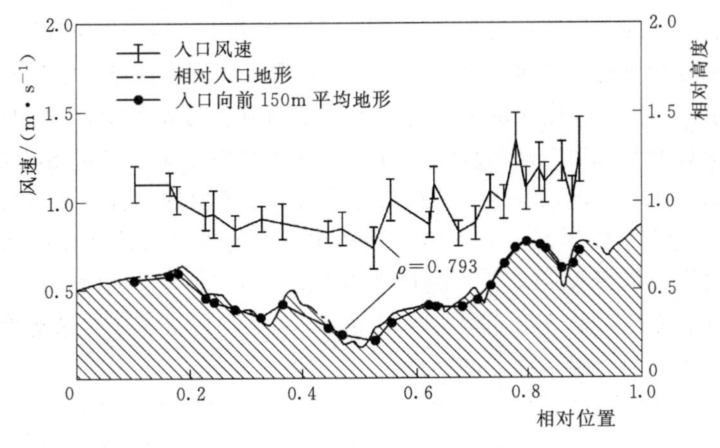

图 4-74　入口风速与地形

（3）流场分布与入流非均匀性验证。使用上述推算的非均匀入流条件，由实际测量的功率推算入流风速平均值为 6.783m/s、湍流强度为 11.42%，计算流场分布，非均匀入流下流场分布如图 4-75 所示。其中图 4-75（b）显示的风加速因子分布与图 4-75（a）中设置的入流风速条件相互对应，如 $x/D \in [20, 40]$ 区域处于谷底范围，高程低，根据高程与风速的相关性可知，此处的入流风速也相应较低，从而导致下游即使在上坡位置风加速因子仍处于较低水平。入口风速的非均匀性完全打乱了流场布局，重新设定了低风速区和高风速区。此外湍流强度和压强分布也随入流风速的非均匀性发生了相应的改变，如由于中部入口风速降低，使得该处湍流强度影响区的相互叠加作用减弱，影响范围缩小。

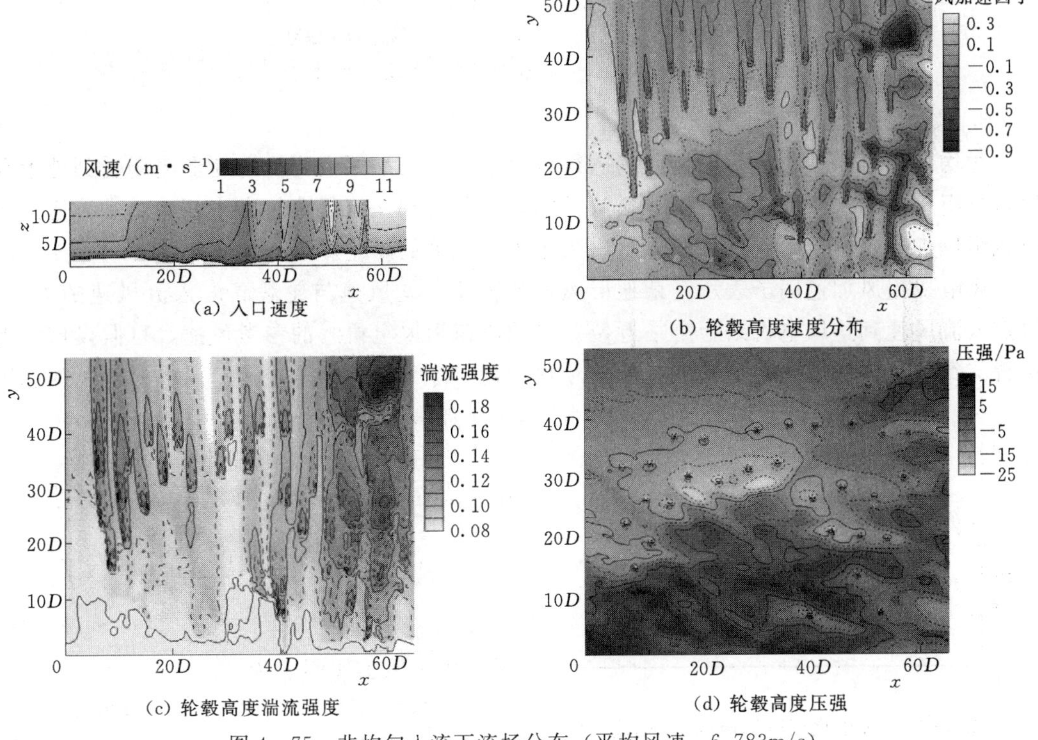

图 4-75　非均匀入流下流场分布（平均风速：6.783m/s）

将均匀入流条件的入流风速设置为 6.783m/s，根据均匀入流模拟的计算结果进行插值处理，可得到各台风电机组风轮处的平均风速情况。不同入流条件下风轮平均风速对比如图 4-76 所示。图 4-76 还显示了非均匀入流平均风速为 6.783m/s 时的计算结果，根据功率实测值推算的参考值以及两种入流方式下计算结果相对于参考值的误差分布情况。如图 4-76 所示，使用均匀入流条件计算出的结果与参考值的吻合状况非常差，绝对误差最高为 40.6%，绝对平均误差为 14.3%，而使用非均匀入流条件计算得到结果与参考值吻合度高，绝对误差最高为 14.5%，绝对平均误差仅为 6.1%。因此，根据本节提出的非均匀入流条件推算方法，估算出非均匀入流条件，将该条件应用于复杂地形流场的数值模拟中是可行的，且有利于提高计算准确度。

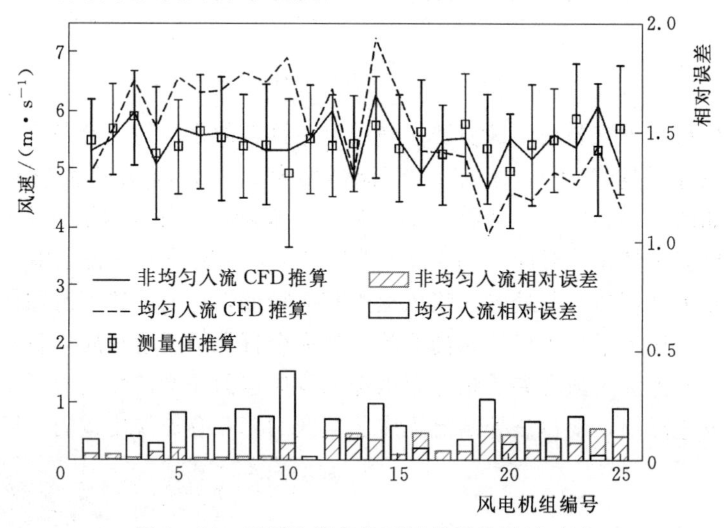

图 4-76 不同入流条件下风轮平均风速对比

3. 风电机组风加速因子叠加假设

对均匀入流条件下的风电场流场进行数值模拟，其结果说明复杂地形流场受到地形和风电机组尾流的共同作用，且两者对流动的影响程度与入流风速的大小相关。本节通过风电机组风加速因子，研究地形和风电机组尾流对流动的量化影响。

风电机组风加速因子表示复杂地形风电场风轮平均风速与轮毂高度入流风速的关系。设定入流风速到达风电机组上游临近位置时的风速为风电机组的参考风速，且假设该临近位置与致动盘区域重合，认为参考风速经致动盘时降为风轮平均风速。风电机组风加速因子叠加假设如图 4-77 所示。

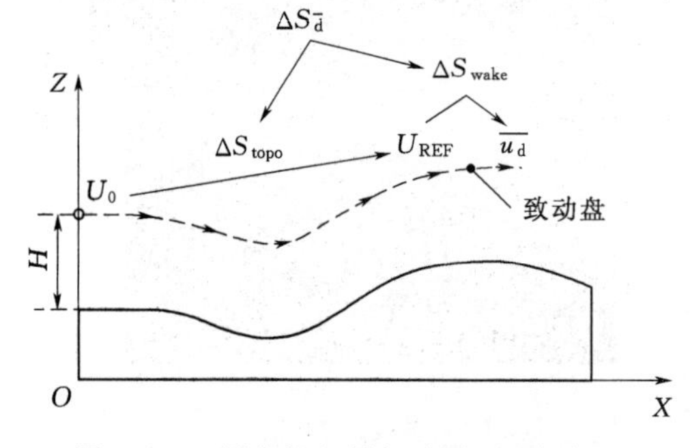

图 4-77 风电机组风加速因子叠加假设

将由地形产生的风加速因子记做 S_{topo}，由尾流效应产生的风加速因子记做 S_{wake}，则有

$$\Delta S_{topo}=\frac{U_{REF}-U_0}{U_0} \tag{4-40}$$

$$\Delta S_{wake}=\frac{\overline{u_d}-U_{REF}}{U_{REF}} \tag{4-41}$$

风电机组风加速因子为

$$\Delta S_{\overline{d}}=\Delta S_{topo}+(1+\Delta S_{topo})\Delta S_{wake} \tag{4-42}$$

式（4－42）为风电机组风加速因子的叠加假设。

如果风电机组上游方向不受尾流影响，按单机 Park 尾流模型处理，则

$$\Delta S_{\text{wake}} = -\frac{1}{2}(1-\sqrt{1-C_{\text{T}}}) \tag{4-43}$$

令 $C_{\text{T}} = g_{C_{\text{T}}}(U_{\text{REF}})$，有

$$\Delta S_{\bar{\text{d}}} = \frac{1}{2}\{\Delta S_{\text{topo}} + (1+\Delta S_{\text{topo}})\sqrt{1-g_{C_{\text{T}}}[(1+\Delta S_{\text{topo}})U_0]}-1\} \tag{4-44}$$

由于 $C_{\text{T}} = g_{C_{\text{T}}}(u_0)$ 为关于 u_0 的减函数，因此 S 为关于 U_0 的增函数。考虑当 U_0 足够大时，$C_{\text{T}} = g_{C_{\text{T}}}(u_0) \to 0$，于是 $\Delta S_{\bar{\text{d}}} = \Delta S_{\text{topo}}$，即风速 U_0 足够大时，风电机组风加速因子可只考虑地形影响。

均匀入流复杂地形风电场的模拟得到了多个入流风速下各台风电机组的风加速因子，结合无风轮时风电机组处风加速因子和推力系数也能得到一组风加速因子数值。模型与 CFD 计算风速对比如图 4－78 所示，其中图 4－78（a）表示所有风速下相关数据的对比情况，图 4－78（b）按风速显示两种方法得到的风电机组风加速因子的计算情况。在图 4－78（a）中数据对比点主要密集分布在直线 $y=x$ 附近，有一部分点处于直线 $y=x$ 之下，说明由式（4－40）计算的风电机组风加速因子与 CFD 模拟的结果比较接近，但仍存在一定偏差。偏差点大部分分布在直线 $y=x$ 下方，表示由 CFD 模拟得到的结果小于由式（4－40）结合相关数据计算出的结果。造成这种现象的原因是 CFD 模拟流场中考虑了地形和尾流的共同作用，而使用式（4－40）的叠加模型假设时，没有记入尾流对下游风电机组的影响，使得下游风电机组入流参考风速仍根据无风电机组时的风加速因子和入流风速计算，进而使下游风电机组处风加速因子偏大。图 4－78（b）中显示，当风速越大时由叠加模型推算的结果和 CFD 计算的结果越吻合，且有些风电机组使用两种方法得出的结果偏差明显大于其他风电机组。从式（4－40）可以看出，入流风速增大，尾流对流场的影响比重减小，而由尾流引起的叠加假设误差也相应降低，产生入流风速大、两种方法结果平均误差小的现象。

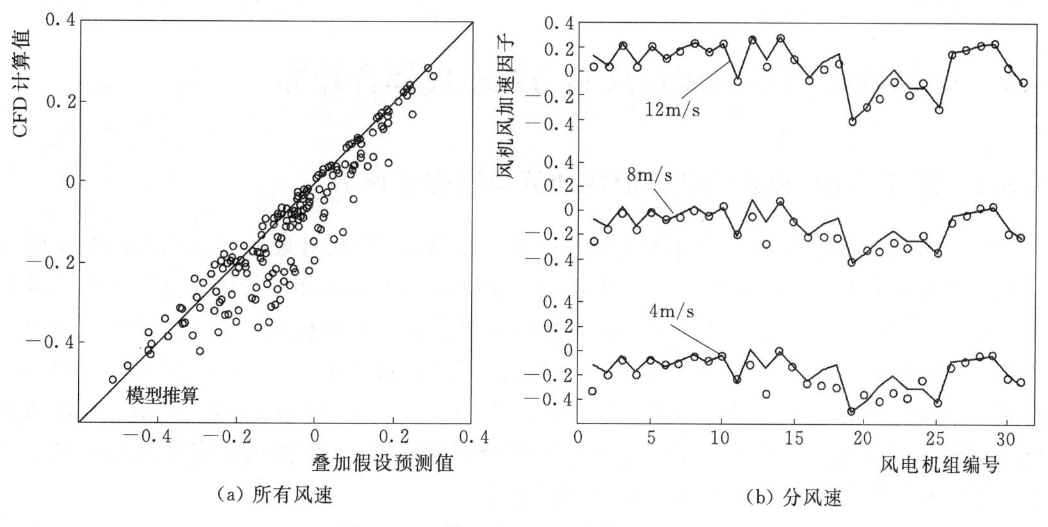

图 4－78　模型与 CFD 计算风速对比

——模型推算；○—CFD 计算

模型与CFD计算结果平均误差比较如图4-79所示。图4-79（a）进一步说明了平均误差随风速、风电机组的变化情况。对于某一风速下，各台风电机组在两种方法下风加速因子的计算平均误差基本在5%附近波动；从风电机组角度考虑，各台风电机组的计算平均误差波动很大，范围为0～20%。将各台风电机组平均误差按相对大小显示在地图中，形成图4-79（b）所示的分布情况。图4-79（b）中标定风电机组的圆形填充区直径代表风电机组的风加速因子计算误差相对大小，可以发现1号、13号、18号、22号等风电机组的计算误差明显偏大，而这些区域多处于尾流加强、风向偏转或地形多变区，条件复杂，叠加假设不再适用。综合上述分析，叠加假设的精度受到入流风速、地形条件及风电机组尾流的影响：同等条件下，入流风速越大，尾流对风电场的影响相对地形越小，叠加假设的精度越高；而当地形条件复杂时，绕流过程中伴随的风向改变，以及风电机组尾流对流速的非线性减弱作用，将对叠加假设的精度造成不利影响。

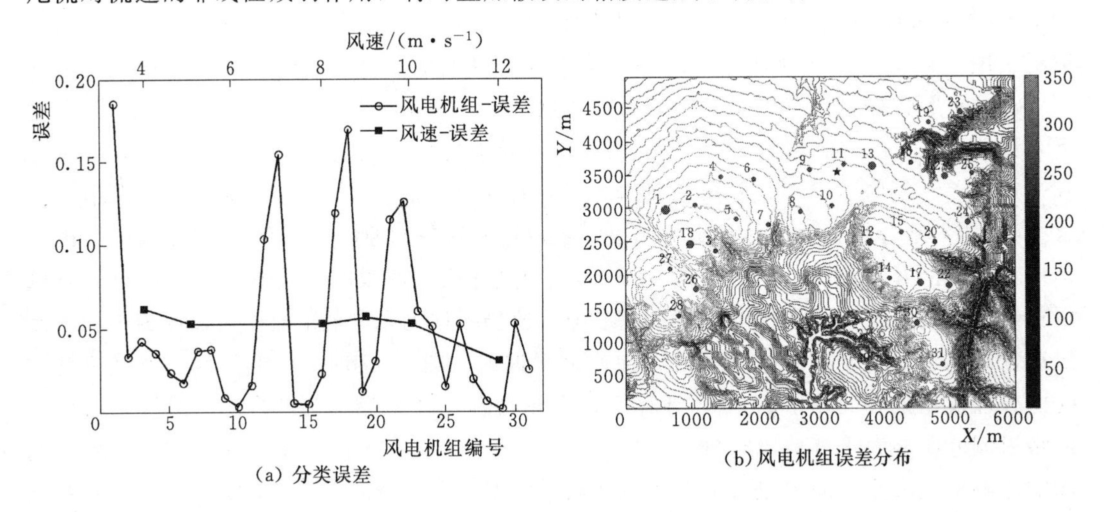

图4-79　模型与CFD计算结果平均误差比较

4.5　中尺度数值模式应用及其与微尺度耦合计算

4.5.1　基于WRF模式的江苏沿海地区风能资源评估

江苏沿海地区地形和下垫面性质比较特殊，而WRF模式对近地面风电场的模拟结果受地形及地表粗糙度的影响较大，特殊地形分布导致的下垫面热力特征不连续对模式模拟的精度也有影响。针对已经建有风电场的模拟区域来说，风电机组运行产生的尾流也会影响模式的模拟精度。本章运用中尺度气象模式WRF，根据第三章的风能资源分析结果，选择了最接近实测情况的模拟方案，并在模式中加入风电机组影响因素，考虑了风电机组尾流对模拟结果精度的影响，全面分析了江苏沿海地区2015年的风能资源状况，希望为建立沿海地区精细化风能资源评估系统提供参考。

1. WRF模式模拟方案设置

(1) WRF初始场资料。为了使模拟结果更接近实际情况，初始场和侧边界值采用经过数据同化的 NCEP 的 FNL 数据，每 6h 更新一次，数据的分辨率为 1°×1°，这个产品来自全球资料同化系统（Global Data Assimilation System，GDAS），这一个系统持续收集来自全球通信系统（The Global Telecommunications System）以及其他的一些资源。再分析资料从地表面一直到高空，设置了 26 个气压层，一个地面层，从 1000hpa 到 10hpa。参数包括表面气压、海表面气压、位势高度、温度、海表温度、土壤状况、冰覆盖率、相对湿度、风速（u，v）、垂直运动参数、涡度以及臭氧。NCEP 的 FNL 数据是最终分析场，其数据是同化后的结果，可以补齐实时状态下没有收集齐的某些观测资料。

（2）WRF 模式垂直网格划分。风力发电所利用的风能资源主要在离地面 0～200m 的高度范围内，由于风电场的风能资源评估主要关心大气边界层 200m 以内的各项参数，所以模拟计算在垂直坐标分层中需要调整分层，将近地层的垂直方向加密，经过多次实验计算，确定总层数为 37 层，200m 以下为 24 层，每一层对应位势高度见表 4-14。

表 4-14　　eta 分层位势高度表（200m 以下）

eta 值	1	0.9998	0.998	0.997	0.995	0.9946
位势高度/m	4.819	12.686	23.703	35.522	44.981	47.346
eta 值	0.9944	0.9942	0.994	0.993	0.9925	0.9923
位势高度/m	48.924	50.502	55.237	61.157	63.921	65.896
eta 值	0.992	0.9918	0.9916	0.9914	0.9912	0.99
位势高度/m	67.872	69.452	71.032	72.612	78.146	90.804
eta 值	0.988	0.986	0.984	0.982	0.98	0.978
位势高度/m	106.642	122.498	138.373	154.269	170.184	186.121

（3）WRF 模式水平网格划分。水平方向上，使用了三重、双向嵌套计算，最小网格精度为 3000m，模拟区域的中心点为（121.167E，32.325N），第一重网格的格距为 27000m，网格数为 100×100；第二重的网格的格距为 9000m，网格数为 88×88；第三重的网格的格距为 3000m，网格数为 76×76。地图投影方案为 lambert。模式积分步长为 30s。

（4）参数化方案选择。参数化方案的选取决定了 WRF 模式模拟结果的准确性。在近地面层的模拟中，WRF 的结果受地表粗糙度以及大气稳定度的影响很大，所以需要考虑 WRF 模式参数化方案组合的选取对区域风能资源模拟的敏感性，以及特殊地形分布对模式模拟精度的影响。本节针对江苏沿海地区的地形和环境特征，选取了相应的参数化方案组合，WRF 参数化方案见表 4-15。

（5）WRF 风电机组参数设置。实验证明，大型风电场将影响当地和区域大气环境。Fitch. Anna C 使用中尺度参数化一个大型风电场，其中包括动量和风力尾流动能来源，通过循环计算量化了风电场在边界层中的影响。结果表明：一个超过 10km×10km 的风电场会对当地的大气流动产生重大影响，夜晚风电场区域的稳定层阻止负动量的尾流混合，产生的尾流会使风速减小，影响区域甚至会扩大到下游 60km。白天风电场尾流与边界层迅速混合产生负动量，对流条件下风电场对风速影响不大。

表 4-15　　WRF 参数化方案

方　案	第一重嵌套 d01	第二重嵌套 d02	第三重嵌套 d03
边界层方案	MYNN	MYNN	MYNN
微物理过程方案	WSM5	WSM5	WSM5
积云参数化方案	Grell-Devenyi	Grell-Devenyi	不采用
长波辐射方案	RRTM	RRTM	RRTM
短波辐射方案	Goddard	Goddard	Goddard
陆面过程方案	Noah	Noah	Noah

图 4-80　风电场风电机组布置图

某沿海风电场在 2011 年投产运行，风电机组叶片直径最大可达 100m，风吹过风电机组的时候会产生很大的尾流，根据实验验证，风电机组尾流的影响范围可达 3～6km。本节通过在 WRF 模式方案中将风电机组位置影响因素计入了风电机组在风电场和尾流场中对亚网格的影响，计算风电场对区域模拟结果的影响。

在 WRF 模式的 namelist 中加入风电机组的经纬度位置、风电机组轮毂高度、风电机组直径、风电机组功率曲线和推力系数表。WRF 计入风电机组影响时，WRF 的近地层方案必须选择 MYNN，其定义了模拟区域内包括风电机组尾流动能在内的两倍尾流动能。风电场风电机组布置图如图 4-80 所示。

2. WRF 模式模拟结果验证

（1）WRF 风电机组参数对结果影响验证。WRF3.6 版本引入了风电机组影响参数，为了验证风电机组对中尺度模拟数据的影响，本节在其他方案组合不变的情况下，针对有无风电机组影响参数分别做了两次模拟对比，结果对比位置为 18 号风电机组处，18 号风电机组经纬度为（32.549°N，121.170°E），18 号风电机组处于整个风电场的中心，每个风向受其他风电机组产生的尾流影响都较大。提取 2015 年 3 月 26 日一天的 80m 高度风速数据。有无风电机组与实测数据对比图如图 4-81 所示。

由图 4-81 可知，WRF 参数化方案加入了风电机组影响参数之后，模拟效果比无风电机组参数更好，模拟风速与实测数据变化趋势相同，而未加入风电机组影响因素的方案与实测数据曲线吻合处较少。说明加入了风电机组影响参数的方案较好地体现了风电机组运行对中尺度大气产生的尾流影响。

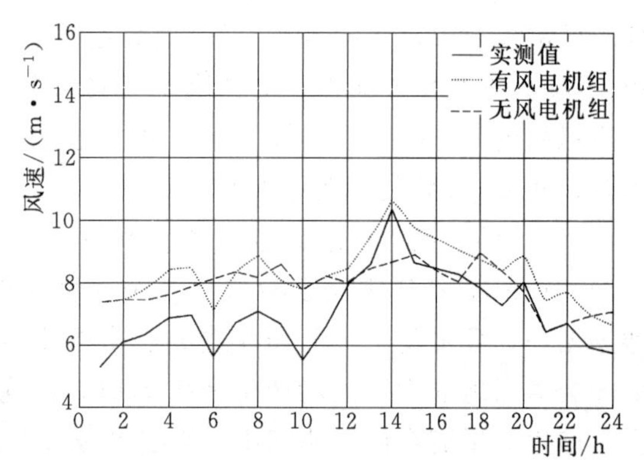

图 4-81　有无风电机组与实测数据对比图

(2) WRF 模式模拟结果验证。计算开始的时间为 UTC 的 0 时，因为中尺度数据采用的为 0 时区时间，而我国的测风数据为东八区的时间，因此在得到模拟结果之后，需要统一两者的起始时间。剔除 WRF 计算 spin - up 的时间，每 10min 输出一次结果。提取 WRF 模拟数据的风能资源要素与实测数据对比，见表 4 - 16。模拟的风速、风功率密度偏大；温度、气压、空气密度、相对湿度偏小，相对误差没有超过 10%，模拟结果较好。其中，风功率密度误差较大，因为风功率密度与风速的三次方成正比，所以误差偏大是正常情况。

表 4 - 16　模拟数据与实测数据对比表

项　目	风速 /($m \cdot s^{-1}$)	风功率密度 /($W \cdot m^{-2}$)	温度 /℃	气压 /hPa	空气密度 /($kg \cdot m^{-3}$)	相对湿度 /%
实测值	5.49	176.6	16.39	1010.5	1.224	78.6
模拟值	5.96	207.5	15.54	1006.98	1.21	75.35
相对误差/%	8.5610	17.4971	5.1860	0.3483	1.1431	4.1348

近岸区以测风塔数据作为验证数据，近岸区 80m 高度风速实测数据与模拟数据的对比如图 4 - 82 所示，由图 4 - 82 可以看出，WRF 模拟风速变化趋势与实测数据相同，模拟效果较好。但是 WRF 模拟结果整体比实测数据偏高，尤其在 5—7 月，这主要是由于 WRF 未能完全计入下垫面粗糙度和大气稳定度的影响。这样的误差可以在后期的数据修正中消除。

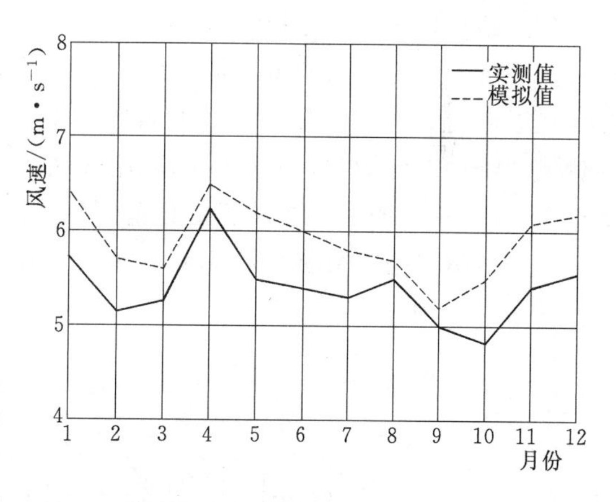

图 4 - 82　近岸区 80m 高度风速

近海区以 18 号风电机组数据为验证数据，18 号风电机组处于风电场中间位置，受其他风电机组尾流影响最大，选取 18 号风电机组与模拟结果对比，旨在分析 WRF 模式能否模拟出 18 号风电机组位置处的风速变化，18 号风电机组经纬度为（121.1690E，32.5487N）。近海区 80m 高度风速如图 4 - 83 所示。由图 4 - 83 可以看出，风速模拟数值曲线与实测数据拟合较好，风速变化规律大致相同，模拟数据整体比实测数据偏高，尤其是在凌晨 2：00 和夜晚 18：00～22：00，模拟风速偏大，但是整体来说，模拟数据和实测数据的逐月变化趋势很相似，模拟方案在一定程度上可以反映区域风能资源的时间分布，模拟效果较好。说明 WRF 模式可以较好地计算出受风电机组尾流影响区域的风能资源状况。

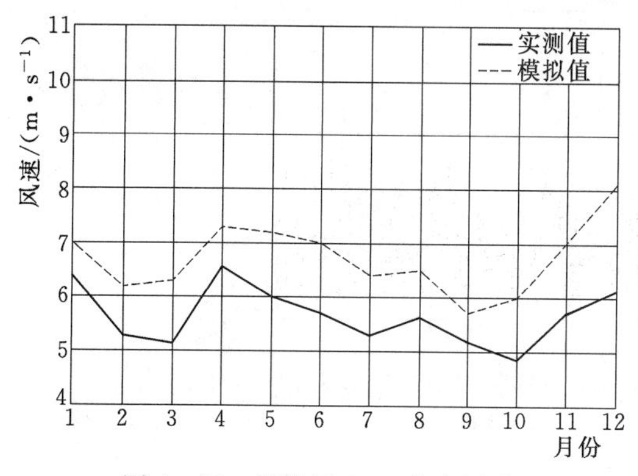

图 4 - 83　近海区 80m 高度风速

对 WRF 模拟结果进行评估，得到初步结论：选择的 WRF 模式模拟方案组合能较好地模拟出江苏沿海的风能资源变化特征，在风速曲线变化上也表现出很好的一致性，具有较好的模拟效果，只是模拟数据整体比实测数据偏大，造成偏差的主要原因是 WRF 对下垫面粗糙度的描述不够准确。这样的偏差修正主要依靠参数修正。

总体而言，模拟数据与实测数据变化趋势较为一致，较好地体现了区域内风能资源的变化规律，模式模拟结果可以用于江苏沿海地区的风能资源评估。

3. 基于 WRF 模式的风能资源评估结果分析

本节应用 WRF 模式对江苏沿海地区 2015 年全年的风能资源状况进行模拟，分别提取了结果中的风速、风功率密度、风向、风廓线、年平均气压、相对湿度等数据进行评估。针对区域内不同位置、不同高度分别进行分析，选取点 1（121.226E，32.459N），点 2（121.750E，32.459N），点 3（122.325E，32.459N）的数据分析风能资源要素由陆地向海洋变化的趋势。选取 10m、50m、70m、80m 四个高度的区域数据分析风能资源要素随高度变化的趋势。

（1）站点风速。首先提取模拟结果中三个点的月平均风速，80m 高度风速时均图如图 4-84 所示，三个点的风速依次增大，主要是由于下垫面粗糙度的变化，即由陆地向海洋风速逐渐变大。其中 7 月的最大风速异常，达到 20m/s 以上，造成如此大风速的原因为台风“灿鸿”的影响，其他时间风速表现正常。除去异常点，风速最大值和最小值都出现在 11 月，这说明了冬季风速变化范围较大。相对来说，春季和夏季风速变化较平缓。

（2）区域风速。分别提取 10m、50m、70m、80m 四个高度的整体区域年平均风速数据，区域年平均风速分布图如图 4-85 所示，黑色线条为海岸线，由图 4-85 可以直观地

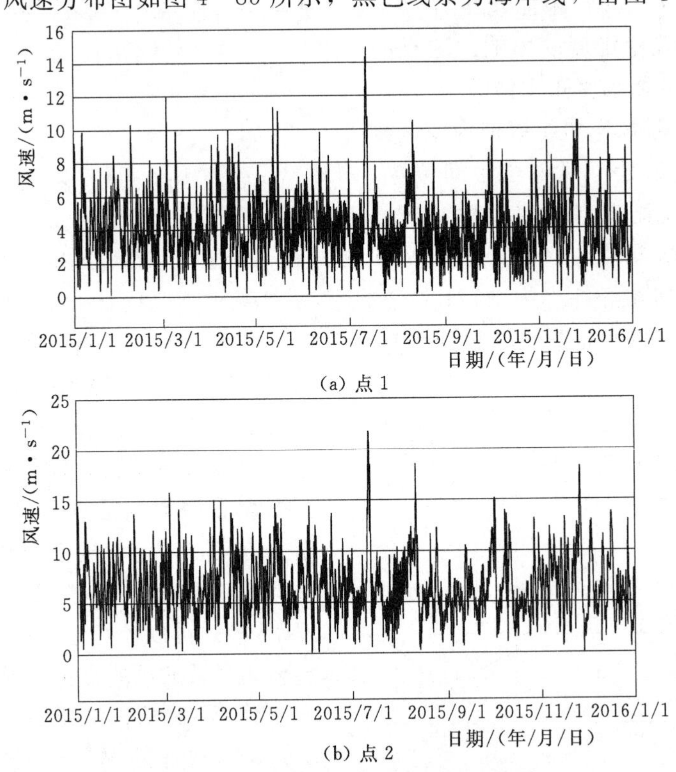

图 4-84（一） 80m 高度风速时均图

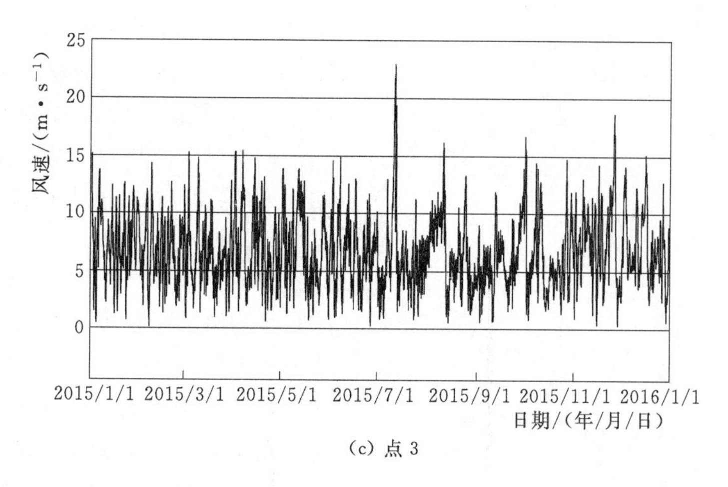

(c) 点 3

图 4-84（二） 80m 高度风速时均图

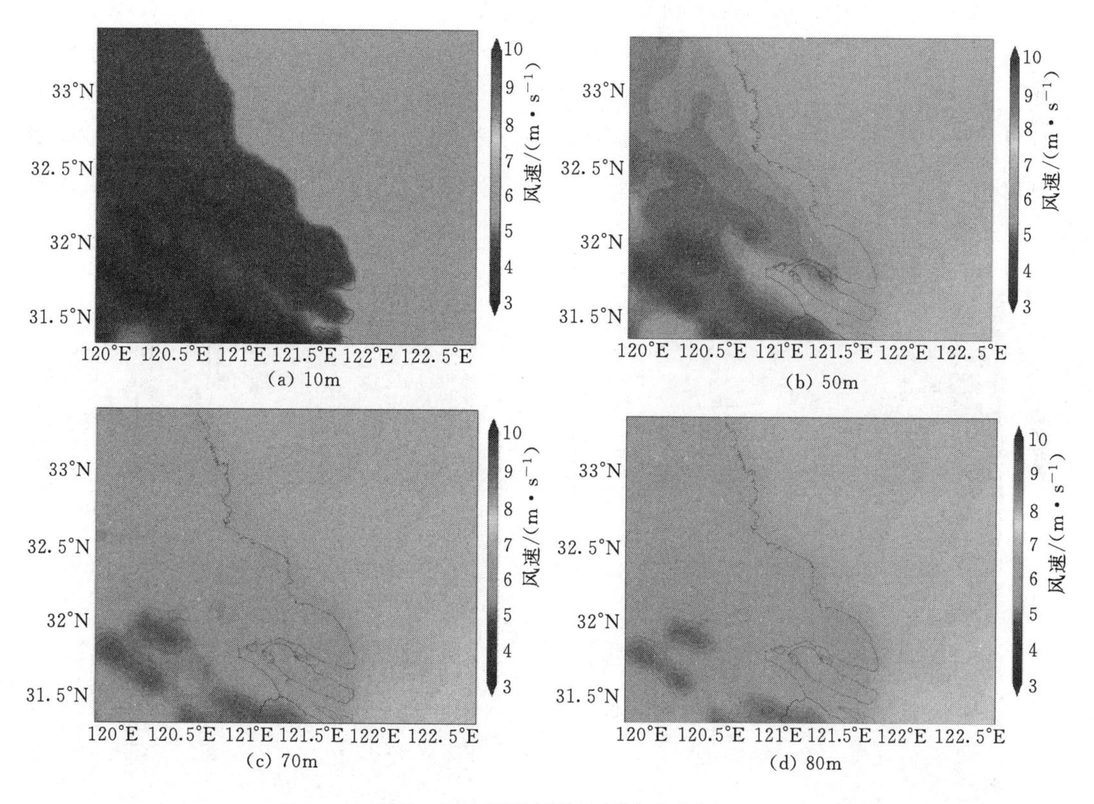

(a) 10m (b) 50m

(c) 70m (d) 80m

图 4-85 区域年平均风速分布图

看出，10m、50m、70m、80m 高度的区域风速依次增大，高度越高受下垫面粗糙度影响越小；70m 和 80m 高度区域的风速在海岸线以东差别不大，可见下垫面为海水时，70m 以上时的风速受下垫面影响已经很小；风速受海陆分布影响较大，以海岸线为界，海上风速分布清晰有规律，而陆地上则较凌乱。由图 4-85 也可以看出，海岸线以西风速变化较多，湍流较大，这主要是由于风电机组的尾流和下垫面的影响；每个高度的区域风速皆由

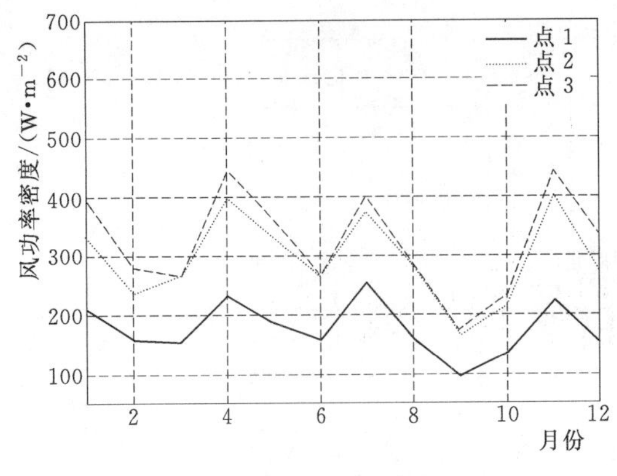

图 4-86　80m 高度月平均风功率密度图

东向西即由海上向陆地逐渐减小，陆地风速变化范围在 4～6m/s，海洋风速可达 7m 以上，风速梯度变化明显。

（3）风功率密度。为了分析风功率密度随位置和时间的变化，提取了点 1（121.226E，32.459N），点 2（121.750E，32.459N），点 3（122.325E，32.452N）的月平均风功率密度，80m 高度月平均风功率密度图如图 4-86 所示，三个点的风功率密度逐渐增大，点 2 的平均风功率密度比点 1 大 60%，点 2 与点 3 的风功率密度相差不大；三个点的风功率密度随时间变化一致，一年中，9 月为风功率密度最小月，3 月、6 月风功率密度较小，11 月风功率密度达到最大。

四个高度的区域风功率密度分布图如图 4-87 所示，其随高度增加而增大，分布规律与风速分布趋势较一致，70m 与 80m 分布相似。由图 4-87 可以清晰地看出风功率密度的梯度变化，风功率密度随着陆地向海洋的深入逐渐增大，海岸线附近变化较频繁。模拟区域内风功率最大可达到 400W/m^2，近岸区也可以达到 200W/m^2，相对于内陆地区来说，这是很大的风能资源储量。

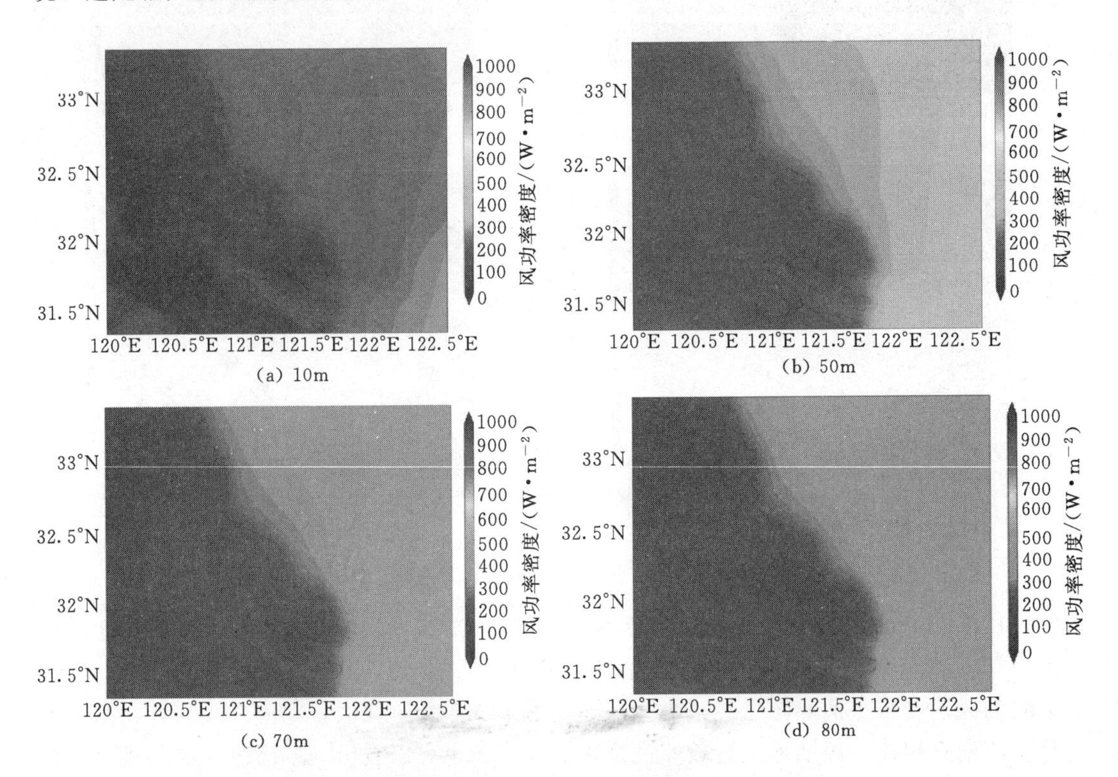

图 4-87　区域风功率密度分布图

（4）风向。将模拟结果的风向进行统计，得到点 1（121.226E，32.459N），点 2（121.750E，32.459N），点 3（122.325E，32.452N）的风玫瑰图，80m 高度风玫瑰图如图 4－88 所示。点 1 以 5～7m/s 的风速为主，点 2 和点 3 中 7m/s 以上风速所占比例增大。风向分布略有不同，点 1 和点 2 主风向为东南偏东，点 3 的主风向为东，但是大部分风向都集中于北风至南风顺时针旋转方向，这也是风能资源良好的一个重要特征，可减少风电机组偏航对风的时间，延长风电机组寿命，保证发电量的稳定。

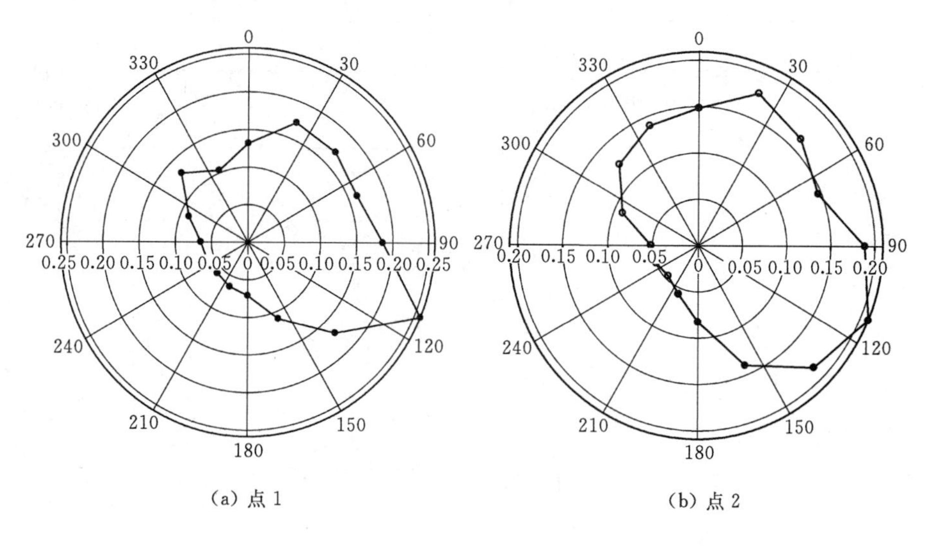

（a）点 1　　（b）点 2

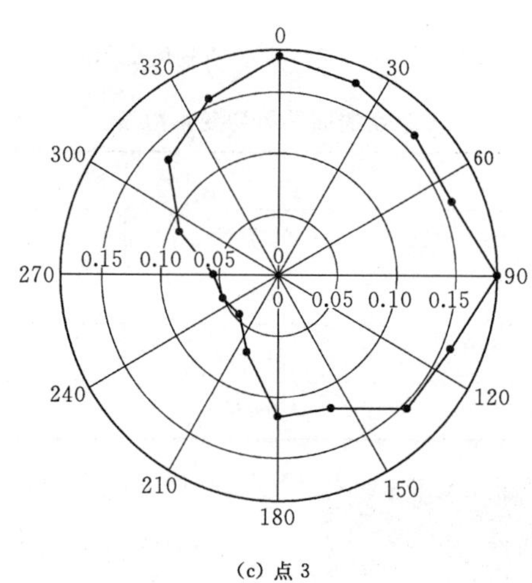

（c）点 3

图 4－88　80m 高度风玫瑰图

（5）风廓线。对点 1（121.226E，32.459N），点 2（121.750E，32.549N），点 3（122.325E，32.452N）的四季风廓线分别进行对比，三个点的四季风廓线如图 4－89 所示，春季和秋季的风廓线较一致，风切变指数较小。夏季和冬季的风廓线中，点 1 的风切变指数大于点 2 和点 3，并且夏冬季三点的风切变指数均大于春秋季。四季风切变指数表见表 4－17。

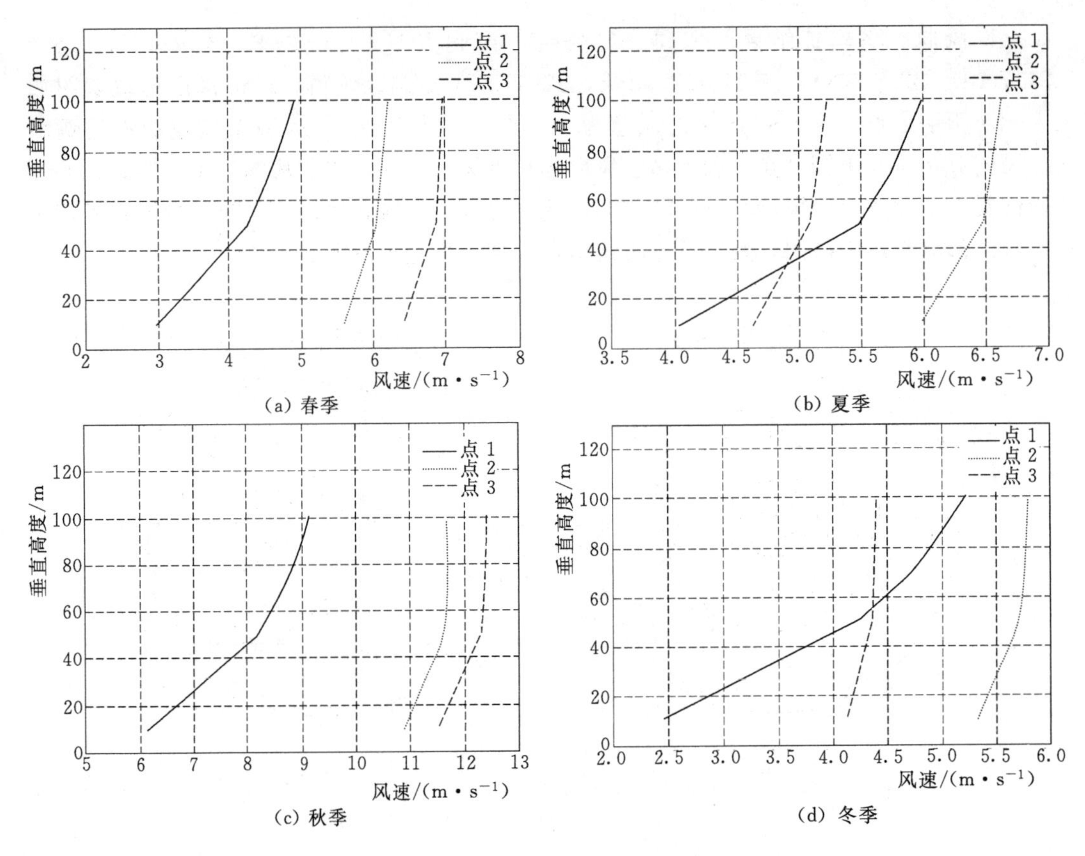

图 4-89　三个点的四季风廓线

表 4-17　　三个点的四季风切变指数表

点　　号	季　　节			
	春	夏	秋	冬
1	0.1760	0.1870	0.1990	0.1670
2	0.0928	0.0991	0.0590	0.0555
3	0.0925	0.0850	0.0565	0.0427

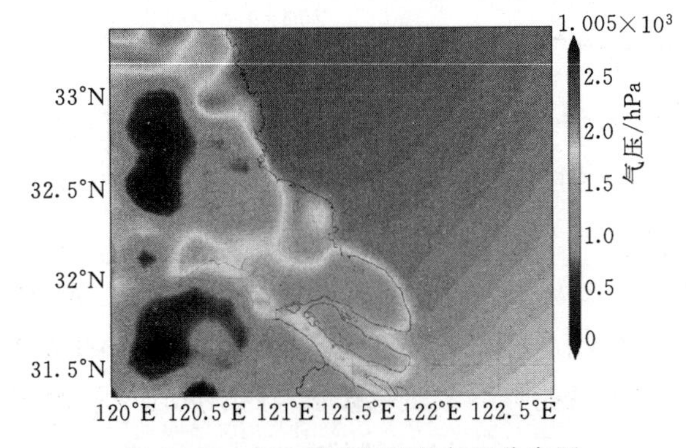

图 4-90　80m 高度年平均气压分布图

（6）年平均气压。80m 高度年平均气压分布图如图 4-90 所示。沿海地区气压变化较为频繁，主要是由于水的比热容比陆地要大，夏季时陆地温度升高比海洋快，海洋温度比陆地低，气压比陆地高，风从海洋吹向陆地，形成夏季风。由于陆地比热容小，所以热量流失的速度比海洋快。秋冬季时陆地温度比海洋低，气压比海洋高，风从陆地吹向海洋，形成冬季风。海陆气压差是造成季风气候的主要原因。由图 4－90 可以看出，海岸线以西气压明显小于海岸线以东，并且海岸线以东的气压由北向南逐渐增大，这与海水的深度有关。海岸线以西有两个明显气压较低的区域，在地图上显示地形较高。

（7）相对湿度。

10m、50m、70m、80m 四个高度的相对湿度分布图如图 4－91 所示，相对湿度是反映水分条件的主要指标。陆地相对湿度的季节变化与降水多寡有关。而海面空气湿度还与海水的蒸发作用有关。图 4－91 显示，江苏沿海相对湿度由陆地向海面不断增大，由北向南也逐渐增大。10m 高度相对湿度最大，这主要是受海水蒸发的影响。80m 高度海岸线以西相对湿度可达 70％，海岸线以东甚至可达到 90％左右，整体湿度很大。由于区域风速较大，上下能量交换频繁，四个高度相对湿度差异较小。湿度太大对风电机组的防腐性能是很大的考验，在进行风电机组选型时应该加以考虑。

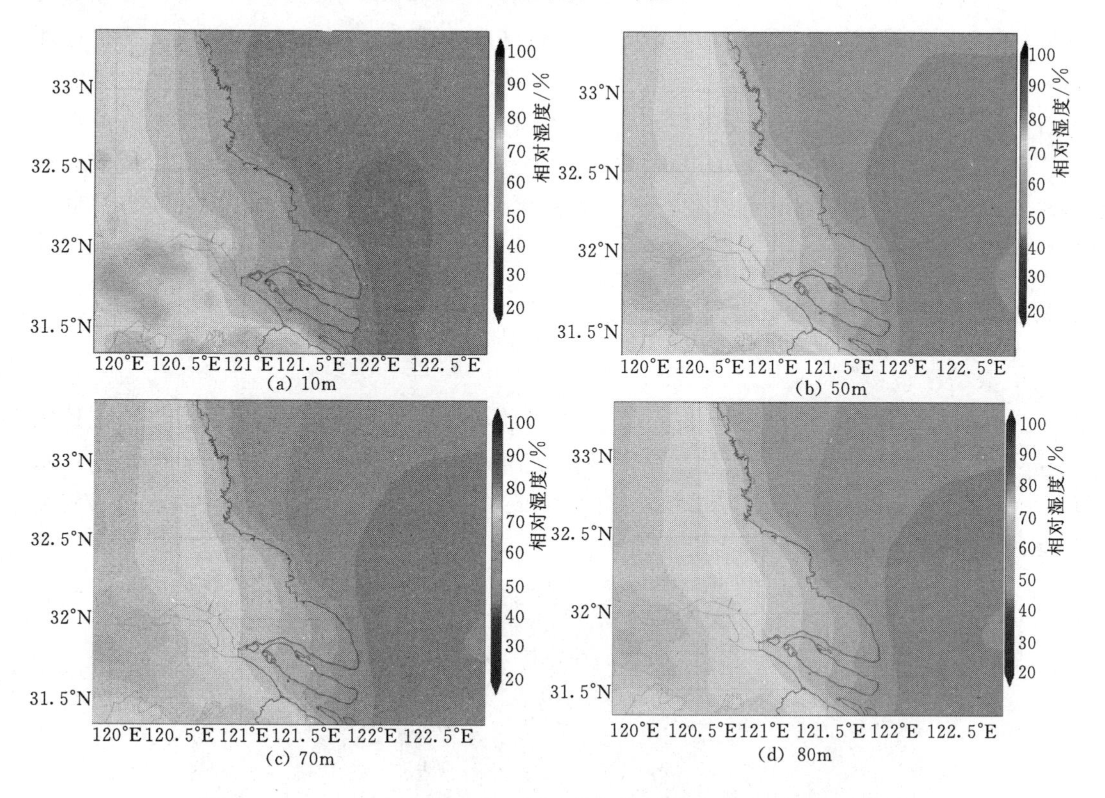

图 4－91　相对湿度分布图

以上模拟结果符合江苏沿海地区实际情况，说明 WRF 模式能较好地模拟整个区域的风能资源特征。以上分析结果表明，江苏沿海地区风能资源状况良好，并且由陆地向海洋风能逐渐增大，适宜建大型风电场，但是需要同时考虑湿度、大气稳定度、海水深度等问题，以达到最大的经济效益。

4. 结论

根据 WRF 模式模拟结果分析可得：

（1）风速由于下垫面粗糙度的变化，即由陆地向海洋风速逐渐变大。风速最大值和最小值都出现在 11 月，春季和夏季风速变化较平缓。以海岸线为界，海上风速分布清晰有规律，而陆地上则较凌乱。由于风电机组的尾流和下垫面的影响，陆地风速变化较多，湍流较大，陆地风速变化范围在 4～6m/s，海洋风速可达 7m 以上，风速梯度变化明显。

（2）7 月为风功率密度最小月，11 月风功率密度达到最大。区域风功率密度分布随高度增加而增大，70m 与 80m 高度区域风功率密度相差不大。风功率密度在海岸线附近变化较频繁。模拟区域内风功率最大可达到 $400W/m^2$，近岸区也可以达到 $200W/m^2$，这相比于内陆地区来说，是很大的风能资源储量。

（3）不同位置风向频率分布略有不同，但是大部分风向都在 0°～140°的范围内，风向较集中；春季和秋季的风廓线较一致，风切变指数较小。夏季和冬季的风廓线中，随着陆地向海洋的推进风切变指数变小，并且夏冬季风切变指数均大于春秋季。

（4）陆地气压小于海上，并且海上气压由北向南逐渐增大，陆地有两个明显气压较低的区域，在地图上显示地形较高；江苏沿海相对湿度由陆地向海洋不断增大，由北向南也逐渐增大。10m 高度相对湿度最大。陆上的 80m 高度相对湿度可达 70%，海上甚至可达到 90%左右。由于受区域大气稳定度影响，上下能量交换频繁，不同高度相对湿度差异较小。

模拟结果不仅能明显体现江苏沿海地区的风能资源状况，还反映了风电机组尾流对区域风电场的影响，希望为沿海地区风能资源评估提供依据，为建立精细化风能资源评估系统提供参考。

4.5.2 风电场微观尺度和大气动力学中尺度耦合计算

1. 数据修正

为得到各机位处风速以进行功率预测，需要将中尺度的风速数据修正得到各机位处的风速。选取测风塔附近 4 个网格中心的中尺度数据，4 个网格点与测风塔的位置如图 4-92所示。采用 Excle 分析 2015 年 12 月测风塔实测数据与 4 个中尺度数据之间的相关关系，为后续测风塔数据的修正做前期准备。

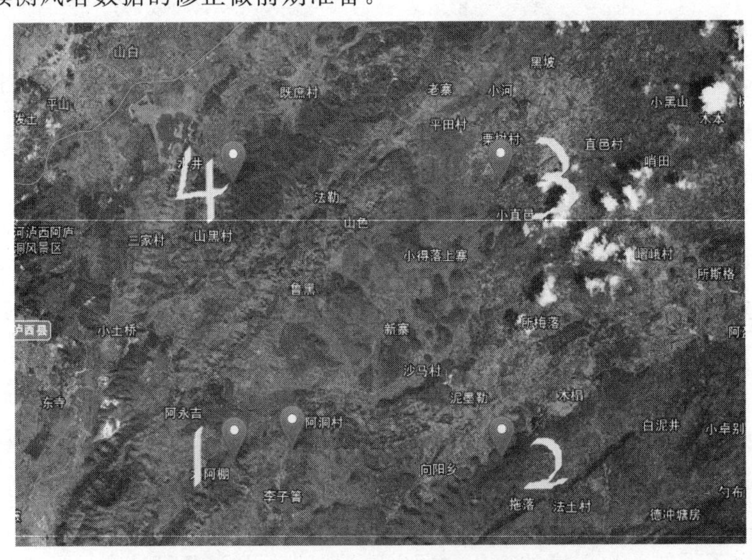

图 4-92　4 个网格点与测风塔的位置

中尺度各处与测风塔间的相关性见表 4-18。通过表 4-18 可以发现 4 个网格点中 2 点与测风塔的相关性精度更高，故选取 2 点的中尺度风速数据来做接下来的处理。

表 4-18　　中尺度各处与测风塔间的相关性

点号	1	2	3	4
R^2	0.4206	0.4653	0.4269	0.4076
修正公式	$y=0.9141x+1.3304$	$y=0.7748x+2.7368$	$y=0.8934x+1.7547$	$y=0.9589x+1.3624$

通过已有的测风塔风速数据对风电机组运行的风速数据进行相关性修正，得到测风塔与各风电机组间的相关性见表 4-19。

表 4-19　　测风塔与各风电机组间的相关性

风电机组编号	修正公式	风电机组编号	修正公式
1	$y=0.2539x+6.5746$	31	$y=0.2472x+5.2976$
2	$y=0.2221x+6.2904$	32	$y=0.2619x+5.4067$
3	$y=0.2487x+6.3999$	33	$y=0.2415x+5.3139$
4	$y=0.2179x+6.6270$	34	$y=0.5855x+3.1638$
5	$y=0.1913x+6.1169$	35	$y=0.2863x+2.5521$
6	$y=0.2781x+6.7178$	36	$y=0.2422x+6.5424$
7	$y=0.2091x+6.2190$	37	$y=0.2643x+5.5595$
8	$y=0.2137x+6.5466$	38	$y=0.1966x+5.7783$
9	$y=0.1990x+6.4518$	39	$y=0.2083x+5.4490$
10	$y=0.1672x+5.7877$	40	$y=0.1991x+5.5214$
11	$y=0.2051x+5.8129$	41	$y=0.1864x+5.0527$
12	$y=0.1654x+5.3536$	42	$y=0.1956x+5.7765$
13	$y=0.1870x+5.9057$	43	$y=0.2276x+5.9499$
14	$y=0.1805x+5.9565$	44	$y=0.2140x+5.4181$
15	$y=0.1994x+6.2725$	45	$y=0.1919x+5.3018$
16	$y=0.2105x+6.1679$	46	$y=0.2211x+5.3246$
17	$y=0.1658x+5.8280$	47	$y=0.2647x+6.0313$
18	$y=0.1964x+5.8597$	48	$y=0.3225x+3.5422$
19	$y=0.1828x+5.7188$	49	$y=0.2137x+6.1707$
20	$y=0.2028x+5.9224$	50	$y=0.2297x+5.7831$
21	$y=0.2183x+6.0900$	51	$y=0.2301x+5.5964$
22	$y=0.1994x+5.7546$	52	$y=0.2299x+5.7488$
23	$y=0.1777x+5.8665$	53	$y=0.2367x+5.2115$
24	$y=0.2337x+6.0095$	54	$y=0.2286x+5.5509$
25	$y=0.2194x+5.4512$	55	$y=0.2060x+5.1884$
26	$y=0.2284x+5.8516$	56	$y=0.2429x+5.4995$
27	$y=0.2399x+6.1558$	57	$y=0.2125x+5.5569$
28	$y=0.2273x+7.7059$	58	$y=0.2059x+5.2789$
29	$y=0.2447x+5.1258$	59	$y=0.2681x+5.2610$
30	$y=0.2132x+5.1334$	60	$y=0.3129x+6.4697$

2. 数据处理

根据中尺度数据、测风塔和各风电机组间的修正关系，将中尺度 2 点的风速修正得到

各机位处的风速 $\overline{v}$。然后用读取得到的各机位处的威布尔分布参数 A 与 K 数据计算各机位与测风塔处的风加速因子 α，最终计算出各风电机组处的来流风速 v_0，即

$$v_0=\alpha\,\overline{v}\cos\theta \tag{4-45}$$

3. 功率曲线修正

功率曲线即是风电机组的输出功率随风速变化的关系曲线。风电机组获得的能量为

$$P=\frac{1}{2}\rho A v^3 \tag{4-46}$$

式中 P——输入风电机组的能量，kW；

ρ——空气密度，kg/m^3；

A——风机叶片的扫掠面积，m^2；

v——风速，m/s。

一般风电机组厂家提供的功率曲线是依照国际电工委员会标准《Wind Energy Generation Systems - Part 12 - 1：Power Performance Measurements of Electricity Producing Wind Turbines》（IEC 61400 - 12）规定，在标准空气密度 $1.225kg/m^3$ 条件下绘制的。受海拔、当地气温、空气湿度等因素影响，空气密度均会发生变化。而影响功率变化的主要因素是空气密度，IEC 标准规定，当地空气密度偏离标准空气密度±0.05 以上都应进行修正。空气密度的计算公式为

$$\rho=1.29305\times\frac{p-0.3779h}{1+0.00367t}\times1013.25 \tag{4-47}$$

式中 ρ——空气密度，mg/cm^3；

p——大气压力，hPa；

h——绝度湿度，%；

t——空气温度，℃。

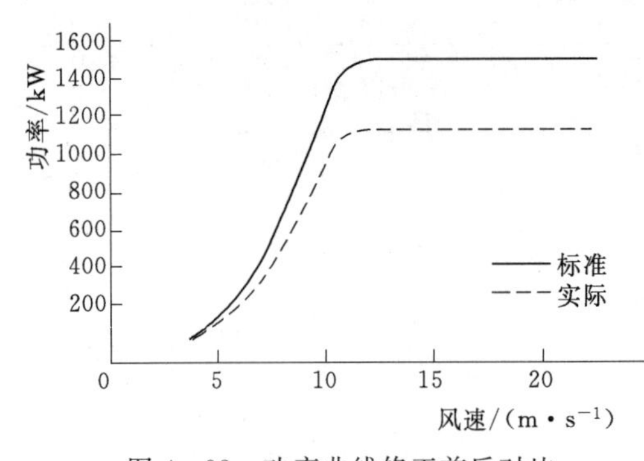

图 4-93 功率曲线修正前后对比

根据测风塔记录的数据，风电场年平均温度为 12.1924℃，年平均气压为 767.1427hPa，年平均湿度为 84.5012%。将气压、湿度及风电机组数据采集期间的平均温度等，代入式（4-47）中即可得到现场运行的空气密度 $\rho'\approx0.9220kg/m^3$。故对风电机组功率曲线进行修正，修正前后对比如图 4-93 所示。

4. 单机风功率预测

2015 年 12 月，选取李子箐风电场的 2 号、8 号、16 号、24 号 4 台风电机组和东山风电场的 36 号、44 号、54 号、59 号 4 台风电机组，共计对这 8 台风电机组进行风功率预测。数据的时间间隔为 15min，通过修正后的功率曲线得到各风速对应的机组功率。

（1）功率预测结果。2015 年 12 月的李子箐风电场 2 号、8 号、16 号、24 号风电机组风功率预测情况如图 4-94 所示，2015 年 12 月的东山风电场 36 号、44 号、54 号、59 号

风电机组风功率预测情况如图 4－95 所示。

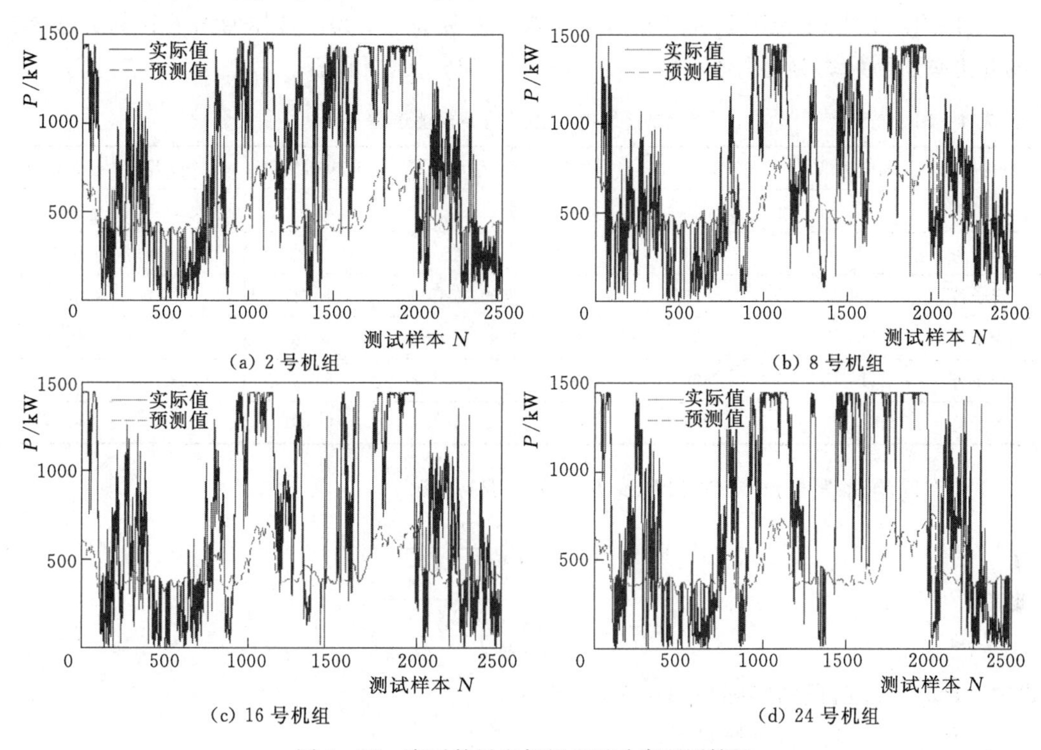

图 4－94　李子箐风电场机组风功率预测情况

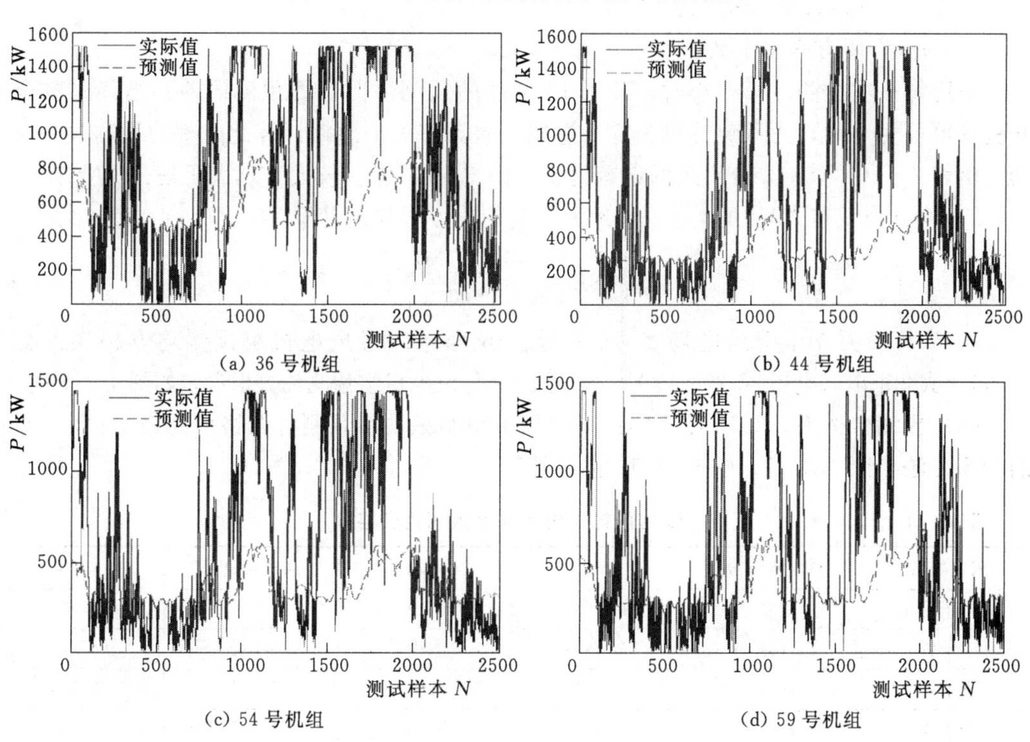

图 4－95　东山风电场机组风功率预测情况

（2）预测误差。

2015 年 12 月 12 台风电机组风功率预测误差见表 4－20，具体的误差计算方法参照《风电功率预测系统功能规范》（NB/T 31046—2013）进行计算。

表 4－20　　12 台风电机组风功率预测误差

风电场名	风电机组号	*MAPE*	*RMSE*	风电场名	风电机组号	*MAPE*	*RMSE*
李子箐	2 号	0.2650	0.3326	东山	36 号	0.2650	0.3326
李子箐	5 号	0.2634	0.3399	东山	40 号	0.2634	0.3399
李子箐	8 号	0.2212	0.2845	东山	44 号	0.2212	0.2845
李子箐	13 号	0.2801	0.3612	东山	49 号	0.2801	0.3612
李子箐	16 号	0.2395	0.3173	东山	54 号	0.2395	0.3173
李子箐	24 号	0.3008	0.3794	东山	59 号	0.3008	0.3794

1）平均绝对误差 *MAPE* 和月均方根误差 *RMSE*。

$$MAPE = \frac{1}{n}\sum_{i=1}^{n}\left(\frac{|P_{mi} - P_{pi}|}{C_i}\right) \tag{4-48}$$

$$RMSE = \sqrt{\frac{1}{n}\sum_{i=1}^{n}\left(\frac{P_{mi} - P_{pi}}{C_i}\right)^2} \tag{4-49}$$

式中　P_{mi}——i 时段的实际平均功率；

P_{pi}——i 时段的预测功率；

C_i——i 时段的开机总容量；

n——所有样本个数。

采用每一次预测时第四小时，即第 16 个点的预测情况计算预测误差。当某时刻全场开机总容量为 0 时，为避免分母为零而造成误差无穷大，忽略计算此时刻的预测误差。

由表 4－20 可知 12 台机组的误差处于 30%左右，误差较大，远大于规范的要求。

2）均方根误差 *RMSE*。每一个预测周期的均方根误差计算为

$$RMSE=\sqrt{\left(\frac{P_{mi} - P_{pi}}{C_i}\right)^2} \tag{4-50}$$

2015 年 12 月李子箐风电场 2 号、8 号、16 号、24 号风电机组预测均方根误差如图 4－96所示。东山风电场 36 号、44 号、54 号、59 号风电机组预测均方根误差如图 4－97 所示。

（3）预测合格率。2015 年 12 月 12 台风电机组风功率预测月合格率见表 4－21，具体的计算方法参照 NB/T 31046—2013 进行计算。

表 4－21　　12 台风电机组风功率预测月合格率

风电场名	风电机组号	*Q*/%	风电场名	风电机组号	*Q*/%
李子箐	2 号	54.2067	东山	36 号	41.7869
李子箐	8 号	62.4599	东山	44 号	60.8574
李子箐	16 号	60.3766	东山	54 号	65.1843
李子箐	24 号	51.5625	东山	59 号	62.9407

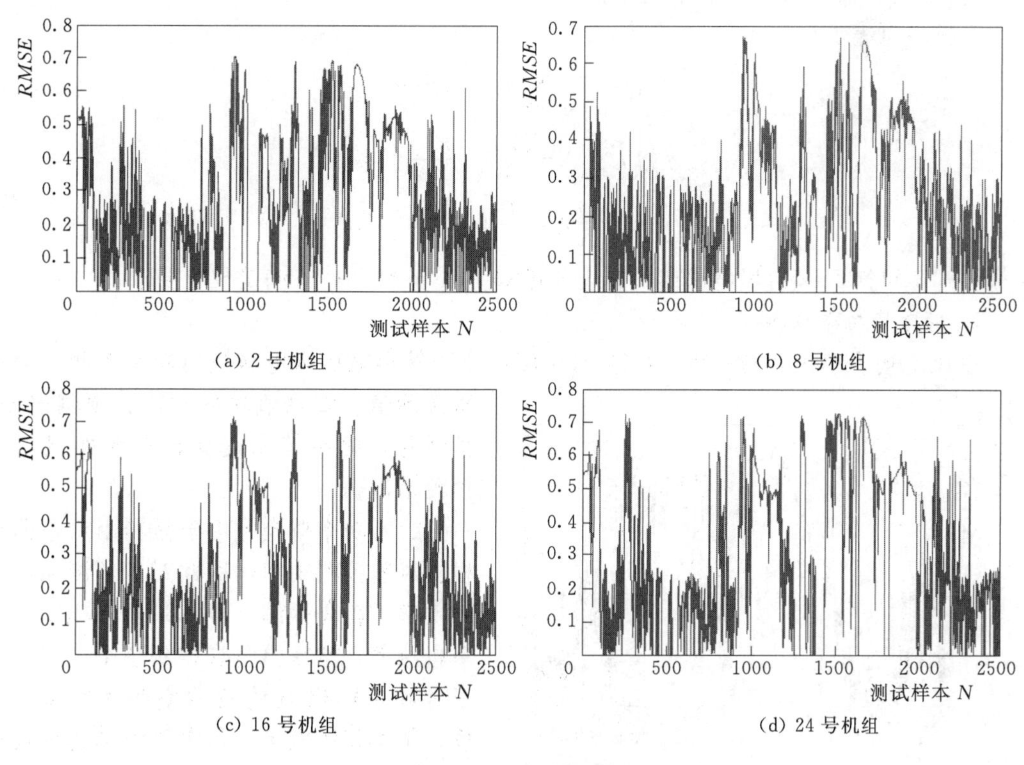

图 4-96　李子箐风电机组预测均方根误差

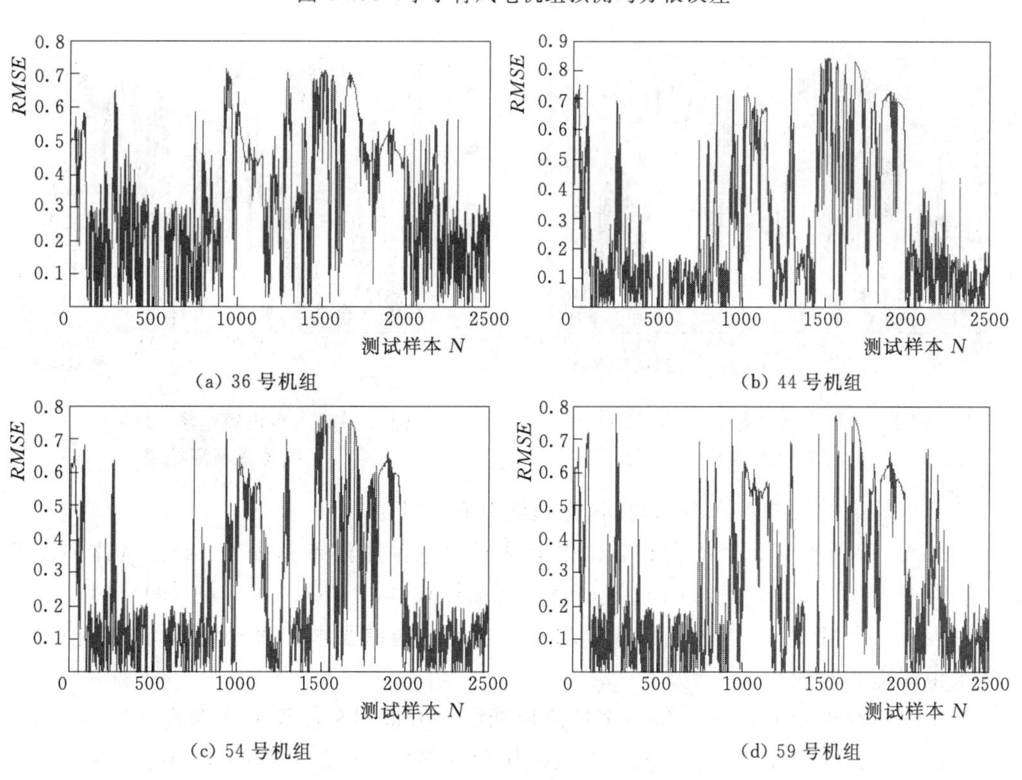

图 4-97　东山风电机组预测均方根误差

合格率可表示为

$$Q=\frac{1}{n}\sum_{i=1}^{n}B_i\times 100\% \tag{4-51}$$

$$B_i=\begin{cases}1, & \left(1-\dfrac{|P_{mi}-P_{pi}|}{C_i}\right)\geqslant 0.75\\ 0, & \left(1-\dfrac{|P_{mi}-P_{pi}|}{C_i}\right)<0.75\end{cases} \tag{4-52}$$

由表4-21可知，12台风电机组的月合格率Q均小于85%，不满足规范要求。

5. 风电场功率预测

以风电场为单位，对2015年12月全场、李子箐和东山风电场进行功率预测。分别从预测值—实测值功率对比、预测误差、预测月合格率等角度分析场级的风功率预测情况。

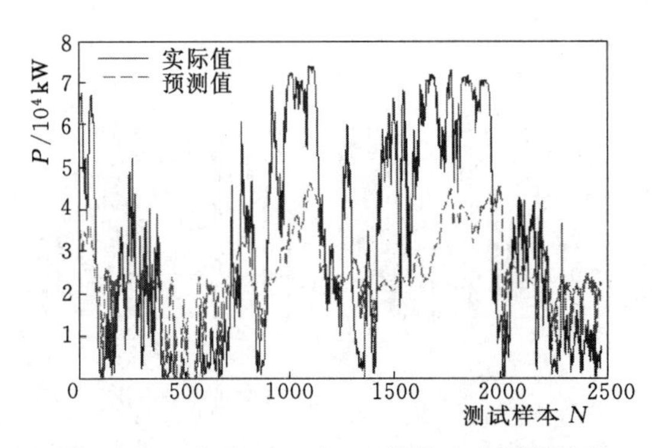

图4-98 全场2015年12月风功率预测结果

(1) 功率对比。由于是利用功率曲线根据风速预测功率，因此对于预测风电场的功率，首先预测1号～60号风电机组的单机功率，然后再整合得到整个全场、李子箐和东山风电场的功率预测结果，全场、李子箐风电场、东山风电场的风功率预测结果如图4-98～图4-100所示。

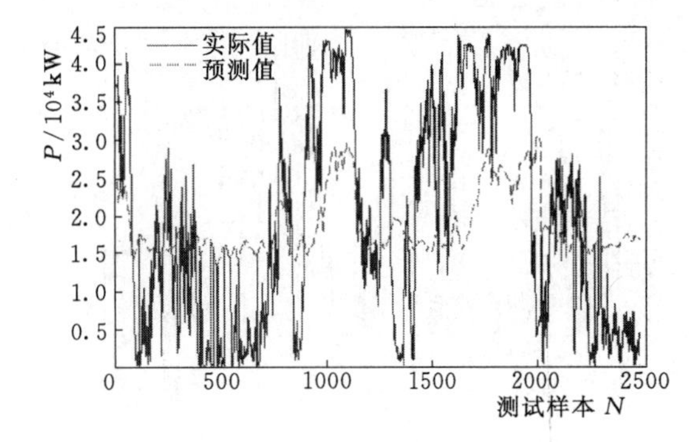

图4-99 李子箐风电场2015年12月风功率预测结果

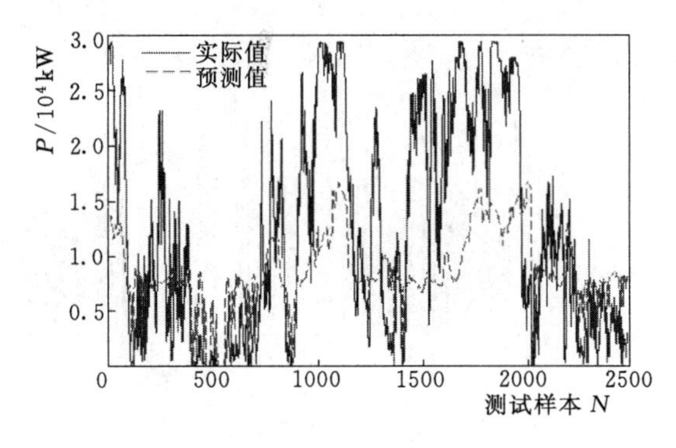

图4-100 东山风电场2015年12月风功率预测结果

(2) 平均绝对误差$MAPE$和月均方根误差$RMSE$。

2015年12月全场、李子箐和东山风电场风功率预测误差见表4-22，具体的误差计算方法参照NB/T 31046—2013进行计算，可通过式(4-48)、式(4-49)计算。

由表4-22可知，3个风电场误差均大于规范的误差要求，而全场误差较其他两个风电场来说误差相对较小。

(3) 均方根误差$RMSE$。每一个预测周期的均方根误差计算公式为式(4-50)。

2015年12月全场、李子箐和东山风电场的预测均方根误差如图4-101～图4-103所示。由图4-101～图4-103可知，第四小时的预测均方根误差均比较大，个别预测点的

表 4-22　　风电场风功率预测误差

误差模型	全场	李子箐	东山
MAPE	0.2469	0.3535	0.314
RMSE	0.2896	0.7947	0.5484

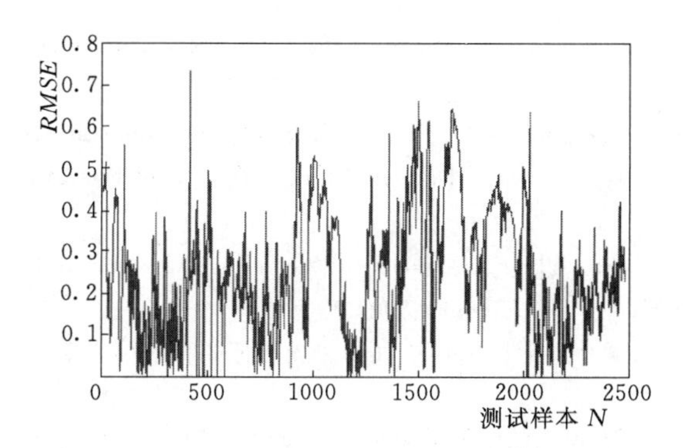

图 4-101　全场 2015 年 12 月预测均方根误差

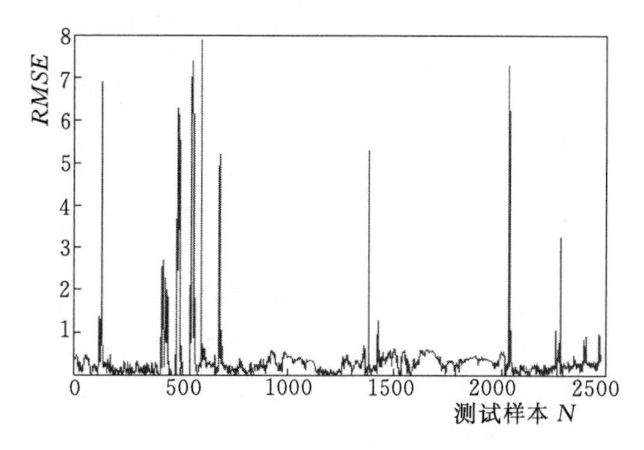

图 4-102　李子箐风电场 2015 年 12 月预测均方根误差

均方根误差特别大，这主要是因为在这些时刻风电机组实际有功功率非常低，预测误差较大。

（4）预测合格率。

2015 年 12 月全场、李子箐和东山风电场风功率预测月合格率参照 NB/T 31046—2013 进行计算，可通过式（4-51）、式（4-52）计算。

通过计算发现，三个风电场的风功率预测月合格率 $Q \approx 50\%$，与 NB/T 31046—2013 要求的 85%还有很大差距，不满足规范要求。

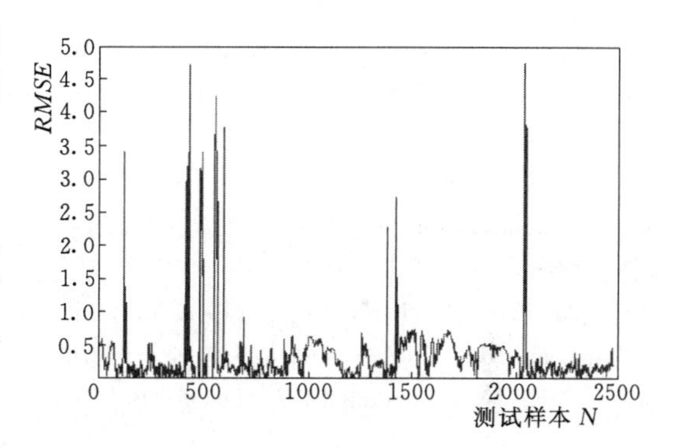

图 4-103　东山风电场 2015 年 12 月预测均方根误差

参　考　文　献

[1] Tamura T, Cao S, Okuno A. LES study of turbulent boundary layer over a smooth and a rough 2D hill model [J]. Flow, Turbulence and Combustion, 2007, 79 (4): 405-432.

[2] Bechmann A, Sørensen N N. Hybrid RANS/LES method for wind flow over complex terrain [J]. Wind Energy, 2010, 13 (1): 36-50.

[3] Blocken B, Stathopoulos T, Carmeliet J. CFD simulation of the atmospheric boundary layer: wall function problems [J]. Atmospheric Enviroment, 2007, 41 (2): 238-252.

[4] Kraichnan R H. On Kolmogorov's inertial-range theories [J]. Journal of Fluid Mechanics, 1974,

62 (2): 305-330.

[5] 蒋泽阳. 风电场空气动力场数值模拟与工程应用 [D]. 南京: 河海大学, 2016.

[6] 蒋泽阳, 许昌, 朱金华. 风电场局部地形改造空气动力场数值模拟 [J]. 水电能源科学, 2016 (2): 212-216.

[7] 薛飞飞, 许昌, 韩星星, 等. 基于CFD的复杂地形风电场地形改造方案研究 [J]. 太阳能学报, 2017 (7): 1959-1965.

[8] Jensen L E, Mørch C, Sørensen P B, et al. Wake measurements from the Horns Rev wind farm [C]//European Wind Energy Conference, 2004.

[9] Hansen K S, Barthelmie R J, Jensen L E, et al. The impact of turbulence intensity and atmospheric stability on power deficits due to wind turbine wakes at Horns Rev wind farm [J]. Wind Energy, 2012, 15 (1): 183-196.

[10] Barthelmie R J, Frandsen S T, Hansen K, et al. Modelling the impact of wakes on power output at Nysted and Horns Rev [C]//European Wind Energy Conference, 2009.

[11] 许昌, 李辰奇, 韩星星, 等. 基于致动盘模型的复杂地形风电场空气动力场数值模拟 [J]. 工程热物理学报, 2015 (8): 1696-1700.

[12] 朱金华, 张淑君, 许昌, 等. 基于WRF/CALMET模式的江苏沿海风能资源评估 [J]. 三峡大学学报(自然科学版), 2016 (1): 62-65.

[13] Mohan M, Sati A P. WRF model performance analysis for a suite of simulation design [J]. Atmospheric Research, 2016, 169: 280-291.

[14] Badger M, Badger J, Nielsen M, et al. Wind class sampling of satellite SAR imagery for offshore wind resource mapping [J]. Joural of applied meteorology and climatology, 2010, 49 (12): 2474-2491.

[15] Carvalho D, Rocha A, Gómez-Gesteira M, et al. A sensitivity study of the WRF model in wind simulation for an area of high wind energy [J]. Enviromental Modeling & Software, 2012, 33: 23-34.

[16] Alwi S R W, Lee C K M, Lee K Y, et al. Targeting the maximum heat recovery for systems with heat losses and heat gains [J]. Energy Conversion and Management, 2014, 87: 1098-1106.

[17] Fitch A C, Lundquist J K, Olson J B. Mesoscale influences of wind farms throughout a diurnal cycle [J]. Monthly Weather Review, 2013, 141 (7): 2173-2198.

[18] 张镇, 张晓东. 基于半经验公式的风力机尾流模型研究 [J]. 现代电力, 2012, 29 (2): 64-67.

[19] Skamarock W C, Klemp J B, Dudhia J, et al. A description of the advanced research WRF version 2 [R]. National Center For Atmospheric Research Boulder Co Mesoscale and Microscale Meteorology Div, 2005.

第5章　风电场微观尺度空气动力场测量

5.1　测风仪器

当采用气象台、站所提供的统计数据进行风电场选址时，气象台、站通常提供较大区域内的风能资源情况，而且其采用的测量设备精度也不一定能满足风电场微观选址的需要，因此，对初选的风电场选址区，一般要求采用高精度的自动测风系统进行风参数的测量。

5.1.1　测风系统的技术要求

对风电场进行测风时，除需对风速、风向进行测量外，一般还会在风电场设置1～2套测量温度、气压、湿度等气象要素的设备。其测量要求如下：

（1）风速参数采样时间间隔应不大于3s，并自动计算和记录每10min的平均值和标准偏差。

（2）风向参数采样时间间隔应不大于3s，与风速参数采样时间同步，并自动计算和记录每10min的风向值（风向单位一般用“°”表示，风向转动1周为360°；也可以采用扇区表示，一般将风向转动1周分为16个扇区，每个扇区为22.5°）。

（3）温度参数应每10min采样1次，并计算和记录每10min温度值（温度单位一般采用℃）。

（4）气压参数应每10min采样1次，并计算和记录每10min的气压值（气压单位一般采用kPa或hPa）。

（5）相对湿度参数应每10min采样1次，并计算和记录每10min的相对湿度值（%）。

5.1.2　测风系统的组成

自动测风系统主要由5部分组成，包括传感器、主机、数据存储装置、电源、安全与保护装置。

传感器有风速传感器、风向传感器、温度传感器（即温度计）、气压传感器。输出信号为频率（数字）或模拟信号。

主机利用微处理器对传感器发送的信号进行采集、计算和存储，由数据记录装置、数据读取装置、微处理器、就地显示装置组成。

由于测风系统安装在野外，因此数据存储装置（数据存储盒）应有足够的存储容量，而且为了野外操作方便，采用可插接形式。一般系统工作一定时间后，将已存有数据的存储盒从主机上替换下来，进行风能资源数据分析处理。

测风系统电源一般采用电池供电，为提高系统工作可靠性，应配备一套或两套备用电源，如太阳能光电板等，主电源和备用电源互为备用，当某一故障出现时可自动切换。对有固定电源的地段（如地方电网），可利用其为主电源，但也应配备一套备用电源。

由于系统长期工作在野外，输入信号可能会受到各种干扰，设备会随时遭受破坏，如恶劣的冰雪天气会影响传感器信号、雷电天气干扰传输信号导致误差，甚至毁坏设备等。因此，一般在传感器输入信号和主机之间增设保护和隔离装置，从而提高系统运行可靠性。另外，测风设备应远离居住区，并在离地面一定高度区内采取措施进行保护以防人为破坏。主机箱应严格密封，防止沙尘进入。

总之，测风设备应具有较高的性能和精度，系统应具有防止自然灾害和人为破坏、保护数据安全、准确的功能。

5.1.3 风电场精细测风仪

1. *超声波测风仪*

超声波测风是超声波检测技术在气体介质中的一种新应用。和传统机械式测风仪相比，超声波测风仪测风过程中无机械磨损，理论上无启动风速，反应速度快、测量精度高、分辨率高、维护成本较低、能测量风速中的高频脉动成分。由于它很好地克服了机械式风速风向仪固有的缺陷，因而能全天候、长久地正常工作，越来越广泛地得到使用，它将是机械式风速仪强有力的替代品。

（1）超声波风速风向测量方法。

1）超声波流量测量原理。超声波在介质中传播时，介质的流速在声波的速度上叠加，从而对声速产生影响，造成超声波信号顺流传播时间和逆流传播时间之间存在差值，通过差值的测量可以推导出介质的流速。在声波传播过程中，发射信号在接触到障碍物时，会产生多普勒偏移，频率偏移的大小与声波传播介质（气体等）的速度有关，因此，只要获取接收信号和发射信号的频率差，就可以导出介质流速。而根据Karman涡街理论，通过从已调波中检出旋涡频率的方法也可以用来测定介质流速。当测量三维空间的风速风向时，使用的测量方法多为时差法，多普勒法和涡街风速测量法的使用较少。这是因为多普勒法适用于不纯净的流体测量，对流速变化的灵敏度比其他方法好得多，但应用于风速测量方面存在一定的局限。涡街风速测量法只适用于管道气体流速测量，因此在煤矿矿道风速测量中有一定的实用性，但对于开放式的风速测量具有其自身的局限性。

根据时差的不同表现形式，时差法又可分为直接时差法、频差法和相位差法。直接时差法顾名思义，直接通过获取顺逆风传播时间差来计算风速风向；频差法是循环多次的直接法，此法的精度是直接时差法的循环次数倍，适用于中、小口径管道，优点是精度高、受温度影响较小，缺点是受环境影响大、工作不稳定；相位差法是将时间差转换为相位进行测量。在开放环境下的风速风向测量应用中，直接时差法的使用最多。

2）直接时差法。使用直接时差法的三维超声波风速风向仪在硬件结构上，与二维超声波风速风向仪的区别仅是多了一对超声波探头，以用作两个方向上风速值的获取，实现较为简单，由六只超声波传感器分成三组，分别沿空间直角坐标系的 x，y，z 三个轴相对放置。超声波通过超声波换能器获得。

设风速为V，在x、y、z轴向上的速度分量分别为V_x，V_y，V_z，c为超声波传播速度；取空间中任一位置(x,y,z)，令t为声波从原点传播至(x,y,z)所需的时间，那么有

$$(x-V_x t)^2+(y-V_y t)^2+(z-V_z t)^2=c^2t^2 \tag{5-1}$$

$$V_x^2+V_y^2+V_z^2=V^2 \tag{5-2}$$

测量中为简化计算，要求传播距离远大于声波波长，这点一般可以得到保证。

具体到某个坐标轴向上，如z轴上点$(d,0,0)$，此处d即为两个探头间的距离，将(x,y,z)和$(d,0,0)$代入式（5-1）。有

$$\frac{d^2}{t^2}-\frac{2d}{t}V_x-(c^2-V^2)=0 \tag{5-3}$$

求解，得$\frac{d}{t}=\sqrt{c^2-V^2+V_x^2}+V_x$。

设顺、逆风传播时间为t_1、t_2，并使V本身恒为正，则有

$$\begin{aligned}\frac{d}{t_1}&=\sqrt{c^2-V^2+V_x^2}+V_x\\ \frac{d}{t_2}&=\sqrt{c^2-V^2+V_x^2}-V_x\end{aligned} \tag{5-4}$$

求解得$V_x=\frac{d}{2}\left(\frac{t_2-t_1}{t_2t_1}\right)$。以此类推可得$V_x$、$V_y$值，代入式（5-2）即可得实时风速，通过矢量合成即可获得环境的三维风矢量。这种方法对于窄带的超声信号，基本消除了声速c的影响（即消除了温度的影响），只需测取t_1、t_2，便可以得到当前风速风量关系。

（2）应用领域。三维测风仪能给出充足的三维空间风矢量信息，能够提供更详细的气象情报或参考信息，在诸多领域都有用武之地。例如气象站风速风向信息采集、建筑的震颤分析、机场低空风切变的监测、航海中风速风向的监测、海—气界面的通量交换监测、气体湍流测量、密闭环境下的气流追踪等。

2. 激光雷达测风仪

按照激光器工作方式不同，多普勒测风激光雷达可以分为连续测风激光雷达和脉冲测风激光雷达。连续测风激光雷达和脉冲测风激光雷达的原理相同，都是通过回波信号中的多普勒频移反演风速信息。

（1）激光雷达的多普勒效应。多普勒效应指的是当电磁波移向观察者时观测到的电磁波频率变高，在波源远离观察者时频率变低的物理现象。多普勒效应是测风激光雷达探测风电场信息的基础。由于多普勒效应，当大气气溶胶粒子和大气分子相对于激光束运动时，接收到的散射光频率发生一定频移，该频移量不仅取决于发射激光束的频率，而且还与大气气溶胶粒子和大气分子的相对运动速度、运动方向及散射角度相关。双基激光雷达多普勒原理示意图如图5-1所示。

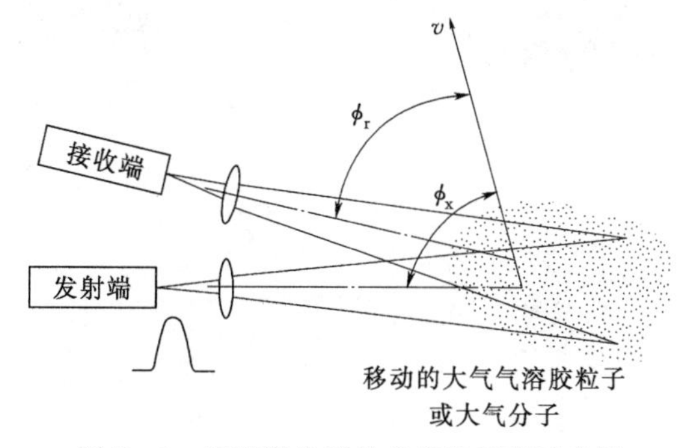

图5-1　双基激光雷达多普勒原理示意图

当频率为 f_x(Hz)、波长为 λ(m) 的发射激光被携带大气风速信息 v(m/s) 的气溶胶粒子和大气分子散射时，由于多普勒效应，以气溶胶粒子和大气分子为参照系，激光器的发射频率为

$$f_p = f_x + \frac{v}{\lambda}\cos\phi_x \tag{5-5}$$

式中　ϕ_x——粒子运动方向与发射望远镜光轴方向之间的夹角。

同理以接收望远镜为参照系，散射激光的频率可以表示为

$$f_r = f_p + \frac{v}{\lambda}\cos\phi_r \tag{5-6}$$

式中　ϕ_r——粒子运动方向与接收望远镜光轴方向之间的夹角。

因此发射激光和接收激光之间频率存在一个差值，这个值就是激光多普勒频移，可以表示为

$$\Delta f = f_r - f_x = \frac{2}{\lambda}\frac{v(\cos\phi_x + \cos\phi_r)}{2} \tag{5-7}$$

式（5-7）是由双端测风激光雷达系统推导出来的，对于单端测风激光雷达系统同样适用。令入射角度和散射角度之间满足 $\phi_x = \phi_r = 0$，即可得到单端系统中由风速造成的多普勒频移为

$$\Delta f = \pm\frac{2v}{\lambda} \tag{5-8}$$

式（5-8）中取正号表示径向风速方向与粒子后向散射光方向一致，取负号表示径向风速方向与粒子后向散射光方向相反。式（5-8）建立了多普勒频移与大气风速之间的定量关系，通过探测多普勒频移量就可以反演得到大气的风速和风向。

实际上由多普勒激光雷达直接测到的是径向风速。雷达以 θ_{las} 的角度（θ_{las} 为 15°或 30°）向上做圆锥扫描，测风示意图如图 5-2 所示，获取圆锥面上的径向风速 V_r，提取东南西北 4 个方位角上的径向风速 $V_{r,270}$、$V_{r,0}$、$V_{r,90}$、$V_{r,180}$，再结合扫描圆锥角 θ_{las}，利用三角函数关系即可得到水平风速 V_h（包括 X 轴分量 u 和 Y 轴分量 v）、风向 α 以及 Z 轴风速 ω，具体为

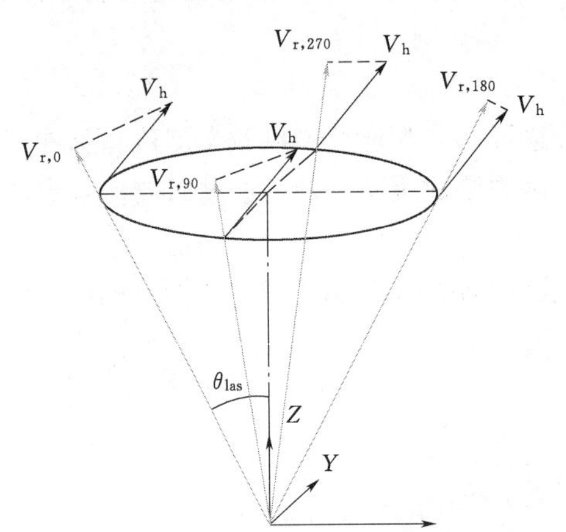

图 5-2　测风示意图

$$u = \frac{V_{r,90} + V_{r,270}}{2\sin\theta_{las}} \tag{5-9}$$

$$v = \frac{V_{r,0} + V_{r,180}}{2\sin\theta_{las}} \tag{5-10}$$

$$\omega = \frac{V_{r,0} + V_{r,90} + V_{r,180} + V_{r,270}}{4\cos\theta_{las}} \tag{5-11}$$

$$V_h = \sqrt{u^2 + v^2} \tag{5-12}$$

$$\alpha = \arctan\left(\frac{v}{u}\right) \tag{5-13}$$

（2）激光测风雷达的应用领域。

激光测风雷达的应用领域见表 5-1。

表 5-1　激光测风雷达的应用领域

风电场研究机构及开发商应用	风电机组制造商及风电场运维业主应用	海上项目应用
微观选址，风电场预评估，功率曲线验证，地址适合性评估，复杂地形的评价，垂直方向轮廓推断的验证，风力数据和三维的风图谱，风电机组机位微观选址	风电机组功率曲线测量，测量风力的垂直数据和紊流用于提高风电机组效率，地址适合性评估	替代海上测风塔而进行的风电场预评估，海上风电机组的发电量验证

(3) 风电机组功率曲线测量实例。在风电机组设计、试验、运行的过程中，机组的功率曲线是一个非常重要的指标。风电机组在交付使用时，其生产厂商会提供机组在标准空气密度（1.225kg/m^3）下的功率曲线。但在实际的风电机组运行过程中，实际功率曲线和标准功率曲线会存在一定的差异。若实际功率曲线高于标准功率曲线，风电机组长期处于过负荷状态，会影响其寿命；若实际功率曲线低于标准功率曲线，将会导致风电机组发电量下降，影响风电场运营商的效益。风电机组的功率特性测试可以反映出风电机组多方面的特性，并对其设计、制造的改进与优化起到指导作用。基于以上原因，风电机组功率特性测试成为风电机组形式认证中必不可少的环节。IEC 委员会于 2005 年 12 月颁布了风力机：风电机组功率特性测试（Wind energy generation Systems：Power performance measurements of electricity producing wind turbines）(IEC 61400-12-1)。

按照 IEC 标准的规定，测试得出的功率曲线是机组的标准功率曲线，也是机组的动态功率曲线。在整个测试过程中，需要对机组的运行状态和其周围气象情况进行长时间的数据采集。在合理的风向扇区内，记录的数据包括连续 10min 平均风速、风向、平均功率以及轮毂高度处的气压、气温（特殊情况需采集湿度数据对空气密度进行修正）。最后利用区间分析的方法绘制出功率曲线。

试验场地的变化，特别是气流畸变的影响会导致测风仪器处的风速和叶轮处的风速产生较大偏差，从而对最终的功率特性测试结果产生较大的影响。按照标准 IEC 61400-12-1 的规定，测风塔最优位置在风电机组主风向上 2.5 倍风轮直径处，并且 IEC 61400-12-1 对地形有着严格的规定，测试之前须进行场地评估，测试场地的要求：地形变化见表 5-2。

表 5-2　测试场地的要求：地形变化

距离 x	扇区	最大倾角斜率/%	地形偏离平面的最大偏差	地形偏离平面的最大偏差
$x<2L$	360°	<3*	$<0.04(H+D)$	$<0.08D$
$2L\leqslant x\leqslant 4L$	测量扇区	<5*	$<0.08(H+D)$	$<0.15D$
$2L\leqslant x\leqslant 4L$	测量扇区外	<10**	不适用	不适用
$4L\leqslant x\leqslant 8L$	测量扇区	<10*	$<0.13(H+D)$	$<0.25D$

*　H 为风电机组轮毂中心高度；D 为风电机组风轮直径，$L=2.5D$。

**　与扇形地区最吻合，并通过基础平面的最大倾角。

如果地形特征满足表 5-2 的要求，则不需要进行场地标定。如果地形特征超出表 5-2 所示最大倾角限值以上且在 50%范围以内，则应采用气流模型计算决定是否进行场地标定。气流模型需要通过典型场地测试进行验证。若气流模型显示测量扇区内风速为10m/s，且风速计位置的风速与风电机组轮毂位置的风速差值小于1%时，就不需要进行场地标定，否则应进行场地标定。

场地标定用来量化并降低地形和障碍物对功率特性测试的影响。地形和障碍物可能引起测风塔位置和风电机组风轮中心位置之间的系统性差异。场地标定要求将风电机组移开后竖立两个测风塔，一个位于参考位置处，一个位于风电机组位置处。利用两个型号相同的风速计分别测量两个位置的风速，得出每一个风向区间内由地形引起的气流校正系数平均值（风电机组位置处与测风塔位置处的风速之比）。

但在实际的测试中，运行的风电场内大多数风电机组无法通过场地评估，进行场地标定又需要额外花费很多的资金。因此可以使用采用激光雷达测风仪取代测风塔来进行功率特性测试，并弱化场地因素对功率特性测试结果影响的方法。

在激光雷达安装时，要特别注意安装的位置。激光雷达所处位置与风电机组的距离应该为待测风电机组风轮直径的2～4倍，激光雷达最优位置在风电机组主风向上2.5倍风轮直径处。再根据风向和激光雷达与风电机组的位置以及IEC的规定确定待测扇区。然后按照IEC 61400-12-1要求，首先进行场地标定。再对采集到的1s级数据进行处理，若某个连续的10min内有任一秒出现扇区345°～10°之外的数据，则将此连续的10min数据全部剔除。最后利用采集到的数据按照IEC 61400-12-1进行功率曲线的计算。

将激光雷达测风仪测得的功率曲线与风电机组的功率曲线进行比较，校正风电机组的功率曲线。

5.2 风电场微观尺度空气动力场测量

5.2.1 测量风电场介绍

选取具有代表性的陕西靖边华能龙洲风电场作为复杂地形风电场空气动力场高精度测试的示范风电场。该风电场范围约5km×3km，海拔为1265～1735m，地势南高北低，南部以丘陵沟壑区为主，山梁起伏，沟壑纵横，河谷狭窄；北部为风沙草滩地区，地势平坦。属于半干旱大陆性季风气候，四季变化明显，受西风大气环流影响，地面冷空气比较活跃，风速较大。

该风电场场址内有规划设计时期的0414号测风塔以及风电场运营后在14号风电机组前后所立的0449号、0472号测风塔，共三座；根据0414号测风塔所测量的风能资源和场内地形特点，风电场内布置了25台WT93-2.0MW型号风电机组。风电场运营至今已超过5年，其中风电场风电机组布置及测风塔位置图如图5-3所示。

5.2.2 测量方案

为进行空气动力场测试，项目合作方在精心选址后于2015年6月在风电场14号风电机组南北方向各立了一座测风塔，14号风电机组及前后测风塔位置示意图如图5-4所示。其中0449号测风塔位于14号风电机组南边悬崖斜坡上，距离14号风电机组约

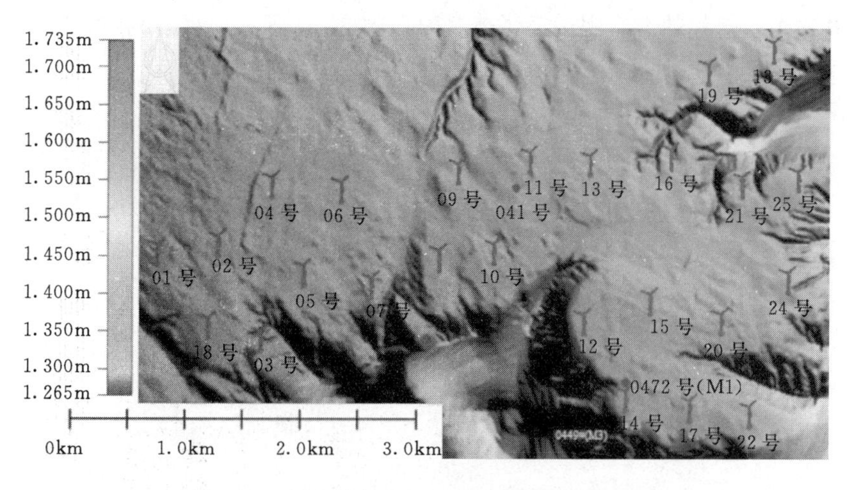

图 5-3　风电场风电机组布置及测风塔位置图

135m；0472号测风塔位于14号风电机组北边平地上，距离14号风电机组约205m。同时在两座测风塔上安装机械式测风仪，对14号风电机组前后流场的风速、风向等数据进行测量，机械式测风仪基本情况表见表5-3。

图 5-4　14号风电机组及前后测风塔位置示意图

为了深入研究地形等因素对风电机组运行的影响，在两座测风塔已装机械式测风仪的基础上又布置了3台三维超声波测风仪，以便得到风电机组前后空气动力场中更为准确的测量数据，超声波测风系统装置示意图如图5-5所示。在14号风电机组南边0449号测风塔70m高度上布置一台三维超声波测风仪；在14号风电机组北边0472号测风塔的30m、70m高度处各布置一台三维超声波测风仪。3台三维超声波测风仪测量数据通过光缆接入14号风电机组塔筒内，通过记录数据的软件将测量数据存储于塔筒内的电脑上。

表 5-3　　机械式测风仪基本情况表

塔号	塔高/m	测风时段	高程/m	测风塔配置	仪器
0449	70	2015年8月27日—2016年9月5日	1678.00	风速：30m、50m、70m 风向：30m、60m气温、气压	NRG
0472	70	2015年8月27日—2016年9月5日	1692.00	风速：30m、50m、70m 风向：30m、60m气温、气压	NRG

为研究风电机组运行时塔筒受力的应变程度，在塔筒中部距地面30m高度处和塔筒底部的内壁上各布置了一条电阻应变片，其测量数据与超声波测风仪测量数据一起被记录

在塔筒的电脑内。空气动力学测试现场情况图如图 5-6 所示。(图中依次为 0449 号测风塔、0472 号测风塔、超声波测风系统控制平台、塔筒底部应变片)

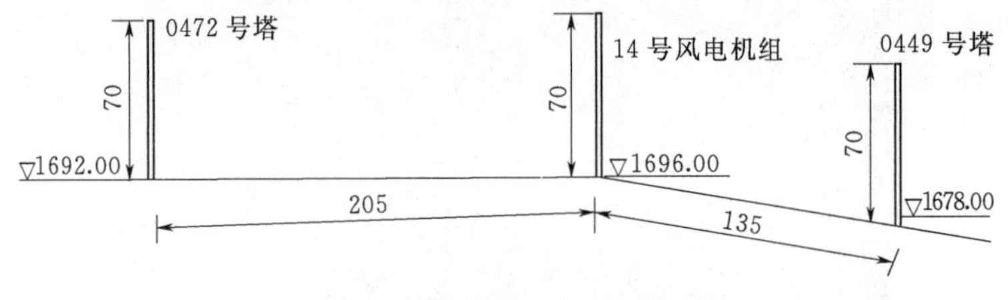

图 5-5 超声波测风系统装置示意图(单位:m)

图 5-6 空气动力场测试现场情况图

5.2.3 测试数据处理

1. 机械式测风数据

选取 0449 号、0472 号两座测风塔上布置的机械式测风仪得到的一整年(2015.9.1—2015.8.31)的测风数据作为空气动力场实测数据的一部分。为了详细分析两座测风塔机械式测风仪的测风数据,对 0449 号测风塔 70m 高度的测风数据进行处理,其中 0449 号测风塔 70m 高度的风图谱如图 5-7 所示,其中,u 为风速,f 为频率,A 和 k 是风速分布参数,$\overline{u}$ 和 p 表示平均风速和风能密度。0449 号测风塔 60m 高度逐月风向玫瑰图如图 5-8 所示。

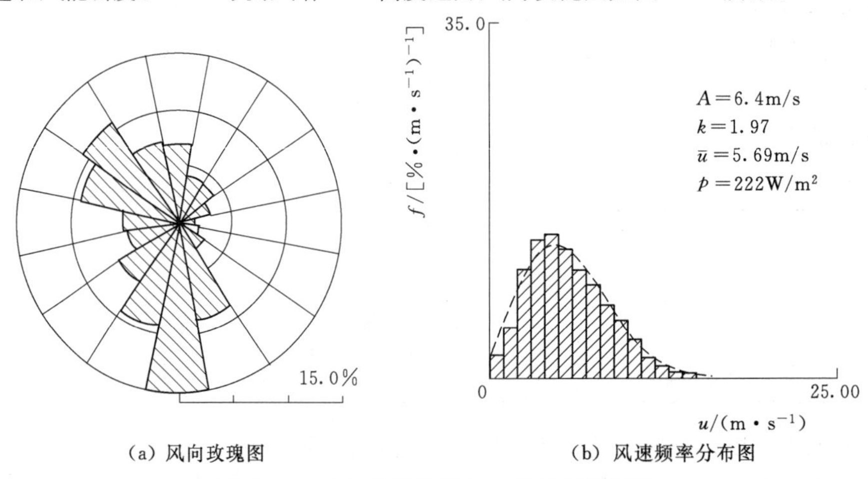

(a) 风向玫瑰图　　(b) 风速频率分布图

图 5-7 0449 号测风塔 70m 高度的风图谱

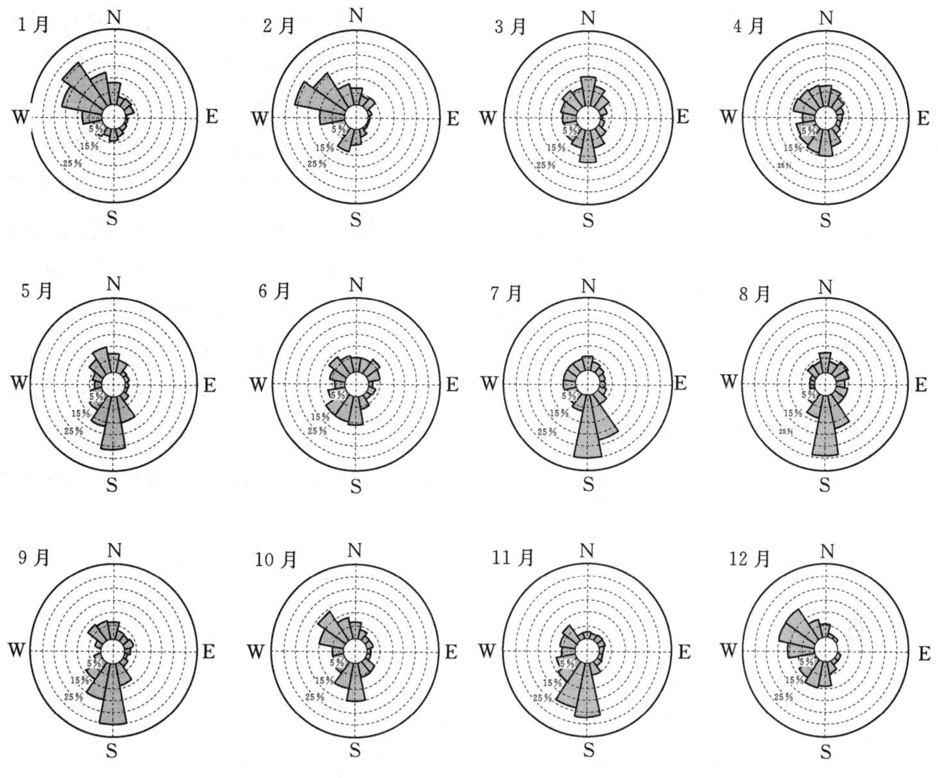

图 5-8　0449 号测风塔 60m 高度逐月风向玫瑰图

由图 5-8 可知，0449 号测风塔测风数据的主风向为南风，次主风向为西北风；所以 14 号风电机组南边 0449 号测风塔受尾流影响小于 0472 号测风塔，所以 0449 号测风塔 70m 高度的年平均风速略大于 0472 号测风塔。再结合图 5-8 中的逐月风向玫瑰图可知，在 5 月、7 月、8 月等主风向为南北的月份里，0449 号测风塔测量得到的风速均大于 0472 号测风塔。

2. 超声波测风数据

超声波测风系统测量数据的采样频率为 35Hz，记录时间间隔为 1min 和 10min 的测量数据平均值，测量数据主要以矩阵形式展开，首列为时间序列，后面系统测量的变量主要有大气温度，x、y、z 三个方向的风速分量，三个方向风矢量合成的风速值，风矢量相对于水平面的方向，以及风在水平面的方向和应变计测量的 x、y 方向电压变化值等。

本节主要选取超声波测风系统 10min 的测量数据，测量时间段为 2015 年 11 月 29 日—2016 年 6 月 30 日，主要处理的测量数据为矢量合成风速值以及风在水平面的风向。

在检验和处理超声波测风数据时，发现超声波测风仪的 0°风向与机械式测风仪正北方向不一致，这有可能是装置风速仪时未校正导致的。主要根据机械式测风仪测得的风向来校正超声波测风仪测得的风向。为区分超声波测风仪与机械式测风仪，在测风塔及高度前加上 Farmopt 和 NRG 标记，如 0449 号塔 70m 高度超声波测风仪数据记为 Farmopt0449＃_70m。

首先校正 0449 号测风塔超声波测风仪的风向数据，使用塔高 60m 处机械式风向标测得的同期数据来校正超声波测风仪风向数据。选取 2015 年 12 月 1 日—2015 年 12 月 10 日共 1440 个数据进行分析，其中 0449 号超声波测得风向与机械式测得风向关系如图 5-9 所示。

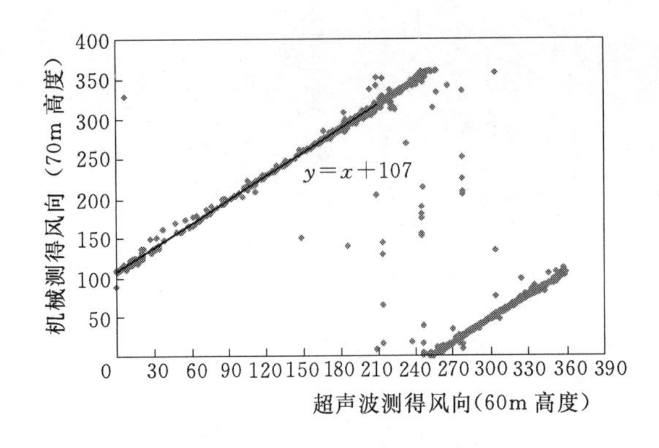

图 5-9　0449 号塔超声波测得风向与机械式测得风向关系

由图 5-9 可知，两种不同方法得到的测量风向呈线性关系，再根据实验数据整理得到，两者关系基本符合 $y=x+130$，即超声波测量风向超前机械式测量风向 130°。通过校正将超声波测量得到的风向数据整理成与机械式测风仪风向保持一致，校正后 0449 号测风塔 70m 超声波测量数据的风图谱如图 5-10 所示。其中，u 为风速，f 为频率，A 和 k 是风速分布参数，$\overline{u}$ 和 p 表示平均风速和风能密度。

同理，对 0472 号测风塔 70m 和 30m

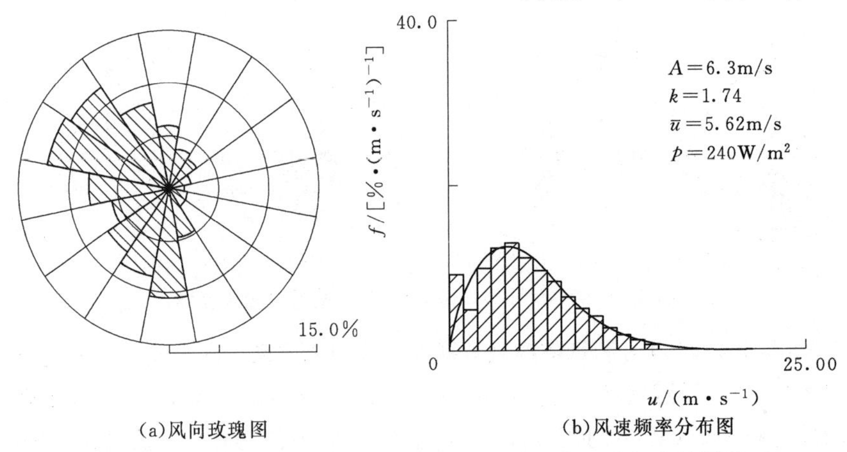

(a)风向玫瑰图　　(b)风速频率分布图

图 5-10　校正后 0449 号测风塔 70m 超声波测量数据的风图谱

高度处的超声波风向数据分别使用该塔 60m 和 30m 高度的机械式风向标测量数据进行校正。同样选取 2015 年 12 月 1 日—2015 年 12 月 10 日共 1440 个数据进行分析，0472 号测风塔 70m 和 30m 高度超声波测得风向与机械式测得风向关系如图 5-11 和图 5-12 所示。

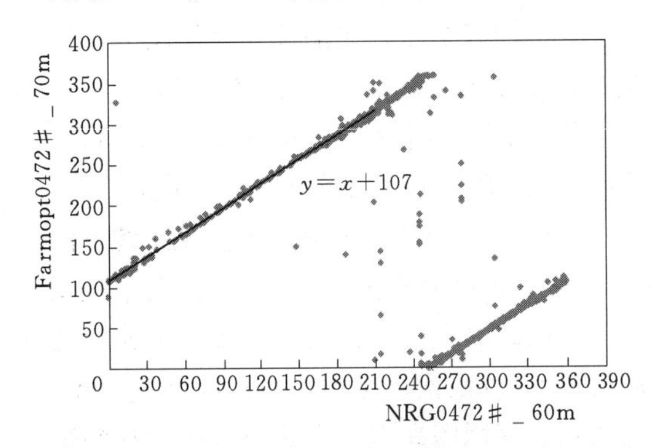

图 5-11　0472 号塔 70m 高度超声波测得风向与机械式测得风向关系

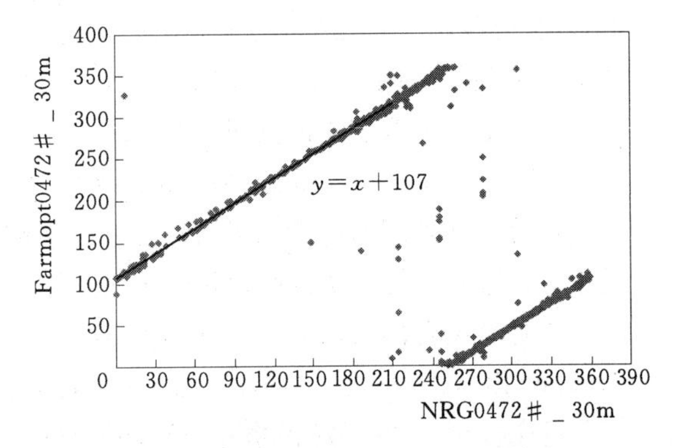

图 5-12　0472 号塔 30m 高度超声波测得风向与机械式测得风向关系

0472 号测风塔 70m 和 30m 的超声波测得风向与机械式测得风向偏差相同，根据实验数据整理得到两者关系基本符合 $y=x+107$，即超声波测量风向超前机械式测量风向 107°。通过校正将超声波测量得到的风向数据整理成与机械式测风仪风向保持一致，0472 号测风塔 70m 超声波测量数据的风功率图谱如图 5-13 所示。

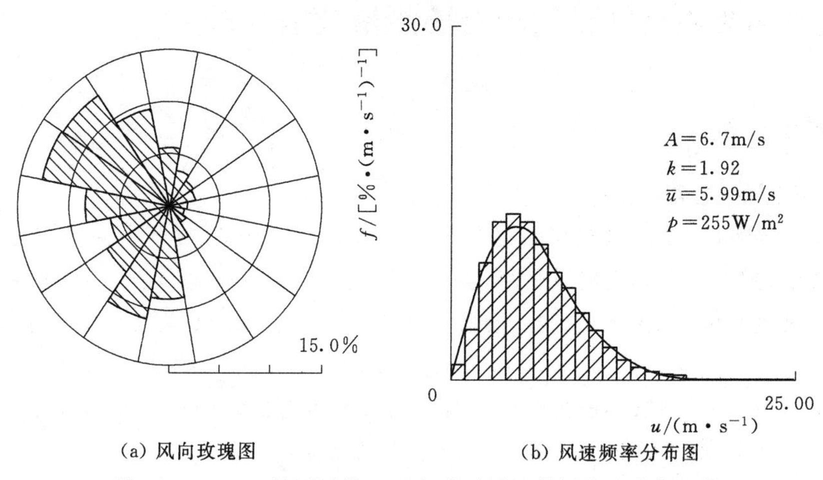

(a) 风向玫瑰图　　(b) 风速频率分布图

图 5-13　0472 号测风塔 70m 超声波测量数据的风功率图谱

3. SCADA 运行数据

风电场 25 台风电机组的参数见表 5-4。风电机组功率曲线和推力系数曲线如图 5-14所示。

表 5-4　风电机组的参数

额定功率 /kW	切入风速 /(m·s⁻¹)	额定风速 /(m·s⁻¹)	切出风速 /(m·s⁻¹)	风轮直径 /m	塔架高度 /m
2000	3.0	10.6	25	93	70

风电场 SCADA 系统中 25 台风电机组采集的运行数据时间段为 2015 年 11 月 20 日至 2016 年 8 月 31 日，数据的时间间隔为 1min，采集的主要数据有：

（1）瞬时风速和风向。风电机组机舱上方风速计和风向标的测量数据，其中瞬时风速对风电机组的功率特性评估具有重要意义。

（2）有功功率。风电机组出力特性的重要指标是风电场运行效益评估的重要依据。

（3）10min 平均功率。数据输出前 10min 的风电机组输出功率平均值。

（4）叶片变桨角度。变桨系统保证风电机组安全稳定运行的具体表征，主要功能是捕捉和最大限度利用风能。

（5）风轮转速。影响风电机组叶尖速

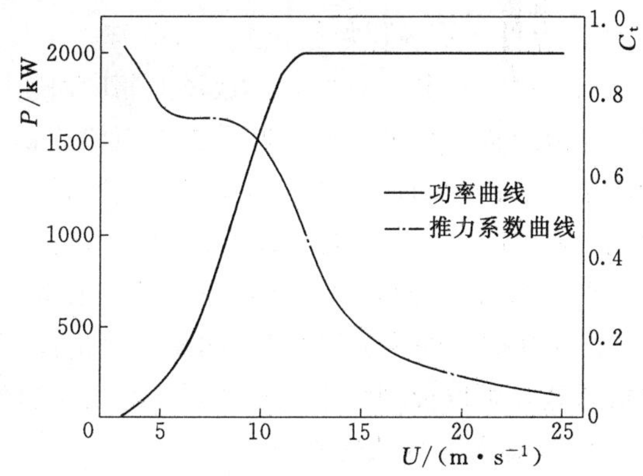

图 5-14　风电机组功率曲线和推力系数曲线

比的重要参数，保证风电机组功率的正常输出。

（6）停机统计。对风电机组故障停机或人工停机发生的时间段进行记录，是对风电场运行效益评估的重要依据。

5.3 风电场微观尺度空气动力场测量数据分析

5.3.1 尾流分析

1. 地形因素对尾流的影响

由图 5-3 可知，14 号风电机组处于悬崖边上，其南边 0449 号测风塔处于悬崖斜坡上，地形坡度约为 20°；风电机组北边 0472 号测风塔处于平坦地形上。为了研究风电场局部地形因素对风电机组尾流的影响，根据两座测风塔的超声波测风数据分别对入流风速为 (4±0.5)m/s、(7±0.5)m/s、(10±0.5)m/s，入流风向为 0°±10°、90°±10°、180°±10°、270°±10°和 300°±10°的数据进行筛选，对不同方案风电机组的平均功率进行统计。不同风速和风向情况下测风塔风速和风电机组平均功率见表 5-5。

表 5-5　不同风速和风向情况下测风塔风速和风电机组平均功率

风速/(m·s^{-1})		4±0.5			7±0.5			10±0.5		
编号		0449 号/(m·s^{-1})	0472 号/(m·s^{-1})	14 号/kW	0449 号/(m·s^{-1})	0472 号/(m·s^{-1})	14 号/kW	0449 号/(m·s^{-1})	0472 号/(m·s^{-1})	14 号/kW
风向	0°±10°	2.4	4	102	3.9	6.9	704	6.6	9.9	1379
	90°±10°	3.9	3.9	80	6.2	6.9	537	—		
	180°±10°	4	3	70	7	4	589	10	7.2	1340
	270°±10°	4.1	4	91	7.5	7	678	10.8	10	1485
	300°±10°	4.4	4	92	7.5	7	617	10.4	10	1370

注：—表示该筛选条件下数据缺失。

在风速数据的筛选过程中，使用不受风电机组尾流影响的测风塔数据作为入流风速，例如，当风向为 0°时，选择 0472 号测风塔风速数据作为入流风速；当风向为 180°时，选择 0449 号测风塔风速数据作为入流风速。

当风向为 0°和 180°时，入流风速相同时，0449 号测风塔受尾流影响大于 0472 号测风塔受尾流影响，且风向为 0°时风电机组输出的平均功率高于风向为 180°时风电机组的平均功率。由此可知，风向为 180°时，气流爬坡到风电机组轮毂高度时风速小于 4m/s，所以气流从 0449 号测风塔到 14 号风电机组时风速有所减小。

当风向为 90°时，由于风向频率低，数据具有很大的误差，所以不予分析。当风向为 270°和 300°时，两座测风塔均不受尾流影响，此时 0449 号测风塔风速均略大于 0472 号测风塔风速，可以推测气流沿斜坡下降时处于加速状态。

2. 风速大小对尾流的影响

由于 0449 号测风塔、14 号风电机组、0472 号测风塔基本保持在南北走向的一条直线上，所以对风电机组正常运行时来流风向为180°±15°、不同风速大小情况下的尾流折减。

首先，根据停机统计将风电机组停运时的测风数据进行剔除，为保证风电机组处于正常发电状态，0449号测风塔超声波测量得到的风速需要大于切入风速3m/s；再对校正后风向在180°±15°内的数据进行选择；考虑到需要选择不同大小的风速，选择风速间隔为1m/s，风速大小为4～14m/s，例如考虑风速为4m/s时，选择风速在(4±0.5)m/s内的数据进行计算；根据筛选后得到同期0472号风速数据进行尾流折减系数计算，计算公式为

$$\gamma=\left|\frac{V_{0472号}-V_{0449号}}{V_{0449号}}\right|\times 100\% \tag{5-14}$$

式中　　γ——折减系数；

$V_{0449号}$、$V_{0472号}$——筛选后0449号测风塔和0472号测风塔70m高度风速平均值。

根据上述方法，风向为180°±15°，不同大小入流风速下风电机组尾流折减系数统计见表5-6。并且根据表5-6中数据制作的风电机组尾流折减与风速大小关系图如图5-15所示。

表5-6　　不同大小入流风速下风电机组尾流折减系数统计表

风速区间/(m·s^{-1})	4	5	6	7	8	9	10	11	12	13	14
0449# _ 70m/(m·s^{-1})	4	5	6	7	8	9	10	11	12	13	13.9
0472# _ 70m/(m·s^{-1})	3.1	3.5	3.9	4.5	5.4	6.5	7.6	8.9	10.2	11.4	12.8
γ/%	22.5	30	35	35.7	32.5	27.8	24	19.1	15	12.3	7.9

由图5-15可知，入流风速经过14号风电机组时，其尾流在下风向205m处折减系数最大为35%，随着入流风速的增大，尾流折减系数先增大后减小，在入流风速为7m/s时达到最大。当入流风速达到切入风速时，风电机组叶轮开始转动，所以对风电机组尾流的影响逐渐增大，0472号测风塔测得的风速受尾流影响折减系数也随之增大，当风速达到额定风速时，风电机组满负荷运转，叶轮开始匀速转动，所以此时随着风速的增大尾流折减系数开始逐渐降低。

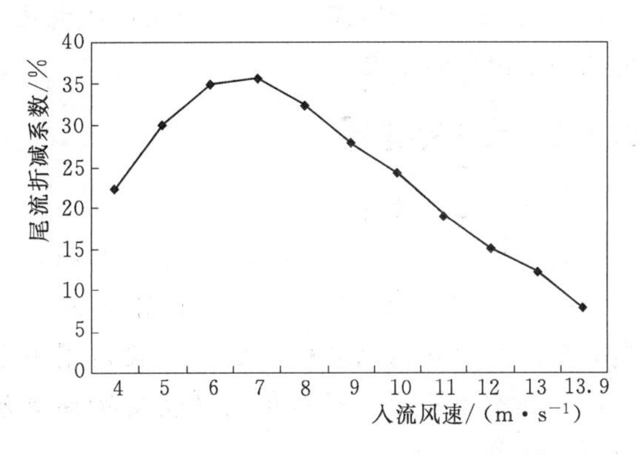

图5-15　风电机组尾流折减与风速大小关系图

3. 风向对尾流的影响

在将风电机组尾流影响区域视为圆柱体的情况下，分别计算0449号测风塔和0472号测风塔受14号风电机组尾流影响的极限风向夹角。当受尾流影响的为0472号测风塔时，风向夹角计算公式为

$$\sin\theta_1=\frac{\frac{D}{2}}{L_1} \tag{5-15}$$

式中　D——风轮直径，$D=93\text{m}$；

　　L_1——风电机组到0472号测风塔的水平距离，$L_1=205\text{m}$；

　　θ_1——风向夹角。

经过计算，$\theta_1=13°$，所以0472号测风塔受尾流影响时主风向范围为167°～193°。

同理，经过计算得到，当测风塔0449号受尾流影响时，风向范围为340°～360°和0°～20°。对上述几个风向范围内的测风数据进行尾流折减分析，筛选入流风速在（7±0.5)m/s内的数据，风向间隔为10°。不同风向情况下尾流折减系数见表5-7。

表5-7　　　　不同风向情况下尾流折减系数

风向/(°)	受尾流影响的测风塔	入流风速/(m·s^{-1})	尾流风速/(m·s^{-1})	尾流折减系数/%
170±5	0472号	7	4.1	41.4
180±5	0472号	7	3.7	47.1
190±5	0472号	7	5.2	25.7
340±5	0449号	7	3.8	45.7
350±5	0449号	7	4.1	41.4
0±5	0449号	7	3.5	50.0
10±5	0449号	7	4.8	31.4

由表5-7可知，随着来流风向偏离南北主风向，尾流折减系数随之减小，因为测风塔开始偏离风电机组尾流圆柱体的中心；0472号测风塔尾流折减系数低于0449号测风塔，因为0449号测风塔距离14号风电机组比0472号测风塔距离风电机组近，所以受风电机组尾流影响更大。

5.3.2　大气稳定度

1. 大气稳定度分类

大气稳定度一般分为强不稳定、不稳定、弱不稳定、中性、较稳定和稳定六个等级，分别用字母A、B、C、D、E和F表示。本节主要采用温差法进行大气稳定度分类，温差法又称为温度梯度法，一般是用两个不同高度间的温度梯度来表示大气垂直方向上的湍流特征。根据温度梯度与帕斯奎尔稳定度之间的关系，大气稳定度具体划分标准见表5-8。

表5-8　　　　大气稳定度具体划分标准

$\Delta T/\Delta Z$	<-1.9	-1.9～-1.7	-1.7～-1.5	-1.5～-0.5	-0.5～1.5	>1.5
稳定级别	A	B	C	D	E	F

在空气动力场测试中，0449号测风塔和0472号测风塔在70m、50m和30m高度装置了风速计，在70m和30m高度各装置了一个测温计。所以根据两座测风塔在2015年9月1日至2016年8月31日这一时间段，每小时的测量数据使用温差法进行大气稳定度分类。0449号测风塔和0472号测风塔的大气稳定度分布如图5-16所示。

温差法对两座测风塔高度大气稳定度分类结果显示，大气稳定度多集中在D（中性）

和E（较稳定）等级中，其他几个等级中只有极少部分。对两座测风塔比较来看，0472号测风塔大气稳定度更为集中在D（中性）等级中，而0449号测风塔在D（中性）和E（较稳定）等级所占比例较为接近，这可能与0449号测风塔位置处于山崖斜坡上受湍流影响较大所致。其他几个非中性的等级中0472号测风塔所占比例略高于0449号测风塔。

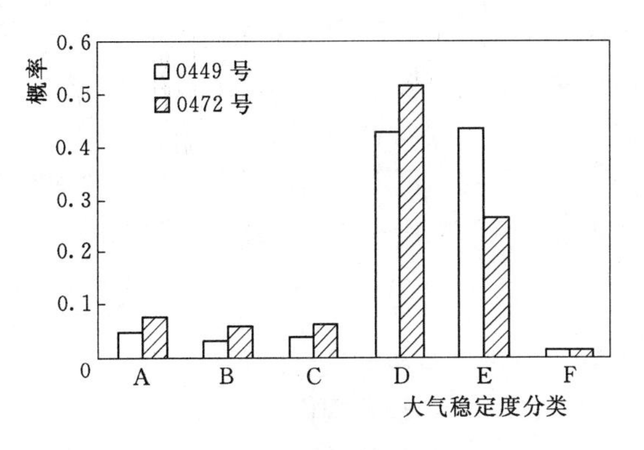

图5-16　两座测风塔的大气稳定度分布

2. 大气稳定度对风廓线的影响

在大气边界层中，风廓线形成的主要因素为地面粗糙度和大气热稳定度，所以大气热稳定度不同，导致风廓线也不相同。

在这里，主要根据温差法对大气稳定度分类，对两座测风塔由大气稳定度为不稳定、中性和稳定情况下的测风数据计算得到风速廓线，并且通过分析得到大气稳定度对风廓线的影响。0449号测风塔不同大气稳定度的风廓线图如图5-17所示，0472号测风塔不同大气稳定度的风廓线图如图5-18所示。

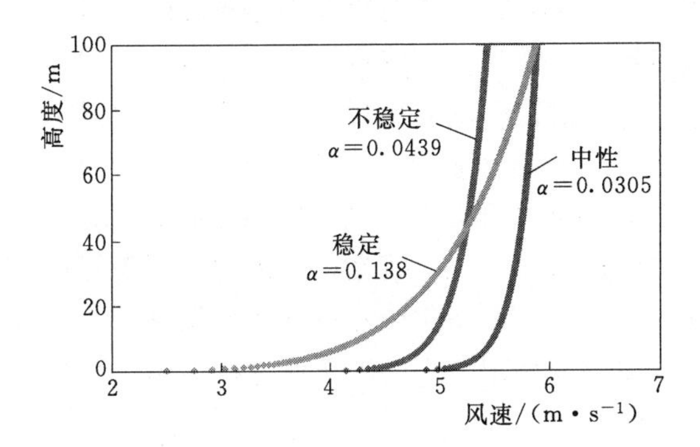

图5-17　0449号测风塔不同大气稳定度的风廓线图

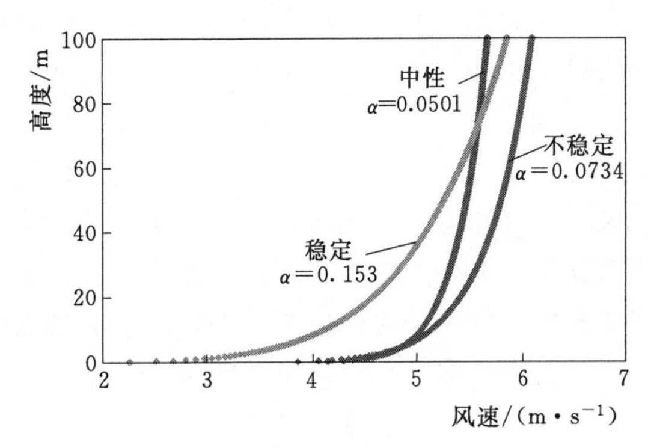

图5-18　0472号测风塔不同大气稳定度的风廓线图

由图5-17和图5-18分析可知，不同大气稳定度情况下，风廓线的切变指数均不相同。在大气由不稳定到中性状态时，风切变指数逐渐降低；但是从中性状态到稳定状态时，风切变指数又逐渐增高，并且稳定状态下风切变指数最高。

从图5-17中可知，从不稳定状态到中性状态时，同一高度情况下中性时风速高于非稳定时风速；稳定状态时近地面风速较小，高度达到一定时风速增长迅速。

从图5-18中可知，同一高度时，不稳定状态风速最大；这与0449号测风塔风轮廓线特点不一样，由于不稳定状态时的数据所占比例很小，存在一定偶然现象。

5.3.3 塔筒应力测试分析及推力曲线估算

1. 电阻应变片测量原理

为了测量在风电机组运行时，塔筒壁面受力产生的应变程度，现场实验中采用应变电测法，在塔筒中部距塔基 30m 的内壁上粘贴一条箔式电阻应变片，其原理是构件受力后测点发生应变，应变片也随之变形而使应变片的电阻值发生变化，然后通过电阻应变仪将此电阻变化转换成电压（或电流）的变化。

当应变片中电阻丝随构件受力发生变形时，电阻丝的长度和截面积均会发生改变，以至于电阻丝的阻值也发生变化。电阻丝的电阻变化率与其线应变成正比，即

$$\frac{\Delta R}{R}=K\frac{\Delta l}{l}=K\varepsilon \tag{5-16}$$

式中　ΔR——电阻丝变形后产生的电阻变化量；

R——弹性范围内的应变灵敏系数；

ε——应变值。

一般金属应变片有丝式和箔式两种，其优点是稳定性和温变特性好，缺点是灵敏性系数小。所以为了显示和记录应变大小，一般把电阻变化通过测量电桥电路转换为电压或电流的变化。

2. 测量结果相关性分析

通过电桥电路转换得到的电压变化记录在系统内，风电机组塔筒中部距离塔基 30m 处受力应变以电压变化体现出来，选择其中某一时间段的电压变化数据与风电机组入流风速、风轮转速及有功功率进行分析，得到在风电机组运行前后塔筒应变的趋势。同一时间段塔筒应变电压值以及风电机组入流风速、风轮转速、输出功率曲线图。

由图 5-19 可知，塔筒受力发生形变时，等效塔筒应变的电压变化与来流风速的变化趋势保持一致，来流风速越高，电压变化值越大。当来流风速低于风电机组切入风速时，风电机组叶轮转速和输出的有功功率都为零，此时风电机组受来流风速的阻力最低，所以塔筒形变极小，电压变化值接近于零。当风速达到最大时，风轮转速、输出功率和塔筒形变产生的电压变化值也为最大，所以塔筒应变时产生的电压变化趋势符合研究理论。

在塔筒中部和底部布置的两条应变片上，测量值以两个正交的电压值进行输出，记作 V_{ox} 和 V_{oy}。所以应变片测量电压值 V_o 可以表示为

$$V_o=\sqrt{V_{ox}^2+V_{oy}^2}=KC_TU^2 \tag{5-17}$$

式中　K——转换系数，取值 0.025；

C_T——推力系数；

U——来流风速。

在分析应变片测量得到的电压值与来流风速的相关性时，本节所选取的风向区间为 [170°,190°]，来流风速参考风电机组运行数据中的瞬时风速，筛选的风速区间为 [3m/s, 25m/s]。应变片测量电压值与来流风速的关系图如图 5-20 所示。塔筒中部应变片测量值与底部应变片测量值的相关性如图 5-21 所示。

当来流风速在 3～12m/s 时，塔筒的应变值随来流风速增大逐渐增大；当风速增大到 12m/s 时，塔筒应变值达到最大；当风速大于 12m/s 时，塔筒应变值随风速增大逐渐减小。

塔筒中部的应变值比底部的应变值大，两者呈线性关系增长。在风速低于 6m/s 的低风速阶段，塔筒底部的应变电压值稍低于塔筒中部的应变电压值；当来流风速大于 6m/s

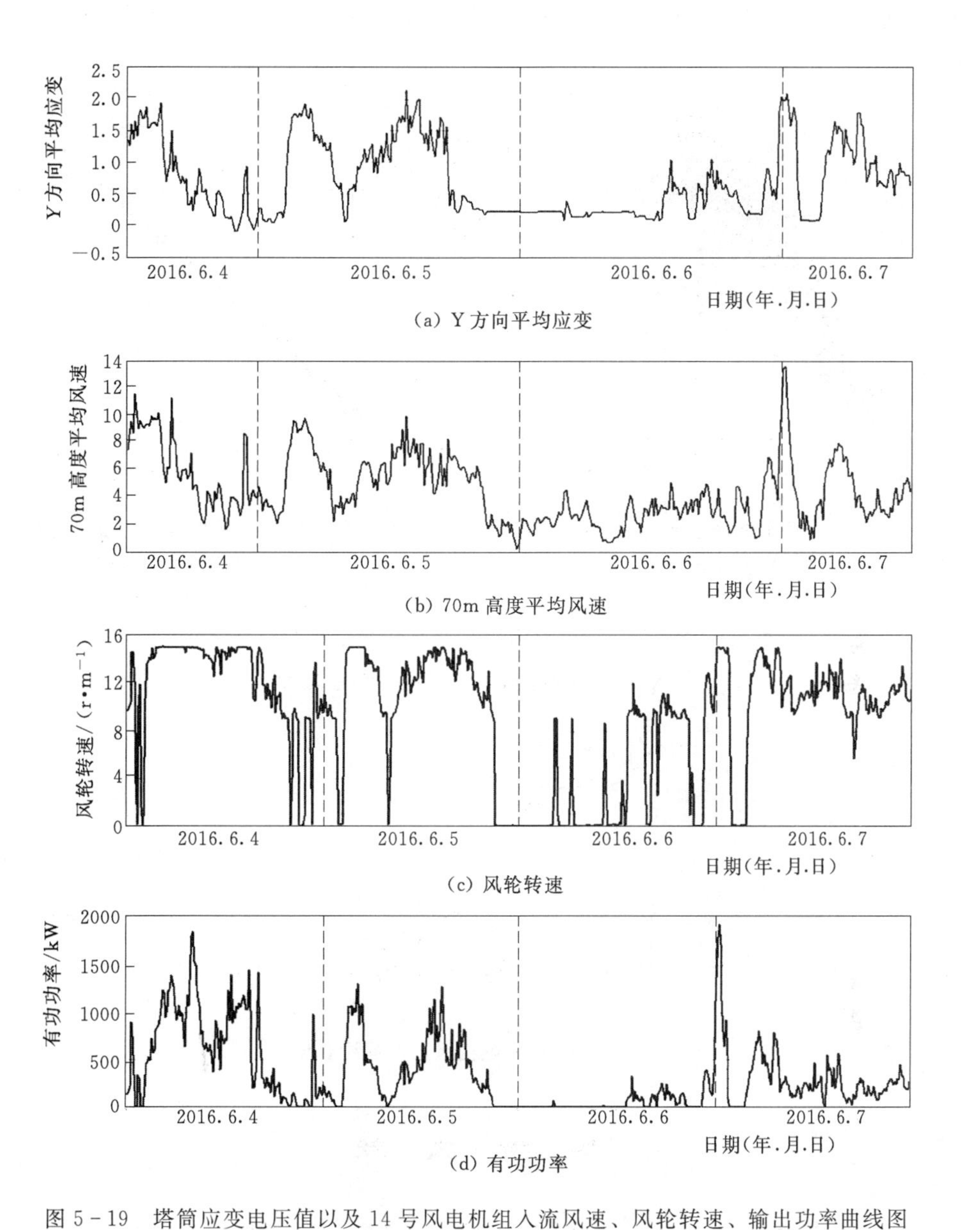

(a) Y方向平均应变

(b) 70m高度平均风速

(c) 风轮转速

(d) 有功功率

图 5-19　塔筒应变电压值以及14号风电机组入流风速、风轮转速、输出功率曲线图

时，塔筒底部的应变电压值高于塔筒中部的应变电压值，其中塔筒底部应变电压值最大为1.7V左右，塔筒中部应变电压值最大为2V左右。

3. 推力系数曲线估算

塔筒应变片测量的电压值与来流风速呈二次方关系，所以使用塔筒底部应变电压值，对14号风电机组的推力系数曲线进行估算。推力系数曲线估算值如图5-22所示。

根据14号风电机组塔筒底部应变电压值推算得到推力系数曲线随风速的变化趋势与理论推力曲线较一致。在风速为3～10m/s时，估算得到的推力系数高于理论推力系数值；在风速为10～14m/s时，估算的推力系数曲线与理论推力系数曲线较为吻合；当风速大于14m/s时，估算得到的推力系数低于理论推力系数值。

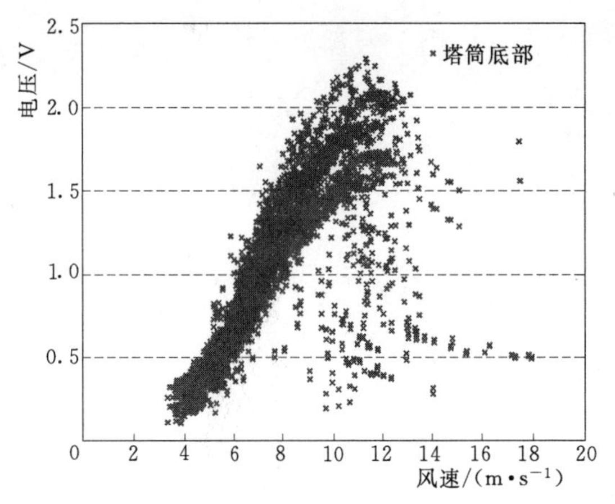

图 5-20　应变片测量电压值与来流风速的关系图

图 5-21　塔筒中部应变片测量值与底部应变片测量值的相关性

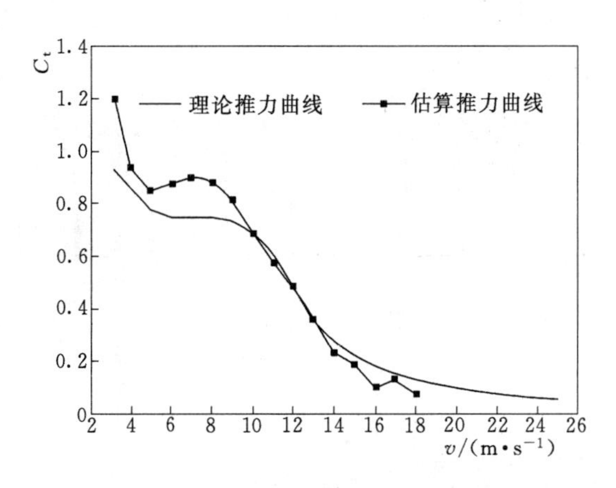

图 5-22　14 号风电机组推力曲线估算值

参　考　文　献

[1] 宋丽莉，黄浩辉，植石群，等. 风电场风资源测量与计算的精度控制 [J]. 气象，2009，35 (3)：73-80.

[2] 包小庆，张国栋. 风电场测风塔选址方法 [J]. 资源节约与环保，2008，24 (6)：55.

[3] 周海，匡礼勇，程序，等. 测风塔在风能资源开发利用中的应用研究 [J]. 水电与抽水蓄能，2010，34 (5)：5-8.

[4] 王宇峰，裴科伟，于会勇. 用于风力发电的超声波测风系统设计 [J]. 风机技术，2012 (4)：53-55.

[5] 程刚，林向真. 超声波风速仪 [J]. 应用声学，1982，1 (2)：30-32.

[6] 邓昌建，张江林，王保强. 超声波测风仪设计中几个问题的探讨 [J]. 成都信息工程学院学报，2007，22 (5)：581-583.

[7] 张捷光，齐文新，齐宇. 三维超声波测风仪原理与应用 [J]. 计算机与数字工程，2013，41 (1)：124-126.

[8] Wille R. Kármán vortex streets [M]. Advances in Applied Mechanics, Elsevier, 1960.
[9] Hansford J, Campbell M, Kana G, et al. Karman Vortex Street [J]. Journal of the Physical Society of Japan, 1965, 20 (9): 1714-1720.
[10] Taneda S. Experimental investigation of vortex streets [J]. Tokyo Sugaku Kaisya Zasshi, 1965, 20 (9): 1714-1721.
[11] 沈熊. 激光多普勒测速技术及应用 [M]. 北京: 清华大学出版社, 2004.
[12] 周小林, 孙东松, 钟志庆, 等. 多普勒测风激光雷达研究进展 [J]. 大气与环境光学学报, 2007, 2 (3): 161-168.
[13] 王邦新, 孙东松, 钟志庆, 等. 多普勒测风激光雷达数据处理方法分析 [J]. 红外与激光工程, 2007, 36 (3): 373-376.
[14] 马东. 激光雷达测风仪在风电机组偏航误差测试中的应用研究 [J]. 应用能源技术, 2015 (11): 5-7.
[15] 尹子栋, 付德义. 激光雷达测风仪在风电机组功率曲线测试中的应用研究 [J]. 可再生能源, 2013, 31 (4): 100-102.
[16] 潘宁. 基于激光雷达测风仪的风电机组功率曲线测试方法研究 [J]. 节能技术, 2013 (2): 112-115.
[17] 胡义. 基于现场测试与运行数据的复杂地形风电场空气动力场研究 [D]. 南京: 河海大学, 2017.
[18] 陈伟. 大型风力发电塔模拟分析与实验研究 [D]. 昆明: 昆明理工大学, 2014.
[19] Márquez F P G, Tobias A M, Pérez J M P, et al. Condition monitoring of wind turbines: Techniques and methods [J]. Renewable Energy, 2012, 46 (5): 169-178.
[20] Ciang C C, Lee J, Bang H. Structural health monitoring for a wind turbine system: a review of damage detection methods [J]. Measurement Science and Technology, 2008, 19 (12): 310-314.

第 6 章　基于风电场微观尺度空气动力场计算的微观选址优化

6.1　风电场微观选址的意义

在风能的实际应用中，首先应予以考虑的就是风电场的选址问题，场址选择对风力发电的经济性起到了非常重要的作用。风电场选址分为宏观选址和微观选址，宏观选址遵循的原则是根据风能资源调查与分区的结果，选择最有利的场址，以求增大风电机组的输出，提高供电的经济性、稳定性和可靠性；微观选址则是在宏观选址选定的小区域内，考虑由风电场环境引发的自然风变化及由风电机组自身所引发的风扰动（即尾流）因素，确定如何排列布置风电机组，使整个风电场年发电量最大，从而降低能源的生产成本以获得较好的经济效益。此外，场地布局设计，风电场环境因素的选择等也可以纳入微观选址的范畴。国内外的经验教训表明，风电场微观选址失误造成的发电量损失和增加的维修费用将远远大于对场址进行详细调查的费用，因此对风电场的微观选址有必要加以重视。

在风能资源已确定的情况下，风电场微观布局必须要参考风向及风速的分布数据，同时也要考虑风电场长远发展的整体规划、征地、设备引进、运输安装投资费用以及道路交通和电网条件等。

在布置风电机组时，要综合考虑风电场所在地的主导风向、地形特征、风电机组湍流尾流作用、环境影响等因素，减少众多因素对风电机组入流风速的干扰，确定风电机组的最佳安装间距和台数，做好风电机组的微观布局工作，这是风能资源得到充分利用、风电场微观布局最优化、整个风电场经济收益最大化的关键。风电机组的安装间距除要保证风电场效益最大化外，还要满足风电机组供应商的要求，还要考虑风电机组阴影，风电机组反射、散射和衍射，电磁波，噪声，视觉等环保限制条件，及对鸟类生活的影响。

根据风电场微观选址的主要影响因素分析得出风电场微观选址的技术步骤为：①确定盛行风向；②地形分类：平坦地形、复杂地形；③考虑湍流作用及尾流效应的影响；④确定风电机组的最佳安装间距和台数；⑤综合考虑其他影响因素，最终确立风电场的微观布局。具体选址的技术步骤如图 6－1 所示。

沿海风电场：一般情况下以条状或带状形式布置为主；多排布置的情况相对较少；偶尔有前后、左右两排或三排的布置方式，采用这种布置方式是为了避免风电机组前后排之间尾流的影响，充分提高风电场的经济效益。内陆风电场由于存在需节约土地资源等原因，尽管没有岸线长度等的限制条件，在考虑避让住宅区、建筑物、高压线路走廊等不能

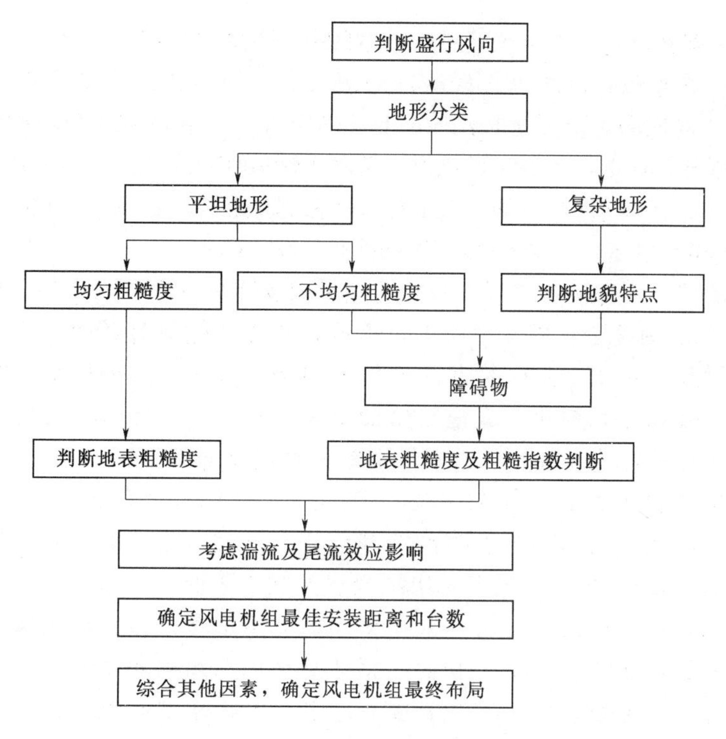

图 6-1　风电场微观选址的技术步骤

布置风电机组的因素后，基本以块状分布形式布置风电机组。根据风电场建设范围要求，块状风电场风电机组布置原则与带状布置不同，需要以风电机组叶片直径的一定倍数来确定风电机组之间的行间距和列间距，更利于充分利用风能资源。

6.2　风电场微观选址工程方法

6.2.1　风电机组微观选址的基本原则

微观选址是在宏观选址选定的小区域中明确风电机组布置以使风电场经济效益更高的过程。风电机组微观选址的原则是，机组布置要综合考虑地形、地质、运输、安装、环境、土地和联网等条件，充分利用风能资源，最大限度地利用风能。其选址步骤为：

（1）计算整个风电场的风能资源，找出风能资源较好的位置。

（2）根据具体的地形、道路情况确定适合布置风电机组的地形位置，要求坡度较缓、交通方便。

（3）在满足上述条件的前提下确定不同间距的多种方案，间距在主风向上为 5～9 倍的风电机组直径，在垂直主风向上为 3～5 倍的风电机组直径。

（4）确定风电机组间距后在实际地形上布置风电机组，计算发电量及湍流强度、尾流损失等的影响。

(5) 进行方案比较，选择合理的风电机组间距布置风电机组。

风电机组布置间距有时也基于经验的研究结论：风电机组的最小横向间距范围为 $2D_0 \sim 5D_0$，最小纵向间距范围为 $5D_0 \sim 12D_0$。实际上，风电场风电机组的横向、纵向间距应该按照在盛行风向上，上游风电机组尾流对下游其他风电机组出力无影响或影响很小的原则确定，即对于不同的风电场，其最优风电机组间距是不同的，应根据风电场区域形状、尺寸和风电机组类型等因素经综合优化设计计算后确定。

对于风电场区域无限制的情况，风电机组的最优纵向间距可按上游风电机组尾流风速恢复至90%的原则确定，即确定风电机组的最优纵向间距时必须先确定风电机组尾流风速的变化规律。由于采用一维非线性尾流模型计算时，风电机组的轴向推力系数对风电机组尾流风速影响最大，其他参数如地表粗糙度、风电机组轮毂安装高程等影响较小，设计良好的叶片在其运行范围内大部分轴向诱导系数值一般为0.33左右，则可估算得到相应的推力系数为0.88左右。因此，可采用推力系数0.88求得对应的风电机组尾流风速与风电机组下游距离的关系曲线。计算分析结果表明，风电机组的最优纵向间距约为 $15D_0$。当风电机组采用排列状方式布置时，假设首排风电机组出力为对应风电场自由风速下的最大出力，则在单一风向下不考虑横向风电机组之间的尾流影响和风电机组轴向推力系数的变化时，第2排风电机组的相对出力为72.9%，第3排风电机组的相对出力为53.1%。以此类推可知，当风电场布置3排或3排以上风电机组时，后排风电机组出力受前排风电机组的影响很大，因此后排风电机组的纵向间距应适当增大。

关于风电机组的最优横向间距，可按上游风电机组尾流对其他列的风电机组出力无影响或影响很小的原则选取。即确定风电机组的最优横向间距首先应研究确定风电机组尾流影响区域的变化规律，风电机组尾流影响范围（即影响区域直径）随着下游距离的增加而增加。当风电场布置2排风电机组时，风电机组最小横向间距应为 $2.5D_0$；风电场布置3排风电机组时，风电机组最小横向间距应为 $3D_0$；随着风电机组布置排数的增多，风电机组的最小横向间距也应适当增大。

对于风电场区域确定的情况，受风电场尺寸以及风电场开发经济性等因素的限制，风电机组最优布置间距一般需根据风电场具体情况适当调整。

6.2.2 风电机组的排列布置方法

风电机组的排列布置是在机组的型号、数量和场地已知的情况下考虑地形地貌对风速的影响和风电机组尾流效应影响，合理地选择机组的排列方式，使风电场的年发电量最大。布置的主要方法有：

(1) 对平坦地形，当盛行主风向为一个方向或两个方向且相互为反方向时，风电机组排列方式一般为矩阵式分布。风电机组群排列方向与盛行风向垂直，前后两排错位，即后排风电机组始终位于前排2台风电机组之间，通常称为“梅花形”排布，如图6-2所示。根据国外进行的试验，风电机组间距离为其风轮直径的10倍时，风电机组效率将减少约20%～30%，20倍距离时无任何影响。但是，在考虑风电机组的风能最大捕获率或因考虑场地面积而允许出现较小干扰，并考虑道路、输电线等投资成本的前提下，可适当调整各风电机组间的间距和排距。一般来说，大部分认为风电机组的列距约为 3～5 倍风轮直径；行距约为 5～9 倍风轮直径。

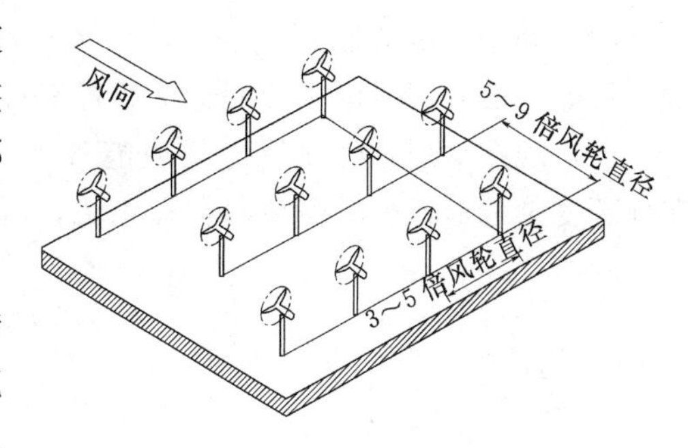

图 6-2　风电机组的“梅花形”排布

（2）风能经风电机组转轮后，部分动能转化为机械能，尾流区风速减小约 1/3，尾流流态也受扰动，尤以叶尖部位扰动最大，故前、后排风电机组之间应有 $5D$（D 为风轮直径）以上的间隔，由周围自由空气来补充被前排风电机组所吸收的动能并恢复均匀的流场。针对前排风电机组，可利用仿真分析软件结合机组排列布置原则优化机组布置方案。

（3）当场地为多风向区，即该地存在多个盛行风向时，依场地面积和风电机组数量，风电机组排布一般采用“梅花形”或者对行排布，具体布置方法如图 6-3 和图 6-4 所示。

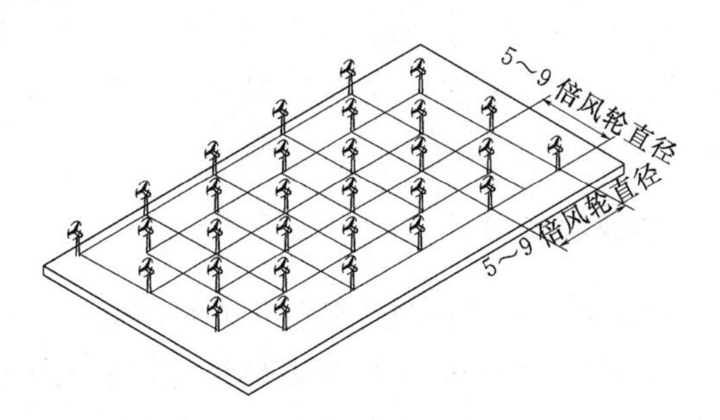

图 6-3　多个盛行风向时风电机组“梅花形”排列

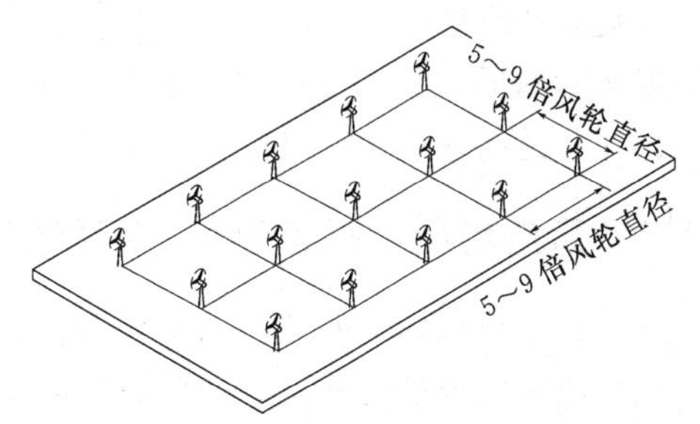

图 6-4　多个盛行风向时风电机组对行排列

（4）起伏的山地地域风电场，与开阔平原或沿海滩涂区域相比，在大环境风能资源确定后，其风电场内的风能分布情况除受到粗糙度、风电机组及尾流、障碍物的影响，还会受到地形变化造成的影响。其中最主要受到的是高程变化的影响，由于风速随高度切变的原理，而风能又与风速呈三次方关系，所以高程变化是山地地形风电场内风能分布变化的最主要影响因素。同时，复杂地形变化形成了山脊、山谷、山凹、陡壁、盆地等地貌形式，可能产生迎风面、背风面、喇叭口等情况，造成风电场内各处风速与风向变化大、紊流强度不一、风切变、极端风况等不同情况。

因此，在山地风电场的风电机组布置中，风电机组间布置间距已不是影响风电场发电量的主要因素，而在进行风电场的风电机组选址时，应充分考虑地形对风的影响，结合场址的范围大小，对风电场风能分布进行深入的分析。

山地地形风电场的风电机组布置，要根据风电场的地形，研究其风能分布的特点，需要注意以下几个问题：

（1）要认识一个风电场的风能资源分布，并对其进行评价，必须通过测风塔的实测数据。而测风塔所在位置测得的数据是否能够反映风电场的风能资源尤为重要。

(2) 处于复杂地形的风电场，一个测风塔的数据不能代表场址内所有区域的风能资源，目前一般采用风电场微观选址软件来推演出场址内其他各点的风能分布情况。

(3) 现在常用软件（风电场风能分析计算软件），由于其程序内部计算模型的关系，在处理复杂地形风电场模拟时存在不足，所以建议在对山地地区风电场规划选址及初步测风时，要在不同的代表性地形区域分别设立多座测风塔，且在同一测风塔的多个不同高度设立风速标及风向标。这样能尽可能全面地以实测数据反映风电场的风能资源状况。

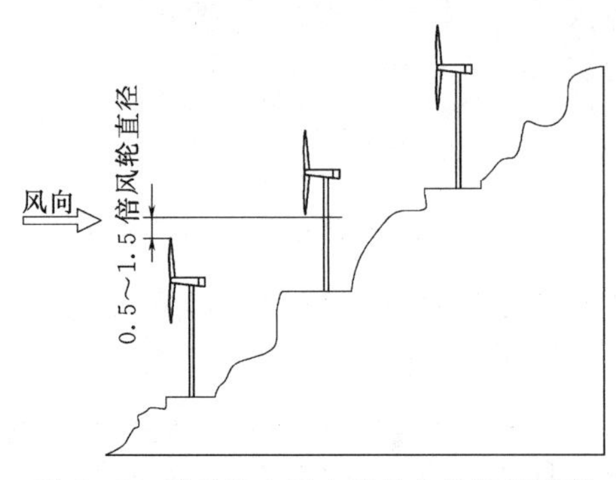

图 6-5 迎风坡上风向及风电机组的排列

在复杂地形条件下，风电机组定位要特别慎重，设计难度也大，但一般应选择在四面临风的山脊上，也可布置在迎风坡上，同时必须注意复杂地形条件下可能存在的紊流对风电机组运行的影响，迎风坡上风向及风电机组的排列如图 6-5 所示。

对复杂地形如山区、山丘等，有时也不能简单地根据上述原则确定风电机组位置，而是根据实际地形，测算各点的风能分布情况后，经综合考虑各方因素如安装、地形地质等，选择合适的地点进行风电机组安装。

6.2.3 风电场风电机组选型-微观选址-容量选择

风电机组单机容量的选择和排列布置是相互影响的，风电机组特性影响尾流效应，尾流效应影响风电场的发电量。因此，风电场选址规划时应同时考虑风电机组的容量选择和排列布置问题。目前，在风电机组容量选择和排列布置中的主要问题是对风电机组强迫停运率和尾流效应等的估计不足，由此将造成发电量的减少和运行维护费用的增加。

风电场风电机组优化布置是风电场规划中的关键环节，其布置方案的优劣直接影响风电场的发电量以及风电场的经济性水平。在风电场区域边界以及该区域风能资源确定的情况下，如果风电机组布置数量太少，将会降低该区域风能资源的利用率；但如果风电机组布置数量太多、风电机组间距太小，则会由于风电机组尾流的影响而降低各单台风电机组的发电效益，从而降低整个风电场开发的经济性。因此，考虑风电机组布置数量在内的风电机组最优布置方案是风电场规划设计和开发过程中需要深入研究的重要课题。

选择风电机组容量的原则是：在已知风能资源数据和风电机组技术资料的条件下，选择使风电场的单位电能成本最小的风电机组，风电机组选择中的主要问题是风电机组的技术指标要适合当地风能资源的特点。

在考虑风电场的空气密度与标准空气密度的差别时，通常采用的方法是直接把计算的年发电量乘以风电场实际空气密度和标准空气密度之比，这种方法与实际情况相差较大。目前在风力发电项目可行性研究报告中，通常假设尾流效应造成的能量损失是 1%～3%，或者仅考虑均匀风速场的情况。

为了更加直观地说明上文所讲的方法，本节应用实例来进行说明。在此实例中，风电场内地形平坦，并假设风电场边界为圆形。

计算中所用的风电机组参数和地面环境参数见表 6-1。

表 6-1　　计算所用参数

参数名	数值	参数名	数值
风电机组转子半径/m	38.5	额定功率/kW	1500
风电机组切入速度/($m \cdot s^{-1}$)	3.5	风电场半径/m	500
风电机组额定风速/($m \cdot s^{-1}$)	14	推力系数	0.8

选择的风电场风速为某地 2010 年的实测风数据，对此风数据进行分析，画出其风向玫瑰图，如图 6-6 所示。从图 6-6 中可以看出，风电场的盛行风向为 90°～112.5°。

首先，以每个风电机组的中心点极径和极角为自变量，以风电场所有风电机组全年的输出功率为目标值，采用搜索算法对 3 台风电机组的排布情况进行计算，分别得出了 3 台风电机组在风电场中的坐标；然后，再利用遗传算法对 3 台风电机组以相同的目标进行计算，同样得出 3 台风电机组在风电场中的坐标。将这些风电机组在风电场图中标出，直接搜索法和遗传算法结果对比如图 6-7 所示，风电机组坐标从图 6-6 中可见，两种算法风电机组位置坐标见表 6-2。两者的计算结果十分接近，证明所建立模型的正确性。

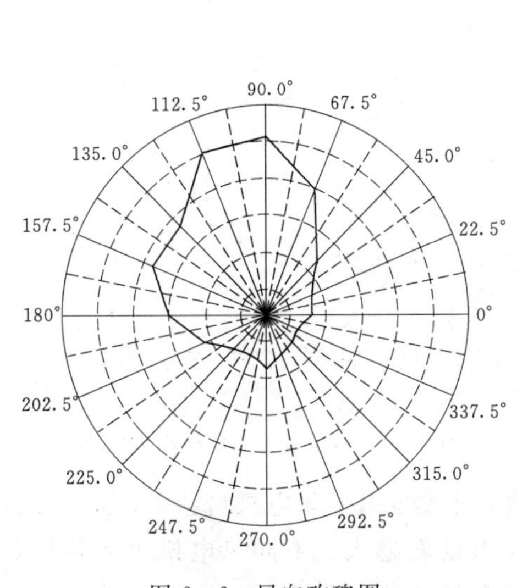

图 6-6　风向玫瑰图

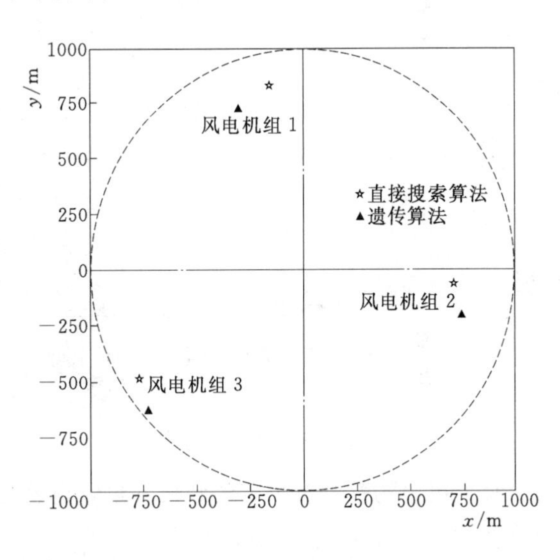

图 6-7　直接搜索法和遗传算法结果对比

表 6-2　　直接搜索法和遗传算法下风电机组位置坐标

风电机组编号	坐标/m	
	直接搜索法	遗传算法
1	(−161.9，821.2)	(−299.5，718.0)
2	(700.0，−63.5)	(741.8，−208.5)
3	(−776.2，−483.1)	(−722.8，−631.7)

计算中的目标函数是风电场一年的风能捕获量，其在寻优过程中应随着代数的增加而增加，根据适应度函数的定义，适应度函数与目标函数成反比，所以适应度函数应该随着代数的增加而减小。绘制出适应度值随代数的变化情况，如图 6-8 所示。从图 6-8 中可

以看出，曲线走势符合应有的趋势，可说明所采用的算法是准确的。

接下来，为了验证所提出方法对多个风电机组进行排布的能力，选取了不同数量的风电机组进行验证。图 6-9 分别示出当风电场中有 2 台、3 台、4 台、5 台、6 台风电机组时，它们在风电场中的排布情况。从图 6-9 中可以看出，当风电场中只有 2 台风电机组时，它们分别排布在风电场的边缘，并且排布方向几乎与主风向垂直；当风电场中有 3 台风电机组时，其中有 2 台风电机组穿过了主风向，第 3 台风电机组被排布在尽可能远离其他 2 台风电机组的风电场边界处，这使得它远离其他 2 台风电机组所产生的尾流影响。当风电场中有 4 台、5 台和 6 台风电机组时，它们几乎都在风电场的边缘，避免被相互之间产生的尾流所影响，并且风电机组彼此间距离均匀，接近梅花形布置。风电机组的排布情况满足风电机组排布的要求：风电机组排布要垂直于主导风向，且在主风向上风电机组间距为风电机组直径的 5～9 倍，在垂直主风向上风电机组间距为风电机组直径的 3～5 倍。

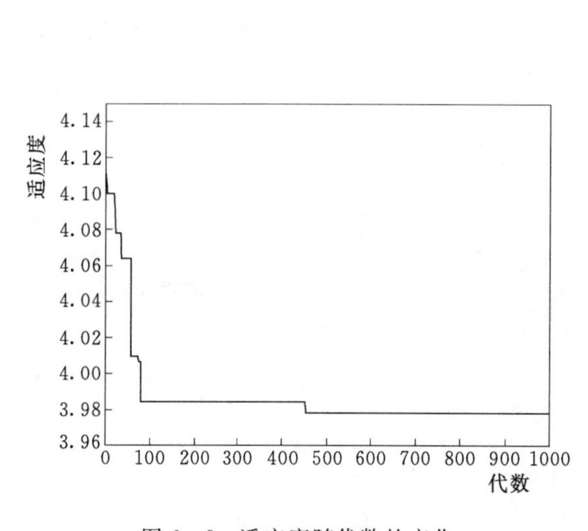

图 6-8　适应度随代数的变化

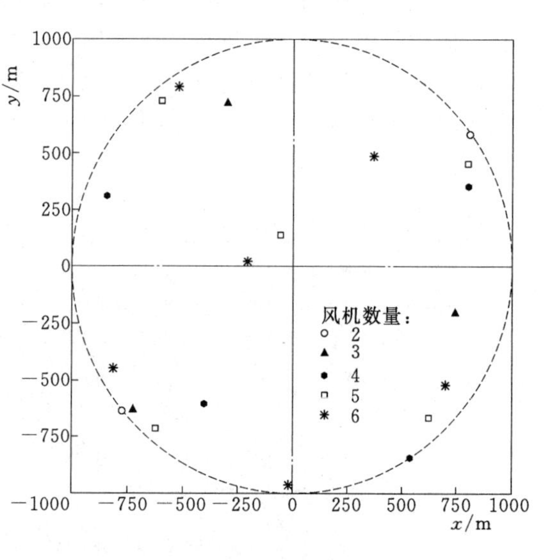

图 6-9　不同数量风电机组的排布

每个风电场都会有一定的装机容量，也就是说，不是安装的风电机组越多，风电场的发电量就越大。不同风电机组数量下的风电场年风能捕获量如图 6-10 所示，从图 6-10 中可以看出，随着风电机组数量的增加，风电场年风能捕获量也在增加；但是当风电机组数量越来越多时，年风能捕获量的增加趋于平缓，这是因为随着风电机组数量的增加，虽然年风能捕获量会增加，但是相应的，各风电机组间相互的尾流影响也会越来越大，这两种作用相互平衡，就会导致图 6-10 中情况的发生。

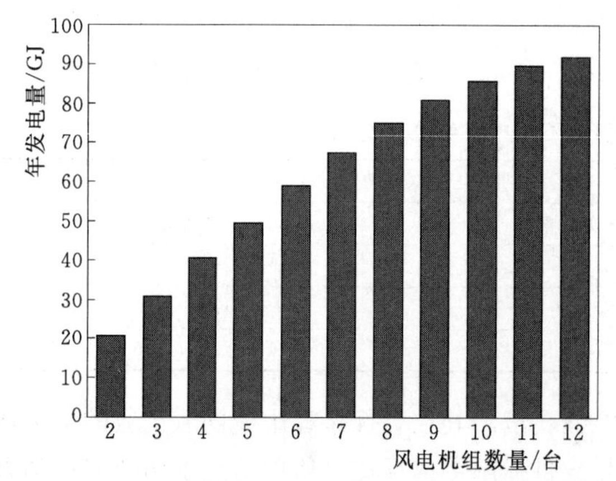

图 6-10　不同风电机组数量下的风电场年风能捕获量

6.3 基于改进遗传算法的平坦地形微观选址优化方法

目前国内平坦地形风电场的微观选址工作大部分依靠 WAsP 和 WindPro 等商业软件，且在风电机组选址时需要人工布置每个风电机组的微观地址后，商业软件才可以计算得到年发电量，在发电量计算时一般也是采用风速概率密度和风向概率密度方法按照对周向的一定分度后离散求得的，要达到较好的微观选址结果，需要多次人工确定微观地址，然后经比选得到，微观选址的工作量大，并且一般不会得到最优结果。

在最初的研究中，风电场风电机组优化布置理论基本属于经验性结论，布置方式也基本为规则性的行列布置。如 Patel 提出：风电机组布置的最优距离为在盛行风向上间隔 $8D_0$～$12D_0$（D_0 为风轮直径），在垂直于盛行风向上间隔 $1.5D_0$～$3D_0$。而王承煦等指出：在盛行风向上要求风电机组间隔 $5D_0$～$9D_0$，在垂直于盛行风向上要求风电机组间隔 $3D_0$～$5D_0$。这些基于经验判断给出的风电机组布置间隔距离，在一定程度和特定阶段指导了风电场风电机组优化布置的探索研究和工程应用。Ammara 等曾据此构建了一个风电场风电机组布置方案，在保证相同发电量的同时，能够有效减少风电机组的总占用土地面积。

实际上，不同风电场和类型的风电机组最优间隔距离是不相同的，上述经验成果只能在一定条件范围内作为风电机组优化布置设计的参考。为此，许多学者针对不同风况、不同区域边界的特定风电场进行了风电机组最优布置的更精确计算研究。Mosetti 等首先提出了基于遗传算法的风电机组优化布置计算方法，把风电场总投资成本、发电效益作为优化变量，用两者的比值作为目标参数，评价不同风电机组布置方案优劣。该计算方法采用穷举法对不同风电机组布置方案进行经济比较，最终确定相对优化的风电机组布置方案，摆脱了风电机组经验布置间距的限制，可以获得更科学、合理的结果。Grady 等在 Mosetti 等研究的基础上，利用遗传算法研究了风电机组优化布置问题，并结合理论分析，对风电机组优化布置形式进行了计算分析和校核，得到了更好的结果。Marmidis 等采用 Monte Carlo 方法对风电场风电机组优化布置问题进行了研究，提出了研究该问题的新思路和新方法。

Mosetti 等虽提出了若干创新性的计算方法和模型，研究成果也为风电场风电机组优化布置的研究和实际工程设计提供了重要的理论基础，但其中所采用的风电机组优化布置计算模型还不完善，更未对风电场风电机组最优布置的一般性规律进行系统的探讨分析和论证研究。

有的研究者提出的利用实数编码遗传算法对风电场进行微观选址优化，方法的基本思想是：对风电场测量风速用相对高度方向的指数模型校正，得到风电机组轮毂高度的风速，对风电机组功率特性曲线采用线性化方法离散，利用插值方法得到任意风速的风电机组输出。对单台风电机组尾流采用线性化的尾流模型，对处于多台风电机组尾流中的风电机组风速采用差方累加方法求解，当风电机组部分处于尾流中采用面积系数法修正；当风电场设计中微观选址的优化目标函数在风电场装机的总台数确定时，用总的发电量作为目标函数；当风电场装机的总台数没有确定，应用度电成本作为目标函数，采用基于实数编码的遗传算法，优化得到风电场中各风电机组的微观布置地址。

6.3.1 遗传算法的基本原理

遗传算法（Genetic Algorithm，GA）是一种非常有效的全局优化算法，由美国Michigan大学的J. H. Holland于20世纪60年代提出，是模拟达尔文生物自然选择学说和自然界生物进化过程的一种自适应全局概率搜索算法，适用于处理传统搜索方法难以解决的复杂优化问题。

遗传算法是模仿自然界生物遗传和进化过程中“物竞天择，适者生存”的原理而产生的一种全局优化随机搜索算法。遗传算法首先随机生成优化问题的一组可能解，并对每个可能解进行编码，这组可能解的集合称为初始种群，种群中的每个可能解称为个体。每个个体都有一个与之相应的适应度值，用来衡量该个体代表问题解的优劣程度。根据生物界“适者生存”原理，根据适应度的大小，从初始种群中选择若干个最好的个体进行交叉和变异操作，选择、交叉和变异操作迭代执行若干次直到满足特定的终止条件，最后得到的种群中适应度最高的个体即为优化问题的近似最优解。

1. 遗传算法的基本步骤和流程

遗传算法的基本寻优步骤为：

（1）选择编码策略，初始化种群。

（2）定义个体适应度函数。

（3）求种群中每个个体的适应度值。

（4）根据遗传概率按以下操作产生新群体：①复制，将已有的优良个体复制后添加到新群体中，删除劣质个体；②交叉，将选出的两个个体进行互换，所产生的新个体进入新群体；③变异，随机改变某个个体的某一基因后，将新个体填入新群体。

（5）反复执行步骤（3）和步骤（4），直到达到终止条件，选择最佳个体作为遗传算法的结果。

遗传算法流程图如图6-11所示。

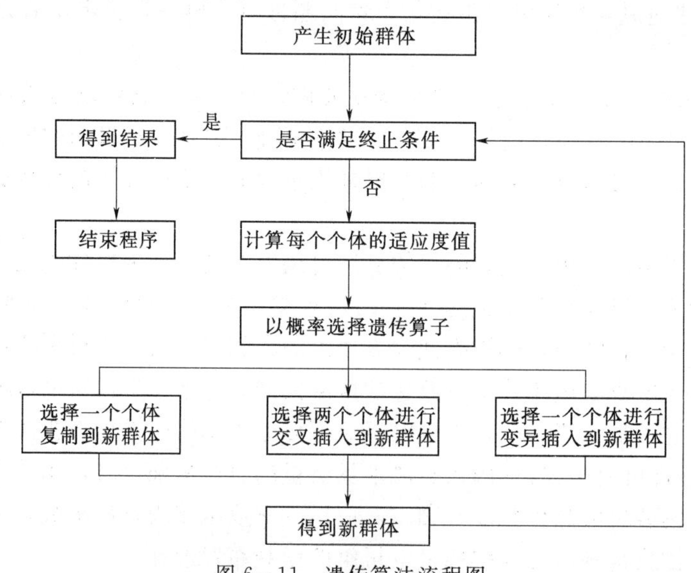

图6-11 遗传算法流程图

2. 遗传算法的特点

遗传算法具有以下特点：

（1）自组织、自适应和自学习性。

（2）本质并行性。遗传算法按并行方式搜索解空间。它的并行性表现在两个方面：①遗传算法的内在并行性，即遗传算法本身非常适合大规模并行运算；②遗传算法的内涵并行性，由于遗传算法采用种群的方式组织搜索，因而可同时搜索解空间内的多个区域，并相互交流信息。

（3）遗传算法不需要求导或其他辅助知识，而只需要影响搜索方向的目标函数和相应的适应度函数。

（4）遗传算法强调概率转换规则，而不是确定的转换规则。

（5）对给定问题，遗传算法可以产生许多潜在解，最终的选择可以由使用者确定。

6.3.2 尾流效应模型

6.3.2.1 尾流效应对微观选址的影响

尾流效应造成的能量损失可能对风电场的经济性产生重要影响。美国加州风电场的运行经验表明，尾流影响造成损失的典型值是10%；根据地形地貌、机组间的距离和风的湍流强度不同，尾流损失最小是2%，最大可达30%。为了充分利用风电场的风能资源，并且最大化地发挥其规模效益，风电场内通常包括几十台甚至数百台的风电机组，但是受到诸如场地、运输等其他条件的限制，这些机组不可能相距太远。因此，在确定风电机组的排布时，必须考虑尾流效应对每台风电机组实际风速的影响，只有这样才能保证计算的准确性，从而使研究结果具有实际的实用价值。

在国内外许多微观选址的研究中，尾流研究只是被草草带过，并未进行深入的剖析。例如，Castro Mora 以经济效益最大化为目标，应用遗传算法进行微观选址，但是在风能损失中，并没有考虑尾流损失所带来的影响。Andrew Kusiak 和 Zhe Song 分析了多个风电机组在给定的圆形风电场中的排布情况，并取得了较好的结果，但是在处理尾流模型时，其将风的边界进行反向延长，从而使尾流损失模型为一假想圆锥，通过比较圆锥顶角和2台风电机组与圆锥顶点连线的夹角大小来判断下游风电机组是否在上游风电机组的尾流影响范围内，判断过程较为复杂，特别是当某个风电机组的上游沿风向排列有多台风电机组时，该模型无法计算这些风电机组对其的综合影响。

针对这些问题，本节将首先给出平坦地形下2台风电机组间尾流的相互影响模型，然后建立多台风电机组下的尾流损失判断方法和计算模型，为后续的微观选址工作做准备。

为了简化研究的复杂性，研究中将做如下假设：

（1）对于风电场设计来说，风电机组台数 N 是在风电场建立之前就已经确定的。一个典型的风电场总发电量是由多种因素决定的，例如建设单位的总投资和风电机组的发电效率。例如，要达到150MW的发电量，则最少需要100台1.5MW的风电机组。

（2）同一个风电场所使用的风电机组型号相同，也就是说，同一个风电场所用的风电机组应具有相同的风功率曲线函数，即

$$P=f(v)$$

式中　v——风电机组转子在固定高度处的风速；

P——风电机组的输出功率。

6.3.2.2　平坦地形下的尾流效应模型

为了确保邻近的风电机组间有足够大的空间，用以减少它们之间相互的尾流影响。给定转子半径 R，任意 2 台风电机组的坐标为 (x_i, y_i) 和 (x_j, y_j)，它们之间应满足的关系为

$$(x_i - x_j)^2 + (y_i - y_j)^2 \geqslant 64R^2 \tag{6-1}$$

尾流损失模型如图 6-12 所示。当风电场中的来风遇到风电机组时，就会在风电机组后产生一个呈直线状不断扩大的损失。当风流经风电机组 T_1 时，会在其后的一段距离 d 内形成一定的速度损失，部分风的速度会由初始风速 V_{up}降低为 V_{down}，图 6-12 中的梯形区域 $ABCD$ 就是风电机组 T_1 的尾流影响区，当风流出尾流影响区后，风速又会回升到初始速度 V_{up}。当风向确定时，并不是所有的风电机组都会受到上游风电机组的尾流影响，因此，判断下游风电机组是否在上游风电机组的尾流影响范围内就成为计算尾流损失的前提条件。本节提出了通过判断计算点是否在四边形内来判断下游风电机组是否在上游风电机组尾流影响范围内的方法。

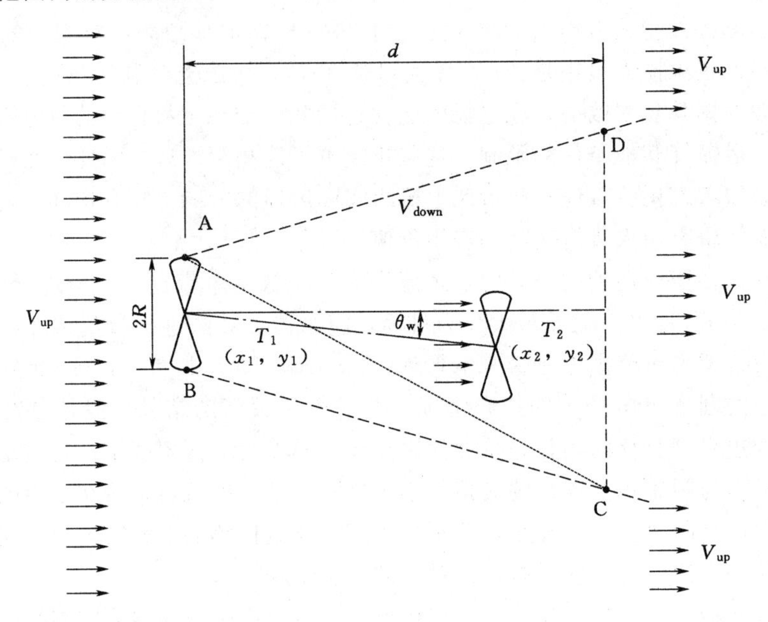

图 6-12　尾流损失模型

假设已知风电机组叶片半径为 R，风电机组 T_1 中心点坐标为 (x_1, y_1)，风电机组尾流影响距离为 d，则梯形顶点坐标可确定，将梯形 $ABCD$ 划分为两个三角形，即$\triangle ABC$ 和$\triangle ACD$，如果风电机组 T_2 的中心点坐标为 (x_2, y_2)，则只要判断点 (x_2, y_2) 是否在$\triangle ABC$ 或$\triangle ACD$ 中即可判断出风电机组 T_2 是否在风电机组 T_1 的尾流影响范围内。

判断点是否在三角形内有很多种方法，如射线法和面积法等。但是前者计算较为复杂，而后者由于计算机浮点运算影响，很容易造成误判，此处采用一种几何解析方法。以风电机组 T_2 是否在$\triangle ABC$ 为例，已知$\triangle ABC$ 坐标，则风电机组 T_2 中心点坐标可以表

示为

$$x_2=x_A+m(x_B-x_A)+n(x_C-x_A) \tag{6-2}$$

$$y_2=y_A+m(y_B-y_A)+n(y_C-y_A) \tag{6-3}$$

由于风电机组 T_2 的坐标（x_2，y_2）已知，解出 m 和 n，如果 m 和 n 满足条件

$$\left.\begin{array}{l}0<m<1\\0<n<1\end{array}\right\} \tag{6-4}$$

则风电机组 T_2 在△ABC 中，即风电机组 T_2 在风电机组 T_1 的尾流影响范围内，否则，风电机组 T_2 在风电机组 T_1 的尾流影响范围外。

判断出风电机组 T_2 是否在风电机组 T_1 的尾流影响范围内后，即可求出风流经风电机组后的速度 V_{down}，即

$$V_{down}=V_{up}(1-V_{def}) \tag{6-5}$$

式中　V_{def}——速率亏损，也可称为风速下降系数，其物理意义为下游风电机组在上游风电机组的尾流影响中减少的风速所占的比例。

V_{def}表达式为

$$V_{def}=\frac{1-(1-C_T)^{0.5}}{\left(1+\dfrac{\kappa d_1}{R}\right)^2} \tag{6-6}$$

式中　C_T——风电机组的推力系数；

κ——尾流扩散系数；

d_1——上风向来流在风电机组后的跟随距离。

假定 C_T 和 κ 均为常数，令 $a=1-(1-C_T)^{0.5}$，$b=\kappa/R$，则式（6-6）可简化为

$$V_{def}=1-\frac{V_{down}}{V_{up}}=\frac{a}{(1+bd_1)^2} \tag{6-7}$$

对于位于风电场任意两点（x_i，y_i）和（x_j，y_j）的风电机组，$V_{def,i,j}$ 的定义为风电机组 j 因为在风电机组 i 的尾流影响范围内，受其尾流影响所产生的速率亏损比率，其表达式为

$$V_{def,i,j}=\frac{a}{(1+bd_{i,j})^2}=\frac{a}{\{1+b[(x_i-x_j)^2+(y_i-y_j)^2]^{\frac{1}{2}}\cos\theta_W\}^{\frac{1}{2}}} \tag{6-8}$$

其中，风是从风电机组 i 吹向风电机组 j 的，也就是说，风电机组 i 处于上风向，风电机组 j 处于下风向。$d_{i,j}$ 为沿着风向的风电机组 i 和风电机组 j 间的距离，表达式为

$$d_{i,j}=[(x_i-x_j)^2+(y_i-y_j)^2]^{\frac{1}{2}}\cos\theta_W \tag{6-9}$$

式中　θ_W——风向和两台风电机组中心连线之间的夹角。

6.3.2.3　高度差下的流动效应模型

在真实的风电场中，即使是平坦地形，也会有高度差。由 Lissaman 在 1986 年提出的针对各台风电机组位置高低不同建立的 Lissaman 模型，能较好地近似模拟有损耗的非均匀风速场。Lissaman 模型示意图如图 6-13 所示。

假设有两个相邻的场地，一个地形平坦，另一个地形有些复杂（高度和地表不等），风同时经过这两个场地，两台相同型号的风电机组分别坐落在这两个场地的边缘，它们的

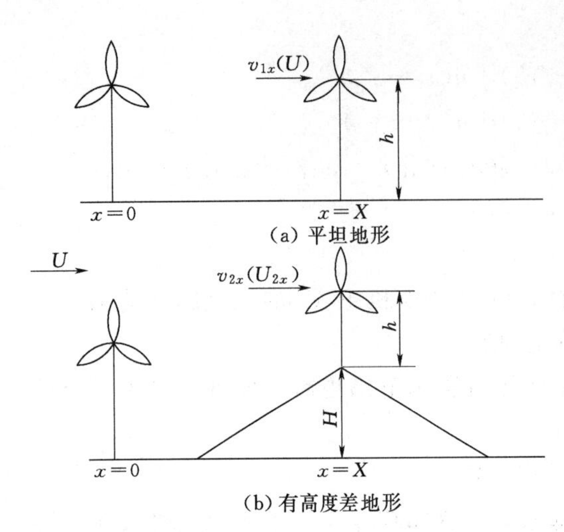

图 6-13 Lissaman 模型示意图

初始风速相同，都是 U；沿着风速方向的坐标位置都是 $x=0$；在 $x=0$ 处没有安装风电机组时，$x=X$ 处的风电机组风速为：平坦地形的风速为 U，复杂地形（海拔为 H）的风速为 $U_{2x}=U\left(\frac{h+H}{h}\right)^{\alpha}$，其中风电机组高度为 h，α 为风速随高度切变系数。

安装风电机组后，两处地形受尾流影响后的风速分别为

$$\left.\begin{aligned} v_{1x}&=U(1-V_{\mathrm{def,f}}) \\ v_{2x}&=U_{2x}(1-V_{\mathrm{def,c}}) \end{aligned}\right\} \tag{6-10}$$

式中 v_{1x}、v_{2x}——平坦地形和复杂地形的风速；

$V_{\mathrm{def,f}}$、$V_{\mathrm{def,c}}$——平坦地形和复杂地形处风电机组的风速下降系数。

风的压力表示为

$$\left.\begin{aligned} p_{1x}&=p_1+0.5\rho U^2(1-V_{\mathrm{def,f}})^2 \\ p_{2x}&=p_2+0.5\rho U_{2x}^2(1-V_{\mathrm{def,c}})^2 \end{aligned}\right\} \tag{6-11}$$

式中 p_{1x}、p_{2x}——平坦地形和复杂地形的总压力；

p_1、p_2——对应的静压力。

根据无损耗贝努利（Bernouli）方程有

$$p_1+0.5\rho U^2=p_2+0.5\rho U_{2x}^2 \tag{6-12}$$

假设两种地形下风电机组产生的损耗相同，则尾流中的压力相同，因此有

$$U_{2x}^2(-2V_{\mathrm{def,c}}+V_{\mathrm{def,c}}^2)=U^2(-2V_{\mathrm{def,f}}+V_{\mathrm{def,f}}^2) \tag{6-13}$$

当 $V_{\mathrm{def,f}}$、$V_{\mathrm{def,c}}$ 较小时，线性化式（6-13）可以得到

$$V_{\mathrm{def,c}}=V_{\mathrm{def,f}}\left(\frac{U}{U_{2x}}\right)^2 \tag{6-14}$$

其中，$V_{\mathrm{def,f}}$ 的计算方法与平坦地形中 V_{def} 的计算方法相同。

结合式（6-10）和式（6-14），可得出 v_{2x} 的表达式为

$$v_{2x}=U\left[\left(\frac{h+H}{h}\right)^{\alpha}-V_{\mathrm{def,f}}\right] \tag{6-15}$$

6.3.2.4 多台风电机组下尾流的相互作用模型

在上文中分别分析了在平坦地形下，下游风电机组仅受单一上游风电机组影响时的速度求解问题。但是在实际的风电场应用中，下游风电机组可能受到上游多个风电机组的影响，多个风电机组相互作用的尾流影响如图 6-14 所示，上游有 k 个风电机组都对下游风电机组 T_j 产生了尾流影响，若上游风电机组 T_i 的入口风速为 V_i，当风电场为平坦地形时，风电机组 T_j 的入口风速为

$$V_{j,i}=V_i(1-V_{\mathrm{def},i,j}) \quad (i=1,2,\cdots,n) \tag{6-16}$$

当风电场有高度差时，风机 T_j 的入口风速为

$$V_{j,i}=V_i\left[\left(\frac{h+H}{h}\right)^{\alpha}-V_{\mathrm{def},i,j}\right] \tag{6-17}$$

其中，i 代表了对风电机组 j 造成影响的上游风电机组 i。

在多个风电机组的综合作用下，风电机组 T_j 的实际入口风速为

$$V_j=\frac{\sum_{i=1}^{k}V_{j,i}}{k} \tag{6-18}$$

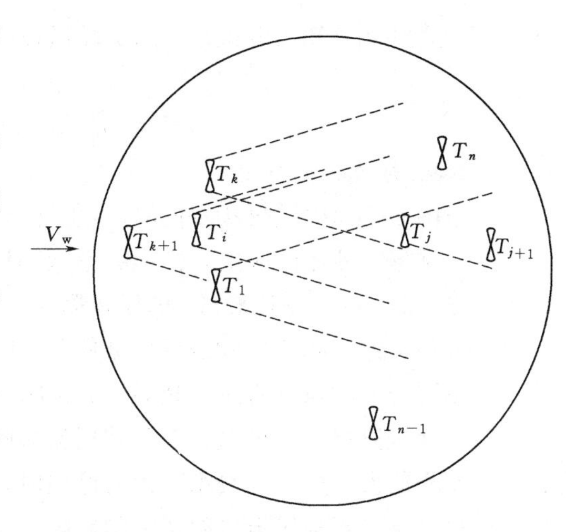

图 6-14　多个风电机组相互作用的尾流影响

1. Lissaman 模型应用

风在经过风电机组时大小和方向会发生改变，下游的风电机组不同程度受到上游风电机组的尾流影响，同时复杂地形条件下不同风电机组之间的高度不同，对风电场空气动力场影响也较大。本节在计算风电场空气动力场时采用描述高度影响的 Lissaman 模型和尾流影响的 Jensen 模型相结合的方法。

Lissaman 模型如图 6-15 所示，测风基准点高度为 z_0，在基准点高度的风速为 v_0，风电机组 i、j 的高度分别为 $z(i)$，$z(j)$，图 6-15（a）中两者高度相同，图 6-15（b）中两台风电机组高度差为 ΔZ，风电机组的轮毂高度为 h。

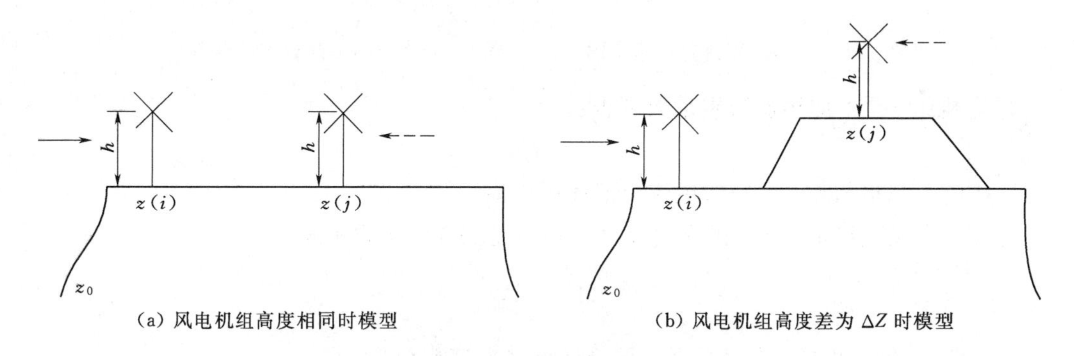

（a）风电机组高度相同时模型　　（b）风电机组高度差为 ΔZ 时模型

图 6-15　Lissaman 模型

根据 Lissaman 模型，假设风速的大小会随着高度的变化呈指数变化，在没有尾流条件下，风电机组 i 的风速为

$$v_i=v_0\left[\frac{z(i)+h}{z_0}\right]^{\alpha_1} \tag{6-19}$$

风电机组 j 的风速为

$$v_j=v_0\left[\frac{z(j)+h}{z_0}\right]^{\alpha_1} \tag{6-20}$$

式中　α_1——风切变指数，通常取 1/7。

受到尾流影响时，假设风电机组 i 的风速下降系数为 d_i，风电机组 j 的风速下降系数

为 d_j，则风电机组 i 和风电机组 j 的实际风速为

$$v_i' = v_i(1-d_i) \tag{6-21}$$

$$v_j' = v_j(1-d_j) \tag{6-22}$$

2. Jensen 尾流模型应用

(1) 当图 6-15 中风向从左向右。i 是上游风电机组，j 是下游风电机组。假设形成的是一个“锥形”的尾流区域，锥形的形状和尾流扩散系数 κ 有关。当 j 的风轮和该尾流区域发生交叉时，j 会受到来自 i 的尾流影响，且交叉面积越大，受到的尾流影响越大。

Jensen 尾流遮挡示意图和剖面图如图 6-16 和图 6-17 所示，其中大圆为下游尾流区域面积，小圆为下游风电机组的风轮，A、B、C 三种情况分别为部分遮挡、全部遮挡和没有遮挡。完全遮挡时，风电机组受到尾流影响最大；部分遮挡时，风电机组受到尾流影响和遮挡面积的大小成正比关系，没有遮挡时，风电机组不受尾流影响。风电机组 i 是上游风电机组，不受其他风电机组尾流的影响。

$$d_i = 0 \tag{6-23}$$

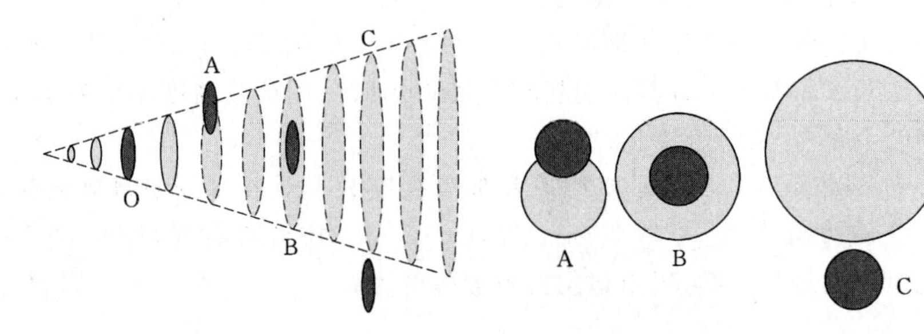

图 6-16　Jensen 尾流遮挡示意图　　　图 6-17　Jensen 尾流遮挡剖面图

风电机组 j 受 i 的尾流影响系数可表示为

$$d_j = \beta_{ij} d_{ij} \tag{6-24}$$

式中　β_{ij}——风电机组 j 与 i 的尾流交汇面积权值；

d_{ij}——风电机组 j 被 i 的尾流完全遮挡时受到的尾流损失系数。

$$\beta_{ij} = \frac{A_{ij}}{\pi r^2} \tag{6-25}$$

式中　A_{ij}——风电机组 j 与该位置 i 尾流区域交汇面积；

r——风轮半径。

如果选用 Jensen 尾流模型，完全遮挡条件下，图 6-15 (a) 中 j 的尾流损失系数为

$$d_{ij} = [1-(1-C_T)^{1/2}]\left(\frac{r}{r+\kappa X}\right)^2 \tag{6-26}$$

图 6-15 (b) 中如有高度差，风电机组 j 的尾流损失系数为

$$d_{ij} = [1-(1-C_T)^{1/2}]\left(\frac{r}{r+\kappa X}\right)^2\left(\frac{h}{h+\Delta Z}\right)^{2\alpha_1} \tag{6-27}$$

式中　C_T——风电机组的推力系数；

κ——尾流扩散系数；

X——2 台风电机组在风向上投影的距离；

h——轮毂高度；

ΔZ——2台风电机组的高度差，$\Delta Z=|z(i)-z(j)|$。

(2) 当图6-15中风向从右向左。j是上游风电机组，i是下游风电机组，风电机组j不会受到尾流影响，即

$$d_j=0 \tag{6-28}$$

风电机组i受到风电机组j的尾流影响为

$$d_i=\beta_{ji}d_{ji} \tag{6-29}$$

其中

$$\beta_{ji}=\frac{A_{ji}}{\pi r^2} \tag{6-30}$$

以上式中　d_{ji}——风电机组i被j的尾流完全遮挡时受到的尾流损失。

图6-15(a)中风电机组i的尾流损失为

$$d_{ji}=[1-(1-C_T)^{1/2}]\left(\frac{r}{r+\kappa X}\right)^2 \tag{6-31}$$

图6-15(b)中风电机组i的尾流损失为

$$d_{ji}=[1-(1-C_T)^{1/2}]\left(\frac{r}{r+\kappa X}\right)^2\left(\frac{h+\Delta Z}{h}\right)^{2\alpha_1} \tag{6-32}$$

在实际风电场中，在不同风向条件下每台风电机组都会受到多台风电机组不同程度的尾流影响，假设动能损失与尾流损失保持守恒，则第i台风电机组受到的尾流影响为

$$v'_i=\sqrt{v_i^2+\sum_{\substack{j=1\\j\neq i}}^{n}\beta_{ji}(v_{ji}^2-v_i^2)} \tag{6-33}$$

式中　v_{ji}——风电机组i被j的尾流完全遮挡时的速度。

3. 多个风电机组尾流模型计算步骤

虽然风电机组T_i相对于风电机组T_j为上游风电机组，但是，它的风速又会受到更上游风电机组的影响。因此，当进入风电场的风速V_w一定时，首先需要确定所有风电机组的风速，由于风电场内风电机组的风速在各自的尾流影响下相互作用，所以求解各风电机组风速前必须确定它们相互之间尾流影响的关系，如果直接进行计算，其过程较为复杂，所以采用迭代求解的方法来计算各风电机组的风速，具体步骤如下：

(1) 初始时，令风电场中每台风电机组的风速均为进入风电场的实际风速V_w，即$V_i^0=V_w$，其中$i=1,2,\cdots,n$。

(2) 应用前面提出的判断点是否在四边形内的方法来判断风电机组T_j是否在风电机组T_i的尾流影响区中：当风电场为平坦地形时，如果在，则用式(6-16)求出风电机组T_j的速度$V_{j,i}$，如果不在，就让风电机组T_j的速度等于风电场的实际风速，即使$V_{j,i}=V_w$，这里$i=1,2,\cdots,n$，且$i\neq 1$；当风电场为复杂地形时，如果在，则用式(6-17)求出风电机组T_j的速度$V_{j,i}$，如果不在，则风电机组T_j的速度为

$$V_{j,i}=V_i\left(\frac{h+H}{h}\right)^{\alpha}V_{j,i}=V_i\left(\frac{h+H}{h}\right)^{\alpha} \tag{6-34}$$

(3) 然后，找出所有对风电机组T_j产生尾流影响的上游风电机组T_i，分别求出经过它们尾流影响后的风电机组T_j的速度$V_{j,i}$，然后根据式(6-18)求出实际的V_j。

（4）重复步骤（1）至步骤（3），依次算出所有风电机组的新风速 V_i，并将其分别与初始风速 V_i^0 比较，如果任意一个 V_i 与 V_i^0 之间的差超过了设定的计算误差 ε_V，则说明风速没有收敛，那么就令 $V_i^0=V_i$，其中 $i=1,2,\cdots,n$。

（5）重复步骤（1）至步骤（4），直至所有的 V_i 与 V_i^0 之间的差均在误差范围内，则此时所得到的 V_i 就是该时刻风电场内实际的风速分布。

风电机组实际风速迭代法流程图如图 6-18 所示。

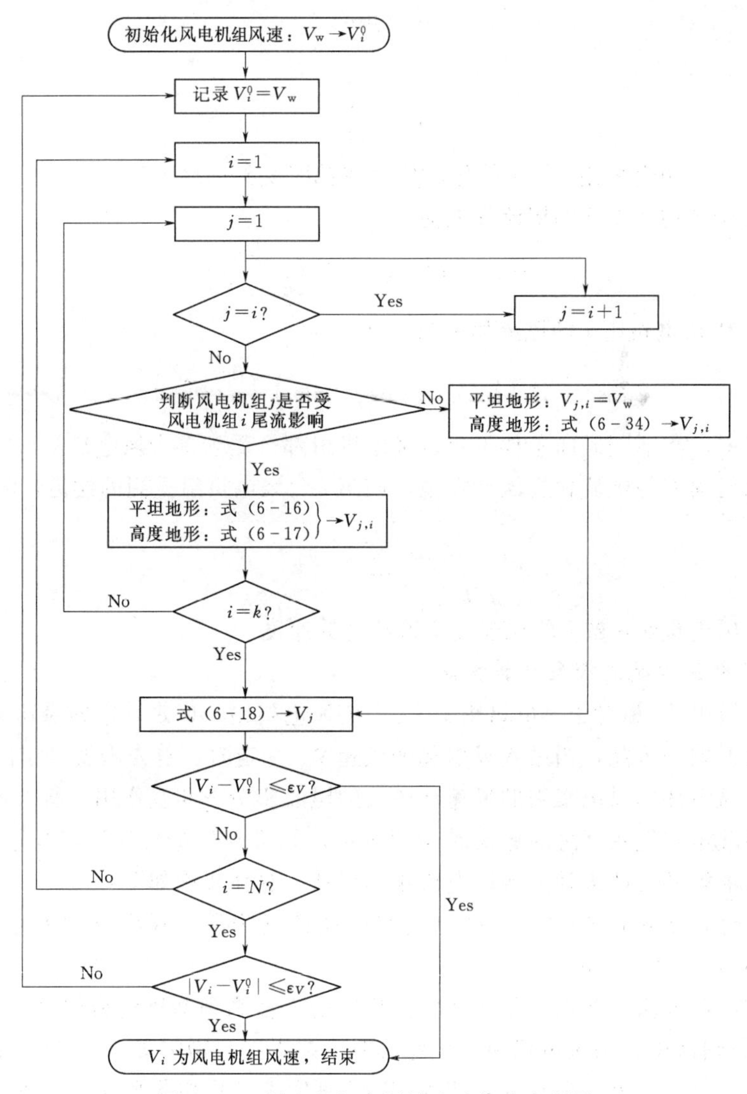

图 6-18　风电机组实际风速迭代法流程图

6.3.3　风电机组的输出功率特性曲线

风电机组的输出功率特性曲线是风电机组的输出功率随风速变化的关系曲线。风电机组的运行特性是由生产厂家提供的。对于不同型号的风电机组，由于其启动风速和设计风速等的不同，其输出的功率特性曲线也是不同的。

采用分段线性函数来描述功率特性曲线，模型为

$$P(V)=\begin{cases}0, & V<V_{\text{cut-in}} \\ \lambda V+\eta, & V_{\text{cut-in}}\leqslant V\leqslant V_{\text{rated}} \\ P_{\text{rated}}, & V>V_{\text{rated}}\end{cases} \tag{6-35}$$

式中 $V_{\text{cut-in}}$——风电机组启动风速；

V_{rated}——额定风速。

当风电机组受到的风速小于切入风速时，风电机组没有能量输出，因为此时发电机的扭矩不足，风电机组叶片带动不起来，所以不会发电；当风电机组受到的风速大于额定风速时，风电机组会保持稳定的功率输出，其输出值为 P_{rated}，这样做可以保护系统不被过大的负荷破坏；当风电机组受到的风速在切入风速和额定风速之间时，功率输出遵循函数 $P(V)=\lambda V+\eta$，其中 η 和 λ 均为常数。风电机组的输出功率特性曲线如图 6-19 所示。

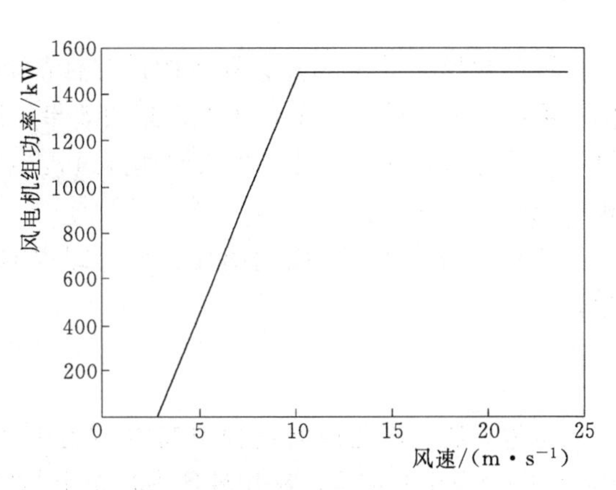

图 6-19 风电机组的输出功率特性曲线

由上文中的迭代方法可以求出某时刻风电场中各风电机组的实际速度 V_i，将其带入给定的风功率曲线关系式中，即可求得风电场在该时刻的总输出功率，即

$$P_{\text{all}}=\sum_{i=1}^{n}P(V_i) \tag{6-36}$$

所以，当知道了风电场全年的风能资源数据后，按照上述方法即可得到风电场一年内的总发电量。

6.3.4 应用遗传算法实现风电机组优化排布

应用遗传算法对风电场中的风电机组位置进行优化排布，具体操作步骤如下：

(1) 确定目标函数和各自变量的变化区间。在本节中，风电机组台数确定情况下，希望得到风电场的全年最大发电量，所以，遗传算法优化的目标函数应为风电场所有风电机组的输出功率全年总和，即

$$\max[f(x_i,y_i)]=\max\left(\sum_{Year}P_{\text{ALL}}\right) \tag{6-37}$$

而优化变量为每台风电机组的位置坐标，即

$$\left.\begin{array}{l}-r<x_i<r \\ -r<y_i<r\end{array}\quad(i=1,2,\cdots,n)\right\} \tag{6-38}$$

式中 r——风电场半径；

n——风电场中的风电机组数量。

此外，任意两台风电机组间的距离需满足

$$(x_i-x_j)^2+(y_i-y_j)^2\geqslant 64R^2 \quad (i=1,2,\cdots,n;j=1,2,\cdots,n;i\neq j) \tag{6-39}$$

（2）编码及初始种群。首先需要解决的是确定编码策略和初始种群的大小。由于遗传算法不能直接处理解空间的解数据，因此必须通过编码将它们表示成遗传空间的基因型串结构数据。采用实数编码，利用线性变换把优化变量转化到 0 与 1 之间。

$$\left.\begin{aligned} x_i^1&=\frac{x_i+r}{2r}\\ y_i^1&=\frac{y_i+r}{2r}\end{aligned}\right\} \tag{6-40}$$

种群规模 m 影响到遗传算法的最终性能和效率。种群规模太小，由于群体对搜索空间只给出不充分的样本量，所以得到的效果一般不佳；而种群规模过大，每一代需要的计算量也就越多，这有可能导致收敛速度过慢。一般取种群数目为 20～200。本节中取初始种群规模为 $m=50$。

（3）解码及个体适应度函数。解码即根据个体编码，按照编码的逆过程计算各动力参数。

$$u_g=-\frac{g}{f}\left(\frac{\partial z}{\partial y}\right)_p \tag{6-41}$$

遗传算法在进化搜索过程中基本不利用外部信息，仅以适应度函数（Fitness Function）作为进化的依据，利用种群中每个个体的适应度值来进行搜索。在实际应用中，适应度函数的设计应根据具体问题而定。适应度函数的选取至关重要，直接影响到遗传算法的收敛速度以及能否找到最优解。一般而言，适应度函数是由目标函数变换得到的。此处的个体适应度函数为

$$F(x_i^1,y_i^1)=\frac{1}{f(x_i^1,y_i^1)^2+c} \tag{6-42}$$

其中，c 为一个很小的数，主要是为了防止当优化目标函数值趋于 0 时发生计算溢出现象。

（4）遗传算子的确定。遗传操作的主要任务就是对群体的个体按照它们对环境适应的程度施加一定的操作，从而实现优胜劣汰的进化过程。从优化搜索的角度而言，遗传操作可使问题的解，一代又一代的优化，并逼近最优解。具体确定过程如下：

1）选择运算：在程序中，选择的是轮盘赌算子。挑选适应度最大的 m 个个体，直接复制到下一代群体中。

2）杂交运算：杂交的目的是寻找父代双亲已有的但未能合理利用的基因信息。为保持群体的多样性，此处采用的杂交操作是，根据选择算子的选择概率随机选择两对父代个体（x_i^1,y_i^1）和（x_j^1,y_j^1）作为双亲，并进行随机线性组合，产生一个子代个体（x_p，y_p），线性组合为

$$\left.\begin{aligned} (x_p,y_p)&=u_1(x_i^1,y_i^1)+(1-u_1)(x_j^1,y_i^1) \quad u_3<0.5\\ (x_p,y_p)&=u_2(x_i^1,y_i^1)+(1-u_2)(x_j^1,y_j^1) \quad u_3\geqslant 0.5\end{aligned}\right\} \tag{6-43}$$

式中　u_1、u_2、u_3——随机数。

通过这样的杂交操作，共产生 m 个子代体（x_p,y_p）。

3）变异运算：变异目的是为了引进新的算子，增加群体多样性。变异操作采用 m 个随机数以 $p_m=1-p_s$ 的概率来代替个体 (x_i,y_i)，从而得到子代个体 (x_q,y_q)。

$$\left.\begin{array}{ll}(x_q,y_q)=u_i & u_m<p_m\\(x_q,y_q)=(x_i,y_i) & u_m\geqslant p_m\end{array}\right\} \tag{6-44}$$

式中　u_m、u_i——随机数。

变异运算共产生 m 个子代个体 $(x_q,\ y_q)$。

（5）演化迭代及终止条件：对通过步骤（4）得到的 $3m$ 个子代个体按适应度大小进行排列，选出最大的 m 个作为新的父代群体，再对其重复进行步骤（3）和步骤（4），直至达到一定的精度或代数。此处将算法终止条件定为当运行代数达到 500 代后终止。

6.3.5 实例分析

1. 实际风电场的描述

某风电场区域为不规则地形，该风电场地形图如图 6-20 所示，经纬方向 X 和 Y 的范围均在 0～7000m，高程 Z 在 1337.50～1517.50m。预计在该风电场布置 35 台额定功率为 1.5MW 的风电机组。

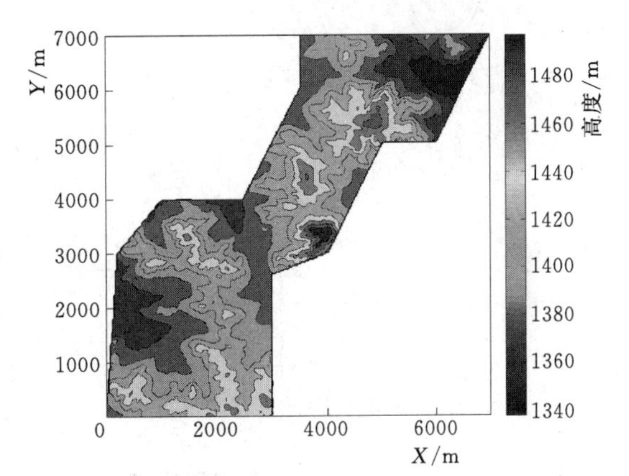

图 6-20　风电场地形图

该风电场风向的 12 个分度区间中每个区间频率分布以及 Weibull 分布参数见表 6-3，所选风电机组性能参数见表 6-4风电机组参数表，推力系数曲线如图 6-21 所示。

表 6-3　　　　**风速参数表**

区间/(°)	频率	k	$c/(\mathrm{m\cdot s^{-1}})$	区间/(°)	频率	k	$c/(\mathrm{m\cdot s^{-1}})$
0～30	0.0932	2.65	9.87	180～210	0.0932	1.88	8.29
30～60	0.2226	2.10	7.86	210～240	0.1197	1.80	8.58
60～90	0.0935	1.64	5.74	240～270	0.1451	2.09	9.31
90～120	0.0369	1.66	5.93	270～300	0.0627	2.53	6.56
120～150	0.0531	1.50	8.23	300～330	0.0041	2.49	4.84
150～180	0.0705	1.73	8.73	330～360	0.0055	3.29	5.51

2. 计算结果分析

采用微观选址优化方法，目标函数进化图如图 6-22 所示，收敛后目标函数最优值为 -8.1867，对应风电场年平均功率为 3.5929×10^3kW。

迭代过程风电机组坐标分布如图 6-23 所示，从图 6-23 中可见优化目标函数趋于收敛，风电机组位置趋于稳定，结果全局最优。经过验证，风电机组的位置均符合边界条件

表 6-4　　风电机组参数表

参数名	数值	参数名	数值
风电机组转子半径/m	38.5	额定功率/kW	1500
风电机组轮毂高度/m	80	功率常数 λ	19.74
风电机组额定风速/(m·s^{-1})	12	功率常数 η	84.16
风电机组切入风速/(m·s^{-1})	3	功率常数 ξ	74.73
风电机组切出风速/(m·s^{-1})	25	κ（陆地上）	0.075

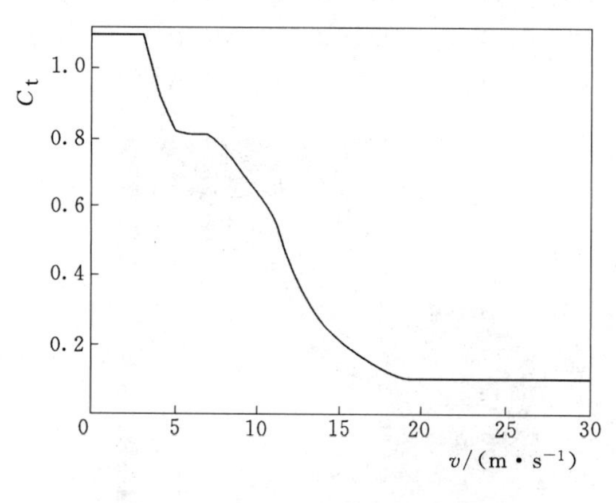

图 6-21　风电机组推力系数曲线

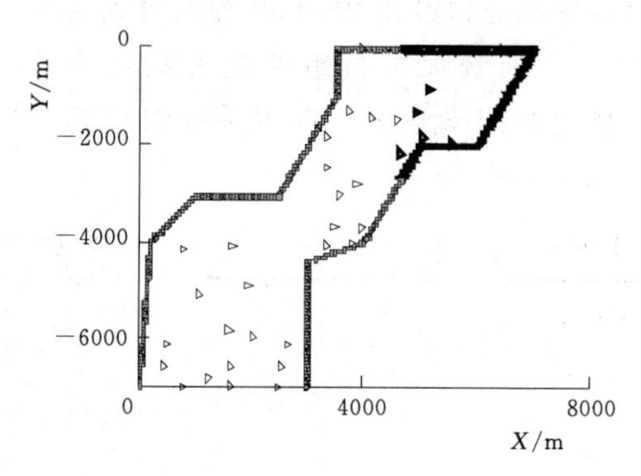

图 6-22　目标函数进化图

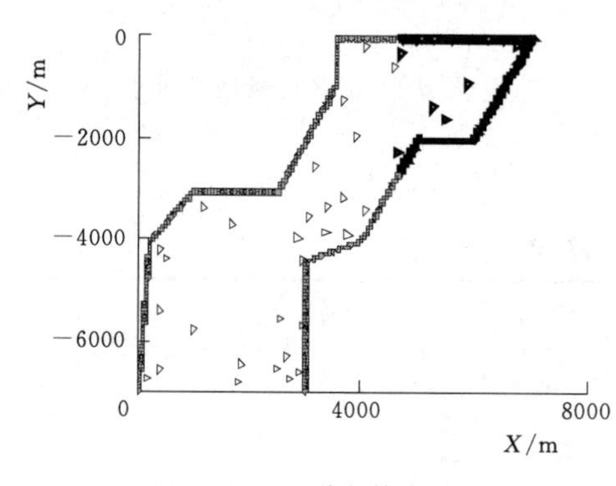

(a) 初始时

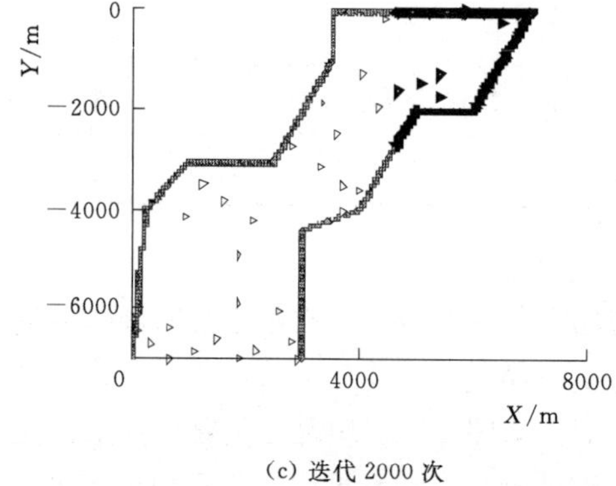

(b) 迭代 1000 次

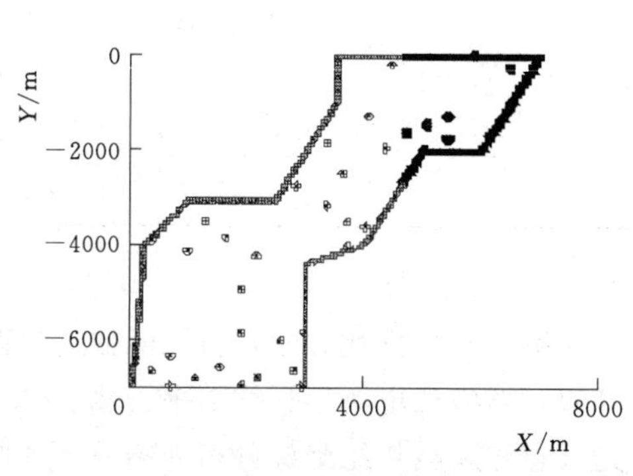

(c) 迭代 2000 次

(d) 迭代 3000 次

图 6-23　迭代过程风电机组坐标分布

和间距条件，证明该方法所得风电场优化结果符合范围限定条件。

3. 比较分析

为了验证算法的先进性，比较理论算法和设计院的微观选址经验方案。经验方法的布置规则为：风电机组沿主风向间距为 5～9 倍直径距离，沿与主风向垂直的方向间距为 3～5 倍直径距离，且风电机组尽量布置在风能资源较好的区域，即相对位置较高区域，经验布置方法风电机组坐标分布图如图 6-24 所示。

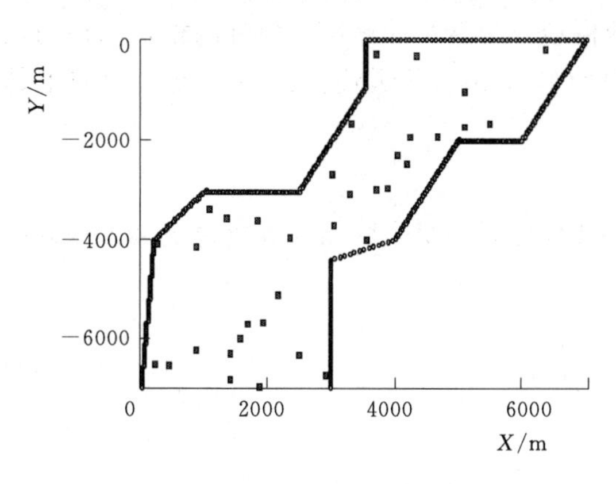

图 6-24 经验布置方法风电机组坐标分布图

通过计算得到经验布置方法风电场年总平均功率为 3.556×10^3 kW，比优化得到的年平均总功率 3.5929×10^3 kW 要少 1.03%左右。主要是由于经验布置方式没有考虑尾流因素的优化，导致风电机组集中分布于高度较高的点。通过比较可以得出理论优化方法可更好地应用于实际风电场微观选址中。

6.4 基于 CFD 和改进 PSO 的复杂地形风电场微观选址优化方法

随着世界各国对风能资源开发的深入，风能开发逐渐转入复杂地形的地区。同平坦地形相比，复杂地形区域有很广阔的开发空间，而且这些区域往往具有更好的风能资源，会给风电场带来更可观的收益。然而，在复杂地形条件下，由于地形产生的空气绕流使得流场的分布复杂，从而使通过风电场微观选址优化，提高风电场风能资源利用效率的难度增大。

在平坦地形条件下，WAsP 软件模型能够准确预测风能的分布情况，但是在复杂地形条件下，利用 WAsP 软件计算出来的风能分布与实际相比存在较大的误差，这是由于在复杂地形条件下，向风坡的气流产生抬升，压力增高并可能产生回流；在背风坡，由于负压的影响会发生气流的分离，风速的大小和方向也会发生改变，这些都难以采用常规的线性模型描述。

计算流体力学（Computational Fluid Dynamics，CFD）方法能够模拟大气边界层中的湍流以及在复杂地形条件下的流体分离、环绕等现象，进而准确得到复杂地形条件下的风能资源分布。通过 CFD 对风电场进行数值计算得到风电场风能分布，进而对风电场微观选址进行优化可以提高风电场风能利用效率，但这方面的研究还比较少。

本节基于 12 个风向区间的复杂地形风电场进行 CFD 数值模拟，并结合尾流模型，采用改进后的小生境粒群优化算法对复杂地形风电场进行微观选址优化，以提高复杂地形风电场的微观选址优化效果。

6.4.1 复杂地形流场的 CFD 数值模拟

1. 地形数字化和网格的生成

目前风电场地形图通常通过 Autocad 等高线表示。建立包括地形在内的 CFD 物理模型，首先需对地形进行数字化。使用 Arcgis 将 Autocad 中的等高线分离并生成 tin 文件，然后将生成的 tin 文件转换成坐标点的 dem 文件，并对 dem 文件做离散处理，最终生成地形图的直角坐标。

选取的地形图平面为标准矩形，高度方向上取平均高度以上 5 倍轮毂高度。根据离散后的地形图坐标，在 Gambit 中建立地形物理模型。在整个计算域内划分网格，网格为六面体结构网格，网格整体上在地面至风电机组叶片到达的最高点区域较密，越向上越稀疏。

2. 入口边界条件

风电场按风向等角度划分为 12 个区间，CFD 计算的每个区间来流风速定义为该区间的平均风速。入口处的风速轮廓线为

$$V_Z = v_{in}\left(\frac{Z}{Z_0}\right)^{\alpha} \tag{6-45}$$

式中 v_{in}——入流风速；

V_Z——高度 Z 处的风速；

α——风切变指数。

3. 数值计算

采用流体动力学标准的 Navier - Stokes 方程组，按稳态计算，湍流选用标准 $k-\varepsilon$ 模型，离散方法采用二阶上风方案，求解采用 SIMPLE 方法。

4. 数据提取

已知轮毂高度为 h，提取每个区间数值计算结果中对应轮毂高度处以及测风塔位置处所有网格点的风速和风向，分别表示为 $v_{gr}(x_{gr}, y_{gr}, z_{gr}, \theta_{n_x})$ 和 $\alpha_{gr}(x_{gr}, y_{gr}, z_{gr}, \theta_{n_x})$，其中 x_{gr}、y_{gr}、z_{gr} 为每个网格点所对应的地理坐标，θ_{n_x} 为风向区间标记。

6.4.2 风电场模型

1. 尾流模型

目前常用的尾流模型有基于叶素和动量理论的理论尾流模型；基于普朗特湍流边界层方程的 Larsen 尾流模型；基于轴对称雷诺数方程和 Navier - Stokes 湍流边界层方程的 Ainslie 模型；以及基于扩散系数的 Jensen 尾流模型。Jensen 尾流模型应用简单，是应用最广泛的线性尾流模型。计算中采用 CFD 计算的风速作为风电机组的入口风速，尾流计算采用 Jensen 模型。

2. 功率模型

风电机组功率曲线 $P=f(v)$ 可以被描述为一个分段函数，可表示为

$$f(v)=\begin{cases}0, & v<v_{cut\text{-}in}\\ \lambda v^2+\eta v+\xi, & v_{cut\text{-}in}\leqslant v\leqslant v_{rated}\\ P_{rated}, & v_{rated}\leqslant v\leqslant v_{cut\text{-}out}\end{cases} \tag{6-46}$$

式中 $v_{cut\text{-}in}$——风电机组切入风速；

$v_{cut\text{-}out}$——风电机组切出风速；

v_{rated}——风电机组额定风速；

P_{rated}——风电机组的额定功率；

λ、η、ξ——功率曲线的系数。

采用基于概率密度的风功率计算方法，即首先离散风速的大小和风向，然后通过叠加每个离散区域的功率得到风电机组的总功率。将风向和风速分别离散为 n_{max} 和 m_{max} 份（假设风速的间隔为 d_0）。

$$0=\theta_{n_0}\leqslant\cdots\theta_{n_x}\cdots\leqslant\theta_{n_{max}}=2\pi,\quad v_{cut\text{-}in}\leqslant v_{m_0}\cdots v_{m_x}\cdots v_{m_{max}}=v_{cut\text{-}out} \tag{6-47}$$

假设风速呈威布尔分布，则风速区间 θ_{n_x} 内，风速大小 v_{m_x} 的概率为

$$\begin{aligned} g(v_{m_x},\theta_{n_x})=\omega(\theta_{n_x})\Bigg\{&\frac{k(\theta_{n_x})}{c(\theta_{n_x})}\left(\frac{v_{m_x}-\dfrac{d_0}{2}}{c(\theta_{n_x})}\right)^{k(\theta_{n_x})-1}\mathrm{e}^{-\left[\frac{v_{m_x}-\frac{d_0}{2}}{c(\theta_{n_x})}\right]^{k(\theta_{n_x})}}\\ &-\frac{k(\theta_{n_x})}{c(\theta_{n_x})}\left(\frac{v_{m_x}+\dfrac{d_0}{2}}{c(\theta_{n_x})}\right)^{k(\theta_{n_x})-1}\mathrm{e}^{-\left[\frac{v_{m_x}+\frac{d_0}{2}}{c(\theta_{n_x})}\right]^{k(\theta_{n_x})}}\Bigg\} \end{aligned} \tag{6-48}$$

式中　ω——风向区间概率的集合；

k、c——风向区间威布尔分布参数的集合。

对单台风电机组年平均功率离散求和得

$$E(p_i)=\sum_{i=1}^{n_{max}}\sum_{j=1}^{m_{max}}g(v_{m_x},\theta_{n_x})f(v_{m_x}) \tag{6-49}$$

若风电场中有 N 台风电机组，则该风电场的总平均功率为

$$E(P)=\sum_{i=1}^{N}E(p_i) \tag{6-50}$$

式中　$E(P)$——风电场总平均功率，是风电场所有风电机组年平均发电功率的平均值，kW。

6.4.3　风电场微观选址的改进小生境粒子群算法

1. 标准粒子群优化算法

风电场微观选址是多变量非线性优化问题，其中优化变量为每个风电机组的位置坐标，而风电机组的位置须同时满足边界和间距条件。粒子群算法是一种高效的进化算法，它模拟鸟类的群体觅食行为，种群中的所有粒子都朝着其局部最优和全局最优的位置方向移动，使目标函数迅速向最优解靠近。粒子群算法具有规则简单、收敛速度快等优点。标准粒子群算法（Particle Swarm Optimization，PSO）的基本步骤如下：

（1）目标函数的确定。优化的目标是通过对风电机组微观选址使整个风电场的平均输出功率达到最大，目标函数定义为风电场总输出功率倒数的对数。即

$$f_{ob}=\ln\frac{1}{E(P)} \tag{6-51}$$

（2）适应度函数为

$$F(i)=\frac{1}{f_{ob}(i)+\eta} \tag{6-52}$$

式中　η——一个很小的正数，使适应度值分母不为 0。

（3）种群的位置和速度。基本的粒子群优化算法中位置更新方法为

$$v_i^{t+1}=\omega v_i^t+\beta_1 r_1(p_i-x_i^t)+\beta_2 r_2(p_g-x_i^t) \tag{6-53}$$

式中　v_i^t——基本粒子 i 在第 t 代时的速度（0 到 1 之间的随机数）；

x_i^t——基本粒子 i 在第 t 代时的位置（0 到 1 之间的随机数），所提取轮毂高度处的 CFD 数值模拟结果网格点保持一致；

p_i——基本粒子 i 的历史最优位置，即局部最优解；

p_g——所有粒子的历史最优位置，即全局最优解；

ω——惯性权重系数；

β_1、β_2——每代的更新系数。

$$x_i^{t+1}=x_i^t+v_i^{t+1} \tag{6-54}$$

2. 改进的粒子群优化算法

相对于其他以种群为基础的进化算法，粒子群算法的种群缺乏多样性，因此该算法在运行过程中很容易陷入局部收敛。此外，由于粒子群算法是针对所有粒子的整体移动，在粒子维度增多的情况下，在算法迭代的中后期，无效移动的概率会大大增加，影响收敛的精度和速度。为了解决上述问题，本节提出一种改进的小生境粒子群算法（Niche Improved Particle Swarm Optimization，NIPSO）。

（1）小生境技术的应用。

1）小生境的生成。小生境指的是通过对种群的“分类”产生若干个小的种群，每个种群内部的粒子朝着各自的局部最优解和全局最优解移动，并且在迭代若干次以后，重新进行分类，这样可以很好地保持种群的多样性。种群的粒子按照欧氏距离生成小生境，具体操作为计算种群每个粒子的适应度值，记录适应度值最大的粒子 x_b，统计剩余粒子与该粒子的欧氏距离：

$$d_i=\sqrt{\sum_{q=1}^{d_s}[x_{i(q)}-x_{b(q)}]^2}\quad (i\neq b) \tag{6-55}$$

式中　d_s——粒子的维度。

按照规定的小生境数目，根据欧氏距离从小到大排序，筛选出特定数目粒子组成第一个小生境，然后按照上述方法生成剩余的小生境。

2）小生境的混沌变异。混沌变异的基本思想是，在每次迭代过程中，对小生境中的 p_g 粒子进行遍历扰动，防止粒子趋同，使得整个粒子种群可以搜索全部解空间，而不会停留在局部最优极值点上。Logistic 映射表达式为

$$p_{r(n+1)}^{(s)}=\mu p_{r(n)}^{(s)}[1-p_{r(n)}^{(s)}]\quad (n=1,2,\cdots,N_{max}) \tag{6-56}$$

式中　p_r——混沌变量；

s——混沌迭代次数；

μ——控制参数（3.75≤μ≤4）；

N_{max}——迭代次数。

此时 Logistic 映射解的变化周期为无穷大，每次迭代方程的解都不确定，Logistic 映射成为一个混沌系统。小生境中最优粒子的扰动方法为

$$p_r^{(s)}=\frac{p_g^{(s)}-z_{min}^{(s)}}{p_g^{(s)}-z_{max}^{(s)}} \tag{6-57}$$

式中 $p_r^{(s)}$——第 s 次最优粒子的扰动信息；

$z_{max}^{(s)}$、$z_{min}^{(s)}$——当前粒子搜索的上、下界。

通过式（6-57）的迭代，得到混沌序列 $p_r^{(s)}$，将生成的混沌序列逆映射回原解空间，产生一个混沌变量可行解序列。

逆映射公式为

$$p_g^{(*s)}=z_{min}^{(s)}+[z_{max}^{(s)}-z_{min}^{(s)}]p_r^{(s)} \tag{6-58}$$

（2）线性递减的粒子移动维度。在标准粒子群算法中，收敛的全过程都是粒子的全维度移动，这样的移动会大大降低收敛过程后期效率，并容易使最终结果陷入局部最优解。为了保证算法在收敛后期的高效性，本节提出了一种粒子移动维度线性递减的方法。粒子移动维度的计算方法为

$$d_s=d_{s\text{-}max}-\frac{d_{s\text{-}max}-d_{s\text{-}min}}{T_{sum}}t \tag{6-59}$$

式中 $d_{s\text{-}max}$、$d_{s\text{-}min}$——收敛过程中最大和最小的移动维度。

假设一个基本粒子 x_i，在收敛过程中，粒子发生移动的空间为 mv（根据当前移动维度信息随机确定），粒子及其位置的更新公式为

$$v_{i(mv)}^{t+1}=\omega v_{i(mv)}^{t}+\beta_1 r_1[p_{i(mv)}-x_{i(mv)}^{t}]+\beta_2 r_2[p_{g(mv)}-x_{i(mv)}^{t}] \tag{6-60}$$

$$x_{i(mv)}^{t+1}=x_{i(mv)}^{t}+v_{i(mv)}^{t+1} \tag{6-61}$$

6.4.4 计算与分析

1. 风电场的 CFD 模拟结果

本节选取的 CFD 计算域为 7000m×7000m×500m，其中高度为 500m（平均高度以上），选择非结构网格，地面网格大小为 30.17m×30.17m，垂直方向的网格分为三层，0～50m、50～200m、200～500m 的网格间隔分别为 5m、10m、30m，网格总数为 2030400。

根据每个风向分度计算风电场风能分布以及每个风向的概率，计算出全场的风能密度分布。得到主风向全场轮毂高度处的风能分布，主风向轮毂高度处 CFD 模拟风能密度如图 6-25 所示。全场轮毂高度处 CFD 模拟风能密度如图 6-26 所示，风电场轮毂高度处 CFD 模拟风能密度图如图 6-27 所示，根据所提取的轮毂高度处 CFD 模拟数据和风电场地形数据，分别得到全场的风能密度图和风电场处风能密度图。

2. 结果与比较

目前一般认为地形高点或者风能密度高点有较好的风能资源，在这些位置布置风电机

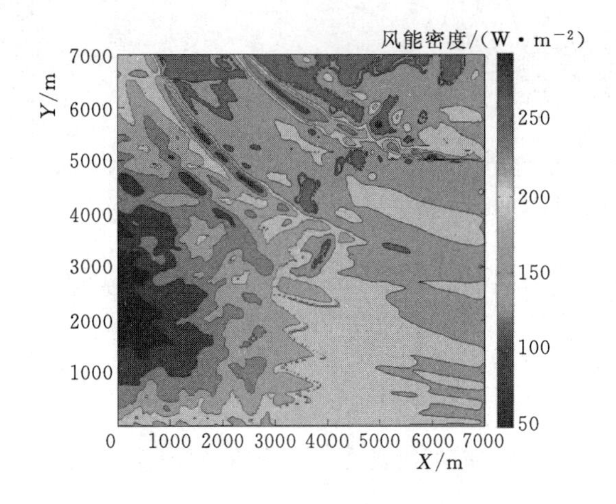

图 6-25 主风向轮毂高度处CFD模拟风能密度

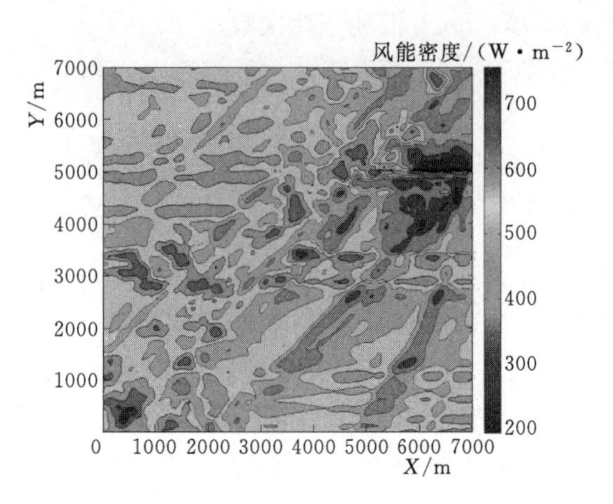

图 6-26 全场轮毂高度处CFD模拟风能密度

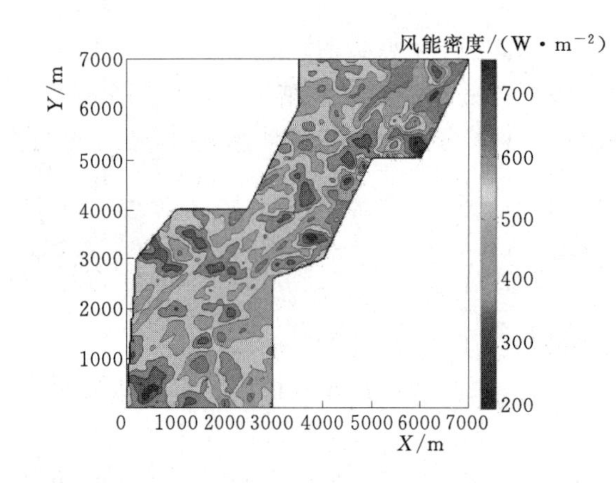

图 6-27 风电场轮毂高度处CFD模拟风能密度

组能使整个风电场的出力最大化。复杂地形微观选址一般采用地形高点经验布置（EX-TH）和风能密度高点经验布置（EX-PH），并且经验布置一般也需满足：风电机组沿主风向为5～9倍直径距离，沿与主风向垂直的方向为3～5倍直径距离，且风电机组之间对行排布，呈"梅花形"。地形高点经验布置（EX-TH）坐标分布如图6-28（a）所示，风能密度高点经验布置（EX-PH）坐标分布如图6-28（b）所示。按照微观选址优化方法，PSO与NCPSO的目标函数在优化过程中变化如图6-29所示，优化结果中坐标分布如图6-28（c）和图6-28（d）所示，四种布置方式所对应的风电场总功率和平均功率见表6-5（总功率指的是整个风电场所有风电机组的输出功率之和，平均功率是平均到每一台风电机组的输出功率）。

表6-5　　四种方法功率比较

方法名	总功率/kW	平均功率/kW	方法名	总功率/kW	平均功率/kW
PSO	23566	673.3	EX-TH	19383	553.8
NCPSO	24773	707.8	EX-PH	22428	640.8

PSO与NCPSO算法都是以CFD模拟出来的结果为基础，并建立了尾流模型，可以从整体上对风电场微观选址进行优化。对PSO与NCPSO的收敛曲线比较，可以看出PSO算法没有得到充分的收敛，而NCPSO是对PSO的改进，通过小生境技术的应用使种群的多样性得到增加，通过混沌变异使粒子在全局范围寻优，通过递减的权重系数和粒子移动维度使粒子在收敛后期保持高效性，不仅得到了充分的收敛，而且保持较高的收敛

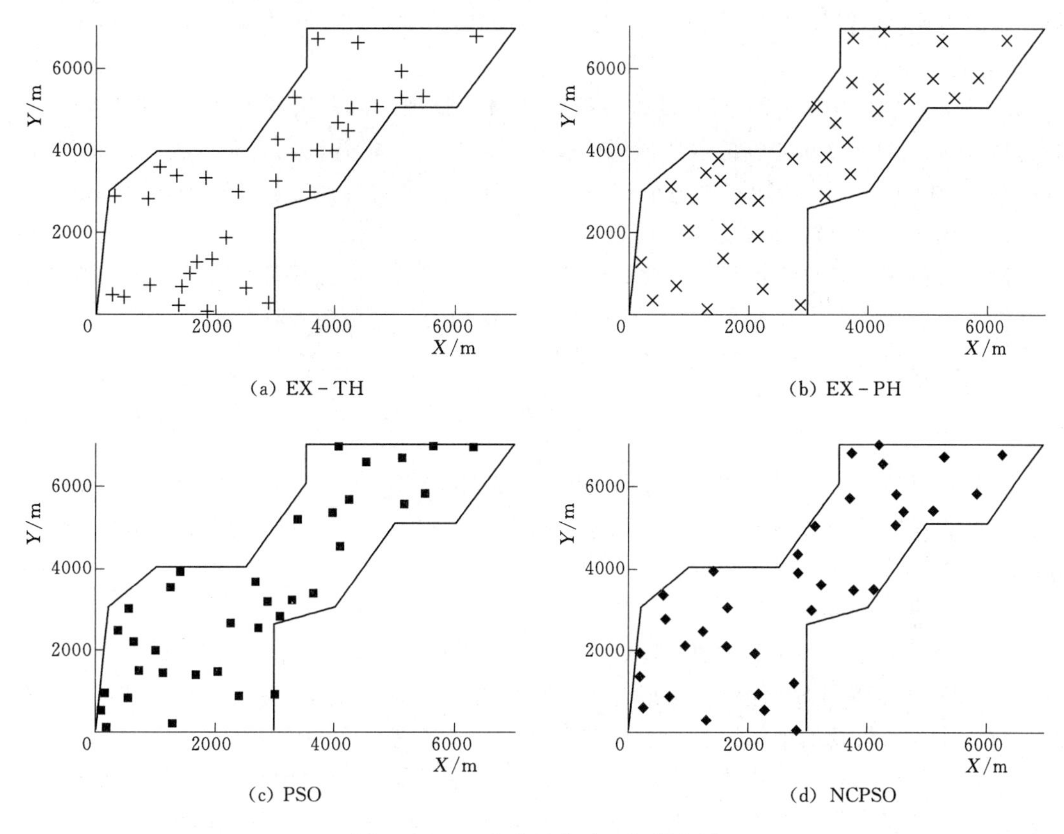

图 6-28　四种布置方式坐标分布图

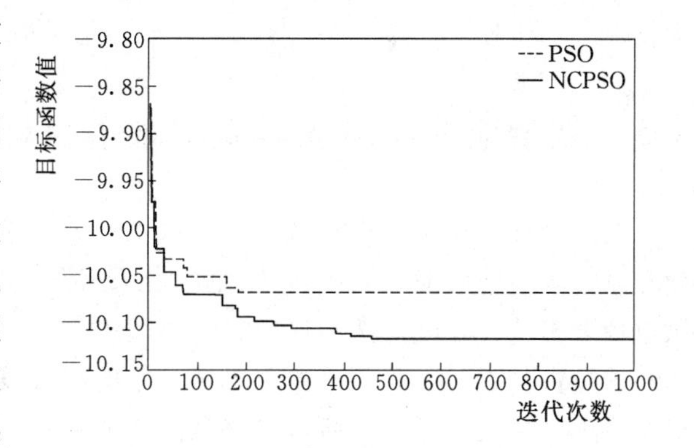

图 6-29　PSO 与 NCPSO 目标函数进化图

效率，因此很适合应用于基于 CFD 数值模拟的风电场微观选址计算中。根据地形高点经验布置（EX - TH）所得到的功率最少，这是由于在复杂地形条件下，风速的分布不符合 Lissaman 线性模型的规律。这和在地形高坡，由于地形绕流的影响，背风面的实际风速比理论风速小很多的理论相一致。多个高坡加上多个风向的影响，使整个地形的风能分布远远偏离较高地形的分布，因此在复杂地形条件下高程不是决定风能大小的唯一因素。而由于没有进行迭代优化过程，根据风能密度高点经验布置（EX - PH）得到的总功率比上文提到的两种优化算法 PSO 和 NCPSO 都要小，并不能保证整个风电场的实际出力达到最高。

目前，一般认为地形高点或者风能密度高点有较好的风能资源，在这些位置布置风电机组能使整个风电场的出力最大化。因此，复杂地形微观选址经常按照地形高点经验布置（EX - TH）或风能密度高点经验布置（EX - PH），同时根据经验还需满足：风电机组相

邻间距沿主风向为 $5D \sim 9D$，沿与主风向垂直的方向为 $3D \sim 5D$，且风电机组之间排布呈“梅花形”。

PSO 与 NCPSO 算法都是以 CFD 模拟的结果为基础，耦合尾流模型，优化风电场微观选址。从 PSO 与 NCPSO 的收敛曲线比较可以看出：PSO 算法没有充分收敛，而 NCPSO 是对 PSO 的改进，应用小生境技术种群的多样性，通过混沌变异使粒子在全局范围寻优，递减权重系数和粒子移动维度使粒子在收敛后期保持高效性，不仅得到了充分的收敛，而且保持较高的收敛效率，因此很适合应用于基于 CFD 数值模拟的风电场微观选址计算中。根据地形高点经验布置（EX－TH）所得到的功率最少，这是由于在复杂地形条件下，风速的分布不符合 Lissaman 线性模型的规律。

6.4.5 结论

本节对复杂地形风电场的流场进行 CFD 数值模拟，并提取轮毂高度处和测风塔位置处的风速和风向数据，得到了准确的风能资源分布。以 CFD 数值模拟结果为基础，采用 Jensen 尾流模型，应用概率密度法计算风电场功率。文中引入了 PSO 和 NCPSO 两种优化算法，并对四种布置方式进行比较，得到的结论为：

（1）在复杂地形条件下，地形高点不一定是风电机组微观选址的最佳选择点。

（2）PSO 和 NCPSO 优化算法都充分考虑了风能分布和尾流的影响，并对风电场的布局进行优化，所得到的结果比基于经验方法得到的结果更优化。

（3）NCPSO 是对 PSO 的改进，通过种群多样性的提升，粒子混沌的变异和种群移动维度的改变使整个收敛过程保持高效性，并得到了比 PSO 更理想的优化结果。

（4）NCPSO 可以很好地结合 CFD 数值模拟结果并应用于复杂地形风电场的微观选址优化中。

6.5 复杂地形风电场微观选址多目标优化方法研究

在风电场布局中，微观选址作为风电场建立工程的一部分，严重影响着风电场后期建设和风电场经济收益。我国内陆地区大部分都是山区和丘陵，相比于平坦地形，复杂地形风电场大多建设在低风速地区，建设过程中有很多无法控制的因素，优化空间较大。风电场初始投资的近 3/4 是风电机组投资、集电线路投资和道路成本，而风电机组成本在风电机组被选中后已经固定，所以严格从经济的角度控制集电线路和道路成本也很重要。本节研究综合考虑风电场在其生命周期内总发电量、集电线路投资和道路成本，致力于复杂地形风电场微观选址多目标优化方法，并在此基础上进行相关软件开发。

6.5.1 复杂地形风电场微观选址优化限制条件

1. 风电机组选址限制条件

（1）风电场边界和敏感区。在风电场微观选址中，因为一些工程或环境限制，有些场址的部分区域不适合布置风电机组，例如场址中出现湖、公园和生态敏感区等，因此风电场的场址边界通常是不规则的，而且会有多个敏感区。然而，大部分优化方法只考虑规则边界的风电场。Saavedra - Moreno 等人用二进制样板矩阵来存储风电场边界信息，但必须用更小的网格尺寸才能得到准确的边界模型。此外，当风电场呈细长形状时，特别是优化边界和网格大小很难确定时，这种不连续的类似网格定位的方法就不适用于不规则的风电场。用实际的位置坐标变量可以避免选择优化网格的大小，而且也能获得更好的结果。对于连续的微观选址问题，风电场的不规则形状会引起复杂的边界和敏感区限制，例如在优化算法中如何判断风电机组是否布置在允许区域内，同时满足布置在敏感区外条件。

目前，已有许多学者想出可行的计算方法，常用的有在地图处理中设置多边形检测以提取关于场址边界和敏感区有用的结构信息，本节采用 Canny 边界和敏感区检测算法。为了便于计算边界和敏感区限制，风电场中的坐标采用（X，Y）坐标形式。在地图数字化处理后，风电场的边界和敏感区由闭合的曲线用可辨别的颜色表示，使其可以被轻易且准确地提取。在边界和敏感区确定以后，如何保证在风电机组布局时，通过优化算法使其在边界内、敏感区外是本节将要解决的问题。将每台风电机组作为一个点，风电场边界和敏感区作为一个多边形，则将这个问题简化成判断点在多边形内还是多边形外问题，边界和敏感区示意图如图 6 - 30 所示，T_1 和 T_4 在风电场边界内且在敏感区外，满足条件；T_2 和 T_5 在风电场边界外，不满足条件；T_3 在敏感区内，也不满足条件。

（2）风电机组间距。

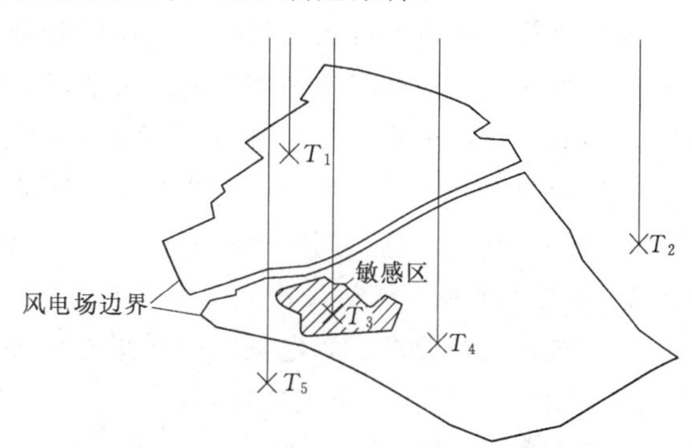

图 6 - 30　边界和敏感区示意图

在风电场中，若风电机组间的距离太大，会造成土地面积的浪费，若风电机组间的距离太小，下游风电机组受上游风电机组的尾流影响，其出力会有所下降。两台风电机组的最小允许间距可通过在风电机组周围设置圆形或椭圆形的禁止区域来实现。在优化中，该间距被设置为叶轮直径 D 的倍数值。为使排布合理，任意两台风电机组间的距离不能小于最小容许间距。在同一场址对于不同叶轮直径的风电机组型号进行分析时，会采用叶轮直径的平均值计算风电机组间距，同时在计算中使用三维坐标值（X，Y，Z）。

优化中，根据任何给定的风向转换坐标轴，X 轴的正方向始终与风向对齐。在优化算法中用一个不等式来判断风电机组是否在另一台风电机组的尾流影响内，这个公式假设两台风电机组是同种类型的。为了在同一个风电场里布置不同型号的风电机组，改进了这个不等式为

$$\left.\begin{aligned}&\Delta x_{ij}<0\\&\Delta x_{ij}=x_i-x_j\\&\Delta y_{ij}=y_i-y_j\\&\Delta H_{ij}=H_i-H_j\\&\sqrt{(\Delta y_{ij})^2+(\Delta H_{ij})^2}-\frac{D_j}{2}<\frac{D_{\text{wake},ij}}{2}\\&\forall i,j=1,2,\cdots,N;i\neq j\end{aligned}\right\}\tag{6-62}$$

式中　D_j——风电机组 j 的风轮直径；

H_j——风电机组 j 的轮毂高度；

H_i——风电机组 i 的轮毂高度；

$D_{wake,ij}$——风电机组 i 产生的尾流在风电机组 j 处的尾流直径；

x_i、x_j——风电机组 i 和风电机组 j 的沿风向的坐标；

y_i、y_j——风电机组 i 和风电机组 j 垂直于风向的坐标；

N——风电场内风电机组的数量。

当且仅当满足式（6-62）时，风电机组 j 才受风电机组 i 的尾流影响。

（3）容许地面坡度。在计算坡度时有两个最基本的地形要素为坡度、坡向。风电机组机位处的坡度会严重影响风电机组设备运输安装和建成后的发电情况，因而必须要限制风电机组布置处的地面最大坡度。

可在优化中设置平面夹角来限制风电机组布置处的最大允许坡度。定义坡度为地形高度（一般来自 DTM 或者 WRG 文件）的差值与网格大小的比值。比较最近 4 个高程点确定区域内任意方向上的坡度，坡度最大值作为该点的坡度，用于与定义的最大允许值比较。假如某台风电机组所处位置的最大坡度超过最大允许值，则该台风电机组需要重新选址。除此之外，在风电机组布置时，按照风能资源分布和现场施工情况，遵循以下原则：①根据风电场风向玫瑰图和风能密度玫瑰图显示出的当时盛行风向进行布置；②风电机组布局应该兼顾现场地形，充分利用场地，借助当地的交通情况，完全了解安装条件后进行；③风电机组的布置要考虑风电机组间的尾流影响；④风电机组布置需要遵循相关地方政府的规划。此外，轮毂高度处所有风向的入流角必须在±8°内。

2. 集电线路布置限制条件

（1）规程规范要求。风电场集电线路设计必须满足《导体和电器选择设计技术规定》（DL/T 5222—2005）、《额定电压 1kV（U_m=1.2kV）到 35kV（U_m=40.5kV）挤包绝缘电力电缆及附件》（GB/T 12706—2008）和《电力工程电缆设计规范》（GB 50217—2007）、《风力发电场设计技术规范》（DL/T 5383—2007）及《额定电压 1～30kV 挤压绝缘电力电缆及其附件》IEC 60502 等技术规范要求。

（2）电压等级。集电线路电压等级通常有 10kV、35kV、66kV 三种方案，考虑到国内外通常做法、方案的经济性以及技术的成熟性，本节中电压等级选择 35kV。

（3）接线形式。为方便施工及维修，电缆路径要短；避免与其他管线交叉；避开规划中需要施工的地方；不接近易燃易爆物及其他热源。

集电线路考虑单回放射型连接，同一风电机组进出线电缆总根数不超过 4 根。

35kV 电缆中间接头配置数量根据风电机组间电缆长度来统计，根据电缆敷设厂家，每 800m 设置一套中间接头。电缆终端的数量根据电缆根数来统计，每一根电缆首末端统计 2 个电缆终端。35kV 电缆终端与开关柜连接数量根据回路数确定，箱变间的连接数量需要根据风电机组数量确定。

（4）电缆布置。

电缆布置时最小弯曲半径按规则有：无铠装单芯电缆为 20D；无铠装三芯电缆为 15D；有铠装单芯电缆为 15D；有铠装三芯电缆为 12D。其中 D 为电缆实际外径。

3. 道路设计限制条件

（1）特殊使用性。复杂地形风电场风电机组机位一般选择在结构复杂、陡峭的山脊上，鲜有道路，所以往往在工程所在场区新建场内道路。考虑到运输风电机组的设施都比较大，为使其能顺利通过，场内道路建设之前的设计任务非常关键。

风电场平常用于运行维护的道路为永久性道路，方便工作人员检查各台风电机组以及升压站的情况，及时检修。场内道路修筑应按照永久使用与临时使用相结合的原则进行，应充分运用永久道路土地区域，通常在永久性道路旁边增加一条临时性道路，整个风电场建设结束以后，这部分土地就应该归还。

（2）避开敏感地带。一般风电场范围比较大，不可避免地会遇到耕地、林地等，优化道路应根据实际情况避开这些农用地。基本农田禁止占用，一般耕地和林地在无法避让的情况下可占用。道路布局时必须要减少植被的破坏，而且不能阻止地表面水流，尽量避开水源地，如果无法避开，应尽早投入水保施工，避免因道路修建而引起的湿地退化，把影响减小到最低限度。风电场范围内的地物包括文物古迹、坟、敖包、村庄等，优化布局时应将其当成敏感区域加以避让。文物古迹应根据当地文物保护局规定，道路边线避让满足规定要求；坟、敖包、村庄等，道路边线避让也要满足一定距离要求，一般按 100m 考虑。

（3）道路规划曲线半径特殊要求。根据《厂矿道路设计规范》（GBJ 22—1987），工厂道路等级的选用以交通量为主要依据，将各种车辆转换成载重汽车，年度平均日双向流量超过 20 辆，技术指标应该根据四级道路设计。而且风电机组叶片和塔筒较长，场内道路应按厂矿四级道路设计。道路纵坡应保证运输塔筒、风电机组叶片等大件设备的车辆能通行，一般来讲，其道路弯曲半径应该大于 30m。

6.5.2 复杂地形风电场微观选址优化目标

1. 年发电量

（1）功率曲线。基于风电机组所在位置，一旦尾流损失被计算出来，风电机组产生的功率必须由功率曲线决定，它是风电机组轮毂高度处风速的函数。如果风速小于切入风速，由于转矩较小不足以使机器运行，所以没有功率输出。如果风速超过额定风速且小于切出风速的话，风电机组的倾角系统发挥控制作用，以保持电力输出的稳定性（此时功率不再取决于风速，而是维持在额定功率）使保护系统免受危害载荷。因此，对于几种主流的风电机组类型，通过功率响应数据生成功率曲线，如图 6－31 所示。图 6－31 表示了相同额定功率的多种风电机组类型的功率曲线情况，主要差别体现在低风速区，风速较低时，功率随风速的增加而变大。达到额定值后，功率不再随风速的增加而变化。

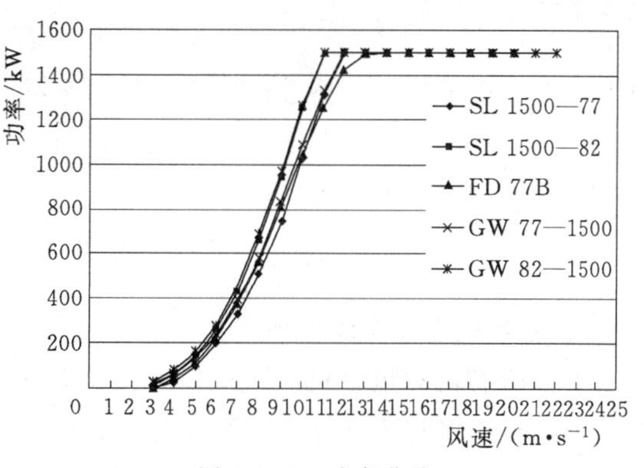

图 6－31　功率曲线

（2）功率的概率密度离散计算。本

节提出采用离散求和的方法求风电场的总功率，首先把风向均分为 $m+1$ 个部分：$\theta_0, \theta_1, \cdots, \theta_m$，其中 $0=\theta_0 \leqslant \theta_1 \cdots \leqslant \theta_m = 2\pi$，其中每个单元都对应一个频率，$0 \leqslant \omega_i \leqslant 1, i=0,\cdots,N_m$。风速也可以被分解为 $n+1$ 个单元，令 $v_0, v_1, \cdots, v_n$ 表示分解的每一部分风速，其中 $v_{\text{cut-in}} = v_0 \leqslant v_1 \cdots \leqslant v_n = v_{\text{cut-out}}$。一旦风速和风向被分解为小的单元，可以从历史风速数据中进行预测。非线性功率曲线或更为复杂的尾流损失模型，会额外增加优化问题的复杂性。因此，选择一个灵活可靠的最优算法很有必要。这个模型的复杂性需要用到基于搜索算法的群组。在实际的优化过程中，会出现尾流较大的机位点，这时需要增加额外的约束条件，例如舍弃尾流大于10%的机位点，并对这些机位点进行搜索算法优化，使其尾流减小。

风速符合上文所述的两参数威布尔分布，在区间 θ 内，风速大小为 v 的概率密度可以求得为

$$g(v,\theta)=\frac{k(\theta)}{c(\theta)}\left[\frac{v}{c(\theta)}\right]^{k(\theta)-1}\mathrm{e}^{-[v/c(\theta)]^{k(\theta)}} \tag{6-63}$$

得到单台风电机组平均功率为

$$E(p_i) = \int_0^{2\pi}\omega(\theta)\int_{v_{\text{cut-in}}}^{v_{\text{cut-out}}} g(v,\theta)f(v)\mathrm{d}\theta\mathrm{d}v \tag{6-64}$$

式中　ω——风向频率。

对式（6-64）进行离散，然后求和得

$$E(p_i) = \sum_{i=1}^{m}\sum_{j=1}^{n}\omega_i(\theta_i-\theta_{i-1})[g(\theta_{i-1},v_{j-1})-g(\theta_{i-1},v_j)]f\left(\frac{v_{j-1}+v_j}{2}\right) \tag{6-65}$$

求得每台风电机组的功率后，可求出这个风电场的总功率为

$$E(P) = \sum_{i=1}^{N}E(p_i) \tag{6-66}$$

式中　$E(P)$——风电场总功率，是风电场中所有风电机组年发电功率的总值，kW；

N——风电场内风电机组数量。

（3）年发电量计算。如果以 Z 表示某种风电机组布局，那么在不考虑尾流时布局 Z 的理想年发电量为

$$AAPg(Z)=Eg(Z)\times 8760 \tag{6-67}$$

一旦考虑风电机组尾流等的损失，风电场的风电机组会引起能量损失，考虑尾流损失的年发电量为

$$AAPn(Z)=En(Z)\times 8760 \tag{6-68}$$

以上式中　$Eg(Z)$——不考虑尾流时的风电场总功率；

$En(Z)$——考虑尾流和风加速因子等的风电场总功率。

风电场的尾流损失为

$$Wake(Z)=\frac{AAPg(Z)-AAPn(Z)}{AAPg(Z)}\times 100\% \tag{6-69}$$

2. 集电线路投资成本

根据敏感区和风电机组机位地形图、升压站坐标、回路数、热稳定最小截面等参数，对给定的风电场集电线路根据地形按照最优方案进行自动布线，自动选择电缆截面，并根据需求提供满足要求的风电场线路布置方案。

（1）电缆截面选择计算。每台箱式变压器都是根据选择的风电机组参数确定箱式变电站型号及容量，即

$$S_B \geqslant \frac{P_g}{\cos\varphi} \tag{6-70}$$

式中 P_g——风电机组的额定功率，kW；

$\cos\varphi$——风电机组的功率因数；

S_B——所选变压器的额定容量，kVA。

根据《风电场接入电力系统技术规定》（GB/T 19963—2011）的要求，风电场风电机组应满足额定有功出力下功率因数在－0.95～＋0.95 区间内灵活可调。例如对于功率因数 0.95、额定功率 1500kW 的风电机组，选择额定容量 1600kVA 的箱式变压器；对于功率因数 0.95、额定功率 2000kW 的风电机组，选择额定容量 2200kVA 的箱式变压器。

计算单台箱式变电站额定工作电流为

$$I_B = \frac{S_B}{\sqrt{3}U_B} \tag{6-71}$$

则 N 台风电机组串联后的工作电流为

$$I_g = NI_B \tag{6-72}$$

直埋敷设时电流需要进行载流量校正，不同情况对应的电缆综合校正系数 K 各不相同：架空单根敷设时 $K=K_t$；直埋单根敷设时 $K=K_tK_1$；直埋多根敷设时 $K=K_tK_1K_2$；架空单层多根并列直埋时 $K=K_tK_3$；电缆桥架上配置多层没有间隔且并列敷设时 $K=K_tK_4$。其中 K_t、K_1、K_2、K_3、K_4 分别是环境温差系数、土壤热阻系数以及直埋多根并行敷设、空中单层多根并行铺设、电缆桥架设有间隔配置多层并行时对应的载流量校正系数。

35kV 及以下电缆在环境温度差异时的载流量校正系数 K_t 见表 6-6。

除表 6-6 之外的环境温度的电缆载流量校正系数 K_t 可以计算为

$$K_t = \sqrt{\frac{\theta_m - \theta_2}{\theta_m - \theta_1}} \tag{6-73}$$

式中 θ_m——电缆导体最高工作温度，℃；

θ_1——基准环境温度，一般是指相对于额定载流量的，℃；

θ_2——实际环境温度，一般按风电场最高气温计算，℃。

表 6-6　　35kV 及以下电缆在环境温度差异时的载流量校正系数 K_t

敷设位置		空气中				土壤中			
		环境温度/℃							
		30	35	40	45	20	25	30	35
电缆导体最高工作温度/℃	60	1.22	1.11	1.0	0.86	1.07	1.0	0.93	0.85
	65	1.18	1.09	1.0	0.89	1.06	1.0	0.94	0.87
	70	1.15	1.08	1.0	0.91	1.05	1.0	0.94	0.88
	80	1.11	1.06	1.0	0.93	1.04	1.0	0.95	0.90
	90	1.09	1.05	1.0	0.94	1.04	1.0	0.96	0.92

在电缆直埋时，土壤的特性和雨量会影响到电缆的载流量，而反映土壤特性和雨量的参数为土壤热阻系数，不同土壤热阻系数对应的电缆载流量校正系数 K_1 见表 6－7。电缆直接埋在干燥或潮湿的土壤中，土壤热阻系数取值应该大于 2.0Km/W。需要注意的是，该表并不适用于三相交流系统的高压单芯电缆。

表 6－7　不同土壤热阻系数对应的电缆载流量校正系数 K_1

土壤热阻系数/(K·m·W^{-1})	分类特性（土壤特性和雨量）	K_1
0.8	土壤很潮湿，经常下雨	1.05
1.2	土壤潮湿，规律性下雨	1.0
1.5	土壤较干燥，雨量不大	0.93
2.0	土壤干燥，少雨	0.87
3.0	多石地层，非常干燥	0.75

在实际的集电线路设计过程中，不可能只有一根电缆，比较常见的是多根电缆并排敷设，不同的电缆净距和并列的根数都会影响到电缆的载流量校正系数，当电缆净距越大，并列电缆根数越少时，电缆载流量的校正系数越大，土中直埋多根并行敷设电缆时载流量校正系数 K_2 见表 6－8，敷设时电线电缆相互间净距应不小于 100mm。

表 6－8　土中直埋多根并行敷设电缆时载流量校正系数 K_2

并列根数		1	2	3	4	5	6
电缆之间净距/mm	100	1.00	0.90	0.85	0.80	0.78	0.75
	200	1.00	0.92	0.87	0.84	0.82	0.81
	300	1.00	0.93	0.90	0.97	0.86	0.85

与直埋电缆类似，架空线路单层多根并行铺设电缆的载流量校正系数 K_3 见表 6－9，表中 s 为电缆中心间距，d 为电缆外径。当电缆桥架且电缆之间没有间距时配置多层并行电缆的载流容量校正系数 K_4 见表 6－10。

表 6－9　架空线路单层多根并行铺设电缆的载流量校正系数 K_3

并列根数		1	2	3	4	5	6
电缆中心距	$s=d$	1.00	0.90	0.85	0.82	0.81	0.80
	$s=2d$	1.00	1.00	0.98	0.95	0.93	0.90
	$s=3d$	1.00	1.00	1.00	0.98	0.97	0.96

表 6－10　电缆桥架且电缆之间没有间隔时配置多层并行电缆的载流容量校正系数 K_4

叠置电缆层数		1	2	3	4
桥架类别	梯架	0.80	0.65	0.55	0.5
	托盘	0.70	0.55	0.50	0.45

根据表 6－7～表 6－10 求出各条件下的校正系数，铺设电缆在空气和土壤允许流过的载流量可表示为

$$KI_{xu} \gg I_g \tag{6-74}$$

式中 I_g——回路工作电流，A；

I_{xu}——电缆在标准情况下的额定载流量，A。

根据式（6－74）得出 I_{xu}，按照《电力工程电缆设计规范》（GB 50217—2007）中的常用电缆载流量表选择合适的电缆截面，同时选择的截面要大于热稳定最小截面。

（2）风电场电能损失计算。风电场内集电线路的电能损失包含两部分，即电缆损耗、箱变损耗。

1）风电场电缆损耗计算为

$$\Delta S_1 = \sum_{1}^{m}\sum_{n=1}^{i}\frac{3\times(nI_B)^2RL}{A\times 1000} \tag{6-75}$$

式中 ΔS_1——风电场部分电缆总损耗，%；

m——风电场集电线路回路数；

i——风电场集电线路回路第 m 回线路，串联的风电机组数量；

I_B——单台箱变流过的电流，A；

R——电缆回路的阻抗，Ω；

L——电缆回路的长度，km；

A——连接电缆的根数。

2）风电场箱变损耗计算为

$$\Delta S_2 = \sum_{n=1}^{N}(P_{no}+P_{nk}) \tag{6-76}$$

式中 ΔS_2——风电场箱变总损耗；

N——风电场箱变台数；

P_{no}——箱变空载损耗，kW；

P_{nk}——箱变负载损耗，kW。

3）风电场电能损耗为

$$\Delta S = \Delta S_1 + \Delta S_2 \tag{6-77}$$

（3）电压损失计算。对距离电源远、容量更大的电缆线路或低于35kV电压等级的电缆线路需要检查电压损失，如果电压降达不到规范要求，电缆导体可选择更大截面，如果增加截面仍不能满足要求，则可以降低单回路线路的容量来作为解决方案。最大工作电流作用下连接回路的电压降，不可以大于该回路容许值，回路电压降校验为

$$\Delta U\% = \frac{173}{U}I_g L(r\cos\varphi + x\sin\varphi) \tag{6-78}$$

式中 U——线路工作电压，V；

I_g——计算工作电流，A；

L——线路长度，km；

r——电缆单位长度电阻，Ω/km；

x——电缆单位长度电抗，Ω/km；

$\cos\varphi$——功率因数。

（4）集电线路优化目标。本节将风电场线路的连接路径最短作为优化目标，即

$$L=\min\left(\sum_{i=1}^{n}l_i\right) \tag{6-79}$$

式中 l_i——第 i 台风电机组和与它相临距离最短的风电机组之间的距离。

3. 道路铺设成本

（1）土石方计算。土石方计算是道路设计中的一个重要环节，使用自动计算方法可以使土石方计算工作变得快捷、简单、方便，大大降低了劳动量，节省了投资，而且可以提升精度，避免测计时的失误。有三种方式计算土石方，即方格网法、三角网法和断面法，其中断面法是最常用的方法，它不仅适用于平坦地形计算，也适用于复杂地形。

在断面生成以后，计算设计线和实际线所包围的面积，求出相邻两个断面的平均面积，然后根据断面的间距求出分段土石方，最后将每段累计后得出总土石方。一般断面间距都是相等的，如果存在间隔不相等的横截面，则计算工程要变更相应的间距。

（2）道路成本计算。根据《风电场工程等级划分及设计安全标准》（FD 002－2007）、《风电场基础设计规则》（FD 003－2007）、《建筑地基基础设计规范》（GB 50007—2002），道路成本由两个方面组成：一是道路结构层材料造价；二是道路土石方工程量造价。

道路结构层材料造价分解为道路结构层体积乘以材料单位造价，道路结构层材料造价公式为

$$M_C=HLWM_P \tag{6-80}$$

式中 M_C——道路结构层材料总造价；

H——结构层厚；

L——道路长度；

W——道路宽度；

M_P——结构层材料单位造价。

以上规范没有给出路面厚度的计算公式，一般按照交通部现行的路面设计规范并结合类似条件的厂矿道路设计，由设计人员按照当地经验设置。

道路土石方工程量造价分解为土石方体积乘以土石方单位成本。土石方造价计算分为以下情况：①当道路填方与挖方总体平衡时，认为土方在1km范围内能够调配平衡，土石方工程量造价等于挖方量乘以挖方单位造价；②当挖方大于填方，按挖方计算，土石方工程量造价等于挖方量乘以挖方单位造价，弃土费用已含在挖方单位造价中；③当填方大于挖方，土石方工程量造价等于填方减挖方乘以填方单位造价，其结果再加上挖方量乘以挖方单位造价，即

$$\left.\begin{aligned}E_C&=V_CC_P \quad (V_C\geqslant V_F)\\E_C&=(V_F-V_C)F_P+V_CC_P \quad (V_C<V_F)\end{aligned}\right\} \tag{6-81}$$

式中 E_C——土石方造价；

V_C——挖方量；

V_F——填方量；

C_P——挖方单位造价；

F_P——填方单位造价。

（3）优化目标。合理规划道路，节省相关用地，是确保良好经济效益的基础。场内道路优化是基于场内道路最小成本为目标的优化，基于上文所求得的土石方造价，以场内道路最小成本为目标的函数为

$$OPT=\min(M_C+E_C) \tag{6-82}$$

6.5.3 复杂地形风电场微观选址优化算法

1. 改进的遗传算法

本节对传统的遗传算法提出了一些改进措施，包括算法前后采用不同控制参数、初始种群的确定、基于排序的选择、最优个体保留策略、自适应变异等，下面是整个优化算法的具体改进过程。

（1）初始种群的确定。在优化的开始，首先按照地形图的分辨率对地形图进行网格划分，网格的大小就是地形图分辨率的大小，风电场细分图如图 6－32 所示，将 2km×2km 的地形图分解成 10×10 的网格。在每个网格点的中心放置风电机组，并且在风电场边界内从第一个网格点中心开始依次进行编号，遇到敏感区停止编号，直到最后一个点，将满足条件（既在风电场边界内又在敏感区域外）的点放入一个集合中，作为风电机组机位的备选点。对这些编号进行优化，在优化完成后，根据编号就可以确定风电场布置风电机组的具体位置，从而计算出风电机组之间的尾流影响和该布局方案下的年发电量。

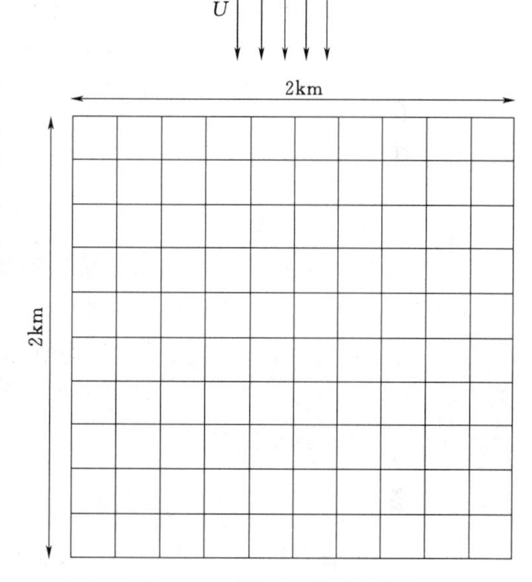

图 6－32　风电场细分网格

本节设定种群规模为 N。优化的结果一般与初始值有一定的关系，不同的初始值可能导致不同的结果，所以初始值不是随机产生的。在算法开始时首先对风电场的风能资源进行 CFD 网格计算，生成一组风能资源较好的网格点作为初始种群，得到较优初始解，并对其中某些风能资源特别好的网格点风电机组进行固定保留，使其不参与后面的遗传操作，直接参与最后的发电量计算。

（2）适应度函数的选择。适应度函数的选择影响目标函数的收敛速度，因此合理选取遗传算法的适应度函数非常重要。本节中，优化算法的优化目标是整个风电场年发电量最大化，即

$$E=\max\left(\sum_{j=1}^{N}E_j\right) \tag{6-83}$$

式中　E_j——第 j 台风电机组考虑尾流和地形效应后的年发电量。

构造目标函数为

$$f=\ln\left[\frac{1}{E(p)}\right] \tag{6-84}$$

则设置个体 i 适应度函数为

$$F(i)=\frac{1}{f(i)+c} \tag{6-85}$$

(3) 选择复制。在每一代的发展中，第一个个体随机决定进化阶段个体的数量，为了保证种群的多样性，算法前期和后期采用不同的基于排序的轮盘赌选择方法决定个体的淘汰和复制。首先将个体按适应度高低顺序排序，在算法的前期将排好序的个体分成 3 份，概率分别是 5%、90%、5%，并且将差的第三份个体完全用第一份优的个体替换，算法后期把这三份的概率调整为 15%、70%、15%，同样也进行替换，然后进行轮盘赌选择。这样，在基本轮盘赌的方法上，通过改进就可以使最差的那部分个体不被选择，最好的那部分个体被选中的概率翻倍。

(4) 交叉操作。在迭代开始时，交叉操作有利于较快地发现多个优异个体，同时可以避免陷于局部最优。这里采用的是均匀交叉，即按照交叉概率随机选择个体，并按照随机生成的概率对某些位进行交叉，为了使操作前后新个体能有较大的差别，采用公式为

$$\left.\begin{aligned}x_1'&=\beta x_1+(1-\beta)x_2\\x_2'&=\beta x_2+(1-\beta)x_1\end{aligned}\right\} \tag{6-86}$$

式中　β——[0，1] 区间的随机数。

(5) 变异操作。在算法前期采用统一的加大变异概率，在算法后期采用自适应变异概率，即对于不同个体选择不同的变异概率，首先求该种群中所有个体适应度函数的平均值 f_{avg}，然后将个体分为两类：低于该平均值的和高于该平均值的，同时也选择两个变异概率值 $P_{m1}=0.1$ 和 $P_{m2}=0.001$。对于低的个体，变异概率取较大值 P_{m1}；对于高的个体，变异概率较小，求解方法为

$$P_m=P_{m2}+\frac{(P_{m1}-P_{m2})(f_{max}-f)}{f_{max}-f_{avg}} \tag{6-87}$$

式中　f_{max}——当前种群中最大适应度函数值；

　　　f——所求个体的适应度函数值。

通过这种方法，对于适应度高的个体，每个个体都会对应不同的变异概率，从而可以有效地产生新个体。

将遗传算法与网格搜索算法联结在一起，将风电机组布置在网格内，使风电机组布局在有限次的迭代中趋于一致，虽然优化效率会有所降低，但优化出的适应度值更小、发电量更大。

2. 单源最短路径 Dijkstra 算法

在数字化的地形图中，2 台风电机组之间有 n 个网格点，这 n 个网格点由 m 条线连接起来，由一个确定的风电机组机位点（源点）出发，将源节点作为种子节点，求该种子节点到其他节点（外围节点）的最短距离，算法实现的目标是求出一个最短路段网，该路段网中种子节点通过一定的网络路径，到达其他任意一个节点的距离都最短。

Dijkstra 算法称为最短优先搜寻算法，其特点为首先确定一个起始点，将起始点作为核心依次向外找寻符合条件的点，直到搜索到最后一点。虽然 Dijkstra 算法给出了最短路

径问题优化的解决方案，但由于其搜索所有点会导致计算进行时的低效率。

Dijkstra 算法的思路：假设加权有向图中所有点放入两个组中，第一组是曾找到的包含最短权重的点集合，刚开始时有且只有初始起点，第二组的顶点集合是其他还没有明确最短路径的点，根据路径长度大小排序，然后顺次把第二组的顶点放入上个集合中。Dijkstra 算法流程图如图 6-33 所示，具体包含以下步骤：

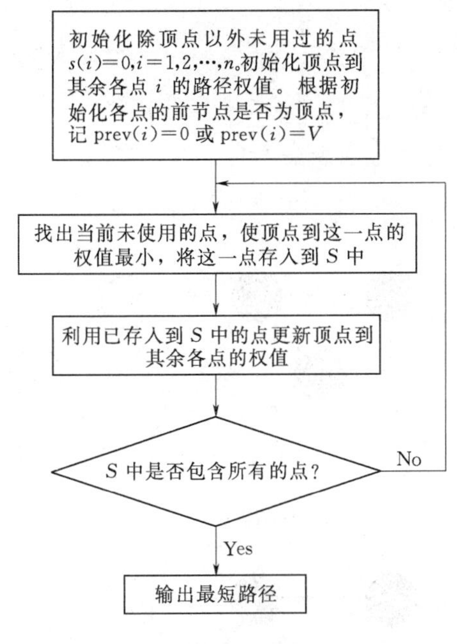

图 6-33 Dijkstra 算法流程图

（1）算法初始化，第一集合 S 只有确定的源点 v，即到源点的路径长度为 0。第二集合 U 包括除 v 以外的所有点，如果 U 中的点 u 和 v 有边，则权为这条边的值；如果 u 和 v 没有连接的边，则权为无穷大。

（2）选择某个满足从 U 中离顶点 v 值最小的顶点 k，将 k 包含在 S 里，所选的从 v 到 k 的权值即为要求的最短路径。

（3）修正当 k 作为新的选择点时 U 中每个顶点的间距：如果从点 v 通过点 k、再经过点 u 的值小于原本直接到顶点 u 不通过顶点 k 的值，则调整点 u 的值，调整后的权值是该顶点 k 的值再加上所选边的权值。

（4）反复执行步骤（2）和步骤（3），一直到第一集合 S 中包含全部点算法才结束。

3. 最小生成树算法

对最优电气系统设计运用最小生成树（Minimum Spanning Tree，MST）算法，在已知每两台风电机组之间的最短路径时按照最短路径将所有风电机组连接起来，同时达到所有路径之和最短。在一条回路中，有 m 个带权路径的风电机组（其中升压站作为 $m+1$ 点），可以建立 $m(m+1)/2$ 条路径，这些路径构成一个无向完全图。前文已经用 Dijkstra 算法算出了每两台风电机组的最短距离，作为路径的权值 l_i，此时带权值的连通图即生成。在这些可能的路径中，选择 $m-1$ 条路径构成一个网络，要求这个网络连通回路中每台风电机组，满足所有路径总权值最低，即达到最优化。

算法的主要步骤包括以加权无向连通图中的一个顶 A 点作为开端，这个时候 U 中只有 A 点；反复执行以下步骤：在跟 A 点连通的所有边里遍历，找到一条值最低的边，把该边加入已发现边的集合里，然后把找到的 B 点包括在集合 U 中，当所有点都被连起来时，这棵最小生成树就找到了。最小生成树算法示例如图 6-34 所示。

用大写字母来代替每台风电机组和升压站，用大写字母组成的边来代替风电机组与升压站之间的距离或风电机组之间的最短距离，如图 6-34（a）所示。第一步指定起始点，将 A 点当作算法开始的第一个点，与 A 点相邻的有 B 点和 H 点，AB 边的路径长度是 4，AH 边的路径长度是 8，两者相比，AB 边的路径长度更短，所以选择 B 点作为下一个顶点，如图 6-34（b）所示，按照这个方法依次找到 C 点和 I 点，如图 6-34（c）和（d）所

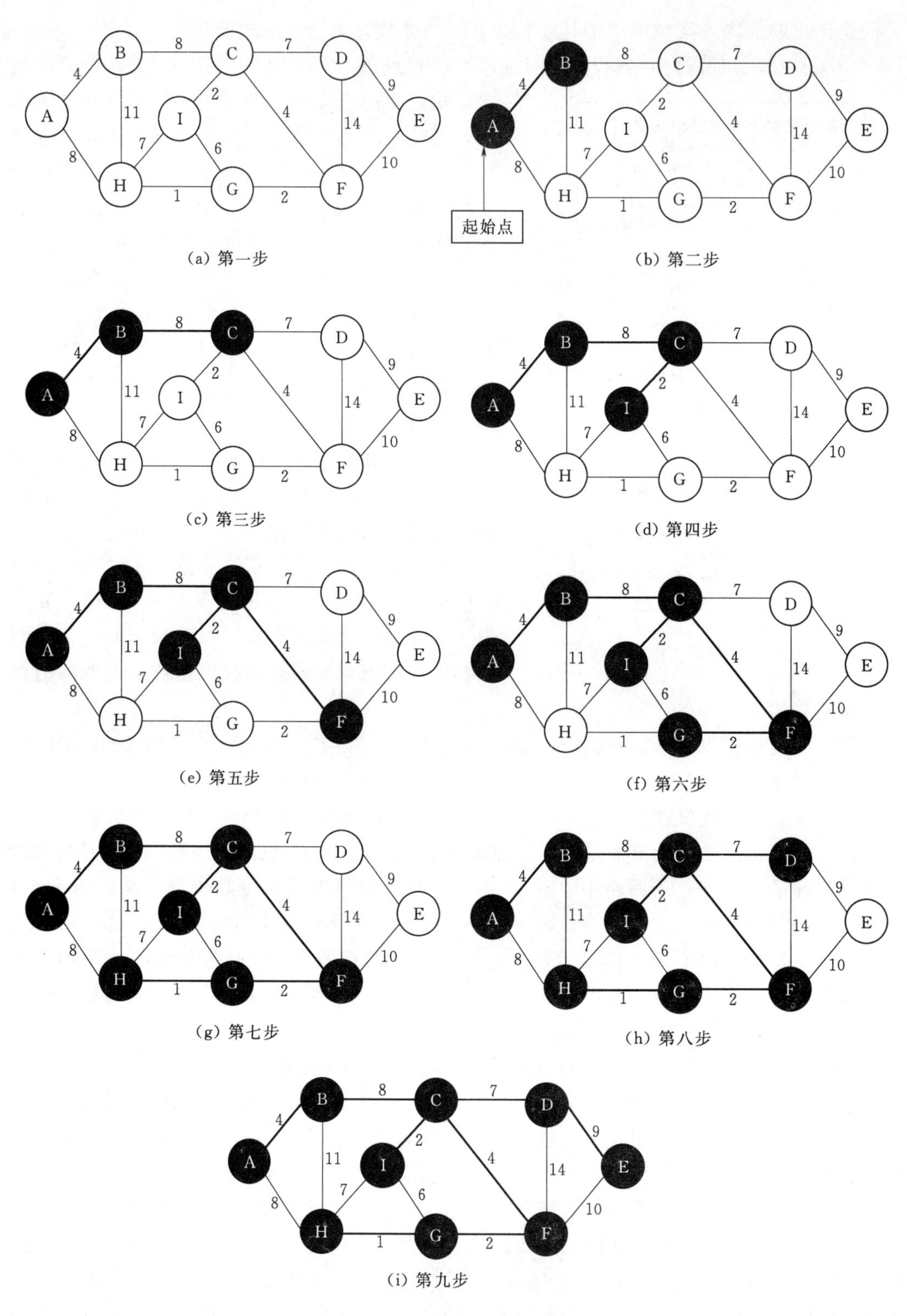

(a) 第一步　(b) 第二步

(c) 第三步　(d) 第四步

(e) 第五步　(f) 第六步

(g) 第七步　(h) 第八步

(i) 第九步

图 6-34　最小生成树算法示例

示，在确定I点的时候，发现与I点相邻两边的路径长度都大于CF边，所以把I点作为结束，重新从C点选择CF边，如图6-34（e）所示，接着找到了G点和H点，如图6-34（f）和（g）所示，与H点相邻的点已经被选择过，所以到这结束。然后搜索还没有被选择的点，这时找到了D点，发现D点与C点的路径长度小于与F点的路径长度，因此选择CD边，如图6-34（h）所示，最后还有一个E点，比较发现E点与D点的路径最短，至此完成所有点的搜索，如图6-34（i）所示，将所有点连接在一起且没有形成闭合的曲线，保证了最短路径。

6.6 平坦地形下风电场微观选址优化软件开发

6.6.1 软件开发背景

在风电场规划微观选址工作中，风电机组的优化排列是非常重要的环节，风电机组优化排列有两个基本的目的：①通过充分利用风电场的风能资源来优化电量；②通过降低由地形或风电机组间的相互干扰产生的尾流、湍流影响以及避开其他影响风电机组运行的不安全因素降低风电机组的风险。设计院对风电场的微观选址优化以及功率尾流的统计一般采用从国外引进的软件，如WAsP、WINDPRO、WINDFARMER、WT等商业软件，但这些软件目前均存在软件集成度不高、操作繁琐、没有引入完整的优化理念等问题，此外不能引入经验丰富的工程师的想法，因此在总结现有风电场微观选址设计方法的基础上，有必要开发新型的风电场微观选址设计软件。

6.6.2 软件开发内容

1. *风电场微观选址的布局方式*

不同于以往随机或规律排列的风电场布局方式，该软件利用参数对整个风电场进行初始布置，利用这种方法可以从整体上对风电场进行排布，符合大多数风电场的布置要求，具体实施方式为提出影响风电机组出力的三个因素，即排列角α，横向间距比i以及纵向间距比j。把风电场理想化为一个迎着盛行方向的矩阵，把与主风向平行的列定义为矩阵的长，即纵向排列面，各纵向排列面依次命名为$1,2,\cdots,m$。其中m为最靠外的纵向排列面；把与主风向垂直的行定义为矩阵的宽，即横向排列面，横向排列面以高度的中点为对称中心，如横向排列面的总数为奇数，则第一横向排列面（即整个矩阵宽的中心）通过中点，沿着中点向外依次命名为$2,\cdots,k$。其中k为横向排列面的最大命名号，这时横向排列面总数为$n(n=2k-1)$。如果横向排列面总数为偶数，则第一横向排列面按中点对称分布，分别沿着中点向两侧外依次命名为$1,2,\cdots,k$。其中k为横向排列面的最大命名号，此时横向排列面的总数为$n(n=2k)$；排列角α为风电场风电机组整体纵向排列面与风电场盛行风向之间的夹角。

纵向间距比j：横向排列面上风电场矩阵的长（迎着盛行方向）的相邻两个纵向排列面间距的比例。即$j=L_{b+1}/L_b$，其中$b=1\sim(m-1)$，L_b为第b纵向排列面与第$b+1$纵向排列面之间的间距，第一个纵列面的长度为

$$L_1=\frac{L}{1+j+j^2+\cdots+j^{m-2}} \tag{6-88}$$

横向间距比 i：纵向排列面上风电场高度中点处向外相邻的两个横向排列面间距的比例。即 $i=Da+1/Da$，第一个横列面的长度定义为

当横向排列面总数为奇数时，有

$$D_1=\frac{D}{2(1+i+i^2+\cdots+i^{k-2})} \tag{6-89}$$

当横向排列面总数为偶数时，有

$$D_1=\frac{D}{2(0.5+i+i^2+\cdots+i^{k-1})} \tag{6-90}$$

风电场矩阵图如图 6-35 所示。

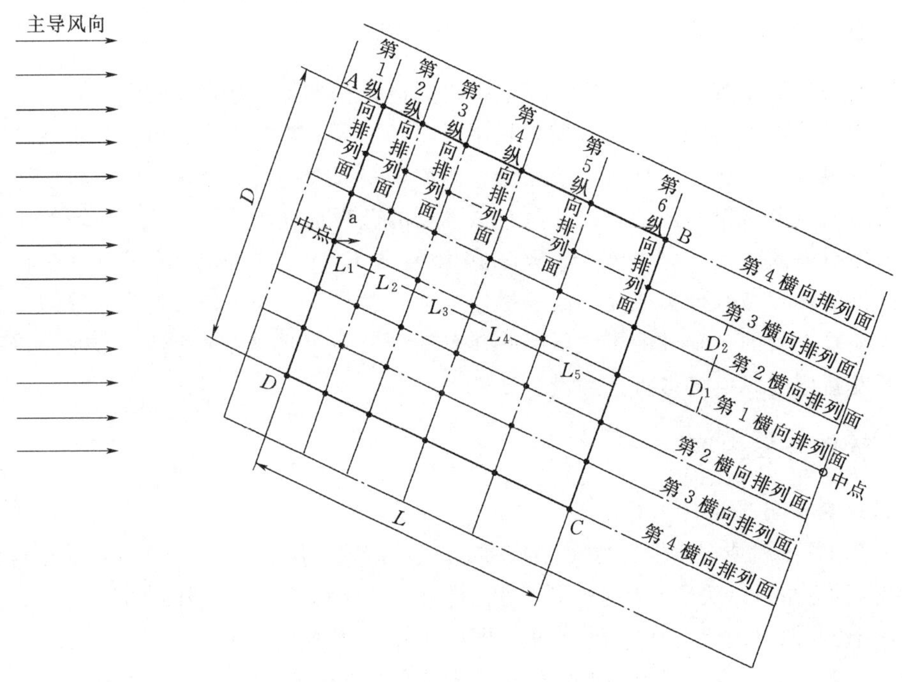

图 6-35　风电场矩阵图

2. 风电场理想矩阵向实际矩阵的转换

经过上面的步骤，可以生成一个理想的风电场矩阵，即风电场的地形足够大，使整个矩阵不越过风电场的边界，此外整个风电场地形不存在“敏感区域”，使风电机组可以布置在场址内的任何位置。经过程序实现的风电场理想矩阵图如图 6-36 所示。

以上是一个理想的风电场矩阵，但实际的风电场有很多的限制条件，理想风电场矩阵转换成实际风电场矩阵的转换规则如下：

该软件依附盛行风向，即风电场矩阵的长与盛行风向保持平行并允许一定角度范围的偏转。实际风电场是有边界的，即生成的风电场矩阵有可能“越出边界”。对越出边界的点在程序中要屏蔽掉。程序可以自动读入风电场敏感区域的数据，在进行风电场矩阵偏转处理等步骤的过程中可以屏蔽掉这些区域，图 6-37 是一个生成的风电场实际矩阵图。

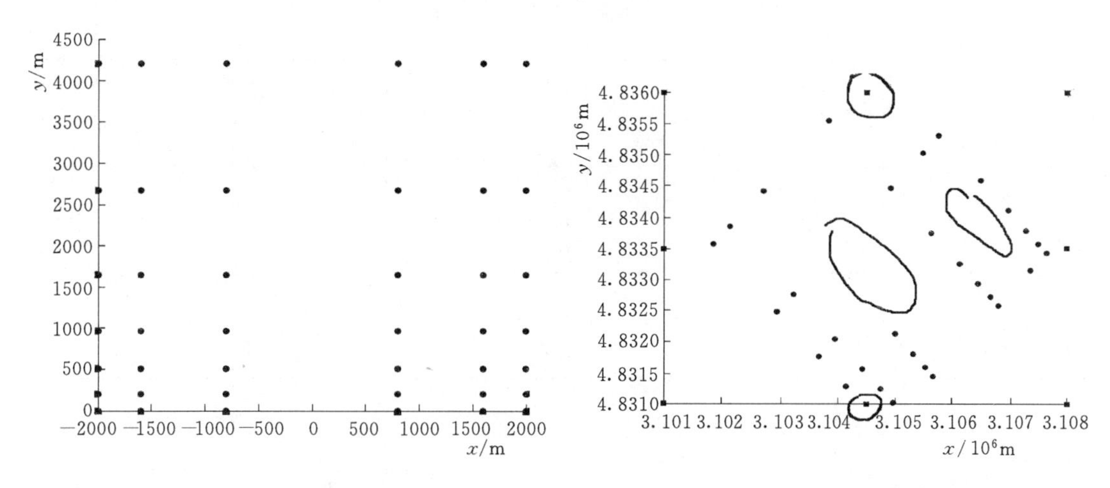

图 6-36　风电场理想矩阵图　　　　图 6-37　风电场实际矩阵图

图 6-37 中标出的区域表示的是由于风电场边界或风电场敏感区域而自动屏蔽的点，在这些区域内的风电机组已被程序自动屏蔽掉。

3. 风电场微观选址的优化设计

（1）风电场布局参数的正交实验。横向间距比 i 的范围是 0.5～1，间隔为 0.1；纵向间距比 j 的范围是 1～1.5，间隔为 0.1；排列角 α 的范围是 $-\pi/4\sim\pi/4$，间隔是 $\pi/8$，如果依次循环遍历不同的 i、j 和 α，则需要计算的次数为 180，这样会大大消耗计算时间，为了节省计算时间，根据实际情况，选出比较有代表性的几组比例关系，用于反映整个参数布局的情况，并在短时间内得到理想布局的参数，整个正交实验参数表见表 6-11，正交实验计算结果见表 6-12。

表 6-11　　正交实验参数表

名称	排列角 α	纵向间距比 j	横向间距比 i	名称	排列角 α	纵向间距比 j	横向间距比 i
实验 1	−22.5	1.0	0.8	实验 6	0	1.4	0.8
实验 2	−22.5	1.2	0.6	实验 7	22.5	1.0	0.5
实验 3	−22.5	1.4	0.5	实验 8	22.5	1.2	0.8
实验 4	0	1.0	0.6	实验 9	22.5	1.4	0.6
实验 5	0	1.2	0.5				

表 6-12　　正交实验计算结果

名称	排列角 α	纵向间距比 j	横向间距比 i	实验结果
实验 1	−22.5	1.0	0.8	2662
实验 2	−22.5	1.2	0.6	2659
实验 3	−22.5	1.4	0.5	2655
实验 4	0	1.0	0.6	2648

续表

名称	排列角 α	纵向间距比 j	横向间距比 i	实验结果
实验 5	0	1.2	0.5	2645
实验 6	0	1.4	0.8	2644
实验 7	22.5	1.0	0.5	2645
实验 8	22.5	1.2	0.8	2649
实验 9	22.5	1.4	0.6	2641

通过对比可以发现，实验 1 是最优的结果，在 j、i、α 分别为 1、0.8、22.5 时为最佳布置方案。

（2）风电场布局的“梅花形”排布。经过风电场布局参数的正交实验，得到初始优化的风电场布局方式，此时的风电场有待于进一步优化，借鉴了工程上常用到的“梅花形布置方案”，该软件对风电场矩阵的横列面进行隔行错位排布。具体排布规则为：从风电场矩阵的第二行开始发生错位移动，移动范围是 4 倍的风电机组间距，每一行的移动步数为 4。每移动一次都要记录该移动所对应的风电场功率及尾流情况，在该行移动完成后锁定最优的移动方案，并在此方案的基础上进行隔行错位移动。“梅花形”优化移动前如图 6－38 所示，“梅花形”优化移动后如图 6－39 所示。

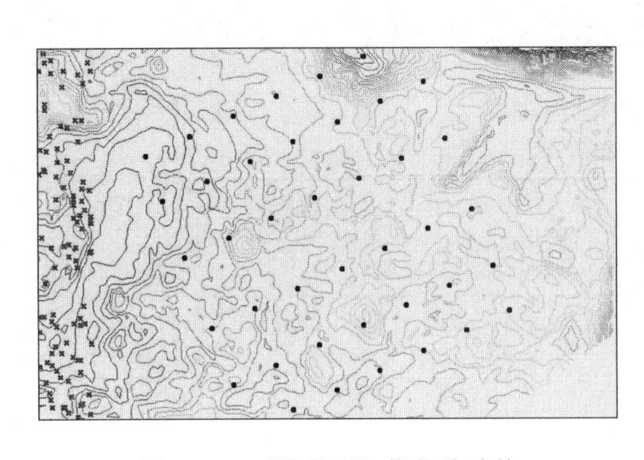

图 6－38 “梅花形”优化移动前

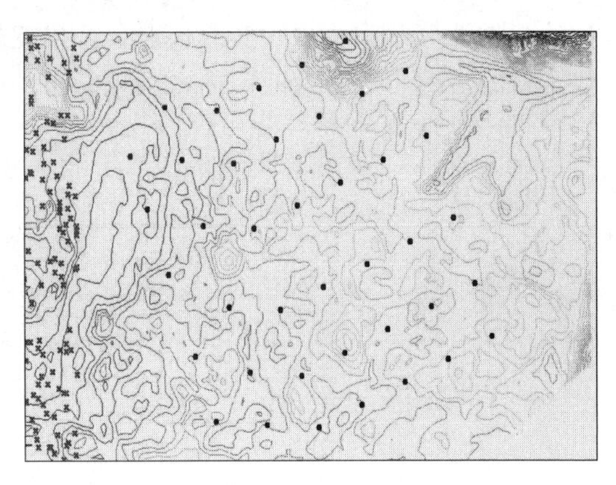

图 6－39 “梅花形”优化移动后

（3）风电场布局沿主风向优化移动。根据工程师的经验，在一个风电场内部，尾流分布是不均匀的，尾流沿着主风向方向越来越大，因此可以通过调整前后排风电机组的间距调节尾流的分布，使尾流逐渐向前排靠近，使整个风电场的尾流排布均匀，从而能够对风电场做到进一步的优化。

风电场布局沿主风向优化移动的步骤为：首先找到尾流最大的风电机组所在行，发生移动的行为从第二行开始至该行；然后第二行向第一行移动，移动精度根据需要设置，每移动一步都要记录此时风电场输出功率与每台风电机组的尾流值，该行移动完成后，保留最优移动，并在此基础上进行下一行的移动。在移动过程中要满足风电机组的最小间距条件和尾流限制条件以及边界条件，同时自动辟开敏感区域点。尾流最大风电机组所在位置如图 6-40 所示。沿主风向优化移动演示如图 6-41 所示。

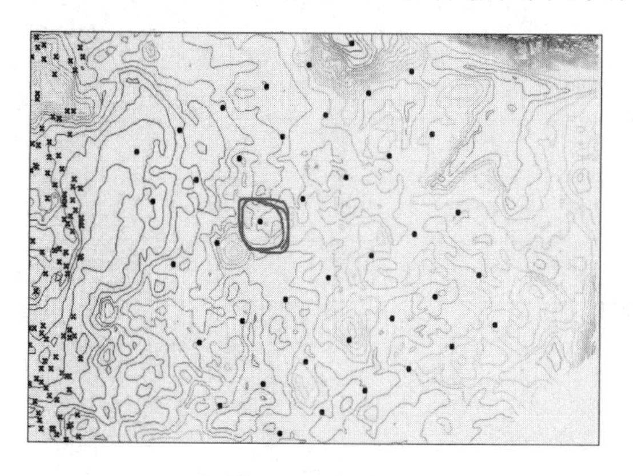

图 6-40　尾流最大风电机组所在位置

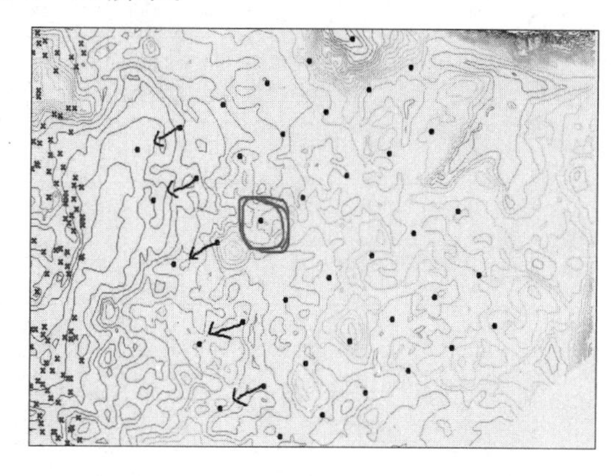

图 6-41　沿主风向优化移动演示图

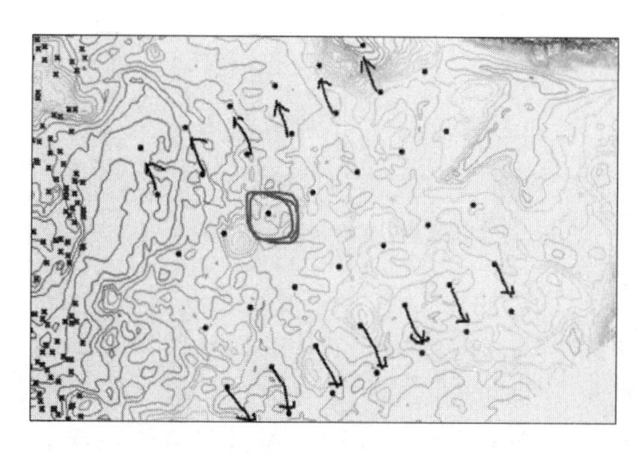

图 6-42　沿垂直主风向优化移动演示图

根据经验，在沿主风向优化移动的基础上，可以对垂直主风向进行优化移动，使整个风电场的布局呈现“中间紧凑，两边稀疏”的布局格式，风电场布局沿垂直主风向优化移动的步骤如下：首先找到尾流最大风电机组所在的列；然后移动距离该列最近的一列风电机组至该列，且另外一半的列同时发生对称移动。移动规则与风电场沿主风向优化移动规则一致。风电场布局沿垂直主风向优化移动演示图如图 6-42 所示。

（4）风电场基于夏季主导风向的局部优化。

经过对多个工程实例风能资源数据进一步分析后发现，全年的主导方向一般只有一个，而且比较明显，同时全年的风能主导方向与夏季风能主导方向基本上为垂直关系。夏季与全年主导风向如图 6-43 所示。夏季与全年风能资源尾流差见表 6-13。由于夏季主

表 6-13　　夏季与全年风能资源尾流差

机位	完整一年		冬季风能资源		夏季风能资源		完整一年与夏季尾流差/%
	净发电量/(GW·h)	尾流 W_1/%	净发电量/(GW·h)	尾流/%	净发电量/(GW·h)	尾流 W_2/%	
1	6.436	0.63	6.847	0.32	4.255	1.99	1.4
2	6.235	1.34	6.449	0.56	3.728	4.98	3.6
3	6.077	1.25	6.408	0.44	3.816	4.44	3.2
4	6.027	2.46	6.483	1.84	3.911	4.41	1.9
5	6.256	2.67	6.551	2.21	4.187	4.73	2.1

续表

机位	完整一年		冬季风能资源		夏季风能资源		完整一年与夏季尾流差/%
	净发电量/(GW·h)	尾流 W_1/%	净发电量/(GW·h)	尾流/%	净发电量/(GW·h)	尾流 W_2/%	
6	6.123	2.73	6.502	2.47	3.971	4.82	1.9
7	6.639	0.57	6.966	0.66	4.516	1.65	0.9
8	6.551	1.75	6.930	1.52	4.237	3.93	2.1

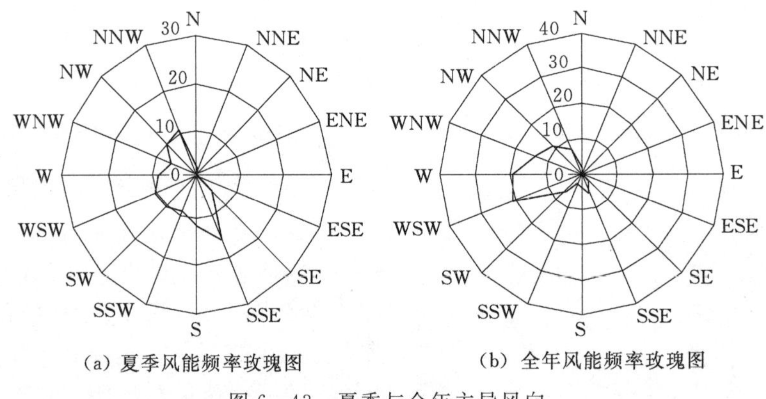

图 6-43　夏季与全年主导风向

导风向与全年主导风向垂直，因此风电场风电机组会因为主导风向的转换而产生额外的尾流，可以利用风电机组分别在全年和夏季风速情况下的尾流差对风电场风电机组进行局部调整，以进一步对整个风电场进行优化。利用夏季与全年风能资源尾流差进行风电场优化调整的步骤为：首先根据风电场实际情况对风能资源尾流差设定限值；然后对尾流差超过限值的风电机组进行局部调整。调整的位置为上、下、左、右四个方位，每移动一次要统计相应的输出功率、尾流以及尾流差，在优化移动完成后保留最优移动位置并在此基础上完成下一次移动，移动过程中需要满足的限制条件和沿主风向优化移动一致。根据尾流差对风电机组优化调节示意图如图 6-44 所示。

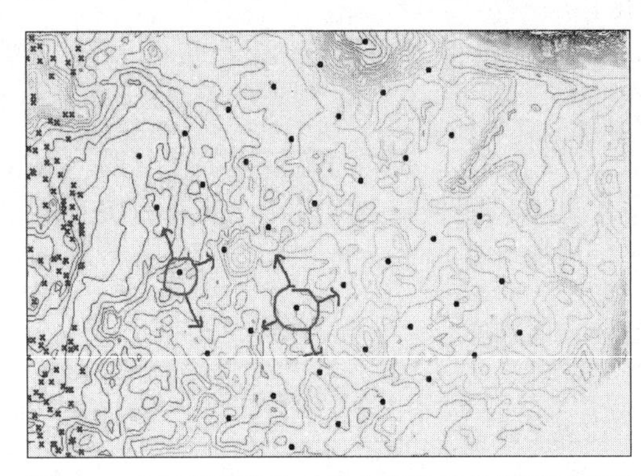

图 6-44　根据尾流差对风电机组优化调节示意图

6.6.3　风电场微观选址软件（WFMSS）主要界面及演示

1. 风电场微观选址软件（WFMSS）路径设置

微观选址软件（WFMSS）工作路径图如图 6-45 所示。在应用软件时，通过“工作路径”读入风电场微观选址所必要的一些参数（如风速、地形边界条件等），同时最后生成的结果也以表格的形式保存在该路径所在文件夹下。微观选址软件（WFMSS）导入数据示意图如图 6-46 所示。

图 6-45　微观选址软件（WFMSS）工作路径图

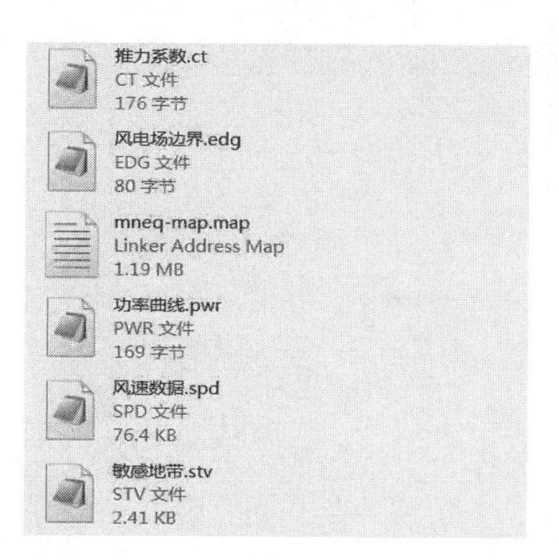

图 6-46　微观选址软件（WFMSS）导入数据示意图

2. 风电场微观选址软件（WFMSS）参数设置

（1）主要输入参数。风电场微观选址主要输入参数包括风电场参数、风电机组参数、风电机组布局参数、夏季范围选择参数以及求解器限制条件参数等。其中风电机组布局参数需要根据实际地形人为设置，设置规则如下：首先根据实际地形确立风电场边界条件（可按要求划分为各种凸多边形），然后根据地形的范围以及所选风电机组的数目按照主风向原则确定风电场矩阵（风电场矩阵可以适当越出边界，程序会自动将越出边界的点屏蔽掉），风电场微观选址软件（WFMSS）主界面如图 6-47 所示。风电场主风向示意图如图 6-48 所示。风电场矩阵生成示意图如图 6-49 所示。

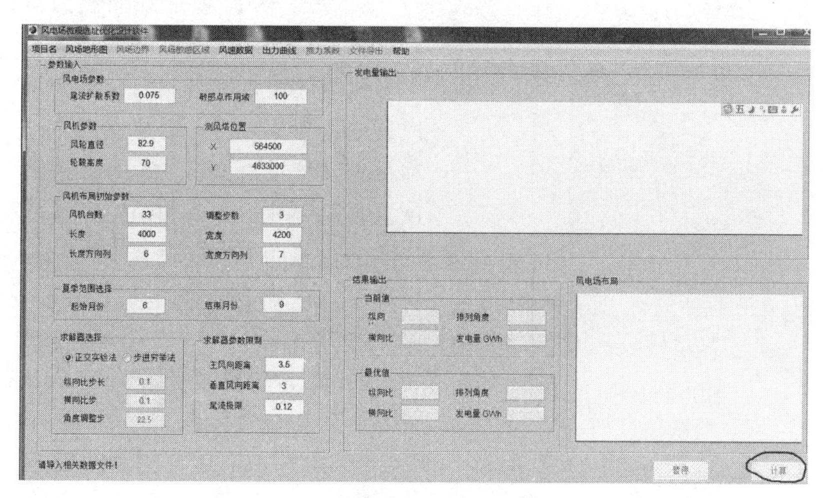

图 6-47　风电场微观选址软件（WFMSS）主界面

（2）主要输出参数。风电场主要输出参数包括风电场布局的横向间距比、纵向间距比、偏转角度以及在这些参数下所得到的风电场年发电量。在“发电量输出”端显示两条功率优化曲线（一条为实时功率，一条为历史最优功率曲线），风电场优化曲线如图 6-

50 所示。在“风电场布局”端显示适时风电机组布局图，并分阶段显示最优风电机组布局图。风电场布局示意图如图 6－51 所示。

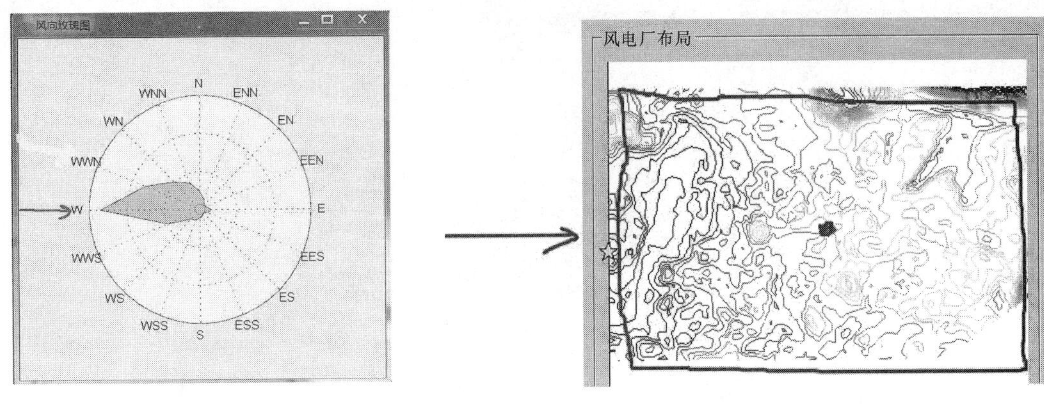

图 6－48　风电场主风向示意图

图 6－49　风电场矩阵生成示意图

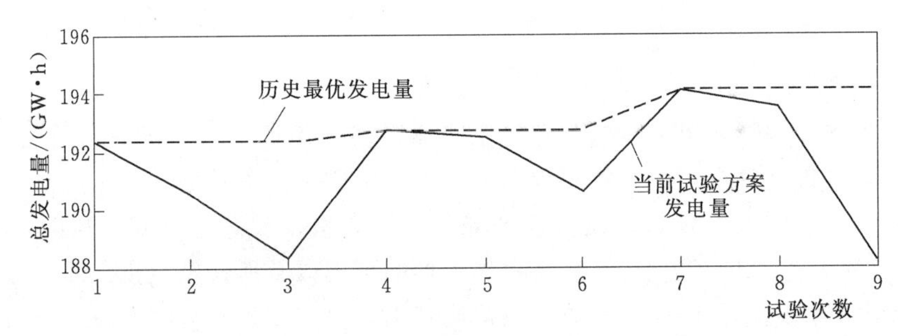

图 6－50　风电场优化曲线

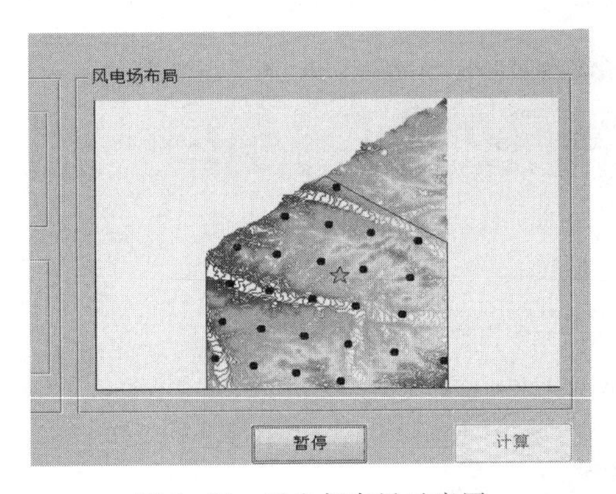

图 6－51　风电场布局示意图

3. 风电场微观选址软件（WFMSS）输出结果

风电场微观选址软件（WFMSS）的结果以表格的形式输出，分别输出一个“概述表”和一个“统计总表”。概述表见表 6－14，统计总表见表 6－15。“概述表”总体统计风电场总的输出功率以及尾流，“统计总表”分别统计了风电场每台风电机组的坐标、输出功率、尾流情况。

4. 风电场微观选址软件（WFMSS）与 WAsP 输出结果比较

WFMSS 与 WAsP 功率及尾流概述表见表 6－16，WFMSS 与 WAsP 功率及尾流比较统计总表见表 6－17。

经过在实际风电场的比较，风电场微观选址软件（WFMSS）与 WAsP 整体上的功率误差在 1%以内，且每台风电机组的功率误差在 5%以内。可以认为风电场微观选址软件（WFMSS）的计算结果很近 WAsP 的计算结果。

表 6-14　　概　述　表

变　量	全年	平均	最小	最大
发电量/(GW·h)	49.84	6.23	6.20	6.26
理想发电量/(GW·h)	50.14	6.27	6.26	6.28
尾流/%	0.60	0.60	0.89	0.21

表 6-15　　统 计 总 表

风电机组编号	X/m	Y/m	Z/m	年平均发电量/(GW·h)	尾流/%
1	566102.41	4835955.65	976.96	6.26	0.21
2	567193.15	4831861.40	974.88	6.25	0.24
3	566367.61	4834584.90	980.05	6.26	0.36
4	569947.99	4833002.49	973.35	6.22	0.60
5	569741.99	4834960.80	972.29	6.22	0.57
6	570775.05	4835388.71	972.09	6.20	0.89
7	568226.21	4832289.31	975.78	6.21	0.86
8	567245.85	4835386.60	975.80	6.20	1.11

表 6-16　　WFMSS 与 WAsP 功率及尾流概述表

变　量	WFMSS	WAsP	误差/%
发电量/(GW·h)	6.23	6.19	0.64
理想发电量/(GW·h)	6.37	6.35	0.31
尾流/%	2.20	2.52	12.70

表 6-17　　WFMSS 与 WAsP 功率及尾流比较统计总表

风电机组编号	软件年平均发电量/(GW·h)	WAsP/(GW·h)	发电量误差/%	尾流/%	WAsP/%
1	6.26	6.22	0.64	1.21	1.84
2	6.25	6.28	0.48	2.24	1.93
3	6.26	6.20	0.96	0.36	1.32
4	6.22	6.22	0.00	3.60	4.22
5	6.22	6.25	0.48	0.57	0.73
6	6.20	6.16	0.65	2.89	4.44
7	6.21	6.25	0.64	1.86	2.02
8	6.20	6.18	0.32	1.11	2.37

6.7　复杂地形风电场优化软件开发

针对上文提出的复杂地形风电场微观选址、集电线路和道路的优化方法研究，研发了一款复杂地形风电场微观选址主要过程优化计算系统，可用于复杂地形风电场微观选址优化、集电线路优化和检修道路优化。

6.7.1 复杂地形风电场优化设计平台开发

本节提出的优化软件图形界面使用 Qt 进行开发，它可以提供用户很好的操作体验，并且用它开发的软件可以轻易地在不同的操作系统上编译，不需要修改。本节提出的优化软件开发语言是 Python，部分语言是 C++，通常版本运行于 Microsoft Windows 操作系统。

1. 微观选址优化设计平台

微观选址优化平台以地形的数字高程图、风电场边界和敏感区文件、风能资源观测数据、风电机组特性曲线和 CFD 计算结果文件为输入，根据设置的风电场参数，采用上文提到的优化算法自动生成优化的风电机组布局。在此之后，用户可以通过可视化界面查看所有数据，界面如图 6-52 所示。

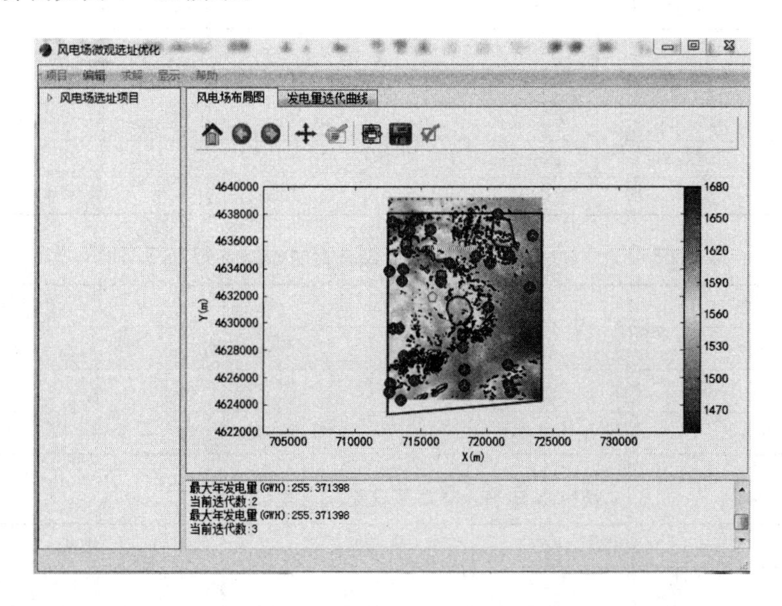

图 6-52 微观选址优化平台界面

软件主要功能如下：

（1）数据转换。本软件可以读入等高线形式或网格化形式的数字高程图，并将其转换成 CFD 计算以及优化选址算法所需的数据格式，从测风塔得到的实时观测数据也可以直接导入其中进行统计拟合。

（2）CFD 计算结果拟合。这是在复杂地形上进行微观选址的关键部分，可以根据实际情况和用户需求，对风电场的风能资源情况进行模拟，用于发电量计算。

（3）优化选址。该软件包含了复杂地形的优化选址算法：改进的遗传算法。它是基于 CFD 计算结果的全年综合优化。

（4）可视化。所有功能的结果均可以在软件界面中显示，用户可以便捷直观地查看所有的计算结果。

2. 集电线路优化设计平台

集电线路优化平台以地形的数字高程图、风电场边界和敏感区文件、风电机组坐标表、电缆数据库和箱变数据库为输入，根据设置的电缆参数，采用上文提到的优化算法自动生成优化的集电线路布局。在此之后，用户可以通过可视化界面查看所有数据，界面如图 6-53 所示。

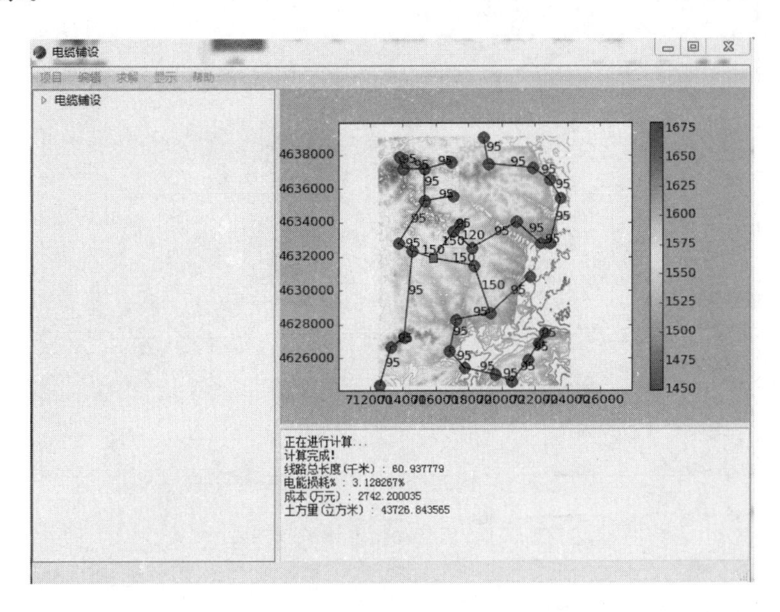

图 6-53　集电线路优化平台界面

软件主要功能如下：

(1) 优化集电线路布局。根据输入的回路数，将风电机组均匀地布置到回路中，得到路径最优的布置方案。

(2) 导线截面选择。根据输入数据中给定的电缆数据和所连接风电机组的数量，按照规范选择合适的电缆截面。

(3) 相关计算。集电线路优化设计平台提供了电缆长度统计计算、风电场电能损失计算、电缆壕沟土方量计算、电缆造价计算等。

(4) 可视化。所有功能的结果均可以在软件界面中显示，用户可以便捷直观地查看所有的计算结果。

3. 道路优化设计平台

道路优化平台以地形的数字高程图、风电场边界和敏感区文件、风电机组坐标表为输入，根据设置的道路参数，采用上文提到的优化算法自动生成优化的道路布局。在此之后，用户可以通过可视化界面查看所有数据，界面如图 6-54 所示。

软件主要功能如下：

(1) 优化道路布局。以道路设计等级、纵坡、场用地性质、地物等为主要限制条件，以道路最小成本为目标自动对道路进行优化，得出最优布置方案。

(2) 相关计算。道路优化设计平台提供了每条道路的逐段桩号、道路总长统计计算、填挖方统计计算、土方量造价计算、铺层造价计算等。

(3) 可视化。所有功能的结果均可以在软件界面中显示，用户可以便捷直观地查看所

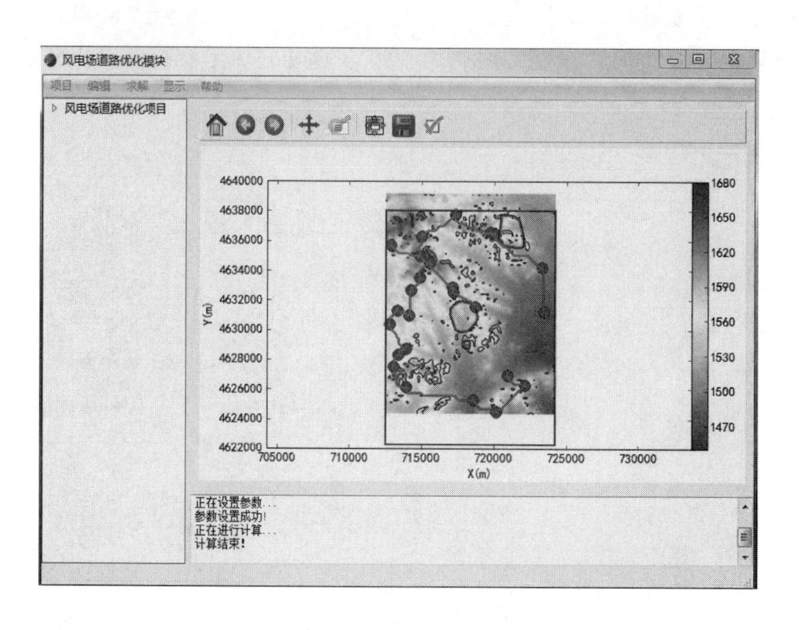

图 6-54　道路优化设计平台界面

有的计算结果。

6.7.2　实际风电场描述

1. 地形图描述

选择某山区的一个复杂地形风电场，该风电场所处地形波状起伏，地表植被稀疏，人烟稀少，地形如图 6-55（a）所示，经纬方向 X 和 Y 的范围分别为 712536～724156m 和 4624300～463900m，高度 Z 的范围为 1474～1600m。测风塔所在的位置为（715828，4631911），海拔为 1576.00m。图 6-55（b）是 CFD 计算出来的 70m 高度处 wrg 文件中各个点所有风向的风功率密度图，经过评估，预计在风电场内布置 33 台 H87-2.0MW 风电机组。

2. 风速特性

风电场按风向分为 12 个区间，其中每个区间的风功率密度图如图 6-56 所示，从图 6-56中可以明显看出 90°、120°、270°这几个风向区间的风能资源更好。威布尔分布图如图 6-57 所示。其中，u 为风速，f 为频率，A 和 k 是风速分布参数；$\overline{u}$ 和 p 表示平均风速和风能密度。

6.7.3　微观选址优化结果分析

1. 参数设置

风电场和所选的风电机组参数见表 6-18，针对陆上风场，k 设为 0.075，风速以 0.5m/s 为间隔、风向以 30°为间隔进行离散求和。风电机组在风电场空气密度为 1.06kg/m^3 下的功率曲线及推力系数曲线如图 6-58 所示。

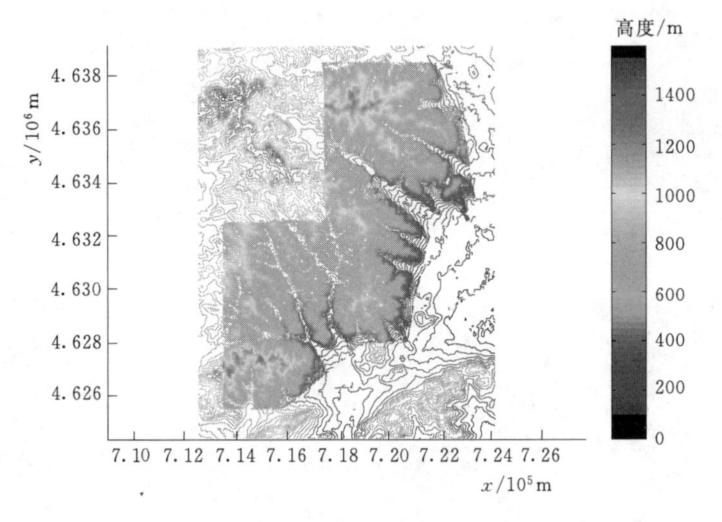

(a) 地形图

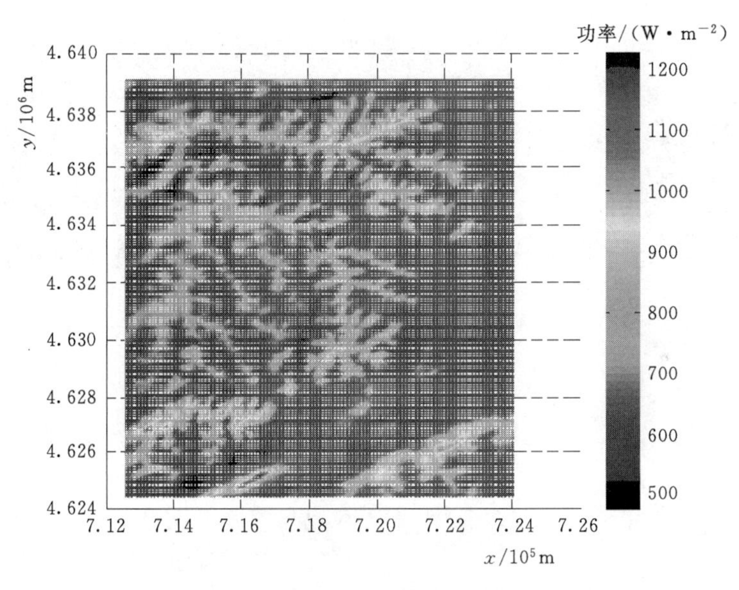

(b) 风功率密度图

图 6-55 复杂地形风电场

表 6-18 风电场和所选的风电机组参数表

参数名称	数值	参数名称	数值
风电机组最小间距/m	320	风向扇区数	16
容许坡度/(°)	10	风速分区数	20
敏感区间隔距离/m	100	风轮直径/m	84
测风塔塔高/m	70	切入风速/($m \cdot s^{-1}$)	3.5
风切变指数	0.142857	轮毂高度/m	87

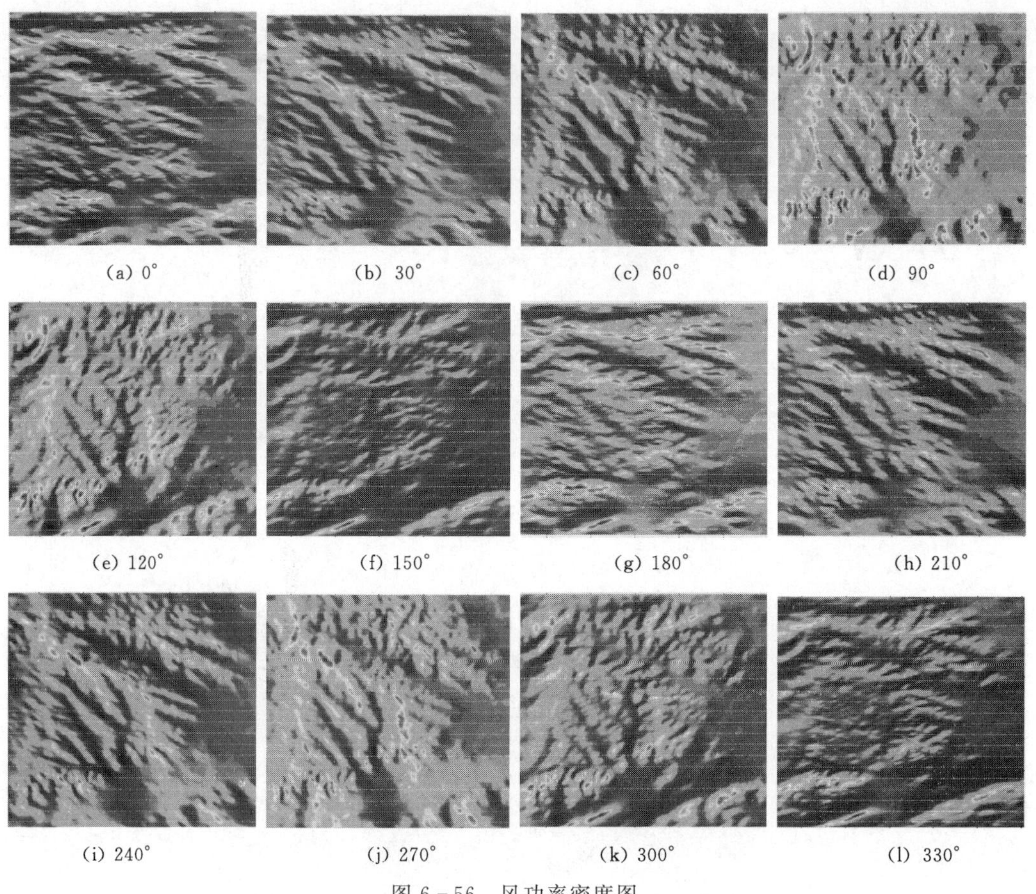

图 6-56 风功率密度图

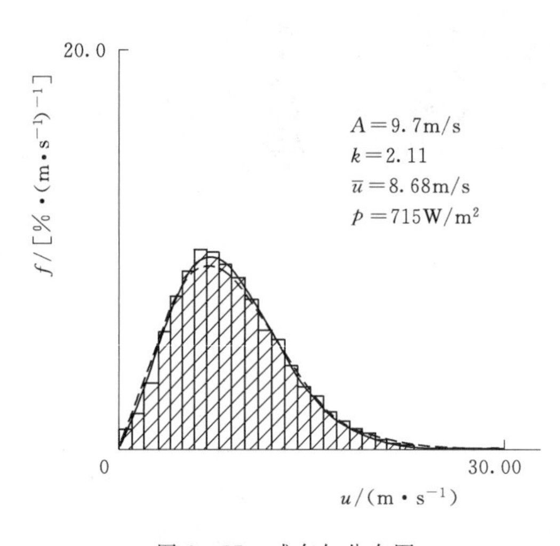

图 6-57 威布尔分布图

2. 优化结果

本节选用上文介绍的四种尾流模型中的 Jensen 模型来分析尾流，计算尾流影响后的风电场实际年发电量。采用改进的遗传优化算法和模式搜索算法相结合实现了复杂地形风电场微观选址的最优设计。在迭代 3000 次后，最大年发电量随迭代步数的迭代曲线如图 6-59 所示，由此计算出的该风电场年理论总发电量达到 301.053GW·h、年总发电量净值达到 293.596GW·h，计算出的总体尾流损失为 2.48%。但总体尾流损失仅供参考，并没有太多实际意义，在实际的微观选址中要对尾流较大的机位进行调整。优化后的风电机组位置如图 6-60 所示，并且对每个网格点向上向左进行半个网格点的偏移，在迭代收敛后依然得到了如图6-60 所示的布局，说明了该算法的稳定性。风电机组坐标统计结果用电子表格表示，截图如图 6-61 所示。

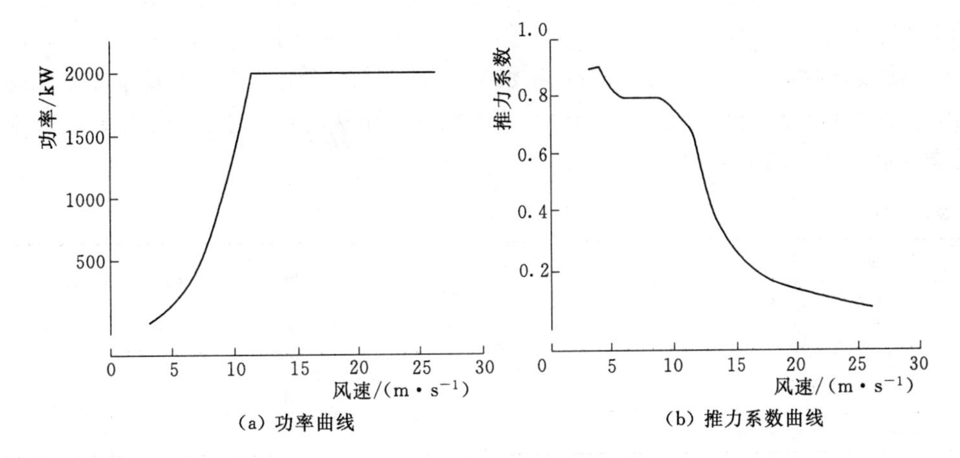

图 6-58　风电机组特性曲线

3. 计算结果分析

为了检验遗传算法改进策略有效性，本节将改进的遗传算法与传统的遗传算法和经验布置方法进行了简单的比较，图 6-62 (a) 是发电量随迭代次数的曲线图，从图 6-62 (a) 中可以看出该算法存在过早收敛和局部最优的问题，图 6-62 (b) 是传统遗传算法得到的风电机组布置图。按照地形高点的经验布置和按照风能高点的经验布置图如图6-63所示。按照第 2 和第 3 章给出的计算模型，确定该优

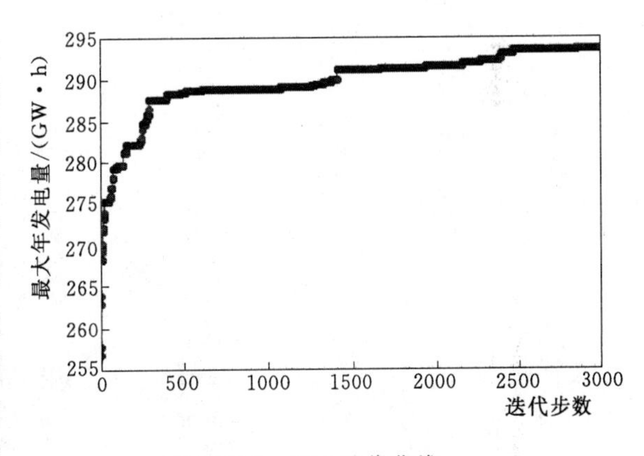

图 6-59　迭代曲线

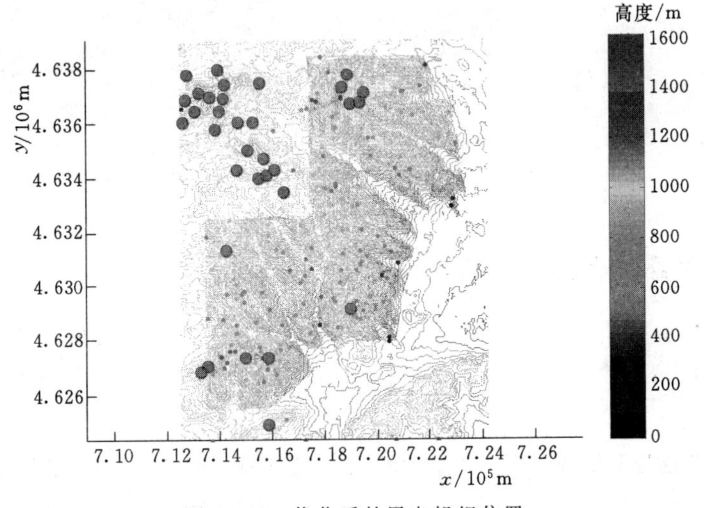

图 6-60　优化后的风电机组位置

化的目的是在满足约束条件的前提下，使该复杂地形风电场的年发电量最大，从表 6-19 不同算法比较中的实际结果可以看到改进的遗传算法比传统的遗传算法年发电量高出约 2.3%，比按地形高点的经验排布方法高出约 13%，比按风能高点的经验排布方法高出约 11%，可以证明改进遗传算法的有效性。通过比较得出优化算法能够给实际的复杂地形风电场微观选址工作提供实用的帮助。

表 6-19　　不 同 算 法 比 较

算法名称	年发电量/(GW·h)	单台发电量/(GW·h)
改进遗传算法	293.596	8.897
传统遗传算法	287.043	8.698
经验布置（地形高点）	258.654	7.838
经验布置（风能高点）	260.326	7.889

风电编机组号	X/m	Y/m	Z/m	坡度/(°)	年理论发电量/(GW·h)	年净发电量/(GW·h)	尾流损失/%
1	714008.2	4636497.8	1637.7	8.61	9.339	9.002	3.610
2	715876.7	4624913.9	1596.4	8.39	8.690	8.650	0.462
3	715706.9	4634713.5	1650.0	2.58	9.498	9.128	3.893
4	718877.8	4637829.0	1594.5	9.04	8.650	8.510	1.617
5	713272.1	4626868.2	1640.0	3.40	9.369	9.328	0.443
6	715310.5	4636073.0	1618.2	4.87	9.065	8.718	3.823
7	714687.7	4634345.3	1627.5	4.40	9.200	8.988	2.307
8	715820.1	4634118.7	1620.0	3.73	9.091	8.790	3.318
9	719500.6	4637149.3	1611.3	3.31	8.962	8.588	4.168
10	714206.4	4637460.8	1660.0	2.41	9.621	9.305	3.286
11	712620.9	4636073.0	1620.0	4.74	9.091	8.918	1.898
12	712705.9	4636894.3	1630.0	1.76	9.235	9.066	1.831
13	719019.3	4629190.6	1580.1	5.20	8.289	8.192	1.170
14	714970.8	4627378.0	1635.1	4.77	9.304	9.273	0.333
15	714716.0	4636044.7	1624.6	8.66	9.158	8.768	4.262
16	714149.8	4636951.0	1653.2	7.90	9.538	9.040	5.221
17	713243.8	4637149.3	1659.3	7.27	9.612	9.329	2.952
18	715876.7	4627406.3	1594.8	9.83	8.657	8.510	1.697
19	718991.0	4636752.7	1627.3	6.72	9.197	8.881	3.442
20	719330.7	4636809.4	1617.1	6.99	9.050	8.681	4.071
21	713526.9	4627094.8	1621.4	7.47	9.112	9.015	1.062
22	715112.3	4635053.4	1637.1	5.68	9.331	9.064	2.861
23	713102.2	4636497.8	1632.3	7.31	9.267	9.215	0.552
24	714263.0	4631314.8	1590.0	2.91	8.541	8.499	0.482
25	715508.7	4634033.8	1630.0	0.70	9.235	9.078	1.699
26	713951.6	4637998.9	1628.4	6.18	9.213	9.052	1.747
27	716131.6	4634345.3	1640.0	1.72	9.369	8.804	6.034
28	715537.0	4637517.4	1608.3	7.47	8.915	8.719	2.202
29	718707.9	4637347.5	1608.0	6.84	8.911	8.791	1.345
30	712790.8	4637800.7	1600.0	0.00	8.763	8.659	1.192
31	716481.2	4633488.2	1604.7	6.81	8.853	8.448	4.573
32	713846.3	4635805.9	1629.7	3.49	9.231	9.116	1.246
33	713643.8	4637002.1	1666.6	6.86	9.698	9.472	2.330

图 6-61　风电机组坐标统计结果截图

6.7.4　集电线路优化结果分析

为了更清楚地看到集电线路和检修道路的优化布置，在实例分析中把风电机组的机位较为均匀地分布。

1. 参数设置

集电线路和电缆参数见表 6-20。导体材料选择铜线，敷设的土壤选择干黄土。升压站坐标为（715828，4631910）。升压站外壕沟起点作为电缆布置的起点。本工程使用铜线

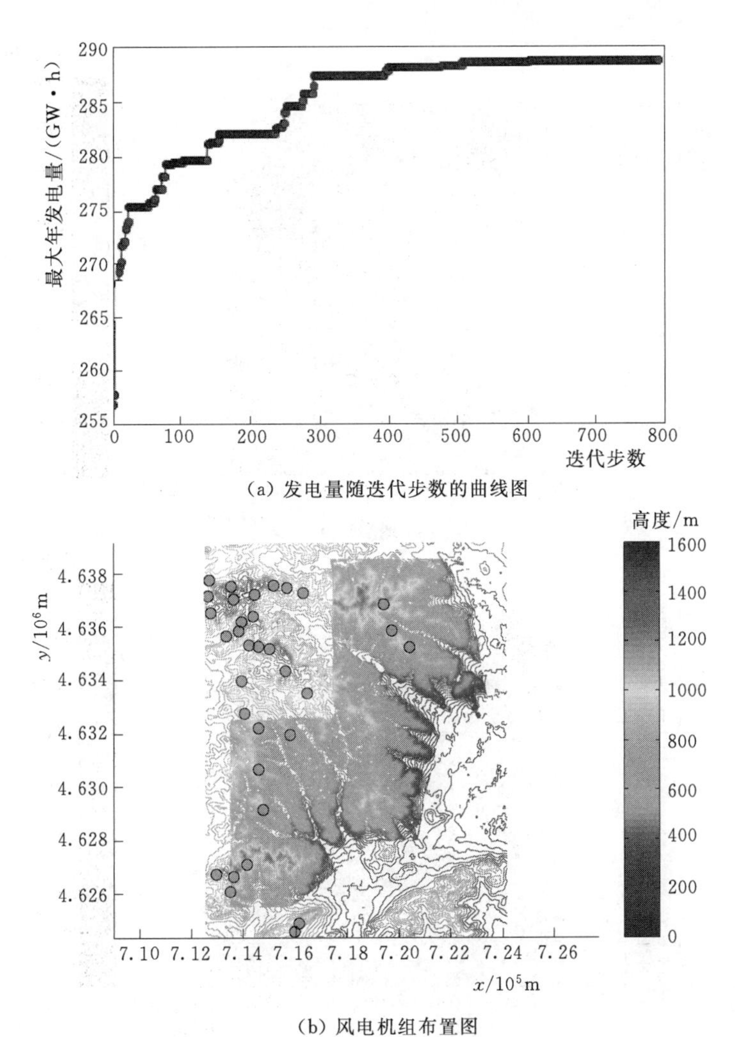

(a) 发电量随迭代步数的曲线图

(b) 风电机组布置图

图 6-62 基本遗传算法布置方案图

表 6-20 集电线路和电缆参数表

参数名称	数值	参数名称	数值
回路数	3	电缆净距/mm	100
箱变定位距离/m	20	单盘电缆长度/m	800
直埋深度/m	1	最高工作稳定温度/℃	90
功率因数	0.95	环境温度/℃	20
热稳定最小截面/mm	95	热阻系数/(K·m·W^{-1})	1.2
最大压降/%	10		

作为电缆材料，考虑到同一回路每一段承载的风电机组数量不同，其容量也不尽相同，因此为了提高其经济效益，在满足条件的基础上回路的不同路段要运用不同截面面积的电缆。本节在 35kV 线路导线截面基础上进行进一步的经济分析，分别提供不同电缆的截面信息以优选不同导线截面组合，电缆数据见表 6-21。根据前文所选的风电机组，选择型

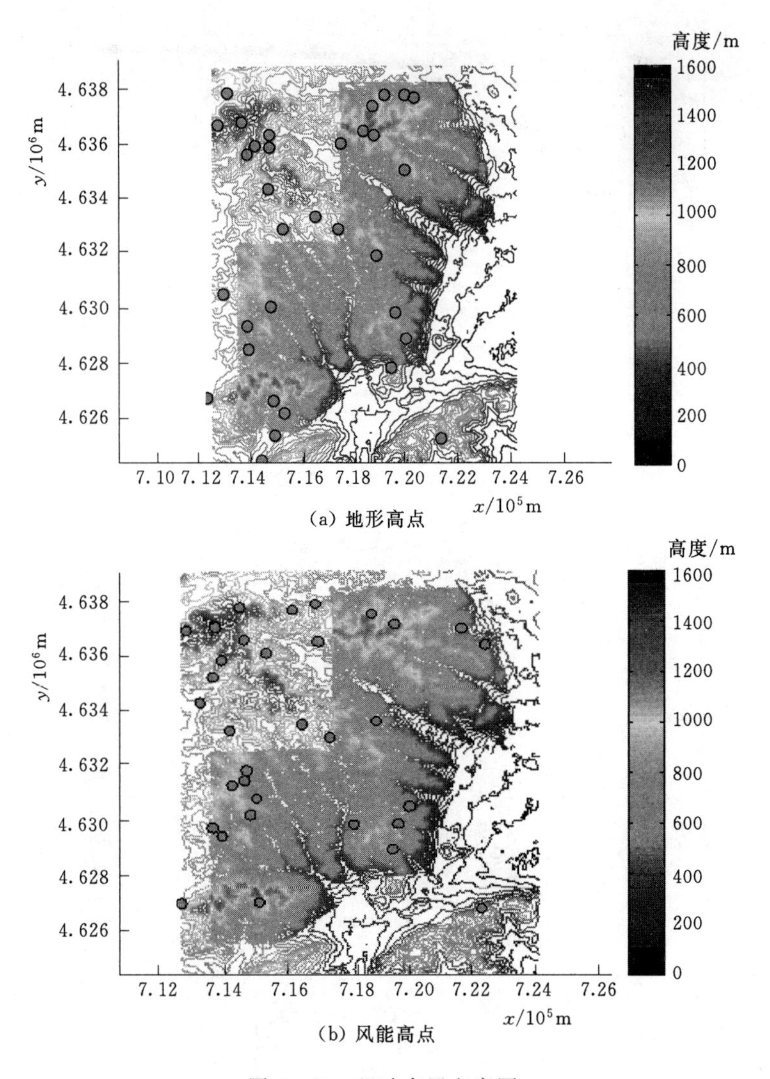

(a) 地形高点

(b) 风能高点

图 6-63 经验布置方案图

表 6-21 **电 缆 数 据**

电缆截面/mm^2	电缆外直径/mm	载流量/A	电阻/(Ω·km^{-1})	电抗/(Ω·km^{-1})	单价/(万元·km^{-1})
25	44.7	133	0.727	0.666	18
35	47.5	161	0.524	0.64085	25
50	50.6	190	0.387	0.61575	30
70	54.3	240	0.268	0.5812	38
95	58.2	285	0.193	0.55605	45
120	61.3	322	0.153	0.5372	52
150	65.5	367	0.124	0.5215	55
185	69	418	0.0991	0.5089	65
240	74.3	490	0.0754	0.49635	75
300	81	555	0.0601	0.4869	90

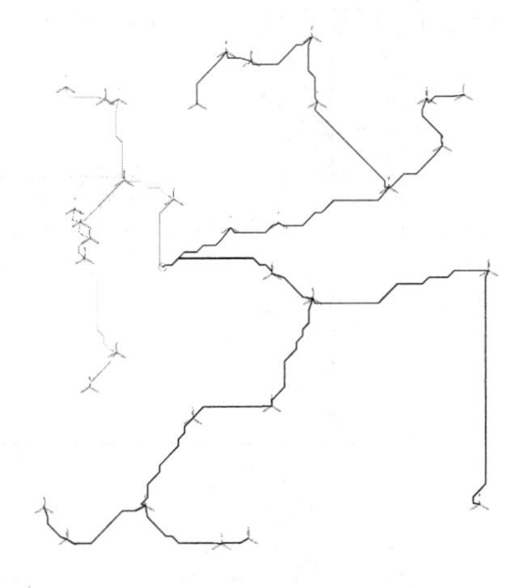

图 6-64　风电场集电线路路径示意图

号为 S11 - 2200/35 的箱式变压器，空载损耗为 2.35kW，负载损耗为 20.6kW。

2. 优化结果及分析

将单源最短路径和最小生成树算法用于完成该风电场的线路优化设计，优化设计的目标是使风电机组之间的连接电缆长度最短。确定风电机组分组后，按照每个回路的容量选择电缆截面，优化后电缆截面选取 95mm、120mm、150mm 三种，长度分别为 47.41km、3.09km、10.72km，总造价为 2883.924 万元。风电场电能损耗为 757.35kW，电缆电能损耗为 7.75kW，占风电能电能损耗（757.35kW）的 1%。

风电场集电线路路径示意图如图 6-64 所示。集电线路共分为三条，均为单回路，每条回路接入 11 台风电机组，分别用不同粗细线条表示，由细到粗长度分别为 13.55km、19.08km、28.59km。电缆统计结果用电子表格表示，如图 6-65 所示，包含电缆长度、电缆造价等内容。

线路编号	电缆起点	电缆终点	电缆长度/m	中间接头数	电缆材料	电缆截面	电缆功率损耗/kV	电缆造价/万元	线路压降/%	挖方量/m	填方量/m^3
1号	升压站	风电机组#24	2063.5	2	铜线	150	0.645	113.49	0.822	2785.7	2186.0
2号	风电机组#3	风电机组#23	1031.4	0	铜线	95	0.007	46.41	0.048	670.4	551.1
3号	风电机组#8	风电机组#21	1525.4	1	铜线	95	0.010	68.64	0.070	991.5	815.1
4号	风电机组#14	风电机组#19	1809.5	1	铜线	95	0.103	81.43	0.250	1176.2	967.0
5号	风电机组#14	风电机组#31	1639.5	1	铜线	95	0.167	73.78	0.302	1065.7	876.1
6号	风电机组#16	风电机组#22	1707.4	1	铜线	95	0.098	76.83	0.236	1109.8	912.4
7号	风电机组#16	风电机组#28	3090.5	3	铜线	120	0.997	160.71	1.124	2008.8	1651.5
8号	风电机组#16	风电机组#31	2822.4	3	铜线	95	0.448	127.01	0.650	1834.6	1508.2
9号	风电机组#19	风电机组#21	745.3	0	铜线	95	0.019	33.54	0.069	484.4	398.3
10号	风电机组#22	风电机组#23	1328.4	1	铜线	95	0.034	59.78	0.122	863.4	709.8
11号	风电机组#24	风电机组#28	1312.5	1	铜线	150	0.339	72.19	0.476	853.1	701.3
12号	升压站	风电机组#13	1797.1	1	铜线	150	0.562	98.84	0.716	2426.1	1903.8
13号	风电机组#1	风电机组#10	687.5	0	铜线	95	0.039	30.94	0.095	446.9	367.4
14号	风电机组#1	风电机组#12	570.4	0	铜线	95	0.058	25.67	0.105	370.7	304.8
15号	风电机组#2	风电机组#29	1133.2	0	铜线	95	0.007	51.00	0.052	736.6	605.6
16号	风电机组#4	风电机组#12	472.0	0	铜线	95	0.003	21.24	0.022	306.8	252.2
17号	风电机组#5	风电机组#25	1071.0	0	铜线	95	0.007	48.20	0.049	696.2	572.3
18号	风电机组#9	风电机组#15	1988.8	1	铜线	95	0.114	89.49	0.275	1292.7	1062.7
19号	风电机组#9	风电机组#29	390.1	0	铜线	95	0.010	17.56	0.036	253.6	208.5
20号	风电机组#10	风电机组#25	2580.7	2	铜线	95	0.066	116.13	0.238	1677.5	1379.1
21号	风电机组#12	风电机组#15	1472.0	1	铜线	95	0.336	66.24	0.407	956.8	786.6
22号	风电机组#13	风电机组#15	1386.0	1	铜线	150	0.358	76.23	0.502	900.9	740.6
23号	升压站	风电机组#33	2945.7	3	铜线	150	0.921	162.01	1.174	3976.6	3120.5
24号	风电机组#6	风电机组#18	5784.4	6	铜线	95	0.037	260.30	0.267	3759.8	3091.0
25号	风电机组#7	风电机组#30	699.8	0	铜线	95	0.004	31.49	0.032	454.9	373.9
26号	风电机组#11	风电机组#20	2061.4	2	铜线	95	0.471	92.76	0.570	1339.9	1101.5
27号	风电机组#11	风电机组#27	2649.5	2	铜线	95	0.421	119.23	0.611	1722.2	1415.8
28号	风电机组#17	风电机组#26	1004.8	0	铜线	95	0.006	45.22	0.046	653.1	537.0
29号	风电机组#18	风电机组#32	4651.4	5	铜线	95	0.118	209.31	0.429	3023.4	2485.6
30号	风电机组#20	风电机组#32	2936.9	3	铜线	95	0.914	132.16	0.947	1909.0	1569.4
31号	风电机组#26	风电机组#27	2299.4	2	铜线	95	0.058	103.47	0.212	1494.6	1228.8
32号	风电机组#27	风电机组#30	2349.0	2	铜线	95	0.060	105.71	0.217	1526.9	1255.3
33号	风电机组#32	风电机组#33	1217.0	1	铜线	150	0.314	66.93	0.441	791.0	650.3
			61223.87531	46			7.749633969	2883.924204		44559.87702	36289.77692

图 6-65　电缆统计结果图

如果按照经验来设计集电线路，通过计算，集电线路的电缆成本为 3200.867 万元，比优化得到的电缆成本增加 10.99%左右。可见，使用该优化算法，在满足线路设计合理性的前提下减少了集电线路的总长，提高了集电线路的利用率和经济性。

6.7.5　道路优化结果分析

1. 参数设置

风电场检修道路参数表见表 6-22。桩距代表每条道路设置桩的间隔距离，容许坡度是道路设计中可以设置道路走向的最小坡度，敏感区间隔距离是设计的道路离敏感区域的距离，道路宽度、结构层厚度用于计算道路结构层的面积，各单位造价用于计算成本。

表 6-22　　风电场检修道路参数表

参　数　名	数值	参　数　名	数值
桩距/m	100	结构层厚度/m	0.2
容许坡度/(°)	10	结构层材料单位造价/元	500
敏感区间隔距离/m	100	土石方挖方单位造价/元	5
道路宽度/m	5	土石方填方单位造价/元	4

2. 优化结果及分析

本风电场各风电机组布置比较分散，分布于各山顶或山脊上。风电场场址主要选取在风速较大的山岭区域，只有小部分的山坡较平缓，场内道路布置条件较好。经初步设计，此风电场道路布置图如图 6-66 所示，折线表示连接风电机组的电缆，线上的小点代表道路桩。通过线路的优化及合理布线，设计道路总长 56km，挖方量 74244.35m^3，填方量 76926.06m^3，总造价 2866.224 万元。道路优化结果和道路桩点坐标用电子表格表示，截图如图 6-67 和图 6-68 所示。如果按照经验来安排场内道路，通过计算，检修道路成本为 3266.922 万元，比优化得到的道路成本增加了约 13.98%。通过比较得出风电场检修道路的优化设计，相比于经验设计，既缩短了工期，又减少了投资，更为经济合理。实践证明该算法具有快捷、准确、方便的特点，具有较强的适用性，可以很好地应用于工程实际。

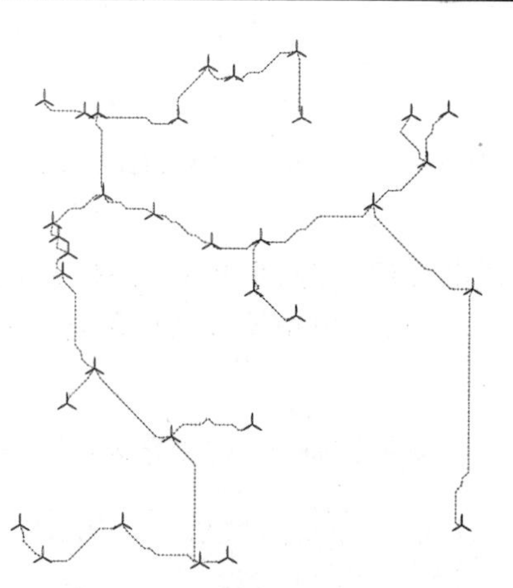

图 6-66　风电场道路布置图

道路编号	起始风机编号	终止风机编号	桩数	道路总长	挖方量（立方米）	填方量（立方米）	土方造价（万元）	铺层造价（万元）	总造价（万元）
#1	#1	#13	21	2262.7	3546.5	2266.8	2.663	113.133	115.796
#2	#2	#8	20	2135.2	4195.7	2390.2	2.949	106.762	109.711
#3	#2	#21	7	884.5	1708.4	490.3	1.049	44.223	45.272
#4	#3	#7	9	1084.8	1395.7	487.6	0.880	54.240	55.120
#5	#3	#10	8	907.4	946.5	1472.2	1.036	45.371	46.407
#6	#4	#5	12	1360.9	3703.5	3021.5	3.047	68.043	71.090
#7	#4	#12	22	2302.1	2982.0	4139.2	3.143	115.103	118.246
#8	#4	#13	8	913.0	1484.8	948.5	1.122	45.649	46.771
#9	#5	#15	9	1088.0	554.6	978.1	0.659	54.400	55.058
#10	#6	#9	3	395.1	563.3	1945.3	1.028	19.756	20.784
#11	#6	#23	31	3170.8	7391.6	5580.9	5.688	158.541	164.228
#12	#7	#17	20	2148.0	1431.4	1576.8	1.313	107.399	108.712
#13	#8	#11	50	5124.4	4716.5	3961.4	3.836	256.222	260.057
#14	#9	#20	41	4251.1	4050.4	5121.9	3.988	212.557	216.545
#15	#10	#15	16	1738.1	3051.7	1750.6	2.147	86.903	89.050
#16	#11	#25	18	1963.6	1770.4	2286.3	1.756	98.182	99.938
#17	#12	#19	2	347.2	647.9	895.8	0.682	17.360	18.042
#18	#13	#22	12	1330.2	2642.6	1707.7	1.994	66.510	68.504
#19	#14	#19	18	1918.6	3154.0	3336.7	2.838	95.928	98.766
#20	#16	#24	14	1539.7	1665.7	1174.6	1.281	76.987	78.269
#21	#16	#25	26	2697.5	3370.3	4512.1	3.418	134.875	138.293
#22	#17	#21	6	702.7	387.6	1038.5	0.607	35.137	35.744
#23	#18	#20	28	2939.8	485.0	350.1	0.378	146.988	147.366
#24	#22	#23	429	46098.51557	61559.44336	56670.15791	52.413	2304.926	2357.338

图 6-67　道路优化结果截图

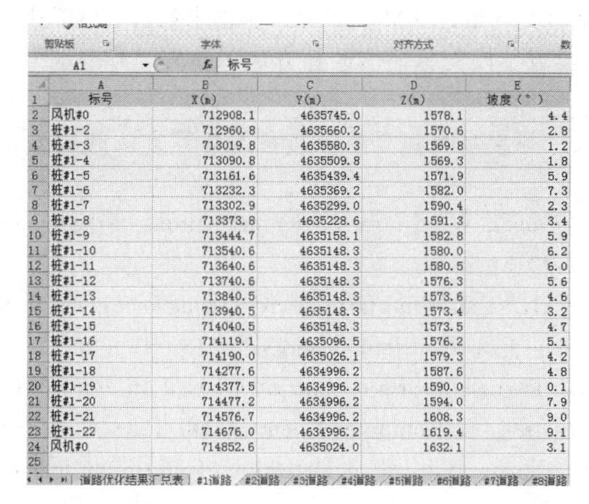

标号	X(m)	Y(m)	Z(m)	坡度（°）
风机#0	712908.1	4635745.0	1578.1	4.4
桩#1-2	712960.8	4635660.2	1570.6	2.8
桩#1-3	713019.8	4635580.3	1569.8	1.2
桩#1-4	713090.8	4635509.8	1569.3	1.8
桩#1-5	713161.6	4635439.4	1571.9	5.9
桩#1-6	713232.3	4635369.2	1582.0	7.3
桩#1-7	713302.9	4635299.0	1590.4	2.3
桩#1-8	713373.8	4635228.6	1591.3	3.4
桩#1-9	713444.7	4635158.1	1582.8	5.9
桩#1-10	713540.6	4635148.3	1580.0	6.2
桩#1-11	713640.6	4635148.3	1580.5	6.0
桩#1-12	713740.6	4635148.3	1576.3	5.6
桩#1-13	713840.5	4635148.3	1573.6	4.6
桩#1-14	713940.5	4635148.3	1573.4	3.2
桩#1-15	714040.5	4635148.3	1573.5	4.7
桩#1-16	714119.1	4635096.5	1576.2	5.1
桩#1-17	714190.0	4635026.1	1579.3	4.2
桩#1-18	714277.6	4634996.2	1587.6	4.8
桩#1-19	714377.5	4634996.2	1590.0	0.1
桩#1-20	714477.2	4634996.2	1594.0	7.9
桩#1-21	714576.7	4634996.2	1608.3	9.0
桩#1-22	714676.0	4634996.2	1619.4	9.1
风机#0	714852.6	4635024.0	1632.1	3.1

图 6-68　道路桩号坐标表截图

参　考　文　献

[1] 严彦. 风电场微观选址的优化研究 [D]. 南京：河海大学，2011.

[2] 范爽. 遗传算法理论研究及其应用 [J]. 科技与创新，2017 (23)：21-22.

[3] 王银年. 遗传算法的研究与应用 [D]. 无锡：江南大学，2009.

[4] 李明. 遗传算法的改进及其在优化问题中的应用研究 [D]. 吉林：吉林大学，2004.

[5] 许昌，杨建川，李辰奇，等. 复杂地形风电场微观选址优化 [J]. 中国电机工程学报，2013 (31)：58-64.

[6] Mora J C，Barón J M C，Santos J M R，et al. An evolutive algorithm for wind farm optimal design [J]. Neurocomputing，2007，70 (16-18)：2651-2658.

[7] Castellani F，Gravdahl A，Crasto G，et al. A practical approach in the CFD simulation of off-shore wind farms through the actuator disc technique [J]. Energy Procedia，2013，35 (9)：274-284.

[8] Elkinton C N. Offshore wind farm layout optimization [D]. Amherst，Massachusetts：University of Massachusetts Amherst，2007.

[9] 徐国宾，彭秀芳，王海军. 风电场复杂地形的微观选址 [J]. 水电能源科学，2010 (4)：157-160.

[10] Murakami S，Mochida A，Kato S. Development of local area wind prediction system for selecting suitable site for windmill [J]. Journal of Wind Engineering & Industrial Aerod ynamics，2003，91 (12)：1759-1776.

[11] Chen G，Yang W，Zhang Y，et al. Simplified classification PSO and its application in wind farm modeling [J]. Control & Decision，2011，26 (3)：381-386.

[12] Saavedra-Moreno B，Salcedo-Sanz S，Paniagua-Tineo A，et al. Seeding evolutionary algorithms with heuristics for optimal wind turbines positioning in wind farms [J]. Renewable Energy，2011，36 (11)：2838-2844.

[13] Martinez-Rojas M，Sumper A，Gomis-Bellmunt O，et al. Reactive power dispatch in wind farms using particle swarm optimization technique and feasible solutions search [J]. Applied Energy，2011，88 (12)：4678-4686.

[14] 许昌，杨建川，韩星星，等. 基于 CFD 和 NCPSO 的复杂地形风电场微观选址优化 [J]. 太阳能学报，2015 (12)：2844-2851.

[15] 许昌，钟淋涓. 风电场规划与设计 [M]. 北京：中国水利水电出版社，2014.
[16] 孟昌波，马吉明，杨建设. 风资源评估改进方法的研究 [J]. 水力发电学报，2010，29 (6)：237 - 242.
[17] 丁明，吴义纯，张立军. 风电场风速概率分布参数计算方法的研究 [J]. 中国电机工程学报，2005，25 (10)：107.
[18] Kusiak A，Zheng H，Song Z. Wind farm power prediction：a data - mining approach [J]. Wind Energy，2009，12 (3)：275 - 293.
[19] Wan C，Wang J，Yang G，et al. Wind farm micro - siting by Gaussian particle swarm optimization with local search strategy [J]. Renewable Energy，2012，48 (6)：276 - 286.
[20] Liu X，Liu H，Duan H. Particle swarm optimization based on dynamic niche technology with applications to conceptual design [J]. Computer Science，2007，38 (10)：668 - 676.
[21] Acharjee P，Mallick S，Thakur S S，et al. Detection of maximum loadability limits and weak buses using Chaotic PSO considering security constraints [J]. Chaos Solitons & Fractals，2011，44 (8)：600 - 612.
[22] 陈丹丹. 复杂地形风电场微观选址、集电线路与道路优化设计研究 [D]. 南京：河海大学，2017.
[23] Shakoor R，Hassan M Y，Raheem A，et al. Wind farm layout optimization using area dimensions and definite point selection techniques [J]. Renewable Energy，2016，88：154 - 163.
[24] Wan C，Wang J，Yang G，et al. Optimal micro - siting of wind farms by particle swarm optimization [A]. Advances in Swarm Intelligence，First International Conference，Icsi，2010，6145：198 - 205.
[25] Mustakerov I，Borissova D. Wind turbines type and number choice using combinatorial optimization [J]. Renewable Energy，2010，35 (9)：1887 - 1894.
[26] Ullah A S B，Sarker R，Comfort D，et al. An agent - based memetic algorithm (AMA) for solving constrained optimization problems [C]. IEEE Congress on Evolutionary Computation，2007.
[27] Saavedra - Moreno B，Salcedo - Sanz S，Paniagua - Tineo A，et al. Seeding evolutionary algorithms with heuristics for optimal wind turbines positioning in wind farms [J]. Renewable Energy，2011，36 (11)：2838 - 2844.
[28] Rivas R A，Clausen J，Hansen K S，et al. Solving the turbine positioning problem for large offshore wind farms by simulated annealing [J]. Wind Engineering，2009，33 (3)：287 - 297.
[29] 王超，王燕. 浅谈发电厂及变电站电缆选型与敷设 [J]. 中国高新技术企业，2012 (19)：135 - 137.
[30] 刘文雪.《风电场工程等级划分及设计安全标准》和《风电机组地基基础设计规定》的编制特点与安全要求 [J]. 水力发电，2008，34 (6)：86 - 88.
[31] 沙宗尧，边馥苓. 单源最短路径算法的图示教学设计与实践 [J]. 测绘通报，2010 (4)：58 - 61.
[32] 杨建川. 风电场微观选址优化研究 [D]. 南京：河海大学，2014.
[33] 宫靖远，贺德馨，孙如林. 风电场工程技术手册 [M]. 北京：机械工业出版社，2004.

第7章 基于风电场微观尺度空气动力学方法的风功率预测研究

7.1 风电场风功率预测技术研究

7.1.1 国内外研究现状

风功率预测是目前国内外公认的能有效提高风电场接入水平的关键技术。国外在开展对风电场出力预测方面已经取得一些成果。在风能开发水平相对较高的欧美国家，各种模型的预测系统相继被开发出来，并投入到实际应用中，取得了良好的预测效果。

早在1990年Landberg就采用类似欧洲风图集的推理方法开发了一套风功率预测系统。这套预测系统通过一定的方法把数值天气预报提供的风速、风向转换到风电机组轮毂高度的风速、风向上，然后根据功率曲线得到风电场的出力，并根据风电场的效率进行修正。1993—1999年，这个模型分别用在丹麦东部、爱尔兰地区及美国爱荷华州。目前，已有多套软件预测包应用于发电计划与电力市场交易等。国外风电场发电功率预测系统一览表见表7-1。

表7-1 国外风电场发电功率预测系统一览表

国家	开发商	模型名称	特　　点	投运时间
德国	ISET	AWPT	提供1～8h的预测，根据数值天气预报，使用神经网络计算输出功率	2001年
	德国奥尔登堡大学	Previento	使用物理模型，在较大的区域内给出2天的预测结果	2002年
丹麦	Risø	Prediktor	使用物理模型，考虑了尾流等的影响	1994年
	丹麦科技大学	WPPT	利用自适应最小平方根法和指数遗忘算法相结合给出0.5～36h的预测	1994年
	丹麦科技大学	Zephy	集合了Prediktor和WPPT两种模型，可以提供0～9h和36～48h的预测	2003年
西班牙	西班牙可再生能源中心	LocalPred-RegioPred	物理模型	2001年
	西班牙卡洛斯三世大学	siperólico	统计模型	2002年
美国	AWS Truewind	eWind	包括高精度的三维大气物理数学模型、适应性统计模型、风电场输出模型和预测分发系统	1998年

我国对风功率预测的研究起步较晚，经过多年的技术攻关已经取得了重大突破。2008年11月，我国首套具有完全自主知识产权的风功率预测系统研发完成，并成功应用于吉林、江苏等12个省级电力公司，预测总容量超过1200万kW，预测精度达到国外同类产品的水平，然而目前现有的风功率测试与控制系统在高效、稳定、可扩展性方面存在有很大的不足。

7.1.2 基本方法

风功率的预测有三种途径：①利用风功率的历史数据，仿照风速预测方法建立预测模型；②首先预测风速，再根据预测的风速数据，通过风电机组的风速功率关系曲线得到功率；③利用影响功率的各要素历史数据，如风速大小、风向、温度、气压等来预测功率。

风功率预测方法分类如图7-1所示。

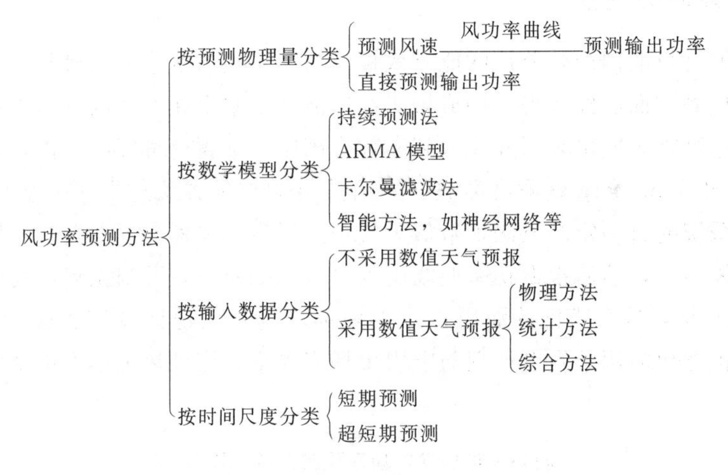

图7-1　风功率预测方法分类

目前应用较为广泛的风功率预测方法主要为统计方法和物理方法。统计方法是基于统计模型的方法利用风电场的实测历史数据，用线性或非线性方法在历史数据和未来风速/风能之间建立映射关系，常用方法包括卡尔曼滤波法、自回归最小平方算法、持续性算法、时间序列法、线性回归模型、人工神经网络法等，其中最简单的方法是持续法，即把前一时刻的风速观测值作为下一时刻的预测值，该方法适用于短期和超短期预测，一般作为参照性算法；物理方法主要利用数值天气预报数据，考虑地形、气象等因素对风电场的风速和风能进行预测。

统计方法预测模型具有预测准确度高、建模过程相对简单、模型计算速度快等优点，但是统计方法建模至少需要半年的风功率历史数据。物理方法能够实现模型与风电场同步投运的要求，建模不需要发电功率历史数据，但建模过程复杂，模型运算速度慢，与统计方法比其预测准确度差。

风电场风功率预测主要包括短期预测和超短期预测。对两者的界限没有严格的定义要求，一般短期预测是指以小时或者分钟为单位，对风电场的实测风功率数据建立预测模型，一般认为小于24h的预测为短期预测；超短期预测，则是建立在以秒为单位的数据基础上，超短期预测一般用于电网的质量评估。

一般风电功率预测的方法有：①持续预测法：这是最简单传统的方法，认为当前时刻的风电功率值即为下一时刻的预测值；②卡尔漫滤波法：该方法通过卡尔曼滤波算法，建立以风电功率为变量的预测模型；③随机时间序列法：通过时间序列的历史数据，经过模型识别、参数估计、模型检验最后推导出预测模型；④人工神经网络法：通过人工神经网络的方法来模仿人脑处理复杂问题的能力，可以实现联想记忆、非线性映射、分类与识别、优化计算、知识处理等功能；⑤模糊逻辑法：应用人的专业知识建立模糊规则库，然后通过选用一个线性模型逼近非线性动态变化的风电功率来预测；⑥空间相关性法：该方法通过考虑几个地方的风电功率空间相关性来进行预测。

下面简单介绍几种风电功率预测的方法：

7.1.2.1 时间序列模型——移动平均法

移动平均法是一种简单平滑的预测技术，它的基本思想是：根据时间序列资料逐项推移，依次计算包含一定项数的序列平均值，以反映长期趋势。因此，当时间序列的数值由于受周期变动和随机波动的影响起伏较大，不易显示出事件的发展趋势时，使用移动平均法可以消除这些因素的影响，显示出事件的发展方向与趋势（即趋势线），然后依趋势线分析预测序列的长期趋势。

7.1.2.2 简单移动平均法

设有一时间序列 $y_1, y_2, \cdots, y_t, \cdots$ 则按数据点的顺序逐点推移求出 N 个数的平均数，即可得到一次移动平均数

$$M_t^{(1)} = \frac{y_t + y_{t-1} + \cdots + y_{t-N+1}}{N} = M_{t-1}^{(1)} + \frac{y_t - y_{t-N}}{N} \quad (t \geqslant N) \tag{7-1}$$

式中 $M_t^{(1)}$——第 t 周期的一次移动平均数；

y_t——第 t 周期的观测值；

N——移动平均的项数，即求每一移动平均数使用观察值的个数。

式（7－1）表明当 t 向前移动一个时期，就增加一个新近数据，去掉一个远期数据，得到一个新的平均数。由于它不断地“吐故纳新”，逐期向前移动，所以称为移动平均法。

由于移动平均可以平滑数据，消除周期变动和不规则变动的影响，使得长期趋势显示出来，因而可以用于预测。其预测公式为

$$\hat{y}_{t+1} = M_t^{(1)}$$

即以第 t 周期的一次移动平均数作为第 $t+1$ 周期的预测值。

7.1.2.3 趋势移动平均法

当时间序列没有明显的趋势变动时，使用一次移动平均就能够准确地反映实际情况，直接用第 t 周期的一次移动平均数就可预测第 $t+1$ 周期的值。但当时间序列出现线性变动趋势时，用一次移动平均数来预测就会出现滞后偏差。因此，需要进行修正，修正的方法是在一次移动平均的基础上再做二次移动平均，利用移动平均滞后偏差的规律找出曲线的发展方向和发展趋势，然后才建立直线趋势的预测模型，故称为趋势移动平均法。

设一次移动平均数为 $M_t^{(1)}$，则二次移动平均数 $M_t^{(2)}$ 的计算公式为

$$M_t^{(2)} = \frac{M_t^{(1)} + M_{t-1}^{(1)} + \cdots + M_{t-N+1}^{(1)}}{N} = M_{t-1}^{(1)} - \frac{M_{t-N}^{(1)}}{N} \tag{7-2}$$

再设时间序列 $y_1, y_2, \cdots, y_t, \cdots$ 从某时期开始具有直线趋势，且认为未来时期亦按此直线趋势变化，则可设此直线趋势预测模型为

$$\hat{y}_{t+T}=a_t+b_tT \tag{7-3}$$

式中 t——当前时期数；

T——由当前时期数 t 到预测期的时期数，即 t 以后模型外推的时间；

$\hat{y}_{t+T}$——第 $t+T$ 期的预测值；

a_t——截距；

b_t——斜率。

a_t、b_t 又称为平滑系数。根据移动平均值可得截距 a_t 和斜率 b_t 的计算公式为

$$a_t=2M_t^{(1)}-M_t^{(2)} \tag{7-4}$$

$$b_t=\frac{2}{N-1}[M_t^{(1)}-M_t^{(2)}] \tag{7-5}$$

在实际应用移动平均法时，移动平均项数 N 的选择十分关键，它取决于预测目标和实际数据的变化规律。

7.1.2.4 卡尔曼滤波法

卡尔曼滤波器是一个“最优化自回归数据处理算法（optimal recursive data processing algorithm)”。对于解决很大部分的问题，它是最优、效率最高甚至是最有用的方法。其广泛应用已经超过 30 年，应用方面包括机器人导航、控制、传感器数据融合甚至是军事领域的雷达系统以及导弹追踪等。近来更被应用于计算机图像处理，例如头脸识别、图像分割、图像边缘检测等。

卡尔曼滤波原理如下：引入一个离散控制过程的系统，该系统可用一个线性随机微分方程来描述

$$\left.\begin{aligned} X(k)&=AX(k-1)+BU(k)+W(k)\\ Z(k)&=HX(k)+V(k)\end{aligned}\right\} \tag{7-6}$$

式中 $X(k)$——k 时刻的系统状态；

$U(k)$——k 时刻对系统的控制量；

A、B——系统参数，对于多模型系统，它们为矩阵；

$Z(k)$——k 时刻的测量值；

H——测量系统的参数，对于多测量系统，H 为矩阵；

$W(k)$、$V(k)$——过程和测量的噪声，它们被假设成高斯白噪声，其协方差分别是 Q、R，这里假设它们不随系统状态变化而变化。

由于满足上面的条件（线性随机微分系统，过程和测量都是高斯白噪声），卡尔曼滤波器是最优的信息处理器。下面来估算系统的最优化输出。

利用系统的过程模型预测下个状态的系统。假设现在的系统状态是 k，根据系统模型，可以基于系统的上一个状态而预测出现在的状态

$$X(k|k-1)=AX(k-1|k-1)+BU(k) \tag{7-7}$$

式中 $X(k|k-1)$——利用上一个状态预测的结果；

$X(k-1|k-1)$——上一个状态最优的结果；

$U(k)$——现在状态的控制量，如果没有控制量，它可以为0。

到现在为止，系统结果已经更新了，可是对应于 $X(k|k-1)$ 的协方差还没有更新。用 P 表示协方差为

$$P(k|k-1)=AP(k|k-1)A'+Q \tag{7-8}$$

式中 $P(k|k-1)$——$X(k|k-1)$ 对应的协方差；

$P(k-1|k-1)$——$X(k-1|k-1)$ 对应的协方差；

A'——A 的转置矩阵；

Q——系统过程的协方差。

式（7-7）、式（7-8）就是卡尔曼滤波器5个公式当中的前两个，也就是对系统的预测。

有了现在状态的预测结果，再收集现在状态的测量值。结合预测值和测量值，可以得到现在状态（k）的最优化估算值 $X(k|k)$ 为

$$X(k|k)=X(k|k-1)+Kg(k)[Z(k)-HX(k|k-1)] \tag{7-9}$$

其中卡尔曼增益 Kg 为

$$Kg(k)=P(k|k-1)H'|[HP(k|k-1)H'+R] \tag{7-10}$$

到此为止，已经得到了 k 状态下最优的估算值 $X(k|k)$。但是，为了使卡尔曼滤波器不断地运行下去，直到系统过程结束，还要更新 k 状态下 $X(k|k)$ 的协方差为

$$P(k|k)=[I-Kg(k)H]P(k|k-1) \tag{7-11}$$

其中 $\boldsymbol{I}$ 是全为1的矩阵，对于单模型单测量，$I=1$。当系统进入（$k+1$）状态时，$P(k|k)$ 就是式（7-8）中的 $P(k|k-1)$。这样，算法就可以自回归地运算下去。卡尔曼滤波器的原理可以用式（7-7）～式（7-11）这5个基本公式描述。根据这5个公式，可以很容易地实现计算机编程。

7.1.2.5 人工神经网络法——BP神经网络

1. 基本BP算法公式推导

基本BP算法包括两个方面：信号的前向传播和误差的反向传播。即计算实际输出时按从输入到输出的方向进行，而权值和阈值的修正从输出到输入的方向进行。BP网络结构如图7-2所示。

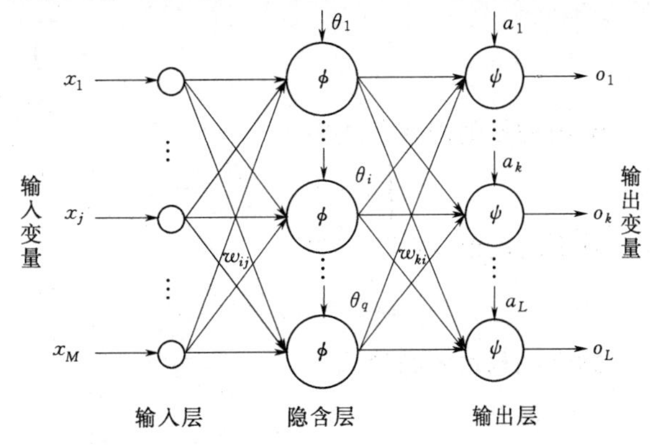

图7-2 BP网络结构

图7-2中，x_j 表示输入层第 j 个节点的输入，$j=1$，…，M；w_{ij} 表示隐含层第 i 个节点到输入层第 j 个节点之间的权值；θ_i 表示隐含层第 i 个节点的阈值；$\boldsymbol{\Phi}(x)$ 表示隐含层的激励函数；w_{ki} 表示输出层第 k 个节点到隐含层第 i 个节点之间的权值，$i=1$，…，q；a_k 表示输出层第 k 个节点的阈值，$k=1$，…，L；$\psi(x)$ 表示输出层的激

励函数；O_k 表示输出层第 k 个节点的输出。

(1) 信号的前向传播过程。隐含层第 i 个节点的输入 net_i 为

$$net_i = \sum_{j=1}^{M} w_{ij} x_j + \theta_i \tag{7-12}$$

隐含层第 i 个节点的输出 y_i 为

$$y_i = \phi(net_i) = \phi\left(\sum_{j=1}^{M} w_{ij} x_j + \theta_i\right) \tag{7-13}$$

输出层第 k 个节点的输入 net_k 为

$$net_k = \sum_{i=1}^{q} w_{ki} y_i + a_k = \sum_{i=1}^{q} w_{ki} \phi\left(\sum_{j=1}^{M} w_{ij} x_j + \theta_i\right) + a_k \tag{7-14}$$

输出层第 k 个节点的输出 o_k 为

$$o_k = \psi(net_k) = \psi\left(\sum_{i=1}^{q} w_{ki} y_i + a_k\right) = \psi\left[\sum_{i=1}^{q} w_{ki} \phi\left(\sum_{j=1}^{M} w_{ij} x_j + \theta_i\right) + a_k\right] \tag{7-15}$$

(2) 误差的反向传播过程。误差的反向传播，即首先由输出层开始逐层计算各层神经元的输出误差，然后根据误差梯度下降法来调节各层的权值和阈值，使修改后的网络最终输出能接近期望值。

对于每一个样本 p 的二次型误差准则函数 E_{p} 为

$$E_{\mathrm{p}} = \frac{1}{2} \sum_{k=1}^{L} (T_k - o_k)^2 \tag{7-16}$$

系统对 P 个训练样本的总误差准则函数为

$$E = \frac{1}{2} \sum_{p=1}^{P} \sum_{k=1}^{L} (T_k^p - o_k^p)^2 \tag{7-17}$$

根据误差梯度下降法依次修正输出层权值的修正量 Δw_{ki}、输出层阈值的修正量 Δa_k、隐含层权值的修正量 Δw_{ij}、隐含层阈值的修正量 $\Delta\theta_i$ 为

$$\left.\begin{aligned}
\Delta w_{ki} &= -\eta \frac{\partial E}{\partial w_{ki}} \\
\Delta a_k &= -\eta \frac{\partial E}{\partial a_k} \\
\Delta w_{ij} &= -\eta \frac{\partial E}{\partial w_{ij}} \\
\Delta \theta_i &= -\eta \frac{\partial E}{\partial \theta_i}
\end{aligned}\right\} \tag{7-18}$$

输出层权值调整公式为

$$\Delta w_{ki} = -\eta \frac{\partial E}{\partial w_{ki}} = -\eta \frac{\partial E}{\partial net_k} \frac{\partial net_k}{\partial w_{ki}} = -\eta \frac{\partial E}{\partial o_k} \frac{\partial o_k}{\partial net_k} \frac{\partial net_k}{\partial w_{ki}} \tag{7-19}$$

输出层阈值调整公式为

$$\Delta a_k = -\eta \frac{\partial E}{\partial a_k} = -\eta \frac{\partial E}{\partial net_k} \frac{\partial net_k}{\partial a_k} = -\eta \frac{\partial E}{\partial o_k} \frac{\partial o_k}{\partial net_k} \frac{\partial net_k}{\partial a_k} \tag{7-20}$$

隐含层权值调整公式为

$$\Delta w_{ij} = -\eta \frac{\partial E}{\partial w_{ij}} = -\eta \frac{\partial E}{\partial net_i} \frac{\partial net_i}{\partial w_{ij}} = -\eta \frac{\partial E}{\partial y_i} \frac{\partial y_i}{\partial net_i} \frac{\partial net_i}{\partial w_{ij}} \tag{7-21}$$

隐含层阈值调整公式为

$$\Delta\theta_i = -\eta\frac{\partial E}{\partial\theta_i} = -\eta\frac{\partial E}{\partial net_i}\frac{\partial net_i}{\partial\theta_i} = -\eta\frac{\partial E}{\partial y_i}\frac{\partial y_i}{\partial net_i}\frac{\partial net_i}{\partial\theta_i} \tag{7-22}$$

又因为

$$\frac{\partial E}{\partial o_k} = -\sum_{p=1}^{P}\sum_{k=1}^{L}(T_k^p - o_k^p) \tag{7-23}$$

$$\frac{\partial net_k}{\partial w_{ki}} = y_i,\quad \frac{\partial net_k}{\partial a_k} = 1,\quad \frac{\partial net_i}{\partial w_{ij}} = x_j,\quad \frac{\partial net_i}{\partial\theta_i} = 1 \tag{7-24}$$

$$\frac{\partial E}{\partial y_i} = -\sum_{p=1}^{P}\sum_{k=1}^{L}(T_k^p - o_k^p)\psi'(net_k)w_{ki} \tag{7-25}$$

$$\frac{\partial y_i}{\partial net_i} = \phi'(net_i) \tag{7-26}$$

$$\frac{\partial o_k}{\partial net_k} = \psi'(net_k) \tag{7-27}$$

所以最后得到

$$\Delta w_{ki} = \eta\sum_{p=1}^{P}\sum_{k=1}^{L}(T_k^p - o_k^p)\psi'(net_k)y_i \tag{7-28}$$

$$\Delta a_k = \eta\sum_{p=1}^{P}\sum_{k=1}^{L}(T_k^p - o_k^p)\psi'(net_k) \tag{7-29}$$

$$\Delta w_{ij} = \eta\sum_{p=1}^{P}\sum_{k=1}^{L}(T_k^p - o_k^p)\psi'(net_k)w_{ki}\phi'(net_i)x_j \tag{7-30}$$

$$\Delta\theta_i = \eta\sum_{p=1}^{P}\sum_{k=1}^{L}(T_k^p - o_k^p)\psi'(net_k)w_{ki}\phi'(net_i) \tag{7-31}$$

BP 算法程序流程图如图 7－3 所示。

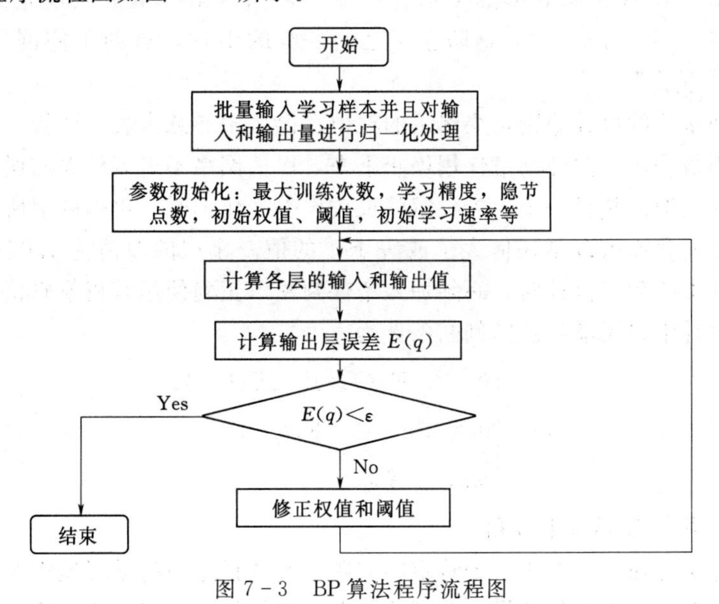

图 7－3　BP 算法程序流程图

2. 基本 BP 算法的缺陷

BP 算法因其简单、易行、计算量小、并行性强等优点，是目前神经网络训练采用最多也是最成熟的训练算法之一。其算法的实质是求解误差函数的最小值问题，由于它采用非线性规划中的梯度下降法（Gradient desent），按误差函数的负梯度方向修改权值，因而通常存在以下问题：

（1）学习效率低，收敛速度慢。

（2）易陷入局部极小状态。

3. BP 算法的改进

（1）附加动量法。附加动量法使网络在修正其权值时，不仅考虑误差在梯度上的作用，而且考虑在误差曲面上变化趋势的影响。在没有附加动量的作用下，网络可能陷入浅的局部极小值，利用附加动量的作用有可能滑过这些极小值。

该方法是在反向传播法的基础上在每一个权值（或阈值）的变化上加上一项正比于前次权值（或阈值）变化量的值，并根据反向传播法来产生新的权值（或阈值）变化。

带有附加动量因子的权值和阈值调节公式为

$$\Delta w_{ij}(k+1)=(1-mc)\eta\delta_i p_j+mc\Delta w_{ij}(k) \tag{7-32}$$

$$\Delta b_i(k+1)=(1-mc)\eta\delta_i+mc\Delta b_i(k) \tag{7-33}$$

式中　k——训练次数；

　mc——动量因子，一般取 0.95 左右。

附加动量法的实质是将最后一次权值（或阈值）变化的影响，通过一个动量因子来传递。当动量因子取值为零时，权值（或阈值）的变化仅是根据梯度下降法产生；当动量因子取值为 1 时，新的权值（或阈值）变化则是设置为最后一次权值（或阈值）的变化，而依梯度法产生的变化部分则被忽略掉了。以此方式，当增加了动量项后，促使权值的调节向着误差曲面底部的平均方向变化，当网络权值进入误差曲面底部的平坦区时，$\Delta w_{ij}(k+1)=\Delta w_{ij}(k)$，这防止了 $\Delta w_{ij}=0$ 的出现，有助于使网络从误差曲面的局部极小值中跳出。

根据附加动量法的设计原则，当修正的权值在误差中导致太大的增长结果时，新的权值应被取消而不被采用，并使动量作用停止下来，以使网络不进入较大的误差曲面；当新的误差变化率对其旧值超过一个事先设定的最大误差变化率时，也得取消所计算的权值变化。其最大误差变化率可以是任何大于或等于 1 的值。典型的取值为 1.04。所以，在进行附加动量法的训练程序设计时，必须加入条件判断以正确使用其权值修正公式。

训练程序设计中采用动量法的判断条件为

$$mc=\begin{cases}0, & E(k)>1.04E(k-1)\\ 0.95, & E(k)<E(k-1)\\ mc, & \text{其他}\end{cases} \tag{7-34}$$

式中　$E(k)$——第 k 步误差平方和。

（2）自适应学习速率。对于一个特定的问题，要选择适当的学习速率并不容易。通常是凭经验或实验获取，但即使这样，对训练初期效果较好的学习速率，不一定适合训练后期。为了解决这个问题，人们想到在训练过程中自动调节学习速率。通常调节学习速率的准则是：检查权值是否真正降低了误差函数，如果确实如此，则说明所选学习速率小了，可以适当增加一个量；若不是这样，而是产生了过调，那么就应该减少学习速率的值。一

个自适应学习速率的调整公式为

$$\eta(k+1)=\begin{cases}1.05\eta(k) & E(k+1)<E(k)\\ 0.7\eta(k) & E(k+1)>1.04E(k)\\ \eta(k) & \text{其他}\end{cases} \tag{7-35}$$

式中　$E(k)$——第 k 步误差平方和。

初始学习速率 $\eta(0)$ 的选取范围有很大的随意性。

（3）动量-自适应学习速率调整算法。当采用前述的动量法时，BP 算法可以找到全局最优解，而当采用自适应学习速率时，BP 算法可以缩短训练时间，这两种方法也可以用来训练神经网络，该方法称为动量-自适应学习速率调整算法。

4. 网络的设计

（1）网络的层数。理论上已证明：具有偏差和至少一个 S 型隐含层加上一个线性输出层的网络，能够逼近任何有理数。增加层数可以更进一步的降低误差，提高精度，但同时也使网络复杂化，从而增加了网络权值的训练时间。而误差精度的提高实际上也可以通过增加神经元数目来获得，其训练效果也比增加层数更容易观察和调整。所以一般情况下，应优先考虑增加隐含层中的神经元数目。

（2）隐含层的神经元数。网络训练精度的提高，可以通过采用隐含层增加神经元数目的方法来获得。这在结构实现上，要比增加隐含层数要简单得多。至于究竟选取多少隐含层节点才合适，这在理论上并没有一个明确的规定。在具体设计时，比较实际的做法是通过对不同神经元数进行训练对比，然后适当地加上一点余量。

（3）初始权值的选取。由于系统是非线性的，初始值对于学习是否达到局部最小、是否能够收敛及训练时间长短的影响很大。如果初始值太大，使得加权后的输入和 n 落在了 S 型激活函数的饱和区，从而导致其导数 $f'(n)$ 非常小，而在计算权值修正公式中，因为 $\delta\propto f'(n)$，当 $f'(n)\to 0$ 时，则有 $\delta\to 0$。这使得 $\Delta w_{ij}\to 0$，从而使得调节过程几乎停顿下来。所以一般总是希望经过初始加权后的每个神经元输出值都接近于零，这样可以保证每个神经元的权值都能够在它们的 S 型激活函数变化最大之处进行调节。所以，一般取初始权值为（−1，1）之间的随机数。

（4）学习速率。学习速率决定每一次循环训练中所产生的权值变化量。大的学习速率可能导致系统的不稳定；小的学习速率导致较长的训练时间，可能收敛很慢，不过能保证网络的误差值不跳出误差表面的低谷而最终趋于最小误差值。所以在一般情况下，倾向于选取较小的学习速率以保证系统的稳定性。学习速率的选取在 0.01～0.8。

7.1.2.6　径向基函数（RBF）神经网络

径向基函数（RBF）神经网络是一种新颖有效的前馈式神经网络，它具有最佳逼近和全局最优的性能，同时训练方法快速易行，不存在局部最优问题，这些优点使得 RBF 神经网络在非线性时间序列预测中得到了广泛的应用。

RBF 神经网络具有如下特点：

（1）只有一个隐层，且隐层神经元与输出层神经元的模型不同。

（2）隐层节点激活函数为径向基函数，输出层节点激活函数为线性函数。

（3）隐层节点激活函数的净输入是输入向量与节点中心的距离（范数）而非向量内

积，且节点中心不可调。

(4) 隐层节点参数确定后，输出权值可通过解线性方程组得到。

(5) 隐层节点的非线性变换把线性不可分问题转化为线性可分问题。

(6) 局部逼近网络意味着逼近一个输入/输出映射时，在相同逼近精度要求下，RBF所需的时间要比全局逼近函数（Multilevel Programming，MLP）少。

(7) 具有唯一最佳逼近的特性，无局部极小。

(8) 合适的隐层节点数、节点中心和宽度不易确定。

RBF 网络隐层节点常用的激活函数如下。

Gauss（高斯）函数为

$$\phi(r)=\exp\left(-\frac{r^2}{2\sigma^2}\right) \tag{7-36}$$

反演 S 型函数为

$$\phi(r)=\frac{1}{1+\exp\left(\frac{r^2}{\sigma^2}\right)} \tag{7-37}$$

拟多二次函数为

$$\phi(r)=\frac{1}{(r^2+\sigma^2)^{1/2}} \tag{7-38}$$

RBF 网络是一种三层前向网络：第一层为输入层，有 N 个节点，由信号源节点组成；第二层为隐含层，有 P 个节点，隐单元的变换函数是一种局部分布的非负非线性函数，它对中心点径向对称且衰减，隐含层的单元数由所描述问题的需要确定；第三层为输出层，l 个节点，网络的输出是隐单元输出的线性加权。RBF 网络结构如图 7-4 所示。

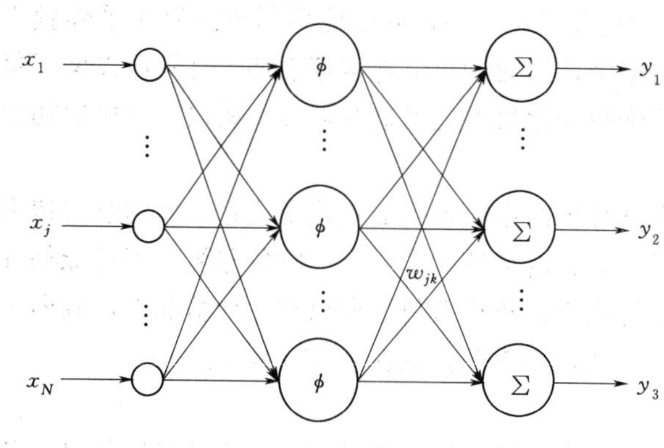

图 7-4 RBF 网络结构

设输入层的任一节点用 i 表示，隐层的任一节点用 j 表示，输出层的任一节点用 k 表示。对各层的数学描述如下：$X=(x_1,x_2,\cdots,x_N)^{\mathrm{T}}$ 为网络输入向量；$\varphi_j(X)(j=1,2,\cdots,P)$ 为任一隐节点的激活函数，称为"基函数"，一般选用 Gauss（高斯）函数；W 为输出权矩阵，其中 $w_{jk}(j=1,2,\cdots,P;k=1,2,\cdots,l)$ 为隐层第 j 个节点与输出层第 k 个节点间的突触权值；$Y=(y_1,y_2,\cdots,y_l)^{\mathrm{T}}$ 为网络输出；输出层神经元采用线性激活函数。

隐层输出为

$$\phi(\|X-C_i\|,\sigma_i)=\mathrm{e}^{-\frac{\|X-C_i\|^2}{2\sigma_i^2}} \tag{7-39}$$

式中 C——数据中心；

σ_i——扩展常数；

i——第 i 个隐层神经元。

网络输出可表示为

$$F(X) = \sum_{i=1}^{N} w_i f(\| X - C_i \|, s_i) \tag{7-40}$$

式中 w_i——第 i 个隐层神经元与输出之间的权值。

数据中心的监督学习算法，最一般的情况是对输出层各权向量赋小随机数并进行归一化处理，隐节点 RBF 函数的中心、扩展常数和输出层圈住均采用监督学习算法进行训练，即所有参数都经历一个误差修正的学习过程。

定义目标函数

$$E = \frac{1}{2}\sum_{i=1}^{P} e_i^2$$

式中 P——训练样本数；

e_i——输入第 i 个样本时的误差信号。

e_i 定义为

$$e_i = d_i - F(X_i) = d_i - \sum_{j-1}^{M} w_j G(\| X_i - C_j \|) \tag{7-41}$$

式（7-41）的输出函数中忽略了阈值。

为使目标函数最小化，各参数的修正量应与其负梯度成正比，具体为

$$Dc_j = h\frac{w_j}{s_j^2}\sum_{i=1}^{P} e_i G(\| X_i - c_j \|)(X_i - c_j) \tag{7-42}$$

$$Ds_j = h\frac{w_j}{s_j^3}\sum_{i=1}^{P} e_i G(\| X_i - c_j \|)\| (X_i - c_j) \|^2 \tag{7-43}$$

$$Dw_j = h\sum_{i=1}^{P} e_i G(\| X_i - c_j \|) \tag{7-44}$$

RBF 神经网络同 BP 神经网络相比，不但在理论上是前向网络中最优的网络，而且学习方法也避免了局部最优的问题。已经证明：一个 RBF 神经网络，在隐层节点足够多的情况下，经过充分学习，可以用任意精度逼近任意非线性函数，而且具有最优泛函数逼近能力，另外，它具有较快的收敛速度和强大的抗噪和修复能力。但是，隐层基函数的中心是在输入样本集中选取的，这在许多情况下难以反映出系统真正的输入/输出关系，并且初始中心点数太多；另外，优选过程会出现数据病态现象。

我国近年来也在积极开展算法研究，但离实际应用还有相当一段距离。我国所做的风功率预测准备工作不及国外充分，例如，对风功率预测系统所需要的基础数据准备不够充分，数值天气预报精度和现场数据积累程度不高，对风电场气象信息的监测和收集技术不够成熟等，这些都制约着风功率预测系统的研究和开发。

7.2 风电场微观尺度空气动力学预测机前风速与湍流

上文已经介绍了风电场空气动力场中尺度-微观尺度耦合的计算方法。通过对中尺度天气预报数据的降尺度处理，可以获得风电场未来某时刻的边界预测信息。将这些预测的

边界条件与风电场微观尺度空气动力学模型相结合，通过数值模拟就能计算出风电机组的机前风速和湍流，完成风电场机组级功率预测。

由于微观尺度数值模拟计算耗时大，一般对风电场各特征风速、风向下的流场做提前计算，形成包括各台风电机组机前风速和湍流的数据库。在中尺度天气预报数据到达后，通过查询相关数据库，经过简单的插值就能得到各台风电机组的机前风速和湍流信息。

根据第 4 章内容，复杂地形风电场入流条件存在一定的非均匀性，且非均匀性程度与上游地形的复杂程度相关。对于复杂地形风电场，中尺度计算结果降尺度到 1km 左右时，仍然不能较为准确地描述入流边界。因此在给定的风电场计算区域中，应首先根据风电场运行数据推断各风向、风速下入口风速非均匀性的统计规律，依据此规律将降尺度数据进一步精细化，使得入流边界更加准确。

当入流条件确定后，依据下垫面特点使用合适的尾流模型计算流场：对于平坦地形，为提高计算速度，可使用半经验尾流模型；对于复杂地形，山地绕流与尾流的相互作用不能忽略，因而应使用致动盘模型对尾流进行模拟。同时鉴于热稳定性对风电场空气动力场的影响，在风电场流场数据形成和查询时应考虑大气热稳定性，即根据不同的热稳定性等级设置边界条件计算、查询流场信息。

7.3 风电机组发电过程建模

由于气象自然条件，尤其是风速的不可控性和随机性，使得对风力发电系统的研究无法随时随地进行试验和测试。另外，大型风电机组体积庞大、机械和电气结构复杂，也给风力发电系统动态特性和运行过程的研究带来困难。建立风力发电系统的数学模型，既有利于深入了解风电机组的动态特性和运行机理，同时也为风电机组控制技术研究和控制系统开发奠定了基础。

7.3.1 风电机组结构

大中型风电机组通常采用水平轴风力机，机组由叶片、轮毂、齿轮箱、调向机构、发电机、塔架、控制系统及附属部件（机舱、机座、回转体、制动器等）等组成。水平轴风力机结构图如图 7-5 所示。

目前，在风电机组中，两种具有竞争力的结构形式是异步电机双馈式机组和永磁同步电机直驱式机组。大容量的机组大多采用这两种结构。

双馈异步风力发电机组如图 7-6 所示，这是目前应用最为广泛的一种风电系统结构。双馈发电机定子直接连接电网，转子通过双 PWM 变频器与电网相连，用变频器控制转子绕组电流，其容量仅为发电机额定功率的 30%左右就可以控制发电机的全功率输出。

这种结构有更宽的调速范围，且变频器所需容量较小，经济性好，因而被大容量的大型风电机组广泛采用。

直驱式永磁同步风电机组如图 7-7 所示，是目前另一种采用较为广泛的风电系统结构。

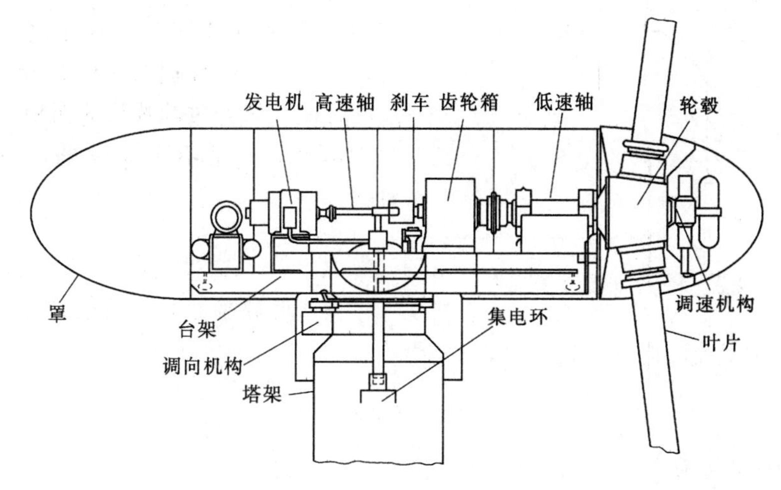

图 7-5　水平轴风力机结构图

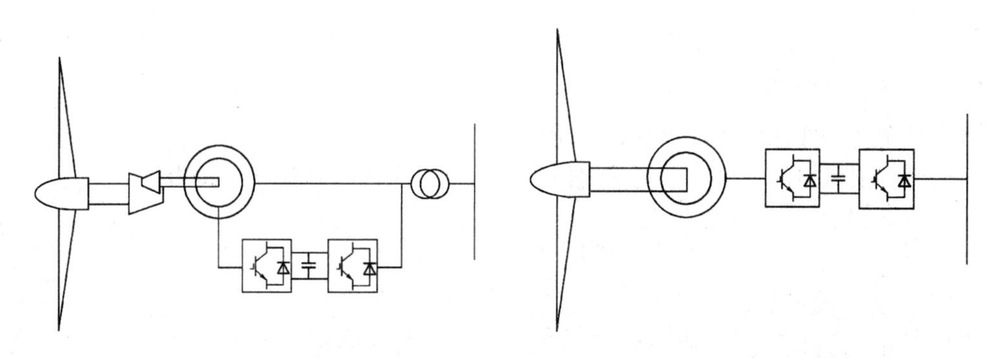

图 7-6　双馈异步风力发电机组　　　　图 7-7　直驱式永磁同步风电机组

其特点是无齿轮箱结构，风力机与永磁发电机直驱式相连，发出的电能经变频器并入电网。

7.3.2 风电机组气动特性建模

风轮是风电机组气动系统的主要部件，用于风力发电系统捕获风能，并将空气动能转换为机械能。研究风轮的空气动力学特性，是风电机组叶片设计的基础，也是研究动能—机械能转换过程的基础。

7.3.2.1 风电机组的基础理论——贝兹（Betz）理论

贝兹（Betz）理论是世界上第一个关于风轮叶片接受风能的比较完整的理论，由 A·贝兹于 1919 年提出。假定叶轮是“理想叶轮”，那么可认为：

（1）叶轮没有轮毂，叶片是无限多，对气流没有任何阻力。

（2）空气流是连续的，不可压缩的，叶片扫掠面上的气流是均匀的。

（3）叶轮前、叶轮平面、叶轮后气流都是均匀的定常流动。

（4）叶轮前未受扰动的气流静压和风轮后的气流静压相等。

（5）作用在叶轮上的推力是均匀的。

（6）不考虑叶轮后的尾流旋转。

贝兹（Betz）理论计算简图如图 7-8 所示。图 7-8 中，v_1、v、v_2 分别为风经过叶

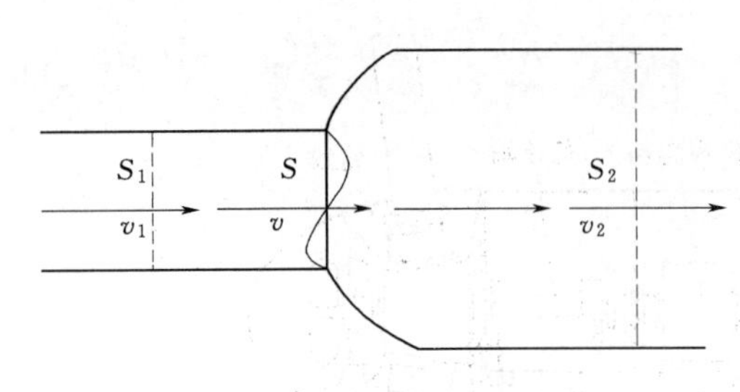

图 7-8 贝兹（Betz）理论计算简图

片前、风经过叶片时、风经过叶片后的速度；S_1、S、S_2 分别为风经过叶片前、风经过叶片时、风经过叶片后的面积。

假设空气是不可压缩的，由连续条件可得

$$S_1 v_1 = Sv = S_2 v_2 \tag{7-45}$$

由于叶轮平面对气流的作用，导致气流速度发生变化，气流方向的净速度可表示为

$$v = v_1(1-a) \tag{7-46}$$

式中 a——轴向气流诱导因子。

由动量定理，可知气流作用在叶轮上的力为

$$F = (p' - p'')S = \rho S v(v_1 - v_2) \tag{7-47}$$

式中 ρ——空气当时的密度，kg/m^3；

p'、p''——叶轮平面前后面上的压强，Pa。

对气流的上风向和下风向分别使用伯努利方程，求得压力差 $p' - p''$ 为

上风向：
$$\frac{1}{2}\rho_1 v_1^2 + p_1 + \rho_1 g h_1 = \frac{1}{2}\rho v^2 + p' + \rho g h \tag{7-48}$$

下风向：
$$\frac{1}{2}\rho v^2 + p'' + \rho g h = \frac{1}{2}\rho_2 v_2^2 + p_2 + \rho_2 g h_2 \tag{7-49}$$

式中 p_1——风流束经过叶片前的压强；

p_2——风流束经过叶片后的压强。

由于假设气流不可压缩，故 $\rho_1 = \rho = \rho_2$，在水平方向气流中心在同一高度，即 $h_1 = h = h_2$，联立式（7-47）～式（7-49），得到

$$v_2 = (1-2a)v_1 \tag{7-50}$$

将式（7-50）代入式（7-47）得到

$$F = (p' - p'')S = 2\rho S v_1^2 a(1-a) \tag{7-51}$$

叶轮接受的功率为

$$P = Fv = 2\rho S v_1^3 a(1-a)^2 \tag{7-52}$$

定义无量纲风能利用系数（贝兹系数）为

$$C_P = \frac{P}{\frac{1}{2}\rho v_1^3 S} \tag{7-53}$$

将式（7-52）代入式（7-51）得到

$$C_P=4a(1-a)^2 \tag{7-54}$$

相应的无量纲推力系数为

$$C_F=\frac{F}{\frac{1}{2}\rho v_1^2 S}=\frac{2F}{\rho v_1^2 S}=4a(1-a) \tag{7-55}$$

当 $a=1/3$ 时，C_P 取最大值，$C_P=0.593$，这个极限称为 Betz 极限。它是水平轴风电机组风能利用系数的最大值。当 $a=1/2$ 时，C_F 取最大值。$a\geqslant 1/2$ 时尾流速度开始变为零，模型将不再适用。

Betz 风电机组运行特征参数如图 7-9 所示。

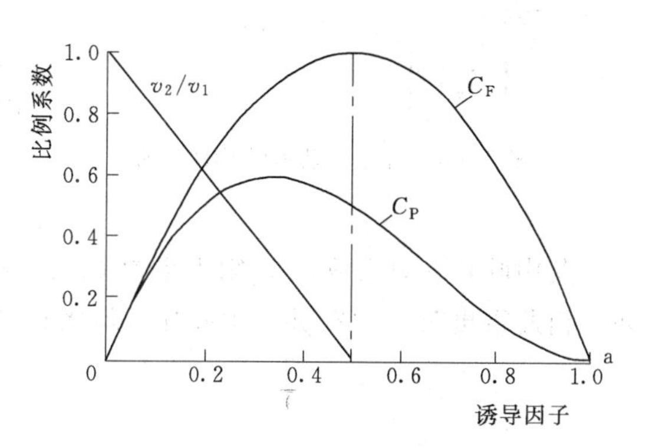

图 7-9　Betz 风电机组运行特征参数

7.3.2.2　作用在风轮上的空气动力——叶素理论

采用基于叶素理论（Blade Element Theory，BET）的研究方法：沿叶片长度方向，将叶片分割为许多叶片微元——叶素，取距离风轮旋转轴 r 处、长度为 dr 的叶素，该叶素弦长为 c，相应的桨距角为 β，叶素叶尖速比 $\lambda_r=\lambda r/R=\omega_{wt}r/v$。叶素理论示意图如图 7-10 所示。

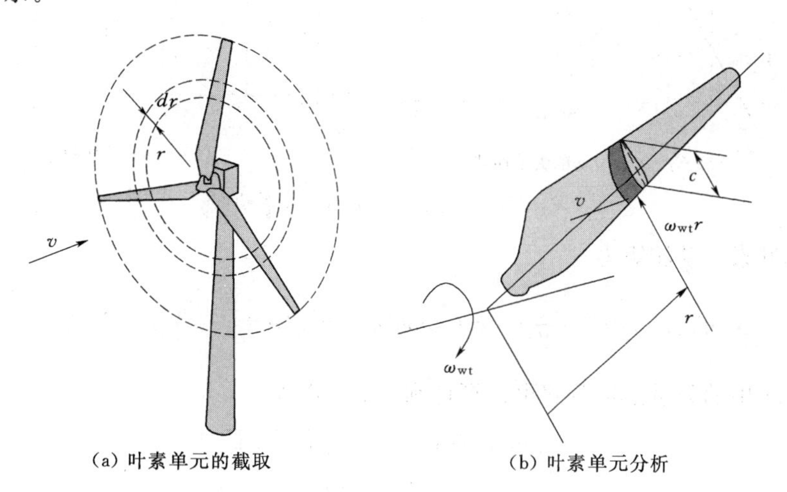

(a) 叶素单元的截取　　(b) 叶素单元分析

图 7-10　叶素理论示意图

进行如下假设：

(1) 风电机组有无穷多叶素。

(2) 忽略各叶素之间的相互影响。

(3) 忽略叶素在叶片径向的速度变化。

(4) 忽略叶片各种情况下雷诺数的变化。

若考虑尾流旋转，叶素气动力学特性分析如图 7-11 所示。

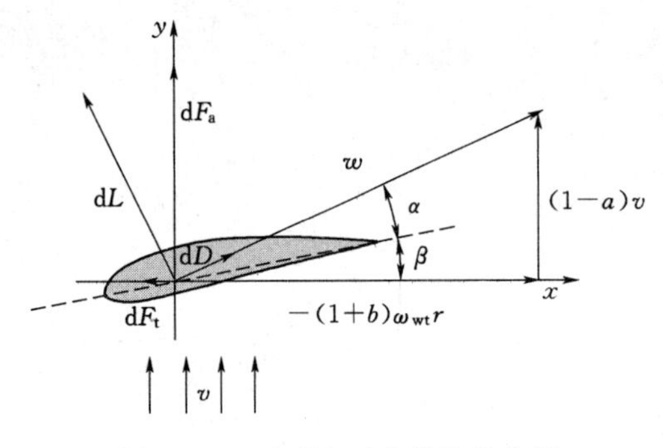

图 7-11　叶素气动力学特性分析

图 7-11 中，w 为相对于叶素的风速；α 为考虑尾流旋转时的攻角；a、b 为气流诱导因子；dL、dD 分别为叶素升力和阻力；dF_t、dF_a 分别为叶素运动方向升力和轴向阻力。

根据叶素理论，对叶素 j 进行受力分析可得

$$dF_t = dL\sin(\alpha+\beta) - dD\cos(\alpha+\beta) = \frac{1}{2}\rho w^2 c dr\{[C_L\sin(\alpha+\beta) - C_D\cos(\alpha+\beta)]\} \tag{7-56}$$

其中叶片升力系数 C_L、阻力系数 C_D 为与攻角 α 的关系可由图 7-12（a）中曲线表示，由此得出图 7-12（b）中叶片升阻比 $\varepsilon=C_L/C_D$ 与攻角 α 的函数。

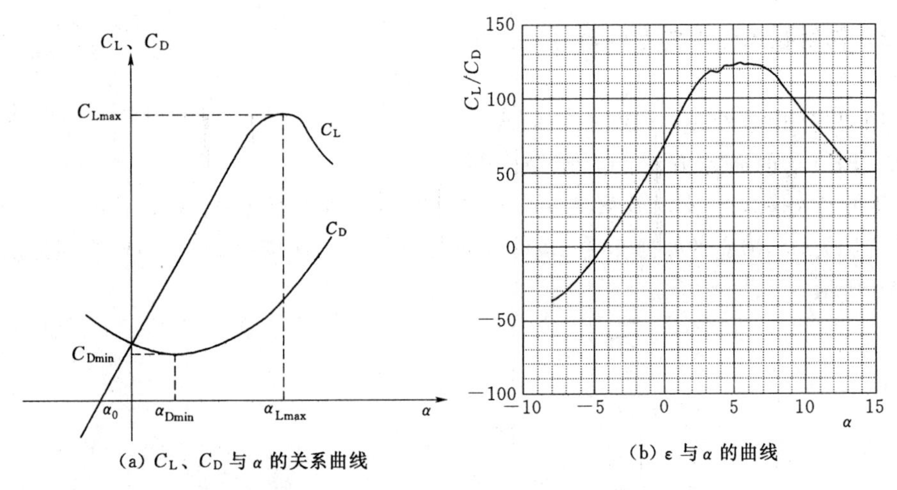

图 7-12　C_L、C_D、ε 与 α 关系曲线

由此可导出叶素气动转矩为

$$dT_{wt} = r dF_t = \frac{1}{2}\rho w^2 c r C_D\cos(\alpha+\beta)[\varepsilon(\alpha)\tan(\alpha+\beta)-1]dr \tag{7-57}$$

根据图 7-11 中的矢量坐标分解可计算得到 w、α 分别为

$$w = v\sqrt{(1-a)^2+\lambda_r^2(1+b)^2} \tag{7-58}$$

$$\alpha = \arctan\left[\frac{1-a}{\lambda_r(1+b)}\right]-\beta \tag{7-59}$$

其中气流诱导因子为

$$a = \frac{K_L}{(1-K_L)^2}\frac{\lambda^2}{\dfrac{1+\lambda^2}{(1-K_L)^2}} \tag{7-60}$$

$$b = \frac{K_L}{1-K_L}\frac{1}{\dfrac{1+\lambda^2}{(1-K_L)^2}} \tag{7-61}$$

式中　K_L——拉格朗日系数，取 1/3。

将以上代入式（7-57）并对其沿叶片长度方向积分，得到风电机组气动转矩 T_{wt} 为

$$T_{wt} = \int_{r_0}^{R} r\,\frac{1}{2}\rho w^2 c C_D \cos(\alpha+\beta)[\varepsilon\tan(\alpha+\beta)-1]\mathrm{d}r \tag{7-62}$$

可见，气动转矩 T_{wt} 由 λ、α、β 共同决定，又知攻角 α 由 v、ω_{wt}、β 共同决定，故可将风轮的气动转矩 T_{wt} 简写为

$$T_{wt} = \frac{1}{2}\rho\pi R^3 C_T(\lambda,\beta)v^2 = K_T C_T(\lambda,\beta)v^2 \tag{7-63}$$

对应的气动功率 P_{wt} 表达式为

$$P_{wt} = \frac{1}{2}\rho\pi R^2 C_p(\lambda,\beta)v^3 = K_P C_P(\lambda,\beta)v^3 \tag{7-64}$$

$$C_p(\lambda,\beta) = \lambda C_T(\lambda,\beta) \tag{7-65}$$

风能利用系数 C_p 则可以表示为

$$C_p = c_0\left(c_1\frac{1}{\lambda_i} + c_2\beta + c_3\right)e^{c_4\frac{1}{\lambda_i}} + c_5 \tag{7-66}$$

$$\frac{1}{\lambda_i} = \frac{1}{\lambda + b_0\beta} + \frac{b_1}{\beta^3+1} \tag{7-67}$$

式中　c_0、c_1，…，c_5，b_0、b_1——均为常数，由风电机组生产厂家给定。

从式（7-65）和式（7-66）可以看出，当桨矩角 β 一定时，C_p 仅是叶尖速比 λ 的函数。绘制风能利用系数 C_p 与叶尖速比 λ 及桨距角 β 的关系曲线如图 7-13 所示。

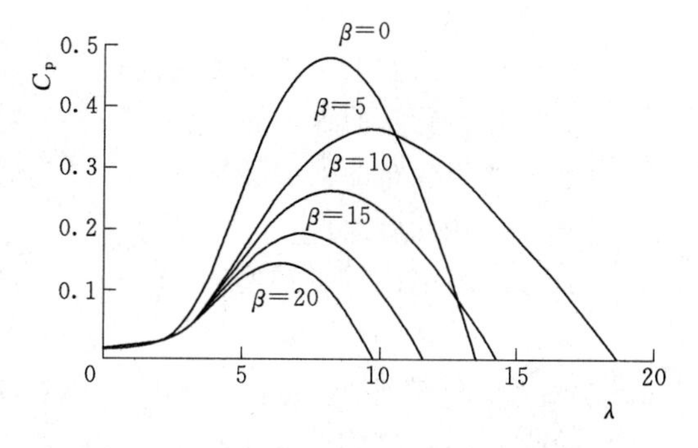

图 7-13　风能利用系数 C_P 与 λ、β 的关系曲线

7.3.2.3　传动系统建模

传动系统是风轮空气动力子系统和发电机子系统的机械连接系统。从机械系统动力学的角度，这些组成部分可以看成是有限个惯性元件、弹性元件及阻尼元件，因此传动系统的动态建模，就是研究这些元件组成的机械系统在外力作用下的运动特性以及在运动中对外界产生的作用。

1. 柔性轴系模型

将传动轴看成柔性元件，风轮转子和发电机转子有各自的旋转自由度，风轮的变速源于风轮气动转矩与低速轴转矩的不平衡，发电机变速源于发电机响应转矩与高速轴转矩的不平衡。因此，三质量块模型是将风轮转子、齿轮箱、发电机转子分别看作集中质量块，并将齿轮箱的转动柔性等效到传动轴上，传动系统三质量块模型如图 7-14 所示。

根据图 7-14，建立传动系统的动态模型方程为

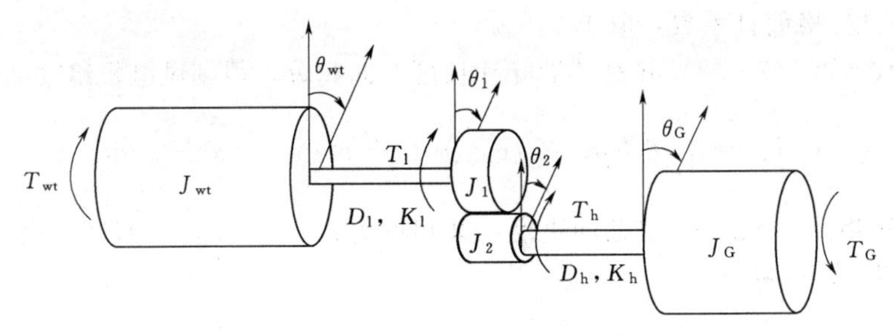

图 7-14　传动系统三质量块模型

$$\left.\begin{aligned}
&T_{wt}=J_{wt}\frac{d\omega_{wt}}{dt}+D_l\omega_{wt}+K_l(\theta_{wt}-\theta_l)\\
&T_1=J_1\frac{d\omega_1}{dt}+D_l\omega_1+K_l(\theta_1-\theta_{wt})\\
&T_2=J_2\frac{d\omega_2}{dt}+D_h\omega_2+K_h(\theta_2-\theta_G)\\
&-T_G=J_G\frac{d\omega_G}{dt}+D_h\omega_G+K_h(\theta_G-\theta_2)\\
&\frac{d\theta_{wt}}{dt}=\omega_{wt},\quad \frac{d\theta_G}{dt}=\omega_G\\
&\frac{d\theta_1}{dt}=\omega_1,\quad \frac{d\theta_2}{dt}=\omega_2
\end{aligned}\right\}\tag{7-68}$$

式中　T_{wt}——风轮气动转矩；

T_G——输入发电机的机械转矩；

T_1——齿轮箱的输入转矩；

T_2——齿轮箱的输出转矩；

ω_{wt}——风轮转速；

ω_G——发电机转子转速；

ω_1——低速轴转速；

ω_2——高速轴转速；

θ_{wt}——风轮位移；

θ_G——高速轴轴端即发电机转子角位移；

J_{wt}——风轮转动惯量；

J_G——发电机转动惯量；

J_1——低速轴转动惯量；

J_2——高速轴转动惯量；

D_l——低速轴阻尼系数；

D_h——高速轴阻尼系数；

K_l——低速轴刚度系数；

K_h——高速轴刚度系数。

式（7-68）较为全面地考虑了各轴系柔性，但是所建立的动态模型较为复杂，不利于实现仿真控制，为了便于控制系统的设计，需要通过等效折算对模型进行简化。

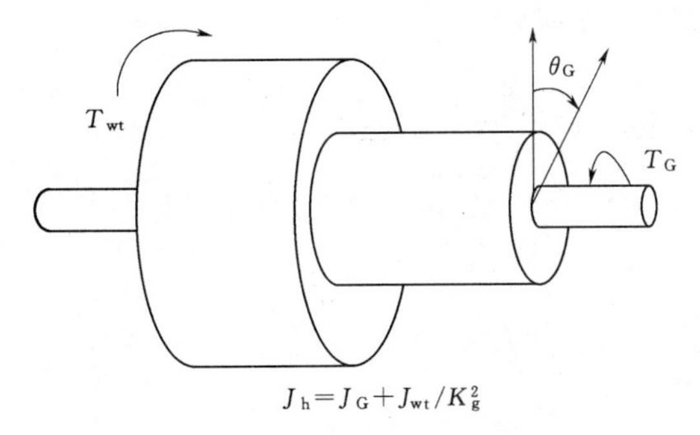

图 7-15 传动系统刚性轴系模型

2. 刚性轴系模型

刚性轴模型认为传动系统是刚性的，即忽略风轮、发电部分及部分的传动阻尼，将低速轴、增速齿轮箱的传动轴、高速轴看作是刚性连接，等效成一个质量块。那么，高速轴与低速轴的转速按齿轮箱恒定的传动比变化，风轮转子和发电机的速度变化来自于气动转矩与发电机响应转矩的不平衡。传动系统刚性轴系模型如图 7-15 所示。

根据上述假设，可知

$$T_G=\frac{T_{wt}\eta}{K_g} \tag{7-69}$$

$$\omega_G=K_G\omega_{wt} \tag{7-70}$$

转动惯量折算到低速轴为

$$T_{wt}-\frac{K_g}{\eta}T_G=J_l\frac{d\omega_{wt}}{dt} \tag{7-71}$$

转动惯量折算到高速轴

$$\frac{K_g}{\eta}T_{wt}-T_G=J_h\frac{d\omega_G}{dt} \tag{7-72}$$

其中系统的转动惯量折算到低速轴侧、高速轴侧的等效的转动惯量 J_l、J_h 分别为

$$J_l=J_1+J_{wt}+(J_2+J_G)\frac{K_g^2}{\eta}=J_{wt}+J_G\frac{K_g^2}{\eta} \tag{7-73}$$

$$J_h=(J_1+J_{wt})\frac{\eta}{K_g^2}+J_2+J_G=J_G+J_{wt}\frac{\eta}{K_g^2} \tag{7-74}$$

由于风电机组的转动惯量较大，风速发生突变时，两质量块模型达到稳定状态的过渡过程明显长于刚性轴系模型。等效两质量块柔性轴系模型的转速调节系统响应速度较慢，两质量块模型转速和转矩变化幅度明显小于刚性轴系模型，因此系统稳定性相对较高。因此经过等效化简的两质量块柔性轴系模型能够较为真实地反映实际风电机组传动系统的动态特性，对于风电机组的振荡、疲劳载荷分析和控制系统设计具有重要作用。

柔性轴系模型能够较为真实地反映实际风电机组传动系统的动态特性。刚性轴系仿真效果相对两质量块模型略显不足，但由于其结构简单，易于实现，因此在控制精度允许的条件下，传动系统建模常采用刚性轴系模型。

7.3.2.4 发电机建模

1. 双馈异步发电机建模

为了突出主要问题，对双馈发电机作以下假设：

1）忽略空间谐波，设三相绕组对称，磁动势沿气隙圆周按照正弦规律分布。

2）磁路饱和及铁芯损耗忽略不计，各绕组的自感和互感都是线性对称的。

3）不考虑温度和频率变化对电机参数的影响。

4）转子各参数都已经折算到定子侧，折算后定转子各相绕组匝数相等。

则双馈异步发电机并网运行等效电路如图 7－16 所示。

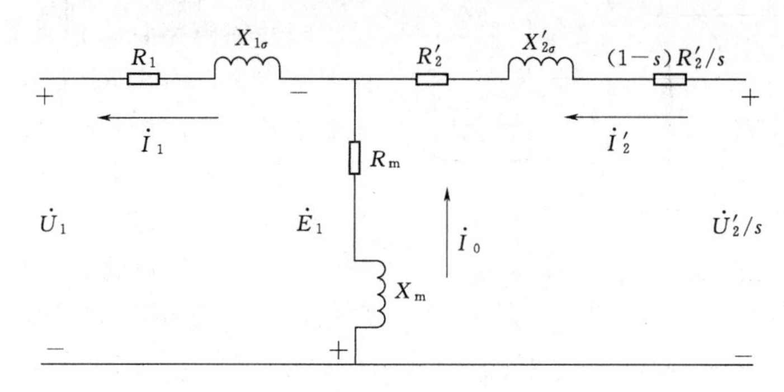

图 7－16　双馈异步发电机并网运行等效电路

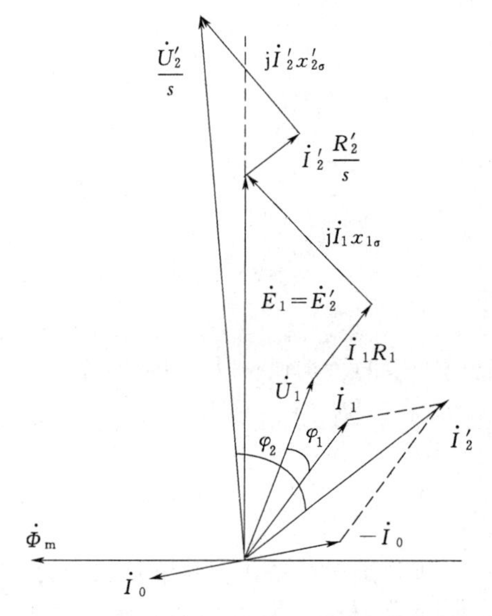

图 7－17　双馈电机向量图

图中，R_1、$X_{1\sigma}$分别为定子回路每相电阻和漏抗的折算值；R_2'、$X_{2\sigma}'$分别为转子回路每相电阻和漏抗的折算值；$Z_1=R_1+\mathrm{j}X_{1\sigma}$为定子阻抗；$Z_2'=R_2'+\mathrm{j}X_{2\sigma}'$为转子阻抗；$Z_m=R_m+\mathrm{j}X_m$ 为励磁阻抗；l_1、l_2'、l_0 分别为定子电流、转子电流折算值和励磁电流。

根据图 7－16，可得双馈发电机的基本方程式为

$$\left.\begin{aligned}\dot{U}_1&=\dot{E}_1-\dot{I}_1Z_1\\ \frac{\dot{U}_2'}{s}&=\dot{E}_2'+\dot{I}_2'\left(\frac{R_2'}{s}+\mathrm{j}X_{2\sigma}'\right)\\ \dot{E}_1&=\dot{E}_2'=-\dot{I}_0Z_m\\ \dot{I}_1&=\dot{I}_2'+\dot{I}_0\end{aligned}\right\}\tag{7-75}$$

双馈电机向量图如图 7－17 所示。

双馈发电机在两相 dq 同步旋转坐标系中的数学模型：

(1) 电压平衡方程。如果把磁链方程代入电压方程中，即得展开后的电压方程为

$$u=Ri+p(Li)=Ri+L\frac{\mathrm{d}i}{\mathrm{d}t}+\frac{\mathrm{d}L}{\mathrm{d}t}i=Ri+L\frac{\mathrm{d}i}{\mathrm{d}t}+\frac{\mathrm{d}L}{\mathrm{d}\theta}\omega i\tag{7-76}$$

式中　$L(\mathrm{d}i/\mathrm{d}t)$——电磁感应电动势中的脉变电动势；

$(\mathrm{d}L/\mathrm{d}\theta)\omega i$——电磁感应电动势中与转速成正比的旋转电动势。

在同步旋转 dq 坐标系下 DFIG 的等效电压方程为

定子绕组
$$\left.\begin{aligned}u_{q1}&=-R_1i_{q1}-\omega_1\psi_{d1}+p\psi_{q1}\\ u_{d1}&=-R_1i_{d1}+\omega_1\psi_{q1}+p\psi_{d1}\end{aligned}\right\}\tag{7-77}$$

转子绕组
$$\left.\begin{aligned}u_{q2}&=R_2i_{q2}-(\omega_1-\omega)\psi_{d2}+p\psi_{q2}\\ u_{d2}&=R_2i_{d2}-(\omega_1-\omega)\psi_{q2}+p\psi_{d2}\end{aligned}\right\}\tag{7-78}$$

电压方程等号右侧，含 R 项表示电阻压降，含 p 项表示电感压降（即脉变电动势），含 ω 项表示旋转电动势。为了使物理概念更清楚，所以把他们分开来写。

（2）磁链方程为

定子磁链
$$\left.\begin{aligned}\psi_{q1}&=L_1 i_{q1}-L_m i_{q2}\\ \psi_{d1}&=L_1 i_{d1}-L_m i_{d2}\end{aligned}\right\} \tag{7-79}$$

转子磁链
$$\left.\begin{aligned}\psi_{q2}&=L_2 i_{q2}-L_m i_{q1}\\ \psi_{d2}&=L_2 i_{d2}-L_m i_{d1}\end{aligned}\right\} \tag{7-80}$$

其中
$$L_m=\frac{3}{2}L_{m1}$$

$$L_1=\frac{3}{2}L_{m1}+L_{l1}=L_m+L_{l1}$$

$$L_2=\frac{3}{2}L_{m1}+L_{l2}=L_m+L_{l2}$$

以上式中 u_{q1}、u_{d1}、u_{q2}、u_{d2}——定子、转子电压的 q 轴和 d 轴分量；

i_{q1}、i_{d1}、i_{q2}、i_{d2}——定子、转子电流的 q 轴和 d 轴分量；

ψ_{q1}、ψ_{d1}、ψ_{q2}、ψ_{d2}——定子、转子磁链的 q 轴和 d 轴分量；

L_m——dq 坐标系定子与转子同轴等效绕组间的互感；

L_1——dq 坐标系定子等效两相绕组的自感；

L_2——dq 坐标系转子等效两相绕组的自感。

定义 $\omega_s=\omega_1-\omega$ 为 dq 坐标系相对于转子的电角速度。

将磁链方程代入电压平衡方程得到

$$\begin{bmatrix}u_{d1}\\u_{q1}\\u_{d2}\\u_{q2}\end{bmatrix}=\begin{bmatrix}-R_1-L_1p & \omega_1L_1 & L_mp & -\omega_1L_m\\ -\omega_1L_1 & -R_1-L_1p & \omega_1L_m & L_mp\\ -L_mp & \omega_sL_m & R_2+L_2p & -\omega_sL_2\\ -\omega_sL_m & -L_mp & \omega_sL_2 & R_2+L_2p\end{bmatrix}\begin{bmatrix}i_{d1}\\i_{q1}\\i_{d2}\\i_{q2}\end{bmatrix} \tag{7-81}$$

（3）转矩方程为

$$T_G=\frac{3}{2}n_pL_m(i_{q1}i_{d2}-i_{q2}i_{d1}) \tag{7-82}$$

（4）运动方程为

$$T_{wt}-T_G=\frac{J_G}{n_p}\frac{d\omega}{dt} \tag{7-83}$$

（5）功率方程。

定子侧向电网输出的有功功率 P 和无功功率 Q 为

$$\left.\begin{aligned}P&=\frac{3}{2}(u_{d1}i_{d1}+u_{q1}i_{q1})\\ Q&=\frac{3}{2}(u_{q1}i_{d1}-u_{d1}i_{q1})\end{aligned}\right\} \tag{7-84}$$

定子侧的功率因数为

$$\cos\varphi_1=\frac{P}{\sqrt{P^2+Q^2}} \tag{7-85}$$

可以看出双馈电机具有如下特点：

（1）双馈电机可以看作一个多输入、多输出系统，输入量是电压矢量 u、定子 dq 同步旋转坐标轴的相对角速度 ω_1 和变速箱高速轴相对角速度 ω_m，输出量是磁链矢量 ψ 和定转子 dq 同步旋转坐标轴的电流 i。

（2）非线性因素存在于产生旋转电动势和电磁转矩的两个环节上。除此以外，系统的其他部分都是线性关系。

（3）多变量之间的耦合关系主要体现在旋转电动势上。如果忽略旋转电动势的影响，系统便容易简化成单变量系统。

2. 直驱永磁同步发电机的数学模型

一般的同步发电机和其他类型的旋转电机一样，由固定的定子和可旋转的转子两大部分组成，一般分为旋转式同步电机和转枢式同步电机。下面建立 dq 同步旋转坐标系下永磁同步发电机的数学模型。

为了便于分析，在建立数学模型时，假设以下内容成立：

（1）忽略电动机的铁心饱和；

（2）不计电机中的涡流和磁滞损耗；

（3）定子和转子磁动势所产生的磁场沿定子内圆按正弦分布，即忽略磁场中所有的空间谐波；

（4）各相绕组对称，即各相绕组的匝数与电阻相同，各相轴线相互位移同样的电角度。

永磁同步电动机在（d，q）旋转坐标系下的数学模型为

$$\left.\begin{aligned}\frac{\mathrm{d}i_d}{\mathrm{d}t}&=-\frac{R_a}{L_d}i_d+\omega_e\frac{L_q}{L_d}i_q+\frac{1}{L_d}u_d\\\frac{\mathrm{d}i_q}{\mathrm{d}t}&=-\frac{R_a}{L_q}i_q-\omega_e\left(\frac{L_a}{L_q}i_d+\frac{1}{L_q}\lambda_0\right)+\frac{1}{L_q}u_q\end{aligned}\right\}\tag{7-86}$$

其中

$$\omega_e=n_p\omega_g$$

式中　i_d、i_q——发电机的 d 轴和 q 轴电流；

L_d、L_q——发电机的电感；

R_a——定子电阻；

ω_e——电角频率；

n_p——发电机转子的极对数；

λ_0——永磁体的磁链；

u_d、u_q——u_g 的 d 轴和 q 轴分量。

永磁同步发电机电磁转矩的表达式为

$$T_e=\frac{3}{2}n_p[(L_d-L_q)i_di_q+i_q\lambda_0]\tag{7-87}$$

永磁同步发电机的永磁体多选用径向表面式分布，d 轴和 q 轴电感相等，即 $L_d=L_q=L$，此时，发电机的电磁转矩可简化为

$$T_e=\frac{3}{2}n_p\lambda_0i_q\tag{7-88}$$

由式（7-88）可以看出，发电机的电磁转矩与定子 q 轴的电流成正比，因此通过调节 i_q 就可以调节永磁同步发电机的电磁转矩，从而调节发电机和风电机组的转速，使之跟随风速变化，运行于最佳叶尖速比状态。

与异步电机相比，永磁同步电机用永磁体取代了传统绕线式同步电动机转子中的励磁绕组，省去了励磁绕组、滑环、电刷，因而具有结构简单、效率高等明显优点。磁场定向矢量控制技术更适合在永磁同步电机中应用，因为永磁同步电机的转子是永久磁钢励磁的，电机磁场基本恒定，且对其进行矢量控制无需观测转子磁通。

7.4 双馈异步风电机组建模与仿真

7.4.1 双馈异步风电机组建模分析

上一节已经对风轮子系统、机械传动子系统、发电机子系统分别建立了数学模型，并且对各子系统模型的正确性及可行性进行了验证。本节建立双馈异步风电机组的控制模型和设计控制策略，将各个系统模块的输入/输出变量进行整合连接，搭建双馈异步风电机组的整体仿真模型。

7.4.2 整体仿真结果分析

在 Matlab/Simulink 环境下，对某 1.5MW 双馈异步风电机组建模仿真分析。风电机组整体仿真模型如图 7-18 所示。

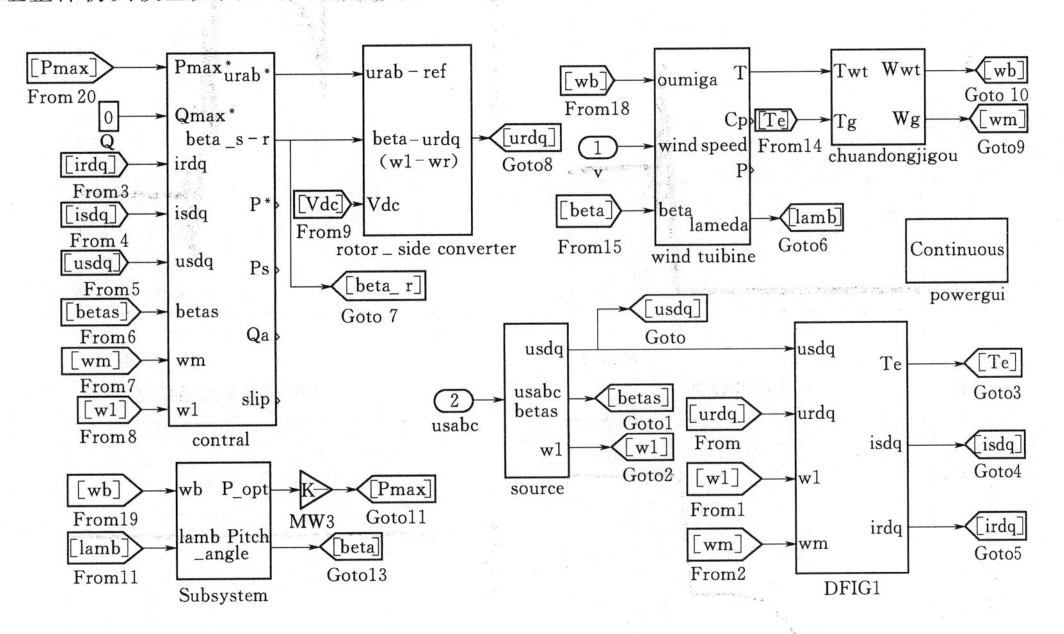

图 7-18 风电机组整体仿真模型

并网情况下，运行 Simulink，观察状态变量及输出的响应曲线。给定阶跃风信号风速作为系统输入（$t=50$s 时，风速从 8m/s 阶跃到 10m/s，$t=100$s 时，风速从 10m/s 阶跃到 14m/s）。给定风速下，机组运行输出变化如图 7-19 所示。当输入风速为湍流风时，机组响应输出曲线如图 7-20 所示。由阶跃风和湍流风的仿真可知，当风速变化时，机组能够快速响应输出。根据图 7-19 和图 7-20，当风速在额定风速以下时，桨距角保持不变为0°，风能利用系数基本保持最优值不变，转速根据风速变化响应，功率实现最大输出，整体实现机组参数良好输出。在额定风速以上运行区域，桨距角快速响应风速变化，风能利用系数下降，功率实现恒定输出，验证了搭建模型的有效性。但是在风速突变处，输出曲线波动大，影响机组平稳运行，增加了机械设备的转矩。这就需要对机组的控制策略进行优化设计，以实现机组的稳定、快速响应，从而保证向电网平稳输出电能。

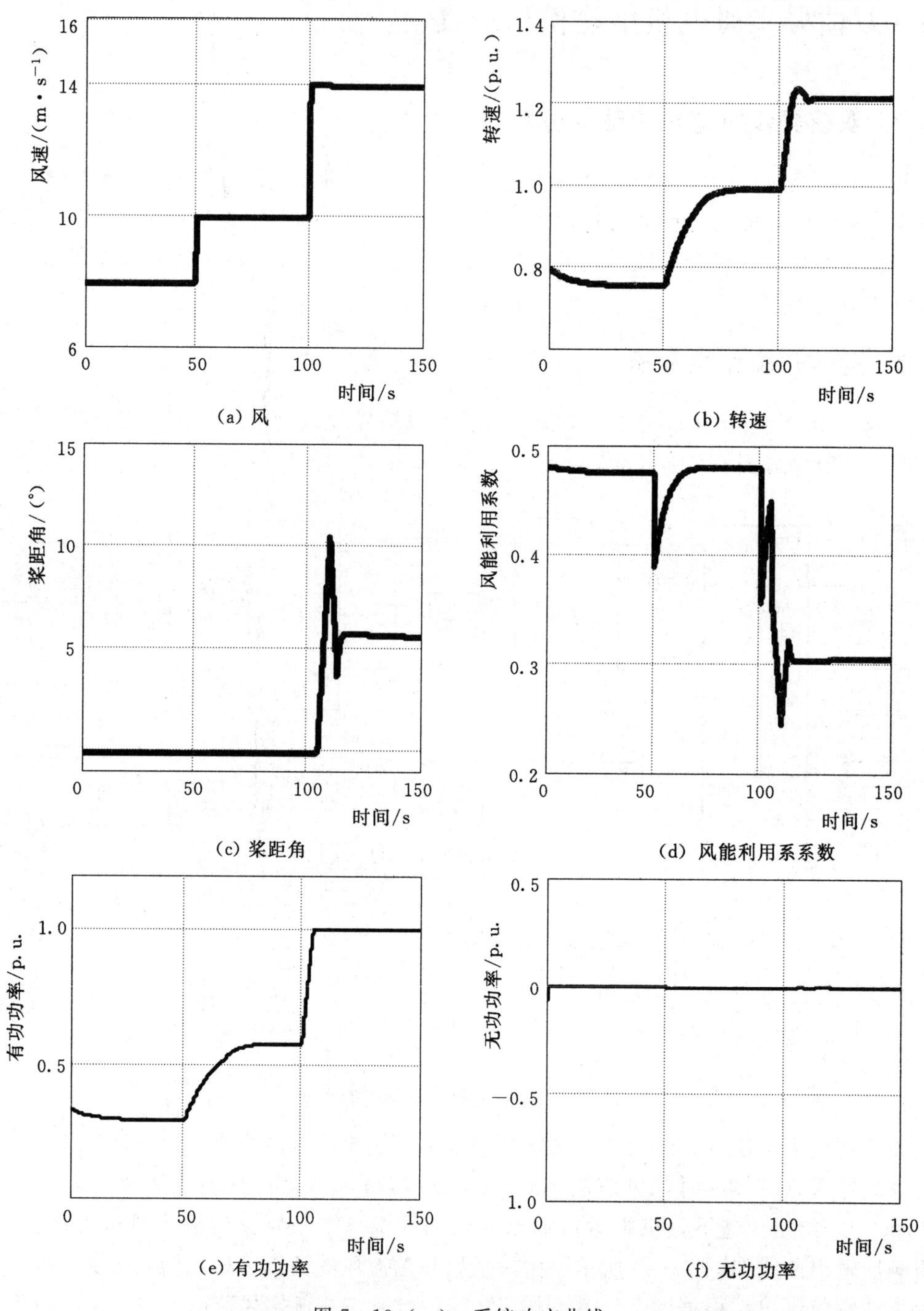

图7-19（一） 系统响应曲线

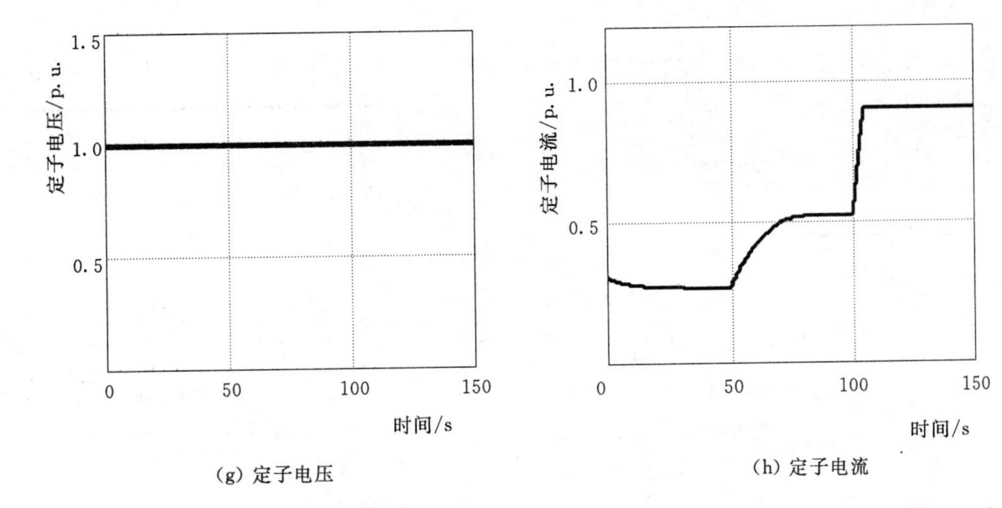

(g) 定子电压　　(h) 定子电流

图 7-19（二）　系统响应曲线

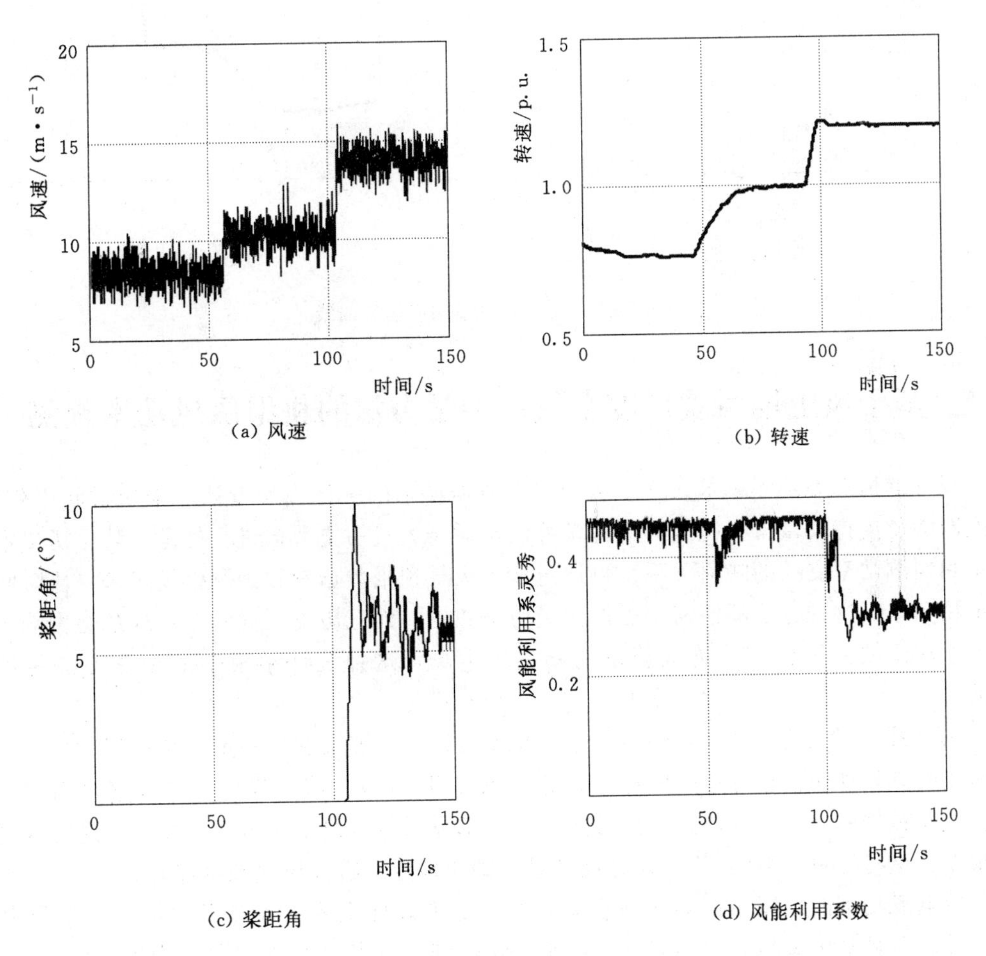

(a) 风速　　(b) 转速

(c) 桨距角　　(d) 风能利用系数

图 7-20（一）　机组响应输出曲线

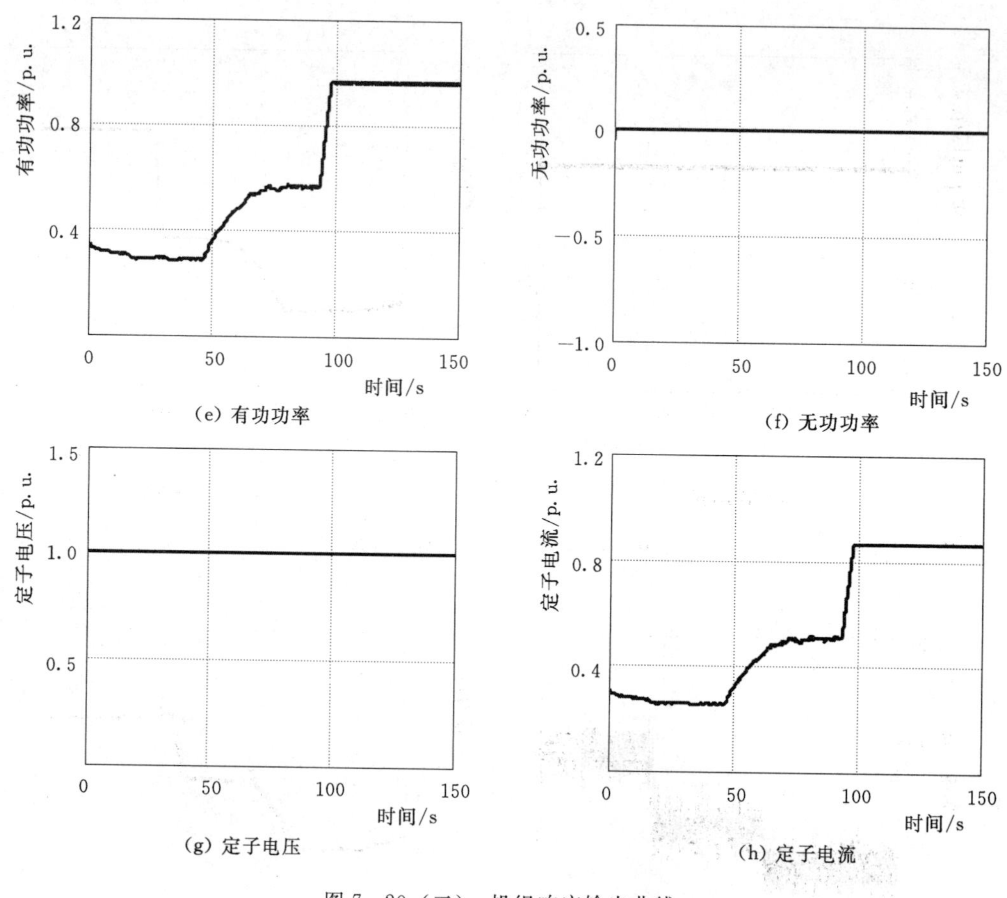

图 7-20（二） 机组响应输出曲线

7.5 基于风电场微观尺度空气动力学方法的机组级风功率预测

现有的风功率预测技术大多是基于历史数据样本的统计模型方法，采用时间序列法、神经网络、支持向量机等先进的统计学算法，对于大量历史数据进行处理，建立历史数据样本和预测功率之间的映射关系，再通过输入天气预报数据参数预测得到未来一段时间的风电场功率。这种方法不但需要提供大量历史数据，而且历史数据的变化规律会影响预测误差，对于缺少历史运行情况记录的新建风电场，这种统计学模型的预测方法是不可行的。

风速具有很大的波动性，但对于某一特定地区，风速又服从一定的统计规律。按照这种风速的分布规律，选择适当的样本风速，做 CFD 计算，将各风轮处的风速输出，建立特征风速数据库。为保证数据库能够适用于大部分风电机组工作风速，样本风速的数量必须很多。这将导致一般的 CFD 计算模型难以很快地建立特征风速数据库。

风电场功率的超短期预测必须准确、快速。准确性主要由风轮简化模型、CFD 其他计算设定、仿真模型精确度等多方面控制；快速则具体表现为给定某时刻测风数据，程序能够及时读取特征风速数据库中各个关键点处的风速，利用机组仿真模型迅速计算出风电场功率，即快速性主要由仿真模型的执行速度决定。在当前计算机硬件及软件环境下，大部分风电机组仿真模型运行速度完全可以满足超短期功率预测的快速性需要。

针对背景技术中存在的问题和不足，本节提供了一种基于流场计算和仿真模型实验的方法实现风电场风功率预测，实用性强。该方法主要包含特征风速数据库创建，风电场仿真模型搭建及超短期功率预测。具体步骤如下：

（1）由风电场地形图及风电机组布局等建立风电场 CFD 计算模型。

（2）根据风速统计资料，确定风电场 CFD 计算的样本风速。

（3）对于某一样本风速按以下步骤计算当前风电场流场：

1）设定流体数值计算的边界条件。入流风速沿高度按指数分布，非入流边界可设置为压力出口。

2）辨识风轮区域，添加阻力源项。风轮区域由风电机组布局的水平坐标（x，y），轮毂高度 h 以及入流方向共同确定。阻力源项推导见具体实施方法。

3）设置其他求解条件，计算风电场流场。

（4）将步骤 3 计算出的各风轮位置处的风速与样本风速导入风速特征数据库。

（5）建立风电机组仿真模型。

（6）由测风塔测风速，查询特征风速数据库，获取各风电机组的入流风速，代入仿真模型运行，输出每台风电机组的有功功率和无功功率。

基于风电场微观尺度空气动力学方法的机组级风功率预测如图 7-21 所示。

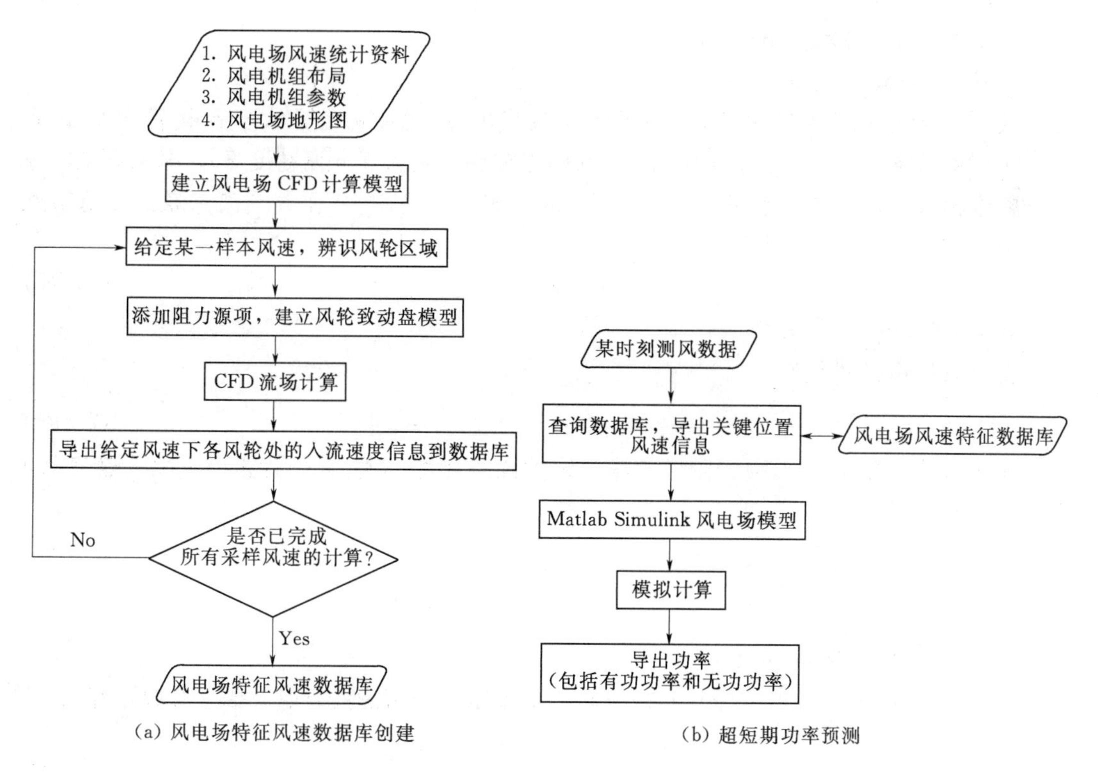

（a）风电场特征风速数据库创建　　（b）超短期功率预测

图 7-21　基于风电场微观尺度空气动力学方法的机组级风功率预测

7.6 改进 MRAN 与微尺度空气动力学模型组合的预测方法

7.6.1 改进的 MRAN

一般的 RBF 网络隐节点数在学习一旦开始后就不再变化，经 J. Platt、V. Kadirkamanathan 和 M. Niranjan 改进为隐节点数在学习过程中可以按一定要求增加资源分配网络（Resource Allocation Network，RAN）。Y. Lu 改进了 RAN 的隐节点数只能增不能减的弱点，变为隐节点数也可以按一定要求减少的最小资源分配网络（Minimal Resource Allocation Network，MRAN）。

基于 RBF 网络，MRAN 隐节点数可按照设定的规则增减，在保证网络精度的前提下，提高网络泛化能力。网络输入向量为 x_i，输出向量为 y_i。

计算网络输出误差为

$$\| e_i \| = \| Y_i - y_i \| > E_1 \tag{7-89}$$

$$e_{RMSI} = \sqrt{\sum_{j=i-(M-1)}^{i} \frac{\| e_j \|^2}{M}} > E_2 \tag{7-90}$$

$$d_i = \| x_i - C_{i\min} \| > E_i \tag{7-91}$$

式中 Y_i——真实输出值；

y_i——网络计算输出值；

M——给定整数值。

式（7-89）表示真实值 Y_i 与网络计算输出值 y_i 之差的范数大于预期精度 E_1；式（7-90）表示第 i 次输入之前连续 $M-1$ 次网络输出误差大于预期精度 E_2，用来保证在进行增长或删减时，隐节点数量的变化是平滑的；式（7-91）表示 x_i 与离它最近的隐节点数据中心 $C_{i\min}$ 的距离大于预期精度 E_i。

$$E_i = \max(E_{\max}\gamma^i, E_{\min}) \tag{7-92}$$

其中，$0<\gamma<1$。

隐节点的输出情况为

$$O_k^i = w_k \mathrm{e}^{\frac{\| x_i - C_k \|}{\sigma_k^2}} \quad (k=1,2,\cdots,N) \tag{7-93}$$

输入样本向量 x_i 所对应的隐节点输出最大值定义为 $\| O_{\max}^i \|$，计算归一化后隐节点 k 的输出为 r_k^i，即

$$r_k^i = \frac{\| O_k^i \|}{\| O_{\max}^i \|} < \delta \tag{7-94}$$

其中，δ 可取某小于 1 的定值。

1. 隐节点增长策略

当式（7-89）～式（7-91）均被满足，则增加一个新的隐节点，相应参数计算为

$$a_{N+1} = e_i \tag{7-95}$$

$$c_{N+1} = x_i \tag{7-96}$$

$$\sigma_{N+1} = k \| x_i - C_{i\min} \| \tag{7-97}$$

式中　k——隐节点响应重叠率。

误差的协方差矩阵 P_i 为

$$P_i=\begin{pmatrix} P_{i-1} & 0 \\ 0 & P_0 I_{z_1\times z_1} \end{pmatrix} \tag{7-98}$$

式中　P_{i-1}——$z\times z$ 矩阵，z_1 为新隐节点增加的参数数量；

P_0——新增参数初始值。

2. 隐节点保持策略

当式（7-89）～式（7-91）不能被全部满足时，保持隐节点个数不变，调整修正相关参数。修正梯度矩阵 B_i、卡尔曼增益矩阵 k_i、误差的协方差阵 P_i 为

$$k_i=P_{i-1}B_i(R_i+B_i^{\mathrm{T}}P_{i-1}B_i)^{-1} \tag{7-99}$$

$$P_i=(I_{z\times z}-k_iB_i^{\mathrm{T}})P_{i-1}+qI_{z\times z} \tag{7-100}$$

式中　q——用来确定 P_i 梯度向量的方向；

R_i——测量噪声的方差。

调整矩阵 $\boldsymbol{M}$ 为

$$M_i=M_{i-1}+k_ie_i \tag{7-101}$$

其中，$\boldsymbol{M}=(a_0^{\mathrm{T}},a_1^{\mathrm{T}},C_1^{\mathrm{T}},\sigma_1,\cdots,a_N^{\mathrm{T}},C_N^{\mathrm{T}},\sigma_N)$。

$$B_i=\begin{pmatrix} 1 \\ G_1(x_i) \\ G_1(x_i)\left(\dfrac{2a_1}{\sigma_1^2}\right)(x_i-C_1) \\ G_1(x_i)\left(\dfrac{2a_1}{\sigma_1^3}\right)\|x_i-C_1\|^2 \\ \vdots \\ G_N(x_i) \\ G_N(x_i)\left(\dfrac{2a_N}{\sigma_N^2}\right)(x_i-C_N) \\ G_N(x_i)\left(\dfrac{2a_N}{\sigma_N^3}\right)\|x_i-C_N\|^2 \end{pmatrix}^{\mathrm{T}} \tag{7-102}$$

3. 隐节点删减策略

当隐节点 k 连续 s 次的输出均满足式（7-89）和式（7-91），则删除该隐节点。修正误差的协方差阵 P_i 为

$$P_i=\begin{pmatrix} P_{i(1\to k-1)} & 0 \\ 0 & P_{i(k+1\to N)} \end{pmatrix} \tag{7-103}$$

按照上述策略对第 i 个输入向量的网络参数进行调整后，继续输入第 $i+1$ 个向量，重新在线学习。

7.6.2　组合预测模型

组合预测模型原理图如图 7-22 所示，首先分别通过基于改进 MRAN 神经网络的风电功率预测模型预测得到 P_1 和基于 CFD 数值模拟的风电功率预测模型预测得到 P_2，将 P_1、P_2 数据集分为学习样本集与预测样本集两部分；其次，利用 MATLAB 对学习样本

集中的 P_1、P_2 与相对应的实际值 $P_{实}$ 进行最小二乘拟合，确定 P_1、P_2 的权值 β_1、β_2；最后预测得到相对应的预测值 $P_{预}$，并对预测值 $P_{预}$ 与实际值 $P_{实}$ 进行统计分析，验证组合预测模型的性能。

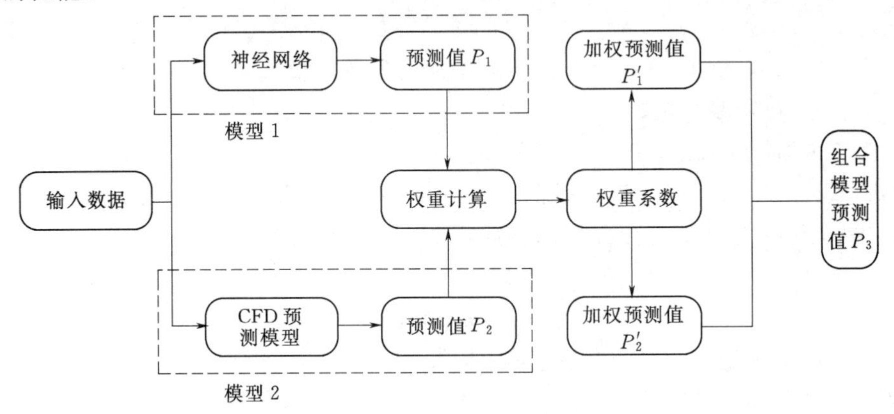

图 7-22　组合预测模型原理图

7.6.3　风电场介绍

为验证风电功率预测方法的预测精度，协同中国电建集团昆明勘测设计院有限公司采集了云南李子箐风电场及东山风电场近几年的测风塔及风电机组数据。

1. 风电场地形地貌

李子箐风电场和东山风电场位于云南省红河哈尼族彝族自治州东北部泸西县境内，当地地势西北高东南低，境内高山连绵，峡谷纵横，山高坡陡，形成了峡谷、陷塘、山梁相间的复杂地貌，属典型的高寒、干热、河谷、岩溶地带。风电场地形图如图 7-23 所示，

图 7-23　风电场地形图

其中圆点表示风电机组。

2. 风电场测风塔选取

选取场内一测风塔历史资料作为后续预测的原始数据，测风塔坐标为（103°50.89′，24°30.08′）。

3. 风电场装机情况

李子箐风电场装机容量 49.5MW，单机容量 1.5MW，共计 33 台，设计年发电量 11725.3 万 kW·h。东山风电场装机容量 40.5MW，单机容量 1.5MW，共计 27 台，设计年发电量 8944.4 万 kW·h。

7.6.4 单机组合预测

选取 2015 年 12 月李子箐 2 号、8 号、16 号、24 号机组和东山 36 号、44 号、54 号、59 号机组做组合预测，分别从实际值—预测值、预测误差、预测合格率等方面作比较，验证组合方法与人工神经网络和中尺度数值模拟方法的优劣。其中，数据间隔为 15min。

1. 预测对比

2015 年 12 月李子箐风电场风电机组风电功率预测情况如图 7-24 所示，2015 年 12 月东山风电场风电机组风电功率预测情况如图 7-25 所示。其中，数据的时间间隔为 15min，采用前 1h 的数据预测未来 4h 的风电功率情况，每 15min 滚动预测一次。

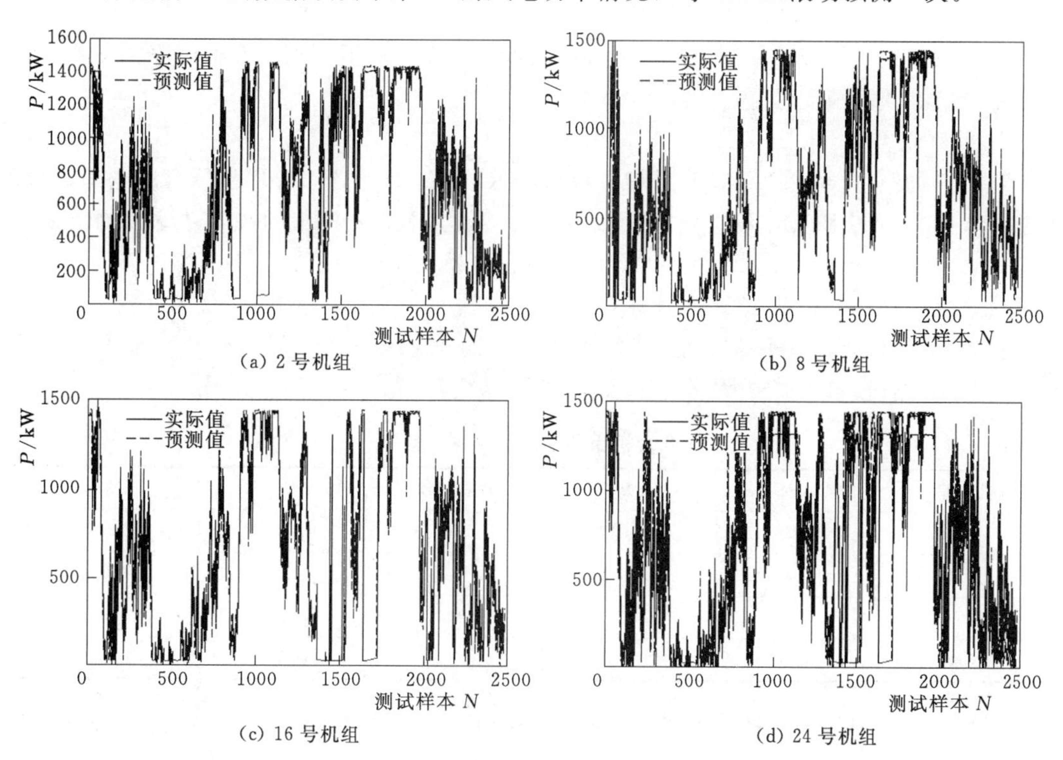

图 7-24 李子箐风电场风电机组风电功率预测情况

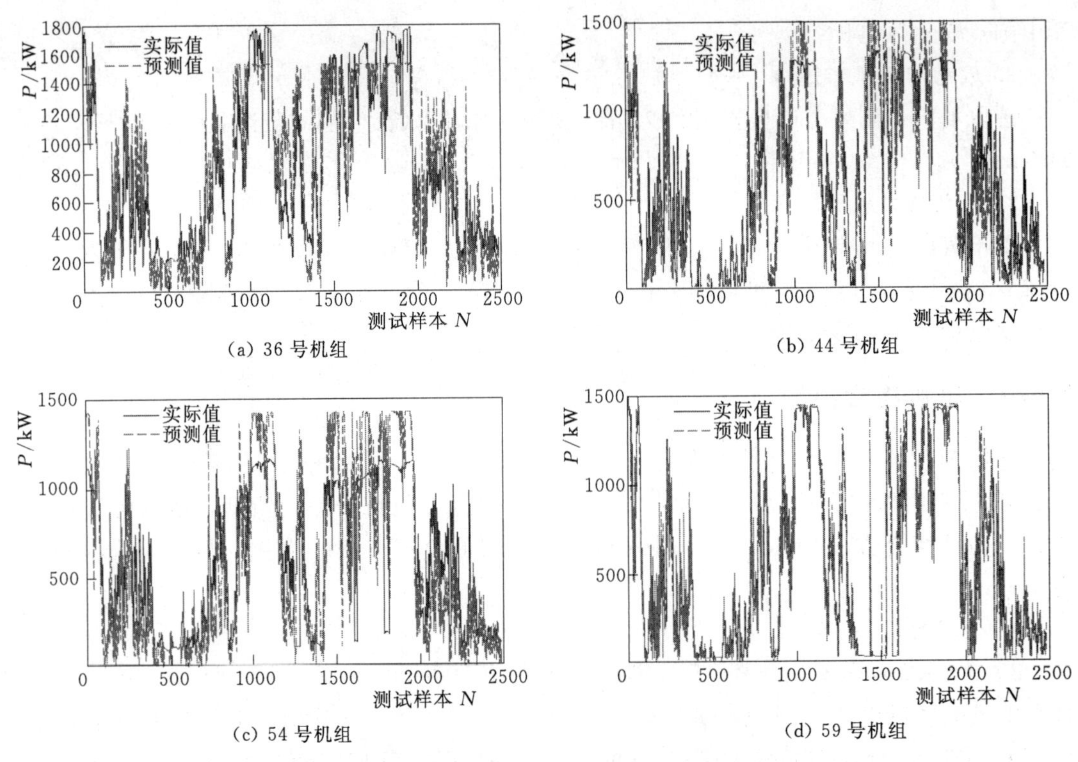

图 7-25 东山风电场风电机组风电功率预测情况

除个别点预测值与实际值相差较大外，其余时间点预测值都能较好地跟踪实际值，说明该组合模型预测精度较好。

2. 预测误差

(1) 平均绝对误差 MAPE 和月均方根误差 RMSE。2015 年 12 月李子箐风电场 2 号、8 号、16 号、24 号和东山风电场 36 号、44 号、54 号、59 号机组的风电功率预测误差见表 7-2，具体的误差计算方法参照《风电功率预测系统功能规范》(NB/T 31046—2013)，可通过式 (4-48)、式 (4-49) 计算。

由表 7-2 可知，李子箐 2 号、8 号、16 号、24 号和东山 36 号、44 号、54 号、59 号机组的月均方根误差 *RMSE* 均小于 0.15，满足标准要求。

表 7-2 8 台机组风电功率预测误差

风电机组编号	*MAPE*	*RMSE*	风电机组编号	*MAPE*	*RMSE*
2	0.0636	0.1013	36	0.1242	0.1604
8	0.0589	0.0952	44	0.1017	0.1336
16	0.0566	0.0930	54	0.1374	0.1844
24	0.1033	0.1459	59	0.0576	0.0937

(2) 均方根误差 *RMSE*。2015 年 12 月李子箐风电场 2 号、8 号、16 号、24 号机组第 4 小时和东山风电场 36 号、44 号、54 号、59 号机组第 4 小时的均方根误差如图 7-26 和图 7-27 所示。

由图 7-26 和图 7-27 可知，绝大部分机组第 4 小时的预测均方根误差在 0.2 以下，只有个别预测点的均方根误差较大，这主要是因为在这些时刻机组实际有功功率非常低，计算得到的预测误差较大。

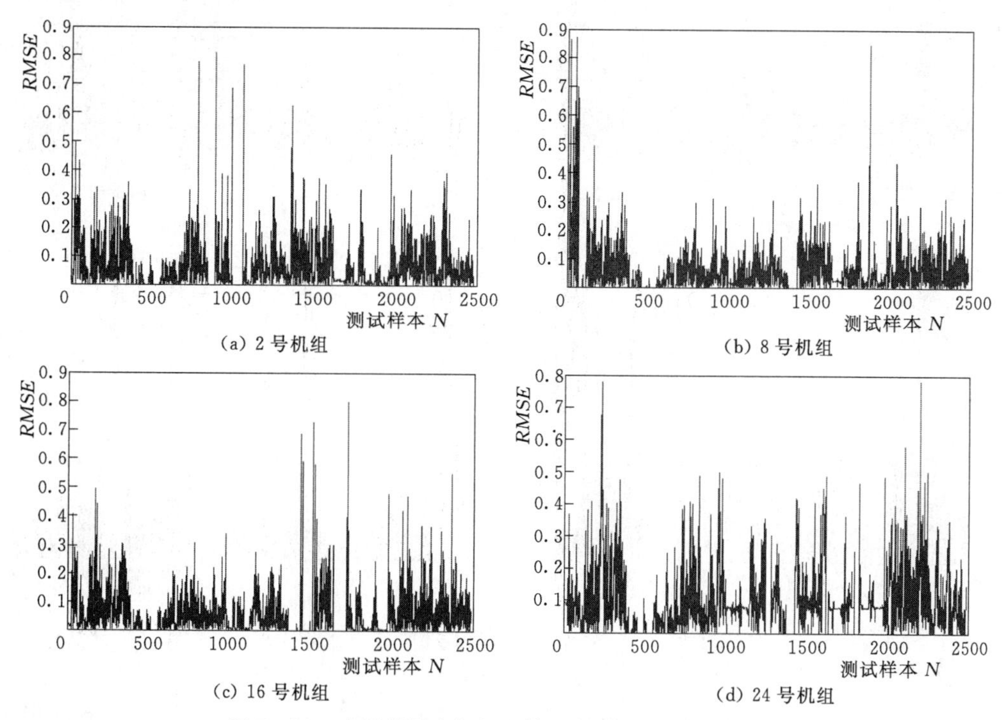

图 7-26　李子箐风电场机组第 4 小时预测均方根误差

3. 预测合格率

2015 年 12 月李子箐风电场 2 号、8 号、16 号、24 号机组和东山风电场 36 号、44 号、54 号、59 号机组的风电功率预测月合格率见表 7-3，具体的计算方法参照 NB/T 31046—2013 进行计算。

由表 7-3 可知，这 8 台单机的风电功率预测月合格率 Q 均大于 85%，满足标准要求。

表 7-3　　8 台风电机组风电功率预测月合格率

风电机组编号	合格率 Q/%	风电机组编号	合格率 Q/%
2	96.7729	36	86.2041
8	98.1041	44	87.0109
16	97.4990	54	92.1339
24	96.7729	59	85.9217

4. 预测方法对比

李子箐风电场与东山风电场共 12 台机组在不同预测方法下的误差如图 7-28 和图 7-29 所示，可知通过与人工神经网络组合，中尺度数值模拟方法的预测精度还是能够得到一定提高，达到了 NB/T 31046—2013 的要求。

李子箐风电场和东山风电场共 12 台风电机组在不同预测方法下的合格率如图 7-30 和图 7-31 所示，可知通过与人工神经网络组合，中尺度数值模拟方法的预测精度还是能

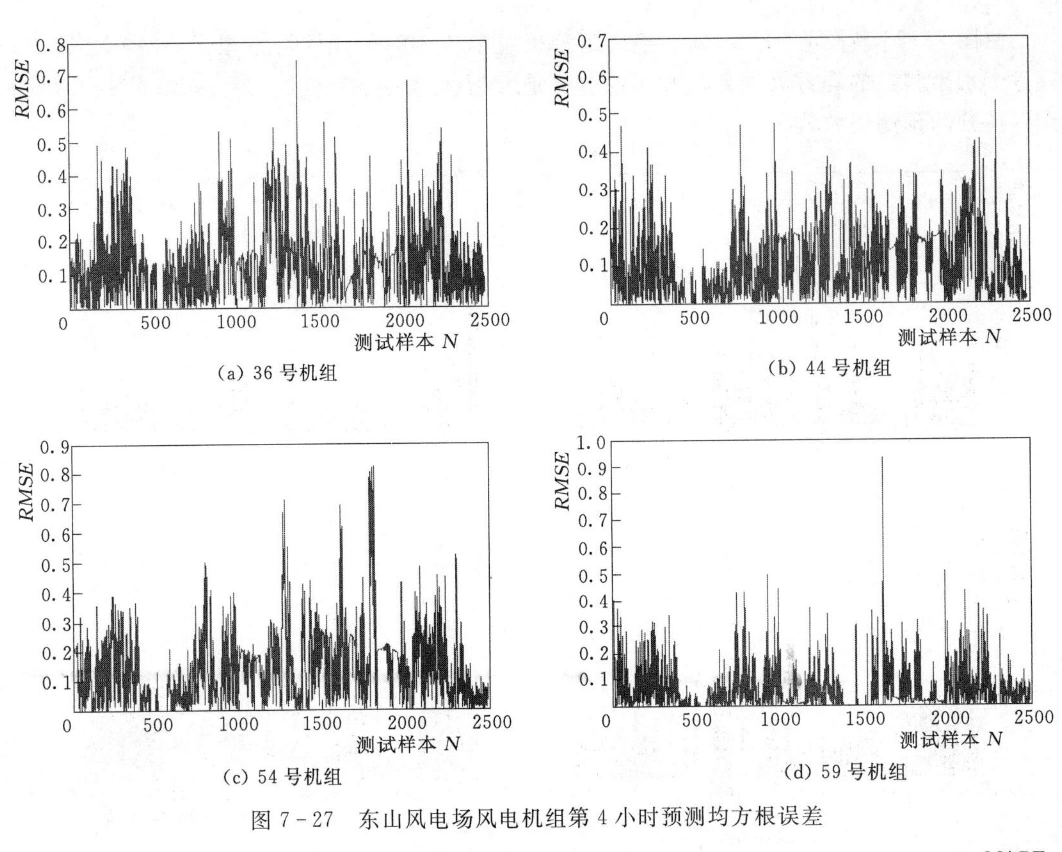

图 7-27 东山风电场风电机组第 4 小时预测均方根误差

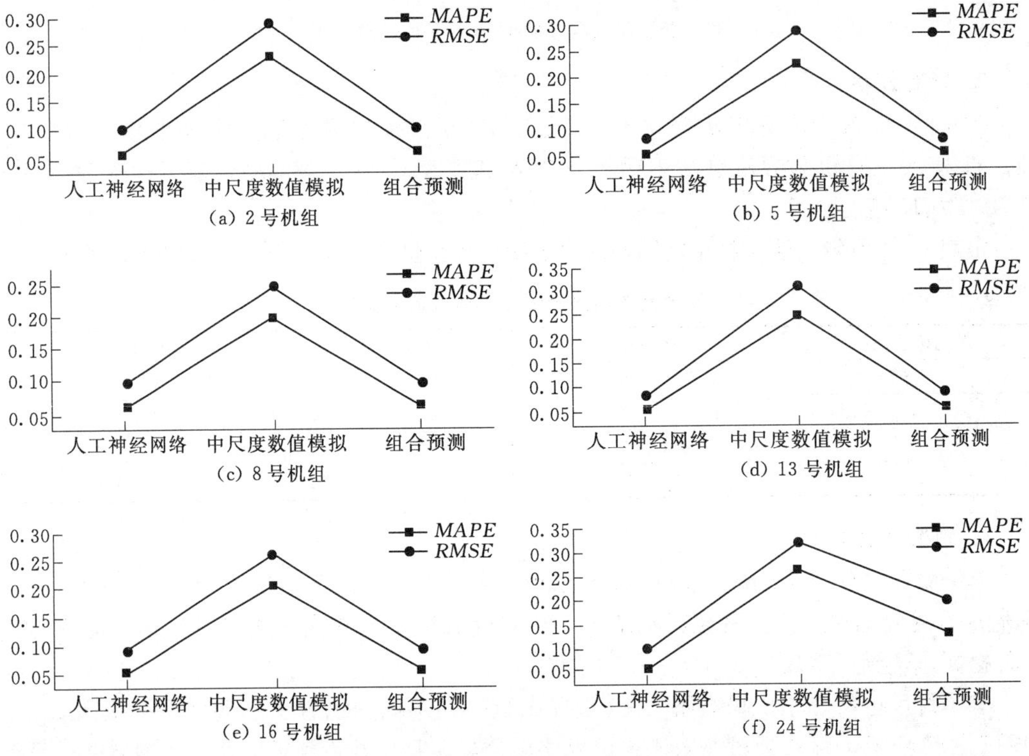

图 7-28 李子箐风电场各方法单机预测误差对比

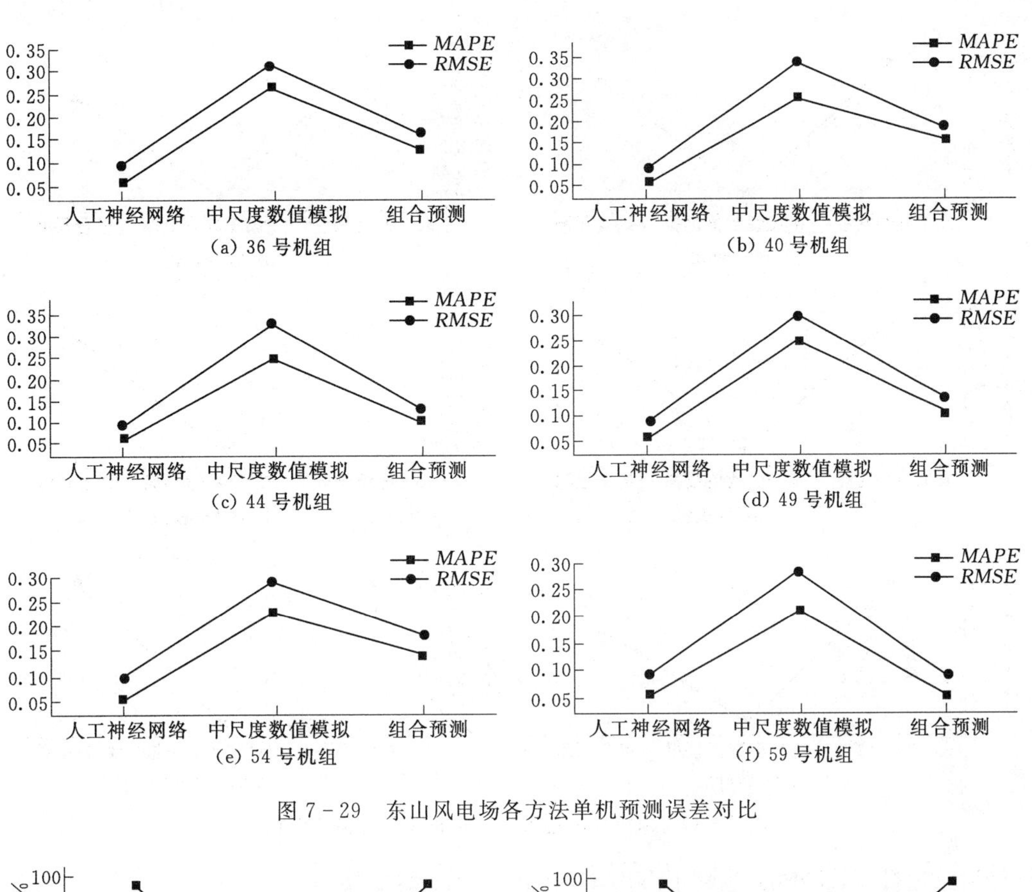

图 7-29　东山风电场各方法单机预测误差对比

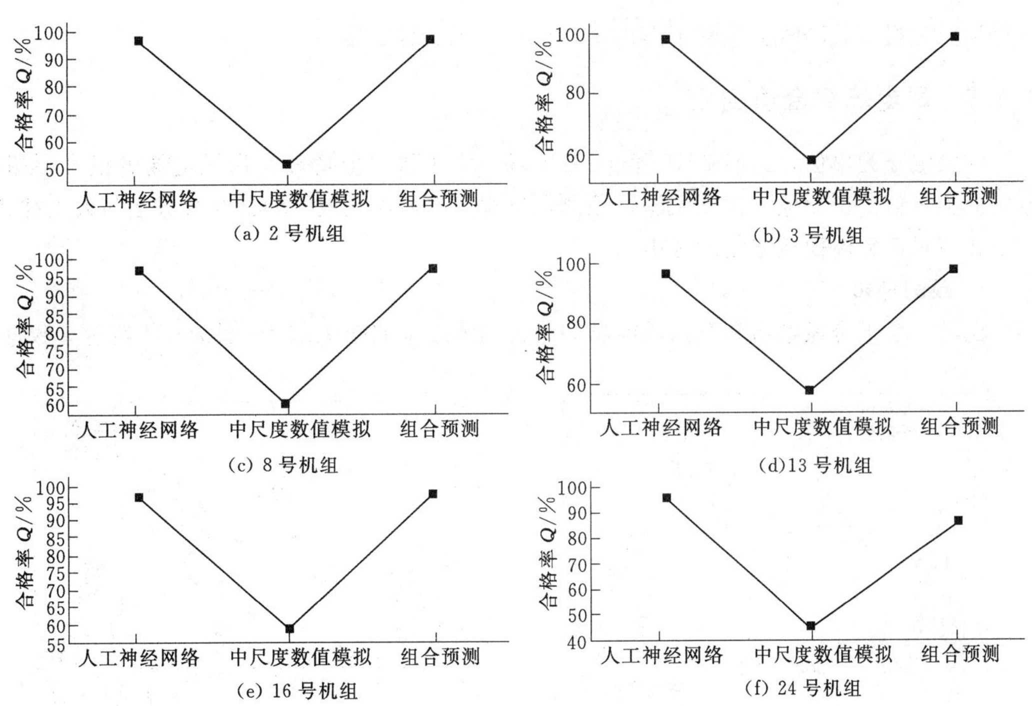

图 7-30　李子箐风电场各方法单机预测合格率对比

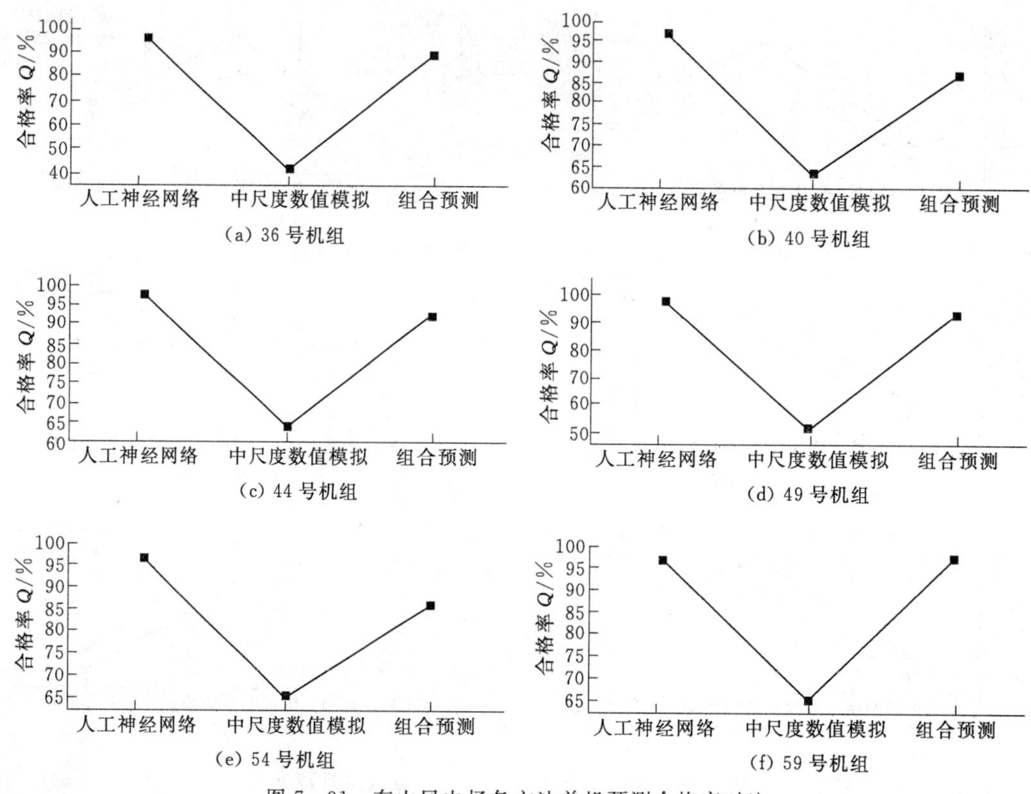

图 7-31　东山风电场各方法单机预测合格率对比

够得到一定提高，同时也达到了 NB/T 31046—2013 的要求。

7.6.5　风电场组合预测

以风电场为单位，选取 2015 年 12 月全场、李子箐风电场和东山风电场做组合预测，分别从实际值—预测值、预测误差、预测合格率等方面作比较，验证组合方法与人工神经网络和中尺度数值模拟方法的优劣。

1. 预测对比

全场、李子箐风电场和东山风电场的组合预测结果如图 7-32～图 7-34 所示。数据

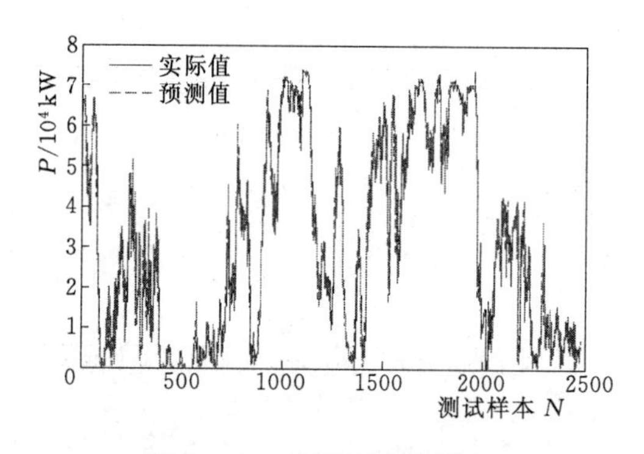

图 7-32　全场组合预测结果

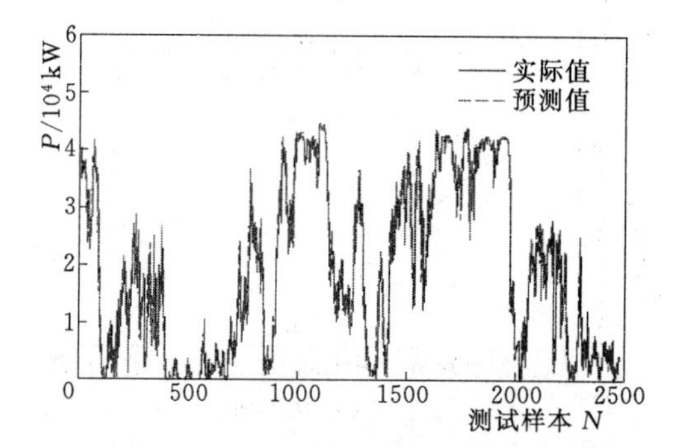

图 7-33　李子箐风电场组合预测结果

的时间间隔为 15min，采用前 1h 的数据预测未来 4h 的风电功率情况，每 15min 滚动预测一次。风电场组合预测模型的预测数据与实际数据无论是在风速波动剧烈时刻还是在平稳变化时刻的吻合度都较高，预测精度较高。

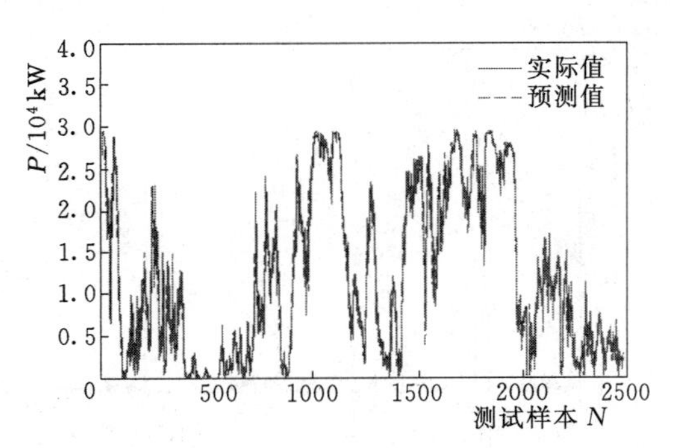

图 7-34　东山风电场组合预测结果

2. 预测误差

(1) 平均绝对误差 *MAPE* 和月均方根误差 *RMSE*。2015 年 12 月全场、李子箐风电场和东山风电场风电功率预测误差见表7-4，具体的误差计算方法参照 NB/T 31046—2013 进行计算。

采用每一次预测时第 4 小时，即第 16 个点的预测情况计算预测误差。当某时刻全场开机总容量为 0 时，为避免分母为零而造成的误差无穷大，忽略计算此时刻的预测误差。

表 7-4　风电场风电功率预测误差

误差模型	全场	李子箐风电场	东山风电场
MAPE	0.0379	0.0539	0.0550
RMSE	0.0890	0.1479	0.1296

由表 7-4 可知，3 个风电场误差均大于规范的误差要求，而全场误差较其他两个风电场来说误差模型相对较小。

(2) 均方根误差 *RMSE*。2015 年 12 月全场、李子箐风电场和东山风电场第 4 小时组合预测均方根误差如图 7-35～图 7-37 所示。可知第 4 小时的预测均方根误差均比较大，个别预测点的均方根误差特别大，这主要是因为在这些时刻机组实际有功功率非常低，计算得到的预测误差较大。

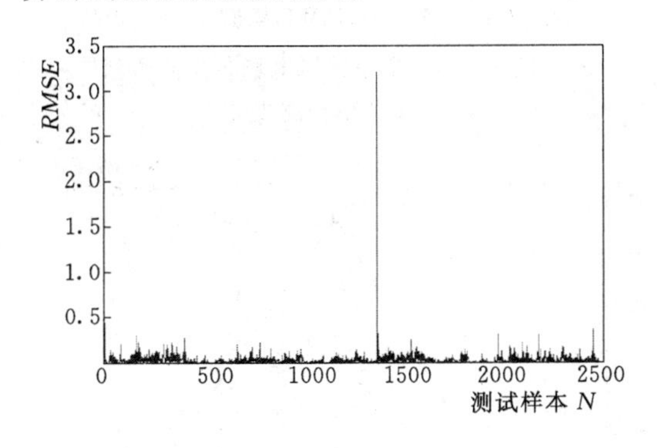

图 7-35　全场 12 月组合预测均方根误差

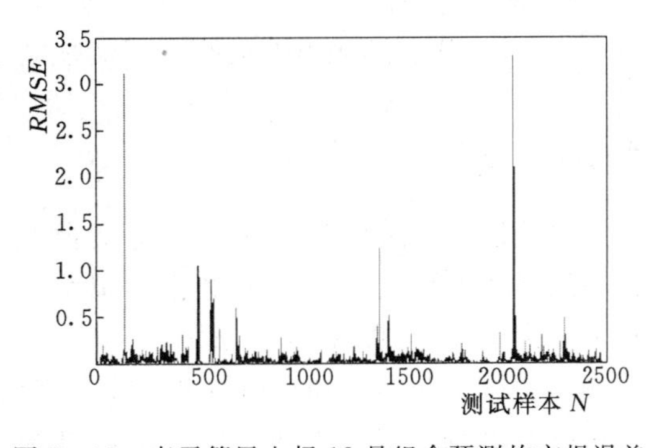

图 7-36　李子箐风电场 12 月组合预测均方根误差

3. 预测合格率

2015 年 12 月全场、李子箐风电场和东山风电场风功率预测月合格率见表 7-5，具体的计算方法参照 NB/T 31046—2013 进行计算。

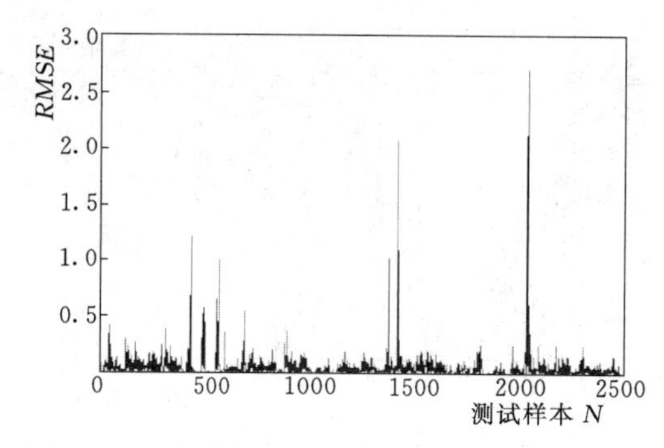

图 7-37　东山风电场 12 月组合预测均方根误差

由表 7-5 可知，3 个风电场的风功率预测月合格率均大于 85%，满足规范要求。

4. 预测方法对比

全场、李子箐风电场和东山风电场各预测方法风功率预测误差如图 7-38～图 7-40 所示，可知虽然中尺度数值模拟方法的预测精度不高，但是通过与人工神经网络组合，中尺度数值模拟方法的预测精度还是能够得到一定提高，精度大于 85%，达到 NB/T 31046—2013 的要求。

表 7-5　风电场预测月合格率

名称	全场/%	李子箐风电场/%	东山风电场/%
合格率	99.5966	98.0234	98.0234

图 7-41 为全场、李子箐风电场和东山风电场在不同预测方法下的预测合格率，通过与人工神经网络组合，中尺度数值模拟方法得到预测精度还是能够得到一定提高，满足 NB/T 31046—2013 的要求。

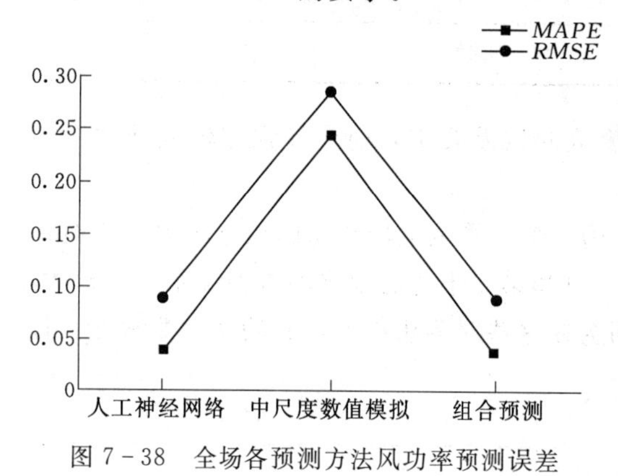

图 7-38　全场各预测方法风功率预测误差

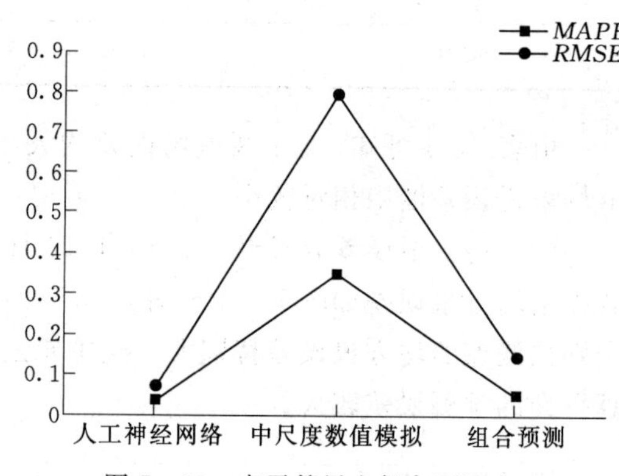

图 7-39　李子箐风电场各预测方法风功率预测误差

7.6.6　结论

通过最小二乘法进行权值分配组合人工神经网络预测模型和 CFD 数值模拟预测模型得到了组合预测模型，选取了 2015 年 12 月的李子箐风电场和东山风电场共 12 台单机以及全场、李子箐和东山三个风电场级进行功率预测，验证和比较三个模型的预测精度。通过实验结果可以看到组合预测模型较单一的 CFD 数值模拟预测模型精度有很大的改进，达到或接近人工神经网

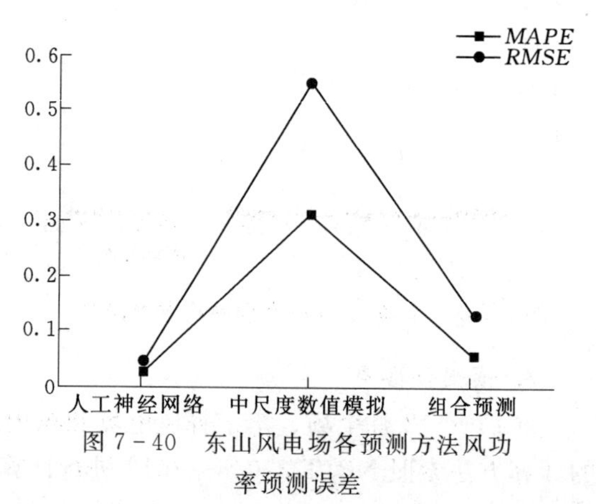

图 7-40　东山风电场各预测方法风功率预测误差

络的预测精度。组合模型能克服单一预测模型的缺点，提高模型预测精度，具有较好的实用性。

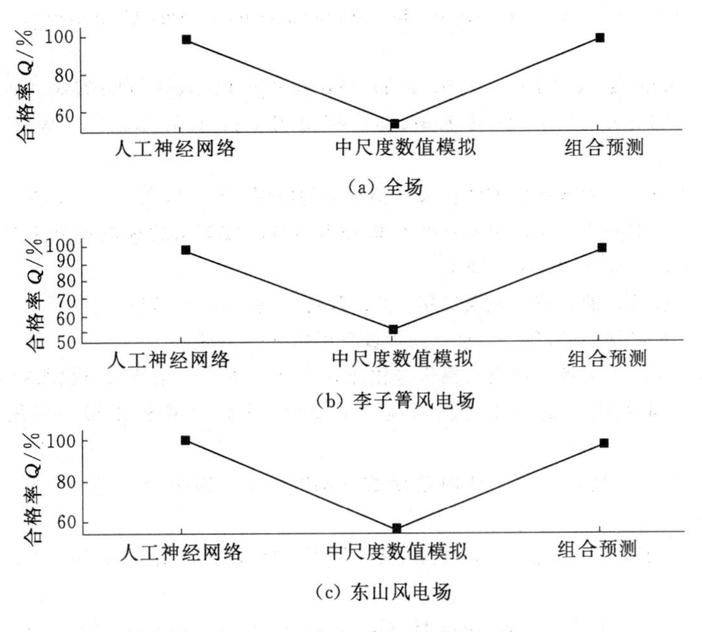

图 7-41 各风电场风功率预测合格率

参 考 文 献

[1] Costa A, Crespo A, Navarro J, et al. A review on the young history of the wind power short-term prediction [J]. Renewable & Sustainable Energy Reviews, 2008, 12 (6): 1725.

[2] El-Fouly T H M, El-Saadany E F, Salama M M A. Grey predictor for wind energy conversion systems output power prediction [J]. Power Systems IEEE Transaction on, 2006, 21 (3): 1450-1452.

[3] Foley A M, Leahy P G, Marvuglia A, et al. Current methods and advances in forecasting of wind power generation [J]. Renewable Energy, 2012, 37 (1): 1-8.

[4] Giebel G, Landberg L, Kariniotakis G, et al. State-of-the-art Methods and software tools for short-term prediction of wind energy production [J]. Fidel Fermández Bernal, 2003, 23 (3): 81-86.

[5] Lange M, Focken U. New developments in wind energy forecasting [C]//2008 IEEE Power and Energy Society General Meeting-Conversion and Delivery of Electrical Energy in the 21st Century, 2008.

[6] Lei M, Shiyan L, Chuanwen J, et al. A review on the forecasting of wind speed and generated power [J]. Renewable and Sustainable Energy Reviews, 2009, 13 (4): 915-920.

[7] Sanchez I. Short-term prediction of wind energy production [J]. International Journal of Forecasting, 2006, 22 (1): 43-56.

[8] Landberg L, Watson S J. Short-term prediction of local wind conditions [J]. Boundary-Layer Meteorology, 1994, 70 (1-2): 171-195.

[9] Troen I, Petersen E L. European wind atlas [M]. Risø National Laboratory, 1989.

[10] Focken U, Lange M, Waldl H. Previento - a wind power prediction system with an innovative up-scaling algorithm [C]// Proceedings of the European Wind Energy Conference, Copenhagen, Denmark, 2001.

[11] Giebel G, Landberg L, Nielsen T S, et al. The Zephyr Project - The Next Generation Prediction System [C] // Proc. of the 2001 European Wind Energy Conference, EWEC'01, Copenhagen, Denmark, 2001.

[12] 陆如华，何于班. 卡尔曼滤波方法在天气预报中的应用 [J]. 气象，1994，20 (9)：41.

[13] 潘迪夫，刘辉，李燕飞. 基于时间序列分析和卡尔曼滤波算法的风电场风速预测优化模型 [J]. 电网技术，2008，32 (7)：82-86.

[14] 彭丁聪. 卡尔曼滤波的基本原理及应用 [J]. 软件导刊，2009 (11).

[15] 蒋宗礼. 人工神经网络 [M]. 北京：高等教育出版社，2001.

[16] 阎平凡，张长水. 人工神经网络与模拟进化计算 [M]. 北京：清华大学出版社，2005.

[17] 丛爽. 径向基函数网络的功能分析与应用的研究 [J]. 计算机工程与应用，2002，38 (3)：85-87.

[18] 王炜，吴耿锋，张博锋，等. 径向基函数 (RBF) 神经网络及其应用 [J]. 地震，2005，25 (2)：19.

[19] 周俊武，王福利，孙传尧. 径向基函数 (RBF) 网络的研究及实现 [J]. 矿冶，2001，10 (4)：71.

[20] Bianchi F D, Mantz R J, De Battista H. The wind and wind turbines [M]. Springer, 2007.

[21] 哈依热丁地力夏提. 双馈风力发电机组控制策略优化研究 [D]. 南京：河海大学，2017.

[22] Burton T, Jenkins N, Sharpe D, et al. Wind energy handbook [M]. John Wiley & Sons, 2011.

[23] Manwell J F, Mcgowan J G, Rogers A L. Wind energy explained: theory, design and application [M]. John Wiley & Sons, 2010.

[24] Van Kuik G A. The Lanchester - Betz - Joukowsky limit [J]. Wind Energy, 2007, 10 (3): 289.

[25] Sant T. Improving BEM - based aerodynamic models in wind turbine design codes [D]. Collega Park: University of Malta, 2007.

[26] Shen W Z, Mikkelsen R, Sørensen J N A E, et al. Tip loss corrections for wind turbine computations [J]. Wind Energy, 2005, 8 (4): 457-475.

[27] Vaz J R P, Pinho J T, Mesquita A L A. An extension of BEM method applied to horizontal - axis wind turbine design [J]. Renewable Energy, 2011, 36 (6): 1734.

[28] Vermeer L J, Sørensen J N A E, Crespo A. Wind turbine wake aerodynamics [J]. Progress in aerospace sciences, 2003, 39 (6): 467-510.

第8章　基于风电场微观尺度空气动力学方法的风电场AGC技术

8.1　风电场AGC技术的基本概念

自动发电控制（Automatic Generation Control，AGC），通常简称AGC，是并网发电厂提供的有偿辅助服务之一，发电机组在规定的出力调整范围内，跟踪电网调度中心下发的指令，按照一定调节速率实时调整发电出力，以满足电力系统频率和联络线功率在某个控制目标内。

8.1.1　风电场AGC的背景及意义

随着风力发电技术的日益进步、风电机组制造水平的不断提高，在国家“建设大基地、融入大电网”风电发展战略的指导下，我国风电在电网中的比重不断提高，具有大规模，高集中开发，远距离、高电压输送的特征。甘肃酒泉、新疆哈密、内蒙古、吉林、山东等8个千万千瓦级的风电基地已相继获得批复和开工建设。

与之相对应的是，受电网建设与风电场建设不协调、系统调峰容量不足、外送通道输送能力不足等因素影响，风电场弃风问题日益严峻。在短期内风电场弃风问题无法有效解决，限出力运行仍将持续的背景下，如何合理分配风电集群内各风电场的有功出力限值，实现并网风电场间的协调控制已成为当前迫切需要解决的现实问题。

8.1.2　风电场AGC的功能

AGC已在电力调度系统得到广泛应用，系统主要调节对象为火力发电机组和水力发电机组，AGC在确保电网频率稳定方面发挥了重要作用。将风电场纳入系统AGC后，调度方式与常规电厂稍有不同，受制于风能资源的间歇性和不稳定性，风电实现功率稳定控制难度更大。借鉴电网调度中心实时控制系统（又称能量管理系统）中AGC模块成功的运行经验，风电AGC系统应根据电网能量管理系统和风电场实时数据采集系统的实时信息、系统发电计划以及风电场功率预测系统信息，通过对风电场有功功率的控制调节，达到控制风电场机组有功功率、并网及机组有功功率变化率的目的。

电网调度中心以风电预测系统发布的各风电场最大可能出力 P_{wf}^{opt} 为基础，考虑运行安全与经济约束，在增加风电有功出力修正量 ΔP_{wf} 后，将有功出力参考值 P_{wf}^{ref} 发送至各风电场。风电场AGC中心将对整个风电场的出力要求 P_{wf}^{ref} 分解到各台风电机组。风电场AGC具体功能包括：

（1）分配电网调度中心下发的风电场有功功率参考值到各台风电机组发电机。

(2) 与风电场功率预测系统结合，实现风电场定功率控制。

(3) 实现对风电场并网的远方控制。

(4) 根据断面稳定要求自动控制相关风电场的最大出力。

(5) 自动控制各风电场出力，协助电网调峰。

(6) 远程监视系统频率，控制风电场出力，支持电网调频。

(7) 限制风电场有功功率输出变化率。

8.1.3 风电场AGC的系统体系

电力系统将每个风电场看成一台机组，作为系统的控制对象。在实际运行中，AGC系统调度端参考发电计划和风电功率预测结果进行指令计算，然后发送功率指令到风电场端的AGC模块，AGC模块转发到风电机组的数据采集与监控系统（Supervisory Control and Data Acquisition，SCADA）功率控制软件。最后通过SCADA将控制命令送到风电场控制器（Wind Fram Controller，WFC），由WFC调节机组的有功功率。

基于预测数据的风电场有功功率控制策略图如图8-1所示。在有功功率控制策略中，风电预测由风速预测和风功率预测两个单元组成。风功率预测单元将风电场超短期发电功率的预测信息提供给电网调度中心，由电网调度中心根据日内发电计划、超短期负荷预测信息和实时电网运行方式，考虑实时计划编制的约束条件，以与日内发电计划偏差最小为目标构造实时发电计划模型，并得到实时发电计划 $p_{wt.ref}$，向风电场发布。根据所选定的功率控制机组，实时发电计划 $p_{wt.ref}$ 和预测单元所提供的预测风速数据，来计算各台功率控制机组的发电功率指令 $p_{wti.ref}$ 和桨距控制指令 $\beta_{i,ref}(i=1,2,\cdots n,n$ 为功率控制机组的台数)，并传送至功率控制机组执行，使风电场出力 p_{wf} 满足实时发电计划的要求。

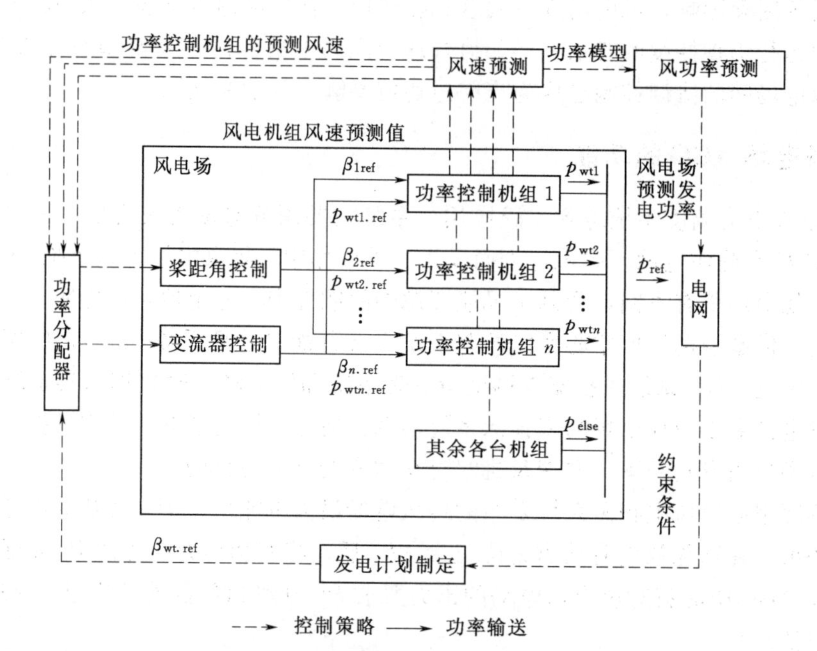

图8-1 基于预测数据的风电场有功功率控制策略图

8.2 风电场AGC技术的基本方法

与常规电源相比，风电并网在功率预测、调频、调峰等方面尚存在问题，难以满足大规模应用的要求，实现风电可预测、可调度、可控制的目标还需要较长的路要走。要解决此问题，除了依赖风电机组设计、制造技术的进步以外，电网调度、分析、控制水平的提高也是一个很重要的方面。

风电场AGC是电网调度中心实时控制系统的重要组成部分，其功能为按电网调度中心的控制目标将指令发送到有关风电场或机组，通过风电场或机组的控制系统实现对发电机功率的自动控制。风电多采用集中式开发，采用长距离高压线路将风电集中送出，风电同时率较高，考虑电网调度的经济性及风电电网发展的不同步，风电送出通道容量通常小于风电机组装机容量，必须利用AGC技术对风电场的有功出力进行限制。

8.2.1 风电场有功功率控制系统

随着风电场的快速发展，电网从运行安全性和稳定性角度对风电场有功功率输出提出了更高的要求。当大规模风电场接入电网时，由于风能资源的间歇性和不稳定性，风速变化引起的有功功率波动会破坏电力系统的有功功率平衡，导致电力系统频率出现偏差，严重影响到系统内用电端和发电端的安全稳定运行。

风电场有功功率控制系统一般采用分层结构，由场级集中控制层（Wind Farm Central Control Level）和机组本地控制层（Wind Turbine Local Control Level）组成。场级集中控制层通过控制器根据电网调度中心指令，计算整个风电场的有功功率控制信号，并按照相应的分配策略对各风电机组设定有功功率参考值，协调各风电机组的有功功率输出；而机组本地控制层根据有功功率参考信号调整自身的有功功率输出。通过场级集中控制层与机组级控制层的相互协调，使整个风电场的有功功率输出满足电网调度要求。整个风电场有功功率输出对电网调度的跟踪控制涉及场级的有功功率跟踪控制、有功功率分配以及机组级有功功率跟踪控制三个重要的环节，如果其中任何一个环节没有做到或者各环节之间没有相互协调，则很难使得整个风电场的有功功率输出能够平稳、准确、快速地跟踪电网调度功率。风电场有功功率控制流程图如图8-2所示。

2009年12月，国家电网发布的《风电场接入电网技术规定》指出："风电场应具备有功功率调节能力，能根据电网调度部门指令控制其有功功率输出。为了实现对有功功率的控制，风电场应配置有功功率控制系统，接收并自动执行调度部门远方发送的有功功率控制信号"。按照规定要求，我国风电场有功功率控制系统应具备必需的调整模式，使风电场有功功率输出能够按照电网调度机构指令以一定方式跟踪电网调度机构下发的设定功率值。

1. 限制模式

当电网对风电场的调度模式为限值模式时，如图8-3（a）所示，风电场有功功率控制系统需使整个风电场的有功功率输出不高于电网调度下发的设定值P_{ref}。若该限定值大于风电场的最大可发电功率P_{avail}，则风电场按其最大可发电功率进行有功功率输出；若

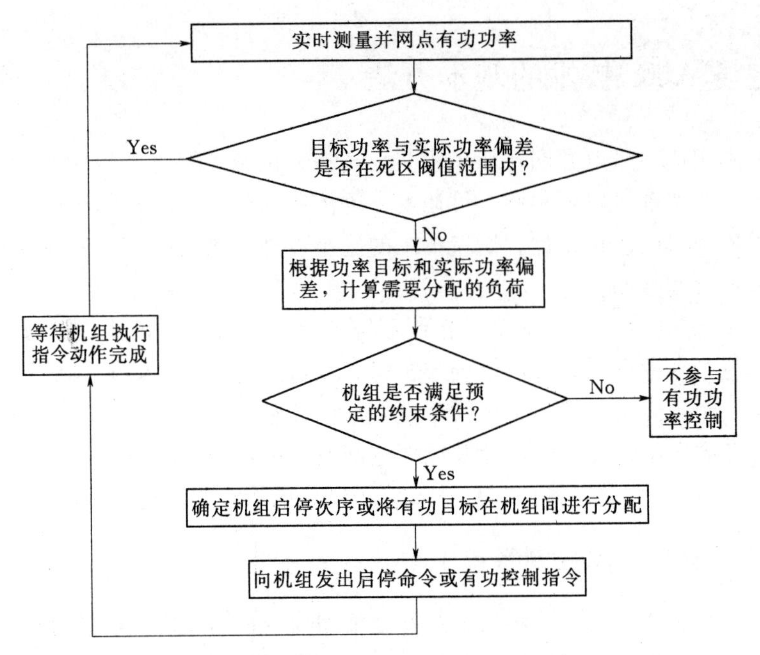

图 8-2　风电场有功功率控制流程图

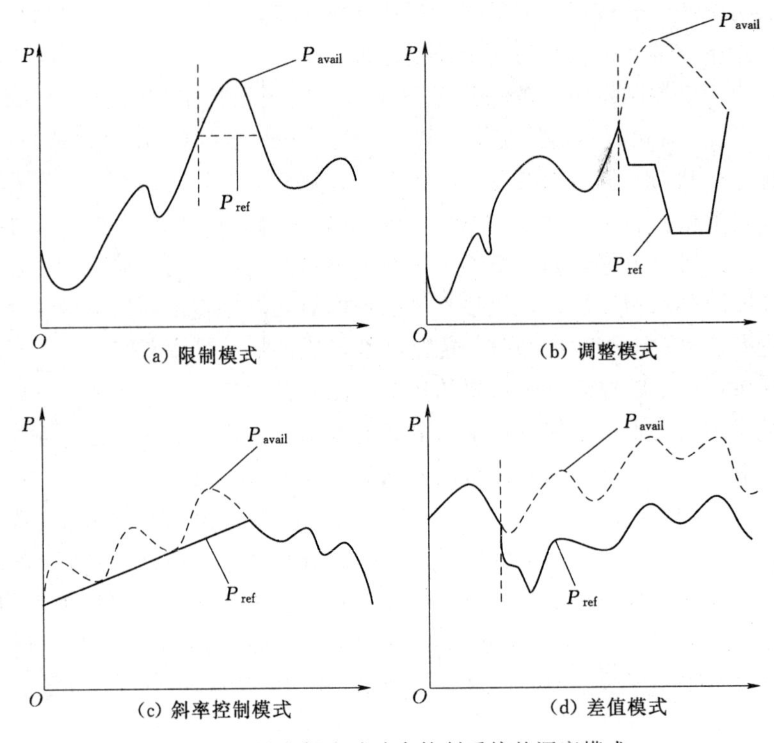

图 8-3　风电场有功功率控制系统的调度模式

该限定值小于风电场的最大可发电功率 P_{avail}，则风电场应降低其有功功率输出直至 P_{ref}。

2. 调整模式

当电网对风电场的调度模式为调整模式时，如图 8-3（b）所示，风电场有功功率控制系统需按指定斜率调整风电场有功功率输出至电网调度下发的设定值 P_{ref}，并保持风电场恒功率输出至该调度模式指令解除，指令解除后按指定斜率调整风电场有功功率输出至其最大可发电功率 P_{avail}。另外，若电网调度下发的设定值 P_{ref} 大于风电场的最大可发电功率 P_{avail}，则仅需按指定斜率调整至 P_{avail}。

3. 斜率控制模式

当电网对风电场的调度模式为斜率控制模式时，如图 8-3（c）所示，风电场有功功率控制系统需保证风电场有功功率输出的变化率在指定斜率内。

4. 差值模式

当电网对风电场的调度模式为差值模式时，如图 8-3（d）所示，风电场有功功率控制系统需使得整个风电场的有功功率输出小于其最大可发电功率 P_{avail}，且保证风电场具有电网调度指定的备用容量 ΔP。

8.2.2 风电机组控制方法

一个风电场是否可以实现出力可调最重要的前提是风电机组单机是否可以进行功率控制，只有单机满足当前风速最大输出功率以下功率可调，风电场才能模拟传统发电厂进行 AGC 调节。目前关于风电机组的控制方法研究主要是针对低风速下最大功率跟踪和高风速下恒定功率输出问题。

1. 低风速下最大功率跟踪控制

针对变速恒频风电机组在低风速下的最大功率跟踪控制问题，现有的控制方法一般通过控制发电机的电磁转矩，使风电机组转速跟随风速变化，保持最佳叶尖速比，实现最大风能捕获。根据机组输出功率控制方式的不同，最大功率跟踪控制方法主要分为最佳叶尖速比法、功率反馈法、爬山搜索法、三点比较法和最优转矩法。

最佳叶尖速比法利用风轮旋转平面的实时风速，根据最佳叶尖速比值，实时计算出当前风速下风电机组的最优转速，将最大功率跟踪问题转化为最优转速跟踪问题；功率反馈法利用检测装置实时测量到的功率和转速，根据最优转速功率曲线，通过发电机电磁转矩直接控制机组有功功率输出跟踪此曲线，实现最大功率跟踪；爬山搜索法通过主动调节风电机组的转速，然后判断机组输出功率的变化来确定机组转速的控制增量，通过控制发电机电磁转矩使得转速趋于给定值，如此反复搜索，直至风电系统运行于最大功率点；三点比较法根据某一特定风速下的转速功率曲线，比较三个不同转速下的功率大小，不断调节转速直至风电系统运行于最大功率点；最优转矩法利用检测装置实时测量到的电磁转矩和转速，根据最优转速转矩曲线，通过直接控制发电机电磁转矩跟踪由此曲线计算得到的最优转矩，从而实现最大功率跟踪。除此之外，还有一种主动控制——自动调频控制，即让风电场发挥类似常规调频电厂的作用，检测电网频率偏移，自动调整出力变化。显然，受风能捕获极值的限制，风电机组只适合执行过频减荷；如考虑低频增发，则需始终运行于风功率极值曲线以下，经济性较差。另外，受风速波动影响，风电场作为二次备用的容量可信度较低。就目前的技术条件来看，风电场作为调频电厂的代价很大，并非电网的优先选项。

2. 恒定功率控制

在基于分层结构的风电场有功功率控制系统中，场级集中控制层会为每个风电场有功功率分配周期，调整各风电机组的有功功率参考值，以此保证整个风电场的有功功率输出能够实时跟踪电网调度值。当有功功率参考值小于机组最大可发功率时，机组本地控制层需通过调节机组的转速和桨距角，使其有功功率输出在每个分配周期内维持参考值；在有功功率参考值发生变化时，能够及时地进行相应调整，并保证系统的稳定运行。

传统的恒功率控制在高风速时限制风能吸收，保证风电机组的安全运行。此时，通过控制风电机组的桨距角，降低风电机组的能量捕获，从而实现风电机组的额定功率输出。然而，风电机组的非线性特性及存在的系统不确定性和外部干扰给机组的恒功率控制带来了极大的挑战。

目前风电机组恒功率控制主要包括输出限制控制、平滑控制、爬坡率限制控制等。输出限制控制主要服务于电网调峰，一般是在风电出力过大以致威胁系统安全时不得已的“弃风”之举；平滑控制主要用于维持风电机组在小幅高频的风速波动下出力不变，只有在小惯性电网中，风电机组的平滑控制才有必要考虑；爬坡率限制控制主要用于防止风电机组出力爬升过快带来的电网过频问题。

风电机组有功功率输出由桨距角和转速共同决定，机组本地控制层通过变桨控制器和转速控制器对桨距角和转速调节，以实现机组有功功率输出在有限时间内收敛到给定的参考值 P'_{ref}。

风电机组运行特性曲线如图 8-4 所示，设风电机组的输入风速为 V_2，并稳定运行在最优功率转速曲线 A 点，此时的桨距角为 0°，风电机组的有功功率为 P_a，与发电机输出功率平衡。其中，最优转速曲线就是风电机组最大可发电功率 P_{opt} 与最优转速 ω_{opt} 间的关系。

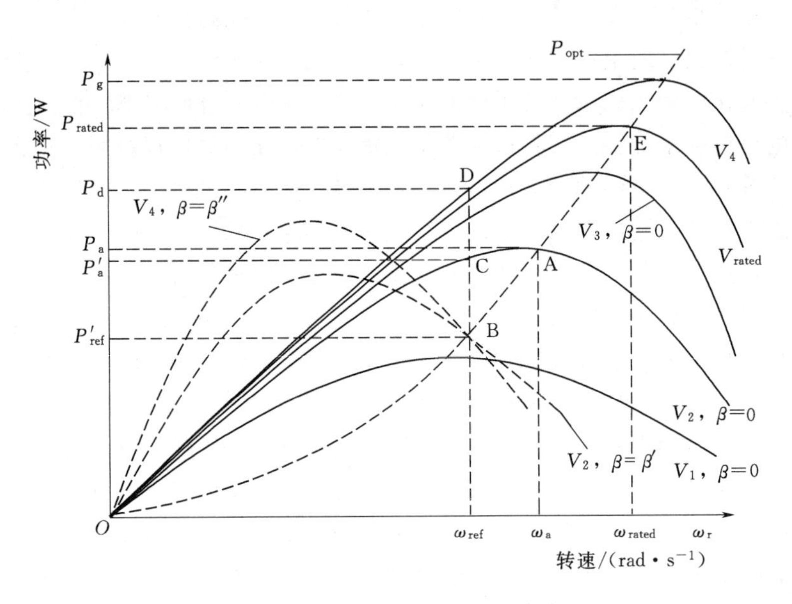

图 8-4　风电机组运行特性曲线

风电机组的输出机械功率为

$$P_r = C_r(\lambda, \beta)\frac{1}{2}\rho v^3 \pi R^2 \tag{8-1}$$

根据最佳叶尖速比值，实时计算出当前有效风速下风电机组的最优转速，并通过控制器使得风轮转速为最优值 ω_{opt}

$$\omega_{opt} = \frac{v\lambda_{opt}}{R} \tag{8-2}$$

由式（8-1）和式（8-2）可得

$$P_{opt} = \begin{cases} K_{opt}\omega_{opt}^3 & \omega < \omega_{rated} \\ P_{rated} & \omega \geqslant \omega_{rated} \end{cases} \tag{8-3}$$

式中 ω_{rated}——风电机组额定转速；

P_{rated}——风力发电的额定功率；

K_{opt}——优化增益。

K_{opt}可以表示为

$$K_{opt} = \frac{\rho\pi R^3 c_{pmax}}{2\lambda_{opt}^3} \tag{8-4}$$

如图 8-4 所示，转速控制器将调节转速至其期望值 ω_{ref}，该期望值由最优功率转速曲线根据有功功率参考值计算得到，此时，发电机的运行点将由点 A 变化到点 B，输出功率由 P_a 变化到 P'_{ref}。而风电机组的运行点由 A 变到 C，输出功率由 P_a 变化到 P'_a，输出功率大于有功功率参考值 P'_{ref}。因此，需通过变桨控制器调节桨距角 β，使风电机组由 C 点向 B 点运动，直至风电机组的有功功率输出由 P'_a减少到 P'_{ref}，与发电机的有功功率输出再次达到平衡。

当风速由 V_2 增加至 V_4 时，如图 8-4 所示，转速控制器将保持转速在其期望值 ω_{ref} 上，风电机组的运行点因风速变化将由 B 变化到 D，输出功率由 P'_{ref}上升到 P_d，为了保证风电机组的有功功率输出维持在恒功率值 P'_{ref}上，变桨控制器将使桨距角 β'增加到β''，以减少风电机组的风能捕获。

由于风速的不确定性，风电机组的恒功率控制需要使得机组有功功率输出在风速干扰下能够在有限时间内收敛到其参考值。另外，为了使整个风电场的有功功率输出能够快速收敛到电网的调度值，风电场控制层需要实时调整风电场内各机组的有功功率参考值。对于单台风电机组而言，有功功率参考信号是一个跃阶信号。对于跃变的有功功率参考信号，其跃变初始时刻导数是不存在的，这给风电机组控制器的设计增加了难度。

永磁同步风电机组恒功率控制如图 8-5 所示，变桨控制器通过调节桨距角 β，使得风电场有功功率输出 P'在有限时间内收敛到平滑值 P_{refd}；而转速控制器，则通过对发电机的 d、q 轴电压 U_d 和 U_q 的控制，实现转矩响应和转速 ω_g 在有限时间内收敛到期望值 ω_{ref}，其中 ω_{ref}由功率参考值 P'_{ref}通过最优功率转速曲线获取。

8.2.3 风电场有功功率常用分配策略

风电的大规模并网给电网的安全性和稳定性造成一定影响，这就要求从电网和风电场两方面尽量减小对电网影响。因此，对风电场功率进行调节以及如何对风电机组进行功率

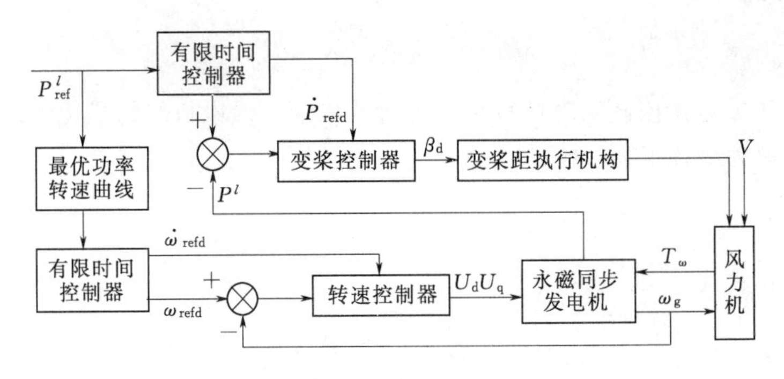

图 8-5　永磁同步风电机组恒功率控制

分配尤为重要，以优化利用风能资源，提高我国电网的风电接纳能力。

1. 等额平均分配法

该方法的基本思路是每个参与调节的 AGC 机组分摊相同的调节值。数学模型为

$$\Delta P_1=\Delta P_2=\Delta P_3=\Delta P_4=\cdots=\Delta P_N=\frac{ACE}{N} \tag{8-5}$$

式中　ΔP_i——第 i 台机组所分摊的调节量。

这种分配策略因未考虑风电机组最大可发电功率的差异，可能出现分配给某台机组的有功功率参考值超过了其最大可发电功率，或某台机组的有功功率参考值远远低于其最大可发电功率，前一种会导致风电机组无法跟踪有功功率参考值，从而使得整个风电场的有功功率输出无法跟踪其调度值；后一种会导致风电机组的可发电功率无法得到充分利用。

2. 等可调比例法

该方法是在等额平均法基础上的改进算法，基本思路为：不考虑经济性，默认各台机组调节的速度基本一致，同时使各调节机组为下一阶段的调节保留等比例调节容量。

数学模型为

$$\sum_{i=1}^{n} P_i = A_R \tag{8-6}$$

$$P_{p_1}=P_{p_2}=\cdots=P_{p_n} \tag{8-7}$$

$$P_{p_i}=\frac{P_{maxi}-P_{Ri}}{P_{maxi}-P_{mini}}\times 100\% \tag{8-8}$$

式中　P_{maxi}——机组 i 调节容量上限；

P_{mini}——机组 i 调节容量下限；

P_{Ri}——机组 i 的调节功率。

处于该模式下的所有机组具有相同的 P_{p_i}，且各机组的基本功率之和等于当前实际出力之和，因此可以求解各机组的基本功率。

3. 比例分配法

根据各机组当前时刻有功输出大小进行有功功率参考值的分配：有功出力越大的机组，获得的有功发电配额越多，但获得的无功功率配额越少。考虑到不同风电机组当前时刻最大可发功率差异，一定程度上优化了风电场内机组的运行。然而风具有随机性，当前时刻有功功率输出仅能作为风电机组该时刻最大可发电功率，无法作为其下一个控制周期

的最大可发电功率。

在风电场有功功率控制的每一个控制周期内，首先根据机组运行特性和最大可发电功率对风电机组进行分类，考虑每类机组的最大可发电功率，按不同类机组升/降功率能力不同进行控制，实现了基于机组分类的风电场有功功率控制。

现有的风电场有功功率分配策略中，大部分考虑将机组的最大可发电功率作为功率分配的依据，而且几乎都是假设各机组的最大可发电功率可以通过有功功率预测方法准确获取；然而，风力发电的随机性和波动性很难保证风电机组有功功率预测的准确性，机组的最大可发电功率估计问题严重限制了上述风电场有功功率分配策略的应用。因此，风电场有功功率控制系统中的控制方法和分配策略还有待完善，主要有以下几方面：

(1) 有效风速测量不准确时机组的最大功率跟踪控制。

(2) 有功功率参考值跃变和风速干扰下的机组恒功率输出控制。

(3) 风电场有功功率分配中的机组最大可发电功率估计。

(4) 在外部干扰及系统不确定性下的风电场有功功率跟踪控制。

8.3 基于风电场微观尺度空气动力学方法的风电场AGC多目标优化

8.3.1 基于风电场微观尺度空气动力学方法的风电场AGC技术

近年来，随着对风力发电技术认识的不断加深，各方面对风功率预测的要求日益提高，从技术实现的角度而言，超短期风功率预测已经能够实现每2.5min预报一次。2011年，国家电网公司颁布了《风电功率预测系统功能规范》(NB/T 31046—2013)，规定超短期风功率预测能够预测未来0～4h的风电输出功率，时间分辨率不大于15min。而常规系统现有的预调度周期一般约为30min，在线调度周期一般约为5min。超短期风功率预测周期和常规系统现有调度周期在时间尺度的匹配为基于功率预测信息优化的风电有功调度提供了条件。

在此基础上，风电有功调度的研究逐步与风功率预测相结合。目前已经开展了一些对优化风电调度运行具有积极意义的研究工作，但仍存在以下问题：

(1) 优化主要针对系统调度需要风电场降低出力的情况，在调度要求上升时如何分配有功调度指令没有作详细分析。

(2) 虽然每个调度时段内风电机组都会重新分类，但是由于分类方法较为单一和分类个数限制，有功调度指令分配的灵活性不够。

风电场有功功率分配负责将风电场有功功率参考值分摊给各风电机组（即计算各机组的有功功率参考值），协调各机组的有功功率输出。由于机组的有功功率输出和最大可发电功率随风速的波动而实时变化，因此，在风速变化较大的时候，风电场中可能会出现机组调节裕量不足（即机组有功功率参考值大于机组最大可发电功率）和机组调节裕量未得到充分利用（即机组有功功率参考值远小于机组最大可发电功率）的情况。如果风电场有功功率分配不能根据机组实际最大可发电功率实时调整机组有功功率参考值，这样会导致风电场实际有功功率输出与电网调度值之间存在较大误差和风能资源的浪费。为了减少因机组调节裕量不足所引起的风电场有功功率跟踪误差，并充分利用各机组的有功调节裕量，一些学者将风电机组的最大可发电功率作为风电场有功功率分配的依据，并通过有功功率预测估计各机组的最大可发电功率。然而，现有的有功功率预测方法多集中于中长期预测，预测周期与风电场有功分配周期存在时间尺度上的不匹配，无法在风电场有功分配周期内提供机组最大可发电功率的估计值。另外，风电机组输出有功功率的随机性和波动性将会增加对有功功率准确预测的难度。

风电机组的输出功率变化主要取决于风速、风向的变化，由于各个风电机组所在位置的地形、地貌、粗糙度可能不同，机组之间也可能存在一定的尾流效应，因此，各个机组的出力水平和波动趋势也有一定的差异。第7章中提出的基于风电场微观尺度空气动力学方法的风功率预测方法，考虑到了机组之间的相互影响，能够实现对风电场内单台机组的出力预测，并且有效解决预测周期与功率分配周期不匹配的问题，以便于风电场根据电网侧的调度指令结合风电场机组运行特性制定优化调度策略，为风电场内有功调度问题的研究提供了可靠依据。

风的高度可变性、间歇性和不可预测性将对整个电网造成影响，这就要求风电场功率优化控制系统必须具有对有功、无功功率输出可控的能力。整个系统根据风速、调度的指令和并网点的信号，进行分析并对风电场储备容量的储能系统、无功补偿设备以及风电机组自身独立的控制系统进行调节，保持系统的功率平衡，从而实现整个风电场的优化。风电场 AGC/AVC 系统结构图如图 8-6 所示。

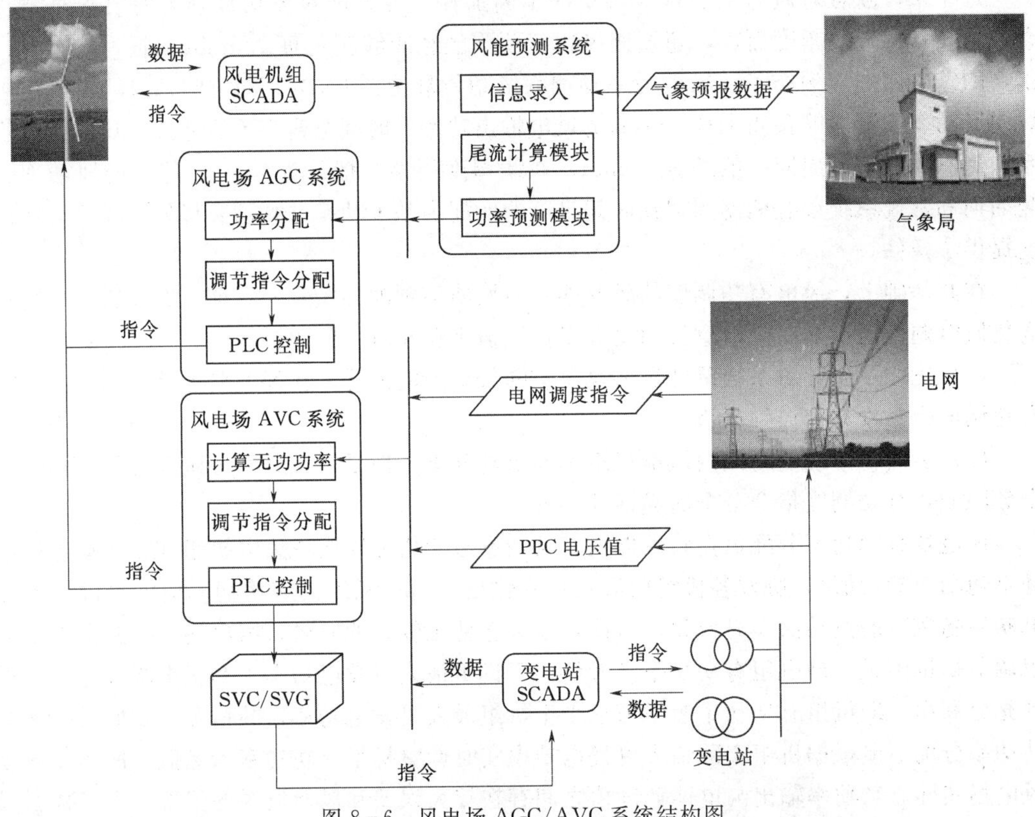

图 8-6　风电场 AGC/AVC 系统结构图

电网根据风电场出力情况、功率变化率要求、并网点电压以及频率等信息，制定发电计划，下发到风电场，风电场再根据风速、电压等信息，按照一定的功率分配规则向各风电机机组下达指令。功率优化分配策略决定了整个风电场的功率利用率以及经济效益。各机组获得下发的有功、无功参考值，通过桨距角或者启停机的方式调节输出有功功率；同时参与系统电压调整或者通过调节风电场的无功补偿装置以及升压分接头调节其无功功率。每台风电机组相应把实时运行信息返回给风电场系统，做到及时调整并制定相应的优化策略。

8.3.2 风电场 AGC 优化模型

风电机组通过做周期性旋转运动的叶轮将风中的动能转化为机械能，这使得风电机组总是承受着复杂的交变荷载，这些荷载对风电机组的强度和寿命影响甚大。当荷载到达一定程度时，风电机组构件某处会产生局部永久性的疲劳损伤，损伤进一步积累会产生裂纹直至材料断裂。为确保机组安全运行，需要对风电场内各台风电机组进行定期检修维护。在进行风电场有功分配时如果仅考虑追踪电网下发指令，忽略风电场内机组疲劳分布，有可能导致部分机组疲劳程度明显高于其他机组，不得不单独对其进行检修维护，打乱整场运行维护计划，增加机组检修维护成本。当某台机组疲劳强度累积到一定程度，甚至发生断裂时，会威胁风电机组安全，造成巨大的经济损失。

随着电力系统改革，发电厂将成为经济利益独立的实体。在进行风电场有功功率控制的同时，兼顾风电场的运行效益，降低机组动作成本，有利于实现风电业主的盈利最大化。

本节以均匀风电场内机组疲劳强度、降低风电场运行成本为目标，综合考虑机组当前运行状态、下一周期最大可能出力等情况，实现风电场出力与电网调度指令之间的最小误差跟随和机组的稳定运行。

1. 综合化的机组疲劳系数

采用传统方法对风电机组疲劳进行分析十分复杂，难以运用到全场风电机组的运行优化控制，故利用风电机组各部件疲劳与机组有功功率输出之间的关系，采用综合化的机组疲劳系数来描述风电机组各部件疲劳对整体机组造成的综合伤害。

某风电机组 i 在 t 时刻的机组疲劳系数可定义为

$$F_{pi}(t)=F_{pi}(t_0)+\frac{\int_{t_0}^{t}P_{\mathrm{i}}(t)\mathrm{d}t}{P_{\mathrm{rated}}^{i}T_{\mathrm{ser}}^{i}(1+M_{\mathrm{rep}}^{i})}+D_{\mathrm{dis}}\frac{\int_{t_0}^{t}I_{\mathrm{eff}}^{i}(t)\mathrm{d}t}{T_{\mathrm{ser}}^{i}(1+M_{\mathrm{rep}}^{i})} \tag{8-9}$$

式中　$F_{pi}(t_0)$——机组在 t_0 时刻的疲劳系数；

$\int_{t_0}^{t}P_i(t)\mathrm{d}t$——继续发电导致的工作疲劳；

$\int_{t_0}^{t}I_{\mathrm{eff}}^{i}(t)\mathrm{d}t$——紊流导致的疲劳；

$P_i(t)$——机组 t 时刻的输出有功功率；

P_{rated}^{i}——机组额定功率；

T^i_{ser}——机组的设计使用寿命，一般为20年；

M^i_{rep}——该机组的维护补偿系数，一般取0到1之间的值；

D_{dis}——风电场紊流疲劳当量系数；

$I^i_{eff}(t)$——机组在t时刻的有效紊流强度。

$I^i_{eff}(t)$ 可表示为

$$\left.\begin{aligned}I^i_{eff}(t)&=\sqrt{[I^i_a(t)]^2+[I^i_w(t)]^2}\\I^i_a(t)&=\frac{I_{ref}[0.75v_i(t)+5.6]}{v_i(t)}\\I^i_w(t)&=\frac{1}{S_i}\sqrt{1.2C^i_T(t)}\end{aligned}\right\}\tag{8-10}$$

式中 $I^i_a(t)$——风电机组i在t时刻的环境风紊流强度；

$I^i_w(t)$——尾流紊流强度；

$v_i(t)$——该机组t时刻轮毂高度处的风速；

I_{ref}——轮毂高度处风速为15m/s时的紊流强度基准值，复杂地形风电场中一般取0.16；

S_i——机组的风轮扫掠面积；

$C^i_T(t)$——机组此时的推力系数。

根据叶素动量理论，推力系数与风能利用系数存在一定关系，可表示为

$$\left.\begin{aligned}C^i_T(t)&=4(1-a_i)a_i\\C^i_p(t)&=4(1-a_i)^2a_i\\C^i_p(t)&=\frac{P_i(t)}{0.5\rho[v_i(t)]^3S_i}\end{aligned}\right\}\tag{8-11}$$

式中 $C^i_p(t)$——机组在t时刻的风能利用系数；

a_i——轴向诱导因子，且$0\leqslant a_i\leqslant 0.5$；

ρ——空气密度。

根据式（8-9）中的积分环节可知，机组的疲劳程度是一个累积过程，机组有功出力与机组疲劳情况有着紧密的联系。因此，风电场各风电机组的疲劳程度差异过大，可以在限功率情况下通过调节机组有功出力实现改善和优化。

2. 风电场发电成本

风电场的发电成本主要包含风电场的建设成本、机组运行维护成本、控制器动作损耗成本、电网惩罚费用成本等部分。

风电场的建设成本F_1主要指风力机、发电机、电缆、主控系统等设备的运输和安装费用，可表示为

$$F_{1,T+1}=a_0\tag{8-12}$$

式中 a_0——风电场建设成本。

机组运行维护成本F_2指风电场并网发电后的运营成本，包括设备维修费、保险费、管理费、员工工资福利费等费用，可表示为

$$F_{2,T+1} = a_1 \sum_{i=1}^{N} (P_{i,T+1}^{set} S_{i,T+1}) \tag{8-13}$$

式中　a_1——单位发电量的维护成本，由机组运行维护成本折算得到；

N——风电场内机组台数；

$P_{i,T+1}^{set}$——下一周期风电场有功功率控制系统分配给第 i 台风电机组的限功率指令；

$S_{i,T+1}$——下一周期第 i 台风电机组的启停机情况，$S_{i,T+1}=1$ 表示风电机组正常运行并网，$S_{i,T+1}=0$ 表示风电机组切机离网。

控制器动作成本 F_3 指风电场中央控制系统、风电机组就地控制系统中的监测器和控制器动作时的功耗及设备损耗，还包括启停机损耗，可表示为

$$F_{3,T+1} = a_2 \sum_{i=1}^{N} |P_{i,T} - P_{i,T+1}^{set}| + a_3 \sum_{i=1}^{N} (S_{i,T} \oplus S_{i,T+1}) \tag{8-14}$$

式中　a_2——各路控制器单位发电量动作成本；

$P_{i,T}$——当前机组 i 输出的有功功率；

a_3——风电场机组的开停机耗损成本；

$\oplus$——布尔运算，即当本周期风电机组 i 的启停状态与下一周期的启停状态相同时，运算结果为 0，当本周期风电机组 i 的启停状态与下一周期的启停状态不同时，运算结果为 1。

电网惩罚费用 F_4 指的是风电场出力不满足电网调度要求时，电网对风电场的惩罚费用，与风电场实际出力和电网调度值之间的差值成正比，可表示为

$$F_{4,T+1} = a_4 \left| \sum_{i=1}^{N} (P_{i,T+1}^{set} S_{i,T+1}) - P_{farm,T+1}^{set} \right| \tag{8-15}$$

式中　a_4——单位发电量电网惩罚费用，反映风电波动对电力系统造成的运行负担；

$P_{farm,T+1}^{set}$——下一周期电网调度部门下发给风电场的有功出力指令。

综上，风电场在下一周期内的单位发电成本可计算为

$$f_{T+1} = \frac{F_{1,T+1} + F_{2,T+1} + F_{3,T+1} + F_{4,T+1}}{P_{farm,T+1}^{set}} \tag{8-16}$$

3. 优化目标函数

风电场限功率运行时，综合考虑风电场疲劳分布和发电成本的数学模型为

$$\min\{f_{final,T+1}\} = \min\left\{\eta_1 \sqrt{\frac{1}{N}\sum_{i=1}^{N}[F_{p_i}(t_{T+1}) - \overline{F_{p,farm}(t_{T+1})}]^2} + \eta_2 f_{T+1}\right\} \tag{8-17}$$

式中　η_1、η_2——风电场疲劳分布与风电场发电成本的权重；

$F_{p_i}(t_{T+1})$——某风电机组在 t_{T+1} 时刻的机组疲劳系数；

$\overline{F_{p,farm}(t_{T+1})}$——风电场内各风电机组在 t_{T+1} 时刻疲劳系数的平均值。

4. 约束条件

功率平衡约束即风电场各台机组输出的有功功率之和应与电网下发给风电场的出力设定值相平衡，可表示为

$$\frac{\left|P_{\text{farm},T+1}^{\text{set}}-\sum_{i=1}^{N}(P_{i,T+1}^{\text{set}}S_{i,T+1})\right|}{P_{\text{farm},T+1}^{\text{set}}}\leqslant\varepsilon_{\text{farm}}^{\max} \tag{8-18}$$

式中 $\varepsilon_{\text{farm}}^{\max}$——限功率情况下允许的全场最大出力误差，既可描述风电场有功功率跟踪电网要求的精度，也可作为电网对风电场的惩罚判断依据，一般不大于10%。

出力约束，即分配给参与全场有功控制的风电机组有功出力值 $P_{i,T+1}^{\text{ref}}$ 应处于一定的范围内，可表示为

$$\begin{cases}P_{i,\overline{T+1}}^{\min}\leqslant P_{i,T+1}^{\text{set}}\leqslant P_{i,\overline{T+1}}^{\max}\\ P_{i,\overline{T+1}}^{\max}=\max(P_{i,T+1}^{\max},P_{\text{rate}}^{i})\\ P_{i,\overline{T+1}}^{\min}=0.1P_{\text{rate}}^{i}\end{cases} \tag{8-19}$$

式中 $P_{i,\overline{T+1}}^{\max}$——风电机组 i 在下一分配周期内的出力上限；

$P_{i,T+1}^{\max}$——该机组下一分配周期有功出力预测值；

P_{rate}^{i}——该机组的额定功率；

$P_{i,\overline{T+1}}^{\min}$——风电机组 i 在下一分配周期内的出力下限，当机组分配出力低于0.1倍的额定功率时，该机组的运行性能较低，发电成本较高。

启停时间约束为

$$t_{i,\text{on}}\geqslant T_{\text{on}},\quad t_{i,\text{off}}\geqslant T_{\text{off}} \tag{8-20}$$

式中 $t_{i,\text{on}}$、$t_{i,\text{off}}$——该风电机组的连续运行时间和停机时间；

T_{on}、T_{off}——机组允许的最短运行时间和最短停机时间。

8.3.3 改进的粒子群算法

1. 粒子群算法的基本原理

粒子群优化算法是一种基于群体智能的全局搜索算法。与进化算法相比，PSO算法收敛速度快，能够通过当前搜索情况不断调整搜索方向和速度，被广泛应用于连续非线性优化和组合优化等问题的实际工程中。

粒子群算法中，用一个矢量表示微粒 i 在 D 维搜索空间里的位置和速度。算法开始时对所有微粒进行初始化，确定微粒的初始位置和速度，再根据微粒搜索情况不断更新微粒位置和速度，最终寻找到搜索空间中的全局最优点。

D 维搜索空间中粒子 i 的位置为 $X_i=(x_{i,1},x_{i,2},x_{i,3},\cdots,x_{i,D})$，速度为 $V_i=(v_{i,1},v_{i,2},v_{i,3},\cdots,v_{i,D})$，该粒子经历过的最好适应度记为 $p_{\text{best}}=(p_{i,1},p_{i,2},p_{i,3},\cdots,p_{i,D})$，群体所有粒子经历过的最好位置记为 $g_{\text{best}}=(p_{g,1},p_{g,2},p_{g,3},\cdots,p_{g,D})$。

t 时刻每个微粒分别更新各自的速度和位置，可以表示为

$$v_{i,j}(t+1)=v_{i,j}(t)+c_1r_1[p_{i,j}-x_{i,j}(t)]+c_2r_2[p_{g,j}-x_{i,j}(t)] \tag{8-21}$$

$$x_{i,j}(t+1)=x_{i,j}(t)+v_{i,j}(t+1) \tag{8-22}$$

式中 c_1、c_2——加速常数，取正数；

r_1、r_2——各代更新系数，取小于1的随机正数。

由式（8－21）可知，微粒的速度更新主要包括三个部分：①$v_{i,j}(t)$ 表示微粒当前速度的影响，用来平衡全局搜索能力和局部搜索能力；②$p_{i,j}-x_{i,j}(t)$ 表示微粒本身记忆的影响，避免微粒陷入局部极小值；③$p_{g,j}-x_{i,j}(t)$ 表示群体信息的影响，体现微粒之间的信息共享。微粒移动图如图 8－7 所示。

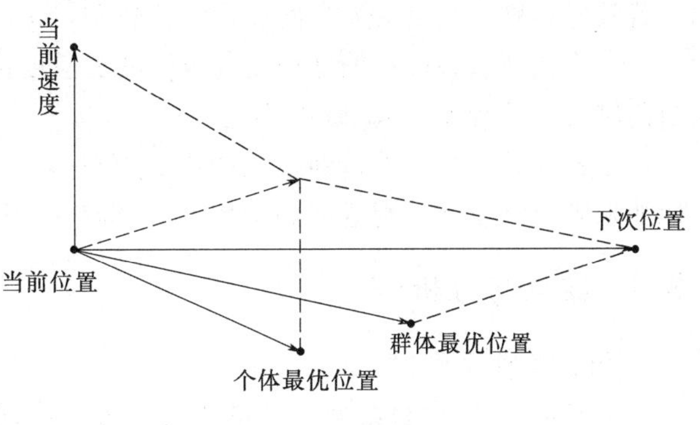

图 8－7　微粒移动图

由式（8－22）可知，微粒的飞行速度直接影响微粒在搜索空间中的位置，即算法的全局收敛性：微粒速度过大，能够快速收敛，但当其在最优解附近时，由于微粒速度步长较大，易略过最优解，从而难以到达全局最优点。为合理控制微粒的飞行速度，在式（8－21）中引入惯性权重系数 ω，具体为

$$v_{i,j}(t+1)=\omega v_{i,j}(t)+c_1r_1[p_{i,j}-x_{i,j}(t)]+c_2r_2[p_{g,j}-x_{i,j}(t)] \tag{8-23}$$

由式（8－23）可知，惯性权重系数 ω 值较大时，微粒飞行速度较大，全局寻优能力强，局部寻优能力弱，算法能够很快收敛；惯性权重系数 ω 值较小时，微粒飞行速度较小，局部寻优能力强，全局寻优能力弱，算法收敛速度较慢。

2. *改进的粒子群算法*

由于惯性权重系数 ω 对 PSO 算法的全局寻优能力和局部寻优能力存在较大影响，本节根据有功控制问题的实际需要对基本粒子群算法进行改进，动态调整惯性权值，惯性权重系数取值为

$$\omega=\begin{cases}\omega_{\min}-\dfrac{(\omega_{\max}-\omega_{\min})(f-f_{\min})}{f_{\text{avg}}-f_{\min}}, & f\leqslant f_{\text{avg}}\\ \omega_{\max}, & f>f_{\text{avg}}\end{cases} \tag{8-24}$$

式中　$\omega_{\max}$、$\omega_{\min}$——惯性权值系数 ω 的取值上、下限；

f——微粒当前的目标值；

f_{avg}、$f_{\min}$——当前所有微粒的平均目标值和最小目标值。

惯性权重系数 ω 的取值能够随微粒目标函数值的改变而自动调整：对于目标函数值优于平均目标值的微粒，即 $f\leqslant f_{\text{avg}}$，可认为其处于较好的搜索区域，应在该微粒附近进行搜索，此时惯性权值系数 ω 减小，微粒飞行速度减慢；对于目标函数值劣于平均目标值的微粒，即 $f>f_{\text{avg}}$，可认为其远离全局最优点，应使该微粒前往较远区域进行搜索，此时惯性权值系数 ω 较大，加快微粒飞行速度。

3. *算法流程*

在上述理论的基础上，采用改进的 PSO 算法实现风电场内最优控制，具体步骤如下：

（1）在风电机组出力约束范围内随机设定粒子的初始位置和初始速度。

（2）计算各微粒的目标函数值，即适应度，定义各微粒当前位置作为各自的历史最优位置 p_{best}，选择适应度最低的微粒位置作为种群的全局最优位置 g_{best}。

(3) 根据式 (8-23) 进行微粒的更新。

(4) 计算位置更新后各微粒的适应度，将当前各微粒适应度值与 p_{best} 的适应度值做对比：若较好，则 p_{best} 更新为当前位置；若较差，p_{best} 保持不变。

(5) 将更新后各微粒的适应度与 g_{best} 的适应度值作对比：若较好，则 g_{best} 更新为某微粒当前位置；若较差，g_{best} 保持不变。

(6) 若满足终止条件，即最大迭代次数 G_{max}，程序结束，输出 g_{best} 表示最优目标函数值；如未满足终止条件则返回到步骤 (3) 继续执行。

8.3.4 结果与分析

1. 模型参数设置

以某风电场 23 台机组两天完整的实际运行数据为历史数据，采用基于最小资源分配网络的风功率预测方法预测未来 2.5h 内、时间间隔为 1min 的各机组出力值 P_i^{max}，电网下发指令时间间隔为 15min，机组分配有功出力时间间隔为 5min，为在限电情况下验证有功优化控制策略的适用性，全场调度指令 P_{farm}^{set} 设定为 15min 内全场预测出力的最小值。

风电场有功分配模型相关参数设置如下：风电场疲劳分布的权重 $\eta_1=0.45$，机组额定功率 $P_{rate}^i=1.5\text{MW}$，机组的设计使用寿命 $T_{ser}^i=20$，机组的维护补偿系数 $M_{rep}^i=0.5$，风电场紊流疲劳当量系数 $D_{dis}=0.7$，轮毂高度 70m，轮毂高度处风速为 15m/s 时的紊流强度基准值 $I_{ref}=0.16$，机组的风轮扫掠面积 $S_i=\pi(41\text{m})^2$，空气密度 $\rho=1.225\text{kg/m}^3$。

风电场发电成本的权重 $\eta_2=0.55$，电场建设成本 $a_0=500$，风电场内机组台数 $N=23$，机组运行维护成本折算系数 $a_1=0.1$，各路控制器的动作成本折算系数 $a_2=2$，风电场机组的开停机耗损量化系数 $a_3=0.6$，风电波动对电力系统造成的运行负担量化系数 $a_4=5$。

限功率情况下允许的全场最大出力误差 $\varepsilon_{farm}^{max}=1\%$，单台风电机组出力下限 $P_{i,T+1}^{min}=0.1\times1.5\text{MW}=0.15\text{MW}$，设定机组允许的最小运行时间 T_{on} 和最小停机时间 T_{off} 均为 15min。

PSO 中微粒最大惯性权重系数 $\omega_{max}=0.9$、最小惯性权重系数 $\omega_{min}=0.2$，加速常数 $c_1=c_2=2$，种群数取 40，最大迭代次数 $G_{max}=350$。

2. 改进 PSO 算法收敛特性

以式 (8-17) 为目标函数，对基本粒子群算法和改进粒子群算法进行比较。随机选取的某个周期两种算法的适应度曲线收敛特性对比图。

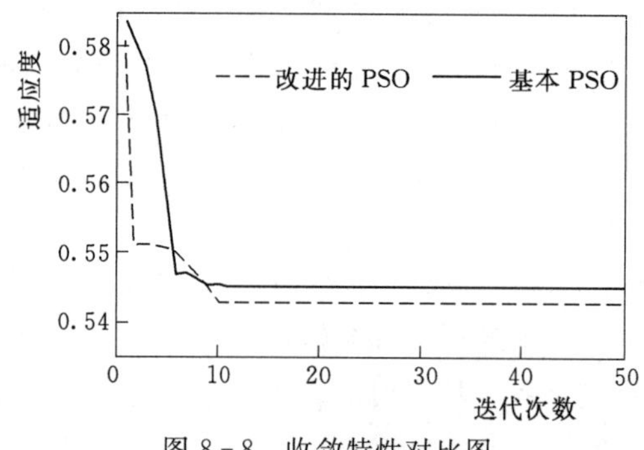

图 8-8 收敛特性对比图

从图 8-8 中可以看出，采用改进的 PSO 算法收敛速度快，且适应度小于基本 PSO 算法，与基本 PSO 算法相比不易陷入局部最优点。故采用改进的 PSO 算法对风电场内部有功分配策略进行寻优。

3. 三种方案结果对比

采用改进 PSO 算法进行多目标寻优，

分别按经济成本（方案一）、疲劳均匀性（方案二）和经济疲劳综合（方案三）的三种分配方案进行仿真实验，对比分析全场有功总出力、风电场发电成本和风电场疲劳均匀性。

（1）全场有功总出力。三种方案各风电机组在某控制周期内的出力情况表见表 8-1。对比三种方案下的出力分配值可以看出，由于在约束条件中设定了最大出力限制，三种方案分配至各机组的计划出力值均低于最大出力，避免了较大的出力偏差。该周期内电网调度部门下发的全场出力值为 19872kW。三种方案计划下发的出力总和均在最大误差 1%范围内，既满足了电网的要求，又最大限度地利用了风能资源。

表 8-1　　三种方案各风电机组在某控制周期内的出力情况表　　单位：kW

风电机组号 i	预测出力 $P_{i,T+1}^{max}$	$P_{i,T+1}^{set}$		
		方案一	方案二	方案三
1	1146.00	1146.00	1146.00	1146.00
2	976.00	976.00	970.11	975.66
3	899.00	899.00	892.05	899.00
4	608.00	608.00	600.43	608.00
5	878.00	878.00	878.00	878.00
6	849.00	849.00	848.07	849.00
7	682.00	682.00	677.46	682.00
8	643.00	643.00	643.00	643.00
9	791.00	791.00	780.69	791.00
10	292.00	292.00	290.96	292.00
11	808.00	808.00	789.46	808.00
12	837.00	739.92	837.00	780.85
13	698.00	698.00	692.63	698.00
14	1079.00	1079.00	1079.00	1037.55
15	575.00	575.00	575.00	575.00
16	855.00	855.00	848.55	855.00
17	917.00	917.00	905.64	917.00
18	892.00	892.00	892.00	891.29
19	1241.00	1079.16	1192.50	1171.31
20	699.00	699.00	699.00	699.00
21	1122.00	1122.00	1091.97	1122.00
22	1093.00	1093.00	1093.00	1093.00
23	1439.00	1439.00	1414.83	1424.12
合计	20019.00	19760.08	19837.34	19835.77

某风电机组功率控制周期内的出力情况见表 8-2。对比三种方案可知，由于优化的目标不同，三种分配方案下发的出力指令不同，但均能保证每个周期三种方案分配至该机组的计划出力值均低于预测最大出力，避免较大的出力偏差。

表 8-2　　三种方案各风电机组在某控制周期内的出力情况表　　单位：kW

周期	预测最大出力	方案			周期	预测最大出力	方案		
		方案一	方案二	方案三			方案一	方案二	方案三
1	1276	1276	1270.65	1276	16	1500	1328.34	695.32	1335.23
2	1498	1332.12	1498	1299.59	17	1439	1334.67	1439	1345.75
3	1260	1260	565.63	1260	18	1174	1174	1010.22	1174
4	1486	1388.78	1486	1263.3	19	1500	1479.8	203.67	1148.39
5	1405	1405	1405	1405	20	1500	1500	1121.87	1148.4
6	1500	1395.55	1120.14	1500	21	1500	1499.87	1500	1150.01
7	1500	1500	825.61	1500	22	1500	1500	810.05	1309.09
8	1500	1500	1500	1500	23	1439	1439	1414.83	1424.12
9	1500	1500	1200.7	1500	24	1378	1378	1378	1378
10	1500	1500	1500	1500	25	1231	1231	150	1029.12
11	1500	1500	1173.52	1500	26	1456	1456	721.9	1246.8
12	1500	1500	560.59	1500	27	1439	1439	1438.46	1269.52
13	1500	1500	1500	1500	28	1500	1470.08	1464.14	1485.11
14	1500	1500	754.09	1499.99	29	1254	1254	514.17	1254
15	1355	1354.56	1079.67	1355	30	1299	1299	1299	1299

三种方案下全场有功出力对比图如图 8-9 所示。其中 P_{max}间隔为 1min 的风功率预测

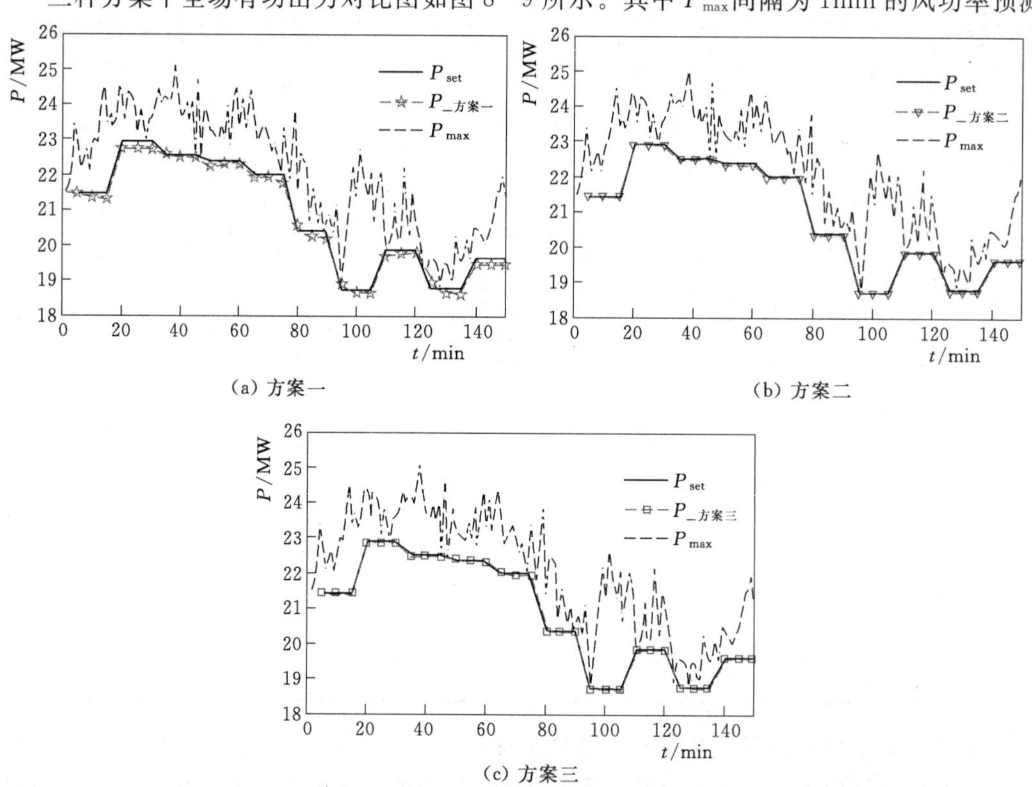

(a) 方案一　　(b) 方案二

(c) 方案三

图 8-9　三种方案下全场有功出力对比图

值，P_{set}为根据电网下发指令设定的风电每15min的总功率，在考虑全场最大可能出力的基础上，P_{set}可取15min内全场P_{max}的最小值。有功分配模块每周期下发各机组出力指令值，机组的出力约束为$(0.1P_{rate}^{i}, \min\{P_{i,T}^{max}, P_{rate}^{i}\})$，其中$P_{i,T}^{max}$每间隔5min取一个预测功率，即$t=1$min，$t=6$min，$t=11$min，$t=16$min，…，分配周期5min内机组出力指令值保持不变。

分析表8-1、8-2和图8-9可知，三种分配方案充分考虑到了机组的最大出力能力和机组的调节能力，合理给定出力任务，风电场全场出力均能够较好地跟随电网给定值，减少"弃风"电量，抑制了风的随机性造成的风电场出力波动，提高了风电场输出功率的稳定性。

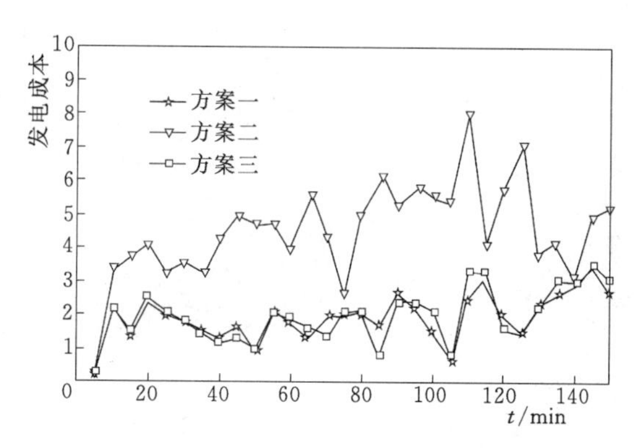

图8-10　三种分配方案风电场发电成本对比图

(2) 风电场发电成本。三种分配方案风电场发电成本对比图如图8-10所示。对比可知方案一和方案三的发电成本相差不大，且均明显低于方案二的发电成本。

方案一以经济成本为目标进行有功分配时，风电场发电成本最低，大约在1～3之间变化；方案二以全场疲劳均匀性为目标进行有功分配时，风电场发电成本最高，大约在3～9之间变化；方案三以经济疲劳综合为目标进行有功分配时，风电场发电成本较低，明显低于方案二的经济成本，较方案一的经济成本有少许增加。

(3) 风电场疲劳均匀性。计算全场疲劳系数的均方根差为

$$f_{p,T}=\sqrt{\frac{1}{N}\sum_{i=1}^{N}[F_{p,i}(t_T)-\overline{F_{p,farm}(t_T)}]^2} \tag{8-25}$$

式中　$F_{p,i}(t_T)$——风电机组i在周期T内的机组疲劳系数；

$\overline{F_{p,farm}(t_T)}$——风电场内各风电机组在周期$T$内疲劳系数的平均值。

三种方案下风电场疲劳均匀性对比如图8-11所示，其中图8-11(a)为全周期内疲劳系数均方差，图8-11(b)为第20周期内，即区间(96min，100min)内风电场23台机组的疲劳系数分布，图8-11(c)为第30周期内，即区间(146min，150min)内风电场23台机组的疲劳系数分布。为凸显三种方案下的机组疲劳系数差异，图8-11(b)、图8-11(c)的纵坐标为疲劳系数F的指数表达，即$F'=\exp(F)$。

机组疲劳程度是一个累积的过程，相对应的均方根误差也随时间不断增加。图8-11(a)中，三种方案疲劳系数均方根误差f_p均随时间增加而上升。方案二f_p明显低于方案一与方案三，说明方案二以全场疲劳均匀性为目标进行有功分配时，全场各风电机组疲劳系数差异性最小，均匀性较好；方案一以经济成本为目标进行有功分配时，全场各风电机组疲劳系数均匀性较差，机组疲劳程度差异明显；方案三以经济疲劳综合为目标进行有功分配时，全场各风电机组疲劳程度均匀性劣于方案二，但优于方案一。

疲劳系数F与时间有关。随着运行时间的增加，机组持续工作造成疲劳程度的加深，

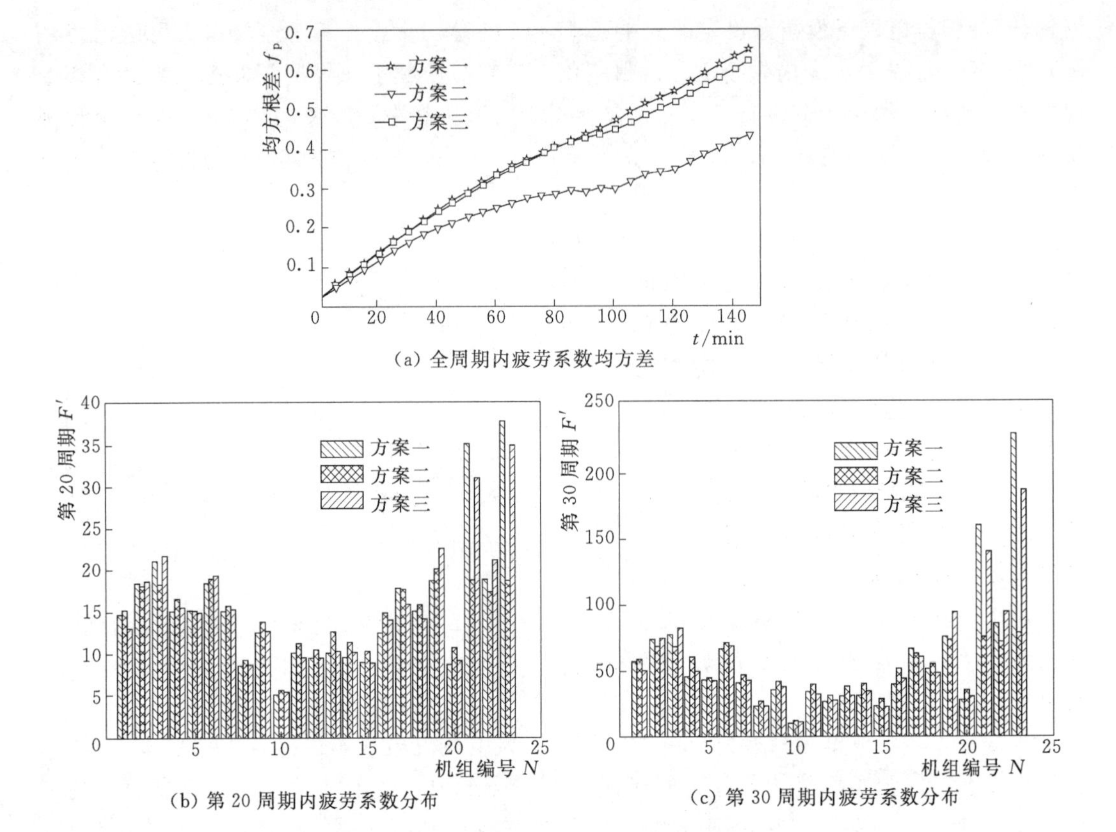

图 8-11　三种方案下风电场疲劳均匀性对比图

故图 8-11（c）中第 30 周期内的机组疲劳系数 F 明显高于图 8-11（b）中第 20 周期内的机组疲劳系数。

图 8-11（b）中，方案一风电场疲劳系数 F 平均值为 2.64，疲劳系数分布在 1.62～3.63，标准差为 0.450；方案二风电场疲劳系数 F 平均值为 2.64，疲劳系数分布在 1.74～3.00，标准差为 0.299；方案三风电场疲劳系数 F 平均值为 2.64，疲劳系数分布在 1.69～3.55，标准差为 0.435。

图 8-11（c）中，方案一风电场疲劳系数 F 平均值为 3.85，疲劳系数分布在 2.38～5.44，标准差为 0.649；方案二风电场疲劳系数 F 平均值为 3.86，疲劳系数分布在 2.51～4.37，标准差为 0.433；方案三风电场疲劳系数 F 平均值为 3.86，疲劳系数分布在 2.43～5.23，标准差为 0.619。

由此可知，方案二下的全场风电场机组疲劳分布最均匀，机组间疲劳程度差异最小，便于统一安排机组检修与维护，检修维护成本最低；方案一下的风电场机组疲劳系数差异最大，若统一对所有机组进行检修维护，疲劳程度较大的机组易存在巨大的安全隐患，疲劳程度较小的机组易造成过度维护；为保护个别疲劳程度较大的机组，全场机组检修时间不一致，将会增加检修维护成本，降低风电场经济效益；方案三机组疲劳分布均匀性介于方案一与方案二之间。

根据全场有功总出力、风电场发电成本和风电场疲劳均匀性的对比分析可知，基于改进粒子群的以经济疲劳最小为综合目标的分配方案，考虑到了机组最大出力能力，合理给定机组的出力任务，全场出力能够很好地跟随电网给定出力，出力稳定性强；兼顾发电成本与机组疲劳均匀性，降低风电场发电成本，在保障全场机组安全运行的前提下降低机组维修频率，降低检修成本。

4. 典型风电机组出力特性

本节搭建了限功率控制下的风电场全场详细模型，结合风电功率预测与风电场有功功率控制模型，搭建风电场有功功率控制策略仿真平台。在电网给定风电场有功出力设定值的情况下，验证基于风电功率预测的风电场有功分配策略有效性。

风电场内某机组实际出力与预测出力对比图如图 8-12（a）所示。其中，P_{max}^*为该机组实际逐分钟的出力情况，P_{max}为采用风电功率预测模型对该机组进行预测的结果。对比两者可知，该模型预测精度较高，预测值较实际值存在一定的时间滞后性。风电场有功分配策略取每 5min（t=1min，t=6min，…，t=141min，t=146min，即图中星号点）的机组预测功率 P_{max} 作为机组出力限值，该机组有功分配结果为 P_{set}。

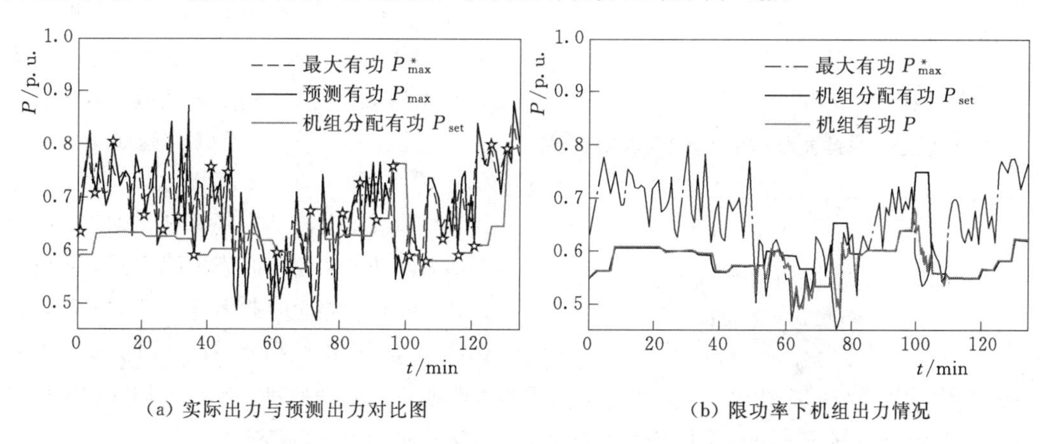

图 8-12　基于风电功率预测的限功率控制下某机组仿真图

根据机组出力分配值进行限功率控制的机组实际出力情况如图 8-12（b）所示。总的来看，限功率控制策略下的机组有功出力 P 能够追踪机组出力设定值 P_{set}，基本实现有功控制目标。但在区间（55min，65min）中，机组出力 P 未能达到设定值 P_{set}，原因有两方面：①进行机组分配的限值依据 P_{max}与实际存在一定误差，机组实际最大出力 P_{max}^*小于机组预测功率 P_{max}；②分配模型采用的是每 5min 时刻处机组预测功率 P_{max}，忽略了 5min 内机组出力波动性。在区间（70min，75min）和区间（95min，100min）内，当 t=70min 和 t=95min 时，风电功率预测模型预测该时刻具有较高的有功出力，故分配模型中该机组出力上限值较高。实际最大功率 P_{max}^*显示，机组在该时刻处预测值高估了该机组实际最大出力能力，机组最大有功功率在 5min 内骤然下降，实际出力能力远小于机组出力分配值。

该机组限功率控制下的风能利用系数 C_p 和桨距角 β 变化图如图 8-13 所示。区间（0，50min）中，由于机组分配出力设定值明显低于机组最大出力，机组进行限功率控制，变桨机构动作，增大桨距角，降低风能捕获能力，表现为桨距角 β 保持较高值，风能利用系数 C_p 在较低值附近波动。

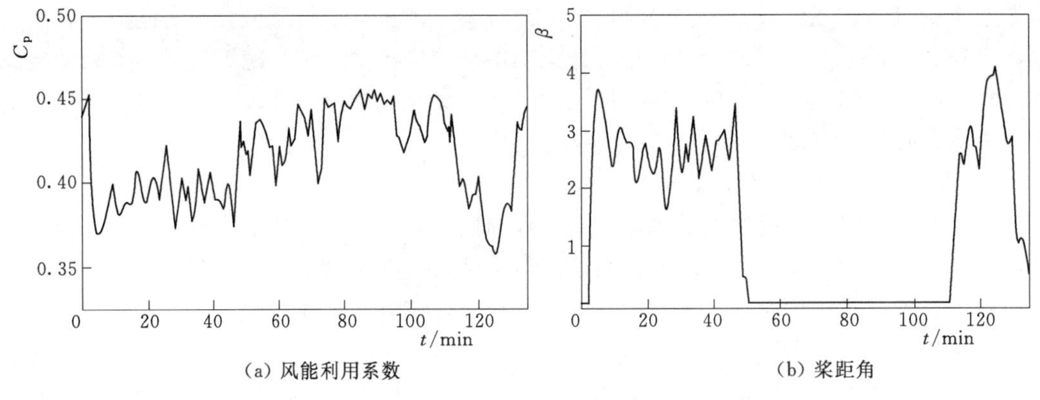

图 8-13 风能利用系数 C_p 与桨距角 β 变化图

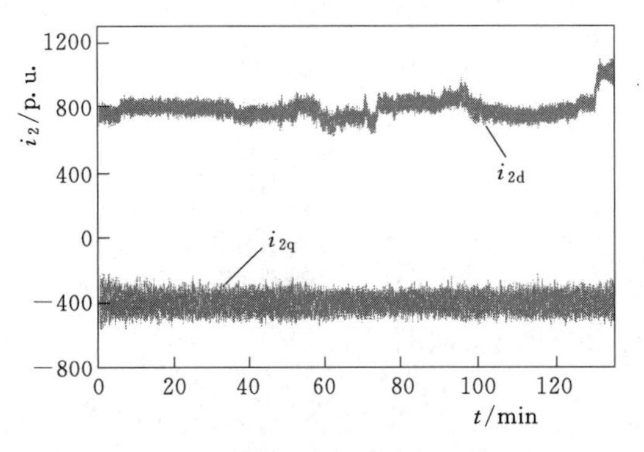

图 8-14 限功率控制策略中某机组发电机电流情况

发电机输出有功功率与转子侧电流 d 轴分量成正比，故转子侧电流 d 轴分量与有功出力情况变化趋势一致；发电机输出无功功率与转子侧电流 q 轴分量有关，为保证无功出力为0，转子侧电流 q 轴分量应为一定值，发电机转子侧电流如图 8-14 (a) 所示。$t=60$min 附近处，机组实际出力情况波动性较大，风速变化剧烈。风电机组桨距机构未动作，发电机控制子系统通过改变定转子电流，控制发电机功率转矩输出，调节机组有功出力。区间（110min，120min）中，机组分配有功设定值与机组最大出力差距明显，机组通过变桨机构调节桨距角进行响应，发电机定转子电流均保持基本不变，发电机运行状态没有明显改变。

上述分析说明，风电机组通过桨距角控制和发电机转速控制相互协调配合限制风电机组功率输出，实现机组实际出力满足机组分配出力设定值。基于风功率预测的有功控制策略能够在满足电网要求的同时，平滑风电场各机组疲劳强度，减少机组故障率，同时最大限度地提升风电场运行经济效益，降低机组检修维护成本和发电成本。

8.3.5 结论

本节介绍了基于风功率预测的风电场有功功率控制系统结构。基于风电机组功率预测信息，以平滑风电机组疲劳程度差异、降低单位发电成本为目标，以功率平衡、出力限制、开停机时间限制等为约束条件，建立了限电情况下风电场内有功控制问题的数学模型。采用改进的粒子群算法对按发电成本最小分配、按风电机组疲劳程度最均匀分配和按经济疲劳综合目标最小分配三种分配策略进行实验测试，分析结果表明：以经济疲劳综合目标最小的分配方案，考虑到了风电机组最大出力能力，合理给定机组的出力任务，全场出力能够很好地跟随电网给定出力，出力稳定性强；兼顾发电成本与机组疲劳均匀性，降低风电场发电成本，在保障全场机组安全运行的前提下降低机组维修频率，降低检修成本。分析限功率控制下风电场典型风电机组的有功出力特征，验证考虑风功率预测信息的场内功率分配和控制方案的有效性。

8.4 基于风电场微观尺度空气动力学方法的风电场AGC和AVC多目标优化平台开发

现有的风电场AGC/AVC系统与风电机组监控系统、无功补偿装置（SVC/SVG）、升压站监控系统通信，将实时采集的风电机组和无功补偿装置运行数据通过电力调度数据网上传到主站系统，同时接收主站下发的有功/无功控制指令并转发给计算机监控系统，通对风电机组、无功补偿装置（SVC/SVG）、变压器等进行协调控制，实现风电场并网点有功功率和电压的闭环控制。我国风电场AGC/AVC系统建设仍处于初级阶段，场内调度采用平均或按比例分配负荷或无功调整量的控制策略，该方法无法顾及经济运行的原则，具有一定的盲目性。

8.4.1 平台总体设计

平台总体设计包括对风电机组进行抽象分析、建模，建立整个风电场的统一信息模型、信息交换模型与消息映射等；研究风电机组控制器通信规约，掌握与风电机组控制器的通信技术；在此基础上，结合数据库设计技术，开发风电场AGC和AVC多目标优化平台，平台系统结构如图8-15所示。

该平台通过建立整套系统模型，在现有风电机组SCADA与变电站SCADA基础上，将实时数据通过电力调度数据网上传到主站系统，同时从主站接收有功/无功控制指令，转发给计算机监控系统，对场内机组、无功补偿设备等进行调节和控制。

1. 系统主要功能

系统主要功能是接收电网下发的有功、无功功率调整指令（包括指令方式和功率计划曲线方式），根据最优策略向风电场不同机群或单个风电机组进行控制。同时向电网或风电公司上传风电场及公用系统运行状态、参数等信息，具体信息如下：

（1）接受并执行调度机构下发的有功/无功调整指令。

（2）风电场在限制有功的情况下，实时参与一次调频控制。

（3）根据调度要求，实现对风电场的无功自动控制。

（4）上传风电机组及公用系统运行状态、参数等信息。

（5）实现调度部门对风电场的紧急控制。事故情况下，调度部门有权暂时将风电场解列。当需要紧急减少功率输出或者增加功率输出的情况下，控制系统能够快速响应，调节速度满足调度需求。

（6）将风电场视为一个整体，实现整个风电场内的无功优化分配和调节。

（7）系统可与电网调度中心进行连接，接收远程调度的控制指令，根据指令手动或自动开启负荷自动控制功能，进行风电场有功功率智能调节。

2. 协调控制功能

（1）通过通信的方式，获得风电场网络控制系统中所涉及的主变、主母线、联络线的

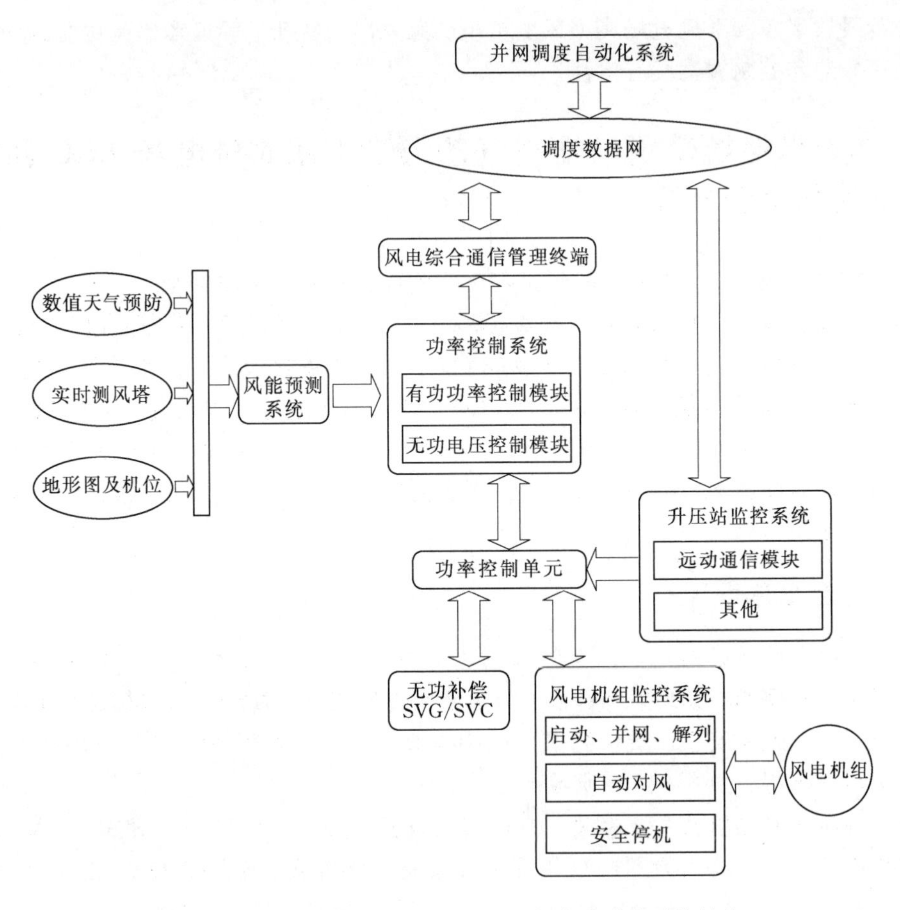

图 8-15　风电场 AGC 和 AVC 多目标优化平台系统结构

相关信息。

（2）接收调度主站端传送来的控制命令、母线电压/无功目标值、有功目标值等。

（3）通过通信的方式，获得用于风电优化控制子站的各类数据，风电机组的实发有功、理论有功出力、实发无功、是否并网运行、是否处于运行状态、是否参与优化控制、机组的定子电流和转子电流等相关信息，将信息下传给功率优化控制器进行分析处理。

（4）实现有功、无功之间的协调控制，当两者的调节出现矛盾时，优先保证电网电压的稳定。

（5）上传风电场的各类监控数据，主要包括风电机组的状态、风电场实际运行机组数量和型号、风电场并网点电压、风电场高压侧出线的有功功率、风电场高压侧出线的无功功率、风电场的实时风速和风向等。

（6）下传单机的有功、无功目标指令至风电机群监控系统，下传无功目标指令至无功补偿系统，下传无功补偿设备投切指令至相应的设备开关。

3. 功率优化控制功能

（1）接受调度系统的目标有功值，对风电场机组可调有功功率进行合理分配，将分配结果传送至调度系统，实现风电场有功功率的最优配置。

（2）接受变电站的电压值，根据设置上、下限对风电场内可调的无功设备进行合理分配，实现风电场无功补偿系统与风电机组间无功的最优配置。

（3）目标值变化过大时采用渐进变化处理，确保风电场最大功率及功率变化率不超过电网调度部门的给定值。

8.4.2 主要功能模块介绍

1. 风能预测模块

风能预测模块基于风电场尾流效应模型的单机风功率预测方法，负责计算风电场内各台风电机组下一控制周期的有功功率预测值。首先，预先设定实际测试风电场的地形图、地表粗糙度、风电机组布局（机位分布图）、轮毂高度等参数信息，根据地形特征选择采用的尾流模型，建立包括风电机组在内的风电场流场分布计算模型。然后，以当地气象部门的预测风速作为输入，考虑尾流模型和机组遮挡面积的影响，计算场内风能分布。最后，借助风电机组的自身运行特性曲线预测各机组的最大输出功率。预测的结果将被功率分配模块调用。

2. 风电场模拟模块

基于 Matlab/simulink 仿真平台，建立“转轮-传动链-发电机-并网”结构的风电机组模型。风电场内的每台机组可采用变桨和转速调节相结合的方法，实现在最大可输出功率以下全程可调。在此基础上，考虑风电场内布机情况、电气主接线及风电场接入系统的接线方案等实际情况，搭建风电场整场输出模型，并运用并行运算技术提高模型运算速度，保证该模型的精确度和实用性。

3. 功率控制模块

风电场有功控制系统以轮询方式，实时扫描电网调度指令、风电场出力、风电机组运行状态等信息，按照特定有功分配策略计算机组的设定功率，实时下发给风电场监控系统，达到智能自动调节风电场有功功率的目标。有功控制模块与风电场内的风电机组间通信是否正常、机组能否正常运行直接关系到控制策略能否实现，因此需要预先对机组的运行状态进行判断，排除故障机组，保证参与有功调节的风电机组为正常运行。有功控制模块可提供多种控制策略，并且具有开放性，以支持新的控制策略的后续开发。

4. 模块间的通信

通过配置中心数据库实现数据存储和管理，数据库采用 MySQL 建立。系统配置了 4 台计算机，分别模拟风能预测系统、风电场模拟系统、有功控制系统和中心数据库的功能。各模块间通过有线或无线连接，安装 TCP/IP 通信协议，借助数据库的实时读写功能完成模块之间的信息交互。中心数据库接入各模块的输出数据，将其存入数据库中，当其他模块需要时，可从数据库中提取所需数据。

8.4.3 AGC 控制策略的选择

风电场现有的有功控制策略主要采用比例分配算法，比例分配又分为按照机组当前出力情况分配和按照机组最大出力情况分配两种。本节选择按机组当前出力、按机组最大出力以及按发电成本最小三种分配方案进行分析比较，下面介绍三种分配方案的原理。

1. 方案一：按机组当前出力分配

风电场根据电网调度指令及各台机组的运行状态，按照各台风电机组当前出力情况，平均分配电网调度下发功率指令，具体公式为

$$P_{i,\mathrm{T}}^{\mathrm{ref}}=\frac{P_{i,\mathrm{T}-1}}{\sum_{i=1}^{N}P_{i,\mathrm{T}-1}}P_{\mathrm{F,T}}^{\mathrm{ref}} \tag{8-26}$$

式中 $P_{i,\mathrm{T}}^{\mathrm{ref}}$——风电场有功控制系统分配给机组 i 的有功给定值；

$P_{i,\mathrm{T}-1}$——上一控制周期结束时机组 i 输出的有功功率；

$P_{\mathrm{F,T}}^{\mathrm{ref}}$——电网调度部门下发的风电场出力给定值。

2. 方案二：按机组最大出力分配

根据风能预测结果，预测风电场内各台风电机组下一控制周期的最大输出功率，最大输出功率大的机组承担更多的出力任务，具体分配方法为

$$P_{i,\mathrm{T}}^{\mathrm{ref}}=\frac{P_{i,\mathrm{T}}^{\max}}{\sum_{i=1}^{N}P_{i,\mathrm{T}}^{\max}}P_{\mathrm{F,T}}^{\mathrm{ref}} \tag{8-27}$$

式中 $P_{i,\mathrm{T}}^{\max}$——风电机组 i 在控制周期 T 内的最大出力值。

3. 方案三：按发电成本最小分配

由式（8-16）计算发电成本，以发电成本最小为优化目标，采用改进的粒子群算法实现风电场内有功功率的最优分配。

8.4.4 控制策略的测试

风电场及风况信息沿用8.3.4节中采用的计算实例，分别采用三种分配方案对风电场进行有功控制仿真实验，将风电场的出力情况和发电成本进行对比分析。

1. 风电场出力情况比较

三种方案下风电场在某控制周期内的出力情况见表8-3。该周期内电网调度部门下发的风电场出力任务为60MW。对比表8-3中三种方案下的出力计划可以看出，方案一按照当前出力情况进行比例分配，由于没有考虑到机组的最大出力限制，导致部分机组无法完成给定的任务，因此使得风电场总输出功率低于电网给定值，造成较大的出力偏差。方案二和方案三进行出力分配时均考虑到了机组的最大可输出功率，充分利用了机组的出力能力，因此在这一控制周期内风电场总输出功率与电网给定值间的偏差较小。

表8-3　三种方案下风电场在某控制周期内的出力情况

风电机组编号	运行状态 S_i	上周期出力 /kW	最大出力 /kW	实际输出的有功功率/kW		
				方案一	方案二	方案三
1	1	910	1250	610	1180	1080
2	1	1030	1250	910	1180	1090
3	1	1070	1250	910	1180	1140

续表

风电机组编号	运行状态 S_i	上周期出力/kW	最大出力/kW	实际输出的有功功率/kW		
				方案一	方案二	方案三
4	1	1430	1250	1250	1180	1240
5	1	1070	1250	910	1180	1200
6	1	1170	1250	1010	1180	1190
7	1	1110	1250	960	1180	1140
8	1	1070	1250	910	1180	1080
9	1	1130	1280	940	1230	1160
10	1	1070	1260	910	1170	1100
11	1	1080	1200	980	1150	1130
12	1	1310	1200	1200	1150	1190
13	1	1170	1200	1080	1150	1150
14	1	1480	1200	1200	1150	1200
15	1	1180	1200	1080	1150	1100
16	1	1190	1200	1080	1150	1170
17	1	1500	1200	1200	1150	1200
18	1	1400	1200	1200	1150	1180
19	1	1500	1150	1150	1050	1040
20	1	1410	1290	1290	1290	1270
⋮	⋮	⋮	⋮	⋮	⋮	⋮
46	1	1310	1490	1300	1480	1370
47	1	1500	1490	1480	1480	1480
48	1	1440	1490	1400	1480	1460
49	1	1340	1490	1310	1480	1240
50	1	1290	1490	1260	1480	1350
合　计		59970	69650	58630	60120	60180

三种方案下风电场输出有功功率对比图如图 8-16 所示。另外，选取平均相对误差 $\varepsilon_{\mathrm{MRE}}$ 和均方根误差 $\varepsilon_{\mathrm{RMSE}}$ 作为判别依据对三种方案下风电场的出力情况作进一步的评估分析，输出有功功率误差比较见表 8-4。

$$\varepsilon_{\mathrm{MRE}}=\frac{1}{n}\sum_{i=1}^{n}\left|\frac{R(i)-G(i)}{G(i)}\right|\times 100\% \tag{8-28}$$

$$\varepsilon_{\mathrm{RMSE}}=\sqrt{\frac{1}{n}\sum_{i=1}^{n}[R(i)-G(i)]^2} \tag{8-29}$$

式中　$G(i)$——给定出力值；

　　　$R(i)$——实际出力值。

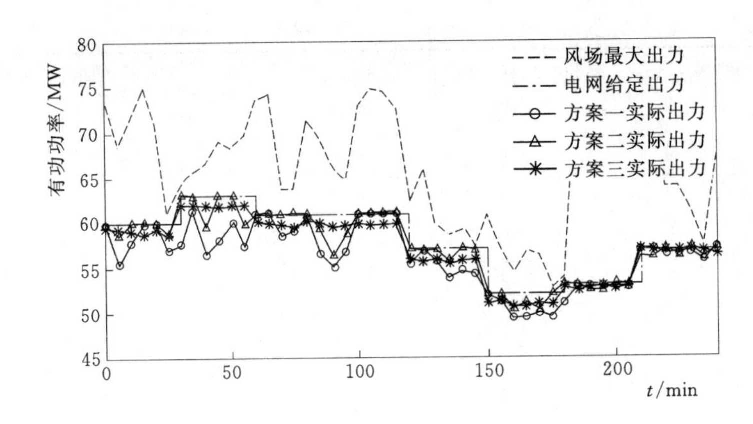

图 8-16　三种方案下风电场输出有功功率对比图

根据图 8-16 中的各曲线变化情况及表 8-4 的结果可以看出：

表 8-4　三种方案下风电场输出有功功率误差比较

分配方案	ε_{MRE}/%	ε_{RMSE}/MW
方案一	2.99	2.57
方案二	1.20	1.69
方案三	1.08	1.06

(1) 方案一的平均相对误差和均方根误差都较大，风电场输出的有功功率曲线波动明显，并且与电网给定出力曲线之间存在较大误差，原因是在进行出力分配时没有考虑到机组的最大出力限制，导致部分机组无法完成给定任务，因此使得风电场总输出功率低于电网给定值，造成较大的出力偏差。

(2) 方案二的平均相对误差和均方根误差均低于方案一的计算结果，风电场输出的有功功率曲线与电网给定出力曲线更为贴合，波动性也有所改善，但是由于进行出力分配时没有考虑到机组输出功率变化率的限值要求，因此导致有些机组的调节任务超出了自身的出力变化率限值，无法完成出力任务。

(3) 方案三的平均相对误差和均方根误差为三者最优，在进行出力分配时，充分考虑到了机组的最大出力能力和机组的调节能力，合理给定出力任务，因此，风电场输出的有功功率曲线最为平稳，并且能很好地跟随电网出力曲线而变化。

2. 风电场发电成本比较

三种分配方案下风电场发电成本对比图如图 8-17 所示。不难看出，方案一和方案二的发电成本均明显高于方案三的发电成本。

在此基础上，对三种方案下风电场发电成本进行更详细的分类计算，分类比较见表 8-5。根据表 8-5 中的计算结果进行分析，结论可归纳为以下几点：

表 8-5　三种方案下风电场发电成本分类比较

分配方案	平均基础成本	平均控制成本	平均惩罚成本	平均总发电成本
方案一	0.4696	0.4486	0.2797	1.1979
方案二	0.4809	0.4125	0.1446	1.0380
方案三	0.4891	0.0452	0.0325	0.5668

(1) 基础成本（即风电场的建设成本和机组的基本运行维护成本）主要与风电场的出

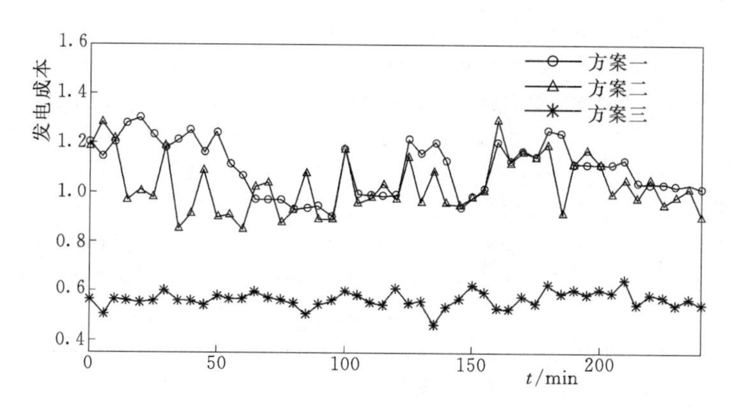

图 8-17　三种分配方案下风电场发电成本对比图

力多少相关，方案一风电场总输出功率与电网给定值之间的偏差较大，平均出力水平较低，因此相应的基础成本也较小，而方案二和方案三的输出的有功功率基本在同一水平，因此三种方案的基础成本相差不大。

(2) 控制成本主要指控制器动作成本，与机组调节幅度、频率以及开停机次数相关，方案一和方案二在进行出力分配时未考虑机组调节幅度的限值要求，导致了某些机组的大幅度频繁调节，增加了控制器负担，因此方案一和方案二的控制成本明显高于方案三。

(3) 惩罚成本指的是风电场出力不满足电网调度要求时，电网对风电场的惩罚费用，与风电场实际出力和电网调度值之间的差值成正比。由表 8-5 可知，方案一出力误差最大，其次是方案二，方案三最小，因此方案一相应的惩罚成本最高，方案三的惩罚成本最低。

综上所述，通过仿真实验对三种分配方案进行对比分析，结果表明，基于改进粒子群算法的以发电成本最小为目标的分配方案，考虑到了机组的最大出力能力和机组的调节能力，合理给定机组出力任务，使得风电场输出功率能够很好地跟随电网的给定出力，增强了风电场输出电能的稳定性，大大降低风电场的发电成本。

参　考　文　献

[1] Glavitsch H, Stoffel J. Automatic generation control [J]. International Journal of Electrical Power & Energy Systems, 1980, 2 (1): 21-28.

[2] Jaleeli N, Vanslyck L S, Ewart D N, et al. Understanding automatic generation control [J]. IEEE transactions on power systems, 1992, 7 (3): 1106.

[3] 王乾坤. 国内外风电弃风现状及经验分析 [J]. 华东电力, 2012, 40 (3): 378.

[4] 朱向东. 目前中国风电弃风现状及对策 [J]. 能源与节能, 2012 (10): 30.

[5] Rodriguez-Amenedo J L, Arnalte S, Burgos J C. Automatic generation control of a wind farm with variable speed wind turbines [J]. IEEE transactions on energy conversion, 2002, 17 (2): 279-284.

[6] 石一辉，张毅威，闵勇，等. 并网运行风电场有功功率控制研究综述 [J]. 中国电力，2010 (6): 10-15.

[7] 邹见效，李丹，郑刚，等. 基于机组状态分类的风电场有功功率控制策略 [J]. 电力系统自动

化，2011，35（24）：28.
[8] 霍志红，郑源，左潞，等. 风力发电机组控制技术［M］. 北京：中国水利水电出版社，2010.
[9] 刘细平，林鹤云. 风力发电机及风力发电控制技术综述［J］. 大电机技术，2007（3）：17－20.
[10] 潘盼，蔡新，朱杰，等. 风力机叶片疲劳寿命研究概述［J］. 玻璃钢/复合材料，2012，4：129－133.
[11] 张建华. 风力机叶片疲劳寿命估算方法研究［D］. 长春：吉林大学，2013.
[12] 魏媛. 基于风功率预测的风电场有功功率控制策略研究［D］. 南京：河海大学，2016.
[13] 苏永新，段斌，朱广辉，等. 海上风电场疲劳分布与有功功率统一控制［J］. 电工技术学报，2015，30（22）：190.
[14] Zhao R，Shen W，Knudsen T，et al. Fatigue distribution optimization for offshore wind farms using intelligent agent control［J］. Wind Energy，2012，15（7）：927－944.
[15] 王欣，许昌，韩星星，等. 限电情况下风电场内机组最优组合方案研究［J］. 可再生能源，2014，32（9）：1319－1326.
[16] Kennedy J. Particle swarm optimization［M］. Encyclopedia of machine learning，Springer，2011：760.
[17] Eberhart R，Kennedy J. A new optimizer using particle swarm theory［C］. Micro Machine and Human Science，1995.
[18] Shi Y，Eberhart R. A modified particle swarm optimizer［C］. Evolutionary Computation Proceedings，1998.
[19] 王欣. 风电场有功控制策略研究与测试［D］. 南京：河海大学，2015.

第9章　风电场微观尺度空气动力学研究与应用展望

9.1　风电场微观尺度空气动力学研究的瓶颈

在研究内容方面，风电场微观尺度空气动力学研究风电机组、下垫面与大气边界层之间的相互作用。大气边界层流动、下垫面绕流和风电机组尾流共同作用形成的风电场空气动力场，因而风电场微观尺度空气动力学的研究应从这三方面着手。

大气边界层流动确定风电场空气动力场的背景流场信息，为数值模拟提供入流条件。大气边界层模型应该考虑大气分层结构和大气热稳定性，根据各分层结构和不同热稳定性的风轮廓特点设置合适的风轮廓。这些因素同上游流场造成的非均匀入流边界在目前仍缺少研究与应用。

风电场下垫面笼统地分为近海下垫面、平坦地形和复杂地形三类。各种下垫面对流场的主要影响因素不同，因而具有不同的模型设置方法。近海区需要根据风浪信息确定粗糙度；平坦地形和复杂地形则按照地面植被覆盖情况确定地表粗糙度。此外为描述林地风电场，还可能使用冠层模型，在下垫面表层施加阻力源项。目前根据风浪或植被情况估算下垫面粗糙度的方法都属于经验模型，仍不能准确描述下垫面对流场的作用。

针对风电机组尾流当前的主流模型是制动模型与 RANS 或 LES 相结合的方法。这些方法一般都是按照平坦地形风电场改进形成的，在复杂地形的准确性缺乏验证，同时缺少针对不同大气边界层热稳定性的有效模型。由于风轮简化的副作用，常规的 RANS 湍流模型需要经过一定修正才能使用，而这些修正仍未得到普适性验证。如果使用 LES 方法，大量网格造成的计算负担又会使模型的应用性降低。

在风电场微观尺度动力场测量方面，目前大部分风电场只能提供测风塔和风电场运行信息。场用测风塔数量有限，通常在风电场建成后处于风电机组群中，既不能提供风电场的入流风速，也很难提供有价值的验证风速。声学测风仪和激光雷达测风仪在应用的过程中仍存在一些问题，如声学测风仪的精确性受环境影响大、激光雷达缺少各高度的温湿度信息等。

在应用方面，从中尺度过渡到微观尺度，入口边界的风速仍然存在很大的不确定性，且数值模拟耗时长，需提前形成数据库，不能实时模拟进行风电场功率预测。风电场微观尺度空气动力学的尾流制动模型并不能直接用于优化风电场微观布局，目前仍需要使用半经验尾流预测风电场尾流分布情况，但半经验尾流模型在与山地绕流结果以及热稳定性模型耦合等方面仍缺乏研究。

9.2 风电场微观尺度空气动力学应用展望

基于上一节对风电场微观尺度空气动力学研究瓶颈的分析，本节从研究内容、测量手段及成果应用等方面作如下展望：

在研究内容方面，深入研究上游流场造成的非均匀入流条件对数值模拟的影响及其模型；分析不同大气边界层分层结构和大气热稳定性条件下的风轮廓特点，形成针对大气边界层分层结构和大气热稳定性的风轮廓模型。开展不同下垫面大气粗糙长度估算模型研究和验证工作。对目前常用的海面粗糙度模型的适用性进行研究，形成近海区、远海区及海陆交替带粗糙度估算模型和设置方法；分析研究不同植被覆盖层的粗糙度模型，验证冠层模型的风电场流场计算中的准确性。验证尾流模型在复杂地形风电场中的适用性；开发具有普世性的RANS湍流模型用于尾流计算；通过合理设置体积力，减少网格数，降低LES计算造价。

在测量手段上，合理布置测风塔，增加湿度、温度测量仪器，适当增加声学测风仪和激光雷达测风仪的应用次数。在风电场微观选址前，选择具有代表性的上风向位置布置测风塔，使得测风塔免于在风电场建成后处于风电机组群中；同时增加测风塔数量，以方便根据各台测风塔信息，综合评估风电场风能资源情况。至少布置两个高度的温湿度仪表，用于判别大气边界层热稳定等级。

在成果应用上，研究从中尺度降尺度到1km级数据如何根据风电场地形分布情况合理设置到入流边界上；改进半经验尾流模型，使其适用于不同的大气边界层热稳定性条件；研究半经验尾流模型与山地绕流数值模拟结果的耦合方法，利用已有的CFD软件计算结果快速、准确地计算出山地风电场的尾流分布情况。